Anabelle Thurn

Rufmord in der späten römischen Republik

Philologus

Zeitschrift für antike Literatur und ihre Rezeption /
A Journal for Ancient Literature and its Reception

Supplemente / Supplementary Volumes

Herausgegeben von / Edited by
Sabine Föllinger, Therese Fuhrer, Tobias Reinhardt,
Jan Stenger, Martin Vöhler

Band 11

Anabelle Thurn

Rufmord in der späten römischen Republik

Charakterbezogene Diffamierungsstrategien
in Ciceros Reden und Briefen

DE GRUYTER

zugl.: Darmstadt, Technische Universität Darmstadt, Dissertation

ISBN 978-3-11-059848-3
e-ISBN (PDF) 978-3-11-059988-6
e-ISBN (EPUB) 978-3-11-059987-9
ISSN 2199-0255

Library of Congress Control Number: 2018945167

Bibliografische Information der Deutschen Nationalbibliothek
Die Deutsche Nationalbibliothek verzeichnet diese Publikation in der Deutschen Nationalbibliografie; detaillierte bibliografische Daten sind im Internet über http://dnb.dnb.de abrufbar.

Druck und Bindung: CPI books GmbH, Leck

www.degruyter.com

Vorwort

Die vorliegende Monographie ist die geringfügig überarbeitete Fassung meiner Dissertation, die im Sommersemester 2015 vom Fachbereich Gesellschafts- und Geschichtswissenschaften der Technischen Universität Darmstadt angenommen wurde. Mein besonderer Dank gilt meiner Doktormutter Prof. Dr. Elke Hartmann für die konstruktiven Gespräche, da ihre ständige Gesprächsbereitschaft, Ermunterung und Zuversicht die Arbeit nicht nur haben gedeihen lassen, sondern auch die Bearbeitungszeit zu einer wertvollen, wissenschaftlich wie menschlich inspirierenden Erfahrung gemacht haben. Prof. Dr. Beate Wagner-Hasel danke ich für die Übernahme des Zweitgutachtens und ihre wertvollen Anmerkungen. Ich danke den HerausgeberInnen des *Philologus* für die Aufnahme in die Reihe der *Supplemente* und den anonymen Gutachtern für die Übernahme der Gutachten und die daraus resultierenden hilfreichen Anmerkungen.

Ihren Ursprung hat die Arbeit während meines Studiums und der anfänglichen Promotionszeit in Freiburg genommen. Für die Unterstützung beim Konzipieren des Promotionsprojektes danke ich Prof. Dr. Peter Eich. Ferner geht mein Dank an Prof. Dr. Astrid Möller für die Betreuung der Magisterarbeit, auf der die Promotionsschrift aufbaut. Dankbar bin ich auch für die Gelegenheit, mein Projekt als assoziierte Kollegiatin des Graduiertenkollegs „Faktuales und Fiktionales Erzählen" zur Diskussion gestellt haben zu dürfen.

Für zahlreiche Gespräche und Anregungen sowie Korrekturen und die geteilte Freude an der Materie danke ich Ole Johannsen, Dr. Sven Page, Dr. Elisabetta Lupi, Daniel Emmelius und Ulrike Probst.

Ohne die Unterstützung, die ich von meiner Familie erfahren habe, wäre das Projekt nicht zur Promotionsschrift gereift. So danke ich meinen Eltern, Jutta und Rudi Thurn, von ganzem Herzen für ihren unerschütterlichen Glauben an mich. Wie gerne hätte ich die Arbeit zu Lebzeiten meiner Mutter fertiggestellt. Ihnen beiden ist diese Schrift gewidmet. Der Dank, der meinem Mann, Mark Keller, gebührt, ist kaum in Worte zu fassen. Er hat jede Begeisterung geteilt, jede Freude verstärkt, jeden Zweifel zerstreut und jeden Verdruss relativiert. Mein Sohn Ferdinand hat seiner Mutter dankenswerter Weise im ersten Lebensjahr wertvolle Zeitfenster eingeräumt, um das Manuskript zu überarbeiten.

Freiburg, im März 2018 Anabelle Thurn

https://doi.org/10.1515/9783110599886-001

Meinen Eltern gewidmet
in memoriam Jutta Thurn

Inhalt

Einleitung

Da sich Biographien über historische Personen der antiken Welt einer hohen Popularität erfreuen, gerät immer wieder auch deren Charakter in den Fokus geschichtswissenschaftlicher Betrachtungen.[1] Besonderer Beliebtheit erfreuen sich dabei all jene Informationen, die auf einen vermeintlich ‚schlechten Charakter' schließen lassen. Da solche vermeintlichen Charaktereigenschaften häufig dazu dienen, Aneinanderreihungen prosopographischer Fakten mit Leben zu füllen, werden sie äußerst selten konsequent ausgeklammert. Dazu bestünde jedoch im Falle vieler – wenn nicht aller – antiker Quellen ein berechtigter Grund. Denn die Suche nach dem Charakter antiker Persönlichkeiten ist als überaus problematisch zu bewerten, sobald man die ‚charakterspezifische' Belastbarkeit des Quellenmaterials auf die Probe stellt. Für Personen der späten römischen Republik liegt in diesem Sinne eine besonders problematische Quelle im Werk Ciceros vor, der jedoch häufig als wichtigster und prägendster zeitgenössischer Informationslieferant dient.[2]

Auf den ersten Blick lädt die Überlieferungslage ja auch zu biographischen Untersuchungen ein, da ein großer Teil der antiken Überlieferung ‚biographisch' geprägt ist.[3] So ist kaum zu bestreiten, dass gerade Cicero auf den ersten Blick eine un-

---

1 Vgl. dazu Sonnabend 2002, 14: „Die Forschungen zur Biographie, sei es zur antiken, mittelalterlichen oder neuzeitlichen, sind im Fluss und erleben gegenwärtig sogar eine Art Renaissance, sowohl im Bereich der Literaturwissenschaft als auch in den Geschichtswissenschaften." So sind auch in jüngerer Vergangenheit wieder Biographien zu Personen der späten römischen Republik erschienen wie die Antonius-Biographien von Halfmann 2011 und Matijević 2006a, die Cicero-Biographien von Tempest 2011, Bringmann 2010 und Pina Polo 2010b, die Clodia-Biographie von Skinner 2011 oder auch die Augustus-Biographie von Galinsky 2012.

2 Auch in jüngerer Zeit erfreut sich Cicero eines regen Forschungsinteresses, wie einige paradigmatische Hinweise auf aktuelle Publikationen zeigen. So sind als einschlägige Studien jüngeren Datums z. B. Frazel 2009 mit einer philologischen Untersuchung zu den *verrinischen Reden*, Oppermanns (2000) Studie über historische Beispiele bei Cicero, Kellers (2012) rechtshistorische Untersuchung zu Ciceros Äußerungen über den *bellum iustum*, Wilcox' (2012) Vergleich zwischen Ciceros und Senecas Briefen im Hinblick auf die darin dokumentierte Freundschaft im Kontext des Gabentausches, Gildenhards (2011) philologische Studie über die Konstruktion von Realität in Ciceros Reden, Bringmanns (2010) und Pina Polos (2010b) Biographien über Cicero, van der Bloms (2010) Untersuchung über Vorbilder eines *homo novus*, Robbs (2010) Studie zu den ‚Parteiungen' der *optimates* und *populares* im Werk Ciceros sowie Tempests (2011) biographische Studie zu nennen.

3 Vgl. Vössing 2005, 7. Zudem hat sich die Geschichtswissenschaft lange Zeit mit besonderem Fokus der ‚Geschichte der großen Männer' gewidmet. So sind in den letzten hundert Jahren für alle antiken Epochen zahlreiche Biographien historischer Persönlichkeiten entstanden. Biographische Untersuchungen jüngeren Datums fügen sich daher in eine tiefverankerte Forschungstradition ein, die ihnen aufgrund der eigenen Forschungsgeschichte gewissermaßen legitimatorisches Gewicht verleiht. Vgl. Trösters (2008, 9) Bilanz zu diesem Sachverhalt in seiner Untersuchung über Plutarchs Darstellung von Lucullus: „[...] since the majority of the literary sources relates historical events very close to the careers of leading statesmen and generals – quite apart from the fact that a large proportion of the surviving texts were even written by those very protagonists." Pausch weist außerdem zu Beginn

https://doi.org/10.1515/9783110599886-002

schätzbare Quelle für personenbezogene Informationen seiner Zeit darstellt. Denn seine Gerichtsreden zielen darauf ab, eher den Charakter der betroffenen Personen als gut oder schlecht herauszustellen als den eigentlichen Sachverhalt zu beurteilen.[4] Dies ist in dem Umstand begründet, dass dem Ruf einer Person, ihrer *fama*, in der römischen Welt eine derart hohe Bedeutung beigemessen wird, dass die *infamia*, also der Verlust eines guten Rufes, gar rechtliche Konsequenzen nach sich ziehen kann.[5] Das Diffamieren der gegnerischen Person (*animum improbare*) steht sowohl in den antiken Rhetorik-Handbüchern als auch in der greifbaren rhetorischen Praxis von Gerichtsreden im Zentrum.[6] Gerade Ciceros literarisches Schaffen ist aber natürlich weder im antiken noch im modernen Sinne ‚biographisch ausgerichtet' und Cicero selbst ist keinesfalls als Biograph zu bewerten.[7] Das daraus entstehende Problem liegt

---

seiner Untersuchung zu *Biographie und Bildungskultur* darauf hin, dass auch die antike Historiographie ein „starkes personales Element enthalten hat" (PAUSCH 2004, 4).

4 Vgl. BRAUN 2003, 80 mit Verweis auf PÖSCHL 1980, 11: „Auch im römischen Rechtsleben hatte die Rücksichtnahme auf die Person erstaunliche Folgen. Am eindrucksvollsten wird sie durch die immer wieder hervortretende Meinung beleuchtet, im Prozeß nicht die bessere Sache, sondern den besseren Menschen siegen zu lassen." Siehe auch Cic. Part. 71: *conficitur autem genus hoc dictionis narrandis exponendisque factis sine ullis argumentationibus, ad animi motus leniter tractandos magis quam ad fidem faciendam aut confirmandam accommodatur.* („Diese Art der Rede aber verfaßt man, indem man von Handlungen berichtet und sie zur Schau stellt, was sich ohne jede Beweisführung mehr dazu verwenden läßt, die Zuhörer unaufdringlich zu beeinflussen, als dazu, Glaubwürdigkeit herzustellen oder zu festigen"). Vgl. ferner RIGGSBY 2004, 176 sowie KENNEDY 1972, 41. JEHNE (2000, 175) zählt zu den urteilsrelevanten Faktoren in den Gerichtsreden Status, Mitleidserregen, Sachverhalt, rhetorische Inszenierung sowie Argumentation. Aspekte der charakterlichen Diffamierung können dabei für alle Faktoren – mit Ausnahme des Sachverhalts – nutzbar gemacht werden.

5 Zur *infamia* vgl. u. a. MEISTER 2014, 2 mit Verweisen auf RICHLIN 1993, 555–561 sowie für die rechtlichen Implikationen der *infamia* auf GREENIDGE 1894, 18–40 (Nachdruck 1977), 18: „To every reader of classical Latin literature it is obvious that infamia is used for the ill report which accompanies moral turpitude of almost every kind."

6 So beispielsweise in theoretischen Schriften wie Cic. inv. 2.33 (*improbare animum adversarii oportebit:* „man soll den *animus* des Gegners missbilligen"); ferner in Rhet. Her. 2.5. Nachvollziehbar ist die Bewegung von Richtern durch die Anführung bestimmter charakterlicher Verdachtsmomente auch in den Reden selbst wie in Cic. Verr. 2.5.65: *iudex esse bonus nemo potest, qui suspicione certa non movetur.* („Niemand kann ein guter Richter sein, der von einem glaubwürdigen Verdachtsmoment nicht bewegt wird."). Zur *suspicio* siehe Cic. Font. 37 sowie Kapitel 1.1. Eine philologische Untersuchung darüber, wie theoretisches Handbuchwissen über Charakterqualitäten als Argument vor Gericht verwendet werden kann, sowie ein Abgleich mit der Rede *Pro Sexto Roscio Amerino* liegen als unveröffentlichte Master-Thesis von SCHULZ 2007 vor. Hier wird gezeigt, wie stark Theorie und Praxis für dieses Fallbeispiel übereinstimmen können.

7 Vgl. dagegen ECK 2005, 53: „Die römische Literaturgeschichte kennt zahlreiche biographische Schriften: [...] Auch die Briefcorpora sind hier zu nennen mit Cicero, Plinius, Fronto, Augustinus und Hieronymus als ihren prominentesten Vertretern." An dieser Stelle soll die Frage ausgeklammert werden, inwieweit diejenigen Werke, die sich in der Antike als ‚biographisch' verstanden haben, für moderne Biographien verwendbar sind, bedenkt man das unterschiedliche Verständnis von *bios* oder *vita* in der Antike und von Biographie als Untergattung der Historiographie heute. Zu den lateinisch schreibenden antiken Biographen römischer Personen sind v. a. Cornelius Nepos, Tacitus und Sueton

auf der Hand: Obwohl mit Ciceros Schriften auf ein Material zurückgegriffen wird, das im antiken Sinne weder biographisch argumentiert[8] noch historiographisch ‚korrekt' Informationen wiedergibt,[9] werden sie als Lieferanten für biographische Fakten genutzt – auch und gerade für ‚Charakterqualitäten'.[10] Der Begriff ‚Charakterqualität' umfasst in dieser Untersuchung sowohl positiv als auch negativ konnotierte Charaktereigenschaften, je nachdem, ob die Darstellung der Eigenstilisierung oder der Fremddiffamierung dient. Schon für antike Autoren, aber auch für die Geschichtswissenschaft haben sich offenbar gerade die von Cicero entworfenen Charakterskizzen angeboten, um ‚Lücken' prosopographischer Studien zu füllen: Zu verlockend muss das Überangebot an vermeintlich charakterlichen Informationen Ciceros gewirkt haben, als dass man sie unbeachtet gelassen hätte. Ebenso wie für die antike Cicero-Rezeption gilt aber für die moderne Forschungsliteratur, dass die außergewöhnliche Konstruktionskraft von Ciceros ‚Charakterisierungen' seiner Zeitgenossen, insbesondere seiner Feinde, dabei nicht bis in die letzte Konsequenz ernst genommen wird, d. h. dass wider besseres Wissen Versuche unternommen werden, Annäherungen an historische Charakterqualitäten von Ciceros Gegnern vorzunehmen.

Informationen zu den schillerndsten negativen Charakterqualitäten bestimmter Zeitgenossen der ausgehenden römischen Republik liefert Cicero in zwei sehr verschiedenen Literaturgattungen. Dies sind einerseits die (sogenannten) Reden, die Cicero teilweise gehalten, in jedem Fall aber selbst publiziert hat. Andererseits sind es

---

zu zählen, zu den griechisch schreibenden v. a. Plutarch. Vgl. Eck 2005, 53 sowie Görgemanns 1997a, 684–687. Zum Gattungsproblem der Biographie und Autobiographie zwischen Antike und Moderne vgl. Scholz/Walter 2013, 20–27.

8 Obwohl die „antike (rhetorische) Literaturtheorie [...] keine eigene Gattung [der Biographie]" (Vössing 2005, 7) entwickelt, machen sich verschiedene Gattungen die Thematik historisch-biographischer Darstellung zu eigen. So lassen sich manche antike Quellen als biographische Darstellungen bezeichnen, auch wenn sie das im eigenen antiken Verständnis vielleicht nicht waren. Sonnabend (2002, 99–103) thematisiert in der von ihm selbst so genannten „Gesamtdarstellung" (V) zur *Geschichte der antiken Biographie* als Beispiel römischer Biographien im Übergang von der Republik zur Kaiserzeit „Biographische Elemente im Werk des Historikers Sallust". Dort heißt es: „Eine Biographie im umfassenden Sinne ist dies nicht zu nennen, an Fakten wird wenig mitgeteilt, dafür umso mehr über den Charakter Catilinas." Sonnabend 2002, 101. Das Werk Ciceros, das – wie zu zeigen sein wird – einen Überfluss an Charakterbeschreibungen u. a. zu Catilina liefert, wird von Sonnabend jedoch nicht erwähnt. Bemerkenswert bleibt allerdings die Erwähnung Sallusts in einem Werk über die antike Biographie. Als römische Biographen „im Übergang von der Republik zur Kaiserzeit" benennt Sonnabend außerdem M. Terentius Varro (103–106), Cornelius Nepos (107–113), Nikolaos von Damaskus (119–123) sowie Iulius Marathus (123 f.).

9 Ein modernes Geschichtsverständnis bzw. die Absicht, Sachverhalte historisch korrekt wiederzugeben, sei für antike Autoren als nicht gegeben vorausgesetzt. An dieser Stelle soll diese Frage zunächst nicht weiter behandelt werden.

10 Eine ähnliche Problematik stellt auch Skinner (2005, 196) für Biographien von römischen Frauen und Kaisern fest, die nach Kriterien eines vermeintlichen Sexualverhaltens beurteilt werden: „This troping strategy accounts for many of the racy tidbits about the private lives of Roman women and emperors that found their way into ancient history and biography and are still regarded by some as credible."

diejenigen Briefe, welche scheinbar *en passant* Informationen über Ciceros Zeitgenossen transportieren und nach seinem Tod publiziert wurden. Nicht erst seit Ronald Syme wird in der Forschung über die Zulässigkeit diskutiert, die Quelle Cicero unter der Prämisse auszuwerten, darin die Wiedergabe einer historischen Realität vorzufinden.[11] Im Sinne Symes ist man mehrheitlich darin übereingekommen, dass Informationen über zeitgenössische Personen durch Ciceros Reden von ‚Schwindel' und ‚freier Erfindung' überschattet seien.[12] Eine Warnung bezüglich der Auswertbarkeit der Reden Ciceros für die Rekonstruktion historischer Persönlichkeiten ist somit seit langem ausgesprochen. Umso bedenklicher ist es, dass Informationen zu Charakterqualitäten von politischen Gegnern Ciceros nach wie vor auch aus seinen Reden gewonnen werden.[13] Ein weniger häufig thematisiertes, aber ebenso zentrales Problem liegt in der Auswertung von Ciceros Briefen für Charakterqualitäten bestimmter Personen vor. Für eine Analyse der nachhaltig prägenden Charakterdarstellungen Ciceros ist es daher dringend geboten, sowohl die Reden als auch die Briefe einer intensiven Betrachtung zu unterziehen. Zu den politischen Gegnern, deren charakterliche Darstellungen bis heute von Ciceros Feder überprägt sind, zählen u. a. L. Sergius Catilina, L. Calpurnius Piso Caesonius, P. Clodius Pulcher, Marcus Antonius, Clodius' Schwester Clodia sowie Clodius' und Antonius' Ehefrau Fulvia.[14] Eben diese Personen oder vielmehr deren ‚Charakterbilder' stehen im Mittelpunkt der hier vorgelegten Analyse. Im Folgenden wird nicht von Charakteren historischer Personen, sondern eben von Charakter*bildern* zu sprechen sein, da jene Darstellungen, auf die man aus heutiger Perspektive blickt, nichts anderes als durch viele verschiedene Faktoren

11 So stellt SYME 1971, 104 z. B. für die Rekonstruktion biographischer Informationen zu Marcus Antonius fest: „From the influence of Cicero it is less easy to escape". Der Versuch, sich der historischen Person Marcus Antonius unter Berücksichtigung des Schadens zu nähern, den er durch die Reden Ciceros erfahren habe, sei unbedingt notwendig, wenn auch schwierig. Denn „the memory of Antonius is overwhelmed by the oratory of Cicero, by fraud and fiction [...]." SYME 1971, 4.

12 SYME 2003, 10. Hinsichtlich des Verhältnisses der – in diesem Falle – Antoniusforscher zu SYME, resümiert MATIJEVIĆ 2006a, 431: „Insgesamt ist man sich inzwischen darin einig, Syme zu folgen und Antonius positiver zu beurteilen." EVANS geht dagegen davon aus, dass Marcus Antonius heutzutage weitestgehend rehabilitiert und auch das antike Urteil Velleius' zu revidieren sei, nach dem Antonius durch Ciceros Angriffe für alle Zeiten diffamiert sei, vgl. EVANS 2008, 77 f. und besonders Anm. 27 mit Verweis auf Vell. 2.64.1: *aeternas Antonii memoriae inussit notas.*

13 Dies wird auch von PASQUALI (2009, 9) festgestellt, der seine Biographie über Marcus Antonius wie folgt beginnen lässt: „Das Bild wohl keiner anderen Persönlichkeit der ausgehenden römischen Republik ist noch heute so geprägt von antiken Berichten, die nicht den historischen Tatsachen entsprechen, wie das des Marcus Antonius."

14 Als Untersuchungen zu den einzelnen Personen sei im Folgenden lediglich auf eine Auswahl hingewiesen: für Clodius vgl. SPIELVOGEL 1997, 56–74; NIPPEL 1981, 9–13; TATUM 1999; NIPPEL 2000, 279–291; für Marcus Antonius vgl. MATIJEVIĆ 2006b; PASQUALI 2009; für Clodia vgl. SKINNER 2011; für Fulvia vgl. FISCHER 1999. Fulvia war zunächst mit Clodius verheiratet, bevor sie nach dessen Tod Marcus Antonius ehelichte, vgl. STEGMANN 1998, 701 f. Für den hier nicht berücksichtigten Verres sei insbesondere auf die Untersuchung von FRAZEL 2009 verwiesen.

überlagerte, konstruierte Bilder bestimmter ‚historischer Charaktere' sind.[15] Welche Faktoren für die Genese solcher Bilder eine Rolle gespielt haben, wird in dieser Untersuchung herausgearbeitet.

So hat sich die vorliegende Studie zum Ziel gesetzt, von Cicero stammende charakterbezogene Aussagen der genannten historischen Personen einer kontextualisierenden Betrachtung zu unterziehen, um der Verlockung, diese als Charaktereigenschaften zu interpretieren, den Nährboden zu entziehen. Gerade solche Informationen, die explizit oder auch implizit zum Rufmord an den genannten Personen beitragen konnten, gilt es zu systematisieren und in die jeweiligen zeitgenössischen sozialen und kulturellen Diskurse einzuordnen. Dabei ist es nötig, Abstand davon zu nehmen, verschiedene von Cicero bediente Gattungen als in unterschiedlichem Maße realitätsgetreu zu beurteilen. Vielmehr soll in den folgenden Kapiteln gezeigt werden, dass eine Hierarchisierung von Reden und Briefen hinsichtlich einer Realitätsnähe (oder -treue) gerade für Charakterqualitäten in Ciceros Werk nicht möglich ist. Eine systematische Betrachtung von Ciceros Äußerungen über vermeintliche Charakterqualitäten seiner politischen Gegner sowie deren Wirkung auf die Um- und Nachwelt wurde bislang nicht unternommen. Solche Äußerungen wurden allenfalls vereinzelt konstatiert oder bemängelt.[16] Das so entstandene Desiderat zu füllen, hat sich diese Untersuchung zur Aufgabe gemacht. Dabei ist es selbstverständlich nicht das Ziel, Aussagen über faktuale historische Begebenheiten zu treffen oder gar den Charakter historischer Personen zu beschreiben. Vielmehr wird der zentrale Fokus auf die verbleibende Aussagekraft von Charakterbildern gelegt, wenn diese nicht über eine historische Lebensrealität im Sinne von faktischen Ereignissen oder Begebenheiten Aufschluss geben. Denn im Wesentlichen stellen sie Produkte der Anpassung eines größtenteils bereits im griechischen Kulturraum entwickelten Spektrums diffamierender Stereotype an römische Erzählkonventionen dar. Des Weiteren steht die Erfassung der verschiedenen Parameter zur Ausgestaltung der einzelnen Charakterdarstellungen bei Cicero im Zentrum der Betrachtung. Denn es wird davon ausgegangen, dass die ciceronischen Darstellungen zu Charakter, Handlungen und Verhalten seiner Gegner im soziokulturellen Kontext jener Zeit Früchte tragen konnten, aber nicht etwa, weil sie ‚real' (im Sinne von ‚ereignishaft') gewesen sein müssen. Der Grund hierfür liegt vielmehr darin, dass sie sich Gattungskonventionen anpassten und in von Cicero maßgeblich selbst forcierte Diskurse stellten, welche für die Zeitgenossen die Frage nach ihrer ‚Wahrheit' im Einzelfall aufgrund

---

15 Dabei müssen ‚Charakterbilder' vom Habitus-Konzept Bourdieus unterschieden werden (vgl. z. B. Bourdieu 1987), da sie Fremdbeschreibungen darstellen, im Ergebnis also vom Zuschreiber fremd- und nicht etwa vom Akteur selbstbestimmt sind. Damit bilden sie nicht ein – im Sinne Bourdieus – beobachtbares Verhalten ab und müssen nicht einmal in der beschriebenen Weise überhaupt gelebt worden sein. Ein weiterer Gegensatz liegt freilich auf der Hand: Während Bourdieus Konzept ein gruppeninkludierendes Beschreiben von Akteuren voraussetzt, werden Charakterbilder (vom Gegner) als Vehikel der Exklusion entworfen.

16 Vgl. Syme 1971, 105; Bengtson 1977, 307; Gotter 1996, 17 Anm. 19; 107–130; Schäfer 2006, 132.

allgemeiner gesellschaftlicher Plausibilität obsolet machten.[17] Aus diesen Schwerpunkten und Voraussetzungen ergeben sich sodann die zentralen Fragestellungen der vorliegenden Untersuchung. Erstens: Welche konkreten inhaltlichen Ausgestaltungsformen nehmen die von Cicero angewandten Allgemeinplätze an? Wie werden sie an die diffamierten Personen herangetragen (direkt oder indirekt, als formulierte Vorwürfe oder verklausuliert) und wie unterscheiden sie sich je nach Gattung und Personen? Zweitens: Was lernen wir über eine Gesellschaft und ihre Verhandlungskultur hinsichtlich sozialer und gesellschaftlicher ‚Brennpunktthemen' anhand der aufzuzeigenden Diffamierungen?

Eine Auswahl von Äußerungen zu den im Fokus stehenden Personen macht die Notwendigkeit einer Neubewertung von Charakterbildern schnell deutlich. Zugleich aber zeigt sie das entstandene Desiderat nach einer konkreten Benennung derselben und ihrer topischen Hintergründe auf.[18] Ein Blick auf die Forschung lässt unterschiedliche Rezeptionen bzw. Reflexionen von Charakterdarstellungen erkennen. So beziehen diese gelegentlich explizit Stellung zu bestimmten charakterlichen Dispositionen historischer Personen. Unter diesen ist besonders häufig Marcus Antonius zu nennen, weshalb er in der vorliegenden Arbeit auch immer wieder besonders ausführlich berücksichtigt wird. Besonders in biographischen Studien bewegen sich die Äußerungen – entsprechend der antiken Vorlage – in einem stark moralisch wertenden Rahmen, in dem die Charakterdarstellungen Ciceros häufig unreflektiert rezipiert werden.[19] Mitunter lassen sich in politikgeschichtlichen Ansätzen Tendenzen

---

17 Siehe dazu auch Gruen 1974, 497 f., der davon ausgeht, dass gerade Ciceros moralische Urteile, wie sie in Darstellungen zu Charakterqualitäten hauptsächlich vorliegen, einen Teil des standardisierten forensischen Vokabulars bildeten, den das Publikum für selbstverständlich halte und nicht sehr ernst nehme. Siehe dazu auch Steenblock 2013, 54 Anm. 249, die sich kritisch dazu positioniert.

18 Die Verzerrung von Personendarstellungen ist öfter festgestellt und bisweilen auch beklagt worden, ohne ihr aber weiter Rechnung zu tragen. Als Beispiele hierfür sind die Lexikoneinträge im „Neuen Pauly" aufschlussreich: für Catilina vgl. in Ansätzen Ungern-Sternberg 1997, 1031 („C[atilina] erscheint bei Cicero wie bei Sallust als skrupelloser Verbrecher, bei Bedarf gelegentlich mit helleren Zügen"). Für Clodius vgl. Will 1997, 39 („Das Bild, das sich die Nachwelt von *Clodius* macht, ist von Cicero geprägt. [...] Die Invektiven in den Reden Ciceros bestehen nur aus einer Ansammlung all der Gemeinplätze, mit denen er seine Gegner stets bedachte (mehr noch z. B. Calpurnius Piso oder A. Gabinius). Sie besitzen keinerlei Glaubwürdigkeit und stehen auch nicht in Einklang mit den Schilderungen aus Ciceros privaten Briefen [...]. Clodianische Gewalttätigkeit entpuppt sich als Ciceronische Rhetorik [...]"). Für Gabinius vgl. Elvers 1998, 728 („[...] sein Bild ist durch Ciceros Angriffe in seinen Reden nach der Rückkehr aus dem Exil 57 verzerrt."); für Antonius vgl. Will 1997, 813 („Sein Bild in der Nachwelt ist zudem geprägt von den Beschimpfungen und Denunziationen des späten Cicero"). Die langjährige Feindschaft zu Cicero, die in der Invektive gegen Piso gipfelte, wird zumindest erwähnt bei Elvers 1997, 944.

19 So attestiert Gardthausen (1891, 422) Marcus Antonius im 19. Jh. eine „Sultansnatur". In den 70er-Jahren des 20. Jh.s konstatiert Rawson (1975, 262) z. B. Antonius' Vorliebe für kulinarische Genüsse: „[...] Antony cared more for his dinner parties than public affairs." Huzar (1978, 192) charakterisiert Antonius ganz im Sinne Ciceros: „Not that Antony was a model of ancient Roman sobriety or ostentatious virtue. His tastes were bluff and hearty, and he saw no reason to disguise them. His amusements [...] were [...]: bawdy tales, gambling, drinking, women."

zu psychologisierenden Beurteilungen charakterlicher Dispositionen ausmachen, die Erklärungsversuche für bestimmte vermeintliche ‚Charaktereigenschaften' darstellen.[20] Andere sowohl politikgeschichtliche als auch biographische Untersuchungen reflektieren zwar stärker die problematische Herkunft stereotyper Charaktermerkmale, begnügen sich aber vielfach damit, derartige Darstellungen Ciceros abzumildern sowie die Taten, Leistungen und auch den vermeintlichen Charakter von diffamierten Personen positiver zu bewerten.[21] Dennoch berufen sich auch solche Publikationen immer wieder auf Ciceros Urteile über den vermeintlichen Charakter seiner Gegner.[22] Somit lassen sich sowohl in der politikgeschichtlich als auch biographisch ausgerichteten Forschungsliteratur zu jeder Zeit Annahmen von ‚persönlichen Charaktereigenschaften' finden, die auf Cicero zurückzuführen sind. Im Kern setzt die vorliegende Untersuchung genau an dieser Stelle an. Denn sie vertritt die These, dass in keinem Fall irgendeine Form der biographischen Rezeption von ciceronischen Charakterdarstellungen zulässig ist, da diese ausschließlich einer genuin rhetorischen Anpassung von altbekannten *topoi* der antiken Literaturtheorie geschuldet sind.

Für eine Untersuchung dieser Art empfiehlt sich in besonderem Maße eine diskursanalytische Betrachtungsweise. Es wird davon ausgegangen, dass sich die Geschichtswissenschaft lediglich dem „sprachlichen Niederschlag" einer vergangenen Zeit annähern und in diesem die ‚Konstruktion einer Wirklichkeit' fassen kann.[23] Für die vorliegende Arbeit gilt es festzustellen, wie Cicero für die betreffenden Personen eine ‚biographische Wirklichkeit' konstruiert.

Die Analyse der Quellen erfolgt zudem unter Berücksichtigung narratologischer Überlegungen. So werden systematisch (inhaltliche) Kriterien zusammengestellt, welche die unterschiedlichen topischen Versatzstücke der jeweiligen Charakterdar-

---

20 Vgl. z. B. Meiers (1997, 494 f.) Beurteilung von Marcus Antonius: „[Antonius'] Fähigkeiten waren sehr groß, aber er war zu weich, zu gutmütig, auch zu lasziv und hatte jedenfalls zu wenig Eigeninitiative, zu wenig innere Sicherheit, Konzentrationsfähigkeit und Stetigkeit, um eine eigenständige, souveräne Rolle zu spielen. Vielleicht bestanden sein Reiz und seine Schwäche darin, daß er nie ganz erwachsen geworden ist."

21 Für Marcus Antonius ist diese Tendenz z. B. bei Syme 1971, 105; Bengtson 1977, 307 oder Schäfer 2006, 132 zu beobachten.

22 Der Abschied von jeglicher Beurteilung der Charakterqualitäten solcher Personen, die von Cicero diffamiert wurden, fällt trotz der Einsicht, dass der Ursprung dieser Darstellungen in Invektiven liegt, eher schwer. Vgl. hierzu Gotter 1996, 127: „[...] legen allerdings eine Tendenz des späteren Triumvirn in diese Richtung [der Sinneslust] nahe."

23 Landwehr 2009, 24: „Teilt man die Grundannahme, dass Wirklichkeit im Wesentlichen sprachlich vermittelt ist, ergibt sich daraus für die Geschichtswissenschaft die logische Konsequenz, sich vornehmlich dem sprachlichen Niederschlag der Erfahrungen von Menschen der Vergangenheit zu widmen, um sich auf diesem Weg dem Gegenstand der Geschichte zu nähern. [...] Mithin gilt es, sich von der Vorstellung zu verabschieden, als Historikerin oder als Historiker durch die Sprache, durch die Quellen, durch das Papier und die damit verbundenen Konstruktionen von Wirklichkeit hindurch zu ‚der Realität' der Geschichte vordringen zu können."

stellungen auf einen Blick erkennen lassen und so einen Rahmen des (inhaltlich) ‚Fingierbaren' bilden.

Die vorliegende Untersuchung bedient sich somit Methoden, die ursprünglich in der Soziologie entwickelt wurden oder der Literaturwissenschaft entlehnt sind. Für eine Anwendung auf historische Sachverhalte mit dem Ziel eines historischen Erkenntnisgewinns ist es notwendig, klar zu definieren, in welchem Verständnis die verschiedenen Methoden angewandt werden. Zur allgemein definitorischen und begrifflichen Klärung dient daher das erste Kapitel den Grundlagen der Untersuchung.

Zur historischen Kontextualisierung der Diffamierungspraxis Ciceros werden im zweiten Kapitel einige Aspekte beleuchtet, die sich als prägend für seine Vorgehensweise erweisen können. Im Falle Ciceros empfiehlt sich daher einerseits ein kurzer Blick auf die Biographie des Ritters aus der Landstadt Arpinum, der zur Ausbildung nach Rom kam. Andererseits ist es für die rednerischen und literarischen Tätigkeiten des Anwalts und Politikers Cicero notwendig, in aller Kürze einige Parameter der lateinischen Ausbildung und Literatur- bzw. Redepraxis zu betrachten, um Ciceros Schaffen einordnen zu können. Besondere Aufmerksamkeit kommt zu diesem Zweck erstens Theorien und Umsetzungen des *ethos* eines Redners und zweitens dem modernen Entwurf einer ‚Rhetorik der Krise' zu.[24]

Um Ciceros diffamierende Rednertätigkeit sodann in die Geschichte der antiken Diffamierungen und die ihm zur Verfügung stehende ‚Literaturtheorie' einzuordnen, liefert das dritte Kapitel zunächst einen Überblick über die griechische und römische Literaturtradition, die mit verschiedenen Formen der Diffamierung in Zusammenhang gebracht werden kann. Eine schlaglichtartige Betrachtung soll zeigen, wie sich die Invektive bereits in der griechischen Literatur entwickelt hat und dass Cicero auf im Griechischen ausgebildete *topoi* der Diffamierung zugreifen kann. Ein Blick auf die römische Literatur vor und nach Ciceros Schaffenszeit soll zeigen, welchen Stellenwert Formen der Diffamierung in der römischen Gesellschaft einnahmen, welche griechischen Vorlagen traditionell übernommen wurden und wie sich in Rom eigene Tendenzen der Diffamierung entwickelten. Zur Einordnung der ciceronischen Diffamierungen in ihren historischen Kontext soll dargestellt werden, was in seiner Zeit als Handbuchwissen vorlag. Wie Cicero selbst über Diffamierungen dachte, kann anhand der Beschwerde des Familienangehörigen eines von Cicero Diffamierten ermittelt werden. Diese Beschwerde ist im Briefkorpus *Ad Familiares* enthalten und weist sogar einen höchst aufschlussreichen Antwortbrief Ciceros auf.

In den Kapiteln vier bis sechs nimmt die Untersuchung dann eine systematische Analyse ausgewählter Reden und Briefe Ciceros vor. Darin wird erfasst, welche Gemeinsamkeiten die Darstellungen zu vermeintlichen Charakterqualitäten der unterschiedlichen Personen aufweisen. Die Studie vergleicht Darstellungen von Charakterqualitäten im Wesentlichen aus den Reden *In Catilinam*, *Post reditum in senatu*, *Pro Sestio*, *De provinciis consularibus*, *In Pisonem*, *Pro Milone* und den *Philippicae*. Diese

24 Vgl. Wooten 1983, 168: „rhetoric of crisis".

Auswahl ergibt sich aus dem oben erläuterten Fokus auf bestimmte Personen der späten römischen Republik (Catilina, Clodius, Piso, Marcus Antonius; mit Clodia und Fulvia) sowie aus den *Briefen an Atticus* und *an die Freunde*.

Für den Versuch einer Typologisierung der ciceronischen Diffamierungen nach inhaltlichen Kriterien hat sich in einem ersten Schritt eine Dreiteilung der Diffamierungsstrategien ergeben: So werden Diffamierungen entweder erstens direkt gegen die Charakterqualität des Opfers ausgesprochen (Kapitel 4), zweitens über Zuschreibungen verachtenswerter Handlungsweisen oder Verhaltensmuster indirekt diskutiert (Kapitel 5) oder aber drittens sowohl direkt (wie erstens) als auch indirekt (wie zweitens) über Anhänger, Nahestehende oder Familienangehörige der Opfer geäußert (Kapitel 6). Die große Masse der Diffamierungen, welche auf Handlungsweisen und Verhaltensmuster Bezug nehmen (Kapitel 5), wird dabei in fünf Argumententypen eingeteilt (1. Verfehlungen im Bereich der Sexualität, 2. Unangemessener Umgang mit Gütern und finanziellen Mitteln, 3. *vinulentia* und Fehlverhalten beim *convivium*, 4. Devianz hinsichtlich der Kleidung und des Erscheinungsbildes, 5. Assoziationen mit physischer oder (staats)rechtlicher Gewalt). Innerhalb der Strukturierung nach Argumententypen werden die Diffamierungen in der Redenanalyse nach Personen sortiert.

Jeweils im Anschluss an die Analyse der Reden folgt im vierten, fünften und sechsten Kapitel vor dem Hintergrund der aus den Reden gewonnenen Befunde eine Analyse der *Briefe an Atticus* sowie der *Briefe an die Freunde*.[25] Während *topoi*, welche die politischen Gegner diffamieren, in den Reden Ciceros traditionell zu erwarten sind, kann ihre Präsenz in den Briefen überraschen. Die Untersuchung der Diffamierungen anhand von negativen Charakterqualitäten in den zwei großen ciceronischen Briefcorpora soll zeigen, dass auch im Medium ‚Brief' Verunglimpfungen platziert werden, die in ihrer inhaltlichen Struktur jenen der Reden ähneln.

Die Beobachtung diffamierender Argumente in Ciceros Briefen gibt Anlass für eine kurze Überprüfung der Einordnung des Briefcorpus, wie sie durch die Epistolographie-Forschung vollzogen wird. Sowohl Ciceros Briefe an Atticus als auch die Briefe an andere Freunde wurden lange Zeit als authentische Korrespondenz zwischen zwei Briefschreibern im Sinne reiner Gebrauchsbriefe verstanden.[26] Erst in jüngster

---

25 Kapitel 4.2; 5.1.2; 5.2.2; 5.3.2; 5.3.3; 5.5.2; 6.2.

26 So nennt ZELZER (1997, 1165) die Briefe Ciceros teilweise „persönliche, nicht zur Publikation bestimmte Briefe" und vermutet im gesamten Briefkorpus einen Einblick in die antike Korrespondenz. Wie z. B. auch SCHMIDT 1997, 771 weist ZELZER im Sinne der antiken Brieftopik lediglich darauf hin, dass eine Dichotomie zwischen echtem Brief und Kunstbrief antiken Gegebenheiten nicht entspreche. Zur antiken Brieftopik, ihrer ersten verschriftlichten Grundlegung bei ‚Demtrios' sowie deren Rezeption durch Cicero vgl. auch MEYER *voraussichtlich 2018*. Der Brief stellt nach *communis opinio* der Forschung eine schriftliche Mitteilung an einen Abwesenden bzw. die eine Hälfte eines Dialoges dar (vgl. GÖRGEMANNS 1997b, 1161; KYTZLER 1965, 497). Dabei werden unterschiedlichste Nuancen der Kategorisierung vorgenommen: in private, öffentliche und literarische Briefe (ZELZER 1997, 1164 1166); in persönliche, philosophische und lyrische Briefe (KYTZLER 1965, 496–501); in privat, offen, lehrend,

Zeit verschiebt sich der Interpretationsrahmen in Richtung einer Auffassung, welche die Briefe stärker vor dem Hintergrund von Gattungskonventionen der antiken Briefliteratur betrachtet und nicht mehr unter der Prämisse einer authentischen Privatkorrespondenz.[27] Somit wird die Deutung der Briefe als ausschließliche Nachrichten- bzw. Informationsträger im Kontext eines freundschaftlichen Austausches zumindest in ihrer Exklusivität in Frage gestellt.[28] Ebenso werden Ciceros eigene Reflexionen über die Theorie der Briefliteratur berücksichtigt.[29]

Eine derartige Beurteilung des Briefcorpus nimmt auch die vorliegende Studie vor. Da diese nach Charakterdarstellungen in den Briefen fragt und solche häufig in verkürzter, stichwortartiger Weise vorfindet, soll der Fokus auf eine mögliche Kommunikationsabsicht der Briefe und nicht primär auf die Kommunikationssituation gerichtet werden. In diesem Sinne spielt es keine Rolle, ob Cicero die Briefe dem Adressaten hat zukommen lassen oder ob der Adressat die Briefe bekommen hat. Im Zentrum des Interesses an den Briefen stehen die moralischen und normativen ‚Botschaften', die Cicero im Texttyp Brief artikuliert.

Das siebte Kapitel fragt schließlich nach den Anwendungsbedingungen der Argumente auf bestimmte Zeitgenossen. Dabei soll im Rückblick auf die Analysen der Reden und Briefe zusammengetragen werden, welche Rolle politische Rahmenbedingungen, die Gattung, in der die Diffamierung verortet ist, sowie die betreffenden Personen und deren *gentes* für die Auwahl und Ausgestaltung der angewandten Argumententypen und Aspekte möglicherweise gespielt haben.

---

fiktiv, poetisch (Görgemanns 1997c, 1166–1169); in amtliche, offene, private, Gesetzes-, Lehr-, Kunst-, Rollen-, Widmungsbriefe (Schmidt 1997, 771–775). Vgl. dazu auch Page 2015, 59 ff.

27 Für das plinianische Briefkorpus weist Ludolph (1997, 15 f.) auf die bereits ältere Erkenntnis hin, „daß es im römischen Kaiserreich eine ausgeprägte Stilistik des Privatbriefes gab, die kunstvolle Formulierungen nicht nur zuließ, sondern geradezu forderte [...]". Ludolph verweist dabei u. a. auf Thraede 1970, 3. Eine ähnliche, wenn auch anders gelagerte Stilistik des Privatbriefes wird in dieser Untersuchung auch für die späte Republik nachgewiesen. Zu Tendenzen der Neubewertung des ciceronischen Briefkorpus in einer soziolinguistischen Lesart vgl. Hall 2009 sowie Späth/Wirbelauer *voraussichtlich 2018*; aus kommunikationstheoretischer Perspektive, allerdings mit stärkerem Fokus auf die Bedeutung der Briefe zur Kontaktpflege vgl. White 2010.

28 Anders wären beispielsweise Briefe auf Papyrus zu bewerten, vgl. Rosenmeyer 2001, 31 mit weiteren Literaturangaben; ferner Strassi 2008.

29 Als Beispiel sei an dieser Stelle nur eine Auswahl von Stellen aufgeführt, in denen Cicero *expressis verbis* mit den Gattungskonventionen des Briefes spielt: *epistularum genera multa esse non ignoras (...) huius generis litteras a me profecto non expectas (...) reliqua sunt epistularum genera duo, quae me magno delectant (...)* (Cic. fam. 2.4); *quaerenti mihi iam diu, quid ad te potissimum scriberem, non modo certa res nulla, sed ne genus quidem litterarum usitatum veniebat in mentem* (Cic. fam. 4.13). Ludolph 1997 macht in seiner Pliniusstudie auf Cic. fam. 16.21.4 aufmerksam. Dort heißt es: *aliter (...) scribimus, quod eos solos, quibus mittimus, aliter, quod multos lecturos putamus*, Ludolph 1997, 28. Da wir wissen, dass Cicero selbst eine (mögliche) Publikation seiner Briefe thematisiert und außerdem explizit über unterschiedliche Brieftypen nachdenkt, ist es offensichtlich, dass das ciceronische Briefkorpus konsequent als literarisch konzipiertes Werk verstanden werden muss.

Im achten Kapitel über Kontinuität und Weiterentwicklung ciceronischer Diffamierungen soll anhand einzelner Beispiele die Wirkmacht Ciceros im kollektiven Gedächtnis sowohl des frühen Principats als auch der späteren Kaiserzeit untersucht werden. So lassen sich z. B. in augusteischer Zeit Rezeptionen ciceronischer Diffamierungen nachweisen.[30] Es ist zu fragen, ob spätere Autoren wie Cassius Dio oder Plutarch auf Charakterdarstellungen Ciceros zurückgreifen, wenn sie die genannten Personen der späten römischen Republik zum Gegenstand ihrer Abhandlungen machen.

Die Schlussbetrachtung unternimmt schließlich eine Zusammenführung der gewonnenen Erkenntnisse und Zusammenhänge von Charakterbildern historischer Personen der späten römischen Republik, Ciceros Diffamierungen in unterschiedlichen Gattungen sowie den gesellschaftlichen und kulturellen Rahmenbedingungen, die Ciceros Argumentenwahl und -platzierung geprägt haben.

30 Siehe dazu Vergil, der Aeneas während seines Aufenthaltes in Karthago mit Stilmitteln kritisiert, die aus ciceronischen Diffamierungen bekannt sind. Das ist beispielsweise die *luxuria*, die in Aeneas' äußerem Erscheinungsbild ausschließlich in Karthago manifest wird. Verg. Aen. 4: *stellatus iaspide fulva / ensis* (261 f.), *murice laena / (...) tenui telas (...) auro* (262–264), oder die Beurteilung des Aeneas als *uxorius* (266).

1 Grundlagen

1.1 Zugriff auf die Quellen

Im Zentrum der vorliegenden Arbeit stehen ciceronische Diffamierungen, welche mithilfe von Argumenten, die von der Person abgeleitet werden (*loci a persona*), politische Gegner angreifen. Eine historische Untersuchung solcher Diffamierungen muss zum einen über eine rein philologische Perspektive mit dem Selbstzweck einer Analyse rhetorischer Umsetzungen von Handbuchwissen hinausgreifen. Zum anderen aber darf sie aus historischer Perspektive nicht einer gewissen Leichtgläubigkeits- und Willfährigkeitstendenz anheimfallen, wenn die Frage nach den Zuschreibungsvoraussetzungen von bestimmten Argumenten zu Individuen ergründet werden soll. Die vorliegende Untersuchung fragt nach den konkreten Anwendungs- und Ausgestaltungsmöglichkeiten von Argumenten der Diffamierung und ihrer historischen bzw. kulturellen und gesellschaftlichen Bedingtheit. Zudem möchte sie sowohl eine rein rhetorische Analyse als auch eine historisch-psychologisierende Auswertung überwinden. Aus diesen Gründen adaptiert die Untersuchung methodische Zugriffe, die in den Disziplinen der Soziologie und der Literaturwissenschaft entwickelt wurden: Zum einen bedient sie sich verschiedener Annahmen aus dem Feld der historischen Diskursanalyse, zum anderen einiger Ansätze der Narratologie. Quellenkritische Herangehensweisen aus diesen beiden Disziplinen werden in der vorliegenden Arbeit verwendet, um die Form des Zugriffs auf die untersuchten Texte zu erläutern: Während zentrale Prämissen der Diskursanalyse den konzeptuellen Rahmen der Untersuchung bzw. die dispositive Haltung zu den Quellen und zu ‚historischer Wirklichkeit' vorgeben, werden Überlegungen, die sich an erzähltheoretische Theoreme anlehnen, den konkreten Quellenanalysen und -interpretationen zugrunde gelegt.

Grundsätzlich ist die Untersuchung von einem diskurstheoretisch ausgerichteten Blick auf die antike Geschichte geleitet. Dieser theoretische Ansatz geht davon aus, dass soziokulturelle Wirklichkeit stets ein Konstrukt ihrer Zeit ist.[1] Besonders für die Kommunikation innerhalb einer stadtrömischen Gesellschaft, die den politischen vom privaten Raum nicht wie im modernen Verständnis trennt,[2] ist eine hochgradig ritualisierte und auf gegenseitigem Verständnis basierende soziokulturelle Wirklich-

1 Ähnlich wird dies auch in LANDWEHRS (2009, 14) Einführung in die historische Diskursanalyse gesehen, einer Übertragung soziologischer Konzepte auf die Geschichtswissenschaft. Dieser diskursanalytische Blick soll zunächst einmal unberührt von renommierten altertumswissenschaflichen Arbeiten (vgl. insbesondere SPÄTH 2006, 39–76; MEYER-ZWIFFELHOFER 1995), die ebenfalls diskursanalytisch operieren, auf die Antike gerichtet werden. Nur so entgeht die Untersuchung der Gefahr einer Übernahme von Adaptionen des quellenkritischen Instrumentariums, die im Dienste anderer althistorischer Fragestellungen und Paradigmen vorgenommen wurden und für die vorliegende Analyse nicht passgenau wären.

2 Vgl. dazu WINTERLING 2005, 223–244 für das antik-römische (kaiserzeitliche) Verhältnis zwischen *publicus* und *privatus* oder auch MELVILLE/VON MOOS 1998.

https://doi.org/10.1515/9783110599886-003

keit vorauszusetzen. Was wir in den spätrepublikanischen Quellen fassen können, ist zunächst weder eine hinter dieser Konstruktion greifbare Wirklichkeit noch ein direktes Abbild von irgendeiner dahinter liegenden Wirklichkeit. Vielmehr handelt es sich um Diskurse, die zunächst einmal nur zeigen, dass es eben diese Diskurse offensichtlich gegeben hat.[3] Begreift man Ciceros Diffamierungen nun als Diskurse bzw. als Teile bestimmter Diskurse, lässt sich in einem ersten Schritt die Aussage treffen, dass diese existiert (und funktioniert) haben, dass sie sich, um funktionieren zu können, im Rahmen des Sagbaren bewegt haben müssen und dass sie in eine von einer bestimmten Gruppe geführte stadtrömische Diskussion eingebunden waren.[4]

Vor diesem Hintergrund kann freilich nicht beabsichtigt werden, im Sinne einer klassischen Hermeneutik durch die Quelle zu einer ‚Realität' der Vergangenheit vorzudringen,[5] da davon ausgegangen wird, dass die in den Texten repräsentierte Wirklichkeit stets eine diskursiv kommunizierte Wirklichkeit darstellt.[6] Nur eine kommunizierte Wirklichkeit kann „Objekt historischer Erkenntnis" sein.[7] Vielmehr ist der Frage nachzugehen, welche politischen Umstände bestimmte Erscheinungen als Wirklichkeit hervorgebracht, welche gesellschaftlichen und biographischen Bedingungen und welche gattungskonventionellen Faktoren zu Ciceros Ausgestaltung stereotyper Diffamierungen geführt haben.[8] Dazu gilt es z. B. zu klären, welche Praktiken

3 Zur Positivität des Diskurses vgl. LANDWEHR 2009, 70 mit Verweis auf FOUCAULT 1997, 92. ‚Diskurs' ist dabei nicht als vergegenständlichtes „Produkt", sondern als „Prozess" zu begreifen, vgl. dazu auch die Darstellung von MÜLLER-FUNK 2010, 210.

4 Wendet man dieses Verständnis z. B. auf das Themenfeld der Sexualmoral an, lässt es lediglich einen Rückschluss auf Vorstellungshorizonte zu, die Sexualpraktiken betreffen, nicht jedoch auf konkrete Beziehungen oder Praktiken. Vgl. dagegen MEYER-ZWIFFELHOFER 1995, 63.

5 So will die historische Diskursanalyse, wie es beispielsweise LANDWEHR formuliert, „nicht mehr im Sinne einer traditionellen Hermeneutik hinter die Erscheinungen gelangen, um deren ‚eigentlichen' Kern freizulegen [...]." LANDWEHR 2009, 92.

6 Vgl. LANDWEHR 2009, 41. Vgl. dazu auch FOUCAULT 2001, 874: „Und was er [*sc.* der Diskurs] ist [...], ist nicht das, was man sagen ‚wollte' (diese obskure und schwere Last der Intention, die insgeheim ein sehr viel größeres Gewicht als die gesagten Dinge hätte); er ist nicht das, was stumm blieb (diese imposanten Dinge, die nicht sprechen, die jedoch ihre unverkennbaren Spuren, ihr düsteres Profil auf der leichten Oberfläche des Gesagten hinterlassen). Der Diskurs ist durch die Differenz zwischen dem konstituiert, was man in einer Epoche korrekt (gemäß den Regeln der Grammatik und der Logik) sagen konnte, und dem, was tatsächlich gesagt wurde. Das diskursive Feld ist, zu einem bestimmten Zeitpunkt, das Gesetz dieser Differenz." Unter Aussagen werden regelmäßige und wiederkehrende Äußerungen verstanden, vgl. LANDWEHR 2009, 71 f., FOUCAULT 1997, 40–45.

7 SPÄTH 2006, 24. Aus einer ‚an und für sich' existenten Realiät wird, so fasst es SPÄTH (ebd.), erst im Moment der Interpretation (durch den Betrachter, Autor etc.) eine „vom Menschen geschaffene Wirklichkeit".

8 Vgl. LANDWEHR 2009, 92. In diesem Sinne spricht LANDWEHR (2009, 70) von einer „antihermeneutischen Wendung" FOUCAULTS und bezieht sich dabei auf FOUCAULT 2001, 874. Vgl. dazu außerdem LANDWEHR 2009, 71: „Zum zweiten grenzt er [*sc. Foucault*] seine Untersuchung der Aussagen vom Vorgehen der Ideengeschichte ab. Denn die Ideengeschichte arbeite zwar mit dem gleichen Material wie die Diskursanalyse, versuche jedoch jenseits der Positivität der Aussagen die Absicht des spre-

der Diffamierung es in der Antike zur Zeit Ciceros und auch zuvor schon gegeben hat. Auf der Suche nach den Entstehungsumständen der Diffamierungen empfiehlt sich daher auch ein Blick auf Niederschläge dieser Diskursfelder in anderen Bereichen der Überlieferung, welche eben jene moralischen Werte und Tugenden erkennen lassen wie Ciceros Diffamierungen selbst. Denn die inhaltliche Ausgestaltung der Diffamierungen muss eine Inversion von wertbezogenen Vorstellungen bilden, die zumindest von einem Teil der Gesellschaft getragen wurden, um die gewünschte diffamierende Wirkung entfalten zu können. Inwiefern diese Vorstellungen in erster Linie Reminiszenzen an einen auf die Vergangenheit projizierten Idealzustand darstellen, wird im Verlauf dieser Untersuchung gezeigt.

Von besonderer Bedeutung für die Analyse ciceronischer Schriften und ihrer soziokulturellen ‚Entstehungsumstände' ist darüber hinaus die Relation, in der Diskurse und Macht zueinander stehen.[9] Als Vehikel, also gleichsam als Instrument, das dem Diskurs zu Macht verhilft, fungiert die Sprache, da sie die Gesellschaft und ihre jeweilige Wirklichkeit formen bzw. dieser überhaupt erst ‚Ausdruck verleihen' kann.[10] Sprache verleiht so gewissermaßen die Macht, etwas ‚explizit' und ‚öffentlich' zu machen[11] sowie bestimmte Diskurse zu forcieren. Während für die späte römische Republik die Bedeutung des Heeres traditionell als exzeptioneller Machtfaktor hervorgehoben wird, ist im Falle Ciceros verschiedentlich darauf hingewiesen worden, welche bedeutsame Rolle die rednerischen Fähigkeiten für die Kompensation fehlender militärischer Erfolge gespielt haben.[12] Häufig wird dabei seinen konkreten Erfolgen als Anwalt Tribut gezollt oder abgewogen, welches Ansehen ihm sein rhetorisches Talent eingebracht haben mag. Zweierlei ist jedoch in diesem Zusammenhang auch zu bedenken: Erstens ist zu untersuchen, wie Cicero – befähigt durch sein rhetorisches Talent, das wiederum wesentlich die breite Überlieferung seines Schaffens veranlasst hat – spätrepublikanische Diskurse zu moralisch richtigem oder verwerflichem Verhalten geprägt, wenn nicht gar dominiert hat. Zweitens muss berücksichtigt werden, dass ein Großteil unseres Wissens über moralische Urteile der späten Republik auf Cicero zurückgeht und daher außer den Schriften Sallusts entsprechende Vergleichsmöglichkeiten fehlen. Moralisch negativ wertende Urteile liegen nun frei-

---

chenden Subjekts zu ermitteln. Demgegenüber wolle die Diskursanalyse eine Aussage in der Form zur Kenntnis nehmen, wie sie zu einer bestimmten Zeit an einer bestimmten Stelle auftauchte."

9 Vgl. Müller-Funk 2010, 195: „Deshalb definiert Foucault den Diskurs höchst widerspruchsvoll als die ‚Macht, derer man sich zu bemächtigen sucht'." Landwehr 2009, 72–76.

10 Dazu sei auf den *linguistic turn* verwiesen. Vgl. hierzu z. B. Toews 1987, 901 f.

11 Vgl. Landwehr 2009, 82, der sich auf Bourdieu (u. a. 1995, 19) beruft, wenn er der Sprache eine „außergewöhnliche gesellschaftliche Macht" zuschreibt.

12 Vgl. hierzu z. B. May 1988, 56 Anm. 21; Gotter 1996, 108; Humpert 2001, 76 sowie Wilsons (2008, 305) retrospektive Beurteilung zum Auftakt seiner Untersuchung über Ciceros *Philippische Reden* gegen Marcus Antonius: „The sword is mightier than the pen. For a modern historian of ancient Rome, perhaps the clearest illustration of that principle is the failure of Cicero's oratory, in all the strength of its maturity, to achieve its object of destroying the political power of Mark Antony." Vgl. zudem seine weitere Besprechung von Beurteilungen durch antike Autoren.

lich häufig in Form von Diffamierungen vor. Besonders für Cicero stehen also Sprache und sprachliche Produkte, seine Reden und Briefe sowie das übrige literarische Schaffen, in engem Konnex mit seinem Anspruch auf politische Macht bzw. seinem Kampf um Macht.[13] Geht man davon aus, dass Diskurse gesellschaftliche Macht haben, indem sie Wahrheiten definieren, ist die Einflussnahme auf die Ausgestaltung gesellschaftlicher Diskurse bzw. die Ausformung einer gesellschaftlich diskutierten ‚Wirklichkeit' ein besonders wirksames Machtmittel. Wie Cicero dieses Mittel gerade in Diffamierungen politischer Kontrahenten einsetzt, bildet ein zentrales Erkenntnisinteresse der vorliegenden Rede- und Briefanalysen.

Rhetorisch durchkomponierte Texte, wie sie in Ciceros Reden und Briefen gewiss vorliegen, lassen sich aufgrund leicht zu identifizierender Elemente besonders gut diskursanalytisch untersuchen. Die herauslösbaren Versatzstücke von Argumentationen sind dabei als *topoi* zu verstehen.[14] Durch wiederkehrende *topoi* der Rhetorik können Relationen zwischen Argumenten und Schlussfolgerungen hergestellt werden, die nicht notwendigerweise miteinander in Zusammenhang stehen müssen. In diesem Sinne können *topoi* maßgeblich an der Konstruktion von Wirklichkeiten beteiligt sein. Das Herstellen und Perpetuieren von Relationen zwischen Argumenten und nicht zwangsläufig sich daraus ergebenden Schlussfolgerungen ist in Ciceros Diffamierungen vielfach zu beobachten. Cicero fügt sich mit seinen Reden, die plausible Verbindungen zwischen Argument und Schlussfolgerung herstellen, in eine bestimmte Tradition ein. Diese Verbindungen funktionieren hauptsächlich deshalb, weil ähnliche Relationen schon von früheren Rednern angewandt worden waren. Solche Argumente bilden keine Sachverhalte oder Handlungen ab, die der historischen Realität entsprochen haben, sondern operieren primär im Rahmen rhetorischer Konventionen. Was dargestellt wird, ist also nicht zwangsläufig als so geschehen zu verstehen, muss sich aber sehr wohl in einem Rahmen bewegen, der potentiell vor-

---

13 Der Gedanke ist angelehnt an Bourdieus Beobachtung einer außergewöhnlichen gesellschaftlichen Macht, die in der Fähigkeit begründet liegt, Dinge in Worte zu fassen, sichtbar zu machen und so durch die Schaffung eines *common sense* eine soziale Gruppe zu formieren. Ähnlich beruft sich auch Landwehr (2009, 81) auf Bourdieus Erkenntnis von ‚sozialer Welt': „Denn Erkenntnis von sozialer Welt und, genauer, die sie ermöglichenden Kategorien: darum geht es letztlich im politischen Kampf, einen untrennbar theoretisch und praktisch geführten Kampf um die Macht zum Erhalt oder zur Veränderung der herrschenden sozialen Welt durch Erhalt oder Veränderung der herrschenden Kategorien zur Wahrnehmung dieser Welt." Bourdieu 1995, 18 f. Eine gesellschaftliche Macht, die sich in der Forcierung von Diskursen in Reden und Briefen niederschlägt, kann als Ziel des politischen Kampfes verstanden werden. Zu ähnlichen Interpretationen siehe des Weiteren Landwehr 2009, 73.

14 Zum Zusammenhang von Diskursanalyse und Rhetorik vgl. Landwehr 2009, 119 f.: „In der *Topik* hat die Rhetorik das Auffinden von Regeln systematisiert, die plausible Verbindungen zwischen Argument und Schlussfolgerung herstellen sollen. Topoi erweisen sich unter anderem deswegen als bedeutsam, weil sie Aspekte miteinander verbinden können, die keineswegs als notwendig miteinander verbunden betrachtet werden müssen. Sie stellen mit anderen Worten Relationen her, die für die Konstruktion von Wirklichkeiten von entscheidender Bedeutung sind."

stellbar gewesen ist.[15] Durch die Anwendung und Forcierung bestimmter *topoi* – bestimmter Argumente – fügt Cicero seine Vorwürfe in eine diskursive Wirklichkeit ein, bildet aber nicht zwangsläufig Handlungsweisen und Verhaltensmuster ab, die bestimmten Individuen zuschreibbar wären. Welche diskursiven Wirklichkeiten und somit prinzipiell vorstellbaren Handlungsweisen und Verhaltensmuster in den ciceronischen Texten bedient werden, wird die Quellenanalyse zeigen.

Um das Verhältnis einer notwendigen Bezugnahme auf die Lebensrealität zu bestimmen und einen Spielraum für das ‚Fingieren' von Argumenten abzustecken, dienen im Folgenden Überlegungen der Erzähltheorie: Neben der Grundannahme, dass von Inhalten der Diffamierungen nicht auf konkrete Ereignisse geschlossen werden darf, versteht sich, dass Vorwürfe nicht ‚frei erfunden' sein können, um in gewünschter Weise Einfluss ausüben zu können. Um den Spielraum des Sagbaren ermessen zu können, der Cicero zur Komposition seiner Diffamierungen zur Verfügung gestanden hat, und um so die Ausgestaltungsmöglichkeiten und -voraussetzungen der Inhalte von Diffamierungen beurteilen zu können, sollen im Folgenden in der nötigen Kürze einige Überlegungen zum ‚Fingieren' von Diffamierungsinhalten angestellt werden. Die Nähe des Begriffes ‚fingieren' zu ‚Fiktion' oder ‚Fiktionalität' und zu ihrem Gegensatz, dem ‚Fakt' oder der ‚Faktualität', macht es notwendig, den vorliegenden Untersuchungsgegenstand unter Berücksichtigung von erzähltheoretischen Ansätzen einzuordnen. Die auf Ciceros Diffamierungen anzuwendende Begrifflichkeit von ‚Fingiertem' unterscheidet sich dabei von bereits unternommenen Versuchen, den Begriff Fiktion auf antike Texte wie beispielsweise Briefcorpora anderer antiker Autoren anzuwenden.[16] Sie leitet sich im Wesentlichen aus Ciceros Werk her, insbesondere aus einer Passage seiner Rede *Pro Fonteio*, der Verteidigungsrede Ciceros im Repetundenprozess gegen Fonteius des Jahres 69 v. Chr.:

15 Vgl. dazu auch HARTMANN 2002a, 34: „Denn vielfach wird in den Texten auf Realien des Lebens bezug genommen, und es werden Sachverhalte und Handlungsweisen geschildert, die sicher nicht immer der historischen Realität entsprachen, ihr aber *hätten* entsprechen können." Was aus Texten somit rekonstruiert werden kann, sind nicht konkrete Ereignisse, „sondern ein Feld der in damaliger Zeit vorstellbaren Handlungsweisen und Denkarten".

16 Zu erwähnen ist hier z. B. LUDOLPHS Begriff von einer „tendenzielle[n] Fiktionalität". So heißt es dort: „Man muß, wenn es auch im Einzelfall nicht erweisbar ist, damit rechnen, daß das private Ambiente [in Plinius' Briefen] nur noch fingiert ist und Persönlichkeit des Verfassers und lyrisches Ich divergieren." LUDOLPH 1997, 38. Auf die Cicero-Briefe ist eine solche Bestimmung von ‚Fiktionalität' gewiss nicht anwendbar. Dennoch werden sie auf fingierende Elemente hin untersucht. Hinsichtlich des entscheidenden Kriteriums LUDOLPHS (1997, 39), die Publikation, welche die Briefe erst zu Literatur werden lässt, verhält es sich bei den Cicero-Briefen deutlich anders als bei den Plinius-Briefen, da die ciceronischen Briefe freilich erst postum veröffentlicht wurden. Die vorliegende Untersuchung entwickelt einen Begriff von ‚Fiktionalität', der nicht mit dem ludolphschen konkurriert, sondern schlichtweg auf einer anderen narratologischen Ebene agiert.

> *ecquis umquam reus (...) sic accusatus est, ut nullum probum, nullum facinus, nulla turpitudo, quae libidine aut a petulantia aut ab audacia nata esset, ab accusatore obiceretur, si non vera, at certe ficta sunt cum aliqua ratione ac suspicione?*[17]
>
> „Hat man je einen Angeklagten [...] so beschuldigt, daß ihm der Ankläger nichts vorzuwerfen wußte, keine Schandtat, kein Verbrechen, keinen Schimpf, der von Ausschweifung, Vermessenheit oder Dreistigkeit herrührte und, wenn nicht wahr, so doch wenigstens mit begründeten Verdachtsmomenten ersonnen wäre?"

Für das Ermessen eines Spielraums, in dem Argumente der Diffamierung fingiert werden können, ist der Formulierung *si non vera, at certe ficta* einige Bedeutung beizumessen.[18] Cicero sinniert hier über den Usus der Ankläger, gegen einen Angeklagten aus bestimmten Bereichen von Verfehlungen Vorwürfe zu entwickeln, die nicht in direktem Zusammenhang mit dem Anklagegegenstand oder überhaupt der angeklagten Person stehen. Als infrage kommende Motive benennt Cicero an dieser Stelle explizit die *libido*, die *petulantia* sowie die *audacia*-Vorwürfe, die in den Diffamierungen überall anzutreffen sind. Wichtig ist, dass solche Vorwürfe laut Cicero nicht zwangsläufig *vera* sein müssen. Vielmehr könnten sie *certe ficta* sein – unter der Einschränkung, dass sie *cum aliqua ratione ac suspicione* ersonnen sein sollten. Ein Mindestmaß an *ratio* und/oder *suspicio* müsse jedem Vorwurf innewohnen, damit er einem Angeklagten unterstellt werden könne. Die Fragen nach der ‚Fingiertheit' bestimmter Vorwürfe gegen Angeklagte, die sich in charakterlichen Diffamierungen regelmäßig wiederholen, erwachsen also aus dem Ermessensspielraum der *ratio* und der *suspicio*. Dieser Spielraum ergibt sich – so setzt diese Untersuchung voraus – aus einem Rahmen dessen, was in einer Gesellschaft vorstellbar, denkbar und sagbar ist. Solange charakterdiffamierende Vorwürfe bestimmte Grenzen der Vorstellbarkeit, ‚Plausibilität' oder Erzählkonventionen nicht überschreiten, können sie demnach fingiert werden.

Erzähltheoretische Untersuchungen nehmen Unterscheidungen zwischen fingierten (häufig ‚fiktional' genannten) und sogenannten ‚faktualen' Texten oder Textpassagen vor. Solche Untersuchungen analysieren zum einen die Struktur des Textes und zum anderen die sprachlich-erzählerische Vermittlung von Geschichten.[19] Es

---

17 Cic. Font. 37.

18 Zur Freiheit des Autors bei der Ausgestaltung diffamierender Vorwürfe siehe auch Quint. inst. 3.7, vgl. Edwards 1993, 10.

19 Solche erzähltheoretisch interessierten Untersuchungen lassen sich grob in zwei Gruppen unterscheiden, je nachdem, worauf sie das Augenmerk ihrer Analysen richten: auf der einen Seite die *histoire*-Narratologie, auf der anderen Seite die *discours*-Narratologie. Diese etwas vereinfachte Differenzierung orientiert sich an der Überblicksdarstellung von Martínez 2011, 2: „Die *histoire*-Narratologie konzentriert sich auf die Struktur der dargestellten Geschichte [...]. Entsprechend untersucht die *discours*-Narratologie vor allem die sprachlich-erzählerische Vermittlung von Geschichten, die besonderen Gestaltungen der Erzählfigur, der Perspektive der Informationsvergabe, der Präsentation des Geschehens u. a." Als Vertreter der *histoire*-Narratologie seien hier Genette 1992 und Cohn 1999 angeführt. Jenseits erzähltheoretischer Perspektiven nehmen sich auch althistorische Studien

stehen also entweder Fragen nach den Gegenständen des Erzählens, etwa der „zeitlich organisiert[en] Abfolge von Ereignissen",[20] oder Fragen nach der Vermittlungsebene, der Art und Weise der Darstellung, im Mittelpunkt.[21] Für eine Beurteilung des Freiraumes, der dem antiken Autor zur Verfügung stand, um – inhaltliche – Elemente der Diffamierung zu fingieren, wäre im Sinne einer erzähltheoretischen Herangehensweise also zunächst nach der Abfolge und Komposition von Ereignissen zu fragen. Denn diese sollen mithilfe einer eingängigen Komposition einen möglichst ‚realitätsnahen' Eindruck erwecken, also ‚Referentialität' aufweisen,[22] auch wenn der konkrete Bezug zur Realität erlogen wäre.[23] Es ist darüber hinaus auch die Präsentationsform zu berücksichtigen, die gewählt wird, um einer fingierten Begebenheit den Anschein tatsächlicher Ereignishaftigkeit zu verschaffen. Hierzu gehören z. B. Beteuerungen, dass ‚man' von einem bestimmten Sachverhalt oder Ereignis gewiss schon gehört habe oder dass etwas ja ‚allgemein bekannt' sei.

Wenn Texte, die aus einer erzähltheoretischen Perspektive untersucht werden, einen Bezug zur zeitgenössischen Gegenwart, einen sogenannten ‚Referentialitätsanspruch' aufweisen, können sie als ‚Berichte' bezeichnet werden. Demgegenüber bewegen sich ‚Erzählungen' mitunter in einem fiktionalen Raum, der dadurch bestimmt ist, dass er Elemente beinhaltet, die nicht mit irgendeiner Lebensrealität in Zusammenhang stehen.[24] Als fiktional kann eine Erzählung aber auch deshalb bezeichnet werden, weil Erzählungen stets Bewusstseinsdarstellungen sind, also gewissermaßen auf einer geistigen Konstruktion (eines Individuums) beruhen.[25] Nun

---

dieser Fragestellungen an wie Corbeill 1996, 3–13, Riggsby 1997a, 235–251, Craig 2004, 194–197, die an späterer Stelle besprochen werden.

20 Klein/Martínez 2009, 6, vgl. dazu auch Martínez 2011, 11 oder Müller-Funk 2010, 295: Das Narrativ ist eine „symbolische Konstruktionsform mit einer zeitlichen, durch Anfang und Ende begrenzten Abfolge mit Handlungscharakter." Vgl. dazu auch Fludernik (2004, 130): „According to standard lore, a narrative is a narrative because it tells a story, and a story consists in a series of connected events which produce an organic (and usually teleological) structure of signification."

21 Vgl. Fludernik 2010a, 32.

22 Klein und Martínez (2009, 6) betonen den Bezug zur Lebenswelt für die Wirklichkeitserzählung: „Wesentliches Merkmal dieser Erzählungen ist ihr konkreter Bezug auf reale Begebenheiten, auf Wirklichkeit: Sie liefern Aussagen über konkrete Sachverhalte unserer Lebenswelt."

23 Für eine solche Bewertung spielt es keine Rolle, ob die Inhalte der Geschichte ‚wahr' oder ‚unwahr' sind. Es spielt lediglich eine Rolle, ob sie als wahr gedacht werden können. Vgl. hierzu Genette 1992, 84. Siehe auch Klein/Martínez (2009, 5): „Aber die mangelnde Referenz macht sie nicht schon zu fiktionalen Texten, sondern zu defizitären (nämlich falschen oder lügnerischen) faktualen Texten. Ausschlaggebend für die Unterscheidung zwischen fiktionalen und faktualen Texten ist der jeweils mit den Texten erhobene Geltungsanspruch." Erzählungen sind also gerade durch den Bezug zu einer Lebenswelt als faktuale Erzählungen zu verstehen. Vgl. dazu Martínez 2011, 8 mit Verweis auf Genette 1992, 11–40: „Der Ausdruck ‚faktuale Erzählung' zur Bezeichnung von nicht-fiktionalen Erzähltexten wurde von Gérard Genette eingeführt."

24 So beispielsweise Fabelwesen wie Drachen, erfundene Orte u.v.m.

25 Fludernik (2010a, 73) bewertet Erzählungen als grundsätzlich fiktional, nicht etwa weil sie von erfundenen und fantastischen Dingen handeln, sondern weil sie auf sogenannten Bewusstseinsdarstellungen basieren. Vor dieser Grundannahme könnten gerade Briefe, sobald man sie als Erzählungen

weisen Ciceros Schriften – sowohl die Reden als auch die Briefe – Referentialität, d.h. einen Bezug zu einer Lebensrealität auf. Dennoch sind sie mit Sicherheit mehr als bloße Berichte, nämlich durchkomponierte Erzählungen aus der Feder eines einzigen Autors. Nun werden in der vorliegenden Untersuchung sowohl die Reden als auch die Briefe als literarische Texte verstanden,[26] die einerseits einen grundsätzlichen ‚Berichtcharakter' aufweisen, andererseits aber Erzählungen darstellen, die teilweise fingierte Inhalte umfassen.[27] Eine antithetische Unterscheidung zwischen Erzählun-

---

versteht, in ihrer Gesamtheit als fiktional beurteilt werden. An einem solchen Verständnis von Fiktionalität entzündet sich der kritische Vorwurf des „Panfiktionalismus". Dieser wird gegenüber einem Fiktionalitätsbegriff erhoben, der als Synonym für „auf geistiger Konstruktion beruhend" verstanden wird und dadurch – so die Kritik – völlig an „unterscheidender Kraft" verliere. Vgl. BLUME 2004, 15. Zum „epistemologischen Fehlschluß panfiktionalistischer Theorien" vgl. des Weiteren BLUME 2004, 13. Die vorliegende Arbeit vertritt erklärtermaßen kein derartiges Verständnis von Fiktionalität, wenn sie die antiken Texte untersucht. Dennoch wird die Kategorie der ‚Erfahrungshaftigkeit' in Zusammenhang gebracht mit dem dieser Untersuchung zugrunde liegenden Verständnis von Fingieren. Für die Erfahrungshaftigkeit (*experientiality*) in der Erzählforschung vgl. auch die kritische Beurteilung im Hinblick auf ein „hinreichendes" oder „notwendiges" Merkmal von Narrativität bei MARTÍNEZ 2011, 8. Für eine vertiefte Darstellung des Konzepts der Erfahrungshaftigkeit vgl. FLUDERNIK 2010b. Zum *Zusammenhang von Realitätserfahrung und Sprache in Ciceros Briefen* liegt eine Untersuchung von JÄGER 1986 vor, welche die Briefe unter der Berücksichtigung von sprachlicher Äußerung, psychischer Verfassung und Realitätsbewältigung psychologisierend betrachtet (JÄGER 1986, 26). Es wird dort zwischen emotional-affektiven und intellektuell-argumentativen Äußerungen (30) unterschieden, wobei den äußeren Bedingungen und Realitätserfahrungen ein direkter Zusammenhang mit der Art der sprachlichen Äußerung bescheinigt wird (108). Derartige aus der Lebensrealität abzuleitende psychische Bedingtheiten und ihr Niederschlag in den Briefen können nicht Gegenstand der vorliegenden Untersuchung sein. Vielmehr fragt die Relation von Diffamierungen und Erfahrungshaftigkeit nach dem Rahmen von schriftlich vermittelbaren und gesellschaftlich denkbaren Situationsmodellen (*suspicio* und *ratio*).

26 Zu Irritationen kann diese Verwendung des Begriffes ‚Literatur' führen, wenn man ihn nicht scharf von dem ludolphschen unterscheidet, vgl. LUDOLPH 1997, 37 f. Es sei aber an dieser Stelle nochmals darauf hingewiesen, dass der hier verwendete ‚Literaturbegriff' ein der Narratologie entliehener ist. Er markiert also lediglich die Beurteilung der Briefe als Erzählungen im Gegensatz zu nicht erzählenden Texten, die bisweilen nicht der Literatur zugeordnet werden. Ein ‚Literaturbegriff', der sich als Markierung versteht, welche die Briefe jenseits der Gebrauchsbriefe als Kunstbriefe charakterisiert, ist an dieser Stelle nicht gemeint.

27 Die Briefe sollen hier als Erzählung im Sinne einer „Sprachhandlung" aufgefasst werden. Dabei wird die Kommunikation „als schriftlicher Kontakt zwischen räumlich und zeitlich voneinander entfernten Autoren und Lesern" verstanden, MARTÍNEZ 2011, 1. Für ‚faktuale Erzählungen' ist es wichtig, zugleich einen referentiellen Aspekt zu berücksichtigen, während die konstruktiven Elemente nicht vernachlässigt werden dürfen, wie KLEIN und MARTÍNEZ für die ‚Wirklichkeitserzählungen' konstatieren, vgl. KLEIN/MARTÍNEZ 2009, 2. Erzähltheoretisch werden seit Genette drei Beurteilungsdimensionen unterschieden: die Pragmatik, die Semantik und die Syntax; so benannt von MARTÍNEZ 2011, 1. Martínez weist auf die Dreiteilung der Dimensionen nach *narration*, *histoire* und *récit* durch GENETTE hin, womit dieser einen älteren Dualismus zwischen *histoire* und *discours* überwunden und erweitert habe, vgl. MARTÍNEZ 2011, 1f. Siehe dazu besonders GENETTE 1992, 73 f. Anm. 3. FLUDERNIK benennt eine Dreiteilung in *narration*, *histoire* und *discours*, vgl. FLUDERNIK 2010a, 10. Sowohl auf textpragmatischer als auch auf syntaktischer Ebene handelt es sich bei den Briefen nicht um fiktionale Texte:

gen und Berichten trifft auf die untersuchten Schriften Ciceros gewiss nicht zu. Dennoch bildet für die vorliegende Untersuchung gerade der nicht genau zuzuordnende Charakter von Ciceros Schriften den neuralgischen Punkt und Anlass für eine detaillierte Betrachtung. Dieser Charakter ist dadurch gekennzeichnet, dass die Schriften sowohl von konkreten lebensweltlichen Fakten berichten als auch – so die Annahme – von nicht stattgefundenen Ereignissen erzählen können. Wie zu sehen sein wird, sind gerade solche Passagen der Reden und Briefe, die Diffamierungen anhand von Handlungsweisen und Verhaltensmustern aufweisen, faktuale Erzählungen mit einem hohen Maß an Referentialität und weisen zugleich fingierende Elemente auf, die sie in die Nähe von fiktionalen Erzählungen im Sinne von Bewusstseinsdarstellungen rücken.

Ein gewisser Hybridcharakter zwischen (faktualen) Berichten und (fiktionalen) Erzählungen kann als ‚Wirklichkeitserzählung' gefasst werden. Dabei wird von literarischen Texten ausgegangen, die nicht etwa erfundene Geschichten erzählen, sondern konkrete Bezüge zur „Wirklichkeit" herstellen und den Anspruch erheben, zu erzählen, ‚wie es (gewesen) ist'.[28] An derartigen Wirklichkeitserzählungen ist für die vorliegende Untersuchung von besonderem Reiz, dass solche Texte in der Regel eine Kombination von verschiedenen fiktionalen und faktualen Elementen – in der Terminologie von Klein und Martínez gesprochen also „Hybridisierungen" – aufweisen.[29] Ciceros Schriften versuchsweise als Wirklichkeitserzählungen zu verstehen, bietet interessante Anwendungsmöglichkeiten. Dies gilt auch angesichts der Einschränkung, dass die Lebenswelten der Reden und Briefe als Referenzgröße nicht mit heute

Zur Herleitung sei an dieser Stelle nur angeführt, dass die Briefe erstens keine als fiktiv zu verstehenden Inhalte transportieren und zweitens eine offensichtliche Identität zwischen Autor und Erzähler aufweisen. Genette definiert eine Erzählung, in der Autor und Erzähler identisch sind, als faktuale Erzählung, und eine solche, in der Autor und Erzähler nicht identisch sind, als fiktionale. Vgl. Genette 1992, 80–84.

28 Klein/Martínez 2009, 1: „Anders als in den erfundenen Geschichten der Literatur bezieht man sich in diesen Erzählungen direkt auf unsere konkrete Wirklichkeit und trifft Aussagen mit einen spezifischen Geltungsanspruch: ‚So ist es (gewesen)'."

29 So bewegen sich Wirklichkeitserzählungen zwischen ihrem Charakteristikum eines Referentialitätsanspruchs und der Eigenschaft, Träger fiktionaler Erzählformen zu sein. Vgl. dazu die Positionierung von Klein und Martínez (2009, 4): „Ergiebiger ist es, die Verwendung genuin fiktionaler Erzählformen in faktualen Texten ernst zu nehmen, ohne deshalb gleich den Referentialitätsanspruch dieser Texte abzustreiten, der sie fundamental von den Geschichten der fiktionalen Literatur unterscheidet. Solche Fälle machen allerdings in besonderem Maße darauf aufmerksam, dass die Opposition fiktional vs. faktual nicht trennscharf ist, sondern verschiedene Kombinationen und Hybridisierungen erlaubt." Vgl. dazu auch de Jong (2004, 7), die mit Blick auf antike Literatur darauf hinweist, dass Texte auch narrative und nicht-narrative Elemente beinhalten können, also im Hinblick auf ihren Erzählcharakter keineswegs eindeutig definierbar sein müssen. Für die Untersuchungsgegenstände in ihrem Sammelband führen Klein und Martínez als Beispiel für die hybride Form des Erzählten „fiktive Fallgeschichten", für die hybride Form des Erzählens „Zustandsbeschreibungen" oder „Argumentationen" an. Vgl. Klein/Martínez 2009, 7.

bekannten Lebenswelten identisch sind. Sie lassen sich daher nicht so beurteilen wie eine zeitgenössische Gesellschaft.[30]

Aus erzähltheoretischer Perspektive wurden englischsprachige Briefe der frühen Neuzeit einer Prüfung auf narrative (fingierende) Elemente unterzogen.[31] In der eigentlich faktualen Gattung Brief wird dabei nach narrativen Episoden innerhalb der faktualen Berichte gesucht, die durch eine ‚Erfahrungshaftigkeit' des Autors bedingt worden wären.[32] Narrative weisen im Sinne jener Untersuchung einen Einbezug des Protagonisten in die Ereignisse auf, wodurch deren Darstellung stets als wertend und als emotionale Reaktionen auf die eigene Erfahrung verstanden werden müsse.[33] Für die so untersuchten neuzeitlichen Briefe hat sich ergeben, dass persönliche Gefühle oder Emotionen, die der Markierung von Narrativität dienen würden, nicht vorhanden sind.[34] Freilich ist es überaus problematisch, Gefühle und Emotionen für antike Texte nutzbar zu machen. Zwar geht die antike Brieftheorie davon aus, dass Briefe einen Spiegel der Seele darstellen, doch ist dies als Gattungstopik zu verstehen.[35] Dennoch ist in Ciceros Werturteilen über Personen, die meist an vermeintlichen Charakter-

---

30 An dieser Stelle ist im Hinblick auf das gesamte Konzept der Wirklichkeitserzählungen nach KLEIN und MARTÍNEZ eine weitere Einschränkung zu erwähnen, nämlich die Beurteilung der Erzählungen als „nicht literarische im engeren Verständnis". Siehe dazu KLEIN/MARTÍNEZ 2009, 6: „Der Begriff Wirklichkeitserzählung weist außerdem darauf hin, dass Gegenstand dieses Buches mündliche oder schriftliche Erzählungen sind, die nicht literarisch in einem engeren Verständnis sind, weil sie eben (a) einen Anspruch auf unmittelbare Verankerbarkeit in der außersprachlichen Wirklichkeit erheben, sich also im Zweifelsfall auf reale Sachverhalte oder Begebenheiten beziehen [...]."

31 Dabei wird von folgender Überlegung ausgegangen: „For literary scholars, especially, the existence of epistolary fiction immediately raises the expectation that letters must have narrative quality [...]." Weiter heißt es dort: „In fact, epistolary fiction took its inspiration [...] from a tradition of letter-writing manuals that – imitating Ovid's *Heroides* – had started to tell stories of unhappy love affairs in letter format [...]." FLUDERNIK 2007, 242.

32 FLUDERNIK 2007, 247: „[...] I define narrative as a quality that exceeds mere reporting and devotes some space to the presentation of events in the form of narrative episodes."

33 FLUDERNIK 2004, 132: „A mere report about a series of events does not constitute a narrative in my sense of the term. Narratives have to render the experiential quality of these events, either in terms of the protagonist's involvement in things that impinge on him or in terms of reflective reenactment. Narrative is therefore always both evaluative and steeped in emotional reactions to experience."

34 Vgl. FLUDERNIK 2007, 242: „In my corpus personal feelings and emotions register very rarely indeed." 247: „Most early letters are brief, business like and unemotional; they emphasize report, persuasion and polite indirection and do not give much room to the expression of the letter writer's emotions [...]." FLUDERNIK 2004, 136.

35 Die antike Brieftheorie geht davon aus, dass in Briefen Emotionen und die Seele des Autors widergespiegelt werden, vgl. ROSENMEYER 2001, 4. Dies ist aber nicht zu verwechseln mit modernen Vorstellungen von ‚Emotionen des Autors', sondern eine Topik der Gattung Brief. Für die griechische Briefliteratur stellt ROSENMEYER in einer Studie zu *Ancient Epistulary Fictions* die moderne Annahme auf die Probe, dass Briefe aufrichtig (*honest*) seien. Im Gegenteil geht sie davon aus, dass im Prozess des Briefschreibens automatisch ein ‚Selbst' („one automatically constructs a self") konstruiert werde und Briefe kein Abbild der Realität darstellten, sondern eine Konstruktion derselben, vgl. ROSENMEYER 2001, 4–16; hier insbesondere 4 f.: „My approach in this study will be to attempt to challenge these assumptions of epistolary ‚honesty'."

qualitäten festgemacht werden, die (persönliche, politische) Involvierung des Autors nicht zu unterschätzen. Denn was in Ciceros Reden und Briefen vorliegt, sind freilich Erzählungen aus der Perspektive des Redners und Autors, die mit gewissen Absichten verfasst wurden. In der althistorischen Literatur wird die eigene Repräsentation und Bedeutung des Redners unter der Formel *ethos* untersucht, die schon Aristoteles als eines der drei Überzeugungsmittel der Rhetorik bezeichnet.[36] Dem Autor kommt in der Untersuchung von Diffamierungen so in zweifacher Weise eine eigene Bedeutung zu. Erstens spielt der Urheber sowohl von Reden als auch von Briefen selbst als vielfach gepriesenes positives Gegenbeispiel zur diffamierten Person eine Rolle. Dass die eigene Person positiv dargestellt wird, stellt dabei eine Möglichkeit dar, dem Tadel einer anderen Person ein Eigenlob gegenüberzustellen.[37] Zweitens ist für die Diffamierungen in Reden und Briefen Ciceros eine eigene politische Involvierung, also ein bestimmter Erfahrungsgehalt, nicht zu unterschätzen.

Es ist festzuhalten, dass die Inhalte der Reden und Briefe aus erzähltheoretischer Perspektive wohl als faktuale Berichte zu verstehen sind, die nur dann fiktional zu nennen wären, wenn man die Erzählung als Bewusstseinsdarstellung des Autors verstünde. Auch wenn Teile der Berichte erlogen wären, müssten sie erzähltheoretisch als referentiell verstanden werden, also als Darstellungen, die (durch Orts- und Zeitangaben, Namensnennungen etc.) einen eindeutigen Bezug zur Realität herstellen. Aus der Notwendigkeit eines Realitätsbezuges ergibt sich nun ein eingeschränkter Spielraum, innerhalb dessen Elemente der Diffamierung fingiert werden – d. h. mitunter erlogen sein können. Zwar müssen die Darstellungen glaubwürdig sein und unmissverständliche Bezüge zu Lebensrealitäten aufweisen. Sie können aber problemlos erfundene Elemente beinhalten, ohne dass es notwendig wäre, sie als fiktional oder unwahr zu beurteilen. Dies gilt sowohl für unsere heutige Sicht als auch für die damaligen Zeitgenossen.

1.2 Definitionen und Forschungsstand zu Ciceros Diffamierungen

Für Texte, die Diffamierungen enthalten, ist der Autor Cicero in der altertumswissenschaftlichen Forschung vielfach als Invektivenredner behandelt worden.[38] Immer

36 Aristot. rhet. 1356a. Für einen Abgleich des *ethos* in Aristoteles' Rhetorik mit der rhetorischen Praxis im Athen des 4. Jh.s v. Chr. vgl. Piepenbrink 2016.

37 Vgl. May 1988, 55; 149; Wooten 1983, 58–86; Piepenbrink (2016, 4), die entgegen anderen Einschätzungen wie der von Fortenbaugh (2006, 281–316) explizit darauf hinweist, welche hohe Bedeutung für das *ethos* des Redners auch der Negativzeichnung des Kontrahenten beigemessen wurde.

38 Ein neuer Ansatz zur Betrachtung von „character abuse as a rhetorical strategy" (16) liegt in Hammars 2013 Modell einer „logic of immorality" vor. Eine übersichtliche Abgrenzung von der bisherigen Forschungstradition bietet das Kapitel „Making sense of immorality" (17–22). Zu Recht stellt er hier fest, dass Vorwürfe *ad hominem* in unbefriedigendem Ausmaß als irrelevant für das politische Fortkommen von Ciceros Gegnern betrachtet wurden und stattdessen als gewichtige Argumente verstanden werden sollten (21 f.; 323). Die Überkategorie „immorality" und dass *audacia* als der zentrale

wieder wurden Ciceros Reden auf invektivische Züge hin untersucht und es wurden Analysen einiger Reden nach einer jeweils perspektivenabhängigen Definition von Invektive vorgenommen.[39] Die vorliegende Studie widmet sich nun nicht einer philologischen Betrachtung von ciceronischen Invektiven oder invektivischen Elementen in Ciceros Reden. Als unumgänglich für eine historische Untersuchung diffamierender Charakterdarstellungen bei Cicero erweist sich dennoch zumindest ein kurzer Blick auf die gattungskonventionellen Merkmale, die im weitesten Sinne der Invektivenrede zugeordnet werden.

Zunächst seien einige Worte zur Etymologie der Invektive vorausgeschickt: Koster hat gezeigt, dass der Begriff der Invektive als *invectiva oratio* erst seit dem vierten Jh. n. Chr. belegt ist.[40] Durch Grammatiker, Rhetoren und Scholiasten habe zunächst vornehmlich das Adjektiv *invectus* Verwendung gefunden. Dessen Wortstamm sei auf den Infinitiv *inveho* zurückzuführen, der die Bedeutung des Angreifens auch auf verbaler Ebene abdecke.[41] *Invectus* sei, so Koster, bald eine Junktur mit *oratio* eingegangen, „um sich dann zum substantivischen Adjektiv *invectiva* zu verselbstständigen".[42] Für die Zeit, in der Cicero die zu untersuchenden Texte verfasst, ist also nicht von der Verwendung eines Invektivenbegriffs in einer feststehenden Bedeutungszuschreibung auszugehen. Vor dem Hintergrund einer solchen anachronistischen Zusammenführung von Cicero und der *invectiva oratio* kann und soll ‚die Invektive' nicht Gegenstand der vorliegenden Arbeit sein. Eine Untersuchung lediglich der traditionell als solche klassifizierten Invektiven würde darüber hinaus wesentliche Beispiele ciceronischer Diffamierungen unberücksichtigt lassen. Da sich der Begriff der Invektive in der Forschung aber seit langem festgesetzt hat, ist es unerlässlich, ihn zur Sprache zu bringen.

In der Forschung wurden besonders in Ciceros Reden stilistische Elemente und Muster ausgemacht, die als ‚invektivisch' klassifiziert wurden. Daher wird im Folgenden mitunter von ‚invektivischen Elementen' zu sprechen sein, um begrifflich

---

Vorwurf verstanden wird, auf den alle Angriffe abzielen, stellt einen Fokus dar, den die vorliegende Untersuchung nicht teilt, siehe dazu Kapitel 4.1. Das zentrale Motiv seiner Untersuchung drückt Hammar wie folgt aus (22): „What happens if [...] the Romans saw immorality as a legitimate concern and that attacks on immorality therefore were a rational part of Roman oratory." Für die vorliegende Betrachtung stellt moralische Devianz hingegen einen ‚Fiktionsraum' dar, der Vorwürfe vor dem Hintergrund eines Bruchs mit den *mores maiorum* mit bildlichem Inhalt füllt. Solche Vorwürfe zielen auf den konkreten Vorwurf charakterlicher Unzulänglichkeit – mit dem strafrechtlich relevanten Anklang an *infamia* –, deren Höchstmaß *turpitudo* darstellt. Die konkreten Ausgestaltungsweisen dieses ‚Fiktionsraumes' sind vorstellbare Spielarten ‚unmoralischen' Verhaltens, siehe dazu Kapitel 5.

39 Exemplarisch seien hier die älteren Arbeiten von Süss (1910, Neudruck 1975) und dessen Schüler Koster 1980 genannt. In jüngerer Zeit beschäftigen sich mit Ciceros Invektiven unter anderen Corbeill 1996; 2002; 2008; May 1988; Powell 2007; Seager 2007; Booth 2007; Smith/Covino 2011.

40 Vgl. Koster 1980, 1. Siehe auch Liebermann 1998, 1049.

41 Vgl. Koster 1980, 1 Anm. 2: „Seiner sprachlichen Bildung nach ist das Adjektiv *invectivus* ein Deverbativum, abgeleitet vom Partizip des Verbums *invehi*, das in seiner übertragenen Bedeutung an der mediopassiven Form den verbalen Angriff auf eine Person bezeichnen kann."

42 Koster 1980, 1.

fassen zu können, was im Hinblick auf negative, diffamierende Darstellungen von Charakterqualitäten als auffällig herausgearbeitet wurde und hier besonders beachtet wird. Zu diesem Zweck thematisiert dieses Unterkapitel ‚Invektivisches' in Ciceros Diffamierungen und nimmt eine definitorische Klärung der anzuwendenden Termini vor.

Für eine Definition des Invektivischen[43] bieten sich zwei unterschiedliche Ebenen an. Das ist zum einen die inhaltlich-semantische, zum anderen die sprachlich-syntaktische Ebene. Die vorliegende Studie orientiert sich an der inhaltlich-semantischen Ebene im Hinblick auf den Untersuchungsgegenstand, nämlich auf Personendarstellungen, die Charakterbilder voll negativer Qualitäten zeichnen.

Bereits 1910 hat Süß eine Arbeit unter dem Titel *Ethos. Studien zur älteren griechischen Rhetorik* vorgelegt. Wie der Titel bereits andeutet, beschäftigt sich die Studie im Wesentlichen mit griechischen Beispielen von Invektivenreden. Sie stellt diese aber nicht namentlich in den Vordergrund, sondern legt das Augenmerk auf das Ethos (ἦθος) in der Redetheorie bzw. das Ethos in den Reden.[44] Süß stellt fest, dass die „Bescheltung des Gegners von Anfang an bestanden und, wenn das erhaltene Beobachtungsmaterial diesen Schluss zulässt, im Laufe der Zeit sich progressiv gesteigert hat".[45] Unter dieser ‚Bescheltung' versteht er die διαβολή, die „außerhalb des debattierten Falles gelegene belastende Daten aus dem Leben und der Persönlichkeit des Gegners heranzieht und so das Urteil zu seinen Ungunsten zu beeinflussen sucht".[46] Süß konzentriert sich in seiner Annäherung an eine Definition somit auf die Prozessstrategie, die das Ziel der Invektiven im Blick hat. Dieses besteht darin, durch die Einflussnahme auf die richterliche Entscheidung Informationen zur Persönlichkeit anzubringen, auch wenn diese in keinem Zusammenhang mit dem konkreten Fall stehen. Für eine solche Zielsetzung kann es laut Süß von Nutzen sein, den „Charakter der beteiligten Personen durch eine Art psychologischer Analyse für die Rede fruchtbar" zu machen.[47] Eher am Rande der Studie steht die Untersuchung eines antiken Corpus von Invektiven auf das Vorkommen bestimmter thematischer „Gesichtspunkte", die er „Topen" nennt.[48] Aus Ciceros Werk wird von Süß, wenn auch sehr peripher, immerhin die *Pisoniana* als Invektive untersucht.[49]

---

43 Die Erweiterung des Wortes ‚Invektive' zum allgemeineren Begriff ‚das Invektivische' unternimmt Koster 1980, 113; 137 f.

44 Während sich der wesentlich größere Teil der Monographie mit „[r]hetorisch[er] Theorie" (Süss 1975, 2–225) beschäftigt, widmet sich nur ein knapper Teil am Ende der Untersuchung der „[r]ednerische[n] Praxis" (225–267). Hier weist der Autor darauf hin, dass sich die konkrete Anwendung des ἦθος in der Rede parallel zur Ideengeschichte des ἦθος in der Redetheorie entwickelt hat: „So verbindet ein merkwürdiger Parallelismus griechische Philosophie und griechische Rhetorik." Süss 1975, 225.

45 Süss 1975, 246.

46 Süss 1975, 245.

47 Süss 1975, 2.

48 Unter einem *topos* versteht Süss (1975, 247) einen Gesichtspunkt der „rednerischen Schmähtopik". Vgl. dazu Süss (1975, 246): „Es zeigt sich zweitens, daß dieser Brauch an ganz bestimmten Topoi der

In seiner bis heute grundlegenden Dissertation über *Die Invektive in der griechischen und römischen Literatur* schließt sich Koster weitestgehend an den von Süß vorgelegten definitorischen Umgang mit der Invektive an.[50] So geht er davon aus, dass die Invektive lediglich in ihrer inneren Struktur sowie in Inhalt und Ziel festgelegt sei.[51] Die offene Form nennt Koster eines ihrer bedeutendsten Charakteristika, sodass sie in verschiedenen Gattungen Gestalt annehmen könne.[52] Auf diese Weise begründet Koster, dass die Rede lediglich eine von vielen Gattungen sei, über deren Grenzen die Invektive hinausgreife. Außerdem ist sie oft als „Einlage in größeren Zusammenhängen" anzutreffen.[53] Zudem könne die Invektive nicht als „scharf definiert" bezeichnet werden.[54] Ausschlaggebend für eine Invektive ist die intendierte Wirkung, unabhängig davon, ob diese tatsächlich erreicht wird.[55] Diese Wirkung zielt nach Koster zum einen auf die „vernichtende Entwürdigung des Gegners in der Gegenwart" und zum anderen auf die Vernichtung des Gegners im Bewusstsein der Menschen überhaupt ab.[56] In der von Koster entwickelten Definition der Invektive[57] sind die „geltenden Werte" von zentraler Bedeutung, vor deren Hintergrund invektivische

---

Bescheltung sich ständig orientierte, die als solche nicht an die Theorie der Rede gebunden sind, vielmehr auf einen weiteren kultur- und literarhistorischen Zusammenhang weisen." Wiederaufgenommen und weiterentwickelt wird diese Voraussetzung u. a. durch Merrill 1975, *passim*; Koster 1980, 2; Corbeill 2002a, 209.

49 Vgl. Süss 1975, 259 f.

50 Vgl. Koster 1980. Für die Aktualität der Monographie vgl. beispielsweise Corbeill 2002a, 199; 201; Uría 2007, 47.

51 Vgl. Koster 1980, 354.

52 Vgl. Koster 1980, 354.

53 Koster (1980, 353) nennt als Beispiel für die Einlage einer Invektive in einen nicht ausschließlich invektivischen Kontext „die Reden Ciceros nach seiner Rückkehr". Die Invektive wird also in dieser Untersuchung nicht als eine literarische oder rhetorische ‚Gattung' verstanden, sondern als ‚Einlage', die im Kontext unterschiedlicher Gattungen möglich ist. Siehe dazu Uría 2007, 62 Anm. 7: Hier wird davor gewarnt, „the limitations of defining invective as literary, or even rhetorical ‚genre'", zu vernachlässigen.

54 Liebermann 1998, 1049. Siehe dazu auch Seager 2007, 25: „But invective is not a strictly delimited genre, rather a mode of discourse to be employed whenever the occasion demands."

55 Vgl. Koster 1980, 354.

56 Koster 1980, 353.

57 Koster 1980, 354: „Die Invektive ist eine strukturierte, zumindest aber den Hauptpunkt der πράξεις aufweisende, literarische Form, deren Ziel es ist, mit allen geeigneten Mitteln eine namentlich genannte oder benennbare Person für sich alleine oder auch stellvertretend für andere, öffentlich vor dem Hintergrund der jeweils geltenden Werte im Bewusstsein der Menschen für immer vernichtend herabzusetzen." Zu Beginn der Untersuchung hatte Koster (1980, 38) als erste ‚Arbeitsdefinition' folgende Überlegung angestellt: „Die Invektive ist eine strukturierte literarische Form, deren Ziel es ist, mit allen geeigneten Mitteln eine namentlich genannte Person öffentlich vor dem Hintergrund der jeweils geltenden Werte und Normen als Persönlichkeit herabzusetzen." Die am Ende der Untersuchung gefundene Definition erweitert diese erste um das „Bewusstsein der Menschen", in welchem eine Person „für immer" herabgesetzt werden soll. Diese Erweiterung ist für die nachhaltige Wirkung negativer Charakterbilder ebenso von herausragender Bedeutung wie auch die vorgenommene Verschärfung der ‚Herabsetzung' zu einer ‚vernichtenden Herabsetzung'.

Angriffe unternommen werden, um einem Gegner im Bewusstsein der Menschen für immer zu schaden.[58] Für Ciceros Diffamierungen ist in allen Gattungen eine Verortung der einzelnen Argumente in bestimmten Diskussionsfeldern zu beobachten, die eine Verhandlung geltender Werte widerspiegelt. Das Ziel von dezidierten Angriffen auf vermeintlich verurteilungswürdige Charakterqualitäten ist stets der Nachweis des charakterlichen Verfalls des Gegners.[59] Auf diese Weise soll der Eindruck evoziert werden, dass ein devianter Charakter dem Ideal der *romanitas* nicht (mehr) gerecht werde. Der Verlust der *romanitas* bedeutet zugleich den Verlust all der Werte, die für den von Cicero hochgehaltenen römischen Tugendkatalog nach dem Vorbild der *maiores* von zentraler Bedeutung sind.[60] Zentral ist daher für die vorliegende Studie, wie Cicero einen greifbaren Wertekonflikt, ein Gegenüber von Tugenden und Lastern, in seinen Reden stilisiert und instrumentalisiert. Wenn die These von der Forcierung eines Wertekonflikts aufrechterhalten werden kann, sind die negativen Charakterbilder der Gegner Ciceros ein direktes Resultat eines von Cicero auf sämtlichen Gebieten seines rhetorischen und literarischen Schaffens geführten Kampfes, in dem es um die Meinungshoheit im Hinblick auf die moralischen Werte der ausgehenden Republik geht. Ein weiterer wichtiger Aspekt von Kosters Definition liegt in der Betonung der namentlichen Nennung der herabzusetzenden Person.[61] Für den hier untersuchten Personenkreis der späten römischen Republik führt dieser Konnex zwischen Argumenten der Diffamierung und der namentlichen Nennung bestimmter Personen zu der bis heute scheinbar unauflöslichen Verbindung gewisser Stereotype mit bestimmten Personen. Die gewählten Diffamierungselemente bleiben in der Folgezeit mit beeindruckender Permanenz mit Ciceros Diffamierungsopfern assoziiert. Koster berücksichtigt Cicero als wesentlichen Invektivenautor seiner Zeit und bezieht sich neben den Reden unter anderem auch auf die Briefe. Da er wie bereits erwähnt nicht nur von ‚der Invektive', die ausschließlich Reden implizieren könnte, sondern auch von dem ‚Invektivischen' spricht, wurde diese Erweiterung des Untersuchungsspektrums über die Rede hinaus angestoßen.

---

58 Vgl. auch WATSON 1996, 762: „[...] having regard to the *mores* and ethical preconceptions of a given society [...]." PITCHER (2008, 131) setzt für eine erfolgreiche Invektive voraus, dass diese gängige Vorurteile und Annahmen einer Gesellschaft ausnutze.

59 Vgl. MAY 1988, 150: „[...] has begun his characterization of his ethos as un-Roman, the first step in Cicero's account of the devolution of his enemy's character."

60 Zu den Tugenden vgl. u. a. den Lexikoneintrag RENAUDS 2002, 894–896 oder CLASSEN 2000, 73–86. Für das Ziel, den Feind als charakterlich unzulänglich für die Politik zu entlarven vgl. VASALY 1993, 152. Siehe dazu auch CORBEILL 2002a, 202 Anm. 20: „This practice of exposing politicians to possible shame [...]."

61 Vgl. dazu auch KOSTER 1980, 353: „Der Name, bzw. die im genannten Sinn historische Benennbarkeit der angegriffenen Person, bleibt damit als wichtiges Kriterium erhalten." Eine Untersuchung zur Bedeutung der namentlichen Nennung in Invektiven, maßgeblich gegen Clodius, legt STEEL 2007, 105–128 vor.

Auch Corbeill schließt sich 2002 in seinem Beitrag zu *Brills Companion to Cicero* an diese Definitionstradition der Invektivenrede an.[62] Hier steht Cicero nun im Zentrum der invektivischen Untersuchung. Corbeills Definition präzisiert die Intention der Invektivenautoren, deren Absicht es sei, einen potentiellen Gesetzesbrecher von der Gemeinschaft der Elite auszuschließen.[63] So definiert auch Corbeill die Invektive auf der Ebene des Inhalts bzw. des Ziels,[64] geht jedoch nicht wie Koster davon aus, dass das Erreichen des Ziels für die Natur der Invektive keine Rolle gespielt habe. Vielmehr setzt er voraus, dass das Ziel, den Angegriffenen aus der Gesellschaft auszuschließen, in jedem Fall erreicht werde. Corbeill ergänzt das Spektrum der Wirkungsabsicht der Invektive noch um den beachtenswerten Faktor der moralischen Erziehung.[65]

Zuletzt ist auf Powell hinzuweisen, der in dem Sammelband *Cicero on the Attack* eine Definition der Invektive etymologisch im Umkreis der militärischen Konnotation von *invehi* verortet.[66] Er weist darauf hin, dass der Begriff auch in seiner politischen und forensischen Verwendung noch immer mit einer militärischen Note versehen ist.[67] Powell erweitert die Definition von Invektive im Sinne eines direkten, persönlichen Angriffs (*personal attack, direct attack*) um das Verhältnis des Angreifenden zur angegriffenen Person.[68] So impliziert der sprachliche Angriff gegen eine Person immer auch eine Erklärung der offenen Feindschaft.[69] Weiter bezeichnet er die Invektive außerdem als „deliberate public display of anger and hostility“, was in der zeitgenössischen, römischen Gesellschaft als legitime und anerkannte Methode angesehen werde, dem politischen Groll Ausdruck zu verleihen.[70] Powell äußert sich auch zum Erfolg des invektivischen Angriffs: Zwar sei es die Absicht der Invektive gewesen, die *fama* oder *existimatio* einer Person zu beschädigen, aber dieses Ziel wurde keineswegs

62 Vgl. CORBEILL 2002a, 199 f.

63 CORBEILL 2002a, 198: „[...] to exclude a potential lawbreaker from the community of the elite.“ Die Ausgrenzung einer Person aus der jeweiligen Elite hat z. B. auch die attische Komödie zum Ziel, vgl. dazu ZIMMERMANN 2004, 49.

64 CORBEILL 2002a, 199: „Invective takes its function from its goal: if the fear of blame [...] fails to maintain order, the perceived violator becomes exposed to public ridicule and is thereby excluded from the community.“ CORBEILL (2002, 200) erläutert dies folgendermaßen: „[...] identifying the purpose of invective as the pubic shaming of a known individual through the open recounting of faults.“

65 Vgl. CORBEILL 2002a, 211–215.

66 Vgl. POWELL 2007, 2.

67 Vgl. POWELL 2007, 2: „It occurs in straightforward military contexts, and still often seems to have a military air about it when applied to political or forensic attacks. [...] In Latin, the word *invehi* is used for attacks against causes as well as attacks against persons.“

68 So liege einer Diffamierung in der Regel eine politische Feindschaft zugrunde, die das Ziel der Beschädigung der gegnerischen *fama* bzw. *existimatio* befeuere. Vgl. POWELL 2007, 3.

69 POWELL 2007, 2: „An invective in the proper sense is not only a direct attack but also, at least to some degree, a declaration of open enmity; one does not typically deliver invectives against *amici* [...] or neutrals.“

70 POWELL 2007, 3: „A spoken or written invective, as a deliberate public display of anger and hostility, was regarded as a legitimate and acceptable method of pursuing a political grudge.“

immer erreicht.[71] Powell zieht in Erwägung, dass falsche Anschuldigungen als *maledicta* enttarnt worden seien und den Ankläger als unseriös gebrandmarkt haben könnten.[72] Obschon diese Einschätzung zu den Folgen einer falschen Anschuldigung, den *maledicta*, in der vorliegenden Untersuchung nicht geteilt wird, ist dennoch festzuhalten, dass das Erreichen des Ziels keine Voraussetzung für die Bewertung eines Angriffs als Invektive darstellt.

Wie wir gesehen haben, beabsichtigen invektivische Angriffe eine Schädigung der *fama* und damit des Leumunds politischer Gegner.[73] ‚Die Invektive' im Sinne der Rhetorik dieser verbalen Angriffe bildet jedoch wie schon erwähnt nicht den Untersuchungsgegenstand der vorliegenden Untersuchung. Vielmehr stehen die Inhalte, mit deren Hilfe Verleumdungen geäußert werden, sowie der Rahmen der Anwendbarkeit solcher stereotyper Diffamierungsinhalte im Blick. Dies geschieht stets unter der Voraussetzung der Kenntnis, zu welchem dauerhaften Schaden Ciceros Diffamierungen bei den untersuchten Personen tatsächlich geführt haben. Aus diesen Gründen wird im Folgenden von ‚Diffamierungen' zu sprechen sein. Das Ziel von Diffamierungen kann als ‚Rufmord' bezeichnet werden,[74] wobei als Adressat eines solchen Rufmordes nach gängiger Meinung eine mehr oder weniger breite ‚Öffentlichkeit' verstanden werden muss.[75] Eine solche ‚Öffentlichkeit' ist jedoch deutlich von modernen Konnotationen dieses Begriffs zu unterscheiden und benennt stets eine konkret definierbare Gruppe von Personen.[76] So haben unter den untersuchten Diffamierungsträgern die gehaltenen Reden vermutlich den größten Adressatenkreis erreicht, nämlich diejenige Personengruppe (Volk, Senat etc.), welche die Rede tatsächlich gehört hat. Durch die Verschriftlichung kann es zu einer leichten Erweiterung

---

71 Powell 2007, 3: „An invective was certainly an attempt to harm a person's *fama* or *existimatio* [...], but was not automatically a successful attempt." Zur *existimatio* vgl. auch Greenidge 1894, 1–17 (Nachdruck 1977).

72 Vgl. Powell 2007, 3.

73 Auch Cicero selbst argumentiert, wenn es obligat erscheint, dass bestimmte Argumente stereotyp seien und somit keine Glaubwürdigkeit aufweisen könnten. Vgl. Craig 2004, 187–213 sowie Meister 2014, 6 mit Hinweisen auf Cic. Cael. 6 and Cic. Mur. 13.

74 Icks/ Shiraev 2014 haben gezeigt, wie Rufmord („character attack" bzw. „character assasination") durch allen Epochen hinweg diskutiert werden kann. Dazu definieren sie „character attack" wie folgt: „As a form of defamation, they are akin to the argument ad hominem a rhetorical strategy that concerns the undermining of an opponent's credibility. Contrary to ad hominem, however, character attacks do not have to take place in the context of a debate. [...] The attacks hope to influence the way in which a certain person is perceived." (Icks/Shiraev 2014, 4). Wenn die Attacken erfolgreich sind, sprechen sie von „character assasination". In diesem Sinn liegt in Ciceros Angriffen Rufmord vor, denn er beschädigt den Ruf seiner Gegner mit Erfolg.

75 Siehe dazu Liebermann 1998, 1050; Uría 2007, 48.

76 Vgl. dazu Eich 2000, 382: „Eine personifizierte Öffentlichkeit als eigentümliche politische Potenz existierte in der römischen Geschichte nicht, eben aus dem Grunde, weil sie im Bewußtsein nicht existierte." Im Gegensatz zur Antike geht Eich (2000, 382) davon aus, dass man ab dem 18. Jh. „den Adressaten ‚Öffentlichkeit' in einem bewußten Sinn als einen Faktor in der Genese politischer Entscheidungen betrachtet[e]." Siehe dazu außerdem Eich 2000, 47; 62; 93 ff. sowie 113 ff.

dieser Gruppe um lesende Rezipienten gekommen sein.[77] Während die Reden zum Zeitpunkt des Vortrags konkrete politische Ziele verfolgt haben, z. B. die Einflussnahme auf ein Urteil der Richter oder die Beeinflussung der Meinung bestimmter Senatoren, fällt dieses direkte Ziel für die Verschriftlichung der Rede weg, da der Fall oder die konkrete Vortragssituation bereits abgeschlossen ist. Für Diffamierungen, die in den Reden transportiert werden, ist die Wirkungsmöglichkeit hingegen noch nicht erloschen. Sie zielt nun nicht mehr auf den Effekt, den die Rede in der Redesituation angestrebt hatte, diffamiert die angegriffene(n) Person(en) aber nach wie vor, wenn auch gegenüber einem veränderten Adressatenkreis.[78] Nicht gehaltene Reden werden wohl einen kleineren Adressatenkreis angesprochen haben als tatsächlich gehaltene. Im Wesentlichen wird die Gruppe der Adressaten, die eine gehaltene Rede durch ihre Verschriftlichung noch dazugewonnen hat – vorausgesetzt, dass Leser und Zuhörer nicht ausschließlich dieselben waren –, identisch sein mit der Adressatengruppe einer ausschließlich schriftlich niedergelegten und niemals gehaltenen Rede. Schließlich werden die brieflich kommunizierten Diffamierungen die geringste Anzahl an Rezipienten gehabt haben, auch wenn dezidiert davon ausgegangen wird, dass diese nicht ausschließlich den nominell angeführten Adressaten als potentiellen Rezipienten angesprochen haben.[79]

Die Rezipienten bzw. Adressaten von Diffamierungen verdienen an dieser Stelle eine nähere Betrachtung. Zum einen ist in der Invektivenforschung das Publikum von Invektivenreden verschiedentlich zum Gegenstand der Betrachtung geworden. Zum anderen bildet das Publikum den Gegenstand historischer Auseinandersetzungen mit der Wirkung von rednerischen und literarischen Tätigkeiten. So weist z. B. Liebermann darauf hin, dass eine *invectiva oratio* als eine Schmährede vor einem Publikum zu verstehen sei, „wobei das Publikum in der Rolle des Richters fungiert."[80] Ähnlich gibt auch Uría zu bedenken, dass der Adressat einer Invektive nicht etwa das Opfer, sondern eine antike Art von ‚Öffentlichkeit' sei.[81] Für Ciceros Diffamierungen sind diese Adressaten nicht immer leicht auszumachen. Je nach Redeform (Senatsrede, Volksrede, Gerichtsrede) oder Brieftypus werden im Falle der Reden zunächst Senatoren, stimmberechtigte römische Bürger (z. B. in den *contiones*) oder eine Richter-

---

77 EICH (2000, 169) weist für die Verschriftlichung von Reden auf die „sozialpsychologischen Implikationen" hin, die Cicero selbst dem Prozess der Verschriftlichung beimisst: „Adressat von den als Literatur publizierten Reden ist ‚die Jugend', also doch vornehmlich Aspiranten auf einen stadtrömischen *cursus honorum*." EICH 2000, 168.

78 Siehe dazu auch URÍA 2007, 48.

79 So auch SPÄTH/WIRBELAUER *voraussichtlich 2018*. So werden die „privaten Briefe" Ciceros gewiss nicht als in gleicher Weise ‚publiziert' verstanden wie die Reden (vgl. auch EICH 2000, 170). Sie werden aber auch nicht als Gegensatz zu den in engerem oder weiterem Rahmen publizierten Texten Ciceros aufgefasst, sondern ebenfalls als ein Medium betrachtet, das einen potentiellen Adressatenkreis erreicht, der über den angesprochenen Kreis der Briefpartner hinausgeht.

80 Vgl. LIEBERMANN 1998, 1050.

81 Vgl. URÍA 2007, 48: „For the recipients/addressees of invective are, in a sense, not its victims, but the ‚public' – those on whose minds the abuse is supposed to have an effect."

schaft angesprochen. Im Falle der Briefe handelt es sich um eine oder mehrere Personen. In Bezug auf die Reden äußert Uría darüber hinaus die Auffassung, dass auch eine öffentliche Meinung, die ebenfalls nicht modern, sondern höchstens als Stadtgespräch zu verstehen ist, Studenten der Rhetorik oder die Nachwelt im Blick des Autors gestanden haben könnten.[82]

Die Analyse negativer Charakterbilder in Ciceros Diffamierungen legt insbesondere vor dem Hintergrund einer immerwährenden Vergewisserung der *memoria* Überlegungen nahe, welchen Einfluss die Senatsaristokratie und auch die Nachwelt als Adressaten ausgeübt haben können.[83] Für antike Gegebenheiten ist dabei wie bereits erwähnt vorauszusetzen, dass zwischen modernen und antiken Vorstellungen von ‚Öffentlichkeit' grundlegend unterschieden werden muss. So weist Eich darauf hin, dass der Begriff ‚Öffentlichkeit' (*publicum*) im Lateinischen und Griechischen niemals personifiziert – also als eine Art allumfassende abstrakte Person gedacht – erscheine, sondern lediglich auf einen vom Privaten abgesetzten Vorstellungsraum verweise.[84] Das Publikum bzw. der Adressatenkreis antiker Reden und Texte ist daher keineswegs als eine Öffentlichkeit im modernen Sinne anzusehen. Wird das Publikum als Adressat verstanden, bedeutet dies nicht, dass ‚alle' angesprochen wurden, sondern impliziert lediglich die Möglichkeit, dass Personen auch außerhalb eines ‚privaten Bereichs' in Kenntnis gesetzt wurden.[85] Für die Adressaten sowohl von Diffamierungen in gehaltenen Reden als auch von verschriftlichten Diffamierungen bedeutet dies, dass es sich stets um Individuen oder um eine Gruppe von Individuen handelt, die sich je nach Gattung verschieden zusammensetzen, niemals aber um eine allgemeine ‚Öffentlichkeit'.[86] So vollzieht sich die Kommunikation bestimmter Inhalte stets über konkret benennbare Kanäle und kann durch diese wiederum weitergegeben werden. Der Adressatenkreis ist also immer verhältnismäßig klein, auch wenn eine Rede ‚publiziert' worden ist. Zudem unterscheiden sich die Adressaten von gehaltenen und verschriftlichten Reden: Während sich gehaltene Reden an die anwesenden Zuhörer richten, adressieren verschriftlichte Reden mitunter eine zu belehrende Ju-

---

82 Vgl. Uría 2007, 48: „[...] but the delivered speeches raise the question of whether they were meant, in their written form, to be addressed to the people or to a jury or to a wider audience (public opinion? students of rhetoric? posterity?)."

83 Zum Stichwort *memoria* sei an dieser Stelle exemplarisch auf Walters Monographie *Memoria und res publica* (Walter 2004) verwiesen.

84 Siehe Eich 2000, 113 f. Siehe dazu weiter in Anm. 4: „‚*In publico*' bedeutet soviel wie unter freiem Himmel [...]. Ein antiker Autor würde nicht schreiben, daß ‚die Öffentlichkeit' (wie eine Art Person) die Drohung [*sc.* App. civ. 3.111] zu Ohren bekam, sondern lediglich, daß sie aus dem privaten Bereich in den öffentlichen hinausgelangte, wo potentiell jeder sie, indem sie weitererzählt wurde, vernehmen konnte."

85 Lediglich hinsichtlich einer „Durchbrechung der Abschottung der politischen und iuristischen Deliberation" entsteht durch die schriftliche Veröffentlichung von Reden eine ‚antike' Öffentlichkeit. Eich 2000, 126.

86 Diese ist ein Produkt der Moderne und nimmt ihre Anfänge im 18. Jh. Vgl. hierzu Eich 2000, 93 ff.

gend.[87] Für Briefe ist der Adressat neben dem Empfänger auch ein potentieller Kreis dritter Personen, an welche die Brieftexte weitergeleitet oder denen sie vorgelesen werden können. Letztlich sind noch ein oder mehrere Unbekannte(r) denkbar, die sich bei Verlust eines Briefes Kenntnis über dessen Inhalt verschaffen könnten. Eine ‚öffentliche Meinung' im modernen Sinn wird durch keine dieser Gattungen erreicht oder auch nur als Adressatenkreis gedacht. Dennoch haben Diffamierungen in sämtlichen dieser Gattungen durch ihre Rezeption in der rhetorischen Ausbildung und der darin gebildeten Tradition der Texte Ciceros eine Nachwelt beeinflusst. Im Hinblick auf diese Beeinflussung sind die Diffamierungen sodann *ex post* als einigermaßen breit rezipiert und rezipierbar zu verstehen.

Diffamierungen werden in der vorliegenden Untersuchung grundsätzlich in verschiedenen Kontexten gefasst: in Beleidigungen und Verleumdungen, im Spott, in ‚klassischen' Invektiven, in Schmähreden sowie als Tadel, der z. B. in Briefen geäußert werden kann. Dabei gibt die Gattungskonvention in der Regel die konkrete sprachliche Form der Diffamierung vor. Der im Folgenden in allen unterschiedlichen Formen untersuchte Faktor ist ein gleichbleibendes Element, nämlich die inhaltliche Komponente der Diffamierungen und somit die Charakterqualitäten, die in den Diffamierungen angegriffen werden und deren Diskreditierung zum Rufmord führen soll. Dass all diese Formen tatsächlich als Diffamierungen zu verstehen sind, ergibt sich aus der Retrospektive, da die angesprochenen Personen in jedem Fall reputativen Schaden genommen haben, auch wenn z. B. in karnevalesker Manier ‚nur' im Spott getadelt wird.

1.3 Argumente der Diffamierung

Was im Griechischen als *topos* und im Lateinischen als *locus communis* verstanden wird, soll im Folgenden als (vielfach verwendbares) Argument bezeichnet werden, das mittels „Affekterregung" eine möglichst „rationale Überzeugung" erzielen will.[88] Cicero benennt die aus dem Griechischen als *loci communes* rezipierten *topoi* besonders anschaulich in *de inventione* als Argumente: *haec ergo argumenta, quae transferri in multas causas possunt, locos communes nominamus.*[89] Die Übertragbarkeit (*transferri*)

---

87 Vgl. Eich 2000, 169.

88 Vgl. Calboli Montefusco 2002, 692: „[...] doch erst seit Aristoteles wird den *tópoi* [...] eine wesentliche Rolle zugedacht – nicht nur für das Erzielen rationaler Überzeugung, sondern auch für die Affekterregung (Affekte)." Weiter betont sie diese Affekterregung des Arguments im Hinblick auf die Wirkungsmacht des *topos* im Publikum (Calboli Montefusco 2002, 691). Vasaly (1993, 245) betont ebenfalls die Rolle der Affekterregung im Publikum, die schwerer wiegt als die Vernunft: „[...] this appeal was ultimately directed to the emotions, not to reason."

89 Cic. inv. 2.48: „Diese Beweise also, die auf viele Fälle übertragen werden können, nennen wir Gemeinplätze." Zu Abhängigkeitsverhältnissen von *de inventione* auf andere Texte vgl. Kennedy 1972, 103–106; 126–138.

der Argumente auf unterschiedliche Situationen (*in multas causas*), die diese Passage besonders betont, wird für die Beurteilung der zu untersuchenden diffamierenden Argumente von herausragender Bedeutung sein und kann in der Redenanalyse in konkreter Umsetzung veranschaulicht werden. Daher sind die Argumente hinsichtlich ihrer thematischen und inhaltlichen Ausgestaltungen bis zu einem gewissen Grad festgelegt. Zugleich sind sie aber in ihrer sprachlichen Form und besonders in der Übertragung auf bestimmte Handlungsweisen und Verhaltensmuster flexibel an die gegebenen Gattungskonventionen, Personen und politischen Verhältnisse anpassbar. So können die Argumente je nach Gattung oder Redetypus in sehr unterschiedlicher sprachlicher Form auftreten.[90] Zur Diffamierung eingesetzte Argumente bedienen sich eines stereotypen thematischen Spektrums und zielen besonders auf die Verunglimpfung von Charakterqualitäten. Die Anpassung gleichbleibender Inhalte an unterschiedliche Anforderungen wie die Gattung, die Person oder die politische Situation, um diese für eine charakterliche Diffamierung zu nutzen, macht, wie gezeigt werden soll, aus Allgemeinplätzen Argumententypen, die wiederum in unterschiedlichen (Unter-)Aspekten auftreten.[91] Diese auf den Charakter der Gegner zielenden Argumente sind im aristotelischen Konzept übrigens dem Überzeugungsmittel des *ethos* zuzurechnen.[92]

Im Rahmen dieser Untersuchung soll wiederholt die Rolle der ‚Plausibilität' für die Verwendung von unterschiedlichen Argumenten beurteilt und die oben vorgestellte Erzähltheorie in die Überlegungen einbezogen werden. Denn die zu untersuchenden Varianten bestimmter Argumente zeigen einen Spielraum auf, in dessen Grenzen sich Handlungsweisen und Verhaltensmuster bewegt haben müssen, um sie noch als plausibel wahrnehmen zu können. Historisch auswertbar ist sodann, was in einer Gesellschaft sagbar und denkbar gewesen ist. Denn wie bereits wiederholt angesprochen wurde, können diffamierende Argumente, für deren Anwendung es in der Antike keine Rolle spielt, ob sie eine tatsächliche Charakterdisposition von historischen Personen widerspiegeln, keine Auskunft über den Charakter von Personen und somit keine biographisch auswertbaren Informationen liefern.[93] Schon Koster ver-

90 Diese Differenz in der sprachlichen Ausgestaltung der Argumente schlägt sich freilich nicht so sehr in den unterschiedlichen Reden nieder, auch wenn diese vor unterschiedlichem Publikum gehalten werden, sondern vielmehr in den Briefen im Vergleich zu den Reden.

91 Von einem ähnlichen Verständnis von Argumenten geht auch Vasaly (1993, 252) aus: „Simply memorizing a series of *topoi* did not, in itself, give an orator the ability to persuade; specific arguments had to be created from the general topics and the specific arguments themselves had to be adapted to a particular rhetorical occasion." Auch hier wird die Anpassung der Argumente an die rhetorische Gegebenheit betont.

92 Arits. rhet. 1356a, wonach es sich bei den drei Überzeugungsmitteln (*pisteis*) um *logos*, *pathos* und *ethos* handelt.

93 Vasaly (1993, 246) fragt in einem solchen Kontext polemisch: „Was it not ethical irresponsible of Cicero to practice a rhetoric that depended upon appearance rather than reality, upon popular prejudice rather than unpopular truths, upon the emotionally potent rather than on the logically persuasive?"

weist für die Frage nach der ‚Realitätstreue' von *topoi* auf Cicero, der zu verstehen gebe, dass „man es mit der Wahrheit bei dieser Art Reden [*sc. vituperationes*] nicht genau nehmen müsse".[94]

Wenn die Redner also nicht mit realitätsgetreuen Schilderungen operiert haben müssen,[95] stellt sich dem modernen Betrachter die Frage, wie es möglich war, im Angesicht der zeitgenössischen Gesellschaft dennoch Glaubwürdigkeit für bestimmte Argumente zu erzeugen. In den *partitiones oratoriae* dokumentiert Cicero eine rhetorische Strategie, die zwei Impulse liefert, die für eine solche Frage interessant sind. Das ist einerseits die Absicht, *fides* zu erzeugen, und andererseits die Intention des *animum movere*. Für die vorliegende Untersuchung ist eine Einordnung des Verständnisses von Plausibilität in diese antike Äußerung unerlässlich:

In den *partitiones oratoriae* heißt es, dass die Rede weniger ‚Glaubwürdigkeit' (*fides*) herstellen und festigen als vielmehr den *animus* bewegen solle: *ad animi motus leniter tractandos magis quam ad fidem faciendam aut confirmandam.*[96] Diese hier mit ‚Glaubwürdigkeit' übersetzte *fides* der Zuhörerschaft, die hinter das Bewegen des *animus* zurücktritt, ist jedoch nicht gleichzusetzen mit der (modern verstandenen) Glaubwürdigkeit (also Plausibilität), die der Redner für seine Argumente definitiv erzielen muss. Denn während die von Cicero angeführte *fides* nicht das primäre Ziel der *argumentatio* ist, wäre eine nach modernem Verständnis unglaubwürdige Rede weder von der Senatsaristokratie noch vom Volk ernst genommen worden. Für Cicero spielt in diesem Kontext die Affekterregung als Überzeugungsmotor die zentrale Rolle und er misst ihr mehr Gewicht zu als der *fides.*[97] Zweifellos zielen die diffamierenden Argumente der Reden auf die Affekterregung der Zuhörer. Die Funktionsweise dieser Argumente in der zeitgenössischen, antiken Gesellschaft ist die Assoziation mit tief verwurzelten Vorurteilen, die der Redner in der Vorstellungswelt der Zuhörerschaft zu evozieren sucht.[98] Um das Funktionieren der Argumente zu forcieren, manipuliert der Redner so die Gedankenwelt bzw. Vorstellungswelten seiner potentiellen Rezipien-

---

94 Koster 1980, 18. Als Belegstelle führt er Cic. part. 71 an: *conficitur autem genus hoc dictionis narrandis exponendisque factis sine ullis argumentationibus, ad animi motus leniter tractandos magis quam ad fidem faciendam aut confirmandam accommodatur. non enim dubia firmantur sed ea quae certa aut pro certis posita sunt augentur.* („Diese Art der Rede aber verfaßt man, indem man von Handlungen berichtet und sie zur Schau stellt, was sich ohne jede Beweisführung mehr dazu verwenden läßt, die Zuhörer unaufdringlich zu beeinflussen, als dazu, Glaubwürdigkeit herzustellen oder zu festigen."

95 Vgl. Braun 2003, 83f.: „Nicht Wahrhaftigkeit verlangte man von einem Anwalt vor Gericht, sondern *fides* gegenüber seinem Mandanten." Mit Verweis auf Neumeister 1964, 16f.

96 Cic. part. 71, siehe oben: Anm. 94.

97 Nach der aristotelischen Redetheorie tragen drei Faktoren zum Gelingen einer Rede bei: *logos*, *pathos* und *ethos*. Siehe Aristot. rhet. 1356a. Für die Affekterregung steht in dieser Trias *pathos*.

98 Siehe dazu Vasaly 1993, 245f.: „By locating the specific issues of an argument within the larger universe of Roman assumptions about how ēthos and locus were connected, the orator hoped to draw on his audience's unexamined but deeply rooted prejudice, both negative and positive." Siehe ferner Pitcher 2008, 131.

ten.[99] In diesem Sinne ist zu verstehen, dass Handlungen als Argumente genutzt werden, bei denen es nicht notwendig war, sie als individuelle Tatenberichte zu ‚glauben' (im Sinne von *fideri*). Vielmehr ging es in erster Linie darum, die Gemüter der Rezipienten in Wallung zu versetzen. Die von Cicero angeführte ‚Glaubwürdigkeit' (*fides*) bezeichnet somit die Frage, ob sich das, was als Argument genutzt wird, auch wie beschrieben zugetragen hat bzw. so auf ein Individuum zutreffend ist. Diese *fides* spielt laut Cicero keine zentrale Rolle für die Überzeugung der Zuhörer. Zu einer ähnlichen Deutung der ‚Glaubwürdigkeit' von Argumenten zwischen antikem und modernem Verständnis kommt auch Nisbet, der in seinem Appendix zu Ciceros *Rede gegen Piso* darauf hinweist, dass in der Ausarbeitung der verschiedenen *topoi* mehr Rücksicht auf die literarische Konvention als auf die ‚historische Wahrheit' genommen werde.[100] Riggsby geht davon aus, dass in Gerichtsreden ein Anspruch auf eine irgendwie geartete Wahrheit (*truth*) ebenfalls als *topos* (*trope*) verstanden werden muss.[101] Was Cicero in seinen Reden präsentiert, darf sodann keineswegs als ‚Fakten' fehlverstanden werden, stellt weder historische noch unhistorische Ereignisse dar („neither historical nor anti-historical"), sondern ist schlicht Rhetorik mit dem Ziel der Überzeugung.[102]

So bleibt zu konstatieren, dass Argumente der Diffamierung nicht nach Kategorien des Wahren bemessen wurden und auch heute nicht danach bemessen werden dürfen. Mit Sicherheit aber haben sie bei den Zuhörern eine bestimmte Form von Plausibilität erzielt. Die Untersuchung zielt nun auf ebendiese Plausibilität (die nicht identisch ist mit der ciceronischen *fides*). Es wird zu zeigen sein, wie eine so verstandene Glaubwürdigkeit durch die Nutzbarmachung und Forcierung von gängigen Diskursen der späten römischen Republik erzeugt wird. Denn Cicero bedient in seinen Diffamierungen, wie zu sehen sein wird, ein Spektrum von Stereotypen, das von seinen Zeitgenossen verstanden und für rhetorisch plausibel gehalten wurde.

---

99 Vgl. Vasaly 1993, 131 sowie 246: „There is no doubt that at various points in his oratorical career Cicero lied [...] and constantly attempted to control his audience's perceptions of reality through emotional appeals." Es ist jedoch schwierig, hinsichtlich der Antike von Emotionen zu sprechen, da diese kaum zu fassen sind.

100 Vgl. Nisbet 1961, 193: „[...] it is not surprising that Roman invective often shows more regard for literary convention that for historical truth."

101 Riggsby 1997, 243 f.: „[...] for forensic oratory truth was not just any trope, but a distinctive and obligatory one. The orators case must appear true." Riggsby verweist zudem auf Cic. off. 3.43 sowie 2.51. Riggsby (1997, 247 f.) nimmt zudem eine Unterscheidung zwischen der Gattung der Rede und der Gattung der Invektive vor. Für die vorliegende Untersuchung, die nicht explizit nach Invektiven fragt, sondern Diffamierungen in unterschiedlichen Gattungen betrachtet, ist diese Differenzierung zu vernachlässigen.

102 Riggsby 1997, 242: „One of the advances in our reading of Cicero over recent decades is the recognition that his version of events does not consist of ‚the facts' or even the most favourable facts. He presents a construct which is neither historical nor anti-historical, but rhetorical (in the sense of ‚aimed at persuasion')." Dabei versteht er „facts" hier als „the facts as understood by the individual advocate." (Riggsby 1997, 242 Anm. 22).

1.4 Untersuchungscorpus aus Ciceros Reden und Briefen

Für die Analyse der Argumente, die Cicero zur Diffamierung seiner Gegner nutzt, werden im Folgenden nicht nur Reden untersucht, die nach den gängigen Definitionen eine Invektive darstellen,[103] sondern es werden auch andere Reden und Briefe berücksichtigt, die Charakterqualitäten von Personen diffamieren und dieselben inhaltlichen Komponenten aufweisen wie die Diffamierungen in den einschlägig invektivischen Reden.[104] Da die Wirkung auf die zeitgenössische Gesellschaft aus heutiger Sicht kaum oder gar nicht mehr ermittelt werden kann, wird für die vorliegende Untersuchung eine Auswahl von Reden und Briefen anhand der langfristigen Wirkung auf die *memoria* der betroffenen historischen Personen getroffen, die einerseits in den späteren Quellen, andererseits auch in der Forschungsliteratur zu erkennen ist.

Die Untersuchung verfährt also retrospektiv mit Blick auf die Wirkungsgeschichte von Diffamierungen und deren Bedeutung für die Erinnerung an bestimmte Personen der späten römischen Republik. In diesem Zusammenhang fragt sie danach, welche negativen Darstellungen von Charakterqualitäten in unterschiedlichen Rede- und Brieftypen für solche Personen anzutreffen sind, die nachhaltig negativ erinnert und deren Charakterbilder längere Zeit negativ rezipiert wurden. Wie eingangs bereits erwähnt, liegt der Fokus darum auf Catilina, Clodius, Piso und Marcus Antonius sowie Fulvia und Clodia.

Für die vorliegende Untersuchung ergibt sich aus diesen Bedingungen in Bezug auf die Analyse der Reden ein Untersuchungscorpus, das auf die folgenden Reden Ciceros den Schwerpunkt legt: *In Catilinam I–IV*, *Post reditum in senatu*, *Pro Sestio*, *De provinciis consularibus*, *In Pisonem*, *Pro Milone* sowie die vierzehn *Philippicae orationes*. Diese unterschiedlichen Redetypen, die verschiedene politische Gegner diffamieren, werden in den Kapiteln 4–6 nach den angewandten Diffamierungsstrategien und -argumenten sortiert und anschließend analysiert, um zu zeigen, welches Argumentenspektrum von Cicero rezipiert, adaptiert und variiert wurde.

Charakterbezogene Diffamierungen weisen in der Verwendung bestimmter Argumente nun unterschiedliche Schwerpunktsetzungen sowie verschiedene Frequen-

103 Neben absoluten Einordnungen von Ciceros Reden als Invektiven oder Nicht-Invektiven unterscheidet Koster (1980, 113) nicht derart antithetisch, sondern geht davon aus, dass die Reden nach der Verbannung „teils ausgeprägte, teils weniger heftige invektivische Einlagen" aufweisen, obschon sie in ihrer Gänze nicht explizit invektivisch seien. Zu den Reden Ciceros, die in der Forschung generell als Invektiven behandelt werden, in der vorliegenden Studie aber nicht oder nur peripher berücksichtigt werden, zählen zum einen die *Reden gegen Verres*. Vgl. dazu Corbeill 2002a, insbesondere 198 und 211. Für eine philologische Analyse (Progymnasmata) der *Reden gegen Verres* vgl. insbesondere Frazel 2009. Zum anderen zählen zu diesen die Rede *In Vatinium*, vgl. Corbeill 2002a, 198; Powell 2007, 2; Seager 2007, 25.

104 Einen grundsätzlichen Zusammenhang zwischen Reden und Briefen stellt Cicero im Übrigen selbst her, wenn er Briefe in Cic. Att. 8.14.1; 9.10.1 oder 12.53 als geschriebene Reden bezeichnet. Vgl. Malherbe 1988, 12.

zen des Argumentenspektrums auf.[105] Dabei ist festzustellen, dass die verschiedenen Argumente je nach Typ der Rede – Gerichts-, Senats-, Volks- oder nie gehaltene Rede – in unterschiedlichen Ausgestaltungsweisen zum Einsatz kommen.[106] Ciceros Meisterstücke im Hinblick auf die Anwendungsdichte diffamierender Elemente liegen zweifellos in den *Philippicae* gegen Marcus Antonius vor, in denen die gesamte Bandbreite diffamierender Argumente zum Einsatz kommt.[107] Innerhalb der vierzehn Reden umfassenden *Philippicae Orationes* sind die Argumente in ihrer schärfsten Ausgestaltung in der *zweiten Philippischen Rede* anzutreffen, also in jener Rede, die nicht gehalten und vermutlich als eine Art Pamphlet veröffentlicht wurde.[108] Eich hat darauf hingewiesen, dass in der spätrepublikanischen Gesellschaft keine Form von publizistischer Öffentlichkeit bestanden habe, wie der moderne Begriff ‚Pamphlet' sie implizieren könnte.[109] Dennoch geht er davon aus, dass die Publikation von Diffamierungen einer Art individueller Standortbestimmung innerhalb der Senatsaristokratie diente und gegebenenfalls eine persönliche Feindschaft unterstrich.[110] So ist für die *zweite Philippische Rede* anzunehmen, dass sie, gerade weil sie nicht gehalten wurde, eine besonders diffamierende Schärfe aufwies, worin sie sich von den übrigen – gehaltenen – *Philippischen Reden* unterscheidet.[111] Die unterschiedliche Vehe-

---

105 Opelt (1965, 18 Anm. 24) geht davon aus, dass Spott die betreffende Person „vor einem tatsächlichen oder imaginären Forum der Lächerlichkeit" preisgebe und nicht affektivisch geprägt, sondern der Ausdruck intellektueller Überlegenheit und die Freude daran sei. In der vorliegenden Untersuchung wird jedoch auch in schriftlich publizierten Reden von affekterregenden Überresten der gehaltenen Rede ausgegangen. Selbst nicht gehaltene Reden verhalten sich bis zu einem gewissen Grad mimetisch gegenüber potentiell haltbaren Reden, insbesondere was die Verwendung der Überzeugungsmittel angeht. Vgl. ferner Opelt 1969, 40–57.

106 Grundsätzlich ist nachträglich kaum zu klären, welche Veränderungen Reden bei der Verschriftlichung im Vergleich zum tatsächlichen Wortlaut aufweisen. Vgl. dazu beispielsweise May 2002, 49 Anm. 2 mit einer ausführlichen Bibliographie zu dieser Diskussion.

107 Evans (2008, 79) bewertet die *Philippischen Reden* als defensiver, von eher forensischer als politischer Natur und im Vergleich mit Reden gegen frühere Gegner als weniger „proactive". Er verweist aber auch auf Halls (2002, 280 f.) Urteil, dass die geschwächte politische Situation Ciceros, die z. B. in der Redereihenfolge erkennbar sei, keinen Einfluss auf die Bedeutungsschwere der Rede gehabt habe. Vgl. Evans 2008, 78–80 sowie Anm. 31 mit Verweis auf Münzer 1920. Zur Klassifizierung der *Philippicae* als deliberative, politische Reden vgl. Manuwald 2007a, 119–121.

108 Für die Debatte um die Publikationsform der *zweiten Philippischen Rede* siehe beispielsweise Shackleton Bailey 1986, 31; Brunt 1988, 48; Cerutti 1994, *passim*; Gotter 1996, 17; Sussman 1998, 123; Eich 2000, 205; Hall 2002, 275; Manuwald 2007a, 59 mit einem Forschungsüberblick in Anm. 156; Evans 2008, 75 Anm. 21. Hinsichtlich der *zweiten Philippica* als Flugschrift vgl. Ott 2013. Für die Publikation der *Philippischen Reden* insgesamt vgl. Manuwald 2007a, 54–90.

109 Die Problematik einer modernen Einordnung der antiken Publikationsform des ‚Pamphlets' oder der ‚Flugschrift' behandelt Eich 2000, 268–293 ausführlich vor der Frage nach einer antiken Publizistik.

110 Vgl. Eich 2000, 283 f.

111 Brunt (1988, 48) schlägt hingegen vor, auch die übrigen *Philippischen Reden* in demselben Lichte wie die *zweite* zu verstehen, wonach sie durch einen gewissen Pamphlet-Charakter ausgezeichnet

menz diffamierender Vorwürfe, die in den verschiedenen Redetypen zu beobachten ist, deutet bereits eine Dimension des realiter ‚Sagbaren' an, die im Folgenden weiter untersucht wird. Dass die *zweite Philippica* besonders viele Argumente in besonders drastischer Ausführung aufweist, hat auch die Forschung dazu angeregt, diese Rede als typische Invektive zu etikettieren.[112]

Die untersuchten Reden sind über einen Zeitraum von etwa zwei Dekaden entstanden. Dabei stehen die *Philippischen Reden* mit ihrer Abfassung in den 40er-Jahren des ersten vorchristlichen Jahrhunderts am Ende dieser Zeitspanne und bilden den Abschluss von Ciceros rednerischen Diffamierungen an seinem Lebensende. Die frühesten untersuchten Reden, die vier *Catilinariae*, stammen aus dem Jahre 63 v. Chr. Sie sind zum einen an das Volk (*erste* und *vierte Catilinaria*) und zum anderen an den Senat gerichtet (*zweite* und *dritte Catilinaria*).[113] Besonders die *zweite Catilinarische Rede* wird als Invektive verstanden, da hier im Vergleich zu den übrigen drei Reden gegen Catilina in der Tat die bissigsten Argumente platziert werden.[114] Diffamierungen Pisos transportieren sodann im Wesentlichen die Reden *De provinciis consularibus*, *Pro Sestio*, *In Pisonem* und *Pro Milone*, die allesamt in den 50er-Jahren entstanden sind. Insbesondere Süß und Nisbet ist es zu verdanken, dass unter diesen *In Pisonem* konventionell als Invektivenrede *par excellance* betrachtet und untersucht wird.[115] Als Reden, die Clodius diffamieren, werden *Post reditum in senatu*,[116] *De Haruspicum*

---

seien. Ott (2013, 510) spricht in einem ähnlichen Sinne hinsichtlich der *zweiten Philippica* von einer hohen Dichte von „Fiktionsräumen".

112 Vgl. Koster 1980; Powell 2007; Seager 2007. Corbeill (2002, 198) nennt die *Philippischen Reden* allgemein „angry invective[s]".

113 Vgl. Bücher 2006, 238 mit Verweis auf Stinger 1993, 119 ff.; Meier 1980, 143 ff.; Gelzer 1969, 87 ff.

114 Vgl. May 1988, 51. Corbeill (2002, 198) spricht dagegen auch im Falle aller *Catilinarischen Reden* von Invektiven.

115 Vgl. Süss 1975, 258 f. Weitere lateinische Invektivenstellen, die Süss (1975, 257–267) untersucht, sind Terenz' *Phormio* und Plautus' *Mercator*, Horaz' *Sermones*, hier im Besonderen 1.6, sowie Claudians *In Eutropium*. Auch die pseudosallustische Invektive gegen Cicero (*Invectica in Ciceronem*) sowie die Caleusrede Cassius Dios von Süss (1975, 260–263) werden „der ausgleichenden Gerechtigkeit willen" kurz erwähnt. An die Beurteilung der *Pisoniana* als Invektive haben sich in der Folgezeit vielfach Forschungsmeinungen angeschlossen. Darunter sind neben Nisbet 1961 auch Corbeill 2002, Powell 2007 oder Seager 2007 zu nennen. Einen für die griechische Invektive entwickelten *topoi*-Katalog hat Süss auf Ciceros *In Pisonem* angewandt, an dem sich später auch Nisbet 1961, 912–197, Koster 1980, 2 und Corbeill 2002a, 201 orientiert haben. In diesem Katalog der „rednerischen Schmähtopik" (247) führt Süss (1975, 247–254) zehn Argumente auf: die Abstammung der zu diffamierenden Person oder deren Vater aus der Sklaverei, die fremde Herkunft mit barbarischem Einschlag, jegliches „Gewerbe", Diebstahl, „sexuelle Dinge", verschiedene Aspekte im Kontext der Misophilie, das „Mehrseinwollen" in irgendeiner Weise, Eigentümlichkeiten der Kleidung, des Auftretens oder des Aussehens, wobei besonders auch „zuviel in dieser Hinsicht" anrüchig sei. Des Weiteren werden genannt die Beschimpfung als Feigling und schließlich der Vorwurf, „daß der Gegner sein Gut vertan hat, völlig heruntergekommen ist und von Gläubigern bedrängt wird."

116 Zu der Diskussion, ob die Senatsrede ausgearbeitet und vorgelesen wurde, siehe Bücher 2006, 243 Anm. 70 mit den entsprechenden Verweisen.

responsis, *Pro Sestio* sowie *Pro Milone*, untersucht, die ebenfalls aus den 50er-Jahren datieren.[117]

In dieser Betrachtung fällt auf, dass die *Reden gegen Catilina* insgesamt ein breiteres Spektrum an Argumenten abdecken als die Reden gegen Piso und Clodius, die zeitlich zwischen den früh entstandenen *Catilinariae* und den spät verfassten *Philippicae* liegen. Es ist daher zu untersuchen, welche Parameter Einfluss auf die Ausgestaltung der Varianz und Intensität der angewandten Argumente genommen haben, da sich hier nicht etwa eine zeitlich lineare Entwicklung nachweisen lässt.

Für die Analyse von Ciceros Briefen, die wie die Reden einer Verbreitung bestimmter diffamierender Inhalte und somit der Meinungsbildung bzw. -beeinflussung dienen, werden unterschiedliche Adressaten in die Untersuchung einbezogen. Im Mittelpunkt stehen dabei die beiden großen Briefsammlungen *an Atticus* sowie *an die Freunde*.

Die vorliegende Studie verortet Ciceros Briefe eindeutiger im Bereich der ‚Literatur', als dies in der Forschung zur antiken Briefliteratur bisweilen geschehen ist.[118] Dabei wird nicht die Publikation der Briefe als Maßstab für ihren literarischen Charakter verstanden und gewiss nicht von irgendeiner Form von Publizistik ausgegangen.[119] Vielmehr wird die Möglichkeit, dass Briefe von mehr Personen als lediglich dem/den Adressaten gelesen wurden, als Markierung eines zwar eingeschränkten, aber doch literarischen Schaffensimpulses verstanden. Cicero dokumentiert in den Briefen wiederholt eine Furcht vor der unkontrollierbaren Einsehbarkeit oder gar dem Verlust seiner Briefe.[120] Diesen Anmerkungen ist zu entnehmen, dass der Briefautor

---

117 Vereinzelt werden auch die Fragmente der Rede *In Clodium et Curionem* Berücksichtigung finden. Vgl. dazu besonders Crawford 1994, 227–263.

118 So wird hinsichtlich der Briefe Ciceros in der vorliegenden Untersuchung nicht zwischen Kategorien wie Briefen, Gebrauchsbriefen, Episteln oder Kunstbriefen unterschieden, wie es seit Deissmann 1923, 194–196 praktiziert und immer wieder diskutiert wird: Thraede 1970 und White 1986. Kritisch gegenüber Deissmann 1923 argumentiert Stowers 1986, 17–21. Als authentische, quasi autobiographische („praticamente la sua autobiografia", 162) Privatbriefe versteht Cugusi 1983 Ciceros Briefe. Zum Literaturbegriff in Bezug auf die Briefe Ciceros positioniert sich Hutchinson 1998, 1–24, besonders 7: „But Cicero's own language in various ways implies both that letters can have an aesthetic dimension, and that the letter-writer, like the orator, should use the system appropriately and resourcefully." Siehe ferner White 2010, 89: „[...] letters [...] may be called ‚literary' in various senses having mostly to do with their affinities to books, in that they are written to or by the writers of books, they are about books or invoke them, or they themselves acquire or aspire to book form". In dieser Tradition stehen auch Späth/Wirbelauer *voraussichtlich 2018*. White (2010, 90–99) unterscheidet vier Kriterien, nach denen Briefe als literarisch beurteilt werden können: erstens die Publikation der Briefe, zweitens die Zugänglichkeit für Dritte, drittens die Thematik und viertens die Sprache. In diesen vier Kategorien ist für Diffamierungen in Briefen besonders die Verbreitung der Brieftexte über den Adressaten hinaus von Interesse, sei es durch mündliche Verbreitung der Inhalte oder durch die Weitergabe der Briefe.

119 Vgl. dazu Eich 2000. Hutchinson (1998, 4) dokumentiert Ciceros Intention, einige seiner Briefe selbst zu publizieren, wie in Cic. Att. 16.5.5 oder Cic. Fam. 16.17.1.

120 Vgl. dazu White 2010, 92–95.

die Möglichkeit in Betracht gezogen hat, Briefe nutzbar zu machen, indem sie über den Adressaten hinaus – sowohl absichtlich als auch unabsichtlich – bekannt werden konnten. In dieser Weise können sie zu einer Meinungsbildung im Dienste der Diffamierung beigetragen haben.[121] In jedem Fall sind die Briefe als Kommunikationsmedium zu verstehen, das eine entsprechende Kommunikationsabsicht des Autors dokumentiert.

Daraus ergibt sich die Notwendigkeit zu einer kritischen Neubewertung der Briefe im Hinblick auf ihren Quellenwert für charakterlich-biographische Informationen zu politischen Figuren der ausgehenden römischen Republik.[122] Denn eine Analyse der Briefe zeigt, dass charakterbezogene Informationen, die mit Argumententypen der Reden in Beziehung zu stellen sind, auch in dieser Textsorte vorkommen. Die Beobachtung ähnlicher Strukturen der Diffamierung in den Briefen und auch in den Reden empfiehlt eine Untersuchung der Briefe, die sich an den Ergebnissen der Redeanalyse orientiert.

Im Kontext von Untersuchungen zu antiken Biographien (Memoirenwerken) wurden Briefe bereits als eine Möglichkeit verstanden, mit deren Hilfe ein antiker Autor die eigenen Handlungen schildern, rühmen, erklären oder verteidigen konnte.[123] Interessant ist des Weiteren die Überlegung, dass eine unauffällige Gelegenheit der Meinungsbildung bzw. Einflussnahme darin gelegen haben mag, Briefe mit einem gewünschten Inhalt zirkulieren zu lassen, auch wenn über die tatsächliche Reichweite der Verbreitung dieser Briefkommunikation heute keine Aussage mehr getroffen werden kann.[124] Gegenüber der Eigendarstellung, für die die Briefe einen geeigneten Raum bieten, stellen sie im Sinne der vorliegenden Untersuchung zugleich eine Möglichkeit dar, die Diffamierung anderer Personen zu verbreiten, zu denen z.B. politische Gegner gehören. Als Medien einer solchen intentionalen politischen

---

121 White (2010, 94) zieht nicht nur die Furcht vor einem Bekanntwerden der Briefe in Betracht, sondern ebenso ein Erwünschtsein einer solchen Verbreitung über den Adressaten hinaus: „Unlike the expectation of publication, the fear or desire that letters would become known to individuals beyond the addressee frequently intruded on Cicero's letter writing." Dennoch sieht White (2010, 95) diesen Aspekt der Verbreitung nicht als markantes Merkmal einer „literariness of those letters".

122 So wird an die Briefe Ciceros ein Literaturbegriff angelegt, der traditionell erst für die Neoteriker des 1. Jh.s n. Chr. angewandt wird bzw. für die Briefe erst im Falle Plinius'. Vgl. Ludolph 1997, 36–40, der einen traditionell erst neoterischen Literaturbegriff, den er von Quinns 1974 und Mauchs 1986 Konzeptionalisierung des ‚elegischen Ichs' ableitet, auf ein ‚briefliches Ich' bei Plinius anwendet. Auch wenn für Cicero nicht gerade von einem ‚brieflichen Ich' gesprochen werden kann, befinden sich seine Briefe dennoch bereits in einem Übergang vom älteren Gebrauchsbrief zum späteren Kunstbrief. Zum Stichwort ‚briefliches Ich' vgl. auch Ludolph 1997, 91. Ähnliche Parallelen zwischen ciceronischen Darstellungen und den Elegien finden sich in den effeminierenden Diffamierungen Ciceros und der Lebenswahl des elegischen *poeta*.

123 Vgl. Scholz/Walter 2013, 32 mit Verweis auf Cic. Fam. 15.4, einen Brief, in dem Cicero ausführlich seine Leistungen während der Provinzverwaltung schildert.

124 Vgl. Scholz/Walter 2013, 32–34 mit Hinweis auf Eich 2000. Ebenfalls als wertvolle Fundgrube für die Selbstdarstellung („self-fashioning") Ciceros beurteilt und betrachtet Wilcox (2012, 4) Ciceros Briefe.

Kommunikation werden die Briefe im Folgenden auf die potentielle Verbreitung von Diffamierungen hin untersucht. Entgegen gängiger Einschätzungen werden auch die *Atticus-Briefe* unter der Prämisse einer weiteren Verbreitung von Informationen einbezogen.[125] Nicht berücksichtigt wird dabei die Gefahr eines Verlusts während der Zustellung.[126]

Dieser Einbezug der *Atticus-Briefe* erfolgte mitunter wegen einer besonderen Vertrautheit, die aus ihnen herausgelesen wurde. Auch wenn sich die Briefe an Freunde von den Briefen an den einen Freund Atticus in Ton, Stil und Themenwahl manchmal unterscheiden, muss vor dem Hintergrund antiker Briefkonventionen auch für die an Atticus adressierten Briefe vom Autor selbst davon ausgegangen worden sein, dass Atticus Ciceros Briefe an bestimmte dritte oder vierte Personen weitergegeben hat.[127] Eine solche Kommunikation über Atticus hinaus kann sogar wünschenswert gewesen sein. Lediglich die Auswahl der dritten und vierten Rezipienten konnte vom Briefschreiber kaum beeinflusst werden und wurde daher dem Adressaten überlassen.

Die *Briefe an Atticus* wurden in jedem Fall nach Ciceros Tod und vermutlich auch nach Atticus' Tod aus dessen Nachlass heraus publiziert.[128] Dem jüngeren Seneca haben sie wohl bereits als Edition vorgelegen, was eine Publikation im 1. Jh. n. Chr. wahrscheinlich macht.[129]

Neben Diffamierungen ist in den *Atticus-Briefen* insbesondere zu beobachten, dass in Form von Eigenlob einige der gängigen diffamierenden Argumente in Idealform verkehrt zum Tragen kommen. Dazu zählen die Vorwürfe eines schlechten Umgangs mit finanziellen Mitteln, der unangemessenen Anhängerschaft sowie der charakterlichen Unzulänglichkeiten. Wie noch gezeigt werden soll, dienen Cicero für die explizite Schmähung in den Briefen Vorwürfe aus dem Kontext des unangemessenen Verhaltens beim Gastmahl bzw. der *vinulentia*, Vorwürfe des despektierlichen gesellschaftlichen Umgangs, des Verbrechens, ‚Räubertums' und eben des unange-

---

125 Vgl. dazu SCHOLZ/WALTER 2013, 136 mit Verweis auf BAIER 2005, 133 f. sowie KURCZYK 2006, 55–58. Vgl. ferner ROSENMEYER (2001, 3), die Ciceros Briefe zwar als Beispiele für ‚echte Briefe' („real") anführt, aber dennoch davon ausgeht, dass sie „quasi-public compositions" darstellen, „clearly written with a view to eventual publication". Die Möglichkeit einer Verbreitung über den Adressaten hinaus beschreibt sie wie folgt: „In most cases, we are dealing with two sets of readers: the actual addressee, the first reader who expects some glimpse at intimacy, and the wider public, secondary readers, reading over the shoulder, who may expect and achieve something entirely different from their reading experience." Siehe auch ROSENMEYER 2001, 9 sowie STIREWALT 1993, 1–3. Dagegen unterscheidet beispielsweise WILCOX (2012, 8) jüngst in traditioneller Weise zwischen Briefen, die nur für einen Adressaten bestimmt sind, und solchen, die eher als Traktat zu verstehen seien.

126 Aus dem Kontext (fiktiver) griechischer Briefliteratur vgl. ROSENMEYER (2001, 22), die einen Überblick über die Briefgattung der griechischen Antike von Homer bis Philostrat liefert.

127 Schon in der Antike stellte sich die Frage, ob Briefe nur für den Adressaten bestimmt waren oder für einen potentiell breiteren Leserkreis. Vgl. ROSENMEYER 2001, 2.

128 Für einen Überblick über die Diskussion der Forschung über die Publikation der *Atticus-Briefe* vgl. SHACKLETON BAILEY 1965, 59–76 (Nachdruck 2007); ferner JÄGER 1986, 19 f.; PERLWITZ 1992, 22–27.

129 Sen. epist. 97.4; 97.118; vgl. JÄGER 1986, 20.

messenen Umgangs mit finanziellen Mitteln sowie dezidierter charakterlicher Unzulänglichkeiten.

Die Zusammenstellung von Ciceros Briefen, die heute als *Briefe an die Freunde* oder *Ad Familiares* betitelt wird, weist ebenfalls unterschiedliche Sequenzen auf, in denen eine schriftliche Weitergabe von charakterlichen Qualitätszuschreibungen zu beobachten ist. Die Sammlung wurde vermutlich von Ciceros Privatsekretär Tiro herausgegeben.[130] Die Brieftexte weisen Vorwürfe charakterlicher Mängel, *gladiator*- und *latro*-Vorwürfe gegen die Person oder gegen Anhänger sowie die Diffamierung mittels der *vinulentia* auf. Unter den im Fokus stehenden Personen werden insbesondere Clodius, Dolabella und Antonius sowie Cytheris diffamiert.[131]

Im Falle dieser Briefsammlung ist im Gegensatz zu den drei anderen Sammlungen Ciceros (die *Briefe an seinen Bruder Quintus*, die *Briefe an Brutus* sowie die *Briefe an Atticus*) für eine Auswertung besonders zu berücksichtigen, dass die Briefe an unterschiedliche Adressaten gerichtet sind. Gerade in der Themenwahl weisen sie je nach Adressat mitunter verschiedene Schwerpunktsetzungen auf. Eine Sortierung der Briefe nach Adressaten birgt für die Lektüre aber auch Tücken. So vermittelt sie keinen chronologischen Überblick über Ciceros Briefproduktion. Da der Zeitpunkt der Abfassung jedoch durchaus von Interesse sein kann, wird die Briefanalyse später auch die zeitliche Verortung der Briefe kommentieren.

Für die konkrete Umsetzung charakterlicher Diffamierungen, die durch die Rede- und Briefanalyse geäußert werden, lassen sich, wie in der Einleitung angedeutet, drei grundlegend verschiedene Vorgehensweisen erkennen. Das ist erstens der explizite Vorwurf charakterlicher Unzulänglichkeit, an dessen Spitze freilich der namentliche Vorwurf der *turpitudo* steht (Kapitel 4). Zweitens sind dies thematisch unterschiedlich ausgerichtete illustrative Argumententypen, die mithilfe des Vorwurfs eines konkreten Fehlverhaltens oder unangemessener Handlungsweisen die *turpitudo* des Diffamierten belegen (Kapitel 5). Diese verschiedenen Argumententypen treten hin und wieder in Kombinationen auf, wobei einige naturgemäß in engerer Verbindung zueinander stehen als andere. Sie lassen sich wie folgt einteilen: Verfehlungen im Bereich der Sexualität, schlechter Umgang mit Gütern und finanziellen Mitteln, *vinulentia*, Fehlverhalten beim *convivium*, unrömische Kleidung, ein deviantes Erscheinungsbild sowie Anwendungen von Gewalt in physischer und (staats)rechtlicher Ausrichtung. Drittens werden sämtliche Argumententypen der Diffamierung aufgrund von Handlungsweisen und Verhaltensmustern solchen Personen vorgeworfen, die sich im Umfeld der zu diffamierenden Personen bewegen (Kapitel 6). Durch die Diffamierung von ‚Anhängern' im weitesten Sinne wird zugleich auch eine Verleumdung der eigentlich zu diffamierenden Person vollzogen. Denn nur ein diffamier- und kritisier-

130 Vgl. Jäger 1986, 20 f.

131 Antonius wird in deutlich mehr Einzelfällen erwähnt (Cic. Fam. 5.6.3; 10.1.1; 10.4.3; 10.30.2; 11.1.1; 11.6.2; 12.2.1; 12.3.1; 12.20.1; 12.24.4; 12.29.1; 16.25.2), als Dolabella (Cic. Fam. 2.16.5; 12.15.2; 12.15.3; 12.15.5) und Clodius (Cic. Fam. 1.8.7; 1.10.10; 7.2.2). Cytheris ist die Freigelassene des Volumnius Eutrapelus, durch den sie den offiziellen Namen Volumnia trägt, vgl. Blume 1999, 1023.

bares Individuum könnte sich mit einem diffamierungswürdigen sozialen Umfeld umgeben. Zugleich entsteht um das diffamierte Individuum gleichsam eine negative Atmosphäre, die sich auf sämtliche Personen im Umfeld dieses Individuums überträgt und die es gewissermaßen auf die Anhängerschaft ausstrahlt.[132]

Um im Folgenden die unterschiedlichen Diffamierungsstrategien Ciceros beurteilen zu können, soll in den beiden anschließenden Kapiteln zunächst auf die (persönlichen) Rahmenbedingungen und andere Niederschläge von Diffamierungen in der griechischen und römischen Literatur eingegangen werden.

132 OPELTS (1965) grundlegende Untersuchung über *Die lateinischen Schimpfwörter und verwandte sprachliche Erscheinungen* behandelt viele Formen der Diffamierung auf der Suche nach den normbezogenen Möglichkeiten eines Schimpfenden in beleidigender Absicht. OPELT betrachtet Schimpfwörter jedoch primär als sprachliche Phänomene und unterscheidet diese aufgrund der sprachlichen Analysegrundlage dezidiert von Ironie, Spott, Witz und Spitznamen. Siehe hierzu OPELT 1965, 18 Anm. 24. Die Sammlung ist nach gesellschaftspolitischen Kategorien – „festen ‚Typen' der Feindschaft" – organisiert; OPELT 1965, 19. Für die vorliegende Untersuchung besteht die größte Übereinstimmung zwischen den untersuchten Schimpfwörtern bzw. Diffamierungen mit dem opeltschen Kapitel zur politischen Polemik und zu Beschimpfungen im Rechtsstreit.

2 ‚Persönliche' Rahmenbedingungen für Ciceros Diffamierungen

Für eine Untersuchung von Ciceros Diffamierungen lohnt ein kurzer Blick auf verschiedene Rahmenbedingungen, welche Einfluss auf die konkrete Ausgestaltung bestimmter Argumente genommen haben können. Dazu zählen allgemeine biographische Überlegungen im Kontext der aktuellen gesellschaftspolitischen Konstellation der ausgehenden römischen Republik sowie zur Stellung Ciceros in dieser Zeit, also dem Redner und Autor als *homo novus*. Hierfür ist es aber auch geboten, einen Blick auf Strategien der Reden und Schriften zu werfen, auf die in der althistorischen Forschung zu Recht hingewiesen wurde, wie das *ethos* des Redners, die Idealisierung der Vergangenheit oder interpretative Modelle wie die Rhetorik der Krise. Aus all diesen Parametern ergeben sich die notwendigerweise zu berücksichtigenden Rahmenbedingungen, die sowohl die Entstehung als auch die Anwendungsweise derjenigen diffamierenden Argumente erhellen, die für die negativen Charakterdarstellungen in den Reden und Briefen maßgeblich sind.

2.1 Cicero, der *homo novus*

So gilt es zunächst, die möglichen Auswirkungen der eigenen Herkunft Ciceros auf seine Rednertätigkeit sowie auf die Ausgestaltung seiner Diffamierungen in den Blick zu nehmen. In der Forschung wird Ciceros außergewöhnlicher Stellung in der römischen Gesellschaft, seiner Rolle als *homo novus*, einige Bedeutung beigemessen.[1] Denn Cicero, in der Landstadt Arpinum geboren, kam erst in jugendlichem Alter auf

1 Vgl. beispielsweise HUMPERT 2001, 76: „Denn anders als der in seine Schicht hineingeborene *nobilis* mußte der *homo novus* Cicero erst die Normen der Nobilität erlernen, um sie dann internalisieren zu können. Für einen derartigen Assimilationsversuch ist es charakteristisch, daß die Normen der angestrebten gesellschaftlichen Schicht durch den Aufsteiger in weit stärkerem Maße analysiert, akzeptiert und propagiert werden als durch einen Mann, der in diese Schicht hineingeboren ist." Mit Verweis auf GOTTER 1996 siehe besonders 109: „Die prinzipielle Bereitschaft der emporstrebenden Munizipalaristokraten, die *res publica* als die bestmögliche Verfaßtheit schlechthin anzunehmen, sorgte vielleicht für ein übriges. [...] Er identifizierte sich also grundsätzlich mit der Ordnung der *res publica* [...]." Ähnlich auch in HÖLKESKAMP 1995, 22 über Cato Censorius und Cicero: „Gerade als *homines novi* waren sie ja sogar in besonderem Maße zur Einhaltung der etablierten Regeln genötigt, zu einer möglichst perfekten Anpassung an den üblichen Stil und den herrschenden Ton jener Gruppe, in die sie aufgenommen und in der sie schließlich akzeptiert werden wollten." Dies wird hier im Kontext der Rednertätigkeit betrachtet. Vgl. ferner EARL 1967, 28; WISEMAN 1971; DONDIN-PAYRE 1981, die den Begriff *homo novus* vergleichsweise eingeschränkt definiert und nicht als ‚politische Parole' versteht. In der *ersten Philippischen Rede* (Cic. Phil. 1.38) knüpft Cicero sein eigenes Überleben direkt an das der *res publica*, vgl. WILSON 2008, 309 ff. bzw. stellt sich mit der *res publica* gleich, vgl. HODGSON 2017, 16; 21 ff.

https://doi.org/10.1515/9783110599886-004

Betreiben seines Onkels zur rhetorischen Ausbildung nach Rom.[2] Es ist vor diesem Hintergrund erwogen worden, dass sich der *homo novus* als abseits einer homogen erscheinenden Gruppe von Familien der römischen Nobilität stehend empfunden habe[3] bzw. sich zeitlebens bemühte, sich in diese zu integrieren.[4] Dass die Opfer der ciceronischen Diffamierungen freilich eben jener Nobilität entstammten, wird im weiteren Verlauf der Untersuchung wiederholt zur Sprache kommen. Ein Aspekt, der sich aus der Herkunft ergeben mag, ist ein für Ciceros Laufbahn in dieser Zeit eigentümliches Verhältnis von militärischer und rhetorischer bzw. advokatischer Karriere.[5] Während Ciceros Gegner militärische Erfahrungen gewissermaßen nach dem Lehrbuch sammelten und langfristig zu mehr oder weniger großem militärischem Ruhm gelangten, häuften sich Ciceros Erfolge auf forensischem Gebiet.[6] Rhetorischer Erfolg stand dem militärischen in der Wertschätzung der römischen Nobilität jedoch nach.[7] Als die beiden Erfolgs-Katalysatoren der römischen Gesellschaft benennt Cicero die *summa gratia* als die ererbte Summe aller Dankbarkeit der Klientel einer *gens* sowie die *eloquentia* als erlernbare Technik der Rede. Von diesen Katalysatoren war die *eloquentia* die einzige, welche Cicero in vollem Umfang für sich nutzbar machen konnte.[8] Vor dem Hintergrund eines solchen Leistungsmilieus wird gelegentlich mit einem Kompensationsbedürfnis bzw. einer Statusdissonanz Ciceros argumentiert.[9] Denn für Cicero habe sich aus diesen Erfahrungen ein Missverhältnis zwischen Herkunft, eigener Leistung und politischem Erfolg in der *res publica* ergeben. Missgunst

---

2 Zur Herkunft des Cicero vgl. u. a. HABICHT 1990, 26 ff.

3 Vgl. WOOTEN 1983, 18 sowie 12: „Cicero [...] who had always been excluded from the inner circle of the senate."

4 BURCKHARDT (1990, 86) spricht von einem osmotischen Integrationsprozess der *homines novi* in die Nobilität.

5 Für die Bedeutung der militärischen Bewährung junger Römer vgl. SCHOLZ 2011, 221–260.

6 Zum rhetorischen Talent Ciceros vgl. z. B. HABICHT 1990, 27 mit Verweis auf Liv. per. 111: *vir nihil minus quam ad bella natus* („ein Mann, für nichts weniger geschaffen als für den Krieg."). Zum Militärischen vgl. GOTTER 1996, 108: „Daß das Militärische nicht sein Feld war, stellte er rasch fest [...]."

7 Vgl. dazu beispielsweise MAY 1988, 56, Anm. 21: „Generally, oratory is granted the second place to soldiering". Für die herausragende Bedeutung militärischer Erfolge als konstituierendes Element einer der zentralen Prominenzrollen der römischen Gesellschaft vgl. BLÖSEL/HÖLKESKAMP 2011, *passim*. Für die Prozessrhetorik als alternatives Karrierefeld vgl. insbesondere BLÖSEL 2011, 55–80.

8 Zur *summa gratia* und *eloquentia* vgl. JEHNE 2000, 184 f. mit Verweis auf Cic. Q. Rosc. 1: *Quae res in civitate duae plurimum possunt (...), summa gratia et eloquentia.*

9 MAY (1988, 56 sowie Anm. 22) argumentiert, dass Cicero sich aus diesem Grunde, obwohl er den Weg der Eloquenz gewählt habe, dennoch nie dem ruhmversprechenden Reiz des Militärs entziehen konnte. Er verweist hierfür auf Ciceros Hoffnungen, einen Triumph angesichts seiner Erfolge während der Statthalterschaft in Kilikien davontragen zu können. Zum Problem der Statusdissonanz in der römischen Gesellschaft, in der eine überdurchschnittliche Befähigung als Redner Defizite der Familie und des militärischen Erfolges nicht aufwiegen konnte, vgl. JEHNE 2000, 170.

habe daher seine Einstellung gegenüber Magistraten geprägt, die den traditionellen Werdegang eines Abkömmlings der Nobilität beschritten.[10]

Ciceros eigener gesellschaftlicher Standort als *homo novus* ist innerhalb der Redesituation gegenüber seinen Gegnern als ungünstige Ausgangsposition zu verstehen, da trotz der Statusdissonanz, die durch die *eloquentia* als Störungen der „Perpetuierungsmechanismen" der Aristokratie erwirkt werden konnte, allein das faktische Rederecht an den althergebrachten Hierarchien der Gesellschaft orientiert war.[11] Auf seine rednerische Tätigkeit mag dies zweifach Einfluss genommen haben: Zum einen war die rhetorische Tätigkeit seine primäre Gelegenheit, Ruhm zu erlangen. Erfolge und Misserfolge als Anwalt müssen für ihn daher besonders bedeutungsvoll gewesen sein, denn rednerische Erfolge brachten ihn politisch voran. Zudem wurden Misserfolge in seinem Fall nicht durch militärische Erfolge ausgeglichen und konnten damit politisch verhängnisvoll werden. So stand für Cicero im Falle einer Anklage oder Verteidigung dadurch möglichweise mehr auf dem Spiel als für manch anderen Redner der Nobilität. Zum anderen verhielt sich Ciceros persönliche Wertschätzung gegenüber seinen politischen Gegnern anders, als dies für Personen aus derselben Nobilität bei einer möglichen Gegnerschaft der Fall gewesen sein mag. Cicero adressierte immer wieder die Familie seiner Gegner, war zum Beispiel mit allen Mitteln bestrebt, den schützenden Nimbus der Familie für unbegründet zu erklären[12] oder die hohe Bedeutung eines Namens in Abrede zu stellen.[13]

---

10 Für Ciceros Missgunst gegenüber Magistraten, die unter dem Protektorat einflussreicher Männer aufgestiegen sind, vgl. auch HILTBRUNNER (1987, 245), der dasselbe Phänomen für die Gegnerschaft gegen Afranius konstatiert und es auf dessen Protektorat durch Pompeius zurückführt. Für Marcus Antonius vgl. dazu auch GOTTER 1996, 127: „Seine Karriere verdankte er [*sc.* Antonius] vornehmlich seinen militärischen Fähigkeiten, seinem persönlichen Mut und der nachdrücklichen Protektion Caesars." Vgl. ferner GOTTER 1996, 109 für Ciceros immerwährendes Spannungsfeld von Herkunft und Leistung.

11 JEHNE 2000, 185. Dabei ist eine Einebnung der Standesunterschiede der Beteiligten für Gerichtsreden zwar gegeben, jedoch nicht zu überschätzen.

12 Für Clodius und die Claudii siehe dazu z. B. Cic. Mil. 17: *aut eo mors atrocior erit P. Clodi, quod is in monumentis maiorum suorum sit interfectus – hoc enim ab istis saepe dicitur – (...).* („[...] noch ist der Tod des P. Clodius deshalb schrecklicher, weil er sich an einem Ort, der das Gedächtnis der Vorfahren bewahrt, ereignet hat. Das wird ja von den Anklägern immer wieder behauptet – [...]").

13 Dass Cicero auf die Frage des Namens bzw. der Familie Wert legt, veranschaulicht z. B. die folgende Passage in der *zweiten Philippischen Rede*, in der er aufs Schärfste Anstoß daran nimmt, dass sich Antonius seines Namens und seiner Herkunft rühme (Cic. Phil. 2.70): *at quam crebro usurpat: ‚et consul et Antonius'! (...) nam, si dignitas significaretur in nomine, dixisset, credo, aliquando avus tuus se et consulem et Antonium. numquam dixit. dixisset etiam conlega meus, patruus tuus, nisi si tu es solus Antonius. sed omitto ea peccata, quae non sunt earum partium propria, quibus tu rem publicam vexavisti; ad ipsas tuas partis redeo, id est ad civile bellum, quod natum, conflatum, susceptum opera tua est.* („Aber wie oft führte er die Worte ‚ein Konsul und ein Antonius' im Munde! [...] Wenn in dem Namen an sich Würde läge, hätte wahrscheinlich doch dein Großvater sich einmal ‚einen Konsul und Antonius' genannt – er hat es nie getan –, hätte auch mein Amtsgenosse, dein Oheim, sich so ausgedrückt, aber du bist wohl der einzige ‚Antonius'"). Cicero ist hier sichtlich bemüht, die Bedeutung

Dies alles legt nahe, dass Cicero maßgeblich auf sein Redetalent angewiesen war.[14] Wohl aus einer ähnlichen Überlegung heraus stellt Corbeill Ciceros politische Karriere in eine direkte Relation zu seinen diffamierenden Tätigkeiten. Cicero habe in jenen Momenten seiner Karriere gewisse Höhepunkte der Diffamierung erreicht, in denen es ihm notwendig erschien, seine öffentliche Rolle neu zu definieren.[15] Corbeill liefert in diesem Sinne eine Auflistung von Invektiven, die an Wendepunkten von Ciceros Karriere entstanden. So habe Cicero seine Rede gegen Verres konzipiert, während er sich als rechtschaffener junger Anwalt zu etablieren suchte. Aus der Motivation heraus, sich selbst als gewählter Konsul zu behaupten, habe er Catilina zum Feindbild seiner Invektiven gemacht. Als Cicero, aus dem Exil zurückkehrend, darauf ausging, in Rom erneut an Autorität zu gewinnen, habe er die Rede gegen Piso gehalten. Als älterer Staatsmann schließlich, der die Gelegenheit für sich erkannt habe, ein letztes Mal die *res publica* mit seinem Namen zu verbinden und die Republik erneut zu retten,[16] seien die *Philippischen Reden* gegen Marcus Antonius entstanden.[17] Die Bedeutung, die diesen Reden für Ciceros eigene Positionierung zuzuschreiben ist, sei daher nicht zu verkennen.[18] Es ist jedenfalls zu konstatieren, dass Ciceros politischer Erfolg in engem Konnex zu seiner rednerischen Tätigkeit stand. Ebenso ist ein Zusammenhang zu erkennen zwischen den Diffamierungen politischer Gegner in den Reden und den politischen Ambitionen Ciceros. Eine gezielte Instrumentalisierung von Diffamierungen in den Reden, womöglich auch in Ermangelung (z. B. militärischer) Alternativen, ist als plausibel zu erachten.

Ein weiterer Aspekt, der in der Forschung in Zusammenhang mit der Herkunft Ciceros gebracht wird, ist dessen gesteigerte Wertschätzung gegenüber den althergebrachten Werten der römischen Nobilität, dem *mos maiorum*.[19] Ebenso wird für die unbedingte Aufopferung Ciceros für die ‚Verfasstheit' der *res publica* der klassischen römischen Republik argumentiert. Wiseman stellt in diesem Zusammenhang fest, dass für die Munizipalaristokratie und somit für die wenigen *homines novi* generell er-

---

des Namens der Antonii herunterzuspielen. Für die Bedeutung der Herkunft der Gegner für die Komposition von Ciceros Argumenten siehe Kapitel 7.

14 Vgl. Crawford 1984, 3.

15 Vgl. Corbeill 2002a, 198: „It is notable that the orator employs his most angry invective at those key points in his career at which he needs to shape new aspects of his public identity."

16 Eine derartige Motivation Ciceros vermutet Wooten (1983, 14) in den *Philippischen Reden*; vgl. ferner Hall 2002, 283.

17 Vgl. Corbeill 2002a, 198.

18 Tatsächlich errang Cicero durch seinen Sieg gegen Verres einige „Berühmtheit". Siehe dazu Habicht 1990, 36 f.: „Der Fall machte den bereits wohlbekannten Anwalt zur Berühmtheit und, da Hortensius, noch immer König der Gerichtsrede, Verres' Verteidiger war, so verdrängte Cicero mit seinem Sieg im Prozeß ihn zugleich vom Platz des Starredners in Rom." Nach der Aufdeckung der Catilinarischen Verschwörung erlangte Cicero gar den Titel *parens patriae*, vgl. Habicht 1990, 45. Während der *Philippischen Reden* schwang sich der Redner schließlich zum unumstrittenen Meinungsführer und Leiter der Opposition auf. Vgl. hierzu Wooten 1983, 14: „Cicero was willing to become the leader of the opposition." Vgl. ebenso Gotter 1996, 13.

19 So auch bei Wooten 1983, 19.

kennbar sei, wie die *res publica* als bestmögliche ‚Verfasstheit' in der dortigen Auffassung wesentlich stärker und unumstößlicher verankert gewesen sei als in Rom.[20] In derselben Tonart bezeichnet Gotter Cicero als „entschieden ordnungsbejahend".[21] Es kommt hinzu, dass sich Cicero als *homo novus* in derjenigen Gestalt der *res publica*, wie er sie selbst immer als Idealzustand in der Zeit des Cato Censorius gepriesen hat, die besten Agitationsmöglichkeiten geboten hätten.[22] In diesem Sinne wäre auch der Bedeutung des *mos maiorum* für den moralischen Kompass eines *homo novus* ein höherer Stellenwert beizumessen als einem Abkömmling einer Familie der *nobiles*.

Schließlich werden Besonderheiten in Ciceros Umgang mit Personen aristokratischer Herkunft sowie eine Art grundlegender Voreingenommenheit Ciceros gegenüber Abkömmlingen prominenter Familien diagnostiziert. So bescheinigt Skinner Cicero ein Bewusstsein sozialer Inferiorität, die dieser auf seine Gegner projiziert habe.[23] Skinner bezieht sich hierbei auf Leachs Postulat, dass Cicero seine eigene Statusunsicherheit und Machtlosigkeit durch die unterstellte Verweiblichung seines Gegners auf Clodius projiziert habe.[24] Leach versteht diese Deutung Ciceros als Anwendung psychologischer Überlegungen nach Lacan, wonach sich das Subjekt im Unterschied zum Ego zwischen Bewusstsein und Unbewusstsein bewegt, sich jedenfalls in Konstruktionen jenseits des eigenen Selbst durchaus unbewusst manifestieren kann.[25] Der vorliegenden Untersuchung liegt allerdings die Überzeugung zugrunde, dass moderne psychologisierende Interpretationen allzu schnell in die Irre führen, da sie einem kaum dekonstruierbaren Konglomerat aus Autor, Gattungskonventionen sowie politischen und gesellschaftlichen Strukturen und Diskursen entnommen werden müssten.

---

20 Vgl. Wiseman 1971, 174 f., ähnlich Wooten 1983, 19: „Cicero was reared in a middle-class family in rural Italy that instilled in him tremendous respect for old Roman values."

21 Gotter 1996, 109.

22 Auf diesen Umstand verweist z. B. Wooten (1983, 12), der für die Wirren des Jahres 44 v. Chr. postuliert, dass Cicero aus Eigeninteresse eben jene ideale Verfasstheit der *res publica* der *maiores* wiederherzustellen suchte: „With the support he could establish the republican constitution in which he himself could function most effectively." Für das Ziel eines *homo novus* siehe auch Bringmann 1977, 32: „Letztlich scheint es dabei um ein gemeinsames Ziel gegangen zu sein: das Gleichgewicht innerhalb der regierenden Aristokratie so weit wie möglich zu sichern und die Einhaltung jener Spielregeln zu erzwingen, die das öffentliche wie das private Leben bestimmt [...] hatten." Was hier auf den *homo novus* Cato bezogen ist, wäre auch auf Cicero übertragbar, der sich Cato zum Vorbild macht.

23 Skinner 2011, 12 („consciousness of social inferiority"). Hier wird Ciceros Disposition wie folgt zusammengefasst: „Although he had attained the highest regular magistracy Rome could offer and was its undisputed supreme orator, Cicero, the *homo novus* [...], always felt himself at a disadvantage when dealing with the heredity aristocracy." Skinner beobachtet diese Projektion 2011 für Clodia Metelli.

24 Vgl. Skinner 2011, 152 Anm. 8 mit Verweis auf Leach 2001, 357 f. Dort heißt es: „Cicero is able to transfer his own sense of powerlessness upon the very person who had deprived him of power." Diese Machtlosigkeit habe er eben in seiner Verletzbarkeit, die durch die Verbannung bewiesen wurde, zu spüren bekommen. Siehe Leach 2001, 357.

25 Vgl. Leach 2001, 357.

2.2 Das ciceronische *ethos* und die Stilisierung der Vergangenheit

Auch und insbesondere in der politischen Rede spielt das *ethos* des Redners eine bedeutende Rolle.[26] Diese Wertschätzung des *ethos* ist bereits in der aristotelischen Rhetorik greifbar.[27] So gibt Aristoteles die Anweisung, dass der Redner seinen eigenen Charakter gewinnbringend in die Rede einfließen lassen solle.[28] In den aristotelischen Überlegungen zum *ethos* ist ebenfalls die Kontrastierung gegenüber dem Gegner angelegt, dessen Verworfenheit unter Beweis zu stellen sei: *παραδιηγεῖσθαι δὲ ὅσα εἰς τὴν σὴν ἀρετὴν φέρει (...), ἢ θατέρου κακίαν.*[29] Den Charakter des Redners bestimmt Aristoteles als erste unter den drei Arten der Überzeugungsmittel eines Redners.[30] Dieser fungiere als Überzeugungsmittel, wenn die Rede so dargeboten werde, dass sie den Redner glaubwürdig erscheinen lasse (διὰ μὲν οὖν τοῦ ἤθους, ὅταν οὕτω λεχθῇ ὁ λόγος ὥστε ἀξιόπιστον ποιῆσαι τὸν λέγοντα).[31] Im Kontext der Zeugenaussagen nimmt Aristoteles ein weiteres Mal Bezug auf den Charakter des Redners oder des Kontrahenten, der stets als Argument nutzbar gemacht werden könne, auch wenn keine brauchbaren Zeugnisse für eine Beweisführung zur Verfügung stehen.[32]

---

26 Mit dem *ethos* in griechischen und lateinischen Reden haben sich bereits zahlreiche Studien befasst. Für diese Untersuchung vgl. insbesondere RUSSELL 1990, 197–212; KENNEDY 1968, der dem *ethos* in der römischen Literatur mehr Bedeutung beimisst als in der römischen; MAY 1988, für die *zweite Rede gegen Catilina* besonders 51: „[...] ethos, particularly that of the orator himself, plays a important role in political oratory. The statesman's persona, as well as the audience's perception of his disposition toward them, contributes essentially to the persuasiveness of his speech." Vgl. ebenso 164: „The prominence of Cicero's own ethos is perhaps the most characteristic feature of the consular orations." Siehe ferner VASALY 1993, 131–155; CORBEILL 2002a, 198; RIGGSBY 2004, 176; HAMMAR 2013, 67–70.

27 Aristot. rhet. 1417a ff.

28 Aristot. rhet. 1417a: ἠθικὴν δὲ χρὴ τὴν διήγησιν εἶναι: ἔσται δὲ τοῦτο, ἂν εἰδῶμεν τί ἦθος ποιεῖ. ἓν μὲν δὴ τὸ προαίρεσιν δηλοῦν, ποιὸν δὲ τὸ ἦθος τῷ ποιὰν ταύτην, ἡ δὲ προαίρεσις ποιὰ τῷ τέλει. („Die Erzählung muß fähig sein, das Ethos des Redners widerzuspiegeln. Das wird umgesetzt, wenn wir wissen, was das Ethos bewirkt. Zum einen ist es das Mittel, das die Absicht der Rede verdeutlicht, denn wie das eine [das Ethos] beschaffen ist, so auch das andere [die Absicht]. Die Absicht entspricht irgendwie dem Zweck [der Rede].").

29 Aristot. rhet. 1417a: „Mit in die Erzählung einfließen lassen sollst du, was für deine charakterlichen Qualitäten spricht [...] oder was die Schlechtigkeit des Gegners unter Beweis stellt."

30 Aristot. rhet. 1356a: τῶν δὲ διὰ τοῦ λόγου ποριζομένων πίστεων τρία εἴδη ἔστιν: αἱ μὲν γάρ εἰσιν ἐν τῷ ἤθει τοῦ λέγοντος, αἱ δὲ ἐν τῷ τὸν ἀκροατὴν διαθεῖναί πως, αἱ δὲ ἐν αὐτῷ τῷ λόγῳ διὰ τοῦ δεικνύναι ἢ φαίνεσθαι δεικνύναι. („Von den durch die Rede geschaffenen Überzeugungsmitteln gibt es drei Arten: Sie sind zum einen im Charakter des Redners angelegt, zum anderen in der Absicht, den Zuhörer in eine bestimmte Gefühlslage zu versetzen, zuletzt in der Rede selbst, indem man etwas nachweist oder zumindest den Anschein erweckt, etwas nachzuweisen.").

31 Aristot. rhet. 1356a.

32 Aristot. rhet. 1376a: εἰσὶ δὲ αἱ μαρτυρίαι αἱ μὲν περὶ αὑτοῦ αἱ δὲ περὶ τοῦ ἀμφισβητοῦντος, καὶ αἱ μὲν περὶ τοῦ πράγματος αἱ δὲ περὶ τοῦ ἤθους, ὥστε φανερὸν ὅτι οὐδέποτ' ἔστιν ἀπορῆσαι μαρτυρίας χρησίμης: εἰ μὴ γὰρ κατὰ τοῦ πράγματος ἢ αὑτῷ ὁμολογουμένης ἢ τῷ ἀμφισβητοῦντι ἐναντίας, ἀλλὰ περὶ τοῦ ἤθους ἢ αὑτοῦ εἰς ἐπιείκειαν ἢ τοῦ ἀμφισβητοῦντος εἰς φαυλότητα. („Teils betreffen Zeu-

Viele Studien haben diese antiken Vorlagen zum *ethos* des Redners aufgenommen und auf die konkrete Umsetzung in Reden untersucht. So konstatiert May, dass das Genre der Rede gewissermaßen naturgemäß den Faktor ‚Charakter' beinhalte,[33] der dem Zweck diene, die eigene *persona* als *ethos* des Redners zu profilieren. Auch mit der Maskulinität des Redners wurde das *ethos* in Verbindung gebracht. So beobachtet Skinner, dass das rednerische *ethos* durch die Betonung der eigenen Maskulinität herausgestellt werden könne, die wiederum durch verbale Aggression ausgedrückt werde.[34] Zugleich kann festgestellt werden, dass die eigene Maskulinität durch die gezielte Effeminierung des Gegners verstärkt werde,[35] sodass in der Rede auch der (effeminierte) ‚Charakter' des Gegners eine gewichtige Rolle für die Eigenstilisierung des Redners spielen kann.[36] Cicero verwendet große Sorgfalt und Mühe auf die negativen Charakterdarstellungen in seinen Reden. Betont wird die Verdorbenheit der gegnerischen ‚Charaktere' dabei häufig durch ihre Gegenüberstellung mit tadellosen, dem römischen Tugendkatalog entsprechenden ‚Charakteren', häufig auch der eigenen Person.[37]

Wiederholt wurde die Vorgehensweise, Charakterbilder in seinen Reden in scharf kontrastierender Weise, schwarz oder weiß, zu zeichnen, in der Forschung kommentiert.[38] May spricht für diese Strategie von einer „antithetical juxtaposition" und einer Reduzierung der juristischen *causa* auf eine Gegenüberstellung antithetischer

---

genaussagen den Redner selbst, teils seinen Gegner, teils den Sachverhalt, teils den Charakter, so daß ganz klar ist, daß es niemals an einem brauchbaren Zeugnis mangelt, denn gibt es keins zur Sachlage, für den Gegner oder gegen den Kontrahenten, so findet sich doch eines über den Charakter, das entweder auf die Redlichkeit der Redners oder die Schlechtigkeit des Gegners hinweist.").

33 Vgl. May 1988, 162: „The importance of character in Roman society was responsible in large part for the unusual emphasis upon character portrayal in Roman oratory."

34 Vgl. Skinner 2005, 247 mit Verweis auf Catos Definition *vir bonus dicendi peritus* (Quint. inst. 12.1.1).

35 Es entsteht dabei natürlich ein wechselseitiger Prozess, da durch die Herausstellung der eigenen Maskulinität freilich wiederum die Effeminierung des Gegners verstärkt wird. Diese Wechselwirkung wird von Cicero sowohl zugunsten der eigenen Profilierung als auch zum Zwecke der Vernichtung des Gegners genutzt.

36 Vgl. May 1988, *passim*. Zu den eigenen Nennungen Ciceros in den Prozessreden vgl. Thierfelder 1965, 385–414.

37 So beispielsweise in Cic. Catil. 2.10: *(...) hoc vero quis ferre possit, inertes homines fortissimis viris insidiari, stultissimos prudentissimis, ebriosos sobriis, dormientis vigilantibus?* („[...] wer aber könnte dulden, daß untätige Menschen den tapfersten Männern, die Dümmsten den Klügsten, Betrunkene den Nüchternen, Schlafende den Wachenden nachstellen [...]?"). Hier werden die positiven Eigenschaften (*fortissimi viri*; *prudentissimi*; *sobrii*; *vigilantes*) den verkommenen Eigenschaften der Catilinarier (*inerstes homines*; *stultissimi*; *ebriosi*; *dormientes*) gegenübergestellt. Vgl. dazu auch May 1988, 53.

38 Vgl. May 1988, 55 („paint the characters of a speech in the sharply contrasting colors of black and white"); 129 Anm. 7 mit Verweis auf Wooten 1983, 58–86. Epstein (1987, 126) beurteilt die persönliche Feindschaft (*personal enmity*) als eine der „most distinctive forces" der römischen Gesellschaft, die maßgeblich vor Gericht forciert wurde und zur eigenen Standortbestimmung beigetragen habe. Die Diffamierung des Gegners und die Stilisierung der eigenen Person können als Vehikel dieses Prozesses verstanden und beurteilt werden. Für persönliche Feindschaften in Ciceros Reden vgl. ferner Hammar 2013.

Lebensweisen,[39] die durch gute oder schlechte Charakterqualitäten versinnbildlicht werden. Auf der einen Seite wird das Ideal einer Lebensführung nach dem *mos maiorum* entwickelt und auf der Gegenseite dessen anti-römische Antithese. Corbeill weist darauf hin, dass Cicero versuche, gerade über positive oder negative Beurteilungen von charakterlichen Dispositionen Schuld- oder Unschuldsurteile voranzutreiben.[40] So entstehen die Charakterbilder der politischen Gegner Ciceros wieder in Opposition zur Stilisierung des eigenen.[41] Cicero bietet seinem Publikum somit stets die Wahl zwischen richtig oder falsch, gut oder schlecht, römisch oder unrömisch, Freiheit oder Sklaverei.[42] May geht davon aus, dass die Umsetzung dieser Maxime in den *Philippischen Reden* gegen Marcus Antonius ihre stärkste Ausprägung erreicht hat.[43]

Die Inszenierung des eigenen *ethos* und fremder negativer Charakterqualitäten wird aufgrund derartiger Beobachtungen häufig vor allem als politisches Kalkül beurteilt. Es sind aber auch dieser Einschätzung zuwiderlaufende Tendenzen anzutreffen, die den persönlichen Intentionen Ciceros weniger Gewicht beimessen. So vertritt Vasaly die Auffassung, dass Cicero nicht als Demagoge anzusehen sei und dass sein Ziel keineswegs in der eigenen *self-promotion* vermutet werden dürfe.[44] Befeuert wird eine solche Einschätzung freilich durch Ciceros unermüdliche Postulate, ausschließlich für den Erhalt und die Rettung der *res publica* einzutreten: Als Beispiel unter vielen kann für derartige Intentionsbekundungen Ciceros die Passage eines Briefes an Brutus herangezogen werden. Darin möchte er seine eigenen Aussagen nicht als Rache verstanden wissen, sondern als Versuch, das Vaterland vor ruchlosen Bürgern zu schützen.[45] In diesem Sinne verpflichtet sich Ciceros rednerische Agitation

---

39 May 1988, 149; siehe auch 55: Das Ziel sei es, „to reduce a judicial dispute to the simple juxtaposition of two antipathetic characters or ways of life, one honourable up-right, in keeping with the *mos maiorum*, the other its un-Roman antithesis."

40 Corbeill 2002a, 212: „[...] to use analysis of character as a basis for reaching verdicts of guilt or innocence".

41 Vgl. auch Thierfelder 1965, 385–414.

42 Vgl. May 1988, 129. Für Marcus Antonius siehe besonders 154: „Cicero presents the Roman people with a choice that really offers no choice: cruelty, tyranny, slavery, and evil, personified in Antony, his brother, and his followers; or humanity, constitutionality, and freedom, personified in Cicero [...]." Für das Selbstporträt in der Rede Pro Roscio Amerino vgl. Dyck 2003, 243–246.

43 Vgl. May 1988, 129; 165: „The Philippics mark perhaps Cicero's finest hour and certainly find much of their persuasive effectiveness in ethos."

44 Vasaly 1993, 248. Anders beispielsweise bei Hölkeskamp 1995, 22: „In dieser politischen Kultur war jede Rede immer auch eine Selbstdarstellung des Redners, eine Inszenierung der eigenen Person als *vir bonus*. Denn jede Rede, jeder Auftritt in der Rolle des *bonus orator* war ein Teil der permanenten Konkurrenz um Einfluß, Rang und Vorrang – und nicht zuletzt um jene *honores*, die als Ämter zugleich die begehrten Ehren darstellten und überhaupt erst den Anspruch auf lebenslängliche *auctoritas* und *dignitas* begründeten."

45 Cic. ad Brut. 1.15.10: *dixi igitur sententias (...) neque tam ulciscendi causa quam ut et in praesenti sceleratos civis timore ab impugnanda patria deterrerem.* („Darum habe ich [...] diesen Antrag gestellt,

dem Erhalt und der Funktionstüchtigkeit einer ‚freien Gesellschaft'.[46] Vasaly schenkt dieser hehren Absicht Ciceros in solchem Maße Glauben, dass sie in ihrer Untersuchung die persönlichen politischen Ambitionen des Redners übergeht und als Ciceros höchstes Ziel den Erhalt einer Staatsform erblickt, die in seinen Augen allen anderen Formen überlegen ist.[47] Es steht außer Frage, dass Cicero die Rettung der *res publica* zu seiner ureigenen Lebensaufgabe stilisiert hat.[48] Allerdings darf nicht verkannt werden, in welchem Maße die Eigenstilisierung zum Retter des Gemeinwesens Anlass zu derartigen Absichtsbekundungen gegeben hat. So postuliert May im Unterschied zu Vasaly, dass Cicero seine Reden geschickt als Gelegenheit genutzt habe, sein eigenes *ethos* zu fördern und seine *auctoritas*, *dignitas* und *gloria* zu vermehren.[49] Als Indiz für eine solche Stilisierung kann die immer wieder auftretende Referenz an die Erinnerung der Nachwelt angeführt werden. So fügt Cicero in dem bereits erwähnten Brutusbrief an, dass er mit seinen Handlungen ein Exempel für die Nachwelt statuieren wolle, damit niemand jemals wieder auf den Gedanken komme, der *res publica* zu schaden, wie es seine Gegner getan hätten.[50] Freilich schwingt auch in diesem hehren Bekenntnis die Idee von der wohlgesinnten Erinnerung an die eigene Person mit, die auch in dem von Cicero selbst formulierten Wunsch zum Ausdruck kommt, sein Wirken möge als ewiges Denkmal für den Hass gegen die Feinde der *res publica* überdauern.[51] Dass er selbst dieses Exempel statuieren wollte, braucht in dieser Sequenz gar nicht erst hinzugefügt zu werden. Allzu selbstverständlich ist dies der Kern der angestrebten *memoria*. Die Auffassung Vasalys, nach der Cicero keineswegs an einer Selbststilisierung interessiert war, muss daher – nicht zuletzt vor dem Hintergrund der antiken *ethos*-Theorie – hinter den Beurteilungen Corbeills, Mays und anderer zurückstehen, die auf Ciceros geschickte Profilierung des eigenen *ethos* hinweisen.[52]

Die mit diffamierenden Argumenten versehenen Reden Ciceros sind vor diesem Hintergrund nicht nur als Schmähungen vermeintlicher Gegner der *res publica* zu verstehen, sondern insbesondere als Schmähungen persönlicher Gegner Ciceros zu konkreten politischen Zwecken. Diese Gegner haben für Ciceros Person zum einen

---

und zwar nicht so sehr aus Rache, als um für den Augenblick ruchlose Bürger einzuschüchtern und von der Bekämpfung des Vaterlandes abzuschrecken.").

46 Vgl. Corbeill 2002a, 212.

47 Vgl. Vasaly 1993, 248.

48 Vgl. dazu u. a. Wooten 1983, 14.

49 May 1988, 51: „[...] who skilfully used this opportunity to promote his own ethos and increase his authority, glory, and dignity." Für Ciceros Eifer zur Vermehrung seiner *gloria* vgl. ferner Hölkeskamp 2004, 91.

50 Cic. ad Brut. 1.15.10: *(...) et in posterum documentum statuerem ne quis talem amentiam vellet imitari.* („[...] und für die Zukunft ein Exempel zu statuieren, damit niemand auf den Gedanken kommt, solchen Wahnsinn nachzuahmen.").

51 Cic. ad Brut. 1.15.9: *exstare (...) in crudelissimos hostes monumenta odii publici sempiterna.* („[...] es [würde] ein ewiges Denkmal des allgemeinen Hasses gegen die grausamsten Staatsfeinde existieren.").

52 Vgl. Corbeill 2002a. Zur Selbststilisierung in Ciceros Reden vgl. auch Dugan 2005.

eine tatsächliche Gefährdung verkörpert.[53] Zum anderen boten sie eine geeignete Projektionsfläche, um Ciceros eigene Positionierung in der *res publica* und der Senatsaristokratie zu behaupten.[54]

Den Diffamierungen politischer Gegner Ciceros stehen daher Idealisierungen gegenüber, die einerseits in Eigenstilisierungen des Redners, andererseits auch in Stilisierungen und Glorifizierungen ehrbarer Römer vergangener Zeiten zum Ausdruck kommen.[55] Es ist daher notwendig, die Prägung des gesamten Werkes Ciceros durch die Idealisierung der eigenen und anderer Vergangenheiten sowie die damit meist einhergehende Glorifizierung des *mos maiorum* kurz in den Blick zu nehmen. Denn beispielhaft für viele Forschungspositionen lässt sich anführen, dass Kierdorf in seinem Lexikoneintrag zum *mos maiorum* Cicero eine „idealisierte[n] Verklärung der Vergangenheit" bescheinigt.[56] Wooten wiederum erkennt in dieser Idealisierung eine Nostalgie für die „simplicity and nobility" vergangener Zeiten.[57]

Als Träger einer derartigen Idealisierung der *mores maiorum* und zugleich der Kritik am Sittenverfall sind aus dem Werk Ciceros besonders die philosophischen Schriften und die Reden zu berücksichtigen.[58] So stilisiert Cicero seine politischen Gegner zum Inbegriff des Sittenverfalls. Danach stellen ihre Charakterbilder mehr oder weniger ein Konglomerat sämtlicher Aspekte des römischen Lebens gegen Ende der Republik dar, die der alten römischen Moral und somit den althergebrachten *virtutes* zuwiderlaufen. Hingegen werden Personen, die diese Tugendhaftigkeit nach den Sitten der Vorfahren vermissen lassen, durch Cicero als unrömisch gebrandmarkt, sodass die Diffamierungen gewissermaßen als eine Inversion römischer *mores maiorum* gelesen werden können.[59]

---

53 Für die politischen Gegner Ciceros, die im Rahmen der vorliegenden Untersuchung berücksichtigt werden, gilt dies wohl für Clodius, Piso sowie Marcus Antonius. Während Clodius direkt und Piso indirekt für Ciceros Verbannung verantwortlich gemacht werden können, sind die Verhältnisse ab 44 v.Chr. derart turbulent, dass sich Cicero eindeutig positionieren muss. In der Gegnerschaft zu Marcus Antonius mag Cicero – auch ohne von den noch ausstehenden Proskriptionen zu wissen, denen er zum Opfer fallen sollte – eine reale Gefahr für sein eigenes Leben erkannt haben.

54 Hierbei ist vor allem an Catilina und den persönlichen Erfolg Ciceros nach der Aufdeckung der Verschwörung zu denken.

55 Für beide Möglichkeiten zur Idealisierung von Vergangenheit sind jüngst Dissertationen vorgelegt worden: So untersucht Bücher 2006 *Exempla Romana im politischen Diskurs der späten römischen Republik* und Kurczyk 2006 *Cicero und die Inszenierung der eigenen Vergangenheit.* Vgl. auch Wooten 1983, 170: „In conjunction with this idealization of the past, the orator is prone to assume role-models [...]." und siehe dazu Stinger 1993; ferner Samotta 2009, welche die Konstruktion einer (vergangenen) idealen *res publica* im Vergleich zwischen Cicero und Sallust untersucht; van der Blom 2011, 49–67 sowie van der Blom 2010.

56 Kierdorf 2000, 403.

57 Wooten 1983, 170.

58 Vgl. Wooten 1983, 16; 19; 169 f.

59 Vgl. May 1988, 52 f.; ferner Corbeill 1996.

Die Vorfahren, *maiores*, werden in Ciceros Werk vielfach zu *exempla* wahrer Tugendhaftigkeit stilisiert.[60] Ein solches *exemplum*, das zugleich zahlreiche biographische Parallelen zu Cicero selbst aufweist, ist freilich Cato Censorius.[61] So hat Bücher für Ciceros Catobild beobachtet, dass dessen militärische Leistungen von Cicero nicht in den Mittelpunkt gestellt werden.[62] Man muss sogar einen Schritt weitergehen und erkennen, dass Cicero nicht nur Catos militärische Errungenschaften übergeht, sondern dass er die wesentlichen Tugenden Catos überhaupt erst auf ihn projiziert. Interessant ist freilich die Feststellung, dass Cato in den Reden wesentlich weniger prominent als *exemplum* angeführt wird als in den philosophischen Schriften.[63]

Es ergibt sich also ein Wechselspiel aus beiden Motiven: Die Stilisierung der Vergangenheit diente zur Diffamierung der Gegner und die Diffamierung der Gegner zur Stilisierung und Glorifizierung einer Vergangenheit, deren Spuren immer mehr verblassten.

2.3 Eine Rhetorik der Krise

Ciceros Diffamierungen erreichten ihren Höhepunkt zweifelsfrei in der *zweiten Philippischen Rede* gegen Marcus Antonius, die in das Jahr 44 v.Chr datiert. Diese Rede sowie ihre Positionierung im Corpus der insgesamt vierzehn *Philippischen Reden* hat in der Forschung viel Beachtung gefunden.[64] In der Regel wird dabei gewiss zu Recht die persönliche Feindschaft zwischen Cicero und Marcus Antonius sowie die außergewöhnliche Krisensituation ihrer Entstehungszeit ins Auge gefasst. Diese war bekanntlich dadurch gekennzeichnet, dass sich Rom im Spätjahr des Jahres 44 v.Chr. in Zeiten außergewöhnlichen Aufruhrs befand.[65] Aufgrund dieser politischen Konstel-

60 Es sei dafür auf Fuhrmann (1973, 451) verwiesen: „Außerdem diente das Exemplum nicht nur der Illustration moralischer Sätze – es war ja ein politisches Beweismittel, und in der Politik spielen nicht nur moralische Überlegungen, sondern auch die Macht und der Vorteil eine gewichtige Rolle." Vgl. auch den typologisierenden Vergleich zwischen der Anwendungspraxis von *exempla* in der athenischen und der römischen Rhetorik während der späten Republik bei Piepenbrink 2012, 102–108. Cicero versucht zu argumentieren, dass bestimmte Vorfahren arisokratischer Familien für alle Römer als *maiores* dienten, auch für *homines novi*, vgl. van der Blom 2010, 152–158.

61 Vgl. Bücher 2006, 258–263. Beide Politiker waren *homines novi*. Bücher (2006, 258) weist zu Recht darauf hin, dass Cato für Cicero eigentlich in den Bereich des kommunikativen Gedächtnisses gehören würde, von diesem aber zum *exemplum* erhoben, also älter gemacht wird. Vgl. des Weiteren Padberg 1933, Gnauk 1936 sowie Van der Blom 2010.

62 Vgl. Bücher 2006, 260.

63 Vgl. Bücher 2006, 263. Als Beispiele für Ciceros Reden werden hier jedoch lediglich die vier *Catilinarischen Reden*, die *Dankesreden* nach der Rückkehr nach Rom vor dem Volk und dem Senat sowie die *dritte* und *vierte Philippicae* eingehend untersucht.

64 Einen Überblick über die einschlägige Literatur zu den *Philippischen Reden* gibt Manuwald 2007a, 3–8.

65 Durch Cicero selbst wird die *zweite Philippische Rede* auf den 19. September des Jahres 44 – als fiktive Antwort auf die Rede des Antonius gegen Cicero vom 17. September – datiert: Cic. Phil. 5.19 f.;

lation führt Wooten die genannte Rede als herausragendes Beispiel für eine Rhetorik der Krise an, der abschließend einige Aufmerksamkeit gewidmet wird.[66]

In der Forschung ist man sich weitestgehend darüber einig, dass die *Philippischen Reden* nicht etwa in einem luftleeren Raum entstanden sind, sondern eine Perspektive innerhalb eines gegenseitigen Schlagabtauschs der Kontrahenten dokumentieren.[67] Dass wohl beide Kontrahenten durch ihre Agitation die Wahrnehmung der ‚senatorischen Öffentlichkeit' beeinflussen wollten, ist ebenfalls konsensfähig.[68] Ein kurzer Überblick über die Ereignisse des Jahres 44 v. Chr. bis zu dem Zeitpunkt, an dem die *zweite Philippische Rede* gehalten wurde, sowie deren Einordnung in den politischen Zusammenhang der ausgehenden Republik macht die Brisanz der Lage schnell deutlich.

Seit der Ermordung Caesars im März 44 v. Chr. war es zu einer Verhärtung der Fronten zwischen den politischen Lagern gekommen, die darum konkurrierten, das entstandene Machtvakuum auszufüllen.[69] Zwei der schillerndsten Vertreter dieser Lagerbildung waren fraglos Cicero und Marcus Antonius.[70] Welche Rolle Cicero in der Verschwörung um Caesars Ermordung gespielt hat, ist nicht zweifelsfrei zu klären. Zumindest scheint der Konsular nicht direkt an der Verschwörung beteiligt gewesen zu

---

vgl. Wooten 1983, 274 f.; Cerutti 1994, 23–27; Pitcher 2008, 131. Für einen Überblick über die politischen Entwicklungen vor dem Hintergrund der *Philippischen Reden* vgl. Frisch 1946, 42–118 und besonders Manuwald 2007a, 9–31. Antonius' Rede, die nicht erhalten ist, kann nur aus Ciceros Hinweisen – hauptsächlich aus den *Philippischen Reden* selbst – rekonstruiert werden, vgl. Frisch 1946, 133–135.

66 Wooten 1983, 168 für die *Philippicae:* „These three factors, the rhetorical situation, the influence of Demosthenes, and Cicero's own psychological makeup, combined to produce a type of oratory that I have called the ‚rhetoric of crisis'.", vgl. zudem Wooten 1983, 169–171. Des Weiteren bezeichnet er – seinem Untersuchungsgegenstand entsprechend – Demosthenes' Reden gegen Philipp II. als eine solche Rhetorik der Krise. Manuwald (2007a, 105 f.) merkt zu Recht an, dass die Rückführung der „invective strategy" auf Demosthenes, wie Wooten 1983 sie unternimmt, zu kurz greift, dass vielmehr auch die Rahmenbedingungen der späten römischen Republik berücksichtigt werden müssen.

67 Vgl. etwa Hall 2002; Manuwald 2007a, 19 f. Frisch (1946, 121) beurteilt Ciceros Agitation noch psychologisierend und attestiert ihm einen Hass gegenüber Antonius, der einen „pathological character" aufweise.

68 Vgl. dazu Hall 2002, 287: „The fact that Cicero and Antony spend time rebutting such attacks points to their power to shape public perception." Dies gilt auch für die *zweite Philippica*, auch wenn diese nicht gehalten wurde, da davon auszugehen ist, dass sie einem Kreis ausgewählter Freunde zur Verfügung gestellt wurde, vgl. Manuwald 2007a, 20 mit Verweis auf Belegstellen aus den *Atticus-Briefen.*

69 Für die politischen Entwicklungen seit den Iden des März 44 liegt von Gotter 1996 eine ergründende Analyse vor. Für das politische ‚Machtvakuum' siehe z. B. Gotter 1996, 15: „Der übermächtige Protagonist der Jahre zuvor war von der politischen Bühne Roms verschwunden, die Hauptrolle im Staat verwaist."

70 Auf politischem und besonders militärischem Terrain kommt zweifelsfrei Marcus Antonius als ehemaliger ‚rechter Hand' Caesars die Hauptrolle zu. Vgl. dafür Gotter 1996, 15 und insbesondere 23: „Schon am Abend des 16. [März] begann er [*sc. Antonius*], die dominierende Rolle zu spielen."

sein und wahrscheinlich war er auch kein Mitwisser.[71] Allerdings war sein Verhältnis zu Caesar ambivalent: Zunächst hatte sich Cicero nach einigem Hin und Her im Bürgerkrieg zwischen Caesar und Pompeius schließlich in Richtung des Optimaten Pompeius bewegt, nach dessen Tod jedoch kaum gezögert, in Caesars Lager zurückzukehren.[72] Gleichwohl kritisierte Cicero die Alleinherrschaftsambitionen Caesars unentwegt.[73] Nach Caesars Ermordung lobte er die Tat der Verschwörer,[74] bezog somit Position gegen die Caesarianer, an oberster Stelle gegen Marcus Antonius selbst, und kämpfte bis zu seinem Tod für diese Opposition.

Seit dem Herbst 44 v. Chr. ging Cicero in seinen *Philippischen Reden* schließlich offen auf Antonius los,[75] nachdem er dem Konsul bis dahin wohl am ehesten mit „verächtlicher Gleichgültigkeit" begegnet war, wie es Gotter formuliert.[76] Diese Gleichgültigkeit schlug erst in massive Feindschaft um, als die Fälschung der *acta Caesaris* zum Streitpunkt wurde und Antonius allem Anschein nach in die Klientelbeziehungen Ciceros eingebrochen war.[77] Cicero verschrieb sich nach den Iden des März vollkommen der Restitution der *res publica*. In Antonius sah er, so Gotter, das Haupthindernis für eine Realisierung dieser Zielsetzung. Den einzigen Weg, das Ziel zu erreichen, sah er deshalb in der Vernichtung des Antonius.[78] In dieser Prämisse lag sodann Ciceros erbitterte und in seinen Augen ausweglose Gegnerschaft zu Marcus Antonius begründet.

Wooten geht davon aus, dass die Intensivierung dieser Feindschaft nicht zuletzt darauf zurückzuführen war, dass Cicero in den auf die Ermordung Caesars folgenden politischen Wirren eine elementare Krise derjenigen Kultur und Gesellschaft erkannt habe, die er selbst repräsentierte.[79] Historische Situationen, die in dieser Weise als bedrohlich empfunden wurden, zumal im Falle Ciceros, der sich zum Repräsentanten und Beschützer einer alten Ordnung stilisierte, evozierten nach Wooten eine bestimmte Art der Rede, eine „rhetoric of crisis":[80]

---

71 Vgl. Lacey 1986, 11: „There seem no valid grounds at all for Antony's accusation that Cicero was party to the plot." Zu Antonius' Anschuldigung gegen Cicero siehe Cic. Phil. 2.25: *Caesarem meo consilio interfectum.* („Ich soll der geistige Urheber der Ermordung Caesars sein!") Diese Aussage lässt sich am ehesten als Versuch Ciceros deuten, sich im Nachhinein in die Nähe der Verschwörung zu rücken. Sie legt damit Zeugnis über Ciceros Positionierung in diesem Konflikt ab.

72 Vgl. Gotter 1996, 122. Gotter (1996, 121) bezeichnet Cicero außerdem als „Spätling des Anticaesarismus".

73 Vgl. Gotter 1996, 122 f. mit Verweis auf Alföldi 1985, 368; 370; 378 ff. und Gelzer 1969, 363.

74 Vgl. dazu Gotter 1996, 124: „Caesars Ermordung am 15. März war für Cicero ein Quell reinster und wildester Freude."

75 Vgl. Gotter 1996, 107; 129: „Die 1. Philippica war im Grunde eine offene Kampfansage." Für die politischen Lagerbildungen nach Caesars Ermordung vgl. u. a. Ortmann 1988.

76 Gotter 1996, 127.

77 Vgl. Gotter 1996, 50; 128; zu den *acta Caesaris* vgl. Matijević 2006a, 426–450.

78 Vgl. Gotter 1996, 131. Dort heißt es, Cicero habe in Antonius' „Vernichtung die Heilung" gesehen.

79 Vgl. Wooten 1983, 169.

80 Wooten 1983, 58 ff.; 171.

> „This oratory is produced when an exceptional orator of genius and experience, working with a system that has a tradition of public address and public deliberation (that is, a democratic or participatory constitutional government), perceives, rightly or wrongly, that the very existence of that system and all it represents is threatened by a totalitarian menace that must be stopped at all costs."[81]

Vor diesem Hintergrund postuliert Wooten eine ‚Rhetorik der Krise' auch und gerade für die *Philippischen Reden.* Wooten macht in seiner Definition stark, dass die Bedrohung für das zu verteidigende ‚System' zu Recht oder zu Unrecht empfunden werden könne. Die besondere Vehemenz der invektivischen Vorwürfe in den *Philippicae*, die noch dazu im Vergleich der Reden gegen Catilina, Clodius, Piso und Marcus Antonius das breiteste Spektrum abdecken,[82] sei somit eventuell mit der Intensität der empfundenen Bedrohung zu erklären.[83]

Hall schließt sich dieser These Wootens an und sieht Cicero des Weiteren vornehmlich in der Rolle eines Führers der Opposition gegen Antonius.[84] Eine solche Führerschaft wiederum habe es Cicero ermöglicht, sich eine Basis an Unterstützung zu sichern, die er im Laufe seiner Karriere bis dahin nicht habe gewinnen können.[85] Somit sei die Zielsetzung, selbst eine führende Rolle im Ringen um die Ausfüllung des nach Caesars Tod entstandenen Machtvakuums einzunehmen, die eigene politische Ambition des Autors in den *Philippischen Reden.* Für Wooten bestand Ciceros Motivation für die Auseinandersetzung nach Caesars Tod im nackten Überlebenswillen.[86] Denn die Gefahr, die abgewendet werden sollte, habe für Cicero nicht nur den Untergang der Republik, sondern zugleich den Untergang der eigenen Person bedeutet.[87]

Die Rhetorik der Krise befördert nunmehr Extrema sowohl des Guten als auch des Bösen.[88] Für den Einsatz diffamierender Argumente, die ohnehin meist in antithetischer Form verwendet wurden, ergab sich daraus gewissermaßen eine endgültige Übersteigerung der Dichotomie von Gut und Böse. Da nun in den Jahren 44 und 43 v.Chr. Marcus Antonius in den Reden Ciceros die Rolle des Gegners einnahm, wurde dieser in einer äußerst negativen Weise gezeichnet, die im Vergleich zur Kritik an seinen Vorgängern noch extremer ausgeprägt war. So ist das ciceronische Antoniusbild das Produkt einer Synopse von negativen Charakterqualitäten, die durch eine von

---

81 Wooten 1983, 171.

82 Vgl. Wooten 1983, 196 Anm. 2; Hall 2002, 286f.

83 Hall (2002, 287) nimmt an, dass die politischen Ereignisse ein für Cicero zuvor unbekanntes Maß an tatsächlicher Bedrohung annahmen, was ihn zu einer besonderen Intensität und Schlagkraft seiner Rede zwang.

84 Vgl. Hall 2002, 283: „Cicero tries to raise strong and decisive opposition against Antony [...]."

85 Vgl. Wooten 1983, 12.

86 Vgl. Wooten 1983, 58; 171.

87 Siehe dazu z.B. May 1988, 164: „Cicero identifies himself with the state; the Republic becomes his advocate."

88 Vgl. Hall 2002, 285: „The rhetoric of crisis thus relies to a large extent on a strident language of extremes and exaggeration". Wooten 1983, 58; 169; 171 Anm. 2.

persönlichen Interessen motivierte ‚Rhetorik der Krise' angetrieben wurde. Das Antoniusbild stellt im Vergleich zum Catilina-, Clodius- und Pisobild eine besonders extreme Anwendung bekannter diffamierender Argumente dar, was vor dem Hintergrund der nunmehr tatsächlich eingetretenen politischen Ausnahmesituation zu verstehen ist.

Abgesehen von diesen Überlegungen zur Person und zu den Talenten Ciceros, die auf die Ausgestaltung der Diffamierungen seiner politischen Gegner Einfluss genommen haben, ist es im nächsten Schritt notwendig, die Voraussetzungen zu erfassen, die sich dem Redner und Anwalt Cicero in der vor ihm liegenden Literaturtradition dargeboten haben und auf deren Grundlage er seine Diffamierungsstrategien ausarbeiten konnte.

3 Diffamierungen in der griechischen und römischen Literatur

Diffamierungen haben in der griechischen und römischen Literatur einen breiten Raum eingenommen und vielfach den Ruf von Personen beschädigt, besonders in der späteren Erinnerung an sie.[1] In unterschiedlichen Epochen treten diffamierende Äußerungen in verschiedenen Gattungen und Spielarten auf. Um die Diffamierungen Ciceros in einen größeren historischen und gattungskonventionellen Kontext einzuordnen, werden im Folgenden einige griechische und römische Traditionen von Diffamierungen beleuchtet. Dabei wird zum einen Bezug genommen auf abstrakte Äußerungen oder Diskussionen über Diffamierungen und zum anderen auf Beispiele diffamierender Literatur. Die folgende Betrachtung basiert auf einer chronologischen Annäherung an die späte römische Republik, weist schließlich aber auch darüber hinaus. Nachdem mit der Thematisierung der griechischen Klassik begonnen wurde, werden republikanisch-römische Praktiken vor Cicero berücksichtigt. Danach folgt ein kurzer Exkurs zur kaiserzeitlichen Literatur. Schließlich werden seine eigenen Abhandlungen zu Diffamierungen sowie eine wertvolle Diskussion über Rufmord in der Korrespondenz von Cicero mit seinen Zeitgenossen Metellus und Caecina herangezogen.

3.1 Diffamierungen in der griechischen Literatur

Liebermann fasst in seinem lexikalischen Eintrag zur griechischen Invektive – unter deren Titel, wie im Forschungsstand (Kapitel 1.2) gezeigt wurde, Diffamierungen traditionell behandelt werden – verschiedene Gattungen zusammen. Er zählt zu diesen den griechischen *iambos*, das Spottgedicht, die Alte Komödie sowie die Gerichtsreden der attischen Redner.[2] Ein weiteres Spektrum zeichnet Koster, der auch die Satire, das Epigramm sowie die Epode als Gattungen der Diffamierung berücksichtigt.[3] Ein Konsens besteht in der Forschung hinsichtlich des Höhepunktes der griechischen

---

1 Über die jeweilige Wirkung von Diffamierungen auf die Zeitgenossen kann häufig kaum eine Aussage getroffen werden. Was wir jedoch erforschen können, sind die Auswirkungen von Diffamierungen auf die antike Nachwelt und dann freilich auf die Geschichtswissenschaft.

2 Vgl. Liebermann 1998, 1050. Schon Nisbet (1961, 192) bezeichnet die Alte Komödie sowie die attischen Redner als Höhepunkte der griechischen Invektive. Auch Süss (1975, 254) geht davon aus, „daß die Grundstimmung, die [das invektivische] Material durchzieht, als dieselbe auch gewissen Eigentümlichkeiten der altattischen Komödie ihre bestimmende Richtung gegeben hat." Bereits auf Aristoteles geht die Zuordnung der Komödie zur Trägerform invektivischen Materials zurück. Vgl. dazu Koster 1980, 38. Einen Schwerpunkt philologischer Untersuchungen zu Schimpfwörtern in der griechischen Literatur attestiert auch Opelt (1965, 13) der Attischen Komödie mit Verweisen u.a. auf Müller 1913, 492–502 und Miniconi 1959, 159–175.

3 Vgl. Koster 1980, 38.

https://doi.org/10.1515/9783110599886-005

Invektivenkunst, der allgemein der Alten Komödie und den attischen Rednern zugesprochen wird.[4] Für den griechischen Kulturraum lässt sich also zunächst einmal konstatieren, dass Diffamierungen sowohl in Dichtungen als auch in Reden geäußert wurden.

Diffamierungen stehen nach diesem Verständnis zumeist in Verbindung mit ihrem Gegensatz, dem Lob: Dem *psogos* wird in der Regel der *epainos* entgegengesetzt.[5] Eine solche Gegenüberstellung von Lob und Tadel wird bereits von Platon vorgenommen.[6] Liebermann hebt hervor, dass dem Lob und dem Tadel bei Platon in pädagogischer Funktion die Aufgabe einer Affirmation zukomme.[7] Darüber hinaus weist er darauf hin, dass es in Platons Vorstellung von einem sozial und gesellschaftlich ideal geordneten Stadtstaat verboten sein sollte, einen anderen ernstlich schlecht und lächerlich zu machen.[8] In Platons *Nomoi* heißt es hierzu:

> εἷς δὴ περὶ κακηγορίας ἔστω νόμος περὶ πάντας ὅδε: Μηδένα κακηγορείτω μηδείς. (...) ποιητῇ δὴ κωμῳδίας ἤ τινος ἰάμβων ἢ μουσῶν μελῳδίας μὴ ἐξέστω μήτε λόγῳ μήτε εἰκόνι, μήτε θυμῷ μήτε ἄνευ θυμοῦ, μηδαμῶς μηδένα τῶν πολιτῶν κωμῳδεῖν. (...) οἷς δ' εἴρηται πρότερον ἐξουσίαν εἶναι περί του ποιεῖν, εἰς ἀλλήλους τούτοις ἄνευ θυμοῦ μὲν μετὰ παιδιᾶς ἐξέστω, σπουδῇ δὲ ἅμα καὶ θυμουμένοισιν μὴ ἐξέστω.[9]

> „Ein einziges Gesetz über Verleumdungen soll also für alle gelten. Niemand darf einen anderen verleumden. [...] Einem Dichter von Komödien oder von Iamben oder von lyrischen Musengesängen soll es nicht gestattet sein, weder in Worten noch in bildlicher Darstellung, weder im Zorn noch ohne Zorn, irgendwie einen Bürger zu verspotten [...]. Denjenigen aber, denen zuvor von uns

4 Vgl. beispielsweise NISBET 1961, 192f.

5 Vgl. dazu POWELL 2007, 4: „In Greek rhetoric, we find that two of the divisions of epideictic oratory are called *epainos* [...] and *psogos* [...].“ Für die griechische Rhetorik analysiert Powell weiter: „In the *Rhetorica ad Alexandrum* [...] we read not of *psogos* as a genre, but of *to psektikon* (lit. ‚that which appertains to *psogos*‘) as an ingredient on forensic or deliberative oratory. To develop one's talent in that direction, the practicing of free-standing *psogoi* might be a useful exercise: it would not, however, be an end in itself.“

6 Vgl. LIEBERMANN 1998, 1049. Es wird außerdem darauf hingewiesen, dass sich die Bestimmung des ψόγος durch Kontrastbildung aus der des ἔπαινος heraus ergibt. Nach Platon seien Lob und Tadel prinzipiell dem γένος ἐπιδεικτικόν zugeordnet.

7 Eine erzieherische Intention des Dichters konstatiert ZIMMERMANN (2004,56) ebenso in der attischen Komödie, auch wenn diese vom Publikum nicht nach den Vorstellungen des Dichters rezipiert werde.

8 Vgl. LIEBERMANN 1998, 1049. Siehe dazu auch Plat. leg. 829c–e: „[...] Ferner muß man [...] Lobgedichte und Rügelieder aufeinander dichten [...]. Dichter solcher Gesänge darf aber nicht jeder sein [...]. Die Entscheidung hierüber soll in den Händen des Erziehers und der übrigen Gesetzeswächter liegen, die ihnen dies als Vorrecht zugestehen sollen [...]“.

9 Plat. leg. 934e–936b (Übers. mod. A.T.). KOSTER (1980, 11) weist auf eine lexematisch nicht zu unterscheidende, inhaltlich aber gewichtige Differenz zwischen Rüge und Schmähung hin. In dieser Platon-Stelle erkennt er eine Rüge, die durch „Niederschlagen Wiederaufrichtung“ bewirken will. Im Gegensatz dazu will die Schmähung „nur niederschlagen“. Die Regelung einer Schmähung müsste also noch strenger ausfallen, bedenkt man die drohende Wirkung und setzt voraus, dass diese Regelungen schon für eine in ihrer Auswirkung deutlich gelindere Rüge getroffen werden.

die Erlaubnis erteilt worden ist, Verse aufeinander zu dichten, denen sei es gestattet, dies ohne Zorn und im Scherze zu tun; im Ernst aber und im Zorne sei es nicht gestattet.“

Platon stellt sich eine gesellschaftliche und soziale Idealform griechischer Stadtstaaten vor, in denen der Umgang mit Verleumdungen anderer Personen gesetzlich geregelt wäre. Erst im elften Buch seines Spätwerkes, als Platon die Dialogpartner eine soziale Ordnung ihres idealen Gemeinwesens im Detail heraufbeschwören lässt, kommt die Sprache auf den Umgang mit konkreten Vergehen wie z. B. der Giftmischerei, Zauberei oder eben der Verleumdung. Es wird die Idee einer Richtlinie geäußert, die dezidiert die ernst gemeinte Schmähung einer anderen Person untersagen sollte. Daraus spricht eine Einsicht in das Gefahrenpotential, das eine solche Schmähung für ihr Opfer beinhaltet und in der Aufzählung immerhin mit dem der Giftmischerei und Zauberei gleichgesetzt wird. Der Entwurf eines Beleidigungsverbots wäre in einer bestmöglichen Verfassung, wie gesehen, zunächst pauschal und absolut zu formulieren: Μηδένα κακηγορείτω μηδείς. Erst in der weiteren Ausführung des Gesetzentwurfs wird eine gewisse Relativierung vorgenommen. Die expliziten Nennungen der Genres, in denen man sich des Spottes unbedingt zu enthalten habe, liefern einen wertvollen Einblick in Erfahrungen, in welchen Gattungen Spott zu negativen Folgen geführt haben muss. Denn obwohl Platon einen Idealstaat entwickelt, der in dieser Form freilich nicht existierte, speist er seine Ideen aus Erfahrungen heraus, die er in seiner eigenen Lebenswelt gesammelt hat. So schlägt er z. B. vor, dass ein solches Gesetz die Verleumdung sowohl in Komödien als auch in Jamben und musischen Gesängen verbieten sollte (ποιητῇ δὴ κωμῳδίας ἤ τινος ἰάμβοων ἤ μουσῶν μελῳδίας). Dies erlaubt den Rückschluss darauf, dass in diesen Gattungen Verleumdungen einzelner Personen platziert wurden, die zu verhängnisvollen Konsequenzen geführt haben.[10] Für solche konkreten Folgen von Spott ist etwa an Platons Darstellung von Sokrates' Gerichtsverhandlung zu denken, in der die Verspottung des Sokrates in Aristophanes' Wolken als Saat für eine breite Stigmatisierung des Sokrates angeführt wird.[11] Bei Aristophanes solle ein ‚gewisser Sokrates‘, so lässt Platon Sokrates selbst berichten, auf der Suche nach entlegenen Wissenschaften durch die Luft spaziert sein, die schwächere Rede zur stärkeren gemacht und diese Kunst auch noch weitergegeben und damit seine Schüler verdorben haben. Platons Sokrates verortet den Ursprung solcher Verleumdungen gegen seine Person in Aristophanes' Komödie und ruft seine Zuhörer dazu auf, sich gegenseitig zu bezeugen, ob sie den Sokrates jemals etwas Derartiges sagend oder in dieser Weise handelnd erlebt hätten.[12] Der Schaden, den Sokrates' Person durch solche Diffamierungen in komödiantischer

10 Zum Spott in der attischen Komödie siehe Zimmermann 2004, 45: „Zu den auffallendsten Merkmalen der sogenannten Alten attischen Komödie [...] gehört der persönliche Spott [...], die Verspottung von bekannten Persönlichkeiten des öffentlichen Lebens, aus Politik und Kunst, aus Wissenschaft und Literatur.“

11 Plat. apol. 19c, siehe dazu Aristoph. Nub. 122 ff.; 187 ff.; 225 ff.

12 Plat. apol. 19d.

Form erfahren hatte, ließ sich – so wissen wir es heute und so weiß und deutet es Platon – nicht mehr abwenden, da Sokrates schließlich zum Tode verurteilt wurde. Wenn eine Diffamierung zu so drastischen Konsequenzen führen kann, dann wird verständlich, warum für eine ideale – wenn auch fiktive – Gesellschaftsordnung zur Kontrolle der gesellschaftlichen Kommunikation eine Notwendigkeit konstatiert wird, dass nur in Ausnahmefällen spottend gedichtet werden dürfe, nämlich dann, wenn zuvor eine entsprechende Erlaubnis erteilt wurde.

Für die vorliegende Untersuchung festzuhalten ist die Einsicht in das Gefahrenpotential ernst gemeinter, im Zorn entstandener, aber auch zur Unterhaltung oder allgemeinen Gesellschaftskritik entworfener Diffamierungen. Ähnliche Beweggründe könnten in Rom zu einem Verbot von Diffamierungen in den Zwölftafelgesetzen geführt haben.[13] Die Regelung in den Zwölf Tafeln ist im Hinblick auf ihre Entstehungshintergründe und ihre Wirkungsgeschichte schwer zu bewerten. Vergleichbar aufschlussreiche Informationen wie in Platons etwa hundert Jahre jüngerer Idealvorstellung eines den Kommunikationsraum schützenden und regelnden Gesetzes über Spott, Verleumdungen oder Diffamierungen liegen für Rom nicht vor. Die in den Zwölf Tafeln niedergelegte Regelung belegt doch aber zumindest den Bedarf an einer Einschränkung von Diffamierungen durch Verbote. Offenbar wurde in Rom bereits im 5. Jh. v.Chr. das Gefahrenpotential von Verleumdungen erkannt. Womöglich haben Diffamierungen ähnlich wie im Falle des Sokrates in Athen auch in Rom zu verhängnisvollen Konsequenzen geführt und so das Bedürfnis nach einer fixierten Regelung von öffentlichen rufschädigenden Äußerungen (*quod infamiam faceret flagitiumve alteri*) geweckt.[14] Denn wie es keinen Richter gibt, wenn niemand als Kläger auftritt, so wird kein Gesetz geschaffen, ohne dass es entsprechende Präzedenzfälle gegeben hätte. Auf der achten Tafel konnte nun auf dem Forum Romanum eine Auskunft darüber erlangt werden, dass jemand eine Kapitalstrafe zu erwarten hatte, der einen anderen mit übler Nachrede überzogen habe (*qui malum carmen incantassit*).[15] Zumindest lassen Fragmente bei Cicero und Augustin darauf schließen.

---

13 Vgl. Flach 2004, 120–123 zur betreffenden Tafel VIII; sowie Steenblock 2013, 54.

14 Cic. rep. 4.10.12 nach Aug. civ. 2.9: „[...] wenn jemand ein gehässiges Lied gesungen oder wenn er ein Gedicht verfasst hatte, das Schimpf oder Schande über einen anderen brachte." Siehe auch unten: Anm. 15.

15 Lex XII tab. VIII: „Wer ein böses Lied auf jemanden abgesungen", so bei Plin. nat. 28.17–18. Die Kapitalstrafe belegt Cic. rep. 4.10.12 nach Aug. civ. 2.9: *hanc rem nostrae XII tabulae cum perpaucas res capite sanxissent, in his hanc quoque sanciendam putaverunt, si quis occentavisset sive carmen condidisset, quod infamiam faceret flagitiumve alteri.* („Obgleich unsere Zwölftafeln nur sehr wenige Tatbestände mit der Todesstrafe belegt hatten, glaubten sie unter diesen auch den damit belegen zu müssen, der gegeben war, wenn jemand ein gehässiges Lied gesungen oder wenn er ein Gedicht verfasst hatte, das Schimpf oder Schande über einen anderen brachte.") Hor. sat. 2.1.82–83: *si mala condiderit in quem qui carmina, ius est iudiciumque* („Wenn jemand schlimme Gedichte auf jemanden verfasst hat, gibt es ein Vorverfahren und eine Gerichtsverhandlung"). Porph. Hor. comm. 2.1.154: *vertere modum poetae ad bene dicendum ideo, quia fustuarium supplicium constitutum erat in auctorem carminum infamium.* („Geändert haben den Ton die Dichter zum Gutes sagen deshalb, weil die

Lässt man nun die Schwere der Strafe für die Beurteilung der (Straf-)Tat sprechen, dann muss man davon ausgehen, dass das Verleumden einer anderen Person schon im Rom des 5. Jh. v. Chr. als schweres Vergehen mit einem großen Gefahrenpotential angesehen wurde.

Zentral für das in der griechischen Rhetorik greifbare Verständnis von Schmähungen, die oft in Gestalt von Tadel auftreten, der wiederum diametral zum Lob entwickelt wird, ist die in Aristoteles' Handbuch greifbare *iambikē idea.*[16] Nach Aristoteles ist der ursprüngliche Jambos zum persönlichen Angriff bestimmt und soll, so Koster, „den Gegner mit der Waffe des Wortes unschädlich machen".[17] Als Ziel des Lobens und Tadelns ist auch bei Aristoteles der Nachweis der Ehrenhaftigkeit bzw. der Ehrlosigkeit einer Person zu verstehen.[18] So stellt Süß für die Entwicklung der griechischen Schmährede fest, „daß die von Aristoteles im Ernst und von den praktischen Rednern wenigstens gelegentlich in koketter Pose beklagte Bescheltung des Gegners von Anfang an bestanden und [...] im Laufe der Zeit sich progressiv gesteigert hat."[19]

In der Rhetorik entwirft Aristoteles gegen Ende des zweiten Buches eine Übersicht zu den üblichen Allgemeinplätzen zur Anwendung in der Rede.[20] Die darin aufge-

Knüppelstrafe gegen den Verfasser von Schmähgedichten festgesetzt worden war [Übers. mod. A.T.]"). Die *vituperatio* wird als die Form der Rede benannt, die nicht mehr gepflegt werden solle. Weitere Angaben finden sich bei Flach 2004, 120 f.

16 Aristot. rhet. 1358b: ἰαμβικὴ ἰδέα. Vgl. dazu Koster 1980, 38, der als bestimmende Grundstruktur den βίος benennt. Für eine Analyse negativer Charakterqualitäten ist diese Korrelation zwischen der Schmährede und dem βίος von besonderem Erkenntniswert. Zur ‚Wertorientierung' als rhetorisches Argument und zu dessen Umsetzung in der Politik Athens vgl. auch Piepenbrink 2016.

17 Koster 1980, 38. Dabei fasst Koster (1980,38) verschiedene Begriffe wie ἴαμβος, λοιδορία, ὄνειδος und κακηγορία – dem Begriff, der von Platon in den *Nomoi* verwandt wird – unter dem Überbegriff *psogos* zusammen. Als lateinische Entsprechung des griechischen *psogos* bezeichnet Koster die *vituperatio.* Zum Verhältnis von *iambos* und *psogos* vermerkt er, dass beide auf der gleichen Entwicklungslinie liegen und die *iamboi* so als metrische *psogoi* erscheinen, vgl. Koster 1980, 8. Koster (1980, 21) charakterisiert den *psogos* des Weiteren als durch die *iambikē idea* bestimmte „Schmährede, die [...] um der [...] Schmähung willen durchgeführt wird."

18 Diese Ziele gelten nach Aristoteles für die Festrede, die sich in Lob und Tadel gliedert: Aristot. rhet. 1358b.

19 Süss 1975, 246. Zu denken ist hier z. B. auch an die Episode der platonischen Apologie, in der Sokrates angibt, dass der Angriff auf den Leumund einer Person als problematisch einzustufen und mit Bedacht zu betreiben sei. Zur Schmähpraxis in den attischen Gerichtsreden und deren Vorlagen in der Rhetorik des Aristoteles vgl. auch Piepenbrink 2016.

20 Aristot. rhet. 1396b: ἔστι δὲ τὸ μὲν δεικτικὸν ἐνθύμημα τὸ ἐξ ὁμολογουμένων συνάγειν, τὸ δὲ ἐλεγκτικὸν τὸ τὰ ἀνομολογούμενα συνάγειν. σχεδὸν μὲν οὖν ἡμῖν περὶ ἕκαστον τῶν εἰδῶν τῶν χρησίμων καὶ ἀναγκαίων ἔχονται οἱ τόποι: ἐξειλεγμέναι γὰρ αἱ προτάσεις περὶ ἕκαστόν εἰσιν, ὥστε ἐξ ὧν δεῖ φέρειν τὰ ἐνθυμήματα τόπων περὶ ἀγαθοῦ ἢ κακοῦ, ἢ καλοῦ ἢ αἰσχροῦ, ἢ δικαίου ἢ ἀδίκου, καὶ περὶ τῶν ἠθῶν καὶ παθημάτων καὶ ἕξεων ὡσαύτως, εἰλημμένοι ἡμῖν ὑπάρχουσι πρότερον οἱ τόποι. („Das beweisende Enthymem ist eine Schlußfolgerung aus allgemein anerkannten Prämissen, das widerlegende aus nicht allgemein anerkannten Prämissen. Nun besitzen wir zwar nahezu über jede einzelne Art des Nützlichen und Notwendigen allgemeine Topoi, denn die Prämissen zu jedem Einzelfall sind schon ausgewählt, so daß uns die Topoi, aus denen man die Enthymeme über gut oder

führten *topoi* stellen im Wesentlichen praktische Hinweise für die rhetorische Beweisführung dar.[21] Eine Ausgestaltung dieser rhetorischen Elemente mit inhaltlichen Dimensionen bleibt weitestgehend aus. Gleichwohl liefert Aristoteles damit eine Grundlage, an der sich auch Ciceros Handbuch-Darstellungen zu den *loci communes* orientieren. Für die Verteidigungsreden Ciceros vor Gericht ist besonders die aristotelische Vorgabe interessant, nach der es die Aufgabe des Redners sei, Argumente zu finden, die eine üble Nachrede zunichtemachten.[22] Insbesondere für die ciceronischen Diffamierungen gegen Clodius wird zu beobachten sein, dass Ciceros Strategie dieser Prämisse folgt, nämlich den anscheinend vorherrschenden negativen Leumund Milos durch den Beweis ins Gegenteil zu verkehren, dass all die Vorwürfe eigentlich auf Clodius zuträfen.[23] Wie Cicero versucht, den schlechten Ruf der einen Person auf eine andere zu übertragen, also Clodius zum eigentlichen Gegenstand des negativen Leumunds Milos zu machen, wird in den folgenden Analysen gezeigt.

Insgesamt unterscheiden sich die konkreten Rahmenbedingungen vor Gericht zwischen Athen und Rom deutlich voneinander. Dabei ist für das römische Gericht typisch, dass Verteidigungen nicht von den betroffenen Personen vorgenommen werden, sondern jeweils von Anwälten in ihrem Namen.[24] Die Diffamierung einer bestimmten Person obliegt also dem Verteidiger des Angeklagten von professionellen Prozessrednern, die mit dem Anwaltsmandat betraut waren. Um derartige Prozessreden in Gewaltprozessen (*de vi*),[25] in denen Cicero als Verteidiger des Angeklagten auftritt, handelt es sich bei den Reden *Pro Sestio*, *Pro Caelio* und *Pro Milone*, im Wesentlichen also bei denjenigen Reden, in denen Clodius diffamiert wird.

Ein ebenso wichtiger Orientierungspunkt für Ciceros Diffamierungsstrategie ergibt sich aus Aristoteles' Bemerkung zum nötigen Vorgehen, wenn einer Person ein Vorwurf nur schwer zuzutrauen wäre. In diesem Fall sei die Person mit dem jeweiligen Vorwurf in Zusammenhang zu bringen, indem man vorgibt, dass andere Personen, bei denen ein solcher Vorwurf ebenfalls unwahrscheinlich anmutet, bereits dessen

---

böse, schön oder häßlich, gerecht oder ungerecht bilden muß, ebenso über Charaktere, Affekte, und Verhalten, die wir uns in derselben Weise vorgenommen haben, bereits vorliegen.").

21 Die im Wesentlichen übertragbaren *topoi* werden von Aristoteles auf die Gerichtsrede und die Beratungsrede bezogen, siehe Aristot. rhet. 1358b.

22 Aristot. rhet. 1416a: περὶ δὲ διαβολῆς ἓν μὲν τὸ ἐξ ὧν ἄν τις ὑπόληψιν δυσχερῆ ἀπολύσαιτο. οὐθὲν γὰρ διαφέρει εἴτε εἰπόντος τινὸς εἴτε μή, ὥστε τοῦτο καθόλου. („Was die Verleumdung betrifft, so ist es einmal Aufgabe eines Redners, Argumente zu finden, wodurch man eine üble Nachrede zunichtemacht. Ob diese ausgesprochen worden ist oder nicht, macht keinen Unterschied, so daß dies ganz allgemein gilt.") Aus dieser Prämisse zur Widerlegung eines üblen Leumunds ergibt sich im Gegenteil automatisch die Erzeugung eines üblen Leumunds. In der Verteidigung Milos ist es freilich Ciceros Strategie, genau diesem üblen Leumund seines Schützlings entgegenzuwirken.

23 Siehe z. B. Cic. Mil. 55, als Cicero die Begleitung Milos als für Clodius typisch und umgekehrt die des Clodius als eigentlich für Milo üblich darstellt.

24 Zur Gerichtspatronage vgl. Neuhausen 1958; David 1992; David 1997, 28–47. Zum römischen Gerichtswesen (der späten Republik) vgl. z. B. Greenidge 1901; Jones 1972; Alexander 1990; Baumann 1996; Ermann 2000.

25 Zu den Gewaltprozessen vgl. Vitzthum 1966; Lintott 1968.

überführt werden konnten.[26] Auch diese rhetorische Strategie ist in Ciceros Reden zu beobachten, wenn er für spätere Gegner auf zuvor von ihm selbst hergestellte und scheinbar bewiesene Zusammenhänge hinweist.[27]

Die theoretischen Abhandlungen über Diffamierungen und die Reflexionen über Gesetzesvorschläge zu deren Regelung zeigen, dass die politische Kommunikation im klassischen Athen von absichtsvoll eingesetzten Diffamierungen geprägt war. Es bestand somit im Raum gesellschaftlicher Kommunikation sowohl im klassischen Griechenland als auch in der römischen Republik eine differenzierte Diffamierungskultur. Wenn sich Cicero nun stereotyper Wendungen und Strategien der Diffamierung bedient, greift er nicht nur auf römische Redner vor ihm zurück,[28] sondern kann sich auch eines breiten Erfahrungsschatzes aus dem Griechischen bedienen, und zwar sowohl aus seinem Handbuchwissen als auch aus Diffamierungen, die in die Praxis umgesetzt wurden.

3.2 Diffamierungen in der römischen Literatur jenseits von Cicero

Neben der Rezeption der griechischen Klassik und griechischer Diffamierungen, die oben schlaglichtartig besprochen wurden, etablierte sich in Rom eine unabhängige praktische Tradition des Spotts und der Schmähung in der älteren lateinischen Literatur.[29] Dabei ist für die Zeit vor Cicero besonders die römische Komödie mit ihren

---

26 Aristot. rhet. 1416a: ἄλλος, εἰ ἄλλοι ἐμπεριλαμβάνονται οὓς ὁμολογοῦσιν μὴ ἐνόχους εἶναι τῇ διαβολῇ, οἶον εἰ, ὅτι καθάριος, ὁ δεῖνα μοιχός, καὶ ὁ δεῖνα ἄρα. („Ein anderer Topos ergibt sich, wenn andere mitbetroffen sind, denen niemand eine Verstrickung mit dem Vorwurf zutraut, z. B. wenn jemand mit gepflegtem Äußeren ein Ehebrecher ist, dann muß auch der und der einer sein."). Hier ist die Maxime für den Fall dargestellt, dass eine Verleumdung zu widerlegen sei. Nach Aristoteles' eigener Vorgabe sind jedoch sämtliche *topoi* ins Gegenteil zu verkehren, um das Gegenteil zu erzielen, Aristot. rhet. 1397a.

27 Dies geschieht z. B. bei Marcus Antonius, der wiederholt mit früheren Gegnern Ciceros, Catilina und Clodius, verglichen wird. Siehe hierzu Cic. Phil. 2.1 (*audacior quam Catilina, furiosior quam Clodius*).

28 Vgl. Corbeill 2002a, 201: „Rome had a strong tradition of public invective and acerbic humour before Cicero first stepped onto the rostra." Siehe auch Koster 1980, 113: „[Cicero] bediente [...] sich der Waffe des Wortes, deren Handhabung er bei großen Vorgängern und Zeitgenossen gelernt hatte." Zur Verankerung des Spotts und der Diffamierung in Rom vermerkt auch Merrill (1975, 203): „[...] raillery and invective had a long tradition and was a natural, accepted feature of Roman society [...]." Vgl. ebenso 205: „Yet it is clear that he [*sc. Cicero*] drew upon material which had been employed by Roman orators against their enemies for more than a century before he first took a case."

29 Nisbet 1961, 193: „invective came easily to the Romans, even before it was fostered by study of the Greek classics." Weiter führt Nisbet hier aus: „one has only to think of their unflattering proper names, the insulting maledictions forbidden by the Twelve Tables, the ribald songs at weddings and triumphs, the luric curses of *defixiones*, the abusive epithets of Plautus and Lucilius. The early Roman orators could be as scurrilous as Cicero." Als Referenzen für die frühen römischen Redner führt er Cato, Scipio Aemilianus, C. Gracchus, und Titius an (Nisbet 1961, 193 Anm. 3).

wichtigsten Vertretern Plautus und Terenz zu erwähnen.[30] Dort werden zum Spott zahlreiche direkte charakterbezogene Diffamierungen genutzt, die wir später auch bei Cicero finden können. Diese werden aber nicht auf historische Personen, sondern auf die erfundenen Figuren der Stücke bezogen.

Noch bevor Cicero die Rostra betrat, hatte die römische Rhetorik – wenn heute auch nur fragmentarisch erhalten – große Redner wie Cato, Scipio Aemilianus oder C. Gracchus hervorgebracht, die in ihren Reden diffamierende Angriffe gegen Individuen äußerten.[31] Für die römische politische Diffamierung in Reden wird sodann das 1. Jh. v. Chr. von der Forschung als unbestrittener Höhepunkt angesehen.[32]

Und schließlich gehört die römische Satire vertreten durch Lucilius zu den Schmähgattungen, die in der literarischen Diffamierungskultur einen hohen Stellenwert einnehmen und Rom vor Ciceros Zeit eine lebendige Tradition des Spotts und der Verleumdung geschenkt haben.[33]

Nach Ciceros Tod dokumentiert schließlich Horaz, der augusteische Poet aus dem Dichterkreis um Maecenas, in seinen *Sermones* eine genuin römische Tradition der Diffamierungen, die er von den griechischen Vorgängern unterscheidet und in die römische Republik zurückdatiert. So beschreibt Horaz, wie der Grieche Persius mit einer ihm unbekannten Flüssigkeit, italischem Weinessig, überschüttet werde (*Italo perfusus aceto*). Dabei meint er mit *acetum* (sowie mit *pus* und *venenum*) bissige italische Schmähungen, an welche die griechischen in ihrer Schärfe nicht heranreichen würden.[34] Anders als die römischen Komödien benennen lateinische Satirendichter

30 Einen Forschungsüberblick zu Schimpfwörtern in der lateinischen Komödie legt Opelt 1965, 13f. vor; siehe darunter besonders Müller 1913, 492–502. Vgl. zudem Merrill 1975, 1 sowie 204: „Roman comedy was the ultimate source of many of the particulars included in these *topoi*." Siehe dazu auch Süss 1975, 258–260: hier besonders Terenz' *Phormio* und Plautus' *Mercator*.

31 Vgl. Corbeill 2002a, 202: „Pre-Ciceronian oratory too, despite its fragmentary state, indicates that vigorous denunciation constituted an acceptable part of public speaking, and Marcus Aurelius can cite the elder Cato's oratory of three centuries earlier as a model of invective practice." Siehe ORF 213 für Cato Censorius, ORF 17 für Scipio Aemilianus, ORF 43 und 58 für C. Gracchus, vgl. Liebermann 1998, 1050.

32 Vgl. dafür beispielsweise Nisbet (1961, 193), der hauptsächlich auf die Auseinandersetzung zwischen Ocatavian und Marcus Antonius verweist. Siehe des Weiteren Liebermann 1998, 1050.

33 Vgl. Merrill 1975, 1; Korzeniewski 1970; Knoche 1982.

34 Hor. sat. 1.7.: *proscripti Regis Rupili pus atque venenum / hybrida quo pacto sit Persius ultus, opinor / omnibus et lippis notum et tonsoribus esse. (...) in ius / acres procurrunt, magnum spectaculum uterque. (...) tum Praenestinus salso multoque fluenti / pressa arbusto regerit convicia, durus / vindemiator et invictus, cui saepe viator / cessisset magna conpellans voce cuculum. / at Graecus, postquam est Italo perfusus aceto, / Persius exclamat: (...).* („Bei allen Quacksalbern und Barbieren erzählt man sich wohl schon, wie Persius, der Mischling, sich gegen Gift und Geifer des verfemten Rupilius Rex gewehrt hat. [...] Sie stürmten kampfesmutig in die Schranken des Gerichts, ein herrlich Schauspiel einer wie der andre. [...] Nun tritt Rex auf, der Pränestiner: dem andern, der im witzigen Wortschwall gewaltig dahinbraust, wirft er Schimpfworte hin, wie sie aus dem Weinberg schallen, ein grober Winzer, der keinem etwas schuldig bleibt, bei dem wohl oftmals der Wandersmann den kürzeren zog, wenn er sein lautes ‚Kuckuck' höhnend ihm hinüberrief. Doch wie der Grieche Persius mit italischem Essig übergossen war, da schreit er laut: [...]"). Vgl. zu dieser Horaz-Stelle Corbeill 2002a, 201: „Horace famously

ihre Opfer namentlich und schließen sich in diesem Punkt an die Konventionen der attischen Komödie an. Dieser Zusammenhang wird von Horaz in seinen *Sermones* aufgewiesen.[35] Die namentliche Nennung bzw. Identifizierbarkeit historischer Personen der römischen Oberschicht macht sie für die Beschädigung des Nachruhms der Verspotteten zu einem interessanten Medium der Diffamierung. Horaz selbst liefert freilich in der berühmten *Nunc-est-bibendum*-Ode[36] einen Nachklang auf die ‚Diffamierungsschlacht' zwischen Octavian und Marcus Antonius, in der besonders Kleopatra von Octavian zum Feindbild *par excellence* stilisiert worden war. Bei Horaz gerät Kleopatra im Sinne der augusteischen Dichtung dann zum *fatale monstrum* (wobei *monstrum* ein Schimpfwort ist, das auch in Ciceros Diffamierungen vielfach genutzt wird[37]). Dieses *monstrum* wird unter anderem dafür beschimpft, dass es sich nicht ‚typisch weiblich' verhalten habe (*nec muliebriter*).

Die Verankerung von personenbezogenen Diffamierungen in der römischen Rhetorik schlägt sich zudem in Form von Handbüchern nieder, zu deren bekanntesten Autoren der *Auctor ad Herennium* sowie Cicero selbst zählen.[38] Merrill fasst die Eigenschaften, die in den Handbüchern zur Diffamierung angeboten werden, als „the ‚deadly sins' of Roman immorality" zusammen.[39] Dazu zählt er *amentia*, *avaritia*, *impudentia*, *libido*, *luxuria*, *audacia*, *furor* sowie *crudelitas*.[40] Sämtliche dieser Untugenden diskreditieren eine römische Persönlichkeit auf das Schärfste.[41]

Der oben erwähnte griechische *iambos* wird in der Regel unter dem Überbegriff *psogos* geführt,[42] dem im Lateinischen die *vituperatio* entspricht.[43] Als Pendant zum

---

remarks on the ‚Italic vinegar' that distinguished Roman oratorical practice from its Greek predecessors".

35 Hor. sat. 1.4.1–8: *Eupolis atque Cratinus Aristophanesque poetae / atque alii, quorum comoedia prisca virorum est, / siquis erat dignus describi, quod malus ac fur, / quod moechus foret aut sicarius aut alioqui / famosus, multa cum libertate notabant. / hinc omnis pendet Lucilius, hosce secutus, / mutatis tantum pedibus numerisque, facetus, / emunctae naris, durus conponere versus.* („Eupolis und Cratin, Aristophanes, alle die Dichter, andere noch im Bereich der Meister der Alten Komödie, pflegten, war einer es wert, weil er böse und Dieb war, weil er Verführer war, oder Mörder oder auch sonstwie böse berüchtigt, dieses mit großem Freimut zu rügen. Hieran hängt der ganze Lucilius, nach ihnen folgend, nur mit geändertem Fuß und Rhythmus, witzig geschliffen, ausgeräumten Verstandes, doch schwerfällig, Verse zu bauen." Als Wegbereiter dieser Form der römischen Satire gilt Lucilius, vgl. Hass 2007.

36 Hor. carm. 1.37.

37 Für die Verwendung des Schimpfwortes *monstrum* in Ciceros Diffamierungen siehe besonders Cic. Catil. 2.1; Cic. Phil. 13.4; Cic. Cael. 12; Cic. in Clod. et Cur. frag. 21.

38 Im Werk Ciceros handelt es sich dabei besonders um *de inventione*. Vgl. auch Merrill 1975, 203.

39 Merrill 1975, 203.

40 Vgl. Merrill 1975, 203 für *amentia, avaritia, imprudentia, libido, luxuria*; 12 für *audacia, furor,* und *crudelitas*.

41 Vgl. Merrill 1975, 12.

42 Vgl. Koster 1980, 38.

43 Vgl. Koster 1980, 2. Siehe Cic. inv. 2.59 und Quint. inst. 3.4.5: *nam et laudes ac vituperationes scribantur (...)*. („denn man schrieb Lob- und Tadelreden [...]"). Zum Stichwort ‚*vituperandi*' siehe Quint. inst. 3.4.3 und 3.4.9.

griechischen Gegensatzpaar *epainos* und *psogos*, das gemeinsam das *genos epideiktikon* bildet, kann das lateinische *genus demonstrativum*, das aus *laus* und *vituperatio* besteht, verstanden werden.[44] Powell erkennt in Ciceros *de inventione* dieselbe Tradition des *psogos*, die er auch in der *Rhetorica ad Alexandrum* und der *Rhetorica ad Herennium* beobachtet.[45] Die *Rhetorica ad Alexandrum*, das vermutlich älteste erhaltene Rhetorik-Handbuch, das zu Unrecht mitunter Aristoteles zugeschrieben wurde, führt das Gegensatzpaar von Lob und Tadel als eine der sieben Redearten an,[46] während das spätrepublikanische und auf Latein verfasste rhetorische Lehrbuch *Rhetorica ad Herennium* ausführlich die Kunst des Schmähens diskutiert und darin vermutlich auch von Cicero rezipiert wird.[47] In Ciceros *de inventione* wird schließlich die Grundannahme vorausgesetzt, dass es sich bei einem *psogos* nicht etwa um eine eigene Gattung handle, sondern um einen Teil der Epideiktik: *to psektikon*.[48] Quintilian erweitert sodann den Anwendungsbereich des römischen *genus demonstrativum* entscheidend um die römische Geschäftswelt, wenn er ausführt, dass der *vituperatio* in Rom auch im *negotium* ein unumwundener Stellenwert zukomme: *sed mos Romanus etiam negotiis hoc munus inseruit.*[49] Der rhetorische Tadel findet in Rom also jenseits der rhetorischen Übungen eine konkrete praktische Anwendung im politischen Tagesgeschäft. Als solcher wird er in Ciceros Reden und Briefen zu fassen sein.

---

44 Koster (1980, 17) spricht von dem *genus demonstrativum*, Corbeill (2002, 199 f.) von der *causa demonstrativa*. In der Tradition dieser Zweiteilung werden auch in der römischen Invektive sowohl die guten – zur Kontrastbildung – als auch die schlechten Qualitäten einer Person ausgenutzt (Merrill 1975, 203), um dieser nachhaltigen Schaden zuzufügen. Siehe für diese Gegenüberstellung die positive Gestaltung des Antoniusbildes zu Beginn der *zweiten Philippischen Rede*. Vor diesem Hintergrund lässt sich der durch Cicero konstruierte Umschwung Antonius' zur gänzlichen Verderbtheit umso deutlicher kontrastieren und somit dem negativen Bild eine noch stärkere Gewichtung beimessen: Matijević 2006b, 85.

45 Vgl. Powell 2007, 4. Gemeint ist Cic. inv. 2.117–118.

46 Vgl. Weissenberger 2001, 957.

47 Vgl. Schmidt 2001, 958; des Weiteren Adamietz 1960. Für die *Rhetorik an Herennius* wurde fälschlicherweise eine Autorenschaft Ciceros angenommen.

48 Bei Powell 2007, 4 heißt es: „In the Rhetorica ad Alexandrum […] we read not of *psogos* as a genre, but of *to psektikon* (lit. ‚that which appertains to *psogos*') as an ingredient on forensic or deliberative oratory. To develop one's talent in that direction […] it would not, however, be an end in itself." Powell (2007, 4) führt Quintilian an, der seinerseits Aristoteles und Theophrast zitiert, um zu belegen, dass *laus* und *vituperatio* im Lateinischen wie *epainos* und *psogos* im Griechischen nicht in die ‚Geschäftswelt' („public business"), sondern zur Epideiktik gehörten. Dabei verweist er auf Quint. inst. 3.7.

49 Quint. inst. 3.7: „Doch die römische Art hat auch diese Funktion in den Geschäftsbereich eingereiht." (Übers. mod. A.T.). Bei Quintilian heißt es weiter: *(…) et laudare testem vel contra pertinet ad momentum iudiciorum, et ipsis etiam reis dare laudatores licet, et editi in competitores, in L. Pisonem, in Clodium et Curionem libri vituperationem continent, et tamen in senatu loco sunt habiti sententiae (…).* („[…] sodann gehört einen Zeugen zu loben wie auch das Gegenteil zu den wesentlichen Dingen vor Gericht, und sogar dem Beklagten selbst kann man Lobredner stellen. Ferner erhalten die Reden gegen die Mitbewerber (um Ciceros Konsulat), gegen Lucius Piso, gegen Clodius und gegen Curio Tadelreden und sind doch als Meinungsäußerungen im Senat gehalten […].").

In der *Rhetorik an Herennius* werden nun verschiedene Parameter erwähnt, die auch für Ciceros Diffamierungen von Bedeutung sind. Einleitend wird in diesem Werk dargelegt, dass Darstellungen allgemein entweder wahr oder der Wahrheit ähnlich sein müssen, um glaubhaft zu sein: *Inventio est excogitatio rerum verarum aut veri similium, quae causam probabilem reddunt.*[50] Es muss also ein Situationsmodell entwickelt werden, das von den Zuhörern oder Lesern verstanden und für glaubwürdig gehalten werden kann. Dass die entworfene Situation ‚der Wahrheit' entspricht (*rerum verarum*), bildet dabei lediglich eine von zwei Möglichkeiten. Eine weitere Möglichkeit liegt darin, dass sie einer potentiell wahren Situation ähnelt (*veri similium*). Später werden wir sehen, dass sich auch Cicero zum Verhältnis von Sagbarem und Realität äußert und dass dieses Verhältnis auch bei ihm einigermaßen dehnbar, wenn auch nicht überstrapazierbar ist.

Vor dem Hintergrund der Frage nach plausiblen Elementen in den Diffamierungen Ciceros und deren ‚Fingierbarkeit', die im Kontext der Erzähltheorie aufgeworfen wurde (Kapitel 1.1), gibt der *Rhetor ad Herennium* interessante Einblicke in das diesbezügliche Handbuchwissen der späten Republik. In der *Rhetorik an Herennius* wird ausführlich dargelegt, wann ein Narrativ als wahrscheinlich oder plausibel verstanden werden kann:[51]

> *Veri similis narratio erit, si, ut mos, ut opinio, ut natura postulat, dicemus (...). Si vera res erit, nihilominus haec omnia narrando conservanda sunt, nam saepe veritas, nisi haec servata sint, fidem non potest facere: sin erunt ficta, eo magis erunt conservanda. De is rebus caute confingendum est, quibus in rebus tabulae aut alicuis firma auctoritas vidibitur interfuisse.*[52]
>
> „Wahrscheinlich ist die Darlegung des Sachverhaltes, wenn wir sprechen, wie es die Sitte, wie es die allgemeine Meinung, wie es die Natur fordert [...]. Wenn der Sachverhalt wahr ist, muß man trotzdem dies alles bei der Darlegung desselben beobachten; denn oft kann auch die Wahrheit, wenn diese Punkte nicht beachtet sind, keinen Glauben erwecken; sind sie aber erdichtet, dann muß man diese Punkte umso mehr beobachten. Bei denjenigen Geschehnissen muß man vorsichtig mit Ersinnen sein, in denen schriftliche Dokumente oder irgendeine sehr angesehene Persönlichkeit, so wie es scheint, eine Rolle gespielt haben."

Für die vorliegende Untersuchung ist besonders darauf hinzuweisen, wie der *Rhetor ad Herennium* mit potentiell unwahren Sachverhalten umgeht und erläutert, dass besonders im Falle einer erfundenen Situation darauf zu achten sei, die nötigen Bezugspunkte zur Realität herzustellen, um ihr den Anschein zu geben, dieser zu ähneln. Interessant ist ebenso die Bemerkung, dass gerade auch wahre Begebenheiten ausführlich nach den Regeln der Kunst eingeführt werden müssen. Dies habe zu ge-

50 Rhet. Her. 1.3: „Die Auffindung des Stoffes ist das Erfinden wahrer oder wahrscheinlicher Tatsachen, die den Fall glaubhaft machen sollen."

51 Die Wahrscheinlichkeit ist eine von drei wesentlichen Voraussetzungen der Rede, die kurz (*brevis*), deutlich (*dilucida*) und wahrscheinlich (*veri similis*) sein soll, Rhet. Her. 1.13. Für die *narratio probabilis* vgl. LAUBERG et al. 1998, 151 ff.

52 Rhet. Her. 1.16.

schehen, um der Gefahr zu entgehen, dass diese unversehens als unwahr verstanden würden. Dem Narrativ ist entsprechend dieser rhetorischen Maxime idealiter nicht zu entnehmen, ob es sich um die Darstellung einer Situation handelt, die sich tatsächlich zugetragen hat oder nicht. In Ciceros Darstellungen wird später zu sehen sein, wie auch er in seiner Redetheorie einen Rahmen von fingierbaren Narrativen aufspannt. Für die Untersuchung von Ciceros Diffamierungen wird gezeigt werden, wie unverzichtbar die Vergegenwärtigung dieses Handbuchwissens im Hinblick auf Situationen ist, die der Wahrheit entsprechen oder ihr ähneln. Denn vor Gericht – und wie zu zeigen sein wird, auch in politischen Reden vor dem Volk und dem Senat – platziert der Redner seine Argumente so, dass sie (im Sinne der *veri similitudo*) wahrscheinlich anmuten.[53]

Ein weiterer Aspekt, der an ciceronische Darstellungen zur Theorie der Diffamierung erinnert, ist die Einbeziehung von charakterlichen Qualiäten zum Zwecke des Lobes oder Tadels. In der *Rhetorik an Herennius* begegnet uns diese Prämisse in Form der Aufforderung, charakterliche Vorzüge (*animi virtutes*) oder Fehler (*animi vitia*) explizit vorzuführen.[54] Bezug genommen wird dabei auf den *animus* der zu lobenden oder zu tadelnden Person. Wie bereits wiederholt zur Sprache gekommen ist, spielt der Charakter (hier *animus*) sowohl des Redners als auch der Personen, die Gegenstand einer Rede sind, eine zentrale Rolle in der antiken Rhetorik. In diesem Fall wird der *animus* einer Person betrachtet, die inhaltlich Gegenstand der Rede ist. Eingebettet ist diese Passage in eine Anweisung zur Gliederung des Stoffes (*divisio*). Dabei soll auch berücksichtigt werden, welche (äußeren) Parameter positiv oder negativ vom Charakter der Person beeinflusst werden. Zum einen werden dazu körperliche Vor- und Nachteile, zum anderen Vor- und Nachteile der äußeren Umstände gezählt.[55] In dieser Sequenz wird deutlich, inwiefern der Charakter nach antikem Rhetorikverständnis Einfluss auf äußere Eigenschaften nehmen kann. Vor diesem Hintergrund wird später auch verständlich werden, wie die Aufzählung äußerer Umstände, die aus moderner Perspektive nichts mit der eigentlichen Person zu tun haben, rückwirkend Aufschluss über deren Charakterqualitäten zulässt. Denn wenn der Charakter die äußeren Umstände beeinflusst, lässt sich an diesen auch ablesen, welcher Natur der Charakter gewesen sein muss. Zu solchen äußeren Umständen werden sodann folgende Faktoren gezählt: Herkunft, Erziehung, Erscheinungsbild, Kraft, Schnelligkeit, Gewissenhaftigkeit oder Beherrschung von Begierden, Reichtum oder Armut, Machtstellung, Ruhm sowie Freundschaften oder Feindschaften.[56]

---

53 Für Ciceros rhetorische Strategien in Prozessreden vgl. beispielsweise FUHRMANN 1997, 48–61.

54 Rhet. Her. 3.13: *Sed exponere oportebit animi virtutes aut vitia;* („Aber man wird seine charakterlichen Vorzüge oder Fehler vorstellen müssen;").

55 Rhet. Her. 3.13: *deinde commoda aut incomoda corporis aut rerum externarum, quomodo ab animo tractata sint, demonstrare.* („dann muß man darlegen, wie seine körperlichen Vor- oder Nachteile oder die Vor- oder Nachteile der äußeren Umstände von seinem Charakter beeinflusst wurden.").

56 Rhet. Her. 3.13–14.

3.3 Ciceros Reflexionen über Diffamierungen

Das Prinzip der Diffamierung, das in den antiken Reden dazu dient, einen Gegner eines charakterlichen Makels zu überführen, lautet: Wem irgendein Makel oder Vergehen, auf welchem Gebiet auch immer, nachgewiesen werden kann, der ist auf jedem anderen Gebiet ebenfalls potentiell makelbehaftet.[57] Dabei wird nicht unterschieden zwischen charakterlicher Devianz und konkreten strafbaren Vergehen. Vielmehr werden diese auf ein und dieselbe Ebene gehoben und ihnen gegenseitige Bedingtheit und Abhängigkeit zugeschrieben. Nach dieser Prämisse können unterschiedliche Argumente (und Narrative) angewandt werden, um einen Gegner zu diskreditieren, auch wenn diese möglicherweise nichts mit dem Handeln, dem Verhalten oder dem Charakter der angegriffenen Person zu tun haben. Für eine Untersuchung der Diffamierungspraxis Ciceros ist von Interesse, seine eigenen abstrakten Äußerungen über diese Praxis zu betrachten.[58] So äußert sich Cicero selbst in *de inventione* wie folgt zu pauschalen Schuldzuschreibungen:

> *item in omni causa naturam aut victum aut studium aut fortunam aut aliquid eorum, quae personis adtributa sunt, ad eam causam, qua commotum peccasse dicet, adiungere atque ex dispari quoque genere culparum, si ex pari sumendi facultas non erit, improbare animum adversarii oportebit.*[59]
>
> „Ebenso soll man in jedem Fall die Natur oder die Lebensweise oder die Neigung oder das Schicksal oder irgendeinen anderen Aspekt, der zu den *personae* gehört, mit dem Motiv verbinden, das den Angeklagten dazu veranlasst haben soll, eine strafbare Handlung zu begehen. Und wenn keine Gelegenheit besteht, mittels einer wesensgleichen Art von schuldhafter Handlung die Gesinnung des Gegners zu missbilligen, dann soll man das mittels einer wesensungleichen Art tun."

Von besonderer Bedeutung für die Analyse charakterdiffamierender Textpassagen in Ciceros Reden ist hier die Aussage, dass man eine wesensungleiche „Art von schuldhaften Handlungen" missbilligen solle (*dispari quoque genere culparum*), wenn keine Gelegenheit zu einer Missbilligung anhand einer ähnlich schuldhaften Handlung bestehe (*si ex pari sumendi facultas non erit*). Zunächst einmal wird damit die Möglichkeit eröffnet, auch jenseits der eigentlichen Beweislast irgendein Fehlverhalten zu beweisen, um den Angeklagten einer Schuld zu überführen. Ein Zusammenhang des Beweisarguments mit dem Anklageargument ist demnach nicht zwingend erforderlich, sondern nur wünschenswert. Das Ziel ist die Missbilligung bzw. Diffamierung des gegnerischen *animus* (*improbare animum adversari*), sei es anhand der Natur, der Lebensweise, der Neigung oder des Schicksals. Es gilt, irgendeinen

57 Vgl. Corbeill 2002a, 202: „The underlying assumption represents the converse of that commonly stated in the contemporary rhetorical handbooks: that if a man can be shown guilty of one fault, he can be shown responsible for all."

58 Einen Einblick in die Forschung zu Ciceros rhetorischen Überzeugungsstrategien bietet Craig 1993, 3–8.

59 Cic. inv. 2.33 (Übers. A.T.). Siehe dazu auch Rhet. Her. 2.5.

Makel mit derjenigen strafbaren Handlung zu assoziieren, derer ein Gegner überführt werden soll.[60] Es geht also nicht zwingend um den Nachweis von Schuld im Sinne der Anklage, sondern zunächst darum, die Frevelhaftigkeit in irgendeinem anderen Punkt nachzuweisen. Der Angeklagte ist dann durch den Nachweis irgendeines Makels als potentiell schuldhaft deklassiert.

Ein *improbus animus* erlaubt für Cicero somit eine Art ‚Generalverdacht'. Dieser bereitet die unabdingbare Grundlage dafür vor, um einen Gegner einer bestimmten (wenn auch anders gelagerten) Verfehlung zu überführen. Ein einziges Laster kann in dieser Theorie als Beweismittel für die Disposition zu kriminellem Verhalten dienen bzw. geradezu als Chiffre für ein auch in allen anderen Bereichen lasterhaftes Leben stehen.[61] Der Redner ist daher um die Aufdeckung einer *turpitudo* des Gegners bemüht.[62] Zur Veranschaulichung eines Postulats der *turpitudo* eines politischen Gegners lohnt ein kurzer Exkurs zum ersten Buch der *actio secunda* gegen Verres. So folgt Cicero in dieser Rede gegen Verres jener Prämisse, wenn er vorgibt, den Abschnitt von Verres' Leben, der von Schmach und Niedertracht geprägt gewesen sei, übergehen zu wollen.[63] Der Hinweis, Verres' moralisch unzulängliche Handlungen (*actum turpissimum et flagitiosissimum*) nicht erwähnen zu wollen, setzt natürlich auch voraus, dass solche schmählichen *acta* vorliegen. Tatsächlich ist die Ankündigung, die ‚Schandtaten' übergehen zu wollen,[64] auch die Einleitung zu einer Aufzählung eben solcher Verfehlungen. Es folgt eine Liste verschiedener Argumente,[65] welche dazu

60 Das Ziel der Diffamierungsstrategie ist es, dem Gegner irgendeine Schuld zu unterstellen, um die beabsichtigten Anklagepunkte in einen Kontext der ‚Schuldhaftigkeit' des Gegners einfügen zu können; vgl. Hammar 2013, 254 mit Verweis auf Richlin 1992, 98 und Langlands 2006, 287.

61 Vgl. dazu Corbeill 2002a, 204: „[...] consider that the belief that one vice can lead to a criminal life offered a means for the efficient control of potentially anti-social behavior, behavior that might threaten elite structures of rule."

62 Vgl. Corbeill 2002a, 213: „*Turpitudo* is what Ciceronian rhetorical treatises of the same period advise the orator to uncover with his invective."

63 Cic. Verr. 2.1.32: *itaque primum illum actum istius vitae turpissimum et flagitiosissimum praetermittam.* („Ich will daher den ersten Abschnitt dieses Lebens, ein Muster an Schmach und Niedertracht, übergehen.").

64 Cic. Verr. 2.1.32 f.: *nihil a me de pueritiae suae flagitiis peccatisque audiet, nihil ex illa impura adulescentia sua; quae qualis fuerit aut meministis, aut ex eo quem sui simillimum produxit recognoscere potestis. omnia praeteribo quae mihi turpia dictu videbuntur (...) omne illud tempus quod fuit antequam iste ad magistratus remque publicam accessit, habeat per me solutum ac liberum.* („Nicht soll er von mir über die Schandtaten und Sünden seiner Knabenzeit hören, nichts von seiner unsauberen Jugend. Wie die beschaffen war, daran erinnert ihr euch noch, oder ihr könnt euch an dem einen Maßstab nehmen, den er ganz nach seinem Ebenbilde erzeugt hat. Ich will alles übergehen, was zu erwähnen ich für unanständig halte [...]. Die ganze Zeit vor dem Eintritt in Ämter und politische Tätigkeit will ich ihm frei und unangerechnet zugestehen.").

65 Cic. Verr. 2.1.33: *(...) sileatur de nocturnis eius bacchationibus ac vigiliis; lenonum, aleatorum, perductorum nulla mentio fiat; damna, dedecora, quae res patris eius, aetas ipsius pertulit, praetereantur; (...) patiatur eius vita reliqua me hanc tantam iacturam criminum facere.* („[...] ich will von seinen durchzechten und durchwachten Nächten schweigen; kein Wort soll über die Kuppler, Spieler und Zuhälter fallen; die Einbußen und Entehrungen, die das väterliche Vermögen und sein eigenes Alter

dient, Verres' *turpitudo* zu belegen – noch bevor die ‚echten Verbrechen' genannt werden.[66] Aufgezählt werden sodann in Diffamierungen omnipräsente Argumente: Dazu gehören durchzechte Nächte (*de nocturnis eius bacchationibus ac vigiliis*), der Umgang mit Kupplern, Spielern und Zuhältern (*lenonum, aleatorum, perductorum*) sowie Einbußen des väterlichen Vermögens (*damna, dedecora, quae res patris eius pertulit*). Da diese Passage der eigentlichen Beweisführung voransteht, belegt das Beispiel anschaulich Ciceros Strategie, die *turpitudo*, den *improbus animus*, unter Beweis zu stellen, noch bevor er zur Anklage in den eigentlichen Punkten übergeht.

Für den Nachweis irgendeines Lasters ist (nur) eine gewisse ‚Plausibilität' der ciceronischen Argumentation vorauszusetzen.[67] So äußert sich Cicero in der oben bereits zitierten *Pro Fonteio*-Passage selbst darüber, wie wenig Bedeutung der Wahrheit in einer Anschuldigungsrede (*accusatio*) beizumessen sei. Für die Auswahl von Argumenten der Anschuldigung seien vielmehr solche *topoi* auszuwählen, die – modern gesprochen – in einer gewissen Weise plausibel sein können.[68] Die Frage, ob man je einem Angeklagten rein gar nichts aus den Bereichen *facinus, turpitudo, libido, petulantia* oder *audacia* vorwerfen könne, muss freilich verneint werden, da der Ankläger dem Angeklagten immer irgendeine Schandtat, ein Verbrechen oder einen Schimpf nachweisen kann, der von Ausschweifung, Vermessenheit oder Dreistigkeit herrührt. Die rhetorische Frage macht deutlich, dass ein topischer Vorwurf in Bezug auf eine bestimmte Person auch dann angewandt werden kann, wenn er für die anzuklagende Person nicht *verum* ist.[69] Lediglich *aliqua ratio* oder doch wenigstens *aliqua suspicio* sollten dem Vorwurf innewohnen.

Um die *turpitudo* des Angeklagten zu beweisen, kann die *accusatio* irgendein ‚charakterliches' Übel belasten (Cicero bietet hier drei Optionen an: *libido, petulantia, audacia*). Nimmt die Geschichtsforschung nun solche topischen Argumente als Grundlage für die Rekonstruktion eines historischen Charakterbildes (z. B. im Kontext einer Biographie), dann läuft sie Gefahr, als *verum* fehlzuinterpretieren, was von Cicero als *fictum* konzipiert wurde. Solche Argumente, welche die *libido, petulantia* oder

---

erlebten, seien übergangen; [...] sein übriges Leben möge mir erlauben, daß ich mir so viele Anschuldigungen entgehen lasse.").

66 Cic. Verr. 2.1.34: *Quaestor Cn. Papirio consuli fuisti abhinc annos quattuordecim. ex ea die ad hanc diem quae fecisti in iudicium voco: hora nulla vacua a furto, scelere, crudelitate, flagitio reperietur.* („Du warst vor vierzehn Jahren Quästor des Konsuls Cn. Papirius. Was du von diesem Tage an bis zum heutigen getan hast, das bringe ich vor Gericht: man wird finden, daß keine Stunde frei ist von Raub, Verbrechen, Grausamkeit, Niedertracht.").

67 Vgl. Watson 1996, 762: „The primary object of invective was to persuade the audience that one's accusations were true. Plausibility was thus more important than veracity." Einen Anspruch auf Glaubwürdigkeit spricht auch Nisbet (1961, 194) den Anschuldigungen durch Cicero ab: „Such charges are conventional and should not be too readily believed." Vgl. außerdem Vasaly 1993, 210: „[...] that argument from probabilities was superior to direct evidence."

68 Cic. Font. 37, siehe Kapitel 1.1, S. 23 Anm. 17. Vgl. dazu auch Nisbet 1961, 195 über die Pisoniana: „If one's enemy lived a blameless life one could charge him with hypocrisy as well as sin."

69 Siehe auch Kapitel 1.1.

audacia eines Angeklagten belegen, sind – um Ciceros eigene Kategorien zu bedienen – eher dem *animum movere* geschuldet als darauf ausgelegt, die *fides* der Zuhörerschaft zu erlangen.[70] Nimmt man derartige Zuschreibungen von Charakterqualitäten als Grundlage für die Rekonstruktion von Charakterbildern, geht eine Interpretation insofern fehl, als sie möglicherweise ‚unwahre', lediglich ‚plausible' Argumente eines *turpitudo*-Nachweises nutzt, die keinen Rückschluss auf ‚reale Charakterqualitäten' der historischen Person des Gegners zulassen. Die von Cicero angeführte nötige Plausibilität hat nicht für eine individuelle Person zu gelten, sondern lässt vielmehr einen Aufschluss über einen gesellschaftlichen Diskurs zu. Während Vorwürfe wie die *libido*, die *petulantia* oder die *audacia* zeigen, welche charakterlichen Laster für Ciceros Zeit als verwerflich gehandelt wurden, bieten Handlungsweisen, die topische Inhalte betreffen, einen Einblick in die Vorstellungshorizonte der Gesellschaft. Innerhalb dieser Horizonte konnten die zeitgenössischen Diskussionen geführt werden und so konnte sich ein Redner eben dieser Diskussionen bedienen. Das daraus retrospektiv entwickelbare Prinzip lautet: Was gesellschaftlich vorstellbar war, konnte als topisches Argument genutzt werden, und nicht etwa: Einer Person konnte nur vorgeworfen werden, was eine Person auch tatsächlich getan hatte. Werden bestimmte Argumententypen immer wieder verwendet, so lässt sich daraus auf die damalige gesellschaftliche Relevanz des jeweiligen Diskussionsfeldes schließen. Welche Schwerpunkte das für die Zeit Ciceros waren, wird in der Untersuchung der ciceronischen Diffamierungen gezeigt.

Cicero geht in *de inventione* des Weiteren auf die konkreten *loci* ein, mit deren Hilfe ein Gegner diffamiert werden könne (*qui loci personis sunt adtributi*).[71] Die von Cicero angeführten Argumente können insgesamt drei Kategorien zugeordnet werden. Diese Kategorien sind erstens der *animus*, zweitens das *corpus* und drittens *extraneae res*.[72] Sämtliche Kategorien nutzt Cicero, um den ‚Charakter' seines Gegners zu diskreditieren.

Die spezifischen Ausgestaltungsmöglichkeiten der beiden letztgenannten Kategorien *corpus* und *extraneae res* zählt Cicero wie folgt auf. Für den Körper: *valetudo, dignitas, vires, velocitas*,[73] für die äußeren Dinge: *honos, pecunia, affinitas, genus,*

70 Cic. part. 71: *(...) ad animi motus leniter tractandos magis quam ad fidem faciendam aut confirmandam accomodatur.* („[...] was sich [...] mehr dazu verwenden läßt, die Zuhörer unaufdringlich zu beeinflussen, als dazu, Glaubwürdigkeit herzustellen oder zu festigen.").

71 Cic. inv. 2.177: *laudes autem et vituperationes ex iis locis sumentur, qui loci personis sunt adtributi, de quibus ante dictum est.* („Lob aber und Tadel nimmt man aus den Gesichtspunkten, die Personen zukommen; darüber wurde oben gesprochen.") Vgl. dazu auch Koster 1980, 17. Koster nennt diese Aufteilung eine zweite Möglichkeit, die Cicero neben der zuvor in *de inventione* (1.34–36 bzw. 2.32–34) genannten anführt. So stehen die unterschiedlichen Zuschreibungen zu möglichen Diffamierungsstrategien hier weitestgehend nebeneinander.

72 Cic. inv. 2.177: *sin distributius tractare qui volet, partiatur in animum et corpus et extraneas res licebit.* („Wenn aber jemand sie noch mehr unterteilen will, darf sie in Seele, Körper und äußerliche Dinge einteilen.").

73 Cic. inv. 2.177: „Gesundheit, stattlicher Wuchs, Kraft, Schnelligkeit."

amici, patria, potentia, cetera, quae simili esse in genere intellegentur.[74] Wie zu zeigen sein wird, kommt aus diesen beiden Kategorien (*corpus* und *extraneae res*) besonders häufig das Argument *pecunia* – bzw. deren Inversion, der Bankrott – zur Anwendung.[75]

Vergleichsweise häufig werden in den untersuchten Reden solche *loci* angewandt, die von Cicero unter die Kategorie *animus* subsumiert werden. Dabei verwendet er *animus* synonym für *virtus.*[76] Die *virtus* wird sodann in vier Qualitäten unterteilt (*prudentia, iustitia, fortitudo, temperantia*).[77] Von besonderem Interesse für die vorliegende Untersuchung ist die weitere Untergliederung der *temperantia.* Denn zu dieser zählen die *continentia,* die *clementia* sowie die *modestia.*[78] Cicero gibt die folgende weitere Definition dieser Aspekte:

> *continentia est, per quam cupiditas consilii gubernatione regitur; clementia, per quam animi temere in odium alicuius inferios concitati comitate retinentur; modestia, per quam pudor honesti curam et stabilem comparat auctoritatem.*[79]
>
> „Selbstbeherrschung ist das, wodurch die Begierde durch die Leitung der Überlegung gelenkt wird; Milde das, wodurch zum Hass gegen einen Geringeren aufgestachelte Gemüter durch Freundlichkeit zurückgehalten werden; Bescheidenheit das, wodurch das Schamgefühl Rücksichtnahme auf das Ehrenhafte und unveränderliche Ansehen verschafft."

Mit den Stichworten der Selbstbeherrschung, der Milde und der Bescheidenheit werden verschiedene Wesensmerkmale zusammengefasst, deren Mangel den politischen Gegnern vorgeworfen wird.

All diese Wesensmerkmale sind abstrakte Dimensionen, zu denen eine Vielzahl von konkreten invektivischen Vorwürfen gezählt werden kann. So werden als Zeichen mangelnder Selbstbeherrschung (also einer Unterlegenheit der *continentia* gegenüber

---

74 Cic. inv. 2.177: „Ehre, Geld, angeheiratete Verwandtschaft, Herkunft, Freunde, Vaterland, Macht und das übrige, was man in ähnlicher Weise als dazu gehörig erkennt." Ein schönes Beispiel für die Umsetzung des Vorwurfes der fremden Herkunft liegt für Piso vor (Cic. Pis. frag. 8): *(...) tua illa nescioquibus a terris apportata mater.* („[...] deine Mutter, die man aus wer weiß was für Gegenden herbeigeschleppt hat.").

75 Auch die Aspekte *affinitas* und *amici* werden vielfach angewandt, jedoch fast ausschließlich in einer Form, die auch einen *locus* bzw. Unteraspekt der Kategorie *animus* beinhaltet. D. h. die Anhängerschaft bzw. Familie der Gegner wird stets mit Vorwürfen bedacht, die auch gegen die Person selbst gerichtet werden. Aus diesem Grund wird als alleinstehender Aspekt hier nur *pecunia* genannt.

76 Cic. inv. 2.177: *animi est virtus, cuius de partibus paulo ante dictum est;* („Vorzug der Seele ist das, über dessen Arten kurz vorher gesprochen wurde;"). Darauf verweist auch Koster 1980, 17.

77 Eine Aufzählung aller weiteren Unterteilungen Ciceros gibt z. B. Koster 1980, 17 f. Die Aufzählung endet hier schlicht mit dem Resümee: „Hieran zeigt sich, wie verästelt und stoffreich ein so aufgegliederter βίος sein kann."

78 Cic. inv. 2.164: *temperantia est rationis in libidinem atque in alios non rectos impetus animi firma et moderata dominatio. eius partes continentia, clementia, modestia.* („Die Mäßigung ist die feste und besondere Herrschaft der Vernunft über die Leidenschaft und andere nicht richtige Triebe der Seele. Ihre Arten sind Selbstbeherrschung, Milde und Bescheidenheit.").

79 Cic. inv. 2.164.

der *cupiditas*) maßloser Weinkonsum oder die Unterwerfung unter den Willen einer Frau und damit Fremdbestimmtheit angeprangert. Mangelnde Milde wird z.B. durch den Vorwurf der Grausamkeit und unzureichende Bescheidenheit im ausufernden Umgang mit kostspieligen Gütern wie u.a. Wein, Speisen oder anderen Vermögenswerten herausgestellt. Fehlt es an *modestia*, so geht in dieser Vorstellung von Ehre die *auctoritas* verloren. Die Aberkennung der *auctoritas* ist nun gewiss eines der höchsten politischen Ziele Ciceros in den Angriffen auf seine politischen Gegner. Denn hat man einen Römer einmal einer mangelnden *auctoritas* überführt, ist der nächste Schritt, ihn zum *inimicus capitalis* bzw. *hostis* zu erklären, nicht mehr weit.

Sämtliche dieser Vorwürfe dokumentieren im weitesten Sinne moralisches Fehlverhalten oder konkrete Verbrechen, welche die charakterliche Verkommenheit der Gegner unter Beweis stellen sollen. Dieser Konnex zwischen charakterlicher Schwäche und moralischem Fehlverhalten belegt die große Wirkmacht des Arguments der moralischen Integrität (und ihrer Inversion) in Rom und in den Reden Ciceros.

3.4 Diffamierungen als Gesprächsgegenstand in den Briefen

Aufschlussreich für eine Untersuchung von Diffamierungen und deren Anwendungsmöglichkeiten sind insbesondere Äußerungen über Spott und Verleumdung, die in der *Briefsammlung an die Freunde* enthalten sind. Der Spott über bestimmte Personen ist dabei für die Untersuchung von Diffamierungen von Relevanz, weil der reputative Schaden der Person im kommunikativen Raum der römischen Oberschicht kaum zu unterschätzen ist. Denn die Wirkung bildet im Nachhinein den eigentlichen Polarisationspunkt, gleichgültig, ob die betroffene Person Opfer von Spott, von übler Nachrede oder eben von konkreten Diffamierungen geworden ist. In der zu besprechenden Briefsituation kommen sowohl Cicero selbst als auch besonders die Briefpartner zu Wort.

Die früheste abstrakte Äußerung über Spott in den *Briefen an die Freunde* ist eine Beschwerde bei Cicero aus dem Januar des Jahres 62 v.Chr.[80] In diesem Fall klagt Metellus Celer[81] Cicero an, da dieser sowohl Metellus Celer selbst als auch seinen Bruder, Metellus Nepos, mit Hohn (*ludibrium*) überzogen habe.[82] Hintergrund der Kommunikation zwischen Metellus Celer und Ciceros ist die Kritik an Ciceros Befehl

---

80 Eine gut nachvollziehbare Analyse des Briefes sowie des Antwortbriefes als Exerzierstudien einer freundschaftlichen Auseinandersetzung liegt im Beitrag Hoffers (2003, 93–101) vor.

81 Q. Caecilius Metellus Celer war 60 v.Chr. Consul und mit Clodia (Metelli) verheiratet. Vgl. hierzu Münzer 1897d, 1208–1210.

82 Cic. Fam. 5.1.1: *existimaram pro mutuo inter nos animo et pro reconciliata gratia nec absentem me a te ludibrio laesum iri nec Metellum fratrem ob dictum capite ac fortunis per te oppugnatum iri;* („Angesichts unserer gegenseitigen guten Beziehungen und dem wiederhergestellten Einvernehmen hätte ich nicht gedacht, daß Du mich in Abwesenheit durch Spott verletzen und meinen Bruder Metellus wegen eines bloßen Wortes in seiner bürgerlichen und wirtschaftlichen Existenz bedrohen würdest.“).

zur Hinrichtung der Catilinarier vom 5. Dezember des Jahres 63 v. Chr., die von Metellus Nepos als Volkstribun ausgesprochen worden war.[83] Brisant ist diese Kritik freilich, da sie eine potentielle Gefährdung für Ciceros eigene Position im Senat und der Republik und seine Eigenstilisierung zum Verteidiger und Retter der *res publica* darstellte.[84] Anlass für die konkrete Briefbeschwerde ist nun die Beschädigung des Rufes, die Metellus Celer und sein Bruder durch den Hohn Ciceros erfahren haben, sodass aus dem Ergebnis (der Beschädigung der *fama*) zu ersehen ist, dass es sich beim vorliegenden *ludibrium* de facto um eine bestimmte Form der Diffamierung handelt. Metellus Celer, der selbst als Praetor der Provinz Gallia Cisalpina des Jahres 63 v. Chr. gegen die Catilinarier eingetreten war und somit der Position Ciceros tendenziell näher stand als sein Bruder,[85] erklärt, dass er einen solchen Spott nicht erwartet habe.[86] Interessant ist, mit welcher Überlegung er diese Erwartungshaltung begründet: Er scheint nämlich davon auszugehen, dass die „gegenseitigen guten Beziehungen" und das „wiederhergestellte Einvernehmen" zwischen seiner Familie und Cicero eigentlich keinen Raum für Spott zulassen würden.[87] Des Weiteren werden hier zwei Parameter des Spotts erwähnt, die diesen in der Wahrnehmung des Verspotteten noch schwerer wiegen lassen. So verwundert es den Briefschreiber, dass Cicero seinen Spott in Abwesenheit des Angeklagten platziert habe (*absentem*). Zudem mokiert er sich darüber, dass Ciceros Spott die bürgerliche (*capite*) und wirtschaftliche (*fortunis*) Existenz seines Bruders bedrohe (*oppugnatum iri*). Eine Wendung, die, so Schneider, als Tod und soziale Vernichtung zu verstehen ist.[88] Metellus argumentiert weiter, dass es abgesehen von der eigenen Ehre des Bruders (*pudor*) noch mehrere Gründe gegeben habe, die Cicero von einem solchen Spott hätten abhalten müssen. Darunter führt er

---

83 Metellus Nepos hatte nach seinem Amtsantritt am 10. Dezember 63 v. Chr. als Volkstribun zudem verhindert, dass Cicero am letzten Tag seines Konsulats 63 v. Chr. in der *contio* ausführlich hätte sprechen und Rechenschaft ablegen können, vgl. Schneider 1998, 85; Hall 2009, 153. Für eine Analyse der Briefe von Metellus und Cicero im Hinblick auf die Auswirkungen der Geschehnisse und Bemühungen auf ihre personalen Qualitäten vgl. Schneider 1998, 85–116.

84 So weist Schneider (1998, 199) darauf hin, dass im Mittelpunkt von Ciceros Antwortbrief implizit das Bemühen gestanden habe, „die Anerkenntnis der ‚Bedeutung' seines Tuns zu erreichen – und zwar als Gewährleistung seiner Sicherheit und als Voraussetzung für die Erlangung einer bedeutenderen Stellung innerhalb des Sozial- und Meinungsgefüges in der Folgezeit." Denn nur durch die Anerkennung von (Tat-)Vermögen konnte man in Rom ein höheres interpersonelles Vermögen, wie Schneider (1998, 96 Anm. 24) es mit Bezug auf Bourdieu nennt, soziales bzw. symbolisches Kapital erzielen.

85 Vgl. Hall 2009, 153.

86 Metellus benennt seine ‚Erwartungshaltung' etwas später ganz konkret wie folgt, Cic. Fam. 5.1.1: *te tam mobili in me meosque esse animo non sperabam.* („Daß Du so unverläßlich mir und den Meinigen gegenüber seiest, hätte ich nicht erwartet.") Cicero wird hier eine Wechselhaftigkeit der Loyalität unterstellt, ein Vorwurf, der keineswegs zu unterschätzen ist.

87 Gerade durch Celers Formulierungen *pro mutuo inter nos animo* und *pro reconciliata gratia* (Cic. Fam. 5.2.1) werfe er Cicero, so Hall 2009, 154 vor, gegen den römischen Verhaltenskodex der Reziprozität verstoßen zu haben. Metellus kündigt Cicero die früheren guten Beziehungen im Übrigen sogleich durch die außergewöhnliche Grußformel des Briefes auf, vgl. Schneider 1998, 88.

88 Vgl. Schneider 1998, 89.

zuerst das Ansehen der Familie (*dignitas familiae nostrae*) und anschließend sein eigenes Eintreten für Cicero und die *res publica* an.[89]

Diese Episode bietet einen wertvollen und singulären Einblick in die Reaktion auf Spott durch den Betroffenen, die unabhängig bleibt von einer Gegenrede als Antwort auf Diffamierungen im Kontext von Reden. Dabei ist zu bedenken, dass in diesem Brief eine persönliche Beschwerde des Verspotteten beim Spottenden vorliegt.[90] Festzuhalten sind die Parameter, die aus Sicht des Verspotteten eigentlich Schutz vor Spott hätten bieten müssen: gute Beziehungen zum Spottenden, die eigene Ehre des Verspotteten, das Ansehen der Familie, das Eintreten für den Spottenden sowie die *res publica*. Aus diesem Kapital, das eigentlich die Aufgabe hatte, zu Gunsten des Betroffenen vor Spott zu schützen, ergeben sich die Dimensionen, die der Briefschreiber für beachtenswert hält, wenn jemand eine Diffamierung anstrengt: Der Diffamierende müsse unbedingt die Ehre des Verspotteten, dessen politisches Agieren sowie den Rang der Familie beachten. Für Ciceros Diffamierungen, die wir besonders in den Reden, aber auch in den Briefen fassen können, ermöglichen diese Äußerungen Einblicke in die Voraussetzungen der Anwendung von diffamierend wirkendem Spott. Wir erfahren, welche Parameter Cicero zu berücksichtigen hatte, wenn er gewisse Argumente der Diffamierung gegen bestimmte Personen platzierte. Somit bieten sie eine wertvolle Grundlage für die Bestimmung des Spielraums von Fingierbarem und der ‚Anwendungsabhängigkeiten', die in den Reden und Briefen geprüft sowie in Kapitel 7 zusammengefasst werden.

Ein besonderer Glücksfall der Überlieferung liegt in diesem Briefwechsel vor, da auch die (sehr lange)[91] Antwort Ciceros auf diese Beschwerde über die Rufschädigung einer Familie im Briefcorpus *an die Freunde* erhalten ist. Cicero leitet das Thema des

---

89 Cic. Fam. 5.1.1: *quem si parum pudor ipsius defendebat, debebat vel familiae nostrae dignitas vel meum studium erga vos remque publicam satis sublevare.* („Wenn seine eigene Ehre ihm keinen genügenden Schutz gewährte, dann hätten ihn das Ansehen unsrer Familie und mein Eintreten für Euch und den Staat hinreichend schützen müssen.").

90 Entgegen der Einschätzung SCHURICHTS (1994, 188), der davon ausgeht, dass das Konfliktpotential zwischen den Metelli und Cicero eher gering einzustufen wäre, macht gerade dieser Kontext deutlich, dass Celers Brief allen Grund hatte, auch stilistisch nicht den Gepflogenheiten politischer Freundschaft und Freundlichkeit nachzukommen, den man in den Briefen von Ciceros Freunden sonst greifen kann. Für eine solche Einschätzung des Briefes siehe auch HALL 2009, 156: „The letter is a calculated, aggressive strike that claims the moral high ground via the traditional ethics of retaliation against unfair injury.". Vgl. dagegen HOFFER (2003, 93), der davon ausgeht, dass die Auseinandersetzung demselben freundschaftlichen Duktus aufweist wie die übrige Korrespondenz Ciceros. SHACKLETON BAILEY (1977, 273 f.) ist darin zu folgen, dass keine politische Agitation Hintergrund des Disputs darstellt, die Beschädigung der *fama* wiegt jedoch mindestens ebenso schwer.

91 Während die Kürze von Celers Brief Ciceros soziale Stellung als bedeutungslos brandmarkt (vgl. dazu HALL 2009, 155), ist die schiere Länge von Ciceros Antwortbrief gleichsam als Kotau vor der erhöhten sozialen Position von Metellus Celer bzw. Ciceros untergeordnete gesellschaftliche Stellung als *homo novus* sowie seine eigene gefährdete Position nach den Hinrichtungen der Catilinarier zu verstehen, vgl. HOFFER 2003, 93 sowie 94 mit Verweis auf Ciceros eigene Erläuterungen zur Gestaltung einer Entschuldigung in Anm. 7.

Antwortbriefes aus dem Februar 62 v. Chr. mit dem ersten Argument Metellus' ein, das diesem als Begründung für sein Unverständnis gedient hatte: nämlich die „guten Beziehungen" und das „wiederhergestellte Einvernehmen".[92] Cicero weist knapp darauf hin, dass „er nicht recht einzusehen" vermag, was „es damit auf sich haben soll".[93] Im Wesentlichen macht Cicero aus dem Antwortbrief eine gelassene und zurückhaltende Erläuterung,[94] die teilweise berichtet, was im Dienste der *res publica* notwenider Weise gesagt worden sei, teilweise aber auch gänzliches Unverständnis für die Vorwürfe transportiert.[95] So stellt er eine Vermutung darüber an, worin der Anlass für Metellus' Beschwerde gelegen haben könnte, und tut ebenjene Begebenheit als bloße Lappalie ab.[96] Cicero geht des Weiteren dezidiert auf Metellus' Erwartungshaltung ein, aufgrund der „gegenseitigen guten Beziehungen" nicht mit Spott gerechnet zu haben,[97] und quittiert sie mit einer Aufzählung seiner eigenen guten Taten zu Metellus' Gunsten.[98] Er dreht den Spieß sogar um und fragt Metellus, ob er denn angesichts der Fürsprache Ciceros überhaupt in gleicher Weise für diesen eingetreten

---

92 Cic. Fam. 5.2.1: *scribis ad me, te existimasse pro mutuo inter nos animo et pro reconciliata gratia numquam te a me ludibrio laesum iri.* („Du schreibst mir, angesichts unserer gegenseitigen guten Beziehungen und des wiederhergestellten Einvernehmens hättest Du nicht gedacht, jemals von mir durch Spott verletzt zu werden.").

93 Cic. Fam. 5.2.1: *quod cuius modi sit, satis intellegere non possum.* („Was es damit auf sich haben soll, vermag ich nicht recht einzusehen.").

94 Vgl. Hall 2009, 160.

95 So heißt es in Cic. Fam. 5.2.2 beispielsweise: *iam hoc non potest in te non honorifice esse dictum (...).* („Nun, Du siehst schon, in meinen Worten lag nichts Ehrenrühriges für Dich [...]."). Oder in 5.2.9: *nullast a me umquam sententia dicta in fratrem tuum*; („Nie habe ich gegen Deinen Bruder gesprochen [...].").

96 Cic. Fam. 1.2.1: *sed tamen suspicor ad te esse allatum me in senatu, cum disputarem permultos esse, qui rem publicam a me conservatam dolerent, dixisse a te propinquos tuos, quibus negare non potuisses, impetrasse, ut ea, quae statuisses tibi in senatu de mea laude esse dicenda, reticeres.* („Vermutlich jedoch hast du davon gehört, wie ich mich im Senat darüber äußerte, daß viele Leute die durch mich bewirkte Rettung des Staates bedauerten, und dabei das Wort fallen ließ, Deine Verwandten, denen Du nicht hättest nein sagen können, hätten Dich dazu veranlasst, die anerkennenden Erklärungen, die Du im Senat über mich abgeben wolltest, für Dich zu behalten.").

97 Cic. Fam. 5.2.3: *quod autem ita scribis, „pro mutuo inter nos animo", quid tu existimes esse in amicitia mutuum, nescio, equidem hoc arbitror, cum par voluntas accipitur et redditur.* („Wenn du aber schreibst, angesichts unsrer gegenseitigen guten Beziehungen', so weiß ich nicht, was Du unter Gegenseitigkeit in einem Freundschaftsbunde verstehst. Meiner Auffassung nach besteht sie darin, daß man gleiches Entgegenkommen gewährt und erfährt.").

98 Cic. Fam. 5.2.4: *iam illud senatus consultum, quod eo die factum est, ea praescriptione est, ut, dum id exstabit, officium meum in te obscurum esse non possit. postea vero quam profectus es, velim recordere, quae ego de te in senatu egerim, quae in concionibus dixerim, quas ad te litteras miserim.* („Und dann das Präskript des damals gefaßten Senatsbeschlusses! Es sorgt dafür, daß, so lange es existiert, niemals in Vergessenheit geraten kann, was ich für Dich getan habe. Und vollends nach Deiner Abreise – erinnere Dich doch bitte, wie ich da im Senat für Dich eingetreten bin, was ich in den Volksversammlungen gesagt habe, was für Briefe ich Dir geschrieben habe!").

sei.[99] Auf den Spott geht er also in keiner Weise ein, sondern macht die ‚guten Beziehungen' zum Gegenstand seiner Argumentation. Metellus' Anmerkung zum „wiederhergestellten Einvernehmen" tut er in ähnlicher Weise mit einem Wink ab, da er vorgibt, nicht zu verstehen, warum Metellus „wiederhergestellt" nenne, „was nie getrübt gewesen" sei.[100] Den Vorwurf, er habe Metellus' Bruder wegen eines bloßen Wortes bedroht, weist Cicero entschieden zurück. Metellus müsse Cicero nämlich „schon verzeihen", wenn er „aus staatspolitischen Gründen" Metellus' Bruder „bei irgendeiner Gelegenheit entgegengetreten" sei, denn er selbst sei „ein Patriot wie kaum ein zweiter".[101] Weiter führt er aus: „Habe ich aber meine politische Existenz gegen seine [*sc.* Metellus' Bruder] grimmigen Angriffe verteidigt, dann solltest Du zufrieden sein, wenn ich mich nicht auch noch bei Dir über Deines Bruders übles Verhalten beklage."[102] Im Gegenteil läuft Ciceros Argumentation darauf hinaus, dass ihm vielmehr von Metellus' Bruder Unrecht zugefügt worden sei, da dieser ihn beleidigt habe.[103] Später haben sich Cicero und Metellus' Bruder dann gar noch einen „scharfen, politischen Wortwechsel" geliefert, in dem Metellus in jedem dritten Wort Ciceros „Namen und eine Drohung" gegen ihn ausgesprochen habe. Zudem sei „sein ganzes Sinnen und Trachten nur darauf gerichtet" gewesen, Cicero „mit allen Mitteln, nicht durch ein ordentliches Gerichtsverfahren oder in politischer Debatte, sondern durch gewaltsamen Angriff [*vi atque impressione*] zu vernichten."[104] Besonders Cice-

---

99 Cic. Fam. 5.2.4: *quae cum omnia collegeris, tu ipse velim iudices, satisne videatur his omnibus rebus tuus adventus, cum proxime Romam venisti, mutue respondisse.* („Das alles halte Dir vor Augen und urteile dann selbst, ob bei Deiner letzten Anwesenheit in Rom Dein Auftreten alldem Zug um Zug entsprochen hat.").

100 Cic. Fam. 5.2.5: *quod scribis de reconciliata gratia nostra, non intelligo, cur reconciliatam esse dicas, quae numquam imminuta est.* („Wenn du von ‚wiederhergestelltem Einvernehmen' sprichst, so begreife ich nicht, warum Du ‚wiederhergestellt' nennst, was nie getrübt gewesen ist.").

101 Cic. Fam. 5.2.6: *deinde, si qua ego in re fratri tuo rei publicae causa restiterim, ut mihi ignoscas – tam enim sum amicus rei publicae, quam qui maxime –;.* Cicero argumentiert aus der unantastbaren Warte des Verteidigers der *res publica* heraus, in deren Dienste alles Notwendige gesagt werden dürfe und müsse, vgl. Hall 2009, 158.

102 Cic. Fam. 5.2.6: *si vero meam salutem contra illius impetum in me crudelissimum defenderim, satis habeas nihil me etiam tecum de tui fratris iniuria conqueri.*

103 Cic. Fam. 5.2.7: *atqui ille, quod te audisse credo, prid. Kal. Ian., qua iniuria nemo umquam in infimo magistratu improbissimus civis affectus est, ea me consulem affecit, cum rem publicam conservassem, (...).* („Doch er hat, wie Du sicher vernommen hast, am 29. Dezember mich, den Konsul, der doch den Staat gerettet hatte, beleidigt, wie nie auch nur der nichtswürdigste Bürger in irgendeiner amtlichen Stellung beleidigt worden ist [...].").

104 Cic. Fam. 5.2.8: *nam in senatu Kal. Ian. sic cum eo de re publica disputavi, ut sentiret sibi cum viro forti et constanti esse pugnandum; a. d. III Non. Ian., cum agere coepisset, tertio quoque verbo orationis suae me appellabat, mihi minabatur, neque illi quidquam deliberatius fuit quam me, quacumque ratione posset, non iudicio neque disceptatione, sed vi atque impressione evertere.* („Am 1. Januar hatte ich mit ihm im Senat einen scharfen politischen Wortwechsel, der ihm zeigen sollte, daß er es mit einem entschlossenen, unerschrockenen Manne zu tun hatte. Als er am 3. Januar loslegte, war jedes dritte Wort seiner Rede mein Name und eine Drohung gegen mich, und sein ganzes Sinnen und Trachten nur

ros Anschuldigung, dass Metellus ihn mit Angriffen (*impressiones*) vernichten wolle, weist eindeutig die Waffe des Wortes aus, denn während die Gewalt (*vis*) physische Gewalttätigkeit impliziert, ist die *impressio* gerade im rhetorischen Sinne als wörtlicher Angriff zu deuten. So greift Cicero den Vorwurf des Metellus auf, den er nicht zu verstehen vorgibt, dass er diesem und dessen Familie durch Schmähungen Schaden zufüge. Daraus entwickelt Cicero nun den Gegenvorwurf, dass es ursprünglich Metellus gewesen sei, der seinen, Ciceros Ruf, durch Schmähungen beschädigen wollte. Am Ende des Antwortbriefes verkehrt Cicero Metellus' Anschuldigungen also gänzlich ins Gegenteil: Er wirft Metellus' Bruder vor, dieser habe ihm gedroht. Metellus selbst habe es zudem an freundschaftlichen Gegendiensten fehlen lassen, sodass Cicero nur noch aus reiner Selbstlosigkeit eine freundschaftliche Gesinnung gegenüber Metellus gezeigt habe.[105] Cicero unterstellt Metellus darüber hinaus, dass dieser ihm brieflich gedroht habe[106] und verkehrt so diejenige Anschuldigung, die er offenbar als schwerste unter den von Metellus gegen ihn erhobenen ansieht, in eine als Gegenvorwurf maskierte Rechtfertigung. Abschließend sonnt er sich in purer Selbstlosigkeit, die ihn dazu veranlasse, aus Freundschaft zu Metellus seinen Hass gegen dessen Bruder zu überwinden.[107]

Obwohl der Antwortbrief Ciceros sehr ausführlich ausfällt, bleibt ein konkretes Bekenntnis zur Verleumdung oder gar eine Entschuldigung aus.[108] Das Fehlen einer solchen Reaktion regt zu einigen Überlegungen über die Bedeutung einer derartigen Beschwerde über Spott an. Metellus' Erwartungshaltung, nicht von Cicero mit Spott überzogen zu werden, wird im Antwortbrief explizit von Cicero aufgegriffen (*te existimasse [...] numquam te a me ludibrio laesum iri*).[109] An dieser bloßen Erwartungshaltung nimmt er zunächst keinen Anstoß, betont aber, dass er gar nicht wisse, mit welchen Äußerungen er Metellus denn durch Spott verletzt haben könnte. Sowohl

---

darauf gerichtet, mich mit allen Mitteln, nicht durch ein ordentliches Gerichtsverfahren oder in politischer Debatte, sondern durch gewaltsamen Angriff zu vernichten.").

105 Cic. Fam. 5.2.10: *quare non ego oppugnavi fratrem tuum, sed fratri tuo repugnavi, nec in te, ut scribis, animo fui mobili, sed ita stabili, ut in mea erga te voluntate etiam desertus ab officiis tuis permanerem.* („Es kann also keine Rede davon sein, daß ich Deinen Bruder ‚bedroht' habe; nein, ich habe mich gegen Deinen Bruder zur Wehr gesetzt, und ich bin nicht, wie Du Dich ausdrückst, ‚unzuverlässig' Dir gegenüber gewesen, sondern so verläßlich, daß ich bei meiner freundschaftlichen Gesinnung Dir gegenüber verharrte, obwohl Deine Gegendienste ausgeblieben waren.").

106 Cic. Fam. 5.2.10: *atque hoc ipso tempore tibi paene minitanti nobis (...).* („Und doch jetzt, wo Du mir in Deinem Briefe nahezu drohst [...]").

107 Cic. Fam. 5.2.10: *(...) permanebo citiusque amore tui fratrem tuum odisse desinam, quam illius odio quidquam de nostra benevolentia detraham.* („[...] aus Liebe zu Dir werde ich eher meinen Haß gegen Deinen Bruder begraben, als aus Haß gegen ihn eine Minderung unserer guten Beziehungen eintreten lassen").

108 Die Wendung *ut mihi ignoscas* (Cic. Fam. 5.2.6) ist ironisch zu verstehen und bezieht sich auf Ciceros Eigenstilisierung, in all seinem Streben und Handeln – und so vermeintlich auch in den Äußerungen, die ihm nun von Metellus vorgehalten werden – der *res publica* zu dienen; vgl. dazu Hall 2009, 158.

109 Cic. Fam. 5.2.1: „[...] Du [hättest] nicht gedacht, jemals von mir durch Spott verletzt zu werden."

die Furcht vor Spott, die der dargestellten Erwartungshaltung zugrunde liegt, als auch die zahlreichen Rechtfertigungen räumen dem Spott einen hohen Stellenwert in der politischen Kommunikation ein. Der Spott-Vorwurf (*ludibrium*)[110] gerät im Laufe des Briefes zugunsten des Vorwurfs gegenseitiger Bedrohungen (*oppugnare*, *minari*, *minitari*) völlig in den Hintergrund.[111] Interessant ist dabei freilich, dass Cicero selbst nur den Vorwurf *oppugnare* zulässt, während er zur Rechtfertigung sowohl für Metellus als auch für Metellus' Bruder die wesentlich stärkeren Gegenvorwürfe *minari* und gar *minitari* nutzt. In Metellus' Brief bildete die ‚Verspottung in Abwesenheit' (*absentem ludibrio laesum iri*) den Kernpunkt der Beschwerde. Den Spott versteht er als Kampfansage an die ‚bürgerliche und wirtschaftliche Existenz des Bruders'. Damit bezieht er sich aber lediglich – um die Formulierungen des Metellusbriefes aufzugreifen – auf das *capite ac fortunis per te oppugnatum iri* und übergeht konsequent das *ob dictum*.[112] Das Schweigen über den zentralen, konkreten Spott-Vorwurf rückt diesen in eine erhöhte und bedeutungsschwere Position, die Cicero nicht anzurühren wagt. Deshalb versteift er sich auf die Argumentationen des vorgeschützten Unverständnisses und des Droh-Vorwurfs. Dass Cicero seine Antwort trotz des harschen Tons von Metellus' Brief überdies als ruhige und gelassene Abhandlung komponiert, ist ein wichtiges Werkzeug zur Stilisierung seines eigenen würdevollen und unantastbaren Charakterbildes.[113] Letztlich ist es die Länge des Antwortbriefes, die Zeugnis darüber ablegt, dass Cicero es für notwendig erachtet hatte, den von Metellus Celer an ihn gerichteten Vorwurf der Diffamierung zu entschärfen und für einen Fortbestand freundschaftlicher Beziehungen zu Metellus zu kämpfen, die offensichtlich einem hohen Risiko ausgesetzt waren, nachhaltig zerrüttet zu sein.[114]

Als zentraler Befund zu dieser Briefpassage kann zweierlei festgehalten werden: Erstens ist die Familie (*gens*) von Senatoren ein Gradmesser, an dem Spott, Verleumdung oder Schmähung ausgerichtet werden müssen. Zweitens stellt die Diffamierung einer Person einen Vorwurf dar, zu dem sich Cicero – zumindest im Falle dieser Metelli – im Nachhinein nur ungern bekennt, sich sogar durch (identische) Gegenvorwürfe zu rechtfertigen versucht. Dies legt Zeugnis ab über die Bedeutung von Diffamierungen für die *fama* – und *auctoritas* – römischer Aristokraten.

Aus dem Jahre 46 v.Chr. ist ein Brief von Caecina[115] an Cicero erhalten, der verschiedene Möglichkeiten, sich über andere Personen (schriftlich) zu äußern, sowie

110 Cic. Fam. 5.1.1.

111 Cic. Fam. 5.2.6, 8, 10.

112 Cic. Fam. 5.1.1.

113 Vgl. dazu Hall 2009, 160: „More striking is his decision not to respond in kind to Celer's curt and provocative language. He works hard to cultivate instead an image of himself as poised and restrained, [...]. This civility under fire helps to project at a time when his opponents' rhetoric was depicting him as a bloodthirsty tyrant."

114 Vgl. Hoffer 2003, 101.

115 A. Caecina aus Volaterrae (Etrusker) war seit Jugendtagen ein Freund Ciceros und verfasste Schriften über etruskische Disziplinen. Vgl. hierzu Münzer 1897a, 1237–1238.

mögliche Folgen des Schmähens abbildet, die gar – wie in Caecinas Fall – mit Verbannung geächtet werden könnten.[116] Caecina führt seine Gedanken über die personenbewertenden Möglichkeiten wie folgt aus:

> *solutum existimatur esse alteri male dicere – tamen cavendum est, ne in petulantiam incidas –; impeditum se ipsum laudare, ne vitium arrogantiae subsequatur; solum vero liberum alterum laudare, de quo quidquid detrahas, necesse est aut infirmitati aut invidiae assignetur.*[117]

> „Für erlaubt gilt es, einen Gegner zu schmähen, doch muß man sich hüten, in Frechheit zu verfallen; für bedenklich, sich selbst zu loben, um nicht anmaßend zu erscheinen; frei ist man alleine, wenn es gilt, einen anderen zu rühmen, und doch, tut man nicht genug darin, so wird einem das unweigerlich als Unfähigkeit oder Mißgunst ausgelegt."

Die verschiedenen Möglichkeiten der Äußerung über eine andere Person, die Caecina hier verhandelt, werden in den Reden Ciceros vielfach umgesetzt. Er selbst nimmt sein Pamphlet gegen Caesar zum Ausgangspunkt seiner Äußerungen. Für dieses Pamphlet scheint er, während er den Brief verfasst, in der Tat mit der Verbannung bezahlt zu haben.[118] Er nennt nun erstens die Möglichkeit, einen anderen zu schmähen (*alteri male dicere*). Interessant ist an dieser Stelle, dass das Schmähen als „erlaubt" (*existimatur*) bezeichnet wird. Zu beachten bleibt lediglich die Einschränkung, dass man nicht frech werden dürfe (*ne in petulantiam incidas*). Hier wird im Übrigen eine aus heutiger Perspektive schwer nachvollziehbare Grenzziehung angedeutet. Die Frage muss offen bleiben, wann im erlaubten Schmähen die Grenze zur *petulantia* überschritten wird.

Direkt im Anschluss daran führt Caecina die Möglichkeit an, sich selbst zu loben (*se ipsum laudare*). Dieses Vorgehen nennt er jedoch bedenklich (*impeditum*). Angesichts der Schmähungen in Ciceros Reden ist diese Anmerkung freilich besonders interessant, lobt sich dieser doch systematisch, um eine Folie zu erschaffen, vor der die Diffamierungen erst richtig wirken. Caecina gibt zu bedenken, dass im Eigenlob die Gefahr verborgen liege, anmaßend zu erscheinen (*arrogantia*). Abgeschlossen wird diese Reihung durch die Möglichkeit, einen anderen zu rühmen (*alterum laudare*). Doch auch darin sieht Caecina eine Gefahr, denn es könnte geschehen, dass das Lob nicht ausreiche und einem als Unfähigkeit oder gar als Missgunst ausgelegt würde.

Caecina stellt all diese Überlegungen an, um sich dann einzugestehen, dass Cicero „in dieser Hinsicht mehr Glück und Erfolg" gehabt habe als er.[119] Immerhin ist dieser

---

116 Cic. Fam. 6.8.1: *nam cum mendum scripturae litera tollatur, stultitia fama multetur, meus error exilio corrigitur, (...).* („Während man einen Schreibfehler durch Ausstreichung beseitigt, für eine Torheit durchgehächelt wird, wird mein Versehen durch Verbannung berichtigt [...]."). Einen solchen Fehler sieht er in seinem Pamphlet gegen Caesar, für das er in der Verbannung auf Sizilien büßt.

117 Cic. Fam. 6.8.3.

118 Cic. Fam. 6.8.1: *cum praesertim adhuc stili poenas dem.* („[...] zumal ich immer noch für die Sünden meiner Feder büßen muß"). Der Brief wurde vermutlich auf Sizilien verfasst.

119 Cic. Fam. 6.8.3: *ac nescio, an tibi gratius opportuniusque acciderit.*

in der Tat nicht wegen einer seiner Schmähungen ins Exil getrieben worden.[120] Nicht ohne Zusammenhang mit seiner Hetz- und Hasskampagne gegen Antonius ist allerdings zu erklären, dass Cicero letztlich gegen Antonius (und Octavian) unterliegen wird. Zu dem Zeitpunkt, als der Brief Caecinas verfasst wird, ist diese Niederlage freilich noch nicht abzusehen.[121]

Insgesamt fällt die Passage recht knapp aus. Eine Reaktion auf die anerkennende, vielleicht ironische Erwähnung, dass Cicero im Schmähen erfolgreicher sei, liegt nicht vor. Gleichwohl wird das ‚Schlechtreden' von Personen angesprochen. Dieses steht im Kontext der Überlegung Caecinas, dass er selbst von so viel Ängstlichkeit geprägt sei, dass er sich nicht einmal mehr traue, Cicero angemessen zu loben, um Caesar nicht erneut zu verstimmen. Seine Ängstlichkeit führt er auf den schmalen Grat zwischen dem Erlaubten und der Frechheit (*petulantia*) zurück, auf dem man sich in Äußerungen über andere Personen bewege.[122] Denn das ‚Verbrechen', für das er nun büße, habe darin bestanden, den „Gegner während des Krieges geschmäht" zu haben (*armatus male dixi*).[123] Interessant ist freilich die implizite Annahme, dass sich das Schmähen im Krieg nicht in denselben Grenzen bewegt wie in Friedenszeiten. Caecina scheint das Schmähen im Krieg (*armatus*) als verzeihlicher eingeschätzt zu haben, als es letztlich aufgenommen wurde. Darauf deutet auch sein Vermerk auf die beurteilende Instanz, nämlich die Gesinnung des Empfängers: „Es kommt ja nicht so sehr auf die Gesinnung des Verfassers als auf die des Empfängers an."[124] Der für Caecina geltende weitere Rahmen der möglichen Diffamierung in Kriegszeiten (als Gesinnung des Verfassers) scheint von Caesar unterschiedlich bestimmt worden zu sein (Gesinnung des Empfängers). Die Grenze zwischen angemessenem und unangemessenem Spott war also nicht klar fixiert und lag in der subjektiven Einschätzung der beteiligten Personen. Die Existenz eines gewissen Mindestmaßes an erträglichem Spott ist durch Caecinas Erwartungshaltung jedoch bezeugt.

In den beiden angeführten Briefpassagen werden Ciceros Schmähungen direkt oder indirekt thematisiert. Im ersten Fall liegt eine Beschwerde über Ciceros Spott

---

120 Als Grund für Ciceros Exil gilt dessen Verurteilung Catilinas. Clodius wollte diese Verurteilung offenbar mithilfe eines angeblich auf Cicero gemünzten Gesetzerlasses ächten, womit er Cicero ins Exil trieb. Siehe hierzu und zu den weiteren Entwicklungen im Konflikt zwischen Cicero und Clodius Nippel 1988, 114–128; ferner Ungern-Sternberg 1997, 98 f.

121 Man denke nur an die Zurschaustellung von Ciceros Hand und Zunge nach seinem Tod im Zuge von Octavians und Antonius' Proskriptionen.

122 Cic. Fam. 6.8.3: *causa haec fuit timoris: scripsi de te parce medius fidius et timide, non revocans me ipse, sed paene refugiens; genus autem hoc scripturae non modo liberum, sed incitatum atque elatum esse debere quis ignorat?* („Der Grund meiner Ängstlichkeit ist folgender. Ich habe von Dir weiß Gott zu knapp und zurückhaltend gesprochen, indem ich mir selbst Zügel anlegte, ja, beinahe wie ein Pferd scheute; ein solches Thema erfordert aber, wie jeder weiß, einen ungezwungenen, ja, begeisterten, erhabenen Stil.").

123 Cic. Fam. 6.8.1: *quod armatus adversario male dixi.*

124 Cic. Fam. 6.8.1: *quoniam non tam interest, quo animo scribatur, quam quo accipiatur.*

(*ludibrium*) von Seiten des Betroffenen vor.[125] Im zweiten Fall werden Ciceros geschicktes Vorgehen und seine Könnerschaft im Schmähen (*male dicere*) gelobt, während der Autor selbst aufgrund seiner Schmähungen in die Verbannung geraten ist.[126] Beide Briefwechsel dokumentieren den Diskussionsbedarf, der hinsichtlich des rechten Maßes von Diffamierungen bestanden hat. Im einen Fall liegt eine Beschwerde über Spott beim Diffamierenden vor, im anderen Fall die Konsequenz einer vom Opfer als überzogen empfundenen und bestraften Diffamierung (Verbannung und Ängstlichkeit im Urteil über andere). Beide Fälle zeigen, wie empfindlich die Gesellschaft auf überzogene Diffamierungen reagiert hat und zugleich, welche Wirkung Diffamierungen entfalten konnten.

Es wurde gezeigt, dass sich Cicero mit seinen Diffamierungen an eine breite Konvention von Spott, Verleumdungen und Diffamierungen in der antiken Literatur anschließt. Vor Ciceros Zeit wurde nicht nur in den griechischen Staatsreden, in der Alten Komödie, in Jamben sowie staatsrechtlichen und rhetorischen Schriften Griechenlands, sondern auch in der römischen Vergangenheit der Leumund von politischen Personen durch Aufführung, Rede oder Schrift beschädigt. In Rom kann bereits im Zwölftafelgesetz das Bestreben abgelesen werden, Rufmord einzudämmen. Dennoch entwickelt sich in der Folgezeit die genuin römische Gattung der Satire, die Spott als zentralen Inhalt aufweist.

Aus der späten Republik stammen schließlich lateinische Handbücher der Rhetorik von Cicero selbst und dem Auctor ad Herennium, die abhandeln, wie Diffamierungen (*vituperationes*) zu platzieren uns auszugestalten seien. Aus Ciceros Reden können wir entnehmen, wie willkürlich Argumente zur Diffamierung platziert werden können, solange diese ausreichend plausibilisiert werden: Es muss lediglich irgendeine Verbindung zu Verhältnissen geschaffen werden, die für eine Person bekannt sind, um auf dieser Grundlage dann beinahe alle Argumente – gerne äußerst ausgedehnt – anwenden zu können. Aus solchen Bereichen speisen sich, wie zu sehen sein wird, die extremsten Illustrationen von Vergehen und Devianz. Solche Verhältnisse können beispielsweise die Bedeutung der Schwestern in Clodius' Leben, Pisos scheinbar auffällig ‚struppiges' Auftreten, Antonius' Renommee als Gastgeber etc. sein. Ob diese Verhältnisse nun mit irgendeiner Realität in Zusammenhang gebracht werden können oder nur dem Stadtgespräch entgegenkommen, wird für uns nicht mehr zu klären sein. Wie sie sich in den Diffamierungen abzeichnen, werden die folgenden Kapitel (4–6) zeigen.

Zuletzt hat Ciceros eigene Korrespondenz gezeigt, wie Rufmord selbst in der Republik zum Gegenstand hitziger Diskussionen werden konnte. Wir können die Diffamierungen also nicht nur in den Reden und Briefen als Gegenstand fassen, sondern gewinnen durch die oben besprochenen Briefe eine Vorstellung davon, wie ein Diffamierter – oder ein Angehöriger eines im Senat Diffamierten – im Nachhinein Be-

125 Cic. Fam. 5.1.1.
126 Cic. Fam. 6.8.3.

schwerde gegen und beim Diffamierenden erhebt. Ciceros Abwiegelung dieser an ihn herangetragenen Beschwerden führen einen Routinier vor, der sich geschickt aus Spannungsverhältnissen, die aus Diffamierungen resultieren, herauszuwinden versteht.

Für Fragen nach der Plausibilität von Argumenten und deren Fingierbarkeit, die im Kontext von erzähltheoretischen Überlegungen aufgeworfen wurden, war besonders in der *Rhetorik an Herennius* zu erkennen, dass Vorwürfe der Wahrheit (lediglich) ähnlich sein sollten (*veri similium*). Cicero selbst hält den Spielraum, den diese ‚Ähnlichkeit' mit ‚Wahrheit' eröffnet, in *Pro Fonteio* für sehr dehnbar. Voll ausgeschöpft werden kann er vor allem in den Reden. Für die Rhetorikhandbücher steht fest: Wahres und Unwahres muss ohnehin gleichermaßen aufwendig als plausibel konstruiert werden, da sonst beides jeweils nicht überzeugen kann. Zielt eine Rede oder ein Brief auf die Rufschädigung eines Gegners ab, dann ergibt sich daraus die Notwendigkeit, ihn namentlich zu nennen, Argumente in plausibler Form darzustellen und durch direkte Benennungen oder Illustrationen, die unter Umständen zur Plausibilisierung herangezogen werden müssen, den gegnerischen *animus* und die gegnerische *persona* möglichst vieler *vitia* zu bezichtigen.

4 Ciceros Diffamierungen anhand des expliziten Vorwurfs charakterlicher Unzulänglichkeit

Wie bereits besprochen zielen Diffamierungen *a persona* – also anhand von Argumenten, die von ‚der Person', einer sozialen oder politischen Rolle, abgeleitet werden – auf den Beweis der charakterlichen Unzulänglichkeit eines Individuums. Dabei handelt es sich um den Nachweis eines *improbus animus.*[1] Ein solcher Nachweis kann in der Praxis erstens auf dem direkten Weg des expliziten Vorwurfs einer bestimmten Unzulänglichkeit erbracht werden. Zweitens lässt sich charakterliche Unzulänglichkeit auf dem Umweg über den Vorwurf einer entsprechenden Handlungsweise oder eines Verhaltens, das eine solche Eigenschaft nahelegt, nachweisen.[2] Drittens kann eine Diffamierung erfolgen, indem Personen im gesellschaftlichen Umfeld der eigentlichen Zielperson diffamiert werden. Dies kann entweder über explizite Charakterschwächen (wie erstens) oder über Handlungsweisen und Fehlverhalten (wie zweitens) geschehen. Die analysierten Diffamierungen der untersuchten Personen beschreiten zur Schädigung der *fama* des Gegners alle drei Wege. Das vorliegende Kapitel (4) verfolgt das Ziel, die zentralen expliziten Vorwürfe der Unzulänglichkeit zu beleuchten, bevor im nächsten Kapitel (5) die verschiedenen Argumente indirekter, illustrativer Charakterdiffamierungen untersucht werden. Daran anschließend sollen in Kapitel 6 diese beiden Strategien in der Anwendung über den Umweg der Anhängerschaft betrachtet werden.

Die hier zu besprechenden expliziten Vorwürfe entfalten eine diffamierende Wirkung, indem sie charakterliche Mängel direkt benennen. Besonders häufig sind als negative Charakterqualitäten der explizite Vorwurf der *turpitudo* sowie *audacia*, *furor* und *nequitia* zu beobachten. Des Weiteren sind die Vorwürfe *stultitia*, *amentia*, *voluptas*, *crudelitas* sowie *cupiditas* in den untersuchten Reden omnipräsent. Im Folgenden wird geprüft, ob und wie sie in den näher betrachteten Reden gegen Catilina, Piso, Clodius und Marcus Antonius eingesetzt werden. Hierfür werden die jeweiligen Vorwürfe anhand einiger repräsentativer Beispiele vorgestellt. In einem

---

1 Cic. inv. 2.33; vgl. dazu Kapitel 1.2 und 3.3.

2 Keine solche Unterscheidung nimmt Evans (2008, 69) in einer Untersuchung zu *Phantoms in the Philippics* gegen Marcus Antonius sowie gegen Catilina und Clodius vor, in denen er Lasterhaftigkeit (*vice*) und Energielosigkeit (*lethargy*) als zentrale Anschuldigungen herausstellt. Unter *vice* subsumiert er sexuelles Fehlverhalten und andere sittliche Vergehen (*indecency*) sowie übermäßigen Genuss. Als zentrale Stichwörter führt er u. a. *libido* und *vinulentia* an (69–71). Unter *lethargy* führt er den Mangel an *industria* mit Beschimpfungen anhand eines unangemessenen sozialen Umgangs zusammen (71–75). Da in dieser Weise nicht zwischen expliziten Vorwürfen charakterlicher Unzulänglichkeit und Vorwürfen bestimmter Verhaltensweisen differenziert wird, ergibt sich zwar eine Ansammlung von verschiedenen Argumenten, die auf Marcus Antonius, Clodius und Catilina angewandt werden. Es wird jedoch keine Systematisierung dieser Argumente angeboten, die über eine thematische Zuordnung hinausgeht. Unerwähnt bleibt darüber hinaus ein breites Spektrum von Vorwürfen, die ebenfalls auf alle drei Personen angewandt werden.

https://doi.org/10.1515/9783110599886-006

ersten Schritt werden die Reden dabei stets auf den Vorwurf der *turpitudo* hin beleuchtet, da der Nachweis eben jener *turpitudo* nach der antiken *vituperatio*-Theorie der Rhetorik-Handbücher das eigentliche Ziel der Diffamierung bildet. Den Gegner direkt als *turpis* zu bezeichnen oder der *turpitudo* zu überführen, bildet zweifellos den direktesten Weg der charakterlichen Diffamierung. Die vielfachen Belege für Diffamierung mithilfe von Vorwürfen zahlreicher anderer charakterlicher Mängel legen aber nahe, dass der einfache namentliche Vorwurf für den tatsächlichen Nachweis der *turpitudo* offensichtlich noch nicht genügte. Es scheint die Absicht bestanden zu haben, den Leumund des Gegners auf so vielfältige Weise anzugreifen wie möglich. Hinter dem rhetorischen Versuch, einen politischen Gegner der *turpitudo* zu überführen und seiner Ehre nachhaltigen Schaden zuzufügen,[3] liegt die rechtlich drohende Konsequenz einer nachweisbaren *turpitudo* verborgen. Diese fiel in der Republik teilweise unter die *cura morum* der Censoren, teilweise unterlag sie auch den Prätoren und konnte zur Verweigerung oder Nichtigkeit von Rechtsgeschäften führen.[4] Auch wenn eine solche Sittenwidrigkeit nicht als Rechtswidrigkeit galt, konnte sie eine moralische Verdorbenheit belegen, die strafrechtlich relevante Verfehlungen plausibel machen sollte.

4.1 Der *turpitudo*-Nachweis in den Reden

Zunächst sei das Augenmerk auf die frühesten der untersuchten Reden, die *Catilinariae*, gerichtet, die von Cicero zum Zwecke der Aufdeckung und Bestrafung eines vereitelten Putschversuches gehalten wurden. Als dessen Drahtzieher beschreibt er Catilina.

Als Spross der *gens Sergia*, einer patrizischen Familie, die seit einiger Zeit an politischem Einfluss verloren hatte, war Catilina Ender der 80er Jahre Legat unter Sulla und wurde 79 v. Chr. von Clodius wegen Unzucht mit einer Vestalin angeklagt.[5] Zur Verurteilung ist es nicht gekommen. Nach der Prätur 67 v. Chr. folgte die Statthalterschaft in der Provinz Africa. Die Kandidaturen um das Konsulat der Jahre 65 und 62 v. Chr. wurde zurückgewiesen bzw. verloren. Vermutlich zu Unrecht wird Catilina die sogenannte „Erste Catilinarische Verschwörung" gegen Ende des Jahres 66 v. Chr.

3 Vgl. SACHERS 1948, 1432: „Infamie und Turpitudo umfassen die zahlreichen Fälle geminderter Ehrenhaftigkeit, zufolge welcher jemand in der Bürgerehre eine Einbuße erlitten hat. [...] Durch schlechte charakterlose Handlungen, verächtliche Lebensart und verwerfliche Beschäftigung mußte der gute Ruf leiden [...]." Derartige Handlungen, Lebensarten und Beschäftigungen in SACHERS RE-Eintrag und auch sonst in der Forschung sind selten ausführlich, weshalb sie in Kapitel 5 für das Beispiel der späten römischen Republik intensiver untersucht werden.

4 Vgl. GAMAUF 2002, 927 f. Unter die *turpitudo* fällt des Weiteren auch jede Form von Ehrlosigkeit, die nicht mit besonderen Tatbeständen geregelt war. Vgl. hierzu SACHERS 1948, 1433. Für einen Überblick über rechtliche Nachteile durch *turpitudo* vgl. ebenfalls SACHERS 1948, 1437–1439.

5 Für die biographischen Eckdaten zu Catilina vgl. die Lexikoneinträge von MÜNZER 1923, 1693–1711 und UNGERN-STERNBERG 1997, 1029–1031.

zugeschrieben.[6] Im Repetundenprozess desselben Jahres wurde Catilina freigesprochen. Vermutlich nach der *ersten Catilinarischen Rede* übernahm Catilina schließlich die Führung des Aufstandes, der sogenannten Catilinarischen Verschwörung.[7] Catilina fand 62 v. Chr. in Folge der *hostis*-Erklärung auf Beschluss des Konsuls des Jahres 63 v. Chr., Cicero, den Tod.

Es zeigt sich, dass unter den vier Reden Ciceros aus seinem Konsulatsjahr zum Thema der Catilinarischen Verschwörung[8] besonders die ersten beiden, die vor dem Senat (I) und dem Volk (II) gehalten wurden, markante Beispiele des *turpitudo*-Vorwurfs aufweisen.[9] Während diese ersten beiden Reden noch in Anwesenheit Catilinas in Rom vorgetragen wurden, hatte sich dieser zum Zeitpunkt der dritten und vierten Rede bereits aus Rom entfernt und Cicero so in eine wesentlich günstigere Position versetzt. In der *ersten Catilinaria* muss Cicero also noch darum kämpfen, die Senatoren von seinen Anschuldigungen zu überzeugen, indem er fragt, mit welchem Brandmal häuslicher Schande (*nota domesticae turpitudinis*) Catilinas Leben *nicht* gezeichnet gewesen sei.[10] Diese rhetorische Frage kommt einer Pauschalanschuldigung gleich: Für Catilina, so der Unterton, ist davon auszugehen, dass er sich potentiell jede erdenkliche Schande zuschulden kommen lasse, wenn ihm schon eine *domestica turpitudo* durch nicht weiter ausgeführte *notae* nachgewiesen werden könne. Das Ziel diffamierender Vorwürfe, der Nachweis der *turpitudo* und damit eine Plausibilität jeder Art von Verfehlungen, wird in dieser Unterstellung direkt erreicht. Da die *turpitudo* hier nämlich in Form einer *turpitudo domestica* für den Bereich des Hauses und der Familie vorgestellt wird, greift Cicero einerseits Catilinas Eignung als *pater familias* – und somit seine wichtigste und machtvollste Rolle in der römischen Gesellschaft – an. Andererseits eröffnet er ein weites Feld potentieller Laster und Verfehlungen, die im Schutze der *domus* möglicherweise im Verborgenen gehalten wurden. An anderer Stelle spricht Cicero den *turpitudo*-Vorwurf noch konkreter und charakterschädigender aus. So stellt er in Paragraph 22 der *ersten Rede* fest, dass

---

6 Vgl. Ungern-Sternberg 1997, 1030 mit Verweis auf Seager 1964, 338 ff., zur Entwicklung des ‚Mythos' und dessen Beurteilung siehe besonders 342–347.

7 Vgl. Ungern-Sternberg 1997, 1031.

8 Einen kurzen historischen Überblick über die Entwicklungen um das Jahr 63 bietet Odahl 2010.

9 Craig (2007, 335–339) konstatiert für die *erste Catilinarische Rede* einen auffallend minimalistischen Gebrauch der von ihm postulierten 17 *loci* der ciceronischen Invektivenreden. Als Grund führt er an, dass diese Rede nicht als invektivische Exerzierstudie missverstanden werden durfte, da sie keinem geringen Ziel als dem Erhalt der *res publica* diente. In Invektiven wurde an den Wahrheitsgehalt der Angriffe auf den Charakter der Gegner, so Craig 2007, 338; vgl. auch Craig 2004) kein allzu hoher Maßstab angelegt. In der *ersten Catilinaria* durfte in Craigs Argumentation aber kein Zweifel am Wahrheitsgehalt der Vorhaltungen bestehen. Siehe dazu S. 293 Anm. 7.

10 Cic. Catil. 1.13: *quae nota domesticae turpitudinis non inusta vitae tuae est?* Das Argument wird in 1.14 fortgeführt: *ad illa venio, quae non ad privatam ignominiam vitiorum tuorum, non ad domesticam tuam difficultatem ac turpitudinem (...).* („Ich komme jetzt zu dem, was nicht deine persönliche Schmach betrifft, die an deinen Lastern haftet, auch nicht deine privaten Schwierigkeiten und die Schande in deinem Haus [...]").

Catilina kein Mann gewesen sei, den jemals Scham vor Schande bewahrt hätte (*pudor a turpitudine revocarit*).[11] Catilina verfüge gar nicht erst über eine innere Abwehr gegen die drohende *turpitudo* in Form des *pudor*, der eigentlich in jedem Menschen angelegt sein müsste, um ihn vor einer *turpitudo* zu bewahren.[12] So wird ihm eine regelrechte ‚charakterliche Disposition' zur *turpitudo* unterstellt, da es ihm mit dem *pudor* gewissermaßen an einem natürlichen Schutz vor dem Abgleiten in schändliche Verhaltensmuster mangele.

In der *zweiten Rede* führt Cicero des Weiteren einen ganzen Katalog von expliziten Lastern Catilinas an, denen er allesamt ein positives Pendant gegenüberstellt und auf seine eigene Person bezieht. Darunter erwähnt er auch das Gegensatzpaar *honestas* und *turpitudo*,[13] wobei Cicero sich selbst freilich *honestas* zuspricht, während er Catilina der *turpitudo* bezichtigt. Indem er selbst zugunsten der Ehrhaftigkeit Position bezieht, blickt er von dieser hohen Warte umso abschätziger auf die Schändlichkeit (*turpitudo*) Catilinas herab. In *honestas* und *turpitudo* werden eindeutig für ‚gut' und ‚schlecht' befundene Qualitäten gegenübergestellt, wodurch auch die Personen, denen die Qualitäten zugeschrieben werden, eine eindeutige dichotome moralische Beurteilung erfahren: Cicero steht für das Gute, Catilina für das Schlechte.

Cicero beschimpft Catilina aber nicht nur als schändlich (*turpis*), sondern auch als verwegen und frech (*audax*).[14] So fragt er gleich zu Beginn der *ersten Catilinarischen Rede*, zu welchem Ende sich die zügellose Frechheit (*effrenata audacia*) Catilinas noch aufschwingen werde.[15] Angedeutet wird in dieser Sequenz ein Moment der mangelnden Selbst- und Affektbeherrschung, die in der Zügellosigkeit und Unbeherrschtheit (*effrenata*) der dem Catilina eigenen Verwegenheit ausgedrückt wird. Der Mangel an Affektkontrolle, der durch diese Unbeherrschtheit zum Ausdruck kommt, gereicht einem römischen Senator zu größtem Schaden, da doch das Ideal römischer Tugendhaftigkeit durch Mäßigung und Selbstbeherrschung verkörpert wurde. Hier

---

11 Cic. Catil. 1.22: *neque enim is es, Catilina, ut te aut pudor umquam a turpitudine aut metus a periculo aut ratio a furore revocarit.* („Denn, Catilina, du bist nicht der Mann, den jemals Scham von Schande, Furcht von Gefahr und Vernunft von Wahnsinn zurückgehalten hätte.") Siehe des Weiteren Cic. Catil. 2.8: *qui alios ipse amabat turpissime,* (...). („Er, der die einen auf die schändlichste Weise selbst liebte [...]").

12 Für *pudor* und dessen gegensätzliche negative Implikation vgl. Classen 1988, 289. Hier wird dem positiven *pudor* die negative *petulantia* gegenübergestellt.

13 Cic. Catil. 2.25: *ex hac enim parte (...) pugnat (...) hinc honestas, illinc turpitudo(...).* („Denn auf dieser unsrer Seite kämpft [...], hier Ehre, dort Schande [...].") Zum Gegensatzpaar *turpitudo* und *honestas* vgl. auch Sachers 1948, 1433.

14 Siehe dazu Cic. Catil. 1.1; 1.8; 1.19; 2.1; 3.17; vgl. Evans 2008, 63. Im positiven Sinne wäre *audacia* als Mut zu verstehen. Als Motiv der Diffamierung bezeichnet sie die Dreistigkeit, Verwegenheit, Frechheit und Vermessenheit. Vgl. Georges 1913, 710 f. Hammar (2013, 296 f.) versteht *audacia* in seinem Modell der „logic of immorality" als „immorality itself"; im Verständnis der vorliegenden Untersuchung nimmt den Platz einer so verstandenen *audacia* in Ciceros Reden aber die *turpitudo* ein, zu deren Nachweis die *audacia* eher als Vehikel dient.

15 Cic. Catil. 1.1: *quem ad finem sese effrenata iactabit audacia?* („Bis zu welchem Ende soll die zügellose Frechheit ihr Haupt erheben?").

tritt nun eine solche Zügellosigkeit noch zur Vermessenheit hinzu, welche durch die *audacia* ausgedrückt wird. Einer Person, gegen die eine solche Kombination an Vorwürfen gerichtet wird, ist – so der rhetorische Kniff – freilich alles zuzutrauen. Cicero macht dadurch unmissverständlich deutlich, wie unberechenbar ihm die von Catilina ausgehende Gefahr erscheint. Er erklärt es daher zu seiner höchsteigenen Pflicht als Konsul, diese unberechenbare Bedrohung der *res publica* zu eliminieren. Wie grenzenlos das Ausmaß der Bedrohung für die Republik ausfalle, unterstreicht Cicero außerdem noch durch den ebenfalls vielbeschworenen Vorwurf der Raserei (*furor*), wenn er fragt, wie lange jenes Rasen Catilinas (*furor iste tuus*) noch sein Gespött mit uns – den Senatoren – treiben werde.[16] Gemeint ist damit im Grunde die *res publica*. Im römischen Recht ist *furor* der Ausdruck für Geisteskrankheit, der bereits im Zwölftafelgesetz belegt ist. Dort ist eine Person, die dem *furor* anheimgefallen ist, unter die *cura furiosi* zu stellen:[17] Diese meint ein besonderes „Gewalt- und Abhängigkeitsverhältnis" von einer Art Vormund, ähnlich der *tutela*.[18] In den Reden gegen politische Gegner nutzt Cicero den Vorwurf des *furor* zur Brandmarkung äußerster Unzurechnungsfähigkeit und ist sich dabei gewiss der Unterscheidung zwischen dem schwerwiegenden *furor* und einer leichten Form der Geistesgestörtheit (z. B. *amentia*) bewusst.[19] *Furor* und *audacia* verstärken sich daher im Falle Catilinas gegenseitig, sodass der Eindruck einer auf die *res publica* unmittelbar bedrohlich wirkenden Charakterschwäche und eines äußersten Wahnsinns Catilinas entsteht. Der Redner stellt somit sicher, dass die Voraussetzung für das Verbrechen, dessen Catilina überführt werden müsse, in Form einer vermeintlichen charakterlichen Disposition zum Frevel gegeben sei. Denn die in rhetorische Fragen gekleideten Vorwürfe bereiten die Antwort auf Raserei und Verwegenheit bereits vor: Diese dürften natürlich nicht

16 Cic. Catil. 1.1: *quo usque tandem abutere, Catilina, patientia nostra? quam diu etiam furor iste tuus nos eludet?* („Wie lange, Catilina, willst du unsere Geduld noch mißbrauchen? Wie lange soll diese deine Raserei ihr Gespött mit uns treiben?"). Der *furor* wird noch fortgeführt in 1.2: *nos autem fortes viri satis facere rei publicae videmur, si istius furorem ac tela vitamus.* („Wir aber scheinen als tapfere Männer unsere Pflicht gegenüber dem Gemeinwesen zu erfüllen, wenn wir der Raserei und den Waffen dieses Menschen ausweichen!").

17 Vgl. Leonhard 1910, 380–382. Siehe dazu Rhet. Her. 1.23: *si furiosus existet, adgnatum genitliumque in eo pecuniaque eius potestas esto.* („Wenn jemand sich tobsüchtig zeigen sollte, soll den Agnaten und Gentilen die Verfügungsgewalt über ihn und sein Vermögen zufallen."); Cic. inv. 2.148; Cic. Tusc. 3.11; Cic. rep. 3.45, weiter Angaben bei Flach 2004, 87–90. Eine wichtige Rolle spielt in den Zwölftafeln neben der Vormundschaft auch der Verbleib des Vermögens eines *furiosus*.

18 Schiemann 1998, 720; Waser 1910, 380: „Die rechtliche Bedeutung des *f.* zeigt sich einerseits in der vollen Handlungsunfähigkeit des *furiosus* [...], andererseits in einer Unterstellung unter eine dauernde vormundschaftliche Gewalt." Zur Unterscheidung der *cura furiosi* von der klassischen *tutela* vgl. Waser 1910, 381.

19 Cic. Tusc. 3.11: *Qui ita sit adfectus, eum dominum esse rerum suarum vetant duodecim tabulae; itaque non est scriptum ‚si insanus', sed ‚si furiosus escit'.* („Wer so ist, dementziehen die Zwölftafeln das Verfügungsrecht über sein Vermögen. Darum heißt es nicht: ‚wer wahnsinnig ist', sondern: ‚wer irrsinnig ist'.").

länger anhalten und es müsse verhindert werden, dass sie überhaupt zu einem Ergebnis führen könnten.

Eine Steigerung erfährt dieses Motiv in der *zweiten Rede*, in der *audacia* und *furor* schließlich miteinander verbunden werden. Nun bezeichnet Cicero Catilina nämlich unumwunden als vor Verwegenheit Rasenden (*furentem audacia*).[20] Dass Catilina der Stadt verwiesen worden sei, erklärt Cicero in dieser Passage zur unausweichlichen und lobenswerten Notwendigkeit und zum scheinbar gerechten Lohn für Catilinas Vermessenheit. Dass ausgerechnet das Zusammentreffen von *furor* und *audacia* das Vertreiben Catilinas aus Rom notwendig gemacht habe, erledigt zugleich ein weiteres Ziel der ciceronischen Diffamierungen, denn es fungiert als rhetorischer Beweis der beiden großen Frevel, des *furor* und der *audacia*. Ist nämlich ein Mann nicht mehr Herr seiner selbst (*furiosus*) und verfügt noch dazu über eine charakterliche Disposition zu verwegenen Taten (*audacia*), erklärt sich die von einem solchen Mann ausgehende unbändige Gefahr von selbst.

In der *dritten Rede* präsentiert Cicero den Vorwurf *audacia* schließlich in Form des Eigenlobs, wenn er betont, dass er selbst dafür gesorgt habe, dass die frevelhafte und verbrecherische Gesinnung auch der verwegensten Catilinarier (*homines audacissimi*) dem Senat und der *res publica* nicht mehr schaden könnten:[21] Die Gefahr, die von Catilina und seinen Anhängern ausgehe, sei durch ihn – den Konsul – gebannt worden. So steht Cicero nicht nur der *turpitudo* als positives Gegenbeispiel gegenüber, sondern auch der *audacia* und dem *furor* Catilinas.

Die *nequitia*, die in späteren Reden ebenso ein gängiger Vorwurf der Diffamierung ist, wird in den *Reden gegen Catilina* auffälligerweise primär gegen seine Anhänger angewandt. Sie bezeichnet die Nichtsnutzigkeit und Verdorbenheit.[22] Indirekt wirkt der Vorwurf freilich auch auf diesem Wege auf Catilina zurück.[23] So lässt Cicero keinen Zweifel an seiner Prognose (*confido*), dass Catilinas Anhängern eine ihrer Nichts-

---

20 Cic. Catil. 2.1: *tandem aliquando, Quirites, L. Catilinam furentem audacia, scelus anhelantem, pestem patriae nefarie molientem, vobis atque huic urbi ferro flammaque minitantem ex urbe vel eiecimus (...).* („Endlich haben wir denn, Quiriten, den wahnsinnig verwegenen [*furentem audacia*], Verbrechen schnaubenden, an der Verseuchung des Vaterlandes frevelhaft arbeitenden, euch und die Stadt mit Feuer und Schwert bedrohenden Catilina aus der Stadt hinausgeworfen [...].") Für den Vorwurf der *audacia* siehe in der *zweiten Rede* außerdem Cic. Catil. 2.28: *sed si vis manifestae audaciae (...).* („Sollte mich indes die Gewalt offenkundiger Frechheit [...]").

21 Cic. Catil. 3.27: *mentes enim hominum audacissimorum sceleratae ac nefariae ne vobis nocere possent, ego providi, ne mihi noceant, vestrum est providere.* Zur *audacia* der Catilinarier siehe auch Cic. Catil. 3.22: *(...) nisi ab dis inmortalibus huic tantae audaciae consilium esset ereptum.* („[...] wenn ihnen nicht von den unsterblichen Göttern bei ihrem so tollkühnen Unternehmen die Einsicht genommen worden wäre.").

22 Vgl. Georges 1913, 1144. In zweiter Bedeutung bezeichnet die *nequitia* auch das Verhalten eines nichtsnutzigen Menschen, die Nichtswürdigkeit, Liederlichkeit. In den einschlägigen altertumswissenschaftlichen Lexika ist die *nequitia* nicht aufgeführt.

23 Für die Methode, Individuen durch die Diffamierung ihrer Anhängerschaft selbst zu diffamieren, siehe Kapitel 4.3.

würdigkeit und Liederlichkeit (*nequitia*) gebührende Strafe drohe.[24] Ebenso wie ein Verbrechen (*scelus*) mit impliziertem, eigentlichem Tatbestand stellt er die *nequitia* als eine bestrafungswürdige Niederträchtigkeit dar und schreibt ihr dadurch einen Verbrechenscharakter zu. Auch ein Beispiel aus der *zweiten Rede* dokumentiert eindrücklich, wie der Vorwurf der *nequitia* über den Umgang mit liederlichen Personen an Catilina herangetragen wird: „Es gibt auf der Bühne keinen einigermaßen leichtfertigen und liederlichen [*levior et nequior*] Schauspieler, der sich nicht rühmt, fast ein Kamerad ebendieses Menschen gewesen zu sein."[25] Durch die Verbindung mit Schauspielern, die als *personae turpes* gelten, trägt Cicero übrigens auch in dieser Sequenz die *turpitudo* an Catilina heran.[26] Als Argument der unangemessenen Anhängerschaft instrumentalisiert Cicero so bereits in seinem Konsulatsjahr das Metier der Schauspielerei (hier: *in scaena*), das in der römischen Gesellschaft einen verächtlichen Ruf genießt und in späteren Diffamierungen noch vielfach zum Einsatz kommen sollte. Durch die Diffamierung des gesellschaftlichen Status von Personen, mit denen sich Catilina umgebe, als *nequam*, bezichtigt Cicero hier auch Catilina selbst der *nequitia*.[27]

Neben den exemplarisch belegten zentralen Vorwürfen der *turpitudo*, *audacia* und – indirekt – der *nequitia* weisen die Reden gegen Catilina noch weitere Vorwürfe auf,[28] die einen deutlich unerheblicheren Stellenwert einnehmen. Hierzu zählen u. a. die *cupiditas*, der Hang zur negativ konnotierten Begierde nach etwas, die *voluptas*, der Hang zu sinnlichem Vergnügen, sowie allgemein die *improbitas*, die moralische Unredlichkeit.[29]

Einige dieser Vorwürfe der expliziten charakterlichen Diffamierung werden auch auf Clodius angewandt und entstammen der Zeit nach Ciceros Rückkehr aus dem Exil.

Clodius entstammte mit der *gens Claudia* einer der ältesten patrizischen Familien Roms.[30] Die Abwandlung des Namens Claudius in Clodius mag dem Bemühen ent-

---

24 Cic. Catil. 2.11: *quibus ego confido impendere fatum aliquod, et poenam iam diu improbitati, nequitiae, sceleri, libidini debitam (...).* („Ihnen aber droht, das glaube ich zuversichtlich, irgendein Verhängnis, und die ihrer Niederträchtigkeit und Nichtswürdigkeit, ihrer Frevelhaftigkeit und ihrer Ausschweifungen schon lange gebührende Strafe [...].").

25 Cic. Catil. 2.9: *nemo in scaena levior et nequior qui se non eiusdem prope sodalem fuisse commemoret.*

26 Zu den *personae turpes* vgl. Sachers 1948, 1435.

27 Zur Diffamierung von Personen aufgrund ihres gesellschaftlichen Umgangs siehe insbesondere Kapitel 6.

28 Für eine Diskussion der Tugenden, die Catilina und seinen Anhängern zugeschrieben werden, sowie deren Zusammenhang mit griechischen Tugenden vgl. Classen 1988.

29 Für die *cupiditas* siehe Cic. Catil. 1.25; für die *voluptas* siehe Cic. Catil. 1.25; für die *improbitas* siehe Cic. Catil. 1.5; 2.3.

30 Für einen Überblick über die biographischen Eckdaten vgl. die Lexikoneinträge von Fröhlich 1900, 82–88 und Will 1997, 37–39.

sprungen sein, sich der *plebs* anzunähern,[31] jedenfalls war Clodius Volkstribun des Jahres 58 v. Chr. In dieser Zeit erließ er zahlreiche Gesetze, die seine Popularität bei der *plebs* steigerten.[32] Das Gesetz, das seiner Gegnerschaft zu Cicero entsprang und dessen spätere erbitterte Feindschaft wesentlich vorantrieb, war die *lex de capite civis Romani*. Es drohte im Falle der Tötung eines römischen Bürgers ohne vorangegangenen Prozess demjenigen die Strafe der *relegatio* an, der die Tötung befohlen habe. So ist das Gesetz gegen Cicero gerichtet, der während seines Konsulats 63 v. Chr. die Tötung der Catilinarier befohlen hatte, ohne dass diesen zuvor der Prozess gemacht worden wäre. In einer Zeit politischer Unruhen gegen Ende des ersten Triumvirats kam es in Rom wiederholt zu offen auf der Straße ausgetragenen Konflikten, im Zuge derer Clodius 52 v. Chr. von Milos Männern getötet wurde.

Im Wesentlichen sind die expliziten charakterlichen Diffamierungen Belege für Ciceros Rachsucht an Clodius. Die hier hauptsächlich berücksichtigten Beispiele entstammen der Absicht Ciceros, Milo in der Anklage des Mordes an Clodius zu verteidigen.[33] Die Hintergründe dieser Verteidigung sind schnell erfasst: Während Clodius maßgeblich für Ciceros Verbannung verantwortlich zeichnete, war Milo an der Forcierung der Rückkehr Ciceros nach Rom beteiligt.[34] Die Sympathien Ciceros müssen somit eindeutig zugunsten von Milo ausgefallen sein. Zugleich wird die Antipathie gegenüber Clodius durch Ciceros traumatische Exilerfahrung zementiert. Ciceros Strategie ist offenkundig die uneingeschränkte Diffamierung Clodius', um dessen Ermordung – die erst gar nicht geleugnet wird – als gerechtfertigt erscheinen zu lassen. Ein herausragendes Beispiel dieser Diffamierung stellt der explizite Vorwurf der *audacia* dar, der zur Verurteilung von Clodius' sämtlichen Taten angewandt wird. Cicero wirft Clodius vor, durch sein Verhalten die Spitze der Verwegenheit (*caput audaciae*) erreicht zu haben.[35] Selbstverständlich ist diese Sequenz, in der Clodius als *caput audaciae* bezeichnet wird, sorgfältig vorbereitet und dient zugleich einer positiven Bewertung Milos. Denn Cicero fragt zuvor, ob es denn vorstellbar sei, dass Milo

---

31 So schon Fröhlich 1900, 82. Die Adoption in eine plebejische Familie zum Zwecke der Wahl zum Volkstribun, die einem Patriziern nicht möglich war, wird zum Beispiel auch von Will (1991, 58–62) als politische Ambition verstanden; zur Diskussion dieser Interpretation vgl. Riggsby 2002, 123.

32 Dazu zählen beispielweise die *lex frumentaria*, die *lex de auspiciis* oder die *lex de censoribus*, vgl. Tatum 1999.

33 Für die Reden nach der Rückkehr aus dem Exil liegt der Schwerpunkt der Diffamierungen eindeutig in Vorwürfen von Verhaltensmustern, besonders dem Fehlverhalten hinsichtlich Kleidung und Erscheinungsbild. Siehe Kapitel 5.4.

34 Clodius hatte den Gesetzentwurf eingebracht, der Verurteilungen zum Tode ohne rechtmäßiges Verfahren mit Verbannung bestrafen sollte. So bei Vell. 2.45; Cass. Dio 37.14; Plut. Cic. 30; Liv. 103; App. civ. 2.15, vgl. Fröhlich 1900, 84. Cicero bezog diesen Entwurf auf seine Verurteilung der in Rom verbliebenen Anhänger Catilinas während seines Konsulats und hatte, um einer möglichen Bestrafung zu entgehen, Rom verlassen. Vgl. dazu beispielsweise Will 1991, 74 ff.; Will 1997, 37–39.

35 Cic. Mil. 43: *quid? quod caput est audaciae, iudices (...)*. („Ferner – was ja bei tolldreisten Taten der springende Punkt ist, ihr Richter – [...].“). Als *audax* wird Clodius außerdem in den *Philippischen Reden* gegen Marcus Antonius (Cic. Phil. 8.16) bezeichnet.

dazu fähig gewesen sein könnte, mit blutigen Händen bei einer Vogelschau zu erscheinen. Zu dieser Veranstaltung sei er am Tag des Mordes unterwegs gewesen, wohl wissend, dass er damit eine frevelhafte Tat offenbart und sich unmissverständlich als Verbrecher und Schurke zur Schau gestellt hätte (*scelus et facinus prae se ferens*).[36] Diese rhetorische Frage muss freilich verneint werden: Gewiss wäre ein solcher Leichtsinn Milo nicht in den Sinn gekommen, was Cicero sicherheitshalber nochmals betont.[37] Milo konnte den Mord an Clodius – so Ciceros Argumentation – also auf keinen Fall geplant haben. Cicero erzeugt hier eine Plausibilität, indem er dem Publikum die gegensätzlichen Erwartungshaltungen gegenüber Milo und Clodius vorgibt: *quam hoc non credibile est in hoc! quam idem in Clodio non dubitandum, cum se ille interfecto Milone regnaturum putaret!*[38] Für Clodius wäre ein solches zugleich als unverständlich gebrandmarktes Verhalten nicht nur erwartbar, sondern es wäre geradezu unzweifelhaft, dass Clodius sich derart unangebracht verhalten hat.

Cicero bezichtigt Clodius und seine Anhänger außerdem des Wahnsinns (*amentia*) und deutet an, dass es im Übrigen auch nicht ungewöhnlich sei, *amentia* in Clodius' Umfeld vorzufinden, da es sich bei den Anhängern doch ohnehin um verworfenes Gesindel handele (*perditi*).[39] Gegen diese zu kämpfen, habe er sich selbst zum Ziel gesetzt, was ihn erneut in die Position des positiven Gegenstücks der *amentia* bringt (*utamur contra amentiam*). Im Gegensatz zum Vorwurf des *furor* ist *amentia* nicht der juristische Begriff für Geisteskrankheit, entspricht diesem inhaltlich aber weitestgehend.[40] Interessant für die kulturelle Einordnung der *amentia* in das Diffamierungsspektrum Ciceros ist es, dass sie durch Leidenschaftlichkeit, also einen Mangel an Selbstbeherrschung bzw. Zurückhaltung, verursacht sein kann.[41] So wird auch in Bezug auf Clodius mit dem bereits in den Diffamierungen gegen Catilina beobachteten Laster der mangelnden Selbstbeherrschung operiert. Darüber hinaus bezichtigt Cicero Clodius in der *Rede gegen Milo* wie in der *Rede für Sestius* der *amentia* und bringt diese in Zusammenhang mit Blindheit. Damit deutet er eine Unzurechnungsfähigkeit und Gedankenlosigkeit des getöteten Clodius an, der zum eigentlich Schuldigen in der Auseinandersetzung mit Milo stilisiert wird. In diesem Sinne nennt

---

36 Cic. Mil. 43: *hunc igitur diem campi speratum atque exoptatum sibi proponens Milo, cruentis manibus scelus et facinus prae se ferens et confitens, ad illa augusta centuriarum auspicia veniebat?* („Diesen Tag also, den erhofften und ersehnten Tag des Marsfeldes vor Augen, gedachte Milo mit blutigen Händen – als Verbrecher und Schurke, der seine Tat zur Schau trug und offen eigenstand – zur feierlichen Vogelschau der Stimmbezirke zu erscheinen?").

37 Cic. Mil. 43: *quam hoc non credibile est in hoc!* („Wie unglaublich ist das in seinem Falle!").

38 Cic. Mil. 43: „Wie unglaublich ist das in seinem [*sc.* Milos] Falle, wie unbezweifelbar hingegen im Falle des Clodius, der doch vermeinte, nach der Ermordung Milos unbeschränkt herrschen zu können!".

39 Cic. Mil. 12: *(...) dum modo ea nos utamur pro salute bonorum contra amentiam perditorum.* („[...] solange ich sie zu nichts anderem benutze, als gegen die Raserei von Verworfenen für das Wohl der Rechtschaffenen einzutreten.").

40 Vgl. Apathy (1996, 588), der *amentia* als „besinnungs- oder verstandeslosen Zustand" definiert.

41 Vgl. dazu schon den RE-Eintrag zu *amentia* von Leonhard 1894, 1825 f.

er ihn in *Pro Milone* blind vor Raserei (*amentia*) und in *Pro Sestio* einen rasenden und blinden Volkstribunen (*caecus atque amens*).[42] Auch den *furor*-Vorwurf wendet Cicero gegen Clodius an, wenn er z. B. darüber jubiliert, dass es doch eine Erleichterung für die Bürger sei, von Clodius' Raserei befreit zu sein.[43] Darüber hinaus nennt er ihn noch einen wahnwitzigen Menschen (*perditus ac furiosus*).[44] Hinsichtlich der *Rede für Milo* ist also zu beobachten, dass einige der bekannten Vorwürfe wie *audacia*, *amentia* und *furor* angewandt werden. Es ist aber ebenfalls zu konstatieren, dass diese seltener auftreten als in den Anklagereden gegen die anderen untersuchten Gegner.[45]

Auch bei Piso kann besonders anschaulich der direkte und explizite Vorwurf der *turpitudo* beobachtet werden.

Piso war ein Abkömmling der plebejischen *gens Calpurnia* und durch die Heirat seiner Tochter mit Caesar dessen Schwiegervater.[46] Nach seiner Proprätur wurde er von Clodius wegen Erpressung angeklagt und wohl nicht zuletzt wegen seiner Verschwägerung mit Caesar freigesprochen.[47] Eine verwandtschaftliche Beziehung zu

---

42 Cic. Mil. 85: *(...) quas ille praeceps amentia, caesis (...).* („[...] die Clodius, blind in seiner Raserei, [...]"); Cic. Sest. 17: *ille caecus atque amens tribunus* („dieser blindwütige und aberwitzige Volkstribun"). Der Hinweis auf die Blindheit soll die Zuhörer überdies an die Diffamierungsstrategie erinnern, Clodius als seiner glorreichen Ahnherren für unwürdig zu erklären. Diese schwingt auch in Ciceros Prosopopoieia in der Rede *Pro Caelio* mit und wird in der Passage zur Via Appia in der Rede *Pro Milone* eingesetzt, siehe dazu Cic. Mil. 17 sowie Kapitel 5.5: Durch den impliziten Vergleich mit dem strahlenden Appius Claudius Caecus wird Clodius' eigene Niedertracht unterstrichen.

43 So in Cic. Mil. 77 in einer erdachten Sequenz: *Quam ob rem si cruentum gladium tenens clamaret T. Annius: „Adeste, quaeso, atque audite, cives: P. Clodium interfeci; eius furores, quos nullis iam legibus, nullis iudiciis frenare poteramus, hoc ferro et hac dextera a cervicibus vestris reppuli, (...)."* („Wenn daher T. Annius, ein blutiges Schwert in der Hand, ausriefe: ‚Ich habe P. Clodius getötet, habe euch sein Rasen, das wir durch kein Gesetz, kein Gericht mehr bändigen konnten, [...] vom Halse geschafft [...].'"). Siehe des Weiteren Cic. Mil. 78: *ea quae tenetis, privata atque vestra, dominante homine furioso quod ius perpetuae possessionis habere potuissent?* („Welches Recht auf dauerhaften Besitz hätte unter der Herrschaft dieses Wahnsinnigen damit verbunden sein können?").

44 Cic. Mil. 88: *hic di immortales, ut supra dixi, mentem illi perdito ac furioso dederunt, ut huic faceret insidias.* („Jetzt gaben, wie gesagt, die unsterblichen Götter dem heillosen und wahnwitzigen Menschen die Tollheit ein, Milo nach dem Leben zu trachten.") Für den *furor* siehe auch Cic. Mil. 3: *eorum quos P. Clodi furor rapinis et incendiis et omnibus exitiis publicis pavit;* („die Leute, die P. Clodius in seiner Raserei durch Raubzüge, Feuersbrünste und gemeingefährliche Verbrechen jeder Art großgezogen hat.") Ebenso siehe Cic. Mil. 27: *atque ita profectus est, ut contionem turbulentam, in qua eius furor desideratus est,* („Und er hatte es hierbei so eilig, daß er sich eine aufrührerische Versammlung, die nach seinen Tobsuchtsanfällen verlangte (sie fand genau an diesem Tage statt), entgehen ließ [...]"). Siehe zudem Cic. Sest. 15: *furibundi hominis ac perditi* („wahnwitzigen und heillosen Menschen").

45 Interessant ist die Verbindung des Vorwurfs der *libido* mit Clodius in der achten *Philippischen Rede* (Cic. Phil. 8.16) – also gut zehn Jahre nach Clodius' Tod und der Verteidigung Milos – da dieser Vorwurf in den Reden der 50er-Jahre im Vergleich zu den anderen oben aufgeführten Vorwürfen nur eine periphere Rolle spielt. Zum *libido*-Vorwurf am Beispiel der *Philippicae* vgl. Evans 2008, 63.

46 Für einen Überblick über die wesentlichen biographischen Eckdaten vgl. die Lexikoneinträge von Münzer 1897c, 1387–1390 und Elvers 1997, 944.

47 Vgl. Münzer 1897c, 1387.

Cicero entstand durch die Heirat von dessen Tochter mit C. Piso.[48] 58 v. Chr. bekleidete er das Konsulat zusammen mit Gabinius. Während des Konsulats unterstützte er den Volkstribun Clodius in dessen Gesetzesantrag gegen Cicero und wurde wohl als Dank dafür auf Clodius' Antrag mit der Provinz Makedonien belohnt.[49] In dieser gegenseitigen Unterstützung von Clodius und Piso, die zu Ciceros Exil führte, liegt Ciceros Animosität gegen Piso begründet, der er nach seiner Rückkehr nach Rom Ausdruck verlieh. Piso wird wohl bald nach 43 v. Chr. gestorben sein.[50]

Unter verschiedenen *turpitudo*-Episoden der Senatsrede *In Pisonem*[51] ragt eine Passage besonders heraus: Hier bezichtigt Cicero Piso, sich „ewige Schande" (*sempiterna turpitudo*) zugezogen zu haben, also einem Ehrverlust anheimgefallen zu sein, der eine Rehabilitation von Pisos *fama* dauerhaft unmöglich mache. Wie so oft stellt sich Cicero auch hier der diffamierten Person direkt als positives Gegenbeispiel gegenüber und lobt sich selbst, während er den Gegner tadelt: „Fortgang, Abwesenheit und Rückkehr waren bei mir weit glanzvoller als bei dir – in dem Maße, daß mir das alles unsterblichen Ruhm eingetragen, dir ewige Schande gebracht hat."[52] Nach der Rückkehr aus dem selbstgewählten Exil rechnet Cicero hier mit Piso ab, indem er sein eigenes Trauma der Verbannung (*digressum meum et absentiam et reditum*) anspricht und den Gegner in einer vorgeblich ähnlichen Situation in einem vergleichsweise schlechten Licht erscheinen lässt. Der gesamte Prozess der Abwesenheit aus Rom, der doch als so schweres Los empfunden wurde, gereicht Cicero nun zur unsterblichen Ehre (*immortalem gloriam*). Piso hingegen habe dieser Prozess ebenso immerwährende *turpitudo* (*sempiternam turpitudinem*) eingebracht. Bestimmt liegt dieser Gegenüberstellung Ciceros ein gewisses Kompensationsbedürfnis der eigenen traumatischen Erfahrung zugrunde. Denn der Volkstribun Clodius hatte den Gesetzesentwurf, der Cicero zur Verbannung veranlasst hatte, doch unter dem Konsulat

---

48 Vgl. MÜNZER 1897b, 1391.

49 Vgl. MÜNZER 1897c, 1387 f.

50 Als letzte Nachricht über Piso führt MÜNZER (1897c, 1390) an, dass er sich 43 v. Chr. gegen die *fünfte Philippische Rede* Ciceros gewandt habe und in Antonius' Lager nach Mutina gegangen sei, um eine Versöhnung zu erzielen.

51 Cic. Pis. 13; 63; 65; 67; 72; indirekt in 49 und 86.

52 Cic. Pis. 63: *(...) et digressum meum et absentiam et reditum ita longe tuo praestitisse ut mihi illa omnia immortalem gloriam dederint, tibi sempiternam turpitudinem inflixerint.* („Du siehst jetzt [...]: Fortgang, Abwesenheit und Rückkehr waren bei mir weit glanzvoller als bei dir – in dem Maße, daß mir das alles unsterblichen Ruhm eingetragen, dir ewige Schande [*sempiternam turpitudinem*] gebracht hat.") Auch die Anhängerschaft Pisos zieht sich, so Cicero in Pis. 86, durch „scheußliche Ausschweifungen" *turpitudo* zu: *nonne, hiberna cum legato praefectoque tuo tradidisses, evertisti miseras funditus civitates, quae non solum bonis sunt exhaustae sed etiam nefarias libidinum contumelias turpitudinesque subierunt?* („Hast du nicht, indem du das Winterlager dem Kommando eines deiner Legaten unterstelltest, unglückliche Gemeinden gänzlich zugrunde gerichtet, da sie nicht nur ihr Hab und Gut einbüßten, sondern auch den Schimpf und die Schande scheußlicher Ausschweifungen ertragen mußten?") In diesem Fall sind es die Legaten Pisos, die in dder genannten Weise fehlgehen. Verbunden ist der *turpitudo*-Vorwurf hier somit mit dem Vorwurf der unangemessenen Anhängerschaft sowie dem *libido*-Vorwurf.

Pisos eingebracht. In der üblichen Manier jedoch werden hier Eigenlob und Diffamierung zusammengeführt. So ist besonders in dieser Gegenüberstellung nicht nur die Glaubwürdigkeit der Diffamierung in Frage zu stellen, sondern auch das Eigenlob regt außerordentlich deutlich zur kritischen Nachfrage an. Denn selten ist es so unwahrscheinlich, dass das Eigenlob jemals als plausibel aufgefasst wurde. Selten ist auch das Eigenlob als rhetorische Figur eine derart ‚leere' Hülse, wie es sonst besonders die Diffamierungen tun. Der *turpitudo*-Vorwurf wird wenig später – deutlich verstärkt – erneut gegen Piso ausgesprochen, indem Cicero ihm nun unterstellt, dass er die *turpitudo* noch nicht einmal als etwas Schlechtes empfinde. Er legt Piso in den Mund, dass für ihn nur der Schmerz ein wahres Übel darstelle. Schändlichkeit (*turpitudo*) hingegen sei für Piso bedeutungslos und gewiss nicht als Übel (*malum*) zu bewerten.[53] So wird Piso nicht nur der *turpitudo* bezichtigt, sondern sogar der Unfähigkeit, das nötige Unrechtsbewusstsein aufzubringen, um in der *turpitudo* ein Übel zu erkennen. Piso steht somit außerhalb des römischen Wertesystems, das Cicero für die römische Senatsaristokratie beansprucht. Schließlich schildert Cicero Piso sogar als dermaßen ehrlos, dass selbst ein Lob aus dessen Mund niemandem zur Ehre gereichen könne: Das Lob, das Piso Ciceros Leistungen als Konsul entgegengebracht habe, sei – wenn von einem derart schändlichen Menschen (*homo turpissimus*) ausgesprochen – sogar für den Gelobten noch schändlich (*mihi ipsi paene turpis*).[54] Pisos *turpitudo* wird hier also als so verderblich dargestellt, dass sie geradezu auf Cicero abzufärben drohe.

Die *turpitudo* tritt gegen Piso darüber hinaus auch in Verbindung mit dem klassischen Vorwurf der *luxuria* auf, die zuvorderst eine Form von Exzess in der Lebensführung bezeichnet und als Laster empfunden wird, da sie in der Regel mit „Prahlerei und Verschwendung" verbunden ist.[55] So mahnt Cicero in Absatz 67 derselben Senatsrede an, dass Pisos *luxuria* (hier *luxuries*) nicht allzu nachsichtig beurteilt werden dürfe, da dieses Laster stets als *turpis* zu bewerten sei.[56] Cicero bezeichnet die Prunk-

---

53 Cic. Pis. 65: *dolor enim est malum, ut tu disputas; existimatio, dedecus, infamia, turpitudo: verba atque ineptiae.* („Nur der Schmerz ist ja ein Übel, wie du jedenfalls behauptest; Schimpf und Schande [*turpitudo*], ein schlechter Ruf und übler Leumund sind Worte ohne jeden Sinn.").

54 Cic. Pis. 72: *qui modo cum res gestas consulatus mei conlaudasset, quae quidem conlaudatio hominis turpissimi mihi ipsi erat paene turpis.* („Der Kerl hat soeben gelobt, was ich als Konsul vollbracht habe [ein Lob, das, von einem so ehrlosen Menschen geäußert, auch für mich kaum eine Ehre ist].").

55 Corbier 1999, 534: Die *luxuria* „bezeichnet zuerst eine Grenzüberschreitung oder einen Exzeß, ein spontanes unerwünschtes Wachstum, speziell bezogen auf einen Exzeß in der Lebensführung. Damit ist die Konnotation eindeutig negativ". Als Gegensatz zur *luxuria* gilt die *frugalitas*, das Maßhalten und die Enthaltsamkeit. Cicero unterscheidet die *luxuria* in eine *magnificentia publica*, die durchaus positiv beurteilt werden kann, und eine *luxuria privata*, die als besonders negativ verstanden wird und an der die Diffamierungen ansetzen, siehe Cic. Mur. 76: *Odit populus Romanus privatam luxuriam, publicam magnificentiam diligit.* Für Marcus Antonius wird der Vorwurf der *luxuria* besonders ausführlich angewandt. Siehe hierzu Cic. Phil. 2.66 und im Grunde die gesamten *Philippischen Reden passim.*

56 Cic. Pis. 67: *Luxuriem autem nolite in isto hanc cogitare. est enim quaedam quae, quamquam omnis est vitiosa atque turpis, est tamen ingenuo ac libero dignior.* („Seinen üppigen Lebensstil dürft ihr nicht

und Genusssucht als grundsätzlich unwürdig für einen anständigen und freien römischen Mann. Im Vorwurf gegen Piso geht Cicero gar so weit zu behaupten, dass es niemanden gebe, der genusssüchtiger sei als dieser (*nihil luxuriosius*),[57] und erkennt ihm aus diesem Grund die Privilegien ab, sich für einen freien (*liber*) oder anständigen (*ingenuus*) Mann zu halten.[58] Erstens konfrontiert Cicero Piso mit den für sich allein genommen schon schwerwiegenden Vorwürfen der *turpitudo* und der *luxuria*, wobei die *luxuria* freilich auch eine deutliche Implikation des Verlusts der Selbstbeherrschung aufweist.[59] Zweitens spricht Cicero Piso aber auch mit dem Anspruch auf Freiheit und Anstand die Grundwerte eines Mitgliedes der römischen Senatsaristokratie ab. Ein weiterer Vorwurf der *luxuria* wird Piso im Übrigen auf dem Umweg über seinen Amtskollegen Gabinius zuteil. So behauptet Cicero, dass „genauso" wie die Beute des Gabinius auch Pisos Beute mit einer neuartigen, unerhörten Genusssucht (*nova inaudita luxuries*) verprasst worden sei.[60] Doch damit nicht genug, denn die Beute sei nicht nur von der *luxuria*, sondern auch von abgrundtiefen Begierden (*profundae libidines*) und vollkommen sinnlosen Käufen (*emptiones*) (auch dort, wo er sonst alles raubte) verschlungen worden. De facto treten hier verschiedene Argumente der Diffamierung hinsichtlich unangemessener Verhaltens- und Handlungsweisen in Verbindung mit dem direkten Vorwurf der *luxuria* auf. Zum einen handelt es sich um den Vorwurf eines verachtungswürdigen, unbeherrschten Antriebs durch Begierden, zum anderen um den des unangemessenen Umgangs mit finanziellen Mitteln. Diese hier zunächst für Gabinius ausgesprochene, neue und unerhörte Genusssucht treffe nun genauso auf Piso zu (*ecce tibi*). So rückt Cicero den Vorwurf der *luxuria* auch auf dem Umweg über die Kollegialität in der Person des Gabinius an Piso heran. Es genügte Cicero offensichtlich nicht, Piso selbst der *luxuria* zu bezichtigen, sondern es

---

zu freundlich beurteilen; – es gibt ja eine Spielart, die, obwohl Üppigkeit stets etwas Verkehrtes und Schändliches ist, einem anständigen und freien Manne eher ansteht." (Übers. mod. A.T.). Für Ciceros Anspielung auf Pisos missverstandenen Epikureismus vgl. GRIFFIN 2001, 96.

57 Cic. Pis. 66: *(...) nihil scitote esse luxuriosius, nihil libidinosius, nihil protervius, nihil nequius.* („[...] dann müßt ihr wissen, daß es nichts Ausschweifenderes, nichts Genußsüchtigeres, nichts Verworfeneres, nicht Schlechteres gibt als ihn.").

58 Für *ingenuus* im Kontext einer fremden Herkunft und ebenfalls in Zusammenhang mit dem Privileg, frei zu sein (*liber*), siehe auch fr.11 (*immo ingenui hominis ac liberi: qui colore ipso patriam aspernaris, oratione genus, moribus nomen.* „Etwas von einem frei geborenen und in Freiheit lebenden Menschen? Du verleugnest ja durch deine Hautfarbe das Heimatland, durch deine Art zu reden die Herkunft, durch dein Betragen den Namen.") Vgl. zudem KOSTER 1980, 217.

59 Siehe dazu auch Kapitel 5.2 und 5.3.

60 Cic. Pis. 48: *Ecce tibi alter effusa iam maxima praeda (...) cum partim eius praedae profundae libidines devorassent, partim nova quaedam et inaudita luxuries, partim etiam in illis locis ubi omnia diripuit emptiones, (...).* („Genauso der andere: als die gewaltige Beute vertan war, [...] als diese Beute teils von dem Abgrund seiner Begierden, teils von einer neuartigen, unerhörten Genußsucht, teils sogar von Käufen (und zwar in Gegenden, wo er alles raubte!), teils von Tauschgeschäften verschlungen war, die er tätigte [...]".) Vor der Anschuldigung gegen Gabinius wird Piso an dieser Stelle (47) vorgeworfen, in Makedonien die Truppen entlassen (*dimittendi vero exercitus*) und die Provinz ohne Soldaten verlassen zu haben (*sine ullo milite reliquisse*).

schien ihm argumentativ ebenso nützlich, herauszustellen, dass er seinem Amtskollegen in diesen Verfehlungen in nichts nachgestanden habe. So wird die Methode, ein Individuum mithilfe des Vorwurfs eines unangemessenen gesellschaftlichen Umgangs seiner charakterlichen Mängel zu überführen, auch auf die Kollegialität mit einer frevelhaften Person übertragen.

Hinsichtlich seiner expliziten charakterlichen Unzulänglichkeit erfährt Piso des Weiteren die Vorwürfe der *nequitia* und *audacia*. So wirft er Piso beispielsweise in der Senatsrede *In Pisonem* – wiederum mithilfe eines Vergleiches mit Gabinius – vor, sich in Rom noch nichtsnutziger und liederlicher aufgeführt zu haben als sein Kollege (*nequior quam Gabinius*).[61] Ähnlich gestalte sich auch der Vorwurf in der ebenfalls vor dem Senat gehaltenen Rede *De provinciis*, in der Cicero feststellt, dass Gabinius immerhin nicht alleine als der größte Schurke dastehe (*ne Gabinius unus omnium nequissimus*), da sich Piso doch als ebenso schlimm entpuppe.[62] In der Gerichtsrede *für Sestius* zeigt sich Cicero nun zwar über einige schlechte Eigenschaften Pisos überrascht, ist aber hinsichtlich Pisos *nequitia* keineswegs verwundert: *nequam esse hominem et levem (...) sciebam.*[63] Ebenso wird Piso in beiden Reden Verwegenheit (*audacia*) unterstellt.[64] Mitunter sinniert Cicero darüber, dass die eigene *audacia* jeden – so wohl auch Piso – um den Verstand bringen könne (*de sanitate ac mente deturbat*). Damit wird die *audacia* hier in Verbindung mit der *amentia* gebracht, in

---

61 Cic. Pis. 40: *tu vero qui ad senatum nihil scripseris, ut in urbe nequior inventus es quam Gabinius, sic in provincia paulo tamen quam ille demissior.* („Immerhin: indem du dem Senat nichts zu berichten wußtest, warst du, der du dich in der Stadt schlimmer aufgeführt hattest als Gabinius, in der Provinz ein wenig bescheidener als er.“) Dennoch wirft Cicero in der Rede *De provinciis consularibus* auch Piso vor, sich an der Provinz unrechtmäßig bereichert zu haben, Cic. prov. 5: *(...) quis ignorat, Achaeos ingentem pecuniam pendere L.Pisoni quotannis, vectigal ac portorium Dyrrachinorum totum in huius unius questum esse conversum,* („[...] wer wüßte nicht, daß die Archäer dem L. Piso Jahr für Jahr eine ungeheure Summe zahlen, daß die Abgaben und Zölle von Dyrrhachium samt und sonders in die Tasche dieses einen Mannes fließen“. Hier findet sich somit ein Anklang an den Vorwurf des unangemessenen Umgangs mit finanziellen Mitteln. Siehe auch Cic. prov. 7; 9.

62 Cic. prov. 12: *Piso autem alio quodam modo gloriatur se brevi tempore perfecisse, ne Gabinius unus omnium nequissimus existimaretur:* („Piso wiederum kann sich auf andere Weise rühmen: er habe in kurzer Zeit erreicht, daß Gabinius nicht als der ärgste Schurke dasteht.“).

63 Cic. Sest. 22: „hingegen wußte ich, daß er ein Nichtsnutz und Leichtfuß sei [...].“ Derselbe Vorwurf der *levitas* wird an anderer Stelle mit *audacia* verbunden (Cic. Sest. 36): *consulum levitatem audaciamque.*

64 Cic. Pis. 39: *(...) idemque silentio suo temeritatem atque audaciam tuam condemnarint;* („[...] so durch ihr Stillschweigen dein tolldreistes Betragen verurteilt haben.“) Für weitere Stellen sowohl in Senats- als auch Gerichtsreden siehe Cic. Pis. 66: *nam quod vobis iste tantum modo (...) quod audax esse videatur,* („Wenn ihr nämlich glaubt, er sei nur [...] skrupellos [...].“). Siehe auch Cic. prov. 8: *nihil de hac eius urbana, quam ille praesens in mentibus vestris oculisque defixit, audacia loquor;* („[...] ich verliere kein Wort über das freche Betragen, das er hier in der Stadt eurem Gedächtnis und Sinn eingeprägt hat“), sowie Cic. Sest. 22: *ego autem, – vere dicam, iudices,– tantum esse in homine sceleris, audaciae, crudelitatis, quantum ipse cum re publica sensi, numquam putavi.* („Doch ich – um die Wahrheit zu sagen, ihr Richter – habe zwar niemals vermutet, daß in dem Menschen so viel Bosheit, Verwegenheit und Grausamkeit stecke, wie ich selbst und der ganze Staat zu spüren bekam.“).

einer ähnlichen Weise also, wie *audacia* und *furor* bei Catilina verbunden werden, wie oben zu beobachten war.[65] Er selbst, so Cicero, wäre also wenig erstaunt, falls auch Piso dank seiner *audacia* den Verstand verlieren würde. Durch den Ausdruck dieser Erwartungshaltung unterstellt Cicero ihm freilich genau das: den Verstand zu verlieren.[66] Ebenso wenig wird auch der Vorwurf der Raserei (*furor*) für Piso ausgespart und wiederholt mit *insania* verbunden.[67]

Weitere Vorwürfe hinsichtlich der charakterlichen Schwächen Pisos sind u. a. *crudelitas*, *avaritia* und *cupiditas*.[68] Während letztere sowohl in der Senatsrede *gegen Piso* als auch in der Gerichtsrede *für Sestius* vorzufinden ist, liegt der Schwerpunkt der ersten beiden Vorwürfe stärker in der *Rede gegen Piso*.[69] Auch die charakterliche Schwäche an sich wird thematisiert, wenn Cicero offen Pisos Armut des Geistes (*egestas animi*), seine Charakterschwäche (*infirmitas ingenii*) oder die Verächtlichkeit seines üblen Charakters (*miserrimae naturae sordes*) kritisiert.[70]

Im Vergleich der drei zentralen Reden, die Diffamierungen Pisos transportieren, den Senatsreden *In Pisonem* und *De provinciis* einerseits sowie der Gerichtsrede *Pro Sestio* andererseits fällt im Hinblick auf den direkten Vorwurf charakterlicher Mängel eine Ballung der Vorwürfe in der *Rede gegen Piso* auf. In der Tat ist diese freilich nicht von ungefähr als Invektive bezeichnet worden.[71] Wie gezeigt wurde, beschränken sich die Vorwürfe aber keineswegs auf diese vermeintlich invektivische Senatsrede *gegen Piso* und entbehren auch in den übrigen Reden nicht einer schneidenden Verve.

---

65 Cic. Catil. 2.1.

66 Cic. Pis. 46: *sua quemque fraus, suum facinus, suum scelus, sua audacia de sanitate ac mente deturbat;* („Die eigene Verfehlung und Missetat, die eigene Bosheit und Skrupellosigkeit bringt einen jeden um Sinn und Verstand.“). Ähnlich auch Cic. Pis. 50: *hic si mentis esset suae* („Wenn er nun bei Sinnen wäre.“).

67 Cic. Pis. 46: *mihi enim numquam venerat in mentem furorem et insaniam optare vobis in quam incidistis.* („ich hätte ja nie daran gedacht, euch die Krankheit und Raserei zu wünschen, der ihr verfallen seid.“); 50: *hic si mentis esset suae, nisi poenas patriae disque immortalibus eas quae gravissimae sunt furore atque insania penderet, (...) ille si non acerrime fureret, (...).* („Wenn er nun bei Sinnen wäre, wenn er nicht dem Vaterlande und den unsterblichen Göttern durch Raserei und Besessenheit auf das Schwerste büßen müßte [...], wenn er nicht der schlimmsten Raserei verfallen wäre [...]“).

68 Auch *avaritia* ist freilich als topischer Vorwurf zu beurteilen. Für die vorliegende Untersuchung ist sie jedoch weniger zentral als die oben erläuterten negativen Charakterqualitäten. Vgl. zum *avaritia*-Vorwurf beispielsweise Steenblock 2013, 56 f. hier für Verres.

69 Für die *crudelitas* siehe beispielsweise Cic. Pis. 85; Cic. Sest. 22; 32; für die *avaritia* Cic. Pis. 86; für die *cupiditas* Cic. Pis. 37.

70 Cic. Pis. 24: *non egestas animi; non infirmitas ingenii sustinet, non insolentia rerum secundarum (...).* („nicht die Armut deines Geistes, nicht die Schwäche deines Charakters, nicht deine Überheblichkeit im Glück vermag eine Rolle von solchem Gewicht, von solcher Strenge zu meistern [...].“); gemeint ist das Konsulat; Cic. Pis. 27: *ac ne tum quidem emersisti, lutulente caeso, ex miserrimis naturae tuae sordibus, (...).* („Nicht einmal damals, du Schmutzkerl, hast du dich aus dem Unrat deines jämmerlichen Charakters zu erheben vermocht, [...]“).

71 So beispielsweise von Nisbet 1961, 193; Griffin 2001, 85.

Für Diffamierungen gegen Marcus Antonius liegt eine besondere Situation vor. Denn die vierzehn *Philippischen Reden* beinhalten mit Sicherheit die gründlichste Diffamierung, die Cicero je geäußert hat.[72]

Unter den hier betrachteten Gegnern Ciceros ist Marcus Antonius der einzige, der Cicero deutlich überlebt und dessen politische Karriere ihre größten Höhen nach Ciceros Tod erfahren hat.[73] Für Ciceros Diffamierungen ist freilich nur der Teil von Antonius' Lebenszeit relevant, die Cicero selbst miterlebt hat. Die plebejische *gens Antonia* hatte mit dem Großvater des Triumvirn Marcus Antonius einen der berühmtesten Redner der späten Republik hervorgebracht.[74] Marcus Antonius ist ihr politisch einflussreichster Spross. Ab 54 v. Chr. entstand nach seinen Aufenthalten in Athen und der Provinz Syria eine Freundschaft zwischen Antonius und Caesar, die bis zu dessen Tod bestand.[75] Unter Caesar war er Legat in Gallien und im Jahr 49 v. Chr. Volkstribun. 48 v. Chr. wurde er Caesars *magister equitum*. Gemeinsam mit diesem war er 44 v. Chr. Konsul und ergriff nach Caesars Ermordung als erster die Gelegenheit, dessen Angelegenheiten zu regeln und sich damit an die Spitze der *res publica* zu setzen. So bemächtigte er sich der Staatskasse und der sogenannten *acta Caesaris*,[76] die er von Calpurnia erhielt.[77] Antonius hat die Leichenrede auf Caesar gehalten, die besonders bei der *plebs* auf großen Anklang stieß. Die von ihm zunächst alleine besetzte Rolle als Nachfolger Caesars bekam testamentarisch mit Octavian als Erben des Diktators einen Kontrahenten. Zunächst fand er mit Octavian – und Lepidus im sogenannten Zweiten Triumvirat – zusammen, der gemeinsam erstellen Proskriptionsliste fiel Cicero Ende 43 v. Chr. zum Opfer. Auf Antonius' Bestreben hin war Cicero proskribiert worden, nachdem er ab September 44 v. Chr. begonnen hatte, in den *Philippischen Reden* und mit seiner ganzen politischen Kraft gegen Antonius zu agitieren.

Innerhalb der *vierzehn Philippicae* nimmt die *zweite Philippica* wiederum eine Sonderrolle ein, da es sich bei dieser Rede um die wohl einzige der *Philippischen Reden* handelt, die nicht gehalten wurde. In der Regel wird ihr daher ein gewisser

---

72 Jenseits der vierzehn überlieferten *Philippischen Reden* liegt Kenntnis von weiteren Reden dieser Zuordnung vor, die gehalten, jedoch nicht überliefert worden sind. Die Bezeichnung als *Philippicae* geht auf Ciceros eigenen Vorschlag (Cic. ad Brut. 2.3.4) zurück, vgl. Stevenson/Wilson 2008, 1.

73 Für einen Überblick über Antonius' biographische Eckdaten vgl. die Lexikonartikel von Groebe 1894, 2595–2614, der stark von Diffamierungen gegen Antonius beeinflusst ist, und Will 1996, 810–813.

74 Vgl. Klebs 1894b, 2592.

75 Die Besonderheit einer so langanhaltenden Freundschaft in den Zeiten des Bürgerkrieges hebt Will (1996, 810) hervor.

76 Siehe dazu Matijević 2006a, 426–450.

77 Calpurnias Motivation, Antonius die *acta* auszuhändigen, wurden in der Forschung teils als Annahme gedeutet, dass sie in Antonius den rechtmäßigen Nachfolger Caesars gesehen habe, teils als Einschätzung, dass die *acta* bei Antonius am besten aufgehoben wären, vgl. Matijević 2006a, 426 Anm. 3.

Pamphlet-Charakter zugesprochen.[78] Ein Blick auf diese *zweite Philippische Rede* verdeutlicht schnell die Ausnahmestellung dieser Schrift, da die Vorwürfe charakterlicher Unzulänglichkeit hier besonders häufig und in äußerst scharfem Ton zutage treten. In der Forschung wird die *zweite Philippische Rede* wohl nicht zuletzt aus diesem Grund häufig als Invektive bezeichnet.[79] Eine Analyse aller *Philippischen Reden* macht jedoch deutlich, dass auch die übrigen Reden, denen vielfach keine solchen invektivischen Tendenzen zugesprochen werden, dieselben Vorwürfe aufweisen. Daher wird die folgende Darstellung über die *zweite Rede* hinausgreifen. Denn auch in der *dritten* bis *vierzehnten Rede* werden eindeutig dieselben Argumente zur charakterlichen Diffamierung von Marcus Antonius angewandt.[80] Zunächst sei das Augenmerk nun aber auf die herausragende Vehemenz der Diffamierung in der *zweiten Rede* gerichtet.

In der *zweiten Philippica* führt Cicero im Grunde einen einzigen umfangreichen Beweis für die *turpitudo* des Marcus Antonius, indem er weitestgehend indifferent jede

---

78 Vgl. dazu Shackleton Bailey 1986, 31; Brunt 1988, 48; Cerutti 1994, *passim*; Gotter 1996, 17; Sussman 1998, 123; Eich 2000, 205; Hall 2002, 275; Ott 2013 („Flugschrift"), wie Kapitel 1.4, S. 45 Anm. 109.

79 Die *zweite Philippische Rede* wird in der Forschung mehrheitlich als invektivisches Material verstanden, wohingegen die übrigen Reden nach der *communis opinio* nicht in vergleichbar eindeutigem Maße invektivischen Charakter aufweisen. Vgl. dazu: Sussman 1998, 116; Ramsey 2003, 15; Corbeill 2002a, 211.

80 Die *erste Philippische Rede* weist (noch) keine invektivischen *topoi* auf. Lediglich drei Passagen liefern im weiteren Sinne Anspielungen auf Antonius' ‚Charakter'. So nennt Cicero ihn in Cic. Phil. 1.12 *nimis iracunde hoc quidem et valde intemperanter* („Reichlich hitzig und unbeherrscht!"). Dies ist freilich eine Charakterisierung, die gewiss nicht das römische Ideal skizziert. Des Weiteren weist Cicero darauf hin, dass es ihm „recht sein soll, daß er [ihm] spinnefeind ist", wenn er „über seinen Lebenswandel und seinen Charakter etwas Ehrenrühriges" sage: *ego, si quid in vitam eius aut in mores cum contumelia dixero* (Cic. Phil. 1.27). Diese Passage kommt gewissermaßen einer Ankündigung gleich, dass etwas Ehrenrühriges folgen wird oder kann. Antonius' Reaktion darauf solle Cicero nicht interessieren. Demgegenüber thematisiert Cicero auch Äußerungen, welche die Politik betreffen. Wegen solcher Äußerungen bittet er Antonius, ihm „nicht böse zu sein": *ne irascatur* (Cic. Phil. 1.27). Für Cicero wiegt Antonius' Reaktion auf politische Aussagen anscheinend schwerer als dessen Reaktion auf persönliche Äußerungen. Die dritte Passage lässt den *topos* der finanziellen Verfehlung anklingen, wenn er auch nicht konkret zum Tragen kommt: *non possum adduci, ut suspicer te pecunia captum.* („Die Vermutung, das Geld habe dich gelockt, weise ich weit von mir.") Diese wie auch die darauf folgende Äußerung zu Antonius' Charakter klingen einigermaßen ironisch: *quamquam solent domestici depravare non numquam; sed novi firmatatem tuam.* („Freilich üben die Hausgenossen manchmal einen schlechten Einfluß aus, aber ich kenne doch deine Charakterfestigkeit!"). Beide Anspielungen sind in dieser Situation noch nicht ausgeprägte Argumente, die an anderer Stelle als *topos* benutzt werden: erstens der schlechte Umgang mit Geld, der ständige Bankrott, und zweitens die Anhängerschaft, welche die Verfehlungen und Laster des zu diskreditierenden Individuums spiegelt und stellvertretend für dieses diffamiert wird. Allein in der zweiten und dritten hier angeführten Passage widerspricht sich Cicero selbst, da er erst andeutet, dass es an der *vita* und den *mores* (1.27) des Antonius etwas auszusetzen gebe, aber später scheinbar dessen *firmitas* (1.33) lobt. Die zweite Aussage ist daher als ironisch zu bewerten. Zu den ausgeprägten Formen der hier angedeuteten Argumente siehe auch Kapitel 5.2 (finanzielle Verfehlungen) sowie Kapitel 6 (gesellschaftliches Umfeld).

Facette seines Verhaltens explizit oder implizit als *turpis* disqualifiziert. Das bereits erwähnte Ziel von Diffamierungen besteht darin, die *turpitudo* des Gegners zu beweisen, um vor diesem Hintergrund jede denkbare Anklage gegen den der *turpitudo* überführten Gegner plausibel erscheinen zu lassen.[81] Diese Prämisse wird in den Diffamierungen gegen Marcus Antonius besonders vehement umgesetzt. So benennt Cicero Antonius' *turpitudo* in Paragraph 57 der *zweiten Philippica expressis verbis*, wenn er rhetorisch fragend dessen charakterlichen Mängeln ein größtmögliches Ausmaß zuschreibt, denn wann habe man jemals von einer solchen Schändlichkeit wie der des Antonius gehört? (*etenim quod umquam in terris [...] existisse auditum est tantam turpitudinem [...]?*).[82] Das Postulat, dass zu keiner Zeit eine derartige Schändlichkeit wie im Falle des Antonius existiert habe, drückt aus, dass Antonius alle an *turpitudo* übertreffe, die es verdient hätten, vor ihm schändlich genannt zu werden. Nun führt die *zweite Philippische Rede* kurz vor dieser rhetorischen Frage tatsächlich Personen an, die ebenfalls über beträchtliche charakterliche Mängel verfügt haben sollen und nun aber für weniger schändlich als Antonius erklärt werden: Catilina und Clodius.[83] Der Vergleich mit den beiden Personen, die Cicero in den 60er- bzw. 50er-Jahren noch zu den schändlichsten und verdorbensten Personen schlechthin stilisiert hatte, demonstriert eine weitere Diffamierungsstrategie anhand des Vorwurfs charakterlicher Unzulänglichkeit. Indem sich Cicero auf seine eigenen Diffamierungen aus früheren Tagen bezieht, kann er seinen damaligen Erfolg nun zur Diffamierung von Marcus Antonius nutzen, indem er die älteren, negativ gezeichneten Charakterbilder des Catilina und Clodius wiederverwertet und sie nun mit Antonius vergleicht. Ebenfalls mit einem Superlativ der Schändlichkeit versieht Cicero Antonius in Paragraph 105, indem er ihn einen *homo enim turpissimus* nennt.[84] Diese beiden herausragenden Passagen werden einerseits in der *zweiten Philippischen Rede* noch vielfach ergänzt.[85] Andererseits kommt der Vorwurf der *turpitudo* aber auch in den übrigen *Philippischen Reden* wiederholt zum Einsatz. So äußert sich Cicero z. B. in der *siebten Rede* beinahe resigniert darüber, dass inzwischen wohl genug über Antonius' Schändlichkeit gesagt worden sei (*satis multa de turpitudine*).[86] Der Vorwurf der *turpitudo* ist so keineswegs nur omnipräsent in der *zweiten Philippischen Rede*, die traditionell als Invektive bezeichnet wird. Er kommt vielmehr auch in den anderen

---

81 Vgl. Corbeill 2002a, 213.

82 Cic. Phil. 2.57: „wann man je auf Erden [...] von solcher Schändlichkeit [...] gehört". In der Reihe mit *turpitudo* wird an dieser Stelle außerdem *flagitium* und *dedecus* angeführt.

83 Cic. Phil. 2.1: *ut audacior quam Catilinam, furiosior quam Clodius viderere* („daß du dich frecher als Catilina, wütender als Clodius gebärdest"). Evans (2008, 62 ff.) beobachtet in allen *Philippischen Reden* insgesamt vierzehn Referenzen auf Catilina und Clodius.

84 Cic. Phil. 2.105: „Bei diesem schändlichsten Menschen [...]." (Übers. A.T.).

85 So tritt das Adjektiv *turpis* noch vielfach in den übrigen *Philippischen Reden* auf, wie in Cic. Phil. 2.6; 2.25; 2.32; 2.43; 2.61; 2.76; 2.78; 2.86; 2.104; 2.105.

86 Cic. Phil. 7.16: „Soviel über die Schande". Die *turpitudo* wird außerdem in Cic. Phil. 11.9 benannt: *(...) deinde ea libidinum turpitudo (...)*. („[...] zeigte sich so schändlich in seiner Zügellosigkeit [...]").

Reden gegen Antonius zum Einsatz. Damit wird die Praxis fortgesetzt, die Cicero bereits gegen Catilina und Piso ausführlich gepflegt hatte.

Eine weitere zentrale Diffamierung in Bezug auf Antonius bildet der Vorwurf der Nichtsnutzigkeit, der *nequitia*. Er wird z. B. erhoben, wenn Cicero ihm vorwirft, ein für die Belange der *res publica* unzulängliches, nach keinerlei hehren Idealen oder Zielen ausgerichtetes Leben zu führen.[87] Dieses Argument der charakterlichen Unzulänglichkeit spielt eine zentrale Rolle für den Nachweis, dass der Angegriffene nicht einmal ansatzweise dem Ideal eines Mitglieds der römischen Senatsaristokratie entspreche, wenn man bedenkt, dass dieses doch sein Leben dem *negotium* widmen sollte.[88] So schimpft Cicero in der *zweiten Philippica: o foeditatem hominis flagitiosam, o impudentiam, nequitiam, libidinem non ferendam!*[89] Die *nequitia* wird hier direkt eingerahmt von den Vorwürfen der *impudentia*, der Schamlosigkeit, und der *libido*, der zügellosen Begierde. Sie reiht sich außerdem ein in die Vorwürfe der *foeditas*, Abscheulichkeit, und des *flagitium*, die durch aufgezwungenen Geschlechtsverkehr entstandene Schande.[90] Die Reihung dieser Vorwürfe lässt ein Feuerwerk von im weitesten Sinne auf Sexualität bezogener Mängel entstehen. Dies ist hauptsächlich aufschlussreich für das Wortfeld, das Cicero zur Zuschreibung höchster sexueller Schande entwirft und das der *nequitia*, der Nichtsnutzigkeit und Leichtfertigkeit, als Vorwurf der Diffamierung eine sexualitätsbezogene Konnotation gibt. An anderer Stelle tritt die *nequitia* singulär in Erscheinung wie in der Metapher, dass Antonius' Nichtsnutzigkeit ganze Städte und Länder im Handumdrehen hätte verschlingen können.[91] Durch das Stichwort *devorare* erhält die *nequitia* an dieser Stelle eine Konnotation des verschwenderischen Umgangs mit Gütern und finanziellen Mitteln. Hier sind insbesondere Städte angesprochen, also gewissermaßen der Besitz der *res publica Romana* und somit die *luxuria*. Cicero unterstellt Antonius gar, dass dieser sich seiner Nichtsnutzigkeit nicht einmal schäme, was Cicero selbst aber dafür umso mehr tue, und deutet ironischerweise an, Antonius' Dank dafür zu erwarten (*ne tu iam mecum in gratiam redeas, si scias, quam me pudeat nequitiae tuae, cuius te ipsum non*

---

87 Zum Stichwort der *nequitia* im Sinne der Nichtsnutzigkeit sowie dem adjektivischen Superlativ, *nequissimus:* Cic. Phil. 2.15; 2.50; 2.58 (hier auf die Gefolgschaft des Antonius bezogen), 63, 67 (hier ebenfalls auf die Gefolgschaft bezogen), 70, 76 (*quam me pudeat nequitiae tuae:* „wie ich mich deiner Liederlichkeit schäme"). *Nequitia* ist zudem ein Schlüsselbegriff der römischen Liebeselegie und steht dort für die Abkehr von einer ‚politisch relevanten' Lebensweise, vgl. Steidle 1962, 109; Stroh 1971, 222.

88 Zum Ideal des *negotium* vgl. Andreau 2000, 785. Siehe beispielsweise Cic. off., Sen. epist. Für Ciceros eigenes Dilemma mit dem *otium* und der Prägung des *otium cum dignitate* siehe Cic. Fam. 1.9.21, vgl. grundlegend Wirszubski 1954, 1–13, ferner Fuhrmann 1960, 481–500; Dalfen 2000, 169–187.

89 Cic. Phil. 2.15: „Gräßlich, schändlich, dieser Kerl! Diese alles übersteigende Schamlosigkeit, Liederlichkeit, Sittenlosigkeit!".

90 Für *flagitium* vgl. Hartmann 2001b, 497. Siehe auch Kapitel 5.1.

91 Cic. Phil. 2.67: *sed urbis et regna celeriter tanta nequitia devorare potuisset!* („ganze Städte und Länder hätte solche Liederlichkeit im Handumdrehen verschlingen können!").

pudet).[92] Ähnlich wie Piso, der nicht dazu im Stande sei, die *turpitudo* als das *malum* zu empfinden, das sie ist,[93] schäme sich Antonius nicht für seine *nequitia*. Ebenso wie im Falle Pisos stellt diese Aussage einen Versuch dar, die diffamierte Person aus dem moralischen Wertesystem der Senatsaristokratie auszuschließen. Des Weiteren beschimpft Cicero Antonius als nichtsnutzigsten Gladiator (*gladiator nequissimus*)[94] sowie als nichtnutzigsten Mann überhaupt: *hominem omnium nequissimum.*[95] Die Beschimpfung gipfelt in einem knappen, aber wirkungsvollen Ausruf: *o hominem nequam!*[96] Selbst Antonius' Soldaten, so meint Cicero, müssten in ihm einen Nichtsnutz (*nequam hominem*) erkannt haben.[97] Berücksichtigt man freilich Antonius' Renommee als erfolgreicher Imperator und seine Beliebtheit bei den Soldaten,[98] zielt diese Diffamierung Ciceros genau auf Antonius' größte Stärke ab. Antonius' militärische Qualitäten werden in diesen Diffamierungen in negative (Charakter-)Qualitäten umgemünzt. Dies geschieht durch die angebliche Verachtung durch die eigenen Soldaten und dadurch, dass Antonius' Kampffertigkeit durch die Verbindung mit dem Vorwurf *gladiator* in ein sklavisches Milieu gerückt wird.

Im Gegensatz zu den übrigen untersuchten Gegnern bezeichnet Cicero Antonius so oft er kann als dumm.[99] Dies geschieht wiederholt im Sinne von mangelnder Bildung, wenn er ironisch darüber spottet, dass sich Antonius von seinem Lehrer für ein großes Honorar beibringen lasse, dumm zu sein, oder wenn er ihm pauschal unterstellt, von Literatur im Allgemeinen nichts zu verstehen.[100] Mit den Unterstellungen, nichts zu wissen (*nihil sapere*) und nichts zu verstehen (*nosse*), bezichtigt Cicero

---

92 Cic. Phil. 2.76: „Vielleicht würdest du dich gleich mit mir versöhnen, wenn du wüßtest, wie ich mich deiner Liederlichkeit schäme, deren du selbst dich nicht schämst!"

93 Cic. Pis. 65.

94 Cic. Phil. 2.7.

95 Cic. Phil. 2.56. Siehe auch Cic. Phil. 2.70: *hoc est dicere: et consul et impudicissimus, et consul et homo nequissimus. quid est enim aliud Antonius?* („Genau so gut könnte er sagen: ein Konsul und ein Erzschwein, ein Konsul und ein Erzhalunke. Denn was ist Antonius anderes?").

96 Cic. Phil. 2.77: *o hominem nequam! quid enim aliud dicam? magis proprie nihil possum dicere.* („O dieser Lümmel! So muß ich's schon nennen, das ist der einzige passende Ausdruck."). An anderer Stelle verwendet Cicero das Stichwort *nequam* für einen rhetorischen Einschub (2.63): *(...) loquamur potius de nequissimo genere levitatis.* („[...] reden wir lieber von seiner ganz unglaublichen Leichtfertigkeit!"). Daran anschließend ist hier mit Cic. Phil. 2.77 noch eine weitere Belegstelle für Antonius' Leichtfertigkeit zu nennen, die ohne den Zusatz der *nequitia* auskommt: *at videte levitatem hominis.* („Und nun seht euch diesen Bruder Leichtfuß an!").

97 Cic. Phil. 2.61: *quis enim miles fuit (...) qui non indoluerit tam sero se, quam nequam hominem secutus esset, cognoscere?* („Jeder Soldat [...] war empört, jetzt erst zu merken, welch einem Lumpen er gefolgt sei!").

98 Vgl. beispielsweise Syme 2003, 166.

99 Zum Vorwurf der Dummheit vgl. auch Hall 2002, 289 f.

100 Cic. Phil. 2.8: *iam invideo magistro tuo, qui te tanta mercede, quantam iam proferam, nihil sapere doceat.* („Ich beneide wirklich deinen Lehrer, der dir für solch hohes Honorar – ich komme gleich darauf – beibringt, dumm zu sein."); Cic. Phil. 2.20: *te neque illos neque ullas omnino litteras nosse.* („[...] davon, wie überhaupt von Literatur, verstehst du nichts.").

Antonius also eines Defizits in Fragen der traditionellen Bildung der römischen Nobilität. Er wird in seinen Beurteilungen sogar noch deutlicher, wenn er den Vorwurf der Dummheit *expressis verbis* ausspricht, indem er auf Antonius' *stultitiam incredibilem* hinweist.[101] Cicero nennt den Vorwurf der Dummheit gar einen, den Antonius selbst nicht gerne höre (*quod minime vult*). Dies ist im Übrigen eine seltene Äußerung über dessen mögliche Reaktionen auf die Vorwürfe, die Cicero in den *Philippicae* unentwegt aneinanderreiht.[102] So verzichtet Cicero in Paragraph 19 der *zweiten Philippica* wirkungsvoll darauf, Antonius als verwegen (*audax*) zu bezeichnen, da ihm dies vermeintlich gar schmeicheln würde (*cupit enim se audacem*) und beschimpft ihn stattdessen als dumm (*stultus*).[103] Mit einem Superlativ der Dummheit versieht Cicero den Konsul schließlich im Urteil *omnium stultissimus*.[104] Neben die *stultitia* lässt Cicero dann auch die *stupiditas* treten, zum Beispiel in einer direkten Ansprache der potentiellen Leser bzw. des imaginären Publikums. In dieser Ansprache gibt er vor, dass das Publikum selbst sehen könne (*cognoscite*), von welch unglaublicher Dummheit (*incredibilis stultitia*) Antonius geschlagen sei.[105] Den Vorwurf der Dummheit weiß Cicero freilich auch mit dem Vorwurf der *vinulentia* in Verbindung zu bringen, wenn er konstatiert, dass man von einem niemals nüchternen Mann ja keine Klugheit erwarten könne.[106] Die *vinulentia* bildet ein zentrales Argument für implizite illustrative Vorwürfe charakterlicher Unzulänglichkeit anhand von Handlungsweisen und Verhaltensmustern.[107] Daher ist auch im vorliegenden Kontext anzunehmen, dass die Sequenz *numquam sobrius* eine wissentliche Erweiterung des *stultitia*-Vorwurfs um den Aspekt des Kontrollverlustes darstellt, welcher der *vinulentia* inhärent ist. Es wird so gewissermaßen ein Gegensatzpaar zwischen der *vinulentia* (dem Niemals-nüchtern-sein und dem Kontrollverlust) sowie der *prudentia* (der einsichtigen Klugheit und Beständigkeit) aufgespannt.

---

101 Cic. Phil. 2.8: „aber seht nur, welch unglaubliche Torheit!".

102 Cic. Phil. 2.19: *iam illud cuius est non dico audaciae (cupit enim se audacem), sed, quod minime vult, stultitiae, qua vincit omnis (...).* („Und was für eine Frechheit – nein, das schmeichelt ihm ja nur; also, was er gar nicht gern hört: was für eine unüberbietbare Dummheit [...].").

103 Cic. Phil. 2.19. In der *zweiten Philippischen Rede* führen außerdem folgende Stellen (teilweise mehrfach) den Vorwurf der *audacia*, wobei im Folgenden nur die eindrücklichsten Beispiele in Kürze dargestellt werden: Cic. Phil. 2.1; 2.4 (*o incredibilem audaciam*); 2.9; 2.23; 2.43 (*homo audacissime*); 2.44; 2.64 f.; 2.68 (*o audaciam immanem!*); 2.78; 2.90. In den übrigen Reden tritt *audacia* bzw. *audax* besonders in 6.2; 8.21; 9.15; 13.28 f auf.

104 Cic. Phil. 2.29: „Dümmster von allen" (Übers. A.T.).

105 Ci. Phil. 2.80: *in quo primum incredibilem stupiditatem hominis cognoscite.*

106 Cic. Phil. 2.80: *nec enim est ab homine numquam sobrio postulenda prudentia*, („und von einem niemals nüchternen Manne kann man ja auch keine Klugheit verlangen.").

107 Der Diffamierung anhand von Handlungsweisen und Verhaltensmustern widmet sich Kapitel 5 der vorliegenden Untersuchung. Einer der untersuchten Argumententypen ist der Vorwurf der Trunksucht, den Cicero in unterschiedlichen Ausgestaltungsaspekten zur Diffamierung seiner Gegner anwendet. Für den Vorwurf der *vinulentia* siehe insbesondere Kapitel 5.3.

4.2 Charakterdiffamierende Schmähungen in den Briefen

Ein Blick auf Ciceros Briefe zeigt die zentralen Inhalte, die in den Diffamierungen der Reden und Briefe in ähnlicher Weise genutzt werden. Auffällig ist im Vergleich zwischen diffamierenden Passagen, dass unterschiedliche Aspekte und Argumententypen in knapper Form zwar in den beiden Textsorten zum Einsatz kommen. Ausführliche diffamierende Darstellungen werden jedoch hauptsächlich in den Reden genutzt. Für Diffamierungen in der Textsorte Brief ist daher zu konstatieren, dass diffamierende Äußerungen, die in ihrer inhaltlichen Ausgestaltung zu den Argumententypen der Reden passen, in den Briefen häufig gewissermaßen als ‚Marker' zum Einsatz kommen. Dies geschieht möglicherweise, um dem Ideal der notwendigen Kürze nicht zuwiderzulaufen. In Anbetracht der Tatsache, dass Cicero bei der Abfassung der Briefe einen konkreten Adressaten(kreis) – z. B. Atticus und dessen Freunde – vor Augen hatte, ist davon auszugehen, dass der Autor sehr konkrete Wissensbestände des/der potentiellen Rezipienten voraussetzen konnte. Diffamierungen ließen sich so in maximal verkürzter Form platzieren. Der Autor konnte dennoch davon ausgehen, dass sich ein von ihm beabsichtigtes Narrativ schon durch die Nennung bestimmter Stichworte evozieren ließ. Dabei nimmt Cicero in den Briefen teilweise Verspottungen und Diffamierungen auf, die er schon zu einem früheren Zeitpunkt in Reden genutzt hat, wie z. B. Anspielungen auf Catilina und dessen aufrührerische Anhänger, die er als milchbärtige Jungen beschimpft.[108] Teilweise entwickelt er aber auch in den Briefen Diffamierungen und Zusammenstellungen von Argumententypen, die auf bestimmte erfahrungshafte Sequenzen angewendet werden und die er zu späteren Zeitpunkten in den Reden erneut einsetzt. Hierzu gehört eine Passage über die Schauspielerin und Freigelassene Cytheris, die gemeinsam mit Marcus Antonius in einer Sänfte gereist sei.[109]

In den *Atticus-Briefen* lassen sich verschiedene Vorwürfe charakterlicher Unzulänglichkeit finden, die auch in den Reden gängigerweise zur Anwendung kommen. Wie in den Reden dienen diese Vorwürfe der charakterlichen Diffamierung und versuchen die Leser oder Zuhörer meinungsbildend zu beeinflussen, indem sie die *fama* bestimmter Personen beschädigen. So wird Clodius ähnlich wie in den Reden auch in den *Briefen an Atticus* als *demens* beschimpft,[110] was in dieselbe Stoßrichtung zielt wie der *amentia*-Vorwurf der Reden.[111] In ähnlicher Weise wird Caesar im Januar 49 v. Chr.

---

108 Cic. Catil. 2.22 (*bene barbatos*).

109 Cic. Phil. 2.58 (*aperta lectica mima portabatur*). Dies geschieht in Anlehnung an Cicero, der Cytheris wiederholt als *mima* bezeichnet. Den Namen „Cytheris" gibt er als ihren ‚Bühnennamen' an. Sie wird hier und im Folgenden u. a. als ‚Schauspielerin' angesprochen. Den Namen „Volumnia" hat sie von ihrem Freilasser Volumnius Eutrapelus erhalten; vgl. Blume 1999, 1023. Im Umfeld von Antonius wird sie außerdem wiederholt Cytheris genannt. Vermutlich ist sie gleichzusetzen mit der Geliebten des Elegiedichters Gallus, Lycoris, vgl. Stroh 1971, 209.

110 Cic. Att. 4.3.2: *ille demens ruere* („Der verrückte Kerl war außer Rand und Band.").

111 Siehe dazu Cic. Mil. 12.

als *homo amens* beschimpft.[112] Im März 49 verspottet Cicero dann auch noch pauschal Caesars sonstigen Wahnsinn (*tanta insania*).[113] Einem Vedius wird der aus den Reden bekannte Vorwurf gemacht, ein *homo nequior* zu sein.[114] Die *nequitia* wird des Weiteren u. a. gegen Hortensius bemüht.[115] Der Vorwurf *improbitas* wird in einem Brief besonders anschaulich gegen einen gewissen Chrysipp erhoben.[116] Wenig später wird dieser wegen seiner *turpitudo* angegangen.[117] Der Vorwurf der *turpitudo* widerfährt schließlich auch Antonius, über dessen Schreiben sich Cicero in einem Brief vom April 44 v. Chr. entrüstet. Dort nennt er den Brief, den er von Antonius erhalten habe, unanständig (*turpiter*), was freilich auf den Verfasser Antonius zurückfällt.[118]

Gegenüber der Beschimpfung mithilfe von Vorwürfen der charakterlichen Unzulänglichkeit entwickelt sich in den *Briefen an Atticus* auch ein ausgedehntes Bild des Eigenlobs, konkret im Hinblick auf die eigenen charakterlichen Qualitäten. Auch dieses Spektrum an selbstbezogenen positiven Charakterqualitäten, die den negativen als Folie dienen, sei an dieser Stelle kurz umrissen. So preist Cicero z. B. seine eigene Milde (*mansuetudo*) und Enthaltsamkeit (*abstinentia*).[119] Verbunden mit dieser Enthaltsamkeit weiß Cicero an anderer Stelle die Mäßigung bzw. Zurückhaltung (*modestia*) in Bezug auf seine eigene Person zu loben.[120] Des Weiteren betont er im Gegensatz zu den finanziellen Fehlern des Appius Claudius während dessen Provin-

---

112 Cic. Att. 7.11.1: „Dieser elende, wahnsinnige Kerl [...]."

113 Cic. Att. 9.8.3: *misi etiam Caesaris ad eos sana mente scriptas litteras, quo modo in tanta insania.* („Auch Caesars Schreiben an sie lege ich Dir bei, vernünftig im Vergleich zu seinem sonstigen Wahnsinn") (Übers. mod. A.T.).

114 Cic. Att. 6.1.25: *numquam vedi hominem nequiorem.* („Nie habe ich einen nichtsnutzigeren Kerl gesehen!") (Übers. A.T.).

115 Cic. Att. 10.20.1: *homo nequissimus a Salvio liberto depravatus est* („Der Taugenichts ist von dem Freigelassenen Salvius von Grund aus verdorben worden.").

116 Cic. Att. 7.2.8: *sed tamen ne illo quidem quicquam improbus* („er ist halt ein ganz gemeiner Schuhputzer, unverschämt wie kein zweiter.").

117 Cic. Att. 7.19.2.

118 Cic. Att. 14.13.6: *M. Antonius ad me scripsit de restitutione Sex. Clodi; quam honorifice, quod ad me attinet, ex ipsius litteris cognosces (misi enim tibi exemplum), quam dissolute, quam turpiter quamque ita perniciose, ut non numquam Caesar desiderandus esse videatur, facile existimabis.* („M. Antonius hat mir geschrieben wegen Sex. Cloelius' Begnadigung; wie ehrerbietig, was meine Person angeht, magst Du unmittelbar aus seinem Briefe entnehmen – ich lege Dir eine Abschrift bei –, wie leichtfertig, schamlos und bedrohlich in dem Grade, daß man bisweilen Caesar wieder herbeiwünschen möchte, wirst Du bald merken.").

119 Cic. Att. 5.18.2: *(...) quibus incredibilis videtur nostra et mansuetudo et abstinentia.* („[...] meine Milde und Enthaltsamkeit erscheint ihnen ganz unwahrscheinlich.") (Übers. mod. A.T.).

120 Cic. Att. 5.9.1: *ego, ut saepe tu me currentem hortatus, cotidie meditor, praecipio meis, facio denique, ut summa modestia et summa abstinentia munus hoc extraordinarium traducamus.* („Im übrigen sinne ich Tag für Tag darauf, weise meine Leute an und bringe es schließlich wohl dahin, daß ich meine außergewöhnliche Aufgabe in höchster Zurückhaltung und Enthaltsamkeit durchführe".) (Übers. mod. A.T.).

zialverwaltung seine eigene Lauterkeit (*integritas*) in diesen Belangen.[121] Auch Zurückhaltung (*moderatio*) und Selbstbeherrschung in Leidenschaften und Begierden (*continentia*) lobt Cicero, indem er Atticus unterstellt, dieser habe seine Freude an ebenjenen Charakterqualitäten, die ihn selbst, Cicero, als Verfasser des Briefes auszeichnen.[122] Sämtliche dieser Tugenden, die *abstinentia*, die *modestia*, die *moderatio* und die *continentia* stehen konträr dem Vorwurf der *luxuria* gegenüber. Dies gilt ebenso für alle Vorwürfe, die den Verlust der geistigen und der körperlichen bzw. sexuellen Selbstbeherrschung benennen. Für den Verlust der geistigen Selbstbeherrschung stehen dabei z. B. *furor*, *amentia* oder *insania*, für den der körperlichen und sexuellen etwa *audacia*, *nequitia*, *libido*, *cupiditas* oder *voluntas*.

Charakterliche Mängel werden darüber hinaus in den *Familiares* auf unterschiedlichen Wegen Gegenstand des Briefwechsels. Dabei enthalten frühere Briefe eher selten entsprechende Passagen, während in den Jahren 44 und 43 eine deutliche Häufung auftritt.

Der früheste Tadel datiert in den Dezember 62 v. Chr. und richtet sich gegen Gaius Antonius Hybrida, Ciceros Amtskollegen im Konsulat.[123] In einem Brief an Sestius beschwert sich Cicero über dessen Unzuverlässigkeit, während sein eigenes Verhalten gegenüber Antonius vorbildlich sei: „Was Antonius angeht, so vermissen zwar alle seine mir versprochenen Gefälligkeiten; trotzdem bin ich im Senat entschieden und gewissenhaft für ihn eingetreten." (*gravissime ac diligentissime defendi*)[124] Der an Antonius gerichtete Vorwurf lautet, dass dieser seinen Pflichten (*officia*) gegenüber Cicero nicht gerecht werde. Der Autor verstärkt nun seinen Vorwurf durch die Verallgemeinerung, nicht nur er selbst, Cicero, habe etwas am Verhalten Antonius' zu bemängeln, sondern vielmehr alle (*omnes desiderant*). Denn die vermeintliche Vielzahl von Zeugen impliziere doch, dass es auch für Unbeteiligte auffällig gewesen sein müsse, wie nachlässig sich Antonius gegenüber Cicero verhalten habe. Auch die Gegenüberstellung von Antonius' Fehlverhalten und Ciceros gleichwohl aufrechterhaltener Pflichtentreue – er selbst nämlich lasse es mitnichten an der Erfüllung der *officia* ermangeln – verstärkt den Vorwurf. Die Methode, einen Vorwurf vor dem Hintergrund der eigenen Rechtschaffenheit zu gestalten, ist auch in den Reden zur Genüge zu beobachten. Ciceros moralische Kritik an Antonius' Verhalten funktioniert nun auch in der Briefform besonders gut vor der Folie der eigenen Erfüllung eines Idealzustandes. Dieses frühe Beispiel für den Vorwurf charakterlicher Mängel in den *Familiares* vollzieht sich ohne namentliche Nennung des konkreten Mangels. Dennoch

---

121 Cic. Att. 5.20.6: *ego in vita mea nulla umquam voluptate tanta sum adfectus, quanta adficior hac integritate (...).* („In meinem ganzen Leben hat mir noch nie etwas solches Vergnügen bereitet wie diese meine Lauterkeit [...].").

122 Cic. Att. 6.2.4: *laetari te nostra moderatione et continentia video.* („Wie ich sehe, hast du deine Freude an meiner Zurückhaltung und Selbstbeherrschung;").

123 Für C. Antonius Hybrida, den Onkel des Marcus Antonius, vgl. Klebs 1894a, 2577–2582.

124 Cic. Fam. 5.6.3: *Antonium, etsi eius in me officia omnes desiderant, tamen in senatu gravissime ac diligentissime defendi (...).*

wird die Kritik offenbar und gewinnt besonders durch das schwerwiegende Stichwort *officia*, also das pflichtgetreue Handeln eines *vir bonus*, an Gewicht.

Auf den Juli des Jahres 56 v. Chr. ist eine Diffamierung des Clodius gegenüber dem Briefpartner Lentulus zu datieren. Hier heißt es ironisch, Lentulus beglückwünsche Cicero zu seiner Stellung, zu seiner Freundschaft mit Milo sowie zu Clodius' Leichtfertigkeit (*levitas*) und Nichtigkeit (*imbellicitas*).[125] Milo und Clodius werden hier in einem Atemzug genannt und beurteilt, Milo indirekt durch das Bekenntnis der freundschaftlichen Beziehungen, Clodius direkt durch die negativen Attribute der *levitas* und *imbellicitas*. Indirekt werden Milo durch diese Stellungnahme potentiell positive Charakterqualitäten zugesprochen, die ihn eine Freundschaft Ciceros gewissermaßen verdienen lassen. Stilistisch wählt Cicero hier die Form der Antwort auf eine immanent erkennbare Aussage des Briefpartners (*quod gratularis*). Dadurch schreibt er die ursprüngliche Beurteilung Clodius' als *levis* nicht etwa sich selbst, sondern dem Adressaten Lentulus zu. Wie auch in der eben erwähnten Passage, die Antonius' Mangel an nötigem Pflichtbewusstsein herausstellt,[126] bezieht sich Cicero auf eine dritte Instanz, auf die er die Werturteile zurückführen kann. Im Fall von Antonius' *officia* bezieht er sich auf alle (*omnes*), im Fall von Clodius' *levitas* auf den Briefpartner.

Deutlich später ist ein Tadel Dolabellas anzusiedeln. In einem Brief an Caelius kritisiert Cicero im Mai 49 v. Chr. dessen Freigiebigkeit (*liberalitas*).[127] Die Aussage, dass Dolabella sich der Freigiebigkeit hingegeben habe, ist verkleidet in Ciceros Hoffnungsbekundung, dass er diese wieder ablegen würde. Denn freilich kann es nicht genügen, von den Unannehmlichkeiten (*molestiae*) befreit zu werden, sondern das eigentliche Ziel müsse darin bestehen, sich ihres Ursprungs zu entledigen, nämlich der kritisierten *liberalitas*. Dolabella erfährt in den Briefen Ciceros einen jähen Wandel der Wertschätzung. Während Cicero in frühen Briefen und zu Beginn der Ehe Dolabellas mit Ciceros Tochter Tullia bemüht ist, sich positiv über Dolabella zu äußern und sich selbst immer wieder der Liebe ihr gegenüber zu versichern, schlägt der Ton später in pure Abneigung um.[128] Der hier besprochene Brief an Caelius gehört in jene frühere Phase. So erklärt sich die Hoffnung, die Cicero (noch) propagiert. Nichtsdestotrotz wird der Vorwurf der *liberalitas* unverhohlen ausgesprochen.

---

125 Cic. Fam. 1.8.7: *quod mihi de nostro statu, de Milonis familiaritate, de levitate et imbecillitate Clodii gratularis, (...).*

126 Cic. Fam. 5.6.3: *Antonium, etsi eius in me officia omnes desiderant, tamen in senatu gravissime ac diligentissime defendi ....* („Was Antonius angeht, so vermissen zwar alle seine mir versprochenen Gefälligkeiten; trotzdem bin ich im Senat entschieden und gewissenhaft für ihn eingetreten".).

127 Cic. Fam. 2.16.5: *(...) et eo magis, quod in communibus miseriis hac tamen oblectabar specula, Dolabellam meum vel potius nostrum fore ab iis molestiis, quas liberalitate sua contraxerat liberum?* („Und das um so mehr, weil bei der allgemeinen Misere doch dieser Hoffnungsschimmer mein Gemüt erhellt, daß mein oder vielmehr unser Dolabella von den Unannehmlichkeiten, die er sich infolge seiner Freigiebigkeit zugezogen hat, befreit wird.").

128 Siehe dazu Strothmann 2002, 898: „Schon 48 war Cicero gegen die Ehe, wagte aber wegen der Stellung Dolabellas noch nicht, die Scheidung zu veranlassen [...]."

Im September 44 v. Chr. eröffnet Cicero seinen Brief an Plancus mit einer Diffamierung des Marcus Antonius. Zu diesem Zeitpunkt hatten sich die Ereignisse im Vergleich zu den früheren hier angeführten Briefen freilich in zuvor nicht absehbarer Intensität überschlagen. Die Ermordung Caesars lag nunmehr ein halbes Jahr zurück. Der Brief markiert den Beginn einer Reihe von überlieferten Briefen an Plancus und steht in der Sammlung nach Kasten als erster Brief des zehnten Buches an exponierter Stelle. Exponiert ist er aus heutiger Sicht und im Sinne der vorliegenden Untersuchung aber auch inhaltlich, da er in der Tat eine Reihe von Diffamierungen eröffnet, die sich vor allem gegen Antonius, aber auch gegen Segulius und Lepidus richten. Von einer solchen Aneinanderreihung der Briefe im Corpus kann der Autor selbst freilich nichts gewusst haben. Dennoch ist dieser Text der früheste Brief nach Ciceros Rückkehr nach Rom, das er ursprünglich verlassen hatte, da Antonius in Rom die Zügel in die Hand genommen und in Ciceros Augen gegen den Senat agiert hatte. Der Brief beginnt wie folgt:

> *et afui proficiscens in Graeciam et, postea quam de medio cursu rei p. sum voce revocatus, numquam per M. Antonium quietus fui; cuius tanta est non insolentia – nam id quidem vulgare vitium est – sed immanitas, non modo ut vocem, sed ne vultum quidem liberum possit ferre cuiusquam.*[129]
>
> „Ich bin fortgewesen, wollte nach Griechenland reisen, und nachdem mich der Ruf des Vaterlandes mitten vom Wege zurückgeholt hatte, ließ mir Antonius keine Ruhe. Seine Überheblichkeit – nein, das ist ein weitverbreitetes Laster –, seine Rohheit geht so weit, daß er kein freies Wort, ja, nicht einmal einen freien Blick von jemandem ertragen kann."

Cicero wirft Antonius hier einerseits *insolentia*, andererseits – und in der hier gewählten Formulierung bedeutsamer – *immanitas* vor. Eine Übersetzung des Wortes *immanitas* mit der vielfach vorgeschlagenen Bedeutung „Brutalität" greift an dieser Stelle jedoch zu kurz. Cicero diffamiert Antonius mit diesem Vorwurf vielmehr als ‚roh' oder ‚unmenschlich'. Denn auch in der *vierten* und der *zehnten Philippischen Rede* kann man den Vorwurf der *immanitas* greifen. Dort tritt er in Verbindung mit der Beschimpfung als Ungeheuer (*belua*) auf.[130] Beide Reden (Dezember 44 und Februar 43 v. Chr.) wurden nach der Abfassung des Briefes (September 44 v. Chr.) geschrieben. Neben der in diesem Brief besonders betonten *immanitas* bildet auch die *insolentia* einen Vorwurf, der Antonius in den *Philippischen Reden* vorgehalten wird.[131] In der dritten Rede gegen Antonius wird dieser Vorwurf nicht etwa aufgrund seiner weiten Verbreitung als geringfügiges Diffamierungsargument angeführt, sondern er dient dort als Einleitung eines Gedankenspiels, das Cicero für den ‚Gipfel des Elends' und die ‚tiefste Erniedrigung' hält (*summa miseria est summo dedecore coniuncta*). Zeitlich

129 Cic. Fam. 10.1.1.

130 Cic. Phil. 4.12: *immani taetraque belua* und 10.22: *quid illa taetrius belua, quid immanius*. Für den Argumententypus physischer Gewalt siehe Kapitel 5.5.

131 Cic. Phil. 3.35: *nostis insolentiam Antoni*. Die *dritte Philippische Rede* wird ebenfalls in den Dezember 44 und damit später als der Brief datiert.

betrachtet nimmt dieser Brief zwei verleumdende Aspekte vorweg, die in den Reden dann zur charakterlichen Diffamierung genutzt werden.

Ähnliches ist für den Vorwurf der *amentia* in einem Brief an Cassius, einen der Caesarmörder, zu konstatieren, der ebenfalls im September 44 verfasst ist. Cicero beschimpft Antonius hier als noch nichtswürdiger (*nequior*) als den nichtswürdigsten Menschen überhaupt (gemeint ist Caesar) und bezeichnet ihn als verrückt (*amens*) und ruchlos (*perditus*).[132] Sowohl die *nequitia* als auch die *amentia* sind Aspekte, die Cicero in den *Philippischen Reden* vielfach zu Antonius' Diskreditierung anführt[133] und auch in früheren Reden gegen damalige Gegner nutzt.

Cicero beschimpft Antonius gegenüber Cassius ebenfalls in einem Brief aus dem Oktober des Jahres 44 v. Chr. als *furiosus*. Zum einen witzelt er, dass er sich von Tag zu Tag mehr in seine Wut verbeiße.[134] Zum anderen bezeichnet er Antonius als einen Rasenden, da dieser Cicero zum Kopf der Verschwörung gegen Caesar erklärt habe.[135] Für den Vorwurf des *furor* gilt nun freilich dasselbe wie auch für die anderen bereits erwähnten: Auch dieser Vorwurf wird gern in diffamierenden Angriffen gegen vermeintliche Charakterqualitäten genutzt, so auch in den *Philippischen Reden* gegen Antonius.[136]

Dennoch richten sich solche Vorwürfe charakterlicher Mängel in den Briefen nicht nur gegen Antonius, sondern treffen im Juni 43 v. Chr. auch Segulius und Lepidus. Segulius wird in einem Brief an Brutus als *homo nequissimus* beschimpft,[137] während Lepidus in einem Schreiben an Cassius aufgrund seiner *levitas* und *inconstantia* angegangen wird.[138]

Die genannten Passagen zeigen, wie Cicero auch in den Briefen an unterschiedliche ‚Familiares' Beschimpfungen politischer Gegner platziert. Die in den Briefen anzutreffenden Vorwürfe charakterlicher Mängel sind wesensgleich mit den kritischen Äußerungen, die in den Reden zur charakterlichen Diffamierung genutzt werden. In Bezug auf Antonius ist zu beobachten, dass einige Vorwürfe in zeitlicher Nähe

---

132 Cic. Fam. 12.2.1: *sed homo amens et perditus multoque nequior quam ille ipse, quem tu nequissimum occissum esse dixisti, (...).* („Aber dieser verrückte Kerl, dieser Lump, viel nichtswürdiger als selbst er, in dem nach Deinen Worten der größte Schurke umgebracht worden ist [...].").

133 Für die Belegstellen zur *nequitia* und der *amentia* siehe Kapitel 4.1.

134 Cic. Fam. 12.3.1: *auget tuus amicus furorem in dies.* („Dein Freund verbeißt sich von Tag zu Tag mehr in seine Wut.").

135 Cic. Fam. 12.3.1: *vestri enim pulcherrimi facti ille furiosus me principem dicit fuisse.* („Denn der Anstifter zu Eurer herrlichen Tat, erklärt der Tollkopf, sei ich gewesen.").

136 Für den Vorwurf des *furor* in den *Philippica* siehe beispielsweise Cic. Phil. 2.1; 2.68; 2.101; 6.4.

137 Cic. Fam. 11.19.1: *dei isti Segulio male faciant, homini nequissimo omnium, qui sunt, qui fuerunt, qui futuri sunt!* („Diesen Segulius mag der Teufel holen, diesen größten Lumpen von einst, jetzt und immer!").

138 Cic. Fam. 12.8.1: *scelus affinis tui Lepidi summamque levitatem et inconstantiam ex actis, quae ad te mitti certo scio, cognosse te arbitror.* („Von den Verbrechen Deines Schwagers Lepidus, seiner unglaublichen Leichtfertigkeit und Charakterlosigkeit hast Du wohl aus den Tagesneuigkeiten erfahren, die Dir, wie ich weiß, regelmäßig zugehen.").

zu den Angriffen in den *Philippischen Reden* stehen. Eine direkte charakterliche Diffamierung erfolgt so zum einen durch Reden oder Pamphlete gegenüber einem breiten Publikum, zum anderen gegenüber ausgewählten, persönlich adressierten Ansprechpartnern der Briefe.

Konkrete Aufschlüsse über tatsächliche charakterliche Mängel der betreffenden Personen lassen solche Vorwürfe angesichts ihrer arbiträren Anwendbarkeit auch in den Briefen gewiss nicht zu. Sowohl in der Nachwelt vielfach erinnerte Gegner Ciceros als auch solche, die mehr oder weniger in Vergessenheit geraten sind, werden wie gezeigt wiederholt zu Adressaten derartiger Beschimpfungen.

Vergleicht man die verschiedenen direkten Vorwürfe charakterlicher Unzulänglichkeit in ihrer Anwendung auf die unterschiedlichen politischen Gegner Ciceros, dann wird deutlich, dass das Gros der herausgestellten zentralen Aspekte gegen alle in den Reden untersuchten Gegner weitestgehend indifferent angewandt wird.[139] Dabei ist die *turpitudo* derjenige Vorwurf, zu dessen Beweis nach antiker Theorie alle anderen Vorwürfe beitragen (sollen). Den Vorwurf der *turpitudo* namentlich auszusprechen, scheint den Umweg über andere Verfehlungen oder Laster zunächst einmal obsolet zu machen. Der direkte *turpitudo*-Vorwurf reichte jedoch offensichtlich nicht aus, was die Vielzahl an darüber hinaus bemühten Vorwürfen deutlich zeigt. Der Vorwurf erscheint damit einigermaßen willkürlich und gleichsam als Auftakt für jede Form der Diffamierung einsetzbar gewesen zu sein. Dies wird nicht zuletzt in der pseudo-sallustinischen Invektive gegen Cicero offensichtlich, in der auch Cicero selbst die Beschimpfung als *turpis* erfährt.[140] Eine derart indifferente, lediglich in Schwerpunkten sich unterscheidende Anwendung stereotyper Vorwürfe zeigt, wie austauschbar die Vorwürfe und auch die Opfer der Diffamierung de facto gewesen sind. Vor diesem Hintergrund muss es als unzulässig beurteilt werden, bestimmten Individuen einzelne tatsächliche Charakterschwächen zuzuschreiben. Was beobachtet werden kann, ist dagegen eine Forcierung bestimmter soziokultureller Diskussionsfelder. Hierzu gehört z.B. der moralische Ausschluss aus dem Wertesystem der Senatsaristokratie durch mangelnde Einsicht in vermeintlich traditionelle, römische Sozialnormen mit rhetorischen Mitteln. Ebenso gehört der behauptete Verlust von Mäßigung und Selbstbeherrschung im Kontext unterschiedlicher, explizit benannter Laster zu den genannten Diskussionsfeldern.

In den Briefen lassen sich im Wesentlichen dieselben direkt geäußerten charakterlichen Diffamierungen vorfinden wie in den Reden.

Qualitativ fällt auf, dass sämtliche direkten Vorwürfe charakterlicher Unzulänglichkeiten, die dem Nachweis der *turpitudo* dienen, kulturell solchen Bereichen und

---

139 Wie sehr die Zuschreibung von Lastern und besonders die Beurteilung derselben variieren können, zeigt Ciceros Urteil über Caelius' Jugend. In Caelius' Fall seien die hier vielfach vorgefundenen Laster wie *luxuries* und *libidines* als Jugendsünden verzeihlich. Hierzu gehören im Übrigen auch *magnitudo aeris alieni* und *sumptus* als Aspekte des Argumententyps Verschwendung von Finanzen und Gütern. Vgl. hierzu Braun 2003, 76.

140 Ps.-Sall. in Tull. 5 (*cuius nulla pars corporis a turpitudine vacat*).

Themenfeldern zuzuordnen sind, denen auch die illustrativen Argumente der Diffamierung entstammen. Im Wesentlichen dienen diese illustrativen Vorwürfe dazu, solche Aspekte charakterlicher Devianz zur Diffamierung zu nutzen, die auch durch das direkte Aussprechen charakterlicher Unzulänglichkeiten angesprochen werden (*turpitudo*, *libido*, *furor*, *amentia*, *nequitia*, *stultitia* usw.). Um die kulturellen Dimensionen, die einen Rahmen des diffamierend Sagbaren eröffnen, genauer ergründen zu können, wird im folgenden Kapitel (5) eine qualitative Analyse der illustrativen Argumente und deren Einordnung in kulturelle Dimensionen vorgenommen. Es wird dabei gezeigt, welche Illustrationen für welche charakterlichen Unzulänglichkeiten genutzt wurden.

5 Ciceros Diffamierungen anhand von Handlungsweisen und Verhaltensmustern

Neben den expliziten Vorwürfen charakterlicher Unzulänglichkeit, welche die Gegner in den Reden und Briefen anhand von vermeintlich konkret benennbaren Charaktermängeln desavouieren, nehmen Ciceros Diffamierungen auch subtilere und gewiss unterhaltsamere Formen an. In der Regel werden bestimmte Handlungsweisen oder Verhaltensmuster in schillernden Farben ausgeführt, um anhand dieser Erzählungen, die meist als Erlebnisse aus erster oder zweiter Hand daherkommen, ein ähnliches Ergebnis zu erzielen wie die Nennungen expliziter charakterlicher Unzulänglichkeiten: nämlich den Gegner als charakterlich minderwertig zu brandmarken und seine *fama* zu beschädigen. Wenn dies auf dem Umweg mehr oder weniger ausführlich geschilderter devianter Handlungen oder Vorfälle geschieht, bleibt es dem potentiellen Zuhörer bzw. Leser überlassen, aus Ciceros stark suggestiven Schilderungen den Schluss auf eine charakterliche Verkommenheit der unangemessen handelnden Personen zu ziehen. Im Laufe der Zeit wurden immer wieder einzelne Aspekte solcher Diffamierungen im Kontext von Spezialuntersuchungen als Stereotype klassifiziert.[1] Es ist jedoch bislang ausgeblieben, die unterschiedlichen illustrativen Vorwürfe der Diffamierung, die sich über Handlungsweisen und Verhaltensmuster ausdrücken, am Beispiel Ciceros zusammenzutragen und deren topische Gemeinsamkeiten herauszustellen. Dies ist notwendig, um für künftige biographische Untersuchungen eine Grundlage dafür zu schaffen, Abstand zu nehmen von der Verwertung sämtlicher vermeintlicher Charakterqualitäten, die sich de facto als illustrative Diffamierungsstrategien entpuppen. Zu diesem Zweck werden die in den ausgewählten Reden Ciceros beobachteten Diffamierungen im Folgenden in fünf Argumententypen eingeteilt und parallel dazu in fünf Schritten untersucht: erstens Verfehlungen im Bereich der Sexualität, zweitens verschwenderischer und allgemein unangemessener Umgang mit Gütern und finanziellen Mitteln, drittens Fehlverhalten im Kontext des *convivium* und unangemessener Weinkonsum, viertens Devianz hinsichtlich bestimmter Kleidung oder allgemein des Erscheinungsbildes sowie fünftens Gewaltanwendungen physischer oder (staats)rechtlicher Natur. Alle fünf Argumententypen werden dabei in ihren kulturhistorischen Kontext eingeordnet, um zu veranschaulichen, dass die Themen, die den Argumententypen zugrunde liegen, im Wesentlichen einen aktuellen Diskussionsbedarf aufgrund von kulturellen und gesellschaftlichen Umwälzungspro-

1 So beispielsweise Gewalt als Tyrannentopos (vgl. Zimmermann 2009, 181), sexuelle Verfehlungen als nachträgliche Verballhornung von Kaisern (vgl. Meister 2014, 59–81) oder unangemessene Kleidung als nonverbales kommunikatives Instrument im Spiegel antiker Rhetorik (vgl. Starbatty 2010, 154–179). Kataloge von Stereotypen der Invektive, die nicht nach Handlungsweisen und Verhaltensmustern kategorisieren, wurden insbesondere von Süss 1910, Nisbet 1961, Merrill 1975 und Koster 1980 vorgelegt, von Craig (2004, 190–192; hier besonders 190 Anm. 6) zusammengetragen und besprochen; siehe dazu Kapitel 3.1 und 3.2.

https://doi.org/10.1515/9783110599886-007

zessen dokumentieren und gewiss keine charakterlichen Dispositionen von Diffamierungsopfern aufdecken.

5.1 Verfehlungen im Bereich der Sexualität

Ein zentraler Argumententypus ciceronischer Diffamierungen lässt sich in Verfehlungen erkennen, die im weitesten Sinne einem sexuellen Kontext zuzuordnen sind.[2] Obwohl der Begriff ‚Sexualität' modern ist,[3] soll er hier dennoch dazu dienen, ein Spektrum von psychischen und sozialen Aspekten abzudecken, die in den Diffamierungen das Geschlechtsleben und allgemein amouröse Handlungen von diffamierten Personen betreffen. In Ciceros Diffamierungen thematisieren Aspekte dieses Argumententyps den unangemessenen sexuellen Umgang von Mitgliedern der Senatsaristokratie mit verheirateten Frauen oder Schauspielerinnen sowie von Angehörigen der Senatsaristokratie mit anderen Vertretern dieses Standes. Auch das bittstellende Verhalten eines aristokratischen Mannes gegenüber seiner Ehefrau konstruiert Cicero zu einem diffamierenden Argument. Mitunter wird der Vorwurf so variiert, dass er dem Angeklagten die eigene Prostitution zur Last legt. Dabei wird dem Diffamierten u. a. unterstellt, dass er die passive Rolle in einem sexuellen Verhältnis einnehme.[4] Damit hat er sich nach antikem Verständnis in ein Unterordnungsverhältnis gegenüber der Person begeben, welche die aktive Rolle übernimmt, und wird damit als

2 Für den Principat erkennt jüngst Meister (2014) in Suetons Zuschreibung von Sexualpraktiken zu bestimmten Principes (etwa Augustus, Tiberius oder Caligula) *character assassinations.* Meyer-Zwiffelhoffer nennt (1995, 16) die Vorwürfe von sexuellen Verfehlungen in der ‚Öffentlichkeit' eine Disziplinierung des Habitus der Mitbürger und ordnet diese den foucaultschen ‚Praktiken der Macht' zu.

3 Vgl. Meyer-Zwiffelhofer 1995, 9 f.: Das Konzept der Sexualität wurde im 19. Jh. im Zuge einer „Psychopathologisierung des Geschlechtslebens" formuliert; Hartmann 2001b, 495.

4 Zum aktiven/passiven Sexualverhalten in Rom vgl. Veyne 1978, 50 ff.; Veyne 1984; Wiseman 1985, 10–14; Cantarella 1992, 217; Edwards 1993; Wyke 1994; Meyer-Zwiffelhofer 1995, 17; Skinner 1997; Hartmann 1998, 705 f.; Langlands 2006, die versucht, über diese Polarisierung zwischen aktiver und passiver Rolle hinauszugreifen; Williams 2010. Ein Schwerpunkt von Untersuchungen zum männlichen Rollenbild liegt außerdem auf der Frage nach Homosexualität in der römischen Antike, über die besonders Taylor (1997, 320) einen guten Überblick liefert, der sich selbst im Wesentlichen Richlin 1992 anschließt. Im Gegensatz zu Richlin 1992 und Taylor 1997 erkennt Williams 2010 (Erstauflage 1999) keine Veränderungen in Richtung einer ‚homosexuellen Subkultur' in der römischen Republik. Vgl. auch Meister 2009, 82 mit Verweis auf Corbeill (1996, 128–131; 151–159), der eine homosexuelle Subkultur dieser Zeit erkennt, sie aber lediglich als historischen Hintergrund zur Figur des *vir mollis* versteht. Corbeill (2004, 107–139) geht des Weiteren der Überlegung nach, dass Optimaten und Popularen unterschiedliche körperliche Qualitäten – althergebracht männliche *versus* effeminierte – zugesprochen wurden; vgl. dazu ebenfalls Meister 2009, 82–84. Meister (2009, 88) erkennt in dem männlichen Verhalten, das als *mollitia* desavouiert wird, neue Qualitäten der *urbanitas.* Für einen Überblick über kulturell determinierte Geschlechterverhältnisse und Sexualität in unterschiedlichen Kulturen vgl. den Sammelband von Ortner/Whitehead 1981 und dabei insbesondere die Einführung der Herausgeberinnen (1–27). Siehe des Weiteren Sussman 1998, 120.

unmännlich verstanden.[5] In den Diffamierungen wird die aktive Rolle dabei entweder anderen Männern oder Frauen zugeschrieben. Ein derartiges Dominanz- und Unterordnungsverhalten spiegelt nach Edwards Machtverhältnisse zwischen bestimmten Individuen wider und kann so die Machtlosigkeit eines untergeordneten, dominierten Partners versinnbildlichen.[6]

Grundlegend für ein solches Verständnis von Geschlechterrollen ist deren antike Definition anhand von psychischem und sexuellem Verhalten und nicht etwa nach physiologischen Kriterien,[7] was die Zuschreibung zu einem Geschlecht – auch wenn sie im heranwachsenden Alter einmal stattgefunden hat – instabil macht.[8] Diffamierungen anhand eines unangemessenen Sexualverhaltens liegt also grundsätzlich ein Verständnis von Maskulinität zugrunde, das sich durch tugendhaftes Verhalten konstituiert. Das sexuelle Verhalten wird im antiken römischen Verständnis in direkten Zusammenhang mit der *virtus* gestellt und diese wiederum mit (Selbst-)Kontrolle.[9] Denn römische Idealvorstellungen eines männlichen Rollenbildes kommen als

---

5 SKINNER spricht von einer „dominance-submission relationship", siehe SKINNER 1997, 135 sowie SKINNER 2005, 195; bzw. von einer „hierarchical relationship", SKINNER 2005, 210; SKINNER (1997, 135) bezieht sich dabei u. a. auf FOUCAULT 1985, 38–52 sowie FOUCAULT 1986, 4–36. Siehe auch EDWARDS 1993, 70 mit weiteren Literaturangaben. Dort heißt es: „Sexual relationships were constructed as relationships of domination and subordination, of superiority and inferiority, in Roman moral and social discourse." Siehe ferner CANTARELLA 1992, 217. Dominanz steht dabei für Überlegenheit, Unterwerfung für Minderwertigkeit, vgl. EDWARDS 1993, 70; THOME 2001, 30 f.

6 Vgl. EDWARDS 1993, 63–97, siehe auch LEACH (2001, 339), die sich in ihrer Darstellung selbst auf EDWARDS bezieht; ferner FREDRICK 2002, 236–264.

7 Siehe dazu auch GLEASON 1995, 58: „The essential idea here is that there exist masculine and feminine ‚types' that do not necessarily correspond to the anatomical sex of the person in question. This may seem strange to us now, since we have become accustomed to thinking of the human race as divided into two natural kinds, male and female." SKINNER (1997, 134) spricht in Bezug auf Rom auch von einer „gender dissonance" und betont, dass eine einmal geschehene Identifizierung mit einem Geschlecht nicht konstant gewesen sei. In der modernen Konstruktion von Geschlechterrollen würden diese bereits im Kindesalter stabilisiert, sobald das Kind den Unterschied zwischen den verschiedenen Geschlechtern erkannt und sich selbst einem zugeordnet hat. Hier blieben also die Rollen ein Leben lang erhalten. Im Gegensatz dazu erscheinen nach SKINNER die Geschlechterrollen in Rom allerdings wesentlich ungewisser. So heißt es hier auch: „Ancient gender identities seem to have been more dubious, at least in the case of men." SKINNER (1997, 29) bezieht sich auf Foucault: The Care of the Self (1986, 39–68) und beobachtet in den Quellen: „[...] in virtually every literary genre, boundaries between ‚male' and ‚female' as essential categories of psychosexual identity fluctuate wildly and eventually break down." So wird in der lateinischen Literatur „effeminacy" dann auch mit politischer, sozialer und moralischer Schwäche verbunden, siehe EDWARDS 1993, 65.

8 So stellt ein männliches Rollenbild einen gesellschaftlichen Status dar, der immer wieder bestätigt werden muss; vgl. dazu HUMPERT 2001, 7 f.; SKINNER 2005, 195 („gender-as-social-status"); aber auch schon DEISSMANN 1989, 554.

9 Der *virtus*-Begriff wurde für den Kontext der Sexualmoral und als positives Gegenüber der *effeminatio* jüngst von STEENBLOCK 2013, 8–17 aufgearbeitet, zuvor beispielsweise von HUMPERT 2001, 49–59. Vgl. dazu auch SKINNERS (1997, 143) Beobachtung aus Catulls Gedichten, nach denen „civic virtue grounded on male self-mastery" sei. EDWARDS (1993, 57) definiert *virtus* als „a matter of self-control". Den Zusammenhang zwischen Mannhaftigkeit (*masculinity*) und Selbstkontrolle stellt auch

Sinnbild der *virtus* daher,[10] da diese, abgeleitet von *vir* im wörtlichen Sinne, die ‚Mannhaftigkeit' bezeichnet.[11] Steenblock erkennt in Cicero den ersten Autor, der *virtus* als Oberbegriff für verschiedene Einzeltugenden verwendet.[12] Voraussetzung zur Erfüllung dieser obersten Tugendhaftigkeit ist die gänzliche Ausrichtung eines Lebenswandels nach standesgemäßen Tugend- und Moralvorstellungen. Sowohl politischem als auch militärischem Erfolg liegen Selbstbeherrschung und Selbstdisziplin als wichtigste Voraussetzung zugrunde. Eine derartige Selbstbeherrschung ist in den Quellen wiederum z. B. in Form von ‚Frugalität' fassbar, wobei diese als Sinnbild für *fortitudo, constantia, moderatio* und *temperantia* dient.[13] Selbstbeherrschung ist jedoch nicht die einzige Form von ‚Kontrolle', die einen *vir* auszeichnet: Maskulinität wird eben auch durch Kontrolle über andere bestimmt. Kontrolle über andere wiederum bedeutet Macht und diese spiegelt sich auch in sexuellen Beziehungen wider.[14] Der idealen *virtus* wird sodann der Verlust der männlichen Tugend gegenübergestellt, die von Cicero durch die Bezeichnung eines Mannes als *effeminatus* dokumentiert wird, wie z. B. in seinem Spätwerk, den *Tusculanae disputationes: Quid est autem nequius aut turpius ecfeminato viro?*[15]

Im diffamierenden Bild der eigenen Prostitution und der damit verbundenen Geldannahme wiegt, wie zu sehen sein wird, außerdem die Missachtung des Verbots für Mitglieder der Senatsaristokratie schwer, aus sexuellen Beziehungen Gewinn zu schlagen.[16] Daneben soll der Vorwurf der Unterordnung und der Fremdbestimmtheit in den Diffamierungen (politische) Machtlosigkeit veranschaulichen. Ähnlich stellt Steenblock in ihrer jüngst erschienenen Studie einen Zusammenhang von Sexualmoral und politischer Stabilität in der späten Republik und frühen Kaiserzeit heraus,[17] da sie beobachtet, dass politische und gesellschaftliche Machtbeziehungen als se-

---

Williams (2010, 138–142) deutlich heraus. Für eine grundlegende, aber ältere philologische Diskussion des *virtus*-Begriffes vgl. u. a. Eisenhut 1973.

10 Vgl. beispielsweise Myers 1996, 10; siehe auch Wardle 2002, 248; ferner Earl 1967, 20 ff.

11 Vgl. Renaud 2002, 895 f. in Bezugnahme auf Cic. Tusc. 2.18. Vgl. auch Steenblock 2013, 8.

12 Steenblock 2013, 9. Zu dieser Grundbezeichnung von Tugend entwickle sich der *virtus*-Begriff erst als Lehnwort für ἀρετή, nachdem er in der frühen Republik hauptsächlich militärische Qualitäten bezeichnet hatte.

13 So sieht Edwards (1993, 93) in einem ‚*soft' life* den Gegenentwurf zu einem ‚römischen' Leben, das geprägt sei von Frugalität und militärischer Tugendhaftigkeit („‚Roman' life of frugality and military virtue"). Für die Qualitäten der *virtus* vgl. Humpert 2001, 56 f.

14 Skinner 1997, 145: „In the Graeco-Roman world, power [...] was openly eroticized – so openly and so thoroughly as to undermine biological identity." Siehe des Weiteren Skinner 1997, 141: „Accordingly, a reciprocal synecdochic bond between sex and power would have permitted Romans writing during the troubled first century B.C.E. to depict constitutional gender anarchy, allegorizing political crisis as a jarring disruption of natural gender roles." Dementsprechend werde der Körper des Mannes idealiter als „inviolable, legally protected from sexual penetration, beating and torture" verstanden (Skinner 2005, 195).

15 Cic. Tusc. 3.17.36.

16 Vgl. dazu Mommsen 1899, 700.

17 Vgl. Steenblock 2013.

xuelle Beziehungen umschrieben werden.[18] Dabei versteht sie die Bildlichkeit aus dem sexuellen Bereich allerdings lediglich als metaphorische Sprache, was für die Frage nach den kulturellen Implikationen bestimmter ‚sagbarer' Anschuldigungen sexueller Verfehlungen zu kurz greift. Es gilt vielmehr zu prüfen, auf welche potentiell drohenden Strafen mit dem Vorwurf bestimmter Verfehlungen sexueller Natur angespielt wird, um die Bedeutung der einzelnen die Sexualität betreffenden Argumente abschätzen zu können.

Des Weiteren wird der Vorwurf der *libido* ebenso zu dieser Argumentengruppe gezählt wie auch der des Ehebruchs, das folgenreiche Aufsuchen von Bordellen oder das öffentliche In-Kontakt-Treten mit Personen, die mit diesem Milieu assoziierbar sind, wie z. B. Zuhältern oder Prostituierten.

5.1.1 Sexualitäts-Narrative in den Reden

Für Catilina veranschaulichen drei (kürzere) Narrative sehr eindrücklich, wie sexuelle Verfehlungen als illustrative Vorwürfe der Diffamierung eingesetzt werden können.[19] Zum einen ist das der Fall bei Ciceros Vorwurf, Catilina habe ihm, Cicero, den Tongilius entführt. Was zunächst nach gegenseitigem Buhlen um politische Loyalitäten klingen könnte, wird zum Vorwurf sexueller Verfehlung, indem Cicero hinzufügt, dass dies geschehen sei, nachdem Catilina den Tongilius bereits in jungen Jahren (*praetexta*) zu lieben begonnen hatte (*amare coeperat*).[20] Das junge Alter Catilinas mildert den Anklang sexueller Verfehlungen nur im ersten Moment ab, da die Sexualität von jungen Männern nahe der weiblichen eingestuft wird und Verfehlungen in jungem Alter stets dem älteren Partner zur Last gelegt werden.[21] Wäre Catilina also in jungen Jahren eine unangemessene sexuelle Beziehung zu einem älteren Mann eingegangen, wäre ihm zunächst die Rolle des Opfers zuteil geworden. Eine solche Verfehlung aus Jugendtagen ist zwar ehrenrührig, bildet aber nicht den zentralen Vorwurf in dieser Diffamierung Ciceros.[22] Wir wissen zwar nicht, wer genau Tongilius und wie alt er zum

18 Steenblock 2013, 11 Anm. 42, 14 mit Verweis auf Opelt 1965, 125–189, Edwards 1993, 70 f. sowie auf Syme 2003, 156–168.

19 Den Begriff der ‚sexuellen Diffamierungen vor Gericht' nutzt Hartmann (2007, 152) für Clodia Metelli.

20 Cic. Catil. 2.4: *Tongilium mihi eduxit, quem amare in praetexta coeperat (...).* („Den Tongilius hat er mir entführt, den er bereits als Knaben liebgewonnen hatte [...].").

21 Sowohl die Sexualität junger Männer als auch von Frauen wird als passiv eingeordnet, Männlichkeit und somit die Übernahme der aktiven Rolle stellt eine im Heranwachsen zu erwerbende Qualität dar. Vgl. dazu beispielsweise Gilmore 1990, 11 oder Steenblock 2013, 14. So hätte Catilina gegenüber einem jungen Mann eine aktive, dominante Rolle innehaben können, vorausgesetzt, dieser wäre nicht frei geboren.

22 Darin ist ein Unterschied zum griechischen Kulturraum zu erkennen, da die Päderastie dort als Liebesbeziehung zwischen einem erwachsenen und einem heranwachsenden Mann erzieherische

Zeitpunkt der Vorwürfe war, aber dennoch erwächst dem Catilina aus einer solchen Beziehung jetzt, im nunmehr erreichten Erwachsenenalter, aus mehreren Gründen ein Nachteil:[23] Problematisch ist grundsätzlich das Verhältnis eines erwachsenen, männlichen Mitglieds der römischen Nobilität, wie Catilina es inzwischen zweifelsfrei ist, mit einem (jüngeren) Freigeborenen, denn ein solches fiele unter den Straftatbestand des *stuprum.*[24] Die Andeutung, dass diese Verbindung zwischen Catilina und Tongilius, die in jungen Jahren begonnen habe, bis in die Gegenwart anhalte, gibt dem Vorwurf eine weitere Dimension, da beide inzwischen zwangsläufig erwachsen und vermutlich etwa im gleichen Alter sein müssen. Den mehr oder weniger gleichaltrigen Tongilius nun mit einer erotischen Konnotation ‚abzuwerben', weist deutlich in die Richtung einer unangemessenen Liebschaft, ist doch ein Verhältnis zwischen zwei gleichaltrigen erwachsenen (*exoleti*) und freien (*ingenui*) Männern rechtswidrig.[25] Auch wenn Tongilius unfrei wäre,[26] würde die sexuelle Beziehung zwischen einem römischen Aristokraten und einem gleichaltrigen, nunmehr erwachsenen Sklaven – wenn er nicht der eigenen Hausgewalt unterliegt –[27] Anstoß erregen. Sie könnte ebenfalls als *stuprum* verstanden werden, auch wenn der sexuelle Umgang von Senatsaristokraten mit männlichen Prostituierten nicht selten war.[28] Da Cicero Catilina vorwirft, ihm selbst den Gefolgsmann Tongilius abgeworben zu haben, ist davon auszugehen, dass es sich zumindest nicht um einen Sklaven gehandelt hat, da die Anhängerschaft von Sklaven auf Cicero selbst rufschädigend hätte wirken müssen. Im Übrigen liegt in der Gleichzeitigkeit der Diffamierung von homoerotischem Sexualverhalten und dessen zu vermutender Alltäglichkeit eine Doppelmoral der römischen Gesellschaft verborgen, die auch im Principat Gesellschaftskritiker wie Martial und

---

Zwecke aufweist und eine gesellschaftlich akzeptierte Praxis darstellt. Vgl. Hartmann 1998, 704; Hartmann 2000, 139.

23 Zu Tongilius, über den wir weiter nichts wissen, vgl. Münzer 1937, 1710.

24 Vgl. Skinner 2005, 196.

25 Der Missbrauch eines Freigeborenen führte zu einem ädilizisch-comitialen Verfahren, vgl. Mommsen 1899, 703. Sexuelle Beziehungen zwischen gleichaltrigen, dem Jungenalter entwachsenen Männern (*exoleti*) sowie zwischen Freien (*ingenui*) waren in Rom verpönt, vgl. Hartmann 1998, 705.

26 Vgl. Hartmann 2000, 141: Sexuelle Beziehungen zu Knaben wurden in Rom nur im Bereich der Prostitution oder mit Sklaven gepflegt.

27 Der erotische Umgang eines Aristokraten mit einem Sklaven aus dem eigenen Hausstand blieb unberücksichtigt. Wenn der Sklave aber zu einem anderen Haus gehörte, galt dieser Umgang als Straftat, d. h. als Vergehen am Eigentum Fremder; vgl. Hartmann 1998, 706.

28 *Stuprum* ist entweder der „unzüchtige Geschlechtsverkehr mit einer freien, anständigen unverheirateten Frau oder von Personen männlichen Geschlechts untereinander." Lammert 1931, 423 mit Belegstellen. Zum *stuprum* als Verführung eines jungfräulichen Mädchens vgl. Hartmann 2001b, 496. Für die republikanische Zeit ist das *stuprum* vom *adulterium* (Geschlechtsverkehr einer verheirateten Frau mit einem anderen Mann als ihrem Ehegatten) zu unterscheiden. Erst im augusteischen Ehebruchgesetz (*lex Iulia de adulteriis coercendis*) wird der Begriff *stuprum* auch für den Straftatbestand des *adulterium* gebraucht und dem Anklägerverfahren sowie der Kriminalstrafe unterworfen, vgl. Mommsen 1899, 690. Für die Verbreitung des sexuellen Umgangs mit männlichen Prostituierten in Rom siehe Hartmann 1998, 705.

Juvenal zu bissigem Spott veranlasst hat.[29] Die Verfolgung des Straftatbestandes *stuprum* – das in frühen republikanischen Zeiten gleichbedeutend mit *turpitudo* war – zu Zeiten der späten Republik ist unklar und erst ab der *lex Iulia de adulteriis coercendis* für uns greifbar: Sie oblag möglicherweise der Selbsthilfe.[30] Die genauen inhaltlichen Bestimmungen der *lex Scantinia* (ca. 149 v.Chr.) sind zwar umstritten, aber vermutlich drohte einem des *stuprum cum masculo* überführten freien Mann auf dieser Rechtsgrundlage potentiell eine Geldstrafe.[31] Durch den impliziten Anklang des *stuprum* und damit der *turpitudo* wird durch den Seitenhieb auf Tongilius eindeutig auf die Schädigung von Catilinas Ehre aufgrund von Verfehlungen im Bereich der Sexualität gezielt. Zudem wird erstmals ein Zusammenhang hergestellt zwischen der An- bzw. Abwerbung politischer Gefolgschaft und sexuellen Verfehlungen. So wird hier ein Argument der Diffamierung gegen den Gegner angewendet, das nichts mit dem eigentlichen Straftatbestand – dem Umsturzversuch – zu tun hat, das für die Schädigung des Rufes aber mit diesem Straftatbestand künstlich verknüpft wird.[32]

Eine ähnliche Verknüpfung nimmt Cicero vor, wenn er Catilina in der *zweiten Rede* vor dem Volk konkrete Verfehlungen in sexuellen Beziehungen vorwirft: Dieser habe nämlich andere Männer auf die schändlichste Weise geliebt (*alios ipse amabat turpissime*), er habe ihnen ehrrührige Liebesdienste erbracht (*amori flagitiosissime serviebat*) und für die Befriedigung ihrer Lüste gesorgt (*fructum lubidinum*).[33] In diesen Vorwürfen wiegt für ein männliches Mitglied der Senatsaristokratie besonders der Aspekt sexueller Dienstbarkeit schwer, da diese dem Catilina eine passive Rolle in der ohnehin unangemessenen sexuellen Beziehung zwischen freien, erwachsenen Männern zuschreibt. Im ersten Schritt der Aufzählung (*amabat turpissime*) wird das Lieben konkret als *turpis* disqualifiziert, wobei durch die Zusammenstellung von *turpitudo* und *amor* die ursprüngliche Bedeutung der *turpitudo*, das *stuprum* als strafbare Unzucht, angedeutet wird. Im zweiten Schritt brandmarkt Cicero dann das Sexualverhalten Catilinas als *flagitium*, indem er den Dienst in Liebesangelegenheiten (*amori serviebat*) als ehrrührig, schmachvoll und lasterhaft (*flagitiosissime*) bezeichnet. So wird erneut eine Infamie durch Verweise auf sexuelle Verfehlungen erzeugt, da das

29 Siehe dazu Hartmann 1998, 705 f.

30 Vgl. Völk 2001, 1060.

31 Vgl. Lammert 1931, 424: Das *stuprum* unter Männern wurde in den ersten Jahrhunderten der Republik und später in der christlichen Kaiserzeit wieder mit dem Tod bestraft; vgl. des Weiteren Hartmann 1998, 706.

32 Wie eng moralische Urteile in Rom an konkrete Straftatbestände geknüpft werden konnte, betont Hammar (2013, 179) zu Recht: „It demonstrates how it was possible for a Roman orator to connect crime (*facinus*) with immoral acts (*flagitium*) formed into a single attack."

33 Cic. Catil. 2.8: *qui alios ipse amabat turpissime, aliorum amori flagitiosissime serviebat, aliis fructum lubidinum, (...) pollicebatur.* („Er, der die einen auf die schändlichste Weise selbst liebte, sich der Liebe anderer auf frevelhafteste Art hingab, anderen Befriedigung ihrer Lüste [...] versprach.") Siehe auch Cic. Catil. 2.10.

flagitium die Erniedrigung einer Person in einer sexuellen Beziehung ausdrückt.[34] Cicero versichert den Zuhörern so auf zweifache Weise, dass Catilina durch sein Verhalten gegenüber seinen Anhängern einen Ehrverlust massiven Ausmaßes erlitten habe. Denn nun tritt zur bereits erwähnten *turpitudo* – die durch das Stichwort *amare* zunächst einen ersten Anklang an den Straftatbestand eines sexuellen Vergehens, *stuprum*, aufweist – auch noch eine Erläuterung, welcher Natur die Infamie denn sei: nämlich sexuell erniedrigend, *flagitiosus*. Letztlich nutzt Cicero in Form von Catilinas Versprechen, seinen Anhängern zur Erfüllung ihrer Lüste zu verhelfen, einen Vorwurf der *libido*, der durch die Vorrede (*amare, flagitiosus*) ebenfalls sexuell konnotiert ist. Wenn Cicero dann etwas später in der *zweiten Catilinarischen Rede* über die ‚Verführungskunst' (*illecebra*) Catilinas herzieht, wird diese durch die vorangegangenen Vorwürfe sexueller Verfehlungen im Zusammenhang mit seinen Anhängern ebenfalls in einen sexuellen Kontext versetzt (*iam vero quae tanta umquam in ullo iuventutis illecebra fuit, quanta in illo?*).[35] Catilinas unangebrachte sexuelle Avancen dienten ihm nämlich dazu, so Ciceros Unterton, Anhänger für seine Sache – den Putschversuch – zu gewinnen. Die an sich politische Ambition der Anwerbung von Unterstützern eines Umsturzes verlegt Cicero so in ein sexuelles Ambiente, um Catilinas eigentlich politische Handlungen durch gesellschaftlichen Ehrverlust zu diffamieren. Es entsteht in dieser Episode der *zweiten Catilinaria* somit eine Zusammenstellung von Lastern sexueller Art aus *turpitudo* (*stuprum*), *flagitium* und *libido*. Interessant ist freilich auch in dieser Passage, dass die sexuellen Verfehlungen an sich nicht in Zusammenhang stehen mit dem eigentlichen Vorwurf, dass sich Catilina mit einer verwerflichen Anhängerschaft umgeben hatte, der letztlich eine Verschwörung nachgewiesen werden soll. Da Cicero aber die Anwerbung dieser Anhänger in Verbindung mit Catilinas sexuellen Verfehlungen bringt, diffamiert er nicht nur Catilina selbst, sondern zugleich auch die Anhängerschaft durch angebliches Fehlverhalten sexueller Art. So führt er sowohl für den Anführer als auch für die Gefolgschaft in einem Streich den Nachweis mangelnder Charakterqualitäten, die anhand von sexueller Devianz aufgezeigt werden. Auf diese Weise ebnet er den Weg für eine pauschale Zuschreibbarkeit von potentiellen Verfehlungen aller Art.

Schließlich zieht Cicero die Gefahr, die er für Catilina und dessen Umfeld konstruiert, mithilfe des Arguments einer unangemessenen, weil sexuell verfehlten Anhängerschaft ins Lächerliche: Ironisch klagt er, wie sehr ein Krieg zu fürchten sei, in dem Catilina eine Leibgarde (*cohors praetoria*) aus Dirnen/Prostituierten (*scorta*) um sich schare.[36] Das in dieser Diffamierung entworfene Bild muss die römischen Zu-

---

34 Für das Ausmaß der Erniedrigung, die dem *flagitium* im Falle einer gewaltvoll aufgezwungenen sexuellen Beziehung inhärent sein kann, vgl. Hartmann 2002b, 39. Für Catilina tritt an die Stelle des Zwangs der Dienst: *servire*.

35 Cic. Catil. 2.8: „Weiter, welcher Mensch hat jemals eine so große Verführungskunst der Jugend gegenüber besessen wie er?".

36 Cic. Catil. 2.24: o *bellum magno opere pertimescendum, cum hanc sit habiturus Catilina scortorum cohortem praetoriam!* („O wie sehr ist dieser Krieg zu fürchten, da Catilina diese Leibgarde von Dirnen

hörer, in diesem Falle das Volk, sehr belustigt haben, konnte doch der gesellschaftliche Status eines römischen Feldherrn an dem ‚Gardetrupp' abgelesen werden,[37] der ihn umgab. Catilina wird nun in die Rolle eines Feldherrn versetzt, der einen Krieg zu führen hat. In Ciceros Darstellung wäre dies freilich ein frevelhafter Krieg gegen die *res publica*, zumal er von einer Prätorianergarde aus Dirnen umgeben ist, die ein republikanischer Feldherr eigentlich aus Soldaten und Freunden zusammensetzte.[38] Er brandmarkt Catilina so als einen unfähigen Feldherrn, der keine Freunde und keine Soldaten habe, sondern nur (politischen) Umgang mit Dirnen pflege und diese in Ermangelung anderer Kandidaten sogar zu seiner Leibgarde machen müsse. Indem die Prätorianergarde mit unehrenhaften Frauen besetzt wird, stellt Cicero abermals Catilinas Maskulinität in Abrede und ersetzt dessen militärische Ambitionen und Qualitäten durch sexuelle Ambitionen. Zugleich spricht er ihm die Eignung zu militärischer – und damit römisch-tugendhafter – Betätigung ab. Cicero diffamiert Catilina, indem er ihm unterstellt, dass er dem römischen Rollenbild eines Senatsaristokraten nicht entspreche, da er einem femininen Rollenbild näherstehe als einem maskulinen.

Verteidigungsreden in Gewaltprozessen (*de vi*), in denen Cicero 56 v. Chr. Caelius und Sestius sowie 52 v. Chr. Milo verteidigte, enthalten Vorwürfe, die Clodius durch die Unterstellung von Verfehlungen sexueller Natur innerhalb der eigenen *gens* diffamieren.[39] In der *Verteidigungsrede für Milo*, der wegen Mordes an Clodius angeklagt war und letztlich in die Verbannung gehen musste, führt Cicero zur Steigerung der Glaubwürdigkeit eines *stuprum*-Vorwurfes an, dass – scheinbar objektive – Nachforschungen (*quaestiones*) des L. Lucullus ans Licht gebracht hätten, dass Clodius schändliche Unzucht mit seiner leiblichen Schwester getrieben habe (*cum sorore germana stuprum fecisse*).[40] Nicht nur aus moderner Perspektive ist der Objektivität jedoch abträglich, dass es sich bei dem Zeugen um den geschiedenen Ehegatten der besagten Schwester, Clodia Luculli, handelte. Da diese 77 v. Chr. mit Lucullus vermählt und vermutlich bereits 66 v. Chr. von ihm geschieden, zum Zeitpunkt des Vorwurfs 52 v. Chr. also in jedem Fall verheiratet gewesen war, ist die Anschuldigung des *stuprum* verwunderlich, bezieht sich diese doch in der Regel auf unverheiratete, jungfräuliche

um sich haben wird!") Für *scortum* in der Bedeutung Prostituierte und Prostitution in Rom vgl. Hartmann 2001a, 452 f.

37 Zur Zeit Ciceros sind die Prätorianerkohorten noch nicht in dem Maße institutionalisiert, wie dies unter Augustus zu beobachten ist. Vgl. Durry 1954, 1608; 1613 ff.

38 Vgl. Durry 1954, 1612 f.

39 Wie willkürlich anwendbar auch dieser Aspekt der sexuellen Diffamierung war, lässt sich daran erkennen, dass auch Cicero Inzest in der eigenen Familie, nämlich mit seiner Tochter, vorgeworfen wurde (Ps.-Sall. in Tull. 2.2; Cass. Dio 46.18.6). Vgl. hierzu Tritschler 2006, 67; Hartmann 2007, 153.

40 Cic. Mil. 73: *eum quem cum sorore germana nefarium stuprum fecisse L. Lucullus iuratus se quaestionibus habitis dixit comperisse* („jemanden [*sc. Clodius*], der, wie L. Lucullus durch seine Untersuchungen ermittelt zu haben eidlich beteuerte, mit seiner leiblichen Schwester schändliche Unzucht trieb [...]"). Vgl. auch Harders 2008, 228–247.

Mädchen der Aristokratie.[41] Für eine unangemessene sexuelle Beziehung zu einer verheirateten Frau wäre eher der Vorwurf *adulterium* zu erwarten gewesen. Nun kann in einem weiteren Sinne aber auch vor der augusteischen Ehegesetzgebung jeder *coitus illicitus* einschließlich des Ehebruchs, der in einer Liaison zwischen Clodius und Clodia Luculli vorgelegen haben müsste, als *stuprum* bezeichnet werden.[42] Dass Cicero für diesen Fall nicht (nur) von einem *adulterium* spricht, sondern den Vorwurf *stuprum* wählt, mag an der ursprünglichen Bedeutung von *stuprum* liegen. Diese hatte nämlich zunächst konkret die Strafe bezeichnet und erst später die Bedeutung einer allgemeinen Unzucht angenommen. Ebenfalls für Clodius ist der Vorwurf *stuprum* bereits aus der Rede *Pro Sestio* bekannt, in der Cicero Clodius 56 v. Chr. Verfehlungen mit gleich mehreren Schwestern unterstellt (*sororiis stupris*).[43] Hier wird der Vorwurf noch erweitert um sexuelle Beziehungen mit den eigenen Brüdern (*fraternis flagitiis*). Das *flagitium* mit den Brüdern und das *stuprum* mit den Schwestern wird ausgedehnt auf jede weitere potentiell denkbare, nie dagewesene Art unerhörter Ausschweifungen (*inaudita libidine*), die allerdings nicht weiter benannt werden.[44] Auffällig ist, dass Cicero den schändlichen sexuellen Umgang mit Schwestern auch hier als *stuprum* diskreditiert, während er den Umgang mit den Brüdern als *flagitium* bezeichnet. Im Vorwurf der Unzucht mit den Schwestern wiegt so der Straftatbestand, den *stuprum* andeutet, schwerer, während im Vorwurf der Unzucht mit den Brüdern, dem *flagitium*, die Erniedrigung durch die sexuelle Verfehlung betont wird. Je nach Partner der sexuellen, inzestuösen Beziehungen wird Clodius so eine andere Rolle zugeschrieben: Im Inzest mit den Schwestern wird er in die aktive Rolle versetzt und so als Verbrecher stigmatisiert (*stuprator*). Im Inzest mit den Brüdern wird ihm eher eine passive Rolle zugesprochen, die ihm zur Erniedrigung (*flagitium*) gereicht. Dass von *stuprum* anstatt von *adulterium* gesprochen wird, gibt Aufschluss darüber, welches Vergehen Cicero mit dem gewählten Vorwurf betonen möchte. Während das *adulterium* in erster Linie als Verstoß gegen die Ehe und deren primäres Ziel, den Nachwuchs zu sichern,[45] verstanden wird und so ein Vergehen gegen eine gesellschaftliche Institution ausdrückt, setzt *stuprum* am Vergehen gegen die moralische Sittlichkeit an.[46] Zur Be-

---

41 Vgl. MÜNZER 1900, 107.

42 Vgl. PFAFF 1931, 432.

43 Siehe dazu auch Cic. har. resp. 42: *(...) germanitatis stupris volutatus;* („[...] hurte er daheim mit seinen leiblichen Schwestern herum.").

44 Cic. Sest. 16 f.: *qui enim in eius modi vita nervi esse potuerunt hominis fraternis flagitiis, sororiis stupris, omni inaudita libidine exsanguis?* („Was für Kräfte hätten denn auch in einem solchen Leben stecken können, in einem Menschen, den schändlicher Umgang mit den Brüdern, unzüchtiger Verkehr mit den Schwestern und jede Art unerhörter Ausschweifungen zerrüttet hatten?"). Siehe dazu auch Cic. Sest. 39: *cum sororis adultero* („mit dem ehebrecherischen Liebhaber seiner Schwester") (Übers. mod. A.T.).

45 Zu den zentralen Aufgaben und Funktionen der Ehe in Rom vgl. TREGGIARI 1997, 896 f.; HARTMANN 2007, 134.

46 *Stuprum* stellt gegenüber *adulterium* einen weiter gefassten Begriff dar, vgl. HARTMANN 1894, 432.

schädigung von Clodius' *fama* durch den Vorwurf des Inzests scheint sich daher eher das *stuprum* als wirkungsmächtiges Argument der Diffamierung angeboten zu haben.

Ebenfalls interessant ist, wie sich der Vorwurf der *libidines* in die Aufzählung der Vorwürfe *stuprum* und *flagitium* einreiht. Durch die Aneinanderreihung wird dem *libidines*-Vorwurf eine Handlungshaftigkeit zugeschrieben, welche durch den Plural, in dem *libidines* als ,Ausschweifungen' zu verstehen sind, verdeutlicht wird. Der Vorwurf *libidines* übernimmt eine Hinweis- und Andeutungsfunktion dafür, dass beliebige andere konkrete Formen von Ausschweifungen hinzugedacht werden könnten und sollten. Ähnlich konkret gestaltet sich der *libidines*-Vorwurf gegen Clodius auch in der Warnung, die Cicero zum Wohle aller römischen Bürger ausspricht: Denn keines Mannes Frau wäre vor Clodius' hemmungsloser Begierde (*effrenatas suas libidines*) sicher gewesen.[47]

Die Vorwürfe des *adulterium* und des *stuprum* finden sich für Clodius auch im Konnex mit dem ,Sakrileg' (*religio*) im Rahmen des Bona-Dea-Skandals.[48] Clodius wird vorgeworfen, sich im Jahre 62 v. Chr. in die Zeremonie zu Ehren der Bona Dea geschlichen zu haben, die im Haus des amtierenden Pontifex Maximus, Caesar, abgehalten wurde.[49] Die besondere Schwere der Verfehlung liegt in der Tatsache begründet, dass diesem Fest ausschließlich Frauen hätten beiwohnen dürfen. Vor diesem Hintergrund ist freilich zu erklären, warum Clodius unterstellt wird, sich als Frau verkleidet Zugang verschafft zu haben. In dem Verfahren, das ihm 61 v. Chr. in dieser Angelegenheit gemacht wurde, ist Clodius letztlich freigesprochen worden.[50] Dieser Ausgang wiederum mag für Cicero verhängnisvoll gewesen sein, da seine Aussage gegen Clodius den Ursprung einer tiefgreifenden Feindschaft zwischen den beiden bildete, die schließlich zu Ciceros Exil führen sollte.[51] Auch der von Cicero geschilderte Umstand, dass Clodius' „abscheulicher Ehebruch" (*nefandum adulterium*) während des Bona-Dea-Festes von edelsten Frauen (*nobilissimae feminae*) entdeckt worden sei,[52] weist über die eigentliche Handlung des Ehebruchs hinaus eine zweite Ebene der Diffamierung auf. Da nämlich Frauen und nicht etwa Männer den Skandal ans Licht

---

47 Cic. Mil. 76: *(...) et a coniugibus vestris numquam ille effrenatas suas libidines cohibuisset.* („[...] und eure Frauen wären keinen Augenblick vor seiner hemmungslosen Begierde sicher gewesen.").

48 Der Bona-Dea-Skandal wurde in der Forschung freilich vielfach diskutiert. Hier seien nur einige Titel genannt, die für die jeweilige Entstehungszeit als grundlegend zu betrachten sind: Balsdon 1966, Moreau 1982, Epstein 1986 mit der Frage nach Ciceros Motivation, sich am Prozess gegen Clodius zu beteiligen, Tatum 1990 in Reaktion auf Epstein, Tatum 1999 in monographisch-biographischer Form, Leach 2001.

49 Balsdon 1966, 66 geht davon aus, dass nicht etwa Caesars Frau Pompeia, sondern Caesars Mutter Aurelia dem Fest in dessen Haus vorgestanden habe.

50 In der Forschung wurden bereits Zweifel an Clodius' Schuld im Bona-Dea-Skandal geäußert. Siehe dazu Balsdon 1966.

51 Vgl. beispielsweise Epstein 1986, 229 f.

52 Cic. Mil. 72: *cuius nefandum adulterium in pulvinaribus sanctissimis nobilissimae feminae comprehenderunt;* („dessen abscheulicher Ehebruch, begangen auf heiligen Kultbetten, von Frauen des höchsten Adels entdeckt wurde.").

bringen, wird nicht nur die Tugendhaftigkeit der Ehefrau beschädigt, an der sich Clodius durch den Ehebruch nach antikem Verständnis vergangen hatte.[53] Vielmehr leidet auch die Tugendhaftigkeit der edlen Frauen, die das Vergehen enthüllt haben. Clodius werden also zwei Vergehen vorgeworfen: erstens der Ehebruch zum Schaden der Ehefrau und insbesondere des betrogenen Ehemannes Caesar und zweitens die Entwürdigung der edlen Frauen, deren Ruf als Zeuginnen durch Clodius beschädigt werde. Durch die Zeugenschaft werden diese nämlich hypothetisch in die kompromittierende Position versetzt, des *lenocinium* angeklagt werden zu können, wenn sie das *adulterium* z. B. gegen Annahme von Schweigegeld decken oder gar begünstigen würden.[54] Dabei umfasst das *lenocinium* spätestens seit Augustus unter verschiedenen Tatbeständen die Verkupplung der Ehefrau und den Verzicht auf die Scheidung von einer dem Ehebruch überführten Ehefrau.[55] Jenes zweite Verbrechen des Clodius an den edlen Damen, das Aufbürden der Mitwisserschaft um das *adulterium* und somit ein drohendes *lenocinium*, habe Clodius auch gegenüber Caesar selbst verübt. Denn dem betrogenen Ehemann oblag es im Falle eines *adulterium*, sich von der Ehefrau zu trennen, um sich so vor dem Schaden zu bewahren, den der *adulter* der Ehefrau zugefügt hatte. Denn würde sich der Ehemann nicht von der ehebrecherischen Frau trennen, könnte ihm ebenso wie den Damen unterstellt werden, sich des *lenocinium* strafbar gemacht zu haben. Im Narrativ des Bona-Dea-Skandals setzt Clodius Caesar Hörner auf und zwingt ihn zu einer Scheidung von seiner Frau, vergeht sich so also gegen den Ehemann Caesar. Jüngst wurde dieser Wesenszug in Clodius' Handlungsweise während des Bona-Dea-Festes als politischer Dominanzgestus gegenüber Caesar erkannt. Der Ehebruch mit Caesars Gattin, den das Einschleichen zum Fest in besonders effektiver Weise bezweckt zu haben scheint, dient Clodius, so Hartmann, als politische Waffe eines politischen Aufsteigers gegenüber Caesar als politischem Schwergewicht.[56]

In *Pro Milone* oder auch in *In Pisonem* fallen die Anspielungen auf diesen Vorfall, der sich für eine charakterliche Diffamierung hervorragend eignet, recht knapp aus. Hier wie dort referiert Cicero lediglich, dass Clodius heiligste Kulte durch Unzucht (*stuprum*), also wieder durch ein sexuell aufgeladenes Verbrechen, entweiht habe.[57]

53 Vgl. Hartmann 1894, 433.

54 Für das dem Ehemann drohende *lenocinium*, wenn er Vorteil aus dem *adulterium* seiner Ehefrau zieht oder dieses nicht bestraft, sowie für den Hinweis auf den Tatbestand der Beihilfe oder Teilnahme vgl. Hartmann 1894, 433.

55 Vgl. Ebner 1999, 46; Kleinfeller 1925, 1943.

56 Vgl. Hartmann 2015. Eine politische Dimension wurde dem Eklat zuvor von Will (1997, 37) beschieden, da sich am fünften Dezember 62 v. Chr. die in der *plebs* als unrechtmäßig empfundene Hinrichtung der Catilinarier jährte, zu deren Durchsetzung Cicero angeblich Omina der Bona Dea genutzt hatte.

57 Cic. Mil. 87: *polluerat stupro sanctissimas religiones (...)*. („Er hatte heiligste Kulte durch Unzucht entweiht."). Siehe dazu auch Cic. Mil. 85: *(...) omni nefario stupro et scelere macularat (...)*. („[...] durch abscheuliche Schändlichkeit und Verbrechen aller Art entweiht hatte [...]."); Cic. Pis. 95: *(...) cum stuprum Bonae deae pulvinaribus intulisset*. („[...] obwohl er doch die Kultbetten der Guten Göttin durch

Interessant ist, dass Cicero den Bona-Dea-Skandal, der doch einigen Stoff zur Diffamierung bieten könnte, in der *Rede für Milo*, welcher die oben genannte *religio*-Stelle entstammt, nicht weiter nutzt.[58] Dies ist besonders auffällig, da gerade die *Rede für Milo*, die uns in einer schriftlich erweiterten und veränderten Fassung vorliegt, durch das besser kalkulier- und einschränkbare Publikum der Leserschaft, eine größere Schärfe hätte aufweisen können.[59] In der Rede *De provinciis consularibus* führt Cicero den *religio*-Frevel hingegen explizit als Beweis dafür an, dass Clodius zu jedem Verbrechen in der Lage sei, da er sich, angetrieben durch seine *libido*, bereits einmal mit einem derart schwerwiegenden Religions-Frevel belastet habe:

> *quod mihi odium cum P. Clodio fuit, nisi quod perniciosum patriae civem fore putabam, qui turpissima libidine incensus duas res sanctissimas, religionem et pudicitiam, uno scelere violasset?*[60]
>
> „Welchen Grund hatte ich denn, P. Clodius zu hassen, außer daß ich glaubte, ein Bürger werde dem Vaterlande Verderben bringen, wenn er, von scheußlicher Begierde entflammt, durch ein und dasselbe Verbrechen zwei hochheilige Dinge, den Götterkult und die Keuschheit, verletze?"

In dieser Passage ist deutlich zu sehen, wie Cicero ebenjenes Ziel der Diffamierung ausspricht, das ansonsten hauptsächlich in den theoretischen Überlegungen entwickelt wird. Danach ist jeder Mensch, dem irgendeine Verfehlung nachgewiesen werden kann, potentiell auf allen Gebieten frevelhaft. In diesem Fall sei davon auszugehen, meint Cicero, dass Clodius eine konkrete Gefahr für das Vaterland darstelle (*perniciosus patriae*), da er sich schon einmal sogar in einer heiligen Angelegenheit vergangen habe (*qui res sanctissimas violasset*). Der Vorwurf der *libido*, die als ursächlicher Grund für den Hang zu derartigen Verfehlungen benannt wird, erfährt durch die Beurteilung als *turpis* eine bereits bekannte Steigerung. Dass nicht nur die *religio*, sondern auch die *pudicitia* der Ehefrau Caesars verletzt worden sei, zeige

---

Unzucht entweiht hatte […]."). In Verbindung treten der Vorwurf des *stuprum* sowie der Bona-Dea-Skandal auch in Cic. Sest. 39 auf: *cum stuprorum sacerdote* („mit dem Priester der Hurerei").

58 Cicero führt lediglich den in seinen Augen unangemessen milden Ausgang des Bona-Dea-Prozesses – den Freispruch – an, um zu erklären, warum Clodius mit seinem brutalen Tod nun doch eine gerechte Strafe erfahren habe, Cic. Mil. 86: *ante ipsam, inquam, Bonam deam, eum proelium commisisset, primum illud volnus acciperet, quo taeterrimam mortem obiret; ut non absolutus iudicio illo nefario videretur, sed ad hanc insignem poenam reservatus.* („[…] vor der Guten Göttin, nachdem er dort den Kampf eröffnet hatte, die erste Wunde empfing, durch die er einen grausigen Tod erleiden sollte – so daß es schien, als sei er damals in dem berüchtigten Prozeß nicht freigesprochen, sondern für diese ausgesuchte Strafe aufbewahrt worden.").

59 Milo selbst urteilt dem berühmten Diktum nach Cass. Dio 40.53.3 zufolge über die schriftliche Fassung der Verteidigungsrede, dass sie, wäre sie in der überarbeiteten Form von Cicero gehalten worden, gewiss zu seinem Freispruch geführt hätte. Zur überarbeiteten Fassung der *Rede für Milo* vgl. Clark/Ruebel 1985, 57–72.

60 Cic. prov. 24. Siehe in dieser Richtung auch Cic. prov. 46: *in Clodio auspiciorum ratio sit eadem, leges omnes sint eversae ac perditae civitatis.* („[…] bei Clodius aber stand es um die Vorzeichen nicht besser, während die Inhalte sämtlich auf die Zerrüttung und Zerstörung unseres Staatswesens zielten.").

Clodius' verwerfliche Verachtung höchster Tugenden. Die *pudicitia* ist schließlich die wichtigste Tugend einer römischen *matrona* und somit gewissermaßen das Gegenteil von all den diffamierenden Vorwürfen sexueller Art, die Clodius angelastet werden, wie *stuprum*, *flagitium* oder *libido*.

Ein unangemessenes sexuelles Verhalten bildet außerdem den Kern des Vorwurfes, in dem Clodius als Dirne reicher Lebemänner (*scurrarum locupletium scortum*) beschrieben wird.[61] Diffamierend wirkt in diesem Bild besonders, dass sich Clodius angeblich in die passive Rolle einer/s Geliebten anderer (ebenfalls moralisch verwerflicher) Männer versetzt hatte. Diese Ausgestaltung des Vorwurfes sexueller Beziehungen zwischen Männern zielt, wie bereits in den Diffamierungen gegen Catilina gesehen, auf Clodius' Unterordnung in einem Dominanzverhältnis. In diesem Bild liegt erneut der Vorwurf eines *stuprum cum masculo* vor, das sich von den Inzestvorwürfen in Bezug auf die eigenen Brüder unterscheidet, da dort explizit vom daraus resultierenden *flagitium* die Rede war. Hier wird dieser Vorwurf mit dem Argument der unangemessenen Anhängerschaft verbunden, indem Clodius als Dirne von reichen Lebemännern (*scurrae*) dargestellt wird. Einerseits wird der Frevel somit aus der *gens* herausgetragen, in der er vor allem zur Erniedrigung gedient hatte und stellt nun gegenüber Clodius' Anhängerschaft deutlicher ein Verbrechen dar. Allein der Umgang mit Personen dieser Art dient Cicero bisweilen als eigenständiges Diffamierungsargument.[62]

Ähnlich mutet freilich auch Ciceros Vorwurf an, Clodius habe sich aus der Gefangenschaft von Piraten befreien können, indem er diesen seine sexuellen Dienste zur Verfügung gestellt hätte.[63] Die sexuelle Dienstbarkeit eines Mitglieds der römischen Senatsaristokratie gegenüber anderen Männern, die auch gegen Catilina zur Rufschädigung (unter dem Stichwort *servire*) eingesetzt wurde, wird hier als das Erleiden von Misshandlungen (*piratarum contumelias perpessus*) vorgestellt. Damit wird Clodius erneut in Beziehung zu einem *flagitium* gesetzt. Die sexuellen Dienste gegenüber Piraten wiegen dabei noch schwerer als gegenüber den oben besprochenen Lebemännern (*scurrae*). Immerhin sind diese zumindest Mitglieder der römischen Senatsaristokratie – wenn auch moralisch verwerfliche. Verbunden wird dieser Vorwurf im Übrigen mit dem Barbarentopos, denn seine Dienste habe er nicht nur Pira-

---

61 Cic. Sest. 39: *mihi erat res (...) cum scurrarum locupletium scorto (...).* („ich hatte es vielmehr mit der Dirne reicher Lebemänner zu tun, [...].") (Übers. A.T.). So auch in Cic. har. resp. 42: *qui post patris mortem primam illam aetatulam suam ad scurrarum locupletium libidines detulit, quorum intemperantia expleta in domesticis est germanitatis stupris volutatus;* („In seiner frühen Jugend gab er sich nach dem Tode seines Vaters wohlhabenden Stutzern preis; wenn er ihre Wollust gestillt hatte, hurte er daheim mit seinen leiblichen Schwestern herum."). Für eine Deutung dieser Passage als effeminierend vgl. Steenblock 2013, 73.

62 Siehe dazu das Kapitel 4.3 zur Diffamierung über Dritte.

63 Cic. har. resp. 42: *deinde iam robustus provinciae se ac rei militari dedit, atque ibi piratarum contumelias perpessus etiam Cilicum libidines barbarorumque satiavit.* („Dann, bereits in kräftigem Alter, widmete er sich dem Dienst in der Provinz und im Kriege, und dabei ließ er sich von den Piraten mißbrauchen und sättigte gar die Begierde von Ciliciern und sonstigen Barbaren.").

ten, sondern auch Kilikiern und anderen Barbaren angeboten, wobei das Barbaren-Bild im Kontext von charakterbezogenen Diffamierungen sinnbildlich für so ziemlich alle Laster steht, die nicht dem römischen Tugendideal entsprechen.[64] Bereits in der Antike wird der Wahrheitsgehalt des diffamierenden Narrativs, dass Clodius aufgrund sexueller Dienste aus der Gefangenschaft der Piraten freigekommen sei, in Zweifel gezogen. Dies verdeutlicht paradigmatisch, wie willkürlich derartige illustrative Diffamierungen mit Inhalt aufgeladen werden und dass sie zu bestimmen Zeiten als gängige *topoi* im Dienste der Diffamierung demaskiert werden konnten.[65]

Argumente der Diffamierung anhand sexueller Verfehlungen liefert die Rede *De provinciis consularibus* auch für Piso, einen der beiden Konsuln, die gemeinsam mit Clodius zu Ciceros Exilierung beigetragen hatten. Im Jahr 56 v. Chr., in dem die Rede über die konsularischen Provinzen gehalten wurde, war Piso Prokonsul in Makedonien, jener Provinz, die ihm auf Clodius' Antrag als Belohnung für seine Aktionen gegen Cicero zugesprochen wurde.[66] In dieser Redesituation vor dem Senat spricht Cicero über sexuelle Verfehlungen Pisos gegenüber seinen Anhängern, da er seine Freunde nicht nur zu eifrigen Gehilfen seiner Verbrechen, sondern besonders zu Dienern seiner Begierden (*ministros cupiditatum*) gemacht habe.[67] Piso wird in diesem Bild zum Empfänger sexueller Dienstleistungen, die durch *ministri* – dienende Personen – ausgeführt wurden. Indem Cicero Pisos Anhänger zu *ministri* seiner Begierden stilisiert, versetzt er Piso in die Position eines Mannes, der sich mit anderen Männern unziemlich vergnügt und zum *stuprator* wird. So ist Piso derjenige Partner sexueller Handlungen, dem diese als Verbrechen angelastet werden. Im Argument der Diffamierung anhand sexueller Verfehlungen im Umfeld der Anhängerschaft werden die Anhänger hier nicht etwa, wie es z. B. in ähnlichen Vorwürfen gegen Marcus Antonius zu sehen sein wird, als *lenones* (lediglich) einem gesellschaftlich verachtenswerten Milieu zugeordnet, sondern sie vergehen sich konkret aufgrund ihres Sexualverhaltens.

Neben dieser Diffamierung unternimmt Cicero immer wieder den Versuch, Piso verschiedener Formen sexuell konnotierten Fehlverhaltens zu überführen, die er allgemein unter dem Etikett der *libidines* subsumiert. Die Argumentationsweisen, die er hierfür wählt, deuten darauf hin, dass diese Unterstellung in Pisos Fall anscheinend nicht ganz so leicht zu platzieren war. So gibt Cicero z. B. in angeblicher Diskretion vor,

---

64 In Rom wird der Barbarenbegriff allgemein auf Sprache, Völker und Geographie bezogen. Vgl. Losemann 1997, 442 mit einer Zusammenstellung typischer Barbaren-Laster: „*feritas, immanitas, inhumanitas, impietas, ferocia, superbia, impotentia, furor, discordia, vanitas, perfidia, imprudentia*". Für den Barbarentopos in den Diffamierungen siehe Kapitel 5.5.

65 Vgl. dazu Steenblock 2013, 72 mit Verweisen auf Strab. 14.684; App. civ. 2.23 und Cass. Dio 38.30.5.

66 Vgl. Münzer 1897c, 1388: Nach der Absprache mit Clodius erhielt Piso die Provinz Makedonien, sein Amtskollege Gabinius Syrien.

67 Cic. prov. 5: *iis praeposuit quos putavit fore diligentissimos satellites scelerum, ministros cupiditatum suarum.* („[...] unter dem Kommando von Leuten, die er [sc. Piso] für die eifrigsten Gehilfen seiner Verbrechen und Diener seiner Begierde hielt.").

Pisos *libidines* unerwähnt zu lassen, obwohl er durchaus über einen entsprechenden Beweis verfüge.[68] Nach dieser rhetorischen Einleitung bleibt er diesen „Beweis" (*indicium*) freilich nicht schuldig: Cicero führt an, dass sich die edelsten Töchter (*nobilissimae virgines*) in einen Brunnen gestürzt hätten, um durch Freitod der unvermeidlichen Schande zu entgehen (*necessariam turpitudinem depulisse*), die ihnen durch Piso gedroht habe.[69] Zudem gibt Cicero vor, diesen soeben ausgesprochenen Skandal unerwähnt zu lassen, da ihm derzeit keine geeigneten Zeugen zur Verfügung stünden. Gleichwohl aber versucht er keinen Zweifel an der Faktizität des Vorwurfes zuzulassen, indem er ihn mit *constat* (es steht fest) einleitet.[70] Das Argument der Diffamierung anhand sexuellen Fehlverhaltens ist somit bestens platziert: Cicero muss Piso erst gar nicht unterstellen, sich eines *stuprum* durch das Vergehen an jungfräulichen Töchtern aus provinziellen aristokratischen Familien schuldig gemacht zu haben. Vielmehr führt er aus, dass allein Pisos Ruf oder seine Avancen diese Töchter in den Freitod getrieben hätten. Cicero lässt somit gewissermaßen die Mädchen als Zeugen auftreten. Diese waren von dem durch Piso drohenden *stuprum* an ihnen scheinbar so sehr überzeugt, dass sie ihm, da er ihnen *turpitudo* und *impudicitia* eingebracht hätte, lieber durch den Freitod entgangen seien. Dass es sich bei den Mädchen um Töchter von Pisos Gastgebern handelte, verbindet den impliziten Vorwurf des *stuprum* sogar noch mit der Verletzung sakrosankter Gesetze der Gastfreundschaft. Ohne Piso also ein konkretes sexuelles Fehlverhalten anzulasten, belegt Cicero ihn – unter auffälligem rhetorischem Aufwand – mit dem (latenten) Vorwurf des Straftatbestandes *stuprum* und macht ihn (hypothetisch) zum *stuprator*.[71]

Auch an anderer Stelle zeigt Cicero, dass Pisos Rechtschaffenheit lediglich eine Täuschung sei: Seine tatsächliche sexuelle Lasterhaftigkeit (*libidines*) suche Piso nämlich zu verbergen (*tenebricosae*), indem er sie hinter vorgetäuschten Tugenden wie *pudor* oder *temperantia* verstecke.[72] Ähnlich argumentiert Cicero auch in der Rede *Pro Sestio*, wo er für Piso ein Missverhältnis von gewöhnlichen Lastern und schwerwiegenden Lastern konstatiert. Cicero betont, dass ‚alltägliche' Laster wie Trägheit

---

68 Cic. prov. 6: *(...) libidines praetereo, quarum acerbissimum extat indicium (...).* („ich [...] erwähne die Sittlichkeitsverbrechen nicht, für die es einen überaus bitteren Beweis gibt [...]"). Siehe auch Cic. prov. 16 (*Pisonis libidines*).

69 Cic. prov. 6: *(...) et ad insignem memoriam turpitudinis et paene ad iustum odium imperii nostri, quod constat nobilissimas virgines se in puteos abiecisse et morte voluntaria necessariam turpitudinem depulisse.* („[...] geeignet, uns auf lange Zeit in schlimmen Verruf zu bringen und geradezu mit Recht böses Blut gegen unsere Herrschaft zu erregen: Es steht fest, daß sich junge Mädchen aus bestem Hause in Brunnen gestürzt haben, um durch den Freitod der unvermeidlichen Schande zu entgehen.").

70 Cic. prov. 6: *nec haec idcirco omitto, quod non gravissima sint, sed quia nunc sine teste dico.* („Ich übergehe diese Dinge nicht deshalb, weil sie nicht furchtbar genug wären, sondern weil mir im Augenblick keine Zeugen zur Hand sind.").

71 Vgl. dazu u. a. Skinner 2005, 196.

72 Cic. prov. 8: *laetant libidines eius illae tenebricosae, quas fronte et supercilio, non pudore et temperantia contegebat.* („Auch die Begierden mögen im Dunkeln verborgen bleiben, die er nur durch eine strenge Miene, nicht durch Schamgefühl und Mäßigung zu bedecken sucht.").

(*desidia*) und Untätigkeit (*inertia*) von Piso offen zur Schau getragen worden seien, um von den schwerwiegenden Verfehlungen der *libidines* abzulenken. Diese seien nämlich nur für denjenigen Beobachter erkennbar gewesen, der etwas näher hingesehen habe (*paulo propius accesserant*) – wie Cicero selbst.[73]

Ein weiterer rhetorischer Kniff, um Piso sexuelles Fehlverhalten anzulasten, ist die Methode, Vorwürfe auf dem Umweg über seinen Amtskollegen im Konsulat, Gabinius, an Piso heranzutragen. Durch den Kunstgriff, dass dem einen vorgeworfen wird, was dem anderen eigentlich ebenfalls vorgeworfen werden müsste, werden die Kollegen Gabinius und Piso in *Pro Sestio* im Hinblick auf ihre Unzulänglichkeiten und (sexuellen) Verfehlungen auf ein und dieselbe Stufe gestellt.[74] Am Beispiel des äußeren Erscheinungsbildes wiederholt Cicero den Vorwurf, dass Piso über seine Fehler hinwegtäusche (*fefellit*). Während nämlich im Falle des Gabinius das Erscheinungsbild seine inneren Makel und Laster adäquat abbilde, spiegele in Pisos Fall das Äußere das Innere nicht wider.[75] An der Person des Gabinius macht Cicero sodann zahlreiche Aspekte des Diffamierungsarguments sexueller Verfehlungen fest, die zwar dem Piso nicht ‚anzusehen', aber dennoch vorzuwerfen seien. So wird Gabinius zum einen der Vorwurf des *stuprum* gemacht. Er wird damit eines Straftatbestandes sexueller Natur angeklagt, für den es sogar Mitwisser bzw. Zeugen gebe (*conscios stuprorum*). Ausgesprochen wird der Vorwurf des *stuprum* gegen Gabinius ein weiteres Mal, als Cicero Gabinius' Rückkehr in ‚das Licht' der römischen Senatsaristokratie skizziert. Diese Rückkehr sei erfolgt, nachdem er sich von der Aristokratie jahrelang abgewandt und der Dunkelheit (*tenebrae*) zahlreicher sexueller Verfehlungen zugewandt hätte (*tenebris lustrorum ac stuprorum*).[76] Des Weiteren spricht Cicero Gabinius' sexuelle Ausschweifungen der Jugendjahre mit älteren Penetratoren an (*veteres vexatores aetatulae suae*).[77] Dass sich diese noch heute in Gabinius' Umfeld aufhielten, lässt in Ciceros Darstellung einen Fortbestand jener sexuellen Ausschweifungen vermuten, welcher ihm im Erwachsenenalter freilich zu noch größerer Schande gereicht als schon im Jugendalter. Als ursprünglich jugendlicher Partner eines unangemessenen Verhältnisses zwischen aristokratischen Männern – was an sich schon einen Straf-

---

73 Cic. Sest. 22: *videbamus genus vitae, desidiam, inertiam; inclusas eius libidines qui paulo propius accesserant intuebantur;* („Wir sahen die Lebensweise, die Trägheit, die Untätigkeit; wer etwas näher herantrat, bemerkte die heimlichen Lüste;").

74 Siehe dazu ausführlich Kapitel 5.4.

75 Cic. Sest. 21. Für Gabinius konstatiert Cicero in Cic. Sest. 20: *atque eorum alter [Gabinius] fefellit neminem.* („Und in dem einen von ihnen [Gabinius] täuschte sich niemand."); für Piso hingegen in Cic. Sest. 21: *alter [Piso] multos plane in omnis partis fefellit.* („In dem anderen [Piso] haben sich ziemlich viele getäuscht, und zwar in jeder Hinsicht.").

76 Cic. Sest. 20: *(...) subito ex diuturnis tenebris lustrorum ac stuprorum (...).* („[...] der plötzlich aus der langjährigen Finsternis der Bordelle und der Unzucht zum Vorschein gekommen war [...].").

77 Cic. Sest. 18: *alter unguentis adfluens, calamistrata coma, despiciens conscios stuprorum ac veteres vexatores aetatulae suae, (...).* („Der eine [*sc.* Gabinius], in Parfümwolken gehüllt und mit künstlich gekräuseltem Haar, blickte von oben auf die Mitwisser seiner Ausschweifungen und die einstigen Verführer seines zarten Alters herab [...].").

tatbestand darstellt –,[78] befindet sich Gabinius in Ciceros Bild auch im inzwischen erreichten Mannesalter in einem Unterordnungsverhältnis gegenüber den älteren *vexatores* und somit in einer nicht-maskulinen Rolle.[79] Durch ein solches Bild der sexuellen Penetration wird Gabinius – übertragen auf die politische Welt – zugleich unterstellt, von mächtigen Männern politisch abhängig gewesen zu sein.[80] Auch die Vorwürfe des *lenocinium* und *adulterium* werden Gabinius unterbreitet. Cicero führt beide weitestgehend undifferenziert nacheinander an und schreibt ihnen Verfehlungen zu, für Gabinius' nachhaltige Schwächung (*confectus*) verantwortlich zu sein.[81] Das *lenocinium* ist zwar erst seit der *lex Iulia de adulteriis coercendis* ein Straftatbestand, aber dennoch macht gerade seine häufige Nutzung im Dienste der Diffamierung deutlich, dass es offenbar auch in spätrepublikanischer Zeit als ähnlich schwerwiegend verstanden wurde. Schließlich entsteht das Bedürfnis nach einem Gesetz für die augusteische Gesetzgebung nicht im luftleeren Raum, sondern leitet sich von einer zumindest partiell empfundenen Notwendigkeit nach rechtlicher Regelung ab. Im Sinne der Diffamierung ist dabei nicht das gewerbliche *lenocinium* gemeint, das von *lenones*, Bordellbesitzern, ausgeführt wurde. Diese waren sowohl „durch die öffentliche Meinung als auch durch prätorisches Edikt mit *infamia*" belegt und konnten nach allgemeinem Verständnis keinesfalls der Senatsaristokratie angehören.[82] Im Dienste der Diffamierung bezeichnet das *lenocinium* vielmehr die Kuppelei, die 1925 in Paulys Reallexikon der Altertumswissenschaften als „vorsätzliche Beförderung oder Duldung des Ehebruchs oder der Unzucht unter anderen Personen" definiert wurde.[83] Unter das *lenocinium* fällt spätestens seit Augustus konkret a) die Verkuppelung der Ehefrau, b) der Verzicht auf die Scheidung von einer des Ehebruchs überführten Ehefrau, c) das Nichterheben oder Fallenlassen einer Anklage wegen *adulterium*, d) die Heirat mit einer Verurteilten sowie e) das Verkuppeln von Sklaven.[84] Sowohl die Beihilfe zum *adulterium* als auch zum *stuprum* wurde unter Augustus als *lenocinium* betrachtet und bestraft.[85] Was dem *lenocinium* zudem – gewiss auch schon in republikanischer Zeit – anhaftete, ist der Makel der Geldannahme, die einem römischen Senator im Kontext bestimmter ‚Handelsverbote' wohl auch von Rechts wegen untersagt war.[86] Der nahe Zusammenhang zwischen *lenocinium* und

78 Vgl. Mommsen 1899, 703; Hartmann 1998, 706.

79 Vgl. Skinner 1997, 135 sowie Skinner 2005, 195; 210 und Edwards 1993, 70.

80 Vgl. Edwards 1993, 63–97; Leach 2001, 339; Fredrick 2002, 236–264.

81 Cic. Sest. 20: *(...) lenociniis adulteriisque confectum?* („[...] der sich durch [...] Prostitution und ehebrecherischen Beischlaf ruiniert hatte?").

82 Vgl. Kleinfeller 1925, 1942.

83 Kleinfeller 1925, 1942f.

84 Vgl. Ebner 1999, 46 mit Verweis auf Dig. 48.5.2.2; siehe auch Kleinfeller 1925, 1943.

85 Vgl. Kleinfeller 1925, 1943.

86 Vgl. Baltrusch 1989, 30–40 zur *lex Claudia*, die sich freilich auf den Schiffshandel bezieht, aber generell als Einschränkung des senatorischen Handels jenseits der Landwirtschaft verstanden wird; siehe dazu Liv. 21.63.2. Zwar steht die Historizität von Gesetzen zu Handels- bzw. Schiffshandelsverboten seit einiger Zeit zur Diskussion (vgl. Andreau 1999). Dies mindert jedoch nicht die Bedeutung,

adulterium ist in der augusteischen Gesetzgebung deutlich erkennbar, wenn das *lenocinium* als Mitwisserschaft oder Beförderung eines *adulterium* bestraft wird. Dieser Zusammenhang kommt auch in Ciceros Vorwurf gegen Gabinius zum Tragen, da er diesem direkt mehrfache *lenocinia* und *adulteria* in direkter Zusammenstellung (*lenociniis adulteriisque confectum*) vorwirft.[87]

Interessant ist freilich, dass sowohl *lenocinium* als auch *adulterium* und *stuprum* hier nicht weiter konkretisiert und somit gewissermaßen als abstrakte Pauschalanschuldigungen genutzt werden, um dem Angeklagten eine moralische Verwahrlosung zu attestieren. Gerade im Vergleich mit der oben besprochenen aufwendigen Ausgestaltung derselben Vorwürfe für Clodius scheint der Bedarf an illustrativer Konkretisierung für Gabinius deutlich geringer gewesen zu sein. Hier stellt sich die Frage, warum für Clodius eine ausführliche Dokumentation des Vorwurfs notwendig war, während dem Gabinius dieselbe Frevelhaftigkeit lapidar auf Stichworte verkürzt vorgeworfen werden kann. Eine Antwort auf diese Frage deutet womöglich auf einen unterschiedlich stark präsenten Anspruch auf die althergebrachte Sittenhaftigkeit der beiden *gentes* hin. Dass Gabinius – gewissermaßen als Zugabe zur expliziten Diffamierung der eigenen Person – zum Stellvertreter für die Vorwürfe gegen Piso wird, mag einen ähnlichen Grund wie im Vergleich zwischen Gabinius und Clodius haben, da auch die *gens Calpurnia* in der römischen Senatsaristokratie ein anderes Gewicht hatte als der ‚Fremde' Aulus Gabinius. Noch dazu galt es bei Vorwürfen gegen Piso als dem Schwiegervater Caesars gewiss, bestimmte diffamierende Argumente rücksichtsvoller und sorgfältiger zu formulieren.

Im Fall von Antonius bezichtigen die Argumente dieses Typus, also sexuellen Fehlverhaltens im weitesten Sinne, den Diffamierten besonders häufig der Fremdbestimmtheit.[88] Mit außergewöhnlicher Verve und in verschiedenen Spielweisen platziert Cicero diesen Argumententypus besonders in der *zweiten Philippischen Rede*. Anders als in den eher verhaltenen Anspielungen auf die *libidines* Pisos in den Reden *De provinciis* und *Pro Sestio*, die tatsächlich gehalten wurden, zeigt die Exerzierstudie

die dem Gespräch über derartige Verbote für die Ausgestaltung von Argumenten der Diffamierung beizumessen ist.

87 Cic. Sest. 20.

88 Auch ‚Verweiblichung' und ‚Verweichlichung' gehören in diesen Vorwurfskontext um die Fremdbestimmtheit. Siehe dazu Ciceros Behauptung einer charakterlichen Disposition des Antonius zum Gehorchen und Dienen (Cic. Phil. 2.86): *tibi uni peteres, qui ita a puero vixeras, ut omnia paterere, ut facile servires;* („[...] von Kindheit an hattest du ja so gelebt, daß du dir alles gefallen ließest und gern den Sklaven spieltest"). ‚Verweichlichung' und ‚Verweiblichung' werden in der Forschung häufig in den Kontext sexueller Verfehlungen gestellt. Diese Verbindung rührt von römischen Rollenvorstellungen her, nach denen der Mann eine dominante Rolle und die Frau eine untergeordnete Rolle einnehmen müsse. Wird dieses Dominanzverhältnis verändert bzw. verkehrt – indem z. B. ein Mann gegenüber einem anderen Mann oder eine Frau gegenüber einem Mann die dominante Rolle einnimmt – wird der jeweils untergeordnete Mann durch die Fremdbestimmtheit und den Kontrollverlust als verweichlicht empfunden. Skinner (2005, 195) spricht diesbezüglich von einer „dominance-submission relationship" bzw. von einer „hierarchical relationship", Skinner 2005, 210.

der *zweiten Philippica*, wie bestimmte Handlungsweisen politischer Gegner ganz offen und bis ins Detail zur Diffamierung genutzt werden konnten. Sowohl die Tatsache, dass die Rede nicht den einschränkenden Maßstäben einer bestimmten Redesituation gerecht werden musste, als auch der von Cicero dadurch bewusster einschränkbare Adressatenkreis haben die *zweite Philippica* zum Schauplatz diffamierender Extreme werden lassen. Erstmals tritt der Argumententyp in der *zweiten Philippischen Rede* in Anspielungen auf Antonius' Liaison mit Gaius Scribonius Curio in Erscheinung.[89] Cicero betont Antonius' Abhängigkeit von Curios Willen und politischer Macht, indem er Antonius' eigene Entscheidungsfreiheit offen in Frage stellt (*si cuperes, tibi id per C. Curionem facere licuisset*).[90] Auch Antonius' Abhängigkeit von Curio in Fragen der politischen Bewerbung berührt Cicero beinahe spöttisch, indem er fragt, ob Antonius sich überhaupt um das Augurat hätte bewerben können, solange Curio sich nicht in Italien aufgehalten hätte (*poteras autem eo tempore auguratum petere, cum in Italia Curio non esset.*).[91] Antonius dürfe, so Ciceros spöttische Unterstellung, ohne Curios Einverständnis weder eigenständig handeln noch könne er sich ohne Curios Präsenz um ein Amt wie das Augurat bewerben. Beide Aspekte dokumentieren in rhetorisch aufbereiteter Form – als Hypothese oder als rhetorische Frage – Antonius unbedingte Abhängigkeit von einem anderen Mitglied der Nobilität. Damit zeigen sie seine mangelnde Selbstbestimmtheit, über die ein Senatsaristokrat allerdings verfügen sollte. In Paragraph 44 ergeht sich Cicero sodann im stereotypen Vorwurf der unangemessenen Liaison zwischen zwei männlichen Mitgliedern der Senatsaristokratie zur Dokumentation von Antonius' Fremdbestimmtheit durch den beinahe gleichaltrigen Curio,[92] indem er über deren Anfänge komödiantisch berichtet:

> *sumpsisti virilem, quam statim muliebrem togam reddidisti. primo vulgare scortum, certa flagitii merces, nec ea parva; sed cito Curio intervenit, qui te a meretricio quaestu abduxit et, tamquam stolam dedisset, in matrimonio stabili et certo collocavit.*[93]
>
> „Als du die Männertoga bekamst, hast du sie gleich zur Weibertoga gemacht. Zuerst Straßendirne mit festem und keineswegs geringem Sündenlohn. Aber rasch kam Curio dazwischen, der dich dem unsauberen Gewerbe entzogen und dich, als hätte er dir den Brautschleier angezogen, in dauerhaftem, unverbrüchlichem Bunde ehelichte."

---

89 Evans (2008, 66) hält diese Zuschreibung für eine ehrenrührige Verleumdung: „The suggestion that Curio and Antony were lovers may be dismissed as scurrilous abuse [...]." Vgl. dazu auch Ott 2013, 344–415; vgl. auch Meyer-Zwiffelhofer 1995, 65.

90 Cic. Phil. 2.3: *sed neque fecisti nec, si cuperes, tibi id per C. Curionem facere licuisset.* („Aber du hast es nicht getan, und wenn du es gewollt hättest, hätte C. Curio es dir verboten.").

91 Cic. Phil. 2.3: „Konntest du dich überhaupt um das Augurat bewerben zu einer Zeit, wo C. Curio nicht in Italien war?".

92 Curio ist möglicherweise 84 v. Chr. (Münzer 1921, 868), Antonius um 82 v. Chr. (Groebe 1894, 2595) geboren. Vgl. hierzu auch Pasquali 2009, 28.

93 Cic. Phil. 2.44 (Übers. mod. A.T.); vgl. dazu auch Edwards 1993, 64f.

Die Diffamierungen in dieser Passage sind vielschichtig. Zum einen wird hier mit dem Tragen weiblicher Kleidung argumentiert. Antonius sei die Ehre zuteil geworden, die Männertoga (*virilem togam*) zu tragen, was eigentlich als wichtiger Schritt im Leben eines jungen römischen Aristokraten galt. Doch sobald ihm dies angeboten wurde, habe er es abgelehnt. Schlimmer noch: Er habe die Toga eingetauscht in ein weibliches Kleidungsstück (*muliebrem togam*), womöglich sogar gegen das Gewand einer Prostituierten.[94] In dieser anschaulich entworfenen Szene verweigert Antonius mit der Männertoga das römische Zeichen für Männlichkeit und Nobilität. Zudem erniedrigt er sich, indem er sich durch seine Kleiderwahl einem weiblichen Erscheinungsbild angleicht. Zum anderen wird der Vorwurf der Annäherung an weibliche Rollenbilder und des Verlusts der Selbstbestimmtheit noch durch die Anschuldigung verstärkt, sich als Straßendirne hergegeben zu haben (*vulgare scortum*). Hierzu ist dreierlei zu bemerken: Erstens stellt die Prostitution in Rom generell ein soziales Umfeld dar, das für einen Aristokraten als nicht angemessener politischer Umgang gilt. So lässt sich beobachten, dass die Zuschreibung eines gesellschaftlichen Umgangs mit Prostituierten und Zuhältern *coram publico* als eigener Vorwurf der Diffamierung dient.[95] Zweitens ist es für einen römischen Aristokraten unvorstellbar, sich selbst in die Rolle einer Dirne zu begeben, da diese nach römischem Verständnis von einem Liebhaber dominiert würde.[96] Und drittens ist es ihm verboten, für die eigene Prostitution (oder jenseits der Landwirtschaft für irgendein anderes Geschäft) Geld anzunehmen. Gegen sämtliche dieser Aspekte der Schicklichkeit verstoße Antonius, indem er sich in Frauenkleidung als *vulgare scortum* präsentiere und für sexuelle Betätigungen entlohnt werde (*certa flagitii merces*).[97]

Sussman weist bezüglich dieser Sequenz auf die ihr inhärente Komik hin. Diese werde deutlich, wenn man einen Vergleich der dargestellten Verunglimpfung Antonius' aufgrund seiner Frauenkleidung mit seinem Erscheinungsbild anstelle, das uns auf Münzen überliefert ist.[98] Hier werde er in der Regel als groß, muskulös und von einer Statur dargestellt, die eine besondere Belustigung hervorgerufen hätte, wenn sie Frauenkleidung gehüllt worden wäre. Das in den Diffamierungen von Cicero konstruierte Erscheinungsbild stimmt also nicht mit demjenigen überein, das Antonius selber – wohlgemerkt im Erwachsenenalter – von seiner Person für Münzprägungen ausgewählt hat. Dies versteht sich allerdings von selbst, da das Münzbild doch im Wesentlichen der positiven Beeinflussung seines Rufes bei den Soldaten diente und nicht primär dem modernen Ideal folgte, eine ‚physiognomische Realität' abzubilden.

Ähnliches gilt für die Gestaltung von Antonius-Büsten. Solche (Münz-) Darstellungen aus den 30er-Jahren bilden – wenn sie überhaupt authentisch sind –

94 Vgl. Steenblock 2013, 77.

95 Für die Diffamierung der/über die Anhängerschaft siehe Kapitel 6.

96 Vgl. Richlin 1992, 98.

97 Sussman (1998, 120) weist in diesem Zusammenhang besonders auf Antonius' Rolle in dieser Beziehung hin, in der ihm der passive Part zugeschrieben wird.

98 Vgl. Sussman 1998, 120.

Antonius in seinen 40ern ab. Es ist wohl etwas zu weit gegriffen, diese Darstellungen als komisches Kontrastbild zum jugendlichen Antonius zu verstehen, als er in jenem Alter war, in dem er die Männertoga angelegt hatte. Gleichwohl wird dem von Cicero rhetorisch entworfenen Antonius-Bild in Frauenkleidung eine belustigende Wirkung zugedacht worden sein, da sich ein römischer Aristokrat grundsätzlich über eine sehr präzise geregelte, geschlechtsspezifische Kleiderordnung gesellschaftlich positionierte und ein Bruch mit dieser Norm eine komische Wirkung kaum verfehlen konnte.

Curio wird von Cicero nun voller Ironie wie in einer Komödie als Retter eingeführt (*sed cito Curio intervenit*), der Antonius dem Gewerbe der Prostitution (*meretricio quaestu*) entzogen habe.[99] Während Antonius zuvor mit dem Begriff *scortum* als Dirne bezeichnet wurde, klingt im Begriff *meretricium*, dem Geschäft der *meretrix*, dezidiert die Bedeutung der Geldannahme an. So ist *merere* der gängige Ausdruck für das Geldverdienen, wovon sich auch *mercator*, der Händler, ableitet.[100] Der oben bereits angeführte unsaubere Verdienst (*flagitii merces*) wird durch diese erneute Wortwahl also nochmals betont. Geschickt beschreibt Cicero, dass Antonius noch weiter von Curio erniedrigt werde, indem er ihn geehelicht habe: *in matrimonio stabili et certo collocavit.*[101] Zur Illustration dieser komischen Szene, in der ein Senatsaristokrat einen anderen heiratet, als wäre dieser eine Frau, fügt Cicero noch hinzu: ‚als hätte er ihm den Brautschleier angezogen' (*tamquam stolam dedisset*). Dieser erneute Verweis auf weibliche Kleidung soll keinen Zweifel daran lassen, dass Antonius auch in dieser neu geschlossenen ‚Ehe'die Rolle der Frau gegenüber Curio in der Rolle des Mannes einnimmt. Was mit dieser Episode der Eheschließung zwischen Curio und Antonius vorbereitet werden sollte, wird sodann explizit ausgesprochen: Nicht einmal ein gekaufter Lustknabe (*puer emptus*) – in Kreisen der römischen Aristokratie an sich schon anstößig – habe je so unter dem Pantoffel seines Herrn gestanden (*in potestate domini fuit*) wie Antonius unter dem Pantoffel des Curio.[102] Antonius wird hier beinahe sklavenhaft als völlig fremdbestimmt dargestellt.[103] Fremdbestimmter als eine Frau, die durch eine Eheschließung in die Gewalt des Gatten übergeht (*patria potestas*), stehe Antonius nun unter der Gewalt des Curio (*domini potestas*).[104] Ein römischer Aristokrat unterstand jedoch entweder der *potestas* des eigenen Vaters oder aber, nachdem er bereits selbst zum *pater familias* geworden war, gar keiner *potestas*.

99 Für die Diskussion von Parallelen zu den römischen Komödiendichtern Plautus und Terenz vgl. Sussman 1998, 119–122. Für unterschiedliche Stellungnahmen zum Gebrauch von komödiantischen Elementen durch Cicero vgl. (für die Rede *pro Caelio*) Geffcken 1973; Klodt 2003, 38 sowie 100. Siehe hierzu auch Steenblock 2013, 77 f.

100 Für eine Begriffserklärung und -entwicklung, die beinahe im Stile Ciceros vergangenheitsnostalgisch anmutet, vgl. Schneider 1931, 1018–1027.

101 Cic. Phil. 2.44: „in dauerhaftem, unverbrüchlichem Bunde ehelichte".

102 Cic. Phil. 2.45: *nemo umquam puer emptus libidinis causa tam fuit in domini potestate quam tu in Curionis.* („Nie hat ein gekaufter Lustknabe bei seinem Herrn so unter dem Pantoffel gestanden wie du bei Curio!").

103 Edwards (1993, 65) spricht gar von einer sklavenhaften Abhängigkeit („slave-life dependence").

104 Vgl. dazu auch Sussman 1998, 121.

Antonius wird durch diese Form der illustrativen Diffamierung aberkannt, ein Mitglied der Senatsaristokratie zu sein, da er sich schon früh nicht so verhalten habe, wie es die statuskonstituierenden Verhaltenscodices der Nobilität vorschrieben. Zudem verhalte er sich, wie noch zu sehen sein wird, auch in der Gegenwart nicht entsprechend. In dieser Passage der *zweiten Philippischen Rede*, in der Cicero alle Möglichkeiten hat, seinen Gegner anhand von ausführlichen Handlungsweisen zu diffamieren, hält er es offensichtlich nicht für notwendig, Vorwürfe wie das *stuprum* auszusprechen.[105] Die Schande aber, die einem römischen Aristokratenspross durch eine sexuelle Liaison mit einem anderen römischen Aristokraten widerfährt,[106] in der er noch dazu in der Rolle des *puer emptus* erscheint, erinnert unmissverständlich an den Vorwurf des *stuprum*, wie wir ihn bereits aus Diffamierungen Catilinas und Clodius' kennen.[107]

Eine zweite Illustration von Antonius' vermeintlicher Fremdbestimmtheit kleidet Cicero in ein ironisches Lob. Zum Auftakt weist er darauf hin, dass sich Antonius auf eine angemessene Lebensführung (*frugi* – nach dem hehren, altrömischen Ideal der *frugalitas*) besonnen habe: „Fragt nicht erst: er ist ein Biedermann geworden", spottet er in Paragraph 69.[108] Offenbar entspricht dies aber nicht Ciceros tatsächlicher Meinung, sondern er möchte vielmehr vom Gegenteil überzeugen. Dies zeigt nun ein überaus diskreditierendes ‚Lob' in Form einer erneuten Erinnerung an Antonius' Fremdbestimmtheit durch den Willen einer Frau, einer Schauspielerin und Freigelassenen namens Cytheris.[109] Cicero erläutert dies wie folgt:

> *mimulam suam suas res sibi habere iussit, ex duodecim tabulis clavis ademit, exegit. quam porro spectatus civis, quam probatus!* [110]
>
> „Sein Flittchen hat er das Bündel schnüren lassen, hat ihr, wie es im Zwölftafelgesetz vorgeschrieben ist, die Schlüssel weggenommen und sie hinausgeworfen. Wirklich geradezu ein Musterbürger, ein Prachtmensch!"

---

105 Zum *stuprum cum masculo* vgl. LAMMERT 1931, 424.

106 Vgl. dazu auch SKINNER 2005, 196 f. mit Verweis auf einen der frühesten Belege in Plaut. Curc. 35–38. Dort heißt es: *nemo ire quemquam publica prohibet via; / dum ne per fundum saeptum facias semitam, / dum ted abstineas nupta, vidua, virgine, / iuventute et pueris liberis, ama quid lubet.* („Kein Mensch verwehrt's, auf öffentlichem Weg zu gehn, / Wenn du nur durch umzäunten Grund den Weg nicht nimmst; / Wenn du dich nur von Ehefrau, Witwe, Jungfrau fern / Und fern von freien Knaben hältst, lieb, was du willst.").

107 Siehe hierzu Cic. Catil. 2.4; Cic. Mil. 73; Cic. har. resp. 42.

108 Cic. Phil. 2.69: *nolite quaerere; frugi factus est.*

109 Für Antonius' Unterwerfung unter den Willen einer Frau siehe auch Cic. Phil. 6.4: *ut mulieri citius avarissimae paruerit quam senatui populoque Romano.* („[...] der habgierigsten Dirne beugte er sich eher als Senat und Volk von Rom."); vlg. MANUWALD 2007b, 763 („illustrates [Antonius'] perversity"). Die Effeminierung (*effeminatio*) steht in den Vorstellungen der römischen Antike in der Regel in Verbindung mit Einflüssen aus dem griechischen und kleinasiatischen Kulturkreis. Vgl. dazu WILLIAMS 2010, 135–137 (135: „The corresponding implication that foreigners were inherently effeminate in their tastes for luxury was a commonplace, especially with regard to easterness.") Vgl. ebenso STEENBLOCKS (2013, 15) Bezugnahme darauf.

110 Cic. Phil. 2.69.

Antonius habe, so Cicero, nach den Vorgaben des Zwölftafelgesetzes gehandelt, was ihm auf den ersten Blick zur Ehre gereichen könnte. Sogleich rückt Cicero diese scheinbar heldenhafte Tat aber ins rechte Licht, indem er sie in Relation zu seinen übrigen Taten stellt. Denn in Antonius' ganzem Leben sei diese Trennung von einer Schauspielerin die ehrenhafteste Tat gewesen, die er je vollbracht hätte (*ex omni vita nihil est honestius*).[111] Es wird schnell deutlich, welche Aussage Cicero in diesem vermeintlichen Lob rhetorisch verklausuliert präsentiert: Indem er diese Handlung als *honestius* bezeichnet, macht er Antonius zum unehrenhaftesten Römer überhaupt. Denn als die ehrenhafteste Tat eines Senatsaristokraten wird die Lösung aus der Fremdbestimmtheit durch eine Frau bezeichnet. Cicero spricht Antonius ironischerweise ausgerechnet dafür höchste Ehre zu, dass er sich aus einer gänzlich unehrenhaften Situation gelöst hat. Die sich daran anschließenden Passagen entehren Antonius durch das gleiche Argument der Fremdbestimmtheit noch weiter. In Cic. Phil. 2.77 lässt Cicero Antonius nach der Rückkehr aus Narbo gegenüber seiner Ehefrau seine Trennung von der Geliebten verkünden:

> *confestim ad eam cuius causa*[112] *venerat, eique epistulam tradidit. quam cum illa legeret flens – erat enim scripta amatorie; caput autem litterarum sibi cum illa mima posthac nihil futurum; omnem se amorem abiecisse illim atque in hanc transfudisse –, cum mulier fleret uberius, homo misericors ferre non potuit, caput aperuit, in collum invasit.*[113]
>
> „Unverzüglich läßt er sich zu ihr [*sc.* Fulvia], deretwegen er gekommen war, führen und überreicht ihr den Brief. Sie liest [den Brief von Antonius] mit Tränen in den Augen – er war nämlich voller Liebesbeteuerungen; Hauptinhalt: mit dieser Schauspielerin werde er fortan nichts mehr haben; alle Liebe dort habe er über Bord geworfen und auf sie übertragen. Als bei der Frau die Tränen immer reichlicher flossen, war der Kerl so gerührt, daß er nicht mehr an sich halten konnte: er schlug die Kapuze zurück und fiel ihr um den Hals."

Antonius habe sich aus der Unterordnung unter den Willen der einen Frau (Volumnia/ Cytheris) nur mit dem Ziel befreit, sich dem Willen einer anderen, nämlich seiner

---

111 Cic. Phil. 2.69: *cuius ex omni vita nihil est honestius, quam quod cum mima fecit divortium.* („In seinem ganzen Leben ist dies die ehrbarste Tat, daß er sich von der Schauspielerin getrennt hat.").
112 Ramsey (2003, 272) weist darauf hin, dass Cicero Fulvia in den *Philippischen Reden* nie beim Namen nennt, um so seine Verachtung, die er ihr entgegenbringt, zu unterstreichen.
113 Cic. Phil. 2.77. Für die Fulvia-Szene vgl. auch Hall 2002, 289 mit Verweis auf Hughes 1992a, der die Szene als Paraklausithyron der Liebeselegie interpretiert. Hall begegnet dieser Interpretation mit durchaus berechtigtem Vorbehalt. Gleichwohl ist auf Hughs Überblick über die Rezeption der Szene in der Antike und die einschlägige Forschung zu verweisen: Plutarch erkenne in der Darstellung ein historisches Ereignis, Gellius verweise auf ihre rhetorische Kunstfertigkeit. Die Philologie habe diese schließlich wegen ihrer literarischen Güte gepriesen; vgl. Hughes 1992a, 215 Anm. 1. Susmann (1998, 123) spielt mit dem Gedanken, die gesamte *zweite Philippische Rede* als ein politisches Paraklausithyron zu verstehen. Für Besprechungen der einschlägigen Sequenzen der *zweiten Philippica*, in denen für Antonius mit dem Motiv des *exclusus amator* gespielt wird, siehe ebenfalls Sussman 1998, 122.

Ehefrau Fulvia, unterwerfen zu können.[114] Das am Beispiel des Curio eingeführte Moment der Fremdbestimmtheit wird durch die Restitution der Abhängigkeitsperson – Curio durch Fulvia, eine Frau – noch verstärkt, da Antonius dem *flagitium* nicht mehr durch einen Aristokraten, sondern durch eine Aristokratin ausgesetzt wird. Wenig später spricht Cicero von Antonius als *Catamitus*, als Fulvias Lustknaben. Dies ist erneut ein Hinweis auf Antonius' untergeordnete Rolle in der Beziehung zu Fulvia, da es ihn in die passive, eigentlich unmännliche Rolle innerhalb der Liaison befördert und in die Position versetzt, durch eine unangemessene sexuelle Liaison *flagitium* zu erfahren.[115] Im Lateinischen steht *Catamitus* nämlich für Ganymedes, den jungen und außerordentlich schönen trojanischen Prinzen, der auf den Olymp gebracht wurde, um Jupiters Liebhaber zu werden.[116] Die Szene erinnert an ein *stuprum cum masculo*, wenn auch auf einer der Menschheit entrückten Ebene. Sie zeichnet Ganymedes bzw. den als *Catamitus* geneckten Antonius als jugendlichen Partner einer eigentlich homoerotischen Beziehung, wodurch Fulvia in die eigentlich männliche Rolle des dominanten älteren Liebhabers versetzt wird. Während Antonius durch das Stigma der Fremdbestimmtheit in eine eher weibliche Rollenfunktion versetzt wird, gerät Fulvia in ein eher männlich anmutendes Rollenbild. Hartmann hat darauf hingewiesen, dass Frauen in der römischen Republik häufig aufgrund der Adaption männlicher Verhaltensweisen angegriffen wurden.[117] In diesem Bild von Antonius und Fulvia werden beide gewissermaßen durch eine Inversion ihrer geschlechtsspezifischen Rollenbilder diffamiert. Dasselbe Motiv wird übrigens im ideologischen Kampf zwischen Octavian

114 So Hughes 1992a, 215 f.: „The anecdote is intended not to justify his absence, but to counter the damage to his grauitas by ridiculing Antony through association with the comic *exclusus amator.*" Zugleich verweist Hughs (1992, 216) auf die antithetische Wirkung dieses Vorwurfs, Antonius der *levitas* zu überführen, die ihm selbst im Gegenzug *gravitas* vorhält. Für Antonius' Handlungen, die aus Liebesaffinitäten entspringen und zur Diffamierung herangezogen werden, vgl. auch Sussman 1994.

115 Vgl. dazu Ramsey (2003, 272), der diese Stelle als Beweis dafür auslegt, dass Fulvia der dominante Partner („dominant partner") in der Beziehung der beiden war. In der Fortführung dieser Sequenz, wirft Cicero Antonius vor, Rom und ganz Italien in Angst und Schrecken versetzt zu haben – man befürchtete, dass sich Antonius zu dem Zweck unerwartet in Rom eingefunden habe, in Caesars Auftrag eine Art politischer Säuberung seiner Gegner durchzuführen (Ramsey 2003, 273) – nur um sich seiner Frau Fulvia unvermittelt präsentieren zu können, Cic. Phil. 2.77: *ergo, ut te Catamitum, nec opinato cum te ostendisses, praeter spem* MULIER *adspiceret, idcirco urbem terrore nocturno, Italiam multorum dierum metu perturbasti?* („Also damit deine Frau [*sc.* Fulvia] dich unverhofft zu sehen bekäme, wenn du Don Juan dich überraschend einstelltest, deshalb hast du die Stadt bei Nacht und Nebel in Schrecken gesetzt und Italien tagelang in Angst gehalten?"). Grundsätzlich diffamiert diese Passage freilich auch Fulvia selbst, es ist aber davon auszugehen dass die Diffamierungen der Frauen im Umfeld der Gegener Ciceros häufig eigentlich zum Schaden der Männer vollzogen werden, vgl. auch Steeblock 2013, 84.

116 Vgl. Ramsey 2003, 272; Friedländer (1910, 737–749) weist darauf hin, dass das erotische, päderastische Moment der Legende erst nach-homerisch zu erkennen (738), die Legende in hellenistisch-römischer Zeit aber unter erotischer Prämisse – Eros als Jagdgefährte des Ganymedes – rezipiert worden sei (739).

117 Siehe Hartmann 2007, 153.

und Antonius auch in Bezug auf die ägyptische Königin Kleopatra gegen Antonius angewandt, also dankend von Octavian aufgenommen und ausgebaut.[118]

Ein kleiner Ausblick kann dieses Argument der Diffamierung im Kontext anderer Beispiele der griechischen und römischen Literatur, die ähnliche Motive kennen, verorten. Das hier gegen Antonius eingesetzte Erzählmotiv wird mitunter als Kritik an der ‚Lebensform des liebenden Menschen' bezeichnet.[119] Diese Lebensform wird in Rom auf griechische Kultureinflüsse zurückgeführt. Eine solche Lebensweise konnte, wie gesehen, in Rom zur Diffamierung eines Gegners führen und wurde auch in den Elegien augusteischer Zeit[120] als bewusster Gegenentwurf zur eigentlich römischen *virtus* verstanden.[121] Im griechischen Kulturraum hingegen scheinen liebesinduzierte Handlungsweisen eines Mannes keineswegs pauschal verwerflich gewesen zu sein.[122] Greifbar ist eine solche griechische Bewertung in klassischer Zeit z. B. in Platons *Symposion*:

> εἰ γὰρ ἢ χρήματα βουλόμενος παρά του λαβεῖν ἢ ἀρχὴν ἄρξαι ἤ τινα ἄλλην δύναμιν ἐθέλοι ποιεῖν οἷάπερ οἱ ἐρασταὶ πρὸς τὰ παιδικά, ἱκετείας τε καὶ ἀντιβολήσεις ἐν ταῖς δεήσεσιν ποιούμενοι, καὶ

---

118 Für das Nachleben ciceronischer Charakterbilder in der Antike siehe Kapitel 8.

119 So wird die Lebensform des liebenden Menschen traditionell besonders in der Elegieforschung untersucht. Vgl. beispielsweise STROH 1971, 222 mit Verweis auf BURCK 1966, 191–221.

120 Einen Höhepunkt erlebt die römische Liebesdichtung in augusteischer Zeit, nachdem sie in der ausgehenden Republik durch Autoren wie Gallus (Ov. trist. 4.10.53) und Catull grundgelegt wurde. Dabei soll dessen Lesbia übrigens ein Synonym für Clodia gewesen sein. Catull sei einer ihrer mehreren Liebhaber gewesen. Vgl. WISEMAN 1997, 1036 ff. Zu Gallus, dessen Werk nicht überliefert ist, siehe beispielsweise PETERSMANN 1983 oder CROWTHER 1983.

121 Die Elegiker wählen für sich die Lebensform eines liebenden Mannes (*amator*) und wenden sich damit vom ideal-römischen, militärisch ausgerichteten Lebensentwurf (*servitium militiae*) zugunsten des Liebesdienstes (*servitium amoris*) ab. Dazu unterwerfen sie sich dem Willen des Mädchens (*domina*, *puella*), das sie lieben. Vgl. STEIDLE 1962; STROH 1971. Für die römischen Liebesdichter ist davon auszugehen, dass das elegische Ich nicht mit dem Dichter identisch ist, vgl. HOLZBERG 2006. Zum Spannungsverhätnis zwischen *servitium militiae* und *servitium amoris* vgl. LYNE 1979, 117–130. Die Entwicklung der Lebenswahl des liebenden Menschen ist jedoch nicht als plötzlicher Gegenentwurf am Ende der Republik zu verstehen, wie SPOTH (1997, 974) vorschlägt, sondern vielmehr eine graduelle Entwicklung. Für die Bedeutung sozial determinierter Geschlechtsmerkmale für die Rollenbilder von Männern und Frauen in Catulls erotischer Dichtung vgl. FUHRER 2007, 63. Zu den römischen Elegikern zählen Cornelius Gallus, Properz, Tibull, Ovid: so in Ov. trist. 4.10.53 f. Für die frühen Elegiker ist die Lebensform Ausdruck ihrer Sehnsucht, also für ihre „innere Haltung, nicht aber für die faktische Lebensführung" (STEIDLE 1962, 107 für Tibull). Vgl. auch KENNEDY 1993, 1–23. Besonders deutlich ist die Diskrepanz zwischen Lebensführung und elegischem Lebensentwurf für Cornelius Gallus, der auf der einen Seite zahlreiche militärische Meriten erlangt und Augustus' Vertrauen zunächst so sehr genießt, dass ihm die Verwaltung Ägyptens unterstellt wird, vgl. CROWTHER 1983, 1622–1648. Im Principat erscheint das Dichten schließlich als tatsächlicher Lebensinhalt, was freilich mit den eingeschränkten politischen Agitationsmöglichkeiten und Chancen auf ‚Karriere' der Senatoren in Zusammenhang stehen mag, vgl. BLEICKEN 1995, 277; 280; 282; VON FRITZ 1969, 423; 448.

122 Vgl. STROH 1971, 221: „Schon Xenophon spricht von ‚dienenden Liebhabern'; und Isokrates setzt in seiner überschwänglichen Begeisterung für das Schöne diesen Liebes-‚Dienst' mit der Verehrung der Götter gleich."

ὅρκους ὀμνύντες, καὶ κοιμήσεις ἐπὶ θύραις, καὶ ἐθέλοντες δουλείας δουλεύειν οἵας οὐδ' ἂν δοῦλος οὐδείς, ἐμποδίζοιτο ἂν μὴ πράττειν οὕτω τὴν πρᾶξιν καὶ ὑπὸ φίλων καὶ ὑπὸ ἐχθρῶν, (...). τῷ δ' ἐρῶντι πάντα ταῦτα ποιοῦντι χάρις ἔπεστι, καὶ δέδοται ὑπὸ τοῦ νόμου ἄνευ ὀνείδους πράττειν, ὡς πάγκαλόν τι πρᾶγμα διαπραττομένου.[123]

„Wenn er nämlich, um von jemandem Geld zu bekommen oder um ein Amt oder sonstwie Einfluß zu erlangen, eben das tun wollte, was die Liebhaber in bezug auf ihre Geliebten tun: daß sie demütig flehen und bitten, daß sie Eide ablegen, auf der Türschwelle nächtigen und sich zu jedem niedrigen Dienst bereit zeigen, den sonst nicht einmal ein Sklave leisten wollte – da würden ihn Freunde und Feinde daran hindern, die Sache so zu betreiben [...]. Tut aber einer das alles aus Verliebtheit, so bleibt man ihm erst recht gewogen, und es ist ihm von der Sitte her erlaubt, ohne Vorwurf so zu handeln, als beginge er damit die allerschönste Tat."

Platon dokumentiert in dieser Passage die Billigung eines üblicherweise als irrational beurteilten Verhaltens in dem einzigen Fall, dass es von einem liebenden Menschen praktiziert werde.[124] Dazu zählt er demütiges Flehen und Bitten, also dasselbe Motiv, das Antonius Fulvia gegenüber an den Tag legt. Des Weiteren erwähnt er die Tatsache, dass die Gegner Dienste leisten, zu denen sonst nicht einmal ein Sklave bereit gewesen wäre. Dies ist ebenfalls eine Haltung, die Piso, wie gesehen, in Ciceros Diffamierung angelastet wird. Platon beurteilt ein an sich verwerfliches Verhalten als hinnehmbar, sofern es aus einer liebesaffektierten Intention entsteht. Stroh weist in dieser Tradition gar auf die ‚Selbstverständlichkeit' eines solchen Verhaltens in der griechischen Welt hin und geht davon aus, dass der *exclusus amator* gewissermaßen zum griechischen Straßenbild gehört haben muss.[125] In Ciceros Wertekanon passt das Bild eines ‚liebeskranken' oder ‚liebestollen' Mannes jedoch nicht ins Straßenbild und wird als unrömisch und griechisch abgelehnt. Indem Cicero unterschiedlichste Verfehlungen seiner politischen Gegner als liebesinduziert brandmarkt, nutzt er geschickt die außergewöhnliche Anfälligkeit eines derart performativ definierten Männerbildes sowie die spätrepublikanische Diskussion um dessen Instabilität, um den Gegner zum schlechten Aristokraten zu stilisieren.[126] Cicero nutzt in der Tat alle möglichen sexuell devianten Verhaltensmuster, die er als gräzisiert verurteilen kann, mit Vorliebe zur Diffamierung politischer Gegner.[127] Wie noch zu sehen sein wird, gilt dies auch für Verhaltensmuster beim Gastmahl (Kapitel 5.3) oder für das Erscheinungsbild (Kapitel 5.4).

---

123 Plat. symp. 183 a/b.

124 Plat. symp. 183 b.

125 Vgl. Stroh 1971, 222. Dabei ist der Liebhaber, der vor der verschlossenen Tür klagt, ein typisches Moment der Liebeselegie, auch der römischen. Vgl. zum Paraklausithyron Burck 1966, 244–256; Gärtner 2000, 317 f.

126 Vgl. Skinner 2005, 146. Deissmann (1989, 558) weist ebenfalls auf diesen Zusammenhang hin: „Wenn sie von männlichem Verhalten abweichen, sind sie damit auch gleich schlechte Bürger."

127 Zu griechischen und römischen Vorstellungen von Sexualität und Schicklichkeiten sowie ihrem Verhältnis zueinander vgl. auch Veyne 1984, 40–50; Blanshard 2010, 109–123.

Das Motiv ‚Cytheris' führt Cicero in der *zweiten Philippischen Rede* noch ein weiteres Mal ins Feld. Den Auftakt für das Argument bildet die ausgeschmückte Darstellung von Antonius' (und Cytheris') Zug durch die Straßen:

> *Vehebatur in essedo tribunus pl.; lictores laureati antecedebant, inter quos aperta lectica mima portabatur, quam ex oppidis municipales homines honesti ob viam necessario prodeuntes non noto illo et mimico nomine, sed Volumniam consalutabant. sequebatur raeda cum lenonibus, comites nequissimi; reiecta mater amicam impuri filii tamquam nurum sequebatur. o miserae mulieris fecunditatem calamitosam! horum flagitiorum iste vestigiis omnia municipia, praefecturas, colonias, totam denique Italiam inpressit.*[128]
>
> „Im Streitwagen kam er dahergefahren, er, der Volkstribun! Lorbeerbekränzte Liktoren schritten voran, zwischen ihnen in offener Sänfte die Schmierendiva. Wohl oder übel stellten sich die ehrsamen Bürger aus den Landstädten an die Straße und begrüßten sie – nicht mit ihrem bekannten Bühnennamen, sondern als Volumnia! Dann kam ein Riesenwagen mit Kupplern, sein nichtsnutziges Gefolge; ganz hinten schließlich folgte der Freundin ihres unsauberen Sohnes Antonius' Mutter, als wäre es ihre Schwiegertochter. Armes Weib mit deiner unseligen Leibesfrucht! Alle Munizipien, Präfekturen, Kolonien, kurz, ganz Italien beglückte er mit den Spuren dieser schändlichen Prozession!"

Der erste aufsehenerregende Affront in dieser Erzählung ist freilich der Streitwagen (*in essedo*), in dem sich Antonius als Volkstribun zu zeigen erdreistet habe. Der Anklang an den Vorwurf *gladiator*, dessen Vehikel das *essedum* ist, schwingt hier unüberhörbar mit.[129] Als *gladiator* in den Arenen zu kämpfen, ist in Rom eine von Sklaven ausgeübte Tätigkeit und gewiss kein Betätigungsfeld für einen Volkstribun. Wenn sich Antonius in dieser Darstellung Ciceros in einem für Gladiatoren typischen Streitwagen präsentiert, dann missachtet er sämtliche römischen Konventionen für das senatorische Auftreten in der Öffentlichkeit. Antonius wird hier als äußerst unrömisch dargestellt: Er verhält sich keineswegs seinen magistratischen Würden entsprechend, sondern präsentiert sich aus freien Stücken geradezu als Sklave und damit fremd-

---

128 Cic. Phil. 2.58 (Übers. mod. A.T.). Die kuriose Szene wird noch fortgesetzt in 2.61: *venisti Brundisium, in sinum quidem et in complexum tuae mimulae.* („Du kamst also nach Brundisium, in die Arme und an die Brust der kleinen Schauspielerin.") Nicht eine Schauspielerin und überhaupt keine Frau sollte Anlass sein für einen Magistraten Roms, eine Entscheidung über Destinationen zu treffen, sondern ausschließlich politische Abwägung. Auch in dieser Szene dokumentiert Cicero also deutlich eine weibliche Fremdbestimmtheit des Antonius. Dasselbe Bild bemüht Cicero auch später noch einmal in 2.78: *et domi quidem causam amoris habuisti.*(„Nun, nach Hause zog dich die Verliebtheit"). In diesem Fall lockt ihn allerdings nicht Volumnia, sondern seine Ehefrau.

129 Für das *essedum* als Streitwagen der *essedarii* bei Spielen vgl. beispielsweise Le Bohec (2001, 1052) mit Verweis auf kaiserzeitliche Belegstellen: Suet. Cal. 35.3 und Suet. Claud. 21.5; als Streitwagen der Gladiatoren *essedum* bspw. von Georges 1913 mit Begleitstellen geführt. Für Cicero nimmt man mitunter an, dass *essedum* als Begriff für einen Reisewagen genutzt wird. Im vorliegenden Kontext ist aber davon auszugehen, dass insbesondere im Zusammenhang von Antonius' anrüchiger ‚Prozession' ein Spiel mit der gladiatoren-nahen Bedeutungsaufladung vorliegt, zumal *gladiator* ein gängiger Vorwurf gegen Marcus Antonius des Argumententyps „physische und staatsrechtliche Gewalt" ist (vgl. dazu Kapitel 5.5).

bestimmt und unfrei. Darauf folgt die unerhörte Begleitung der *mima* durch die ausschließlich dem Antonius zustehenden lorbeerbekränzten Liktoren (*lictores laureati*), das Attribut des militärisch erfolgreichen Magistrats, das Frauen und erst recht Schauspielerinnen nicht zustand.[130] Freilich ist allein schon die Begleitung eines römischen Magistraten durch eine Schaupielerin in dieser ‚Prozession' überaus unangemessen.[131] Darüber hinaus werde Cytheris in einer Sänfte getragen, was Anstoß erregt aufgrund der *lex Oppia*, für deren Erhalt sich einst Ciceros großes Vorbild und ‚Tugendwächter' Cato der Ältere eingesetzt hatte.[132] In der *lex Oppia* wurde den Damen nämlich die Beförderung in einem solchen Gefährt in und um Rom ausdrücklich untersagt.[133] Des Weiteren ist die Sänfte an sich Senatorenfrauen vorbehalten, eine Position, für die Cytheris als Schauspielerin (*mima*) und Freigelassene gewiss nicht geeignet gewesen wäre.[134] Ein weiterer Aspekt veranschaulicht außerdem, wie Cytheris, die Freigelassene (und Prostituierte), in den Raum frei geborener Aristokratenfrauen eindringt. Dies ist z. B. der Fall, wenn Cicero Antonius' Mutter bemitleidet, weil diese sich diesem anrüchigen Zug anschließen und Cytheris folgen müsse, als wäre sie ihre Schwiegertochter. Antonius hätte als Senatsaristokrat die unfrei geborene Cytheris, die als ehemalige Sklavin kein Recht auf *conubium* hatte,[135] nicht heiraten können. Indem er sich aber mit ihr in der Öffentlichkeit zeigt wie mit einer Ehefrau, versetzt er auch seine Mutter in eine kompromittierende Situation.

Antonius' weitere Gefolgschaft besteht in dieser Szene aus Kupplern (*lenones*), die Cicero als Antonius' *comites*, also als die Gefolgschaft eines Feldherrn bzw. Prätors bezeichnet. Eine ehrenhafte Gefolgschaft eines militärisch erfolgreichen Feldherrn und Proprätors, der zur Statusmarkierung lorbeerbekränzte Liktoren mit sich führt, müsste hingegen aus Soldaten und anderen ehrenhaften römischen Bürgern bestehen. Dass anstelle solcher ehrenhafter Soldaten und Senatoren Kuppler oder Zuhälter die Gefolgschaft des Antonius bildeten, die mit dem Stigma der *infamia* behaftet waren,[136] diffamiert Antonius zweifach: Erstens wird angedeutet, dass sich Antonius selbst des *lenocinium* schuldig machen könnte, wenn er sich ‚öffentlich' in der Gesellschaft von *lenones* aufhalte. Zweitens trägt diese verrufene Gesellschaft die ihr anhaftende *infamia* räumlich und sozial an die Person des Antonius heran. Zur Be-

---

130 Antonius war von Caesar 49 zum Propraetor ernannt worden, was ihm die Begleitung von Liktoren erlaubte. Die Lorbeerkränze hatten ihm Caesars Siege in Gallien 58–51 eingebracht, vgl. Shackleton Bailey 2009, 110.

131 Siehe zu diesem Aspekt auch Cic. Phil. 2.61 f. (*Venisti Brundisium in sinum quidem et in complexum tuae mimulae; eadem comita mima*).

132 Für Catos Engagement für die *lex Oppia* siehe Berry 1989, 605.

133 So in Liv. 34.1 überliefert: *(...) neu iuncto vehiculo in urbe oppidove aut propius inde mille passus nisi sacrorum publicorum causa veheretur.* Zwar fand die oben beschriebene Prozession nicht in Rom statt, aber dennoch klingen für den gebildeten Leser in Ciceros Darstellung gewiss die Regelungen zur Einschränkung des Geltungskonsums aus der bekannten *lex Oppia* an.

134 Vgl. Kolb 1977, 243 mit Verweis auf Friedländer SG I^{10}, 293.

135 Vgl. Treggiari 1997, 896.

136 Zur *infamia* der *lenones* vgl. Kleinfeller 1925, 1942.

nennung der Gefolgschaft als *lenones* tritt zudem das Attribut *nequissimi* hinzu, das, wie gesehen, ebenfalls einen Aspekt der Diffamierung hinsichtlich charakterlicher Unzulänglichkeit (*nequitia*) bildet.[137] Antonius bewegt sich hier in einem gesellschaftlichen Milieu, das für die römische Nobilität unangemessen ist. Dass er dieses Milieu als Volkstribun in den Raum der politischen ‚Öffentlichkeit' versetzt, zeigt, dass es sich bei ihm um einen unangemessen auftretenden römischen Magistraten handelt. So wird Antonius hier als jemand dargestellt, der in seiner Magistratur und in seiner Person entwürdigt ist, da er die ‚politische Sphäre' Roms nicht von Personen aus dem Bereich der Schauspielerei und der Prostitution trennt. In Ciceros Darstellung entwürdigt Antonius sogar noch das italische Volk (*totam denique Italiam inpressit*), da er es durch sein Auftreten als Volkstribun dazu veranlasst, dieser ‚schändlichen Prozession' beizuwohnen, die für einen Tribun überaus unangemessen ist (*ex oppidis municipales homines honesti ob viam necessario*). Somit zwingt er mithilfe seines politischen Amtes die Bürger zu einer Handlung, die ihren eigenen guten Ruf beschädigt.[138]

Die oben vorgestellten Szenen, die Antonius ausführlich in einer Handlungsweise zeigen, die ihn aufgrund eines unangemessenen amourösen Verhaltens diffamieren, entstammen allesamt der *zweiten Philippischen Rede*. Sämtliche Passagen enthalten zum einen illustrative Vorwürfe, die in einer solchen Weise wohl keinem römischen Senator aus angesehener Familie hätten vorgeworfen werden können. Zum anderen weisen sie eine Ausführlichkeit und einen Erzählcharakter auf, der für Argumente desselben Typus in gehaltenen Reden offenbar nicht umsetzbar war. Gleichwohl werden auch jenseits der *zweiten Philippica* Argumente des unangemessenen sexuellen Verhaltens platziert, wenn auch in von diesen deutlich differenter Form. So versieht Cicero Antonius z. B. in der *dritten Philippischen Rede* mit dem sexuell despektierlichen Schimpfwort *effeminatus*.[139] Ähnlich ist Ciceros Seitenhieb einzuordnen, wenn er in seiner Beschwerde über den von Antonius vollzogenen ‚Ausverkauf des ganzen Staates' (*totius rei publicae nundinae*) betont, dass dieser ausgerechnet seine Frau Fulvia mit der Versteigerung von Provinzen und Königreichen betraut habe: Antonius übertrage einer Frau, von der sein ganzes Handeln bestimmt wird, eine Entscheidungsgewalt, die nur einem Senatsaristokraten zustehe.[140] Ebenfalls in der *fünften Philippischen Rede* macht sich Cicero darüber lustig, dass Antonius seine Frau

---

137 Zur direkten Diffamierung anhand charakterlicher Unzulänglichkeit siehe Kapitel 4.

138 Cic. Phil. 2.58: „Wohl oder übel stellten sich die ehrsamen Bürger aus den Landstädten an die Straße und begrüßten sie."

139 Cic. Phil. 3.12.

140 Cic. Phil. 5.11: *Calebant in interiore aedium parte totius rei publicae nundinae; mulier sibi felicior quam viris auctionem provinciarum regnorumque faciebat;* („In einem Geheimkabinett seines Hauses blühte der Ausverkauf des ganzen Staates; eine Frau, die sich selbst mehr Glück brachte als ihren Männern, vollzog die Versteigerung von Provinzen und Königreichen"); vgl. MANUWALD 2007b, 590.

mit zur Armee genommen habe.[141] Damit führt er seine Gattin in ein genuin männliches Umfeld ein und unterstellt Antonius somit die Fremdbestimmtheit durch eine Frau, die sich sogar in militärischen Angelegenheiten – anstelle ihres Mannes – eine Entscheidungshoheit anmaßt.[142]

Cicero wirft Antonius also Handlungsweisen vor, die ihn als fremdbestimmt darstellen, als passiven Partner in (sexuellen) Beziehungen zu einem Aristokraten, einer Aristokratin und sogar zu einer Schauspielerin, womit er ihm de facto sowohl *stuprum* als auch *flagitium* unterstellt. Neben diesen Vorwürfen aber erspart Cicero Antonius einen weiteren expliziten und auf ein Wort verknappten Vorwurf nicht, wenn er ihm beinahe subsumierend *domestica stupra* vorwirft.

Stuprum wird von Cicero in der *sechsten Philippischen Rede* mit einem unangemessenen gesellschaftlichen Umfeld in Zusammenhang gebracht, dessen Unangemessenheit auf ein bestimmtes Sexualverhalten zurückzuführen ist: Cicero beschuldigt Antonius selbst und direkt, sich als Kuppler (*leno*) betätigt zu haben.[143] Abgeschlossen wird der Reigen von Vorwürfen dieses Argumententyps mit der Unterstellung, dass sich Antonius niemandem so gerne gebeugt habe wie der habgierigsten aller Frauen (*mulieri avarissimae*). Dies ist ein Aspekt, der wiederum Antonius' Kontrollverlust und Fremdbestimmtheit unter den Willen von Frauen zum Inhalt hat und der Antonius einen sexuell bzw. amourös verursachten Schaden und Ehrverlust beschert. Auffällig ist im Vergleich der Vorwürfe in *der zweiten Philippischen Rede* mit den Anschuldigungen in den übrigen *Reden*, dass sie gleichermaßen hauptsächlich *stuprum* und *lenocinium* thematisieren. Unterschiede treten dabei in der Ausführlichkeit der Vorwürfe auf: Während die Vorwürfe in der *zweiten Rede* gar nicht erst beim Namen genannt werden und illustrativ beschreiben, was sie eigentlich zum Inhalt haben (*stuprum* oder *lenocinium*), werden diese Vorwürfe in den übrigen gehaltenen *Reden* häufiger explizit und verknappt ausgesprochen.

---

141 Cic. Phil. 5.22: *eosque ante pedes suos uxorisque suae, quam secum gravis imperator ad exercitum duxerat, iugulari coegit.* („und ließ sie zu seinen Füßen, vor den Augen seiner Frau, die der gestrenge Imperator mit zur Armee genommen hatte, ermorden.").

142 Ähnlich auch in Cic. Phil. 13.18: *Brundisi in sinu non modo avarissimae, sed etiam crudelissimae uxoris delectos Martiae legionis centuriones trucidavit.* („[...] ermordete in Brundisium ausgesuchte Zenturionen der Marslegion im Schoße seiner habsüchtigen, grausamen Gattin.").

143 Cic. Phil. 6.4: *(...) semper eum duo dissimilia genera tenuerunt, lenonum et latronum; ita domesticis stupris, forensibus parricidiis delectatur, ut mulieri citius avarissimae paruerit quam senatui populoque Romano.* („[...] stets fühlte er sich zu zwei grundverschiedenen Betätigungen berufen, der des Kupplers und der des Räubers; Unzucht daheim und Mord in der Öffentlichkeit, das ist sein Vergnügen; der habgierigsten Dirne beugte er sich eher als Senat und Volk von Rom."); vgl. MANUWALD 2007b, 762f.

5.1.2 Sexuell konnotierte Diffamierungen in den Briefen

Cicero macht Clodius auch in den *Briefen an Atticus* den Vorwurf des Inzests mit seiner Schwester Clodia Metelli.[144] Auch in den Reden können wir diesen Vorwurf beobachten. In den Briefen fällt dieser – wie auch die meisten anderen Diffamierungen – jedoch etwas sanfter aus als in den Reden. Zunächst sticht bei der Lektüre der *Briefe an Atticus* ein Pseudonym ins Auge, das Cicero wiederholt für Clodia nutzt, an deren Gastmählern und Gärten er ein gesteigertes Interesse zeigt.[145] Immer wieder nennt er sie *boôpis* (βοῶπις), die ‚Kuhäugige'.[146] An sich ist die Bezeichnung als deutlich positiv konnotiertes Epitheton Heras bekannt.[147] Harders erkennt in diesem Pseudonym für Clodia neben einer Goutierung ihrer Schönheit jedoch eine Anspielung auf die Bruder-Schwester-Beziehung zwischen Hera und Zeus sowie zwischen Clodia und Clodius.[148] In diesem Sinne versteht sie das Pseudonym im Falle Clodias als abgeschwächten Vorwurf des Inzests.

An diesem Vorwurf ist besonders schön zu erkennen, wie subtil die Argumente der Diffamierung, die in den Reden und Briefen Parallelen aufweisen, in den Briefen Gestalt annehmen können. In diesem Falle diffamiert ein zum Stichwort verkürztes Argument, das zudem nur implizit als negativ konnotiert verstanden werden kann, zugleich Clodia und Clodius – und das, während es nur Clodia anspricht. Es kann dabei nicht bestritten werden, dass ein gewisses Verständnis für Ciceros Subtilität vorausgesetzt werden muss, damit ein Leser diese Anspielung überhaupt entdecken kann. Es handelt sich um eine Bemerkung, die möglicherweise in erster Linie an Atticus oder Leser mit dessen Bildungsgrad gerichtet war. In diesem Vorwurf liegt daher im Grunde eine Chiffrierung vor, die diese Anspielung für den oberflächlichen Leser unkenntlich macht.[149] Für Clodia versteckt sich in diesem Pseudonym somit eine dezente Diffamierung, für Clodius stellt sie eine deutliche Diffamierung und die Anklage als *adulter* dar.

Harders weist des Weiteren auf eine Passage hin, die ebenfalls Clodia Metelli diffamiert. Es handelt sich dabei um ein Wortspiel. Clodius beschwere sich darüber, so Cicero, dass Clodia ihm nur ‚einen Fuß breit gebe'. Darauf erwidere er, Cicero, dass Clodius doch nicht jammern, sondern den anderen Fuß einfach auch noch aufheben

144 Zu Clodia Metelli als Opfer sexueller Diffamierungen siehe Hartmann 2007, 152–154.

145 Für Ciceros Interesse an Clodias ‚Gärten' siehe Cic. Att. 12.42.2; 12.45.1; 12.49.1; 12.51.2; 12.57.2; 13.5.2; für das Gastmahl siehe beispielsweise Cic. Att. 2.14.1.

146 Cic. Att. 2.9.1; 2.10.2; 2.14.1; 2.22.5; 2.23.3; so auch bei Harders 2008, 237.

147 Das Epitheton trägt Hera bereits bei Homer, vgl. Dee 1994, 81; 84; siehe dazu auch Harders 2008, 237 Anm. 85 mit Hinweis auf Deroux (1973, 410), der dem Epitheton keine negative Konnotation beimisst.

148 Vgl. Harders 2008, 237–238, mit Verweis auf Parallelstellen bei Cicero zu Clodias strahlendschönen Augen: Cic. har. resp. 38; Cic. Cael. 49.

149 Für Ciceros Umgang mit der Erwartungshaltung seines Publikums in den Reden, die sich aus der jeweiligen Vorbildung ergibt, vgl. Craig 1993.

solle.[150] Cicero gesteht zwar ein, dass diese Anspielung krude und unangemessen ist. Er lässt sie aber doch stehen und versucht sie gar zu legitimieren, da Clodia doch eine aufrührerische Frau sei, die er im Übrigen hasse (*odi*). Durch dieses Wortspiel beweist Cicero erstens seinen Witz, zweitens diffamiert er Clodius und Clodia zugleich und drittens zeigt er, dass er es wagt, einen solch anzüglichen Witz auszusprechen. Indem er die Passage nämlich in das Gewand einer wörtlichen Rede kleidet, vermittelt er den Eindruck, dass er sich in einer echten Gesprächssituation getraut habe, gegenüber Clodius eine solche Anspielung auszusprechen.

Es hat sich gezeigt, dass die Diffamierungen politischer Gegner durch den Vorwurf sexuellen, erotischen Fehlverhaltens in den Reden und Briefen häufig auf eine Stigmatisierung als fremdbestimmt und machtlos abzielen. Dies trifft auf den Vorwurf der homoerotischen Liaison mit einem (älteren) Standesgenossen, auf die Unterordnung unter den Willen einer Frau oder allgemein auf einen despektierlichen Umgang mit Personen aus dem Bereich der Prostitution in der ‚Öffentlichkeit' zu. Im Wesentlichen werden drei illustrative Vorwürfe zur sexuellen Diffamierung genutzt: unterschiedliche Ausgestaltungen des *adulterium*, *lenocinium* und *stuprum*. Das aus dem sexuellen Fehlverhalten resultierende *flagitium* benennt sodann den durch erotische/sexuelle Devianz veranlassten Ehrverlust. Die *libido* wird häufig als Katalysator sexueller Verfehlungen in den Vorwurfsreigen aufgenommen. Eine Verstärkung der Vorwürfe durch den Zusatz *libido*, der – wie noch zu sehen sein wird – bei den Argumenten der *luxuria* und *avaritia* sowie der Gewaltanwendung eintritt, ist für das Argument sexueller Verfehlungen nicht zu beobachten. Vielmehr wird die *libido* hier stets mitgedacht als immerwährender Anlass zu Verfehlungen.

Es wurde gezeigt, dass die Vorwürfe *adulterium*, *lenocinium* und *stuprum* enge Wechselwirkungen miteinander aufweisen. Zudem wird die Verbindung von *stuprum* und *adulterium*, die in der augusteischen Gesetzgebung gefestigt wird, in den Diffamierungen Ciceros vorbereitet, nachdem die beiden Begriffe in früherer republikanischer Zeit noch rechtlich unterschieden worden waren. Der Begriff *stuprum* wird unter Augustus auch für den Straftatbestand *adulterium* gebraucht und als solcher verfolgt, während er in der Republik vermutlich noch der Selbsthilfe unterlag. Wesentlich ist in den Diffamierungen die politische Dimension des *adulterium*, das den Gegner/das Opfer zu bestimmten gesellschaftspolitischen Maßnahmen (wie z. B. einer Scheidung) zwingt oder ihn wiederum in eine rechtsrelevante Bredouille bringt (*lenocinium*). Ursprünglich hatte *stuprum* die gleiche Bedeutung wie *turpitudo*, war in frühen Zeiten wohl mit Geldstrafen belegt und kennt so auch schon in (früherer) republikanischer Zeit strafrechtliche Konsequenzen. Bei verschiedenen Aspekten spielt auch die Annahme von Geld eine Rolle für die Diffamierung, wie beispielsweise im Fall der eigenen Prostitution oder des Aufdrängens eines Verbrechens als *adulter*.

150 Cic. Att. 2.1.5: *‚unum mihi solum pede dat.' ‚noli' inquam ‚de uno pede sororis queri; licet etiam alterum tollas.'* („Sie gibt nur einen Fuß breit.' Ich antwortete: ‚Wegen des einen Fußes deiner Schwester jammer doch nicht, heb doch einfach auch den anderen auf!"). Vgl. Harders 2008, 237 mit Verweis auf Parallelstellen bei Mart. 10.81.4; 11.71.8 sowie auf Shackleton Bailey 1965, 348.

Es zeigt sich also, dass die Vorwürfe auf zweierlei Formen der Rufschädigung abzielen. Zum einen auf den Ehrverlust nach sittlichen Maßstäben: das *flagitium*, die *turpitudo* (gewissermaßen als *turpitudo flagitiosa*) sowie die Fremdbestimmtheit, wobei all diese Formen des Ehrverlusts unter dem Stigma (gesellschaftlicher) Erniedrigung subsumiert werden können. Zum anderen zielen sie auf die potentielle Verurteilung als Straftäter aufgrund von Vergehen wie *adulterium*, *lenocinium* und *stuprum*. Kommt es für die teilweise angedeuteten, teilweise konkret ausgesprochenen und ausgeschmückten Straftaten nicht zur Verhandlung und Verurteilung (wie es für Ciceros Diffamierungen überwiegend der Fall ist), dann zielt die Diffamierung auf den Gesichtsverlust des Straftäters, der zu Unrecht nicht für seine Straftaten belangt wurde. Dass dieser ‚Straftäter' potentiell weitere Straftaten begeht, wird durch diese charakterliche Diffamierung im Sinne der antiken *vituperatio*-Theorie nahegelegt. Im Nachhall des ‚Stadtgesprächs' soll die Diffamierung dazu beitragen, die *dignitas* des Gegners möglichst empfindlich zu reduzieren. So weisen die Diffamierungen anhand sexuellen Fehlverhaltens sowohl sittliche als auch rechtliche Konsequenzen auf, während die *libido* als der charakterliche Makel verstanden wird,[151] der zu sämtlichen Fehlverhaltungen dieser Art veranlasst.

Offenbar hat aber der Vorwurf bloßer sexueller Devianz aufgrund der weiten Verbreitung solcher Handlungsformen und Verhaltensmuster – oder zumindest aufgrund der weiten Verbreitung solcher Vorwürfe – nicht ausgereicht, sodass zur Verdeutlichung der Schwere der Anschuldigungen mit Nachdruck herausgestellt werden musste, dass es sich eben nicht um die übliche Form von Vergehen handle (z. B. durch *inaudita libidine*). Besonders für Clodius und Piso fällt auf, dass die Anschuldigungen über einen weiten Zeitraum immer wieder – auch in Briefen – wiederholt werden, um so eine Plausibilisierung der Vorwürfe zu erzeugen. Der Rezipient soll dadurch den Eindruck gewinnen, von einem Sachverhalt zu hören, der ihm bereits bekannt ist und so einen Wiedererkennungseffekt erfahren.

5.2 Unangemessener Umgang mit Gütern und finanziellen Mitteln

Als gängiges Mittel der Diffamierung können des Weiteren Argumente beobachtet werden, die sämtlich einen unangemessenen, verschwenderischen oder raffgierigen Umgang mit Geld bzw. Gütern im weiteren Sinne berühren und allgemein dem römischen Ideal des Maßhaltens – *modestia*, *moderatio* – zuwiderlaufen. Die verschiedenen Aspekte dieses Argumententypus sind einerseits unter der modernen Kategorie Luxuskonsum, der Verschwendung und der Zurschaustellung von Gütern

151 Siehe dazu auch die Variante der *libido flagitiosa*: Cic. Phil. 14.9.

und finanziellen Mitteln, subsumierbar.[152] So weisen die untersuchten Diffamierungen Aspekte auf, die sowohl die Folgen von Luxuskonsum ansprechen, wie Verschuldung und Bankrott, als auch die Mittel bzw. Ursachen der Verschwendung betreffen, wie das Glücksspiel bzw. Würfelspiel. Auch ein ungebührlicher Umgang mit finanziellen Mitteln der *res publica* ist diesem Argument zurechenbar.[153] Im antiken lateinischen Sprachgebrauch kann dieses Argument besonders mit *luxuria*, aber auch mit *sumptus* überschrieben werden.[154] Andererseits lassen sich Aspekte dieses Argumententypus als ungebührliche Bereicherungen zusammenfassen, wozu Plünderungen (besonders auf Provinzen bezogen) und Raub oder das Betreiben von unangemessenen Handelsgeschäften zu zählen sind. Diesem Argument kommt in der antiken, lateinischen Diktion *avaritia* am nächsten. Sowohl zur *luxuria* als auch zur *avaritia* werden die politischen Gegner in Ciceros Diffamierungen durch *libido* veranlasst.

Argumente, die eine Person durch den Vorwurf mangelnden Maßhaltens im Sinn des oben zuerst genannten Arguments, des Luxus, diffamieren, sind für die späte römische Republik in den Kontext eines veränderten ostentativen, elitenbildenden Konsumverhaltens der Nobilität einzuordnen.[155] Als Ursache für eine sich verändernde Haltung zu Konsum wurde bereits vielfach die Übernahme griechischer und hellenistischer Verhaltensweisen und Praktiken diskutiert.[156] In Rom setzten ‚Akkulturationsprozesse' ein,[157] die Veränderungen insbesondere in konsumorientierten Verhaltensweisen und Vorstellungswelten mit sich brachten.[158] In den Schriften Ci-

152 Luxus sei hier im weberschen Sinne als „Ablehnung zweckrationaler Orientierung des Verbrauchs" verstanden, Weber 1980, 651.

153 Gegenüber der Diffamierung anhand des Fehlverhaltens findet sich auch für dieses Argument das positive Pendant in der Literatur wie z.B. in den Bemühungen Catos des Jüngeren, sich zum guten Verwalter finanzieller Mittel der *res publica* zu stilisieren, vgl. Fehrle 1983; van der Blom 2016, 204 ff.

154 Siehe dazu auch *luxuria* als direkten Vorwurf charakterlicher Unzulänglichkeit in Kapitel 4.

155 Wallace-Hadrill widmet dem Konsum in der späten römischen Republik in seiner 2008 erschienenen Studie über *Rome's Cultural Revolution* als sogenannter *consumer revolution* ein eigenes Kapitel, *Luxury and the consumer revolution* (Wallace-Hadrill 2008, 315–355).

156 Einige Beispiele mit jeweils unterschiedlichem Erkenntnisinteresse: Bringmann 1977, 28–49; Veyne 1979, 3–29; Hölscher 1990, 73–84; Edwards 1993, 92; Flaig 1999, 81–112.

157 Für die forschungsgeschichtliche Herleitung einer Konzeption von Akkulturation vgl. Gotter 2000, 384–399. Gotter liefert hier die bereits aus dem Jahre 1936 stammende Annäherung an eine Definition nach Redfield/Linton/Herskovits, die ‚Akkulturation' wie folgt umreißt: „Acculturation comprehends those phenomena which result when groups of individuals having different cultures come into continuous first-hand contact, with subsequent changes in the original patterns of either or both groups." Redfield/Linton/Herskovits 1936, 149.

158 Für die gleichzeitig verlaufende Beeinflussung zwischen Griechenland und Rom vgl. Griffin 1976, 88; Wallace-Hadrill 2008, 17–28 (*hellenisation and romanisation*). Wallace-Hadrill (2008, 338) geht davon aus, dass der von den Griechen übernommene Luxus-affine Lebenswandel weniger als Verhaltensmuster, sondern eher als gesellschaftliches ‚Leitbild' (*concept*) zu verstehen sei: „Romans learned luxury from Greeks, not just as a practice, but foremost as a concept." Zusammenfassend heißt es hier: „If Sallust blamed *luxuria* and *avaritia* [...] he was talking a language familiar to generations of Greek historians." Dabei wird Sallust hier als römischer Geschichtsschreiber in die gattungskonven-

ceros zeigt sich zunehmend eine ideologische Konkurrenzsituation zwischen griechischen Bräuchen und Vorstellungswelten auf der einen Seite und traditionell römischen Werten und Bräuchen, dem *mos maiorum*, auf der anderen Seite.[159] Bereits seit dem zweiten vorchristlichen Jahrhundert entwickelt sich als Antwort auf diese allmählich in den römischen Alltag Einzug haltende griechische Lebensweise eine ablehnende und kritische Haltung gegenüber bestimmten griechischen Einflüssen, eine römische ‚Luxuskritik', die bestimmte Handlungen oder Verhaltensmuster als griechisch und damit als negativ stigmatisiert.[160] Zu den spätrepublikanischen römischen Autoren, die eine solche Luxuskritik besonders einschlägig überliefern, zählen Sallust und Cicero, im Speziellen deren Rezeption der großen historiographischen Vordenker Griechenlands, Polybios und Poseidonius, die ihrerseits der *tryphe* eine entscheidende Rolle in ihren Dekadenzmodellen zuschrieben.[161] In Ciceros Schriften schlägt sich diese Konkurrenzsituation zwischen römischen und griechischen Lebensweisen in diffamierenden Vorwürfen wie einem zu griechisch anmutenden Gastmahl oder griechischer Bartmode nieder. Diese Aspekte sind zwar dem Luxuskonsum zuzurechnen, aber dennoch werden sie im Folgenden als eigenständige Argumente in den Kapiteln zum Fehlverhalten beim *convivium* (Kapitel 4.3) und zum unangemessenen Erscheinungsbild (Kapitel 5.4) behandelt.

Neben den Diffamierungen Ciceros, die allenthalben von Luxuskritik geprägt sind, haben die Schlagworte *luxuria* und *avaritia* bereits in Lucilius' Satiren zur Dif-

---

tionelle Tradition seiner griechischen Vorgänger gestellt. Einen Überblick über verschiedene Spielarten der öffentlichen Prachtentfaltung liefert Weeber 2006.

159 Vgl. dazu Bringmann 1977, 29: „Es war das Ergebnis der Erfahrung, daß die beispiellosen Erfolge der römischen Ostpolitik [...] die Werte und Verhaltensnormen, auf denen der innere Zusammenhalt der Aristokratie beruhte, römisch gesprochen: den *mos maiorum*, in ihren Grundfesten erschütterten." Bringmann spricht hier von einem „kollektiven Trauma" der römischen Gesellschaft des 2. Jh.s v. Chr., das das spätrepublikanische ‚Geschichtsbild' vom inneren Verfall durch die ‚Weltherrschaft' Roms bestimmte. Die Ablehnung griechischer Einflüsse stellt dabei nur eine Seite von Ciceros Einstellung zur griechischen Kultur dar (vgl. Zimmermann 1999, 242 ff.), denn auf der anderen Seite verehrt er die griechische Literatur und philosophische Kultur.

160 So verortet schon Bringmann 1977 (35) die Assoziation römischer Verfallsvorstellungen des 1. Jh.s v. Chr. mit dem „politisch-moralischen Denken des Griechentums" im Werk des Polybios. Vgl. dazu auch Edwards 1993, 177. In der Regel wird dabei Bezug genommen auf die drei bereits in der Antike stilisierten Wendepunkte, die den römischen Sittenverfall eingeleitet hätten: Polybios nennt als solchen den Krieg gegen Perseus 168 v. Chr. (Pol. 31.25), L. Calpurnius Piso führt 154 v. Chr. an (Piso fr. 38 HRR), Sallust bezieht sich auf die Zerstörung Karthagos 146 v. Chr. (Sall. Catil. 10); so dargestellt beispielsweise bei Edwards 1993, 177 f.; ähnlich auch Wagner-Hasel 2002, 344 Anm. 116. Vgl. dazu auch Kunst 2010, 32.

161 Wallace-Hadrill (2008, 319; 338) bezieht sich auf Sallust. Mit Blick auf römische Luxus-Gesetzgebungen verweist Wallace-Hadrill (2008, 339) auf die tiefe Verankerung des Dekadenzmodells in der griechischen Literatur, das von politischem Erfolg zum moralischen Sittenverfall führe: „The schematic cycle of success leading to luxury to hybris to divine anger and revenge is one not invented by hellenistic historiography, but deeply embedded in Greek literature, from Homer to Attic tragedy [...]." Zur *tryphe* vgl. Cozzoli 1980, 133–146 sowie jetzt auch insbesondere Lupi *voraussichtlich 2018*.

famierung gedient, die außerdem bei Varro und Lukrez anzutreffen sind.[162] Das Konsumverhalten der spätrepublikanischen Aristokratie können wir in diesen Texten einerseits als Stein des Anstoßes für Diskussionen über einen Sittenverfall verstehen, andererseits stellt es einen Spiegel der Elitenbildung[163] und der zentralen Repräsentationsformen der spätrepublikanischen Aristokratie dar.[164] Eine Antwort auf das Streben der Aristokratie nach „Geltungskonsum"[165] stellen auch die zahlreichen Gesetze zur Aufwandsbeschränkung dar, die in der Republik schon seit dem Zwölftafelgesetz im 5. Jh. v. Chr. zu fassen sind (hier vor allem die Einschränkung des Bestattungsaufwandes).[166] Im Allgemeinen werden diese Gesetze als Ausdruck für die Bemühung verstanden, einer zu intensiven materiellen Ausdifferenzierung und somit allzu großer sozialer Unterschiede innerhalb der Aristokratie entgegenzuwirken.[167] Ciceros Diffamierungen bewegen sich daher, wenn sie ein frevelhaftes ‚Konsum'-Verhalten beanstanden, in einem Bereich gesellschaftlicher Umwälzungsprozesse, in

---

162 Lucil. frag. 1127–1128, mit einer Stelle zur Kritik am Tafelluxus; Lucr. 3.59 ff.; 5.48; vgl. dazu Fischer 1983, 72.

163 Vgl. Wagner-Hasel 2002, 329 mit Verweis auf Veblen 1997 (Erstauflage 1899).

164 Vgl. Kunst 2010, 32. In Richtung einer hohen Bedeutung des Konsumverhaltens deutet auch Webers Typologisierung der antiken Stadt als Konsumentenstadt, die von der Produzentenstadt und der Händlerstadt abgrenzt wird; vgl. Weber 1999. Für einen Überblick über die Ursprünge des Konzepts vgl. Wagner-Hasel 2009,178–180 mit ihrem Verweis auf Bücher 1903. Erdkamp 2001, 333 f. verweist auf die Beurteilung Finleys (1985, 192), der zufolge keine der antiken Städte dem Idealtyp Webers entsprochen habe, verteidigt aber das Konzept der Konsumentenstadt mit Einschränkungen. Für einen Überblick über die Diskussion *pro* und *contra* eines derartigen Wirtschaftsverständnisses für antike (römische) Städte siehe Erdkamp 2001, 336 Anm. 8. Auch wenn weitere Diskussionen zu anderen Klassifizierungen von Städten geführt haben als moralische Beurteilungen von Konsum innerhalb der römischen Gesellschaft, ist dennoch zu konstatieren, dass für Rom der Einfluss der Konsumenten eine zentrale Rolle gespielt hat. So spielt für die Beurteilung einer Stadt als Konsumentenstadt insbesondere das Verhältnis zwischen landwirtschaftlicher und städtischer Produktion bzw. die Frage der Reziprozität der wirtschaftlichen Beziehungen zwischen Land und Stadt eine Rolle, vgl. beispielsweise Erdkamp 2001, 341: „The consumer city is thereby defined by the withdrawal of agricultural resources from the countryside in a non-reciprocal relationship, the re-distribution of which forms the basis of the urban economy. The constituent elements of the model are the city and the countryside, which by Finley and his adherents are conceived as interrelating, but clearly separate entities." Siehe zudem 343: „Nevertheless, the reciprocity or non-reciprocity of economic relationships, which is at the heart of the debate concerning the consumer vs. producer city, remains a valuable concept for the understanding of economic structures." Denn was eine Konsumentenstadt jedenfalls (zumindest unter anderem) ausmacht, ist der Sachverhalt, dass die städtische Wirtschaft, wie Erdkamp es darstellt, ein Produkt des Konsumverhaltens der städtischen Elite darstellt; vgl. Erdkamp 2001, 344: „As we have seen before, what makes a consumer city is the fact that the urban economy is largely a spin-off of upper class spending for themselves and for their community, while the income of the upper classes is based on their entitlement to a large share of food surpluses."

165 So benannt von Veblen 1997 (engl. Erstausgabe 1899: *The Theory of the Leisure Class. An Economic Study of Institutions*).

166 Dem Bestattungsaufwand ist Tafel X gewidmet, vgl. Flach 2004.

167 Vgl. Kolb 1977, 239 f.; Baltrusch 1989, 102.

dem sich jeder Aristokrat zwischen Normkonformität und Distinktionsbemühungen bewegen musste.[168]

5.2.1 Verschwendung und Bereicherung in den Reden

Für Catilina können zwei Aspekte dieses Argumententypus ausgemacht werden, nämlich unangemessene Bereicherung und Verschuldung. Zum einen werden diese Aspekte für Catilina selbst angeführt, zum anderen für seine Anhänger. So äußert sich Cicero in der *zweiten Catilinarischen Rede* abfällig über Catilinas Reichtümer und seinen Umgang damit: Dieser häufe nämlich Grund und Boden, Häuser, Silberzeug und Gesinde in Hülle und Fülle an und mache sich gleichzeitig Sorgen um den Verlust all dieser Güter (*dubites de possessione detrahere*).[169] Später unterstellt Cicero ihm die Hoffnung, im Falle einer allgemeinen Zerrüttung des Staatswesens, die er freilich als Ziel der Catilinarischen Verschwörung voraussetzt, eigener Schulden entledigt werden zu können.[170] Die Anhäufung von Besitztümern, die in einer langen Aufzählung von typisch-römischen Luxusgütern präsentiert wird, steht zunächst stellvertretend für die Raffsucht (*avaritia*). Dies ist ein in der späten Republik vieldiskutiertes Laster, das traditionell in Verbindung mit *luxuria* gebracht wird, da Verschwendung ein gesteigertes Bedürfnis nach Besitztümern schaffe.[171] Cicero dient das Begriffspaar für die Anhäufung von Besitz und Verschwendung, *avaritia* und *luxuria*, dem gängigen Argument der Diffamierung,[172] zumal es der idealtypischen römischen – enthaltsamen und sparsamen – Lebensweise, der *frugalitas*, diametral entgegensteht.[173] Des Weiteren werden die hier aufgezählten Reichtümer in direkten Zusammenhang mit einer Schuldenlast gebracht. Falls neue Schuldenbücher eingeführt würden (*tabulas novas*), werde dies dazu führen, dass diese Reichtümer gemeinsam mit den alten verschwinden.[174] Für die römische Elite spielte das Vermögen allein schon deshalb

---

168 Vgl. Wagner-Hasel 2002, 329.

169 Cic. Catil. 2.18: *tu agris, tu aedificiis, tu argento, tu familia, tu rebus omnibus ornatus et copiosus sis et dubites de possessione detrahere, adquirere ad fidem?* („Du magst Grund und Boden, du magst Häuser, du magst Silberzeug, du magst Gesinde und alles in Hülle und Fülle haben und noch Bedenken tragen, deinen Besitz zu verringern, an Kredit aber zu gewinnen?").

170 Ciceros erste Vermutung ist, dass Catilina hoffen könnte, sein eigenes Vermögen bliebe im Falle einer „allgemeinen Verwüstung des Besitzes" (*in vastatione omnium*) unangetastet. Des Weiteren stellt er als alternative Vermutung an, dass Catilina auf die „Vernichtung der Schuldenbücher" hoffen könnte (2.18: *an tabulas novas?*).

171 Siehe beispielsweise Sall. Catil. 5.8; Liv. 34.4.2; Sen. epist. 90.36.

172 Gerade für Catilina ist *avaritia* ein von Sallust vieldiskutiertes Laster, besonders in Sall. Catil. 10–11.

173 Vgl. Berry 1989, 599 mit Verweis auf Cic. off. 1.30: *quam sit turpe diffluere luxuria et delicate ac molliter*; Corbier 1999, 534.

174 Einen vermeintlich kurz bevorstehenden Ruin spricht Cicero auch in der *ersten Catilinarischen Rede* an, Cic. Catil. 1.14: *praetermitto ruinas fortunarum tuarum, quas omnis inpendere tibi proxumis*

eine statuskonstituierende Rolle, weil der gesellschaftliche Rang von alters her an einem Mindestzensus festgemacht wurde.[175] Da durch die Bekleidung von Ehrenämtern zudem keine Einkünfte erzielt werden konnten und das Erwirtschaften von Gewinn durch bestimmte Handelsgeschäfte eingeschränkt war, blieb den aristokratischen Familien im Wesentlichen nur der (landwirtschaftliche) Besitz,[176] um die mitunter teure politische Karriere zu finanzieren. Der Verlust von Vermögen konnte somit den potentiellen Ausschluss aus dem Senat oder mangelnde Ressourcen zur Bewältigung des *cursus honorum* bedeuten. Einem politischen Gegner eine möglichst große Schuldenlast zu unterstellen, berührt zum einen genau diesen statuskonstituierenden Parameter, zum anderen unterstellt es dem Angegriffenen, nicht in der Lage gewesen zu sein, vernünftig zu haushalten. Zugleich aber stellt die Verschuldung in der ausgehenden Republik für viele Senatoren de facto einen Normalzustand dar.[177] Auch Cicero selbst war zeitweise hoch verschuldet. Dass einem Gegner zum Vorwurf gemacht wird, was für die meisten Mitglieder der Statusgruppe oder sogar die eigene Person gilt, zeigt, wie willkürlich dieser Argumententypus zur Diffamierung nutzbar gemacht werden konnte. Der zentrale und besonders schwerwiegende Tenor des Vorwurfs der Verschuldung – gerade wenn dieser in Zusammenhang mit der (ebenfalls verschuldeten) Anhängerschaft präsentiert wird – ist aber die gegenseitige Abhängigkeit, die durch ein Schuldgeschäft entsteht.[178] Die späte Republik stellt aufgrund des eben skizzierten, beinahe endlosen Bedürfnisses der Senatsaristokraten nach pekuniären Mitteln de facto ein verzweigtes Netzwerk von gegenseitigen Schuld- und damit Abhängigkeitsverhältnissen dar.[179] Ähnlich wie im Falle des Arguments der unangemessenen Fremdbestimmtheit in einem sexuellen Verhältnis zielt das Argument der Verschuldung damit auf die Abhängigkeit des Schuldners von einem anderen Mitglied der Senatsaristokratie. In diesem Fall ist es der Gläubiger, von dem er nicht nur finanziell, sondern auch politisch abhängig wird.

Idibus senties. („Ich übergehe den Ruin deines Vermögens, den du an den nächsten Iden in vollem Umfang über dich hineinbrechen sehen wirst.").

175 Für die Notwendigkeit der Stabilität von Familienvermögen in einem Gemeinwesen, das auf dem *census*-System beruhte, vgl. CORBIER 1999, 535.

176 Für den einer senatorischen Familie angemessenen landwirtschaftlichen Besitz siehe Cic. de orat. 1.249; Cic. off. 1.151; 2.89.

177 Vgl. ROLLINGER 2009, 12.

178 Um Darlehen zum Zeitpunkt der Fälligkeit abzahlen zu können, musste sich ein Senator „auf ein Netzwerk von Freunden und Verbündeten verlassen, die ihm mit Geldspritzen und zinslosen Darlehen zur Seite standen." ROLLINGER 2009, 219.

179 Siehe dazu allgemein ROLLINGER 2009, der eine Netzwerkanalyse der „standesdurchdringenden Verschuldung" (12) der spätrepublikanischen Senatsaristokratie unternimmt. Dass das Catilinarische System der gegenseitigen finanziellen Unterstützung in sich aber bereits ins Wanken gekommen sei, unterstellt Cicero den Catilinariern in Cic. Catil. 2.10: *(...) res eos iam pridem deseruit, fides nuper deficere coepit.* („[...] das Geld hat sie schon seit langem verlassen, seit kurzem auch beginnt der Kredit zu schwinden".).

Catilina hinterlasse, so Cicero, geradezu eine ‚Spur der Verschuldung',[180] da kein Anhänger aus Catilinas Reihen zurückbleibe, der nicht völlig verschuldet wäre. Catilinas *avaritia* fielen somit auch die Vermögen der Anhänger zum Opfer, auf die er zurückgreife, bis nichts mehr zu holen sei. Sobald das Vermögen eines Anhängers verbraucht sei, wenn er Catilina also nicht mehr mit Finanzspritzen aushelfen könne, verlöre er seinen Wert und sei für Catilina nicht mehr von Interesse. Ein solches Verhalten entspricht nun so gar nicht dem Grundsatz des römischen Freundschafts- und Patronagewesens, das auf unbedingter Reziprozität beruht. Für eine empfangene Leistung hat der Empfänger eine Gegenleistung zu erbringen. Wenn es Catilina trotz der erhaltenen finanziellen Unterstützung an solchen Gegenleistungen vermissen lässt und sich von den Unterstützern abwendet, sobald sie die von ihm gewünschte Förderung nicht mehr erbringen können, verstößt er gegen dieses wichtigste ungeschriebene Gesetz der römischen Gesellschaft.

Das Argument funktioniert aber auch *vice versa*. Catilina suche und hinterlasse nicht nur Anhänger, an denen er sich maximal bereichern könne, sondern ziehe auch schon verschuldete Aristokraten aus allen Ecken des Landes an, die ihrerseits mit den Stigmata der *luxuria* und *avaritia* behaftet seien und diese auf Catilina gewissermaßen abfärben ließen.[181] Hierbei handelt es sich um einen Vorwurf, der auch gegen Caesar im Hinblick auf Marcus Antonius erhoben wird:[182] Caesar habe Antonius nämlich nur deshalb protegiert, weil er besonders gerne Schuldner unter seine Fittiche genommen habe, und Antonius habe freilich unter einer großen Schuldenlast gelitten. In einer solchen Ausgestaltung des Verschuldungsvorwurfs wirkt die Diffamierung, die den verschuldeten Anhängern zuteil wird, auf Caesar bzw. Catilina zurück. Diese suchen sich nämlich vorsätzlich verschuldete Anhänger, um sie in ein Abhängigkeitsverhältnis zu bringen, ähnlich wie der ältere Liebhaber in einem unangemessenen sexuellen Verhältnis zwischen zwei Senatsaristokraten den jüngeren in eine kompromittierende Position bringt (da dieser *flagitium* erfährt). Der ältere Liebhaber und der Magistrat, welcher Schuldner in seine Abhängigkeit bringt, vergehen sich ähnlich einem *adulter:* Sie verursachen dem Partner Schande – in Form von *flagitium* oder finanzieller Abhängigkeit.

---

180 Cic. Catil. 2.4: *reliquit quos viros, quanto aere alieno, quam valentis, quam nobilis!* („Welche Männer hat er dagegen zurückgelassen, mit welcher Schuldenlast, von welchem Einfluß und von welchem Adel.").

181 Cic. Catil. 2.8: *nemo non modo Romae, sed ne ullo in angulo totius Italiae oppressus aere alieno fuit, quem non ad hoc incredibile sceleris foedus asciverit.* („Jeden, nicht nur in Rom, sondern in irgendeinem Winkel ganz Italiens, den schwere Schulden drückten, hat er in diesen unerhörten Verbrecherbund mit aufgenommen."). Siehe auch Cic. Catil. 2.19: *alterum genus est eorum, qui quamquam premuntur aere alieno (...).* („Die zweite Gruppe sind die, welche trotz ihrer Schuldenlast dennoch auf die Herrschaft warten [...]").

182 Siehe dazu Cic. Phil. 2.78: *Habebat hoc omnino Caesar: quem plane perditum aere alieno egentemque, (...) hunc in familiaritatem libentissime recipiebat.* („So war es überhaupt mit Caesar: wenn er sah, daß jemand durch Schulden gänzlich ruiniert und arm war [...], dann zog er ihm mit dem größten Vergnügen in den Kreis seiner Vertrauten.").

Für Catilinas Anhänger führt Cicero unterschiedliche Gründe der Verschuldung an, die wiederum Aufschluss über zugrunde liegende charakterliche Makel geben sollen. Teilweise seien die Schulden durch Untätigkeit (*inertia*), teilweise durch schlechte Geschäfte (*male gerendo negotio*) und teilweise durch Verschwendung (*sumptis*)[183] entstanden. Während *inertia* für sich ein bekanntes Argument der direkten charakterlichen Diffamierung darstellt,[184] liegt im Unvermögen, das *negotium* als „Gesamtheit der politischen Aufgaben" – dem idealerweise zentralen Lebensinhalt eines Senators –[185] angemessen auszuüben, im Wertekanon der Senatsaristokratie ein Makel besonderer Qualität verborgen. Der Vorwurf, durch nicht näher bezifferte *sumptus* (Verschwendungen/Ausgaben) Schulden angehäuft zu haben, entspricht dem Vorwurf *luxuria*.

Für Clodius lässt sich dieser Argumententyp nicht weiter nachweisen.

Ein illustrativer Vorwurf der Verschwendung wird auch Piso zuteil, allerdings erneut auf dem Umweg über seinen Amtskollegen Gabinius. In der *Rede gegen Piso* lästert Cicero:

> *ecce tibi alter effusa iam maxima praeda (...) cum partim eius praedae profundae libidines devorassent, partim nova quaedam et inaudita luxuries, partim etiam in illis locis ubi omnia diripuit emptiones, (...).* [186]
>
> „Genauso der andere [*sc.* Gabinius]: als die gewaltige Beute vertan war, [...] als diese Beute teils von dem Abgrund seiner Begierden, teils von einer neuartigen, unerhörten Genußsucht, teils sogar von Käufen (und zwar in Gegenden, wo er alles raubte!), teils von Tauschgeschäften verschlungen war, die er tätigte [...]".

Gabinius wird hier eine neue und unerhörte Genusssucht (*nova quaedam et inaudita luxuries*) beschieden, die auch bei Piso zu beobachten sei (*ecce tibi*). Während der Vorwurf der *luxuria* / *luxuries* offenbar gegen jede Person angewendet werden konnte, dient in dieser Formulierung das ‚Neue' und ‚Unerhörte' einer Steigerung des Arguments direkter charakterlicher Diffamierung. Vor dem Hintergrund der Vergangenheitsnostalgie Ciceros, die er u. a. auf die Person Catos projiziert, ist ‚das Neue' als negativ konnotiert zu verstehen. Der Nachsatz, dass bisher noch niemand von dieser neuen *luxuria* gehört haben könne, verfolgt dasselbe Ziel. Die *luxuria* bildete einen Vorwurf, der so gängig gewesen sein mag, dass man ihn schon kaum mehr wahrgenommen hat. Cicero versucht die Zuhörer davon zu überzeugen, dass die *luxuria* in

---

183 Der Vorwurf *sumptus* ist dabei mit *luxuria* gleichzusetzen. Vgl. Corbier 1999, 534.

184 Siehe dazu Kapitel 4.

185 Andreau 2000, 785 mit Verweis auf Cic. off. 3.1.

186 Cic. Pis. 48. Unmittelbar vor der Anschuldigung gegen Gabinius wird Piso (47) vorgeworfen, in Makedonien die Truppen entlassen (*dimittendi vero exercitus*) und ohne Soldaten die Provinz verlassen zu haben (*sine ullo milite reliquisse*). So beziehen sich die hier und zuvor genannten Anschuldigungen gegen Gabinius und Piso jeweils auch auf die andere Person. Die *Rede gegen Piso* ist, so Griffin 2001, 93 f., als Verteidigungsrede zu verstehen, in der Cicero auf Angriffe reagiert, die ihm von Piso nach dessen Rückkehr aus Makedonien 55 v. Chr. unterbreitet worden waren.

diesem Fall aber ein außerordentliches Ausmaß angenommen habe und darum nicht ohne Weiteres hingenommen werden sollte. Der Vorwurf der *luxuria* bildet das negative Pendant zu *magnificentia:* Während nämlich der Einsatz von Vermögenswerten zu Gunsten der *res publica* (*publica magnificentia*) als vorbildlich verstanden wird,[187] stellt (*privata*) *luxuria* die deviante Form dar, überschüssiges Vermögen zu veräußern, nämlich zum eigenen, persönlichen Vergnügen. Wesentlich schwerer, als irgendein Vermögen zum eigenen Vergnügen zu verprassen, wiegt nun aber der Vorwurf, den Cicero hier lanciert, nämlich (‚staatliche') Beute (*maxima praeda*) verprasst zu haben (*effusa*), die während einer Promagistratur zusammengetragen wurde. Nicht nur werden überschüssige Mittel in keiner Weise zum Wohle der *res publica* eingesetzt, sondern auch diejenigen Mittel, die eigentlich der *res publica* zustehen, werden ihr nach diesem Vorwurf vorenthalten.[188] Somit ergeht sich Cicero hier in einer Anschuldigung, die modern als ‚Veruntreuung von Staatsgeldern' beschrieben werden könnte. Dieser Aspekt des Arguments Verschwendung markiert eine weitere Dimension des Angriffs. Die *luxuria* als *privata luxuria* stellt zunächst einmal das Verschwenden von Gütern und finanziellen Mitteln im eigenen Besitz und damit ein sittliches Vergehen dar, das den Schuldner abhängig von Gläubigern macht. Dagegen bildet die Verschwendung von Staatsgeldern ein (staats-)rechtliches Vergehen und verstößt gegen geltende Gesetze, die den Promagistraten die übermäßige Bereicherung an Provinzen verbieten, wie die *lex Calpurnia de repetundis* (149 v. Chr.) oder die *lex Iulia de repetundis* (59 v. Chr.).

Neben der *luxuries* führt Cicero an dieser Stelle noch eine zweite Antriebsfeder für die Verschwendung der Beute an, nämlich Pisos *libido*. Beide Fälle, *luxuria* und *libido*, bilden Vorwürfe des Hangs nach Vergnügungen, des mangelnden Maßhaltens. Letztlich habe sich Piso gar in Kauf- und Tauschgeschäften (*emptiones*) ergangen, einem Metier, das der senatorischen Aristokratie nicht zustand. An anderer Stelle wird Gabinius noch unterstellt, er habe sich vom Pöbel bestechen lassen,[189] was den Vorwurf *ambitio* berührt und ebenfalls zur *luxuria* gezählt werden kann. So rückt Cicero mit Hinweis auf die Kollegialität die für Gabinius explizit ausgesprochenen Vorwürfe *luxuria*, *libido* sowie *ambitio* und damit das gesamte Spektrum typisch republikanischer Luxus- bzw. Amtsanmaßungskritik an Piso heran. Es sei angemerkt, dass Piso und Gabinius zeitgleich Konsuln und später Statthalter in den Provinzen Makedonien bzw. Syria waren.[190]

In der *Rede für Sestius* verurteilt Cicero das ‚finanzielle Verhalten' der beiden Konsularen und Prokonsuln Gabinius und Piso erneut, in diesem Fall mit dezidiertem

---

187 Zur *magnificentia* vgl. Corbier 1999, 535; Berry 1989, 611.

188 Siehe dazu auch Berry 1989, 612: „But once wealth and riches were desired for private consumption then the ideal of public service was corrupted." Berry unterteilt privaten Luxus (*private luxury*) in die drei (sallustinischen) Kategorien, *luxuria*, *avaritia* und *ambitio*.

189 Siehe Cic. Sest. 18: *venditabat se operis* („empfahl sich dem käuflichen Pöbel").

190 Für Piso vgl. Münzer 1897c, 1388; für Gabinius vgl. von der Mühll 1910, 426.

Fokus auf deren Verhalten in den Provinzen.[191] Gabinius unterstellt er, unübersehbare Mengen Goldes aus den Schätzen Syriens gezogen zu haben (*alterum haurire cotidie ex pacatissimis atque opulentissimis Syriae gazis innumerabile pondus auri*), was ihn de facto der *avaritia* bezichtigt.[192] Als noch verurteilungswerter stellt Cicero Gabinius' Verwendung der unrechtmäßig angehäuften Güter dar: Denn zum einen würden diese von seinen abgrundtiefen Ausschweifungen (*profundissimum libidinum*) verschlungen,[193] zum anderen kritisiert Cicero die prächtige Villa, die Gabinius sich von Reichtümern der Provinz gebaut habe.[194] Dass Gabinius mit seinem Haus jedoch keineswegs hinter Ciceros eigener baulicher Exklusivität zurücksteht, gerät angesichts der Diffamierungsabsicht freilich aus dem Blick.[195] Dass sich Gabinius unrechtmäßig und übermäßig auf Kosten seiner Provinz bereichert habe, stellt nämlich den eigentlichen Stein des Anstoßes dar, da Cicero hiermit unterstellt, dass Gabinius sich eigentlich in einem Repetundenprozess zu behaupten habe. In Anbetracht von Ciceros eigener Vergangenheit, in der es ihm bekanntlich gelungen war, Verres in dem vielbeachteten Repetundenprozess den Garaus zu machen, wiegt die Andeutung schwer, dass auch gegen Gabinius (und Piso) Grund für das Bemühen eines solchen Prozesses bestehe. Schließlich wird den Konsuln wie zuvor schon Catilina vorgeworfen, hochverschuldet und damit in zahlreichen Abhängigkeitsverhältnissen gefangen zu sein. Für Gabinius und Piso spielen diese Verschuldung und die damit verbundenen politischen Absprachen freilich noch eine weitere wichtige Rolle, da es eben wegen dieser finanziellen Zerrüttung zum für Cicero tragischen Pakt mit Clodius gekommen war.[196] Clodius habe den Konsuln nämlich die Provinzen versprochen und damit die

---

191 Cicero wirft Clodius vor, mit den Konsuln eine unlautere Absprache getroffen zu haben, sodass diese sich in den Provinzen würden bereichern können.

192 Cic. Sest. 93: „Der eine scheffelt Tag für Tag unübersehbare Mengen Goldes aus den Schätzen Syriens [...]".

193 Cic. Sest. 93: *(...) bellum inferre quiescentibus, ut eorum veteres inlibatasque divitias in profundissimum libidinum suarum gurgitem profundat,* („[...] er überzieht friedfertige Leute mit Krieg, um ihre ererbten und noch ungeschmälerten Reichtümer in dem bodenlosen Abgrund seiner Ausschweifungen verschwinden zu lassen").

194 Cic. Sest. 93: *villam aedificare in oculis omnium tantam tugurium ut iam videatur esse illa villa quam ipse tribunus plebis pictam olim in contionibus explicabat, quo fortissimum ac summum civem in invidiam homo castus ac non cupidus vocaret;* („er baut vor aller Augen ein so prächtiges Landhaus, daß sich jenes andere Landhaus wie eine Hütte ausnimmt, wovon er selbst einmal als Volkstribun in den Versammlungen ein Bild vorgezeigt hat, um als uneigennützig und frei von Habgier zu erscheinen und gegen einen der tüchtigsten und angesehensten Mitbürger [*sc.* L. Licinius Lucullus] Stimmung zu machen.").

195 Vgl. dazu auch den Kommentar Nisbets (1960, 195): „Cicero attacks Gabinius for his opulent Tusculan villa (48.13 n.), but his own Tusculan villa (*in Cic.* 4) as well as his Palatine house (*Att.* i.16.19, *in Cic.* 2) were equally blameworthy."

196 Cic. Sest. 38: *(...) sed duo importuna prodigia, quos egestas, quos aeris alieni magnitudo, quos levitas, quos improbitas tribuno plebis constrictos addixera (...).* („[...] sondern zwei abscheuliche Ungeheuer, die wegen ihrer Armut und der Größe ihrer Schulden, wegen ihrer Haltlosigkeit und Unverschämtheit dem Volkstribunen wehrlos ausgeliefert waren [...].").

Möglichkeit eingeräumt, sich aus deren Ressourcen finanziell zu sanieren, um sich im Gegenzug ihre Unterstützung für seine Gesetzesvorschläge zu sichern.[197] Ein solcher Gesetzesentwurf sollte schließlich zu Ciceros Verbannung führen.

Im Falle Pisos schildert Cicero an anderer Stelle besonders ausführlich, wie sich dieser in den Provinzen unangemessen bereichert habe. Er habe sich nämlich von den Thrakern und Dardanern um Frieden bestechen lassen und ihnen dann eine römische Provinz zur eigenen Bereicherung überlassen (*vexandam et spoliandam*).[198] Mit dieser Absprache habe Piso Makedonien zur Ausbeutung freigegeben und auf diese Weise mit einer römischen Provinz regelrechten Handel betrieben. Schließlich sei der Frieden den Thrakern und Dardanern in einem Kaufgeschäft abgehandelt worden.[199] Handlungen wie Rauben und Plündern, zu denen Piso seine Handelspartner ermutigt, stellen im Übrigen Vorwürfe dar, die auch mehrfach mit Piso selbst verbunden werden.[200] Der Katalog der Verfehlungen in den Provinzen weist darüber hinaus noch weitere Nennungen auf. So wirft Cicero Piso vor, die Dyrrhachiner und die Thessalier ausgeplündert,[201] die Achäer gar jährlich zur Kasse gebeten zu haben.[202] Zwei weitere Aspekte dieser Reihung von Vorwürfen können mit anderen bekannten Argumententypen assoziiert werden. Das ist zum einen der unangemessene Umgang mit römischen Bürgern und Griechen, da Piso das Guthaben von „römischen Gläubigern mit deren griechischem Schuldnern geteilt" habe.[203] Zum anderen wird Piso das Ausrauben heiliger Stätten (*religiosus locus*) zum Vorwurf gemacht. Dadurch lenkt Cicero die Vorwürfe gegen Piso schließlich auch noch in einen sakralen Rahmen, wie es im Übrigen ähnlich auch bei Verres (Plünderungen von Tempeln) und bei Clodius (Religionsfrevel beim Fest der Bona Dea) zu beobachten ist.[204]

---

197 Vgl. Münzer 1897c, 1388 und von der Mühll 1910, 426.

198 Cic. Sest. 94: *alterum Thracibus ac Dardanis primum pacem maxima pecunia vendidisse, deinde, ut illi pecuniam conficere possent, vexandam iis Macedoniam et spoliandam tradidisse (...).* („Der andere hat den Thrakern und Dardanern zunächst für teures Geld Frieden zugestanden und ihnen dann, damit sie sich das Geld beschaffen konnten, Makedonien zum Rauben und Plündern ausgeliefert; [...].").

199 Ähnlich nimmt sich auch die Ausplünderung der Staatskasse aus, die Cicero Piso in Pis. 57 anlastet: *cum exhauriebas aerarium, (...).* („Als du nun die Staatskasse ausplündertest, [...]").

200 Für die Einzelperson Piso nutzt Cicero jedoch andere Formulierungen wie beispielsweise *latro.*

201 Cic. Sest. 94: *cogere pecunias maximas a Dyrrachinis, spoliare Thessalos,* („er treibt von den Dyrrhachinern riesige Summen ein und plündert die Thessalier aus;").

202 Cic. Sest. 94: *certam Achaeis in annos singulos pecuniam imperavisse* („er hat den Achäern eine bestimmte jährliche Zahlung aufgezwungen").

203 Cic. Sest. 94: *eundemque bona creditorum, civium Romanorum, cum debitoribus Graecis divisisse,* („er hat die Guthaben von römischen Gläubigern mit deren griechischen Schuldnern geteilt;").

204 Cic. Sest. 94: *neque tamen ullo in publico aut religioso loco signum aut tabulam aut ornamentum reliquisse;* („und gleichwohl an keiner öffentlichen oder heiligen Stätte irgendein Standbild, Gemälde oder sonstiges Kunstwerk übriggelassen."). Für Verres siehe Cic. Verr. 2.4.105–115; 2.4.122–125 (hier zugleich verbunden mit sexuellen Verfehlungen in der Anspielung auf sein Haus: *hic ornamenta Minervae virginis in meretriciam domum transtulit.* „Verres brachte die Schmuckstücke der Jungfrau Minerva in sein Dirnenhaus."); für Clodius siehe Cic. Mil. 86 f.; Cic. Sest. 39.

In Bezug auf Marcus Antonius wird der Bankrott zur Diffamierung als dauerhafter Zustand in allen Lebensaltern dargestellt.[205] Die Forschung ist darin übereingekommen, dass man über Antonius' Jugend kaum gesicherte Aussagen treffen könne.[206] In Anbetracht der überaus stereotypen Äußerungen, die Cicero in der *zweiten Philippischen Rede* über Antonius' Jugend anführt, verbleiben jenseits der Standardvorwürfe im Grunde keinerlei Informationen. Zu diesen Standardvorwürfen gehört beispielsweise die Diffamierung, dass Antonius schon in seiner Jugendzeit das Vermögen seines Vaters durchgebracht hätte.[207] Beim Würfelspiel, bei dem meist um Geld gespielt wurde, seien dann weitere Schulden entstanden.[208] Dass das Würfelspiel wohl wegen der drohenden Verschuldung früh verboten wurde, ist schon in Plautus' *Miles Gloriosus* erkennbar, der von einer *lex alearia* spricht.[209] Das Würfelspiel galt in Rom als Laster. Zum einen deutete es auf einen Hang zu Bereicherungen, Vergnügungen und Parasitentum hin.[210] Zudem bildete es die Ursache für den daraus häufig resultierenden kompromittierenden Zustand des Bankrotts. Zum anderen verstieß es gegen

---

205 Zu den allgemeineren Äußerungen über Antonius' Bankrott zählen z. B. Cic. Phil. 2.4: *tu nec solvendo eras nec te ullo modo nisi eversa re publica fore incolumem putabas.* („[...] warst du nicht zahlungsunfähig und meintest, vor dem Bankrott nur bewahrt zu bleiben, wenn der Staat zugrunde gerichtet sei."). Die Szene erinnert freilich an Catilinas angebliche Hoffnung auf Zerstörung der Schuldenbücher (Cic. Catil. 2.18); 2.50; 2.62: *cogebat egestas; quo se vertere non habebat;* („Seine ewige Geldknappheit zwang ihn dazu; er wußte nicht aus noch ein."). Auch der Verwandtschaft von Antonius wird der Vorwurf des devianten Umgangs mit Geld gemacht, so in 3.16 einem Vorfahren der Fulvia, Antonius' Gattin: *Tuditanus nempe ille, qui cum palla et cothurnis nummos populo de rostris spargere solebat. vellem hanc contemptionem pecuniae suis reliquisset!* („Natürlich, der berühmte Tuditanus, der in Palla und Kothurn von der Rednertribüne aus Geldstücke unter das Volk zu streuen pflegte. Hätte er nur seinen Nachkommen diese Verachtung des Geldes vererbt!"). Der Vorwurf ist hier verbunden mit dem Vorwurf der unangemessenen Kleidung.

206 Vgl. Pasquali 2009, 25.

207 Cic. Phil. 2.44: *tenesne memoria praetextatum te decoxisse?* („Entsinnst du dich noch, daß du, dem Knabenalter noch nicht entwachsen, dein Vermögen durchgebracht hattest?").

208 Cic. Phil. 2.67: *suggerabantur etiam saepe (non enim semper iste felix) damna aleatoria.* („Dazu kamen dann häufig noch – denn nicht immer hatte er Glück – Verluste im Spiel."). Zum Vorwurf der Spielsucht siehe auch 2.56: *qui non dubitaret vel in foro alea ludere,* („der sich nicht scheut, selbst auf dem Forum zu würfeln"); 13.24. Für die Geringschätzung des Spielers in der römischen Gesellschaft siehe auch Baltrusch 1989, 104. Zur Bedeutung von Geldeinsätzen beim Würfelspiel, dessen Ziel *lucrum* ist, vgl. Purcell 1995, 9.

209 Plaut. Mil. 164 f.: *atque adeo ut ne legi fraudem faciant aleariae, / adcuratote ut sine talis domi agitent convivium.* Die *lex alearia* erhält durch diese Nennung einen *terminus ante quem* von 204 v. Chr. Das Gesetz blieb, so Botsford (1968, 337), bis zum Ende der Republik in Kraft. Gesetze zur Einschränkung des Glücksspiels liegen außerdem in der *lex Cornelia*, der *lex Publicia* und der *lex Titia* vor (alle: Dig. 11.5.3), vgl. Botsford 1968, 337; vgl. außerdem Balsdon 1969, 154–159; Edwards 1993, 176–195; Purcell 1995, 1–37. Auf eine frühere Datierung deutet Ovid (Ov. trist. 2.471 f.) hin. Siehe auch Baltrusch 1989, 103–104.

210 Purcell (1995, 7) vergleicht römische Würfelspieler mit den Freiern der Penelope, die als Parasiten (*paraseitoi*) den Hof des Odysseus ‚leerfressen' und sich dabei im Würfelspiel ergehen. Er erklärt diese zu *scurrae*, dem lateinischen Äquivalent der *paraseitoi*. Im Kontext des Strebens nach Bereicherung versteht Purell (1995, 10) das Würfelspiel außerdem als Manifestation von *avaritia*.

Gesetze, die das Würfel- und Glücksspiel explizit verboten. Wirft Cicero einem politischen Gegner vor, sich beim Würfelspiel vergnügt oder gar verschuldet zu haben, dann unterstellt er ihm also gleich mehrere Vergehen: Der Gegner habe sich bereichern wollen (*avaritia*) und sei einem unkontrollierbaren Vergnügen nachgegangen (*libido*). Darüber hinaus habe er Geldwerte als Spieleinsatz verschleudert (*luxuria*) sowie gegen geltende Gesetze verstoßen und sich damit schließlich strafbar gemacht.

Mit dem Vorwurf der Schuldenlast geht für Antonius auch wiederholt der Vorwurf der unangemessenen und mitunter dubiosen Bereicherung einher. So fragt Cicero in der *zweiten Philippischen Rede* scheinheilig, wie Antonius eigentlich während der Iden des März noch hochverschuldet und kurz darauf (Anfang April) schon schuldenfrei gewesen sein konnte.[211] Cicero deutet hier an, dass sich Antonius nach Caesars Ermordung die Staatskasse angeeignet und diese just dazu genutzt habe, seine eigenen maroden Finanzen zu sanieren.[212] Er macht damit deutlich, dass Antonius sich nicht rechtmäßig seiner Schulden habe entledigen können, und verweist im Übrigen auch sonst immer wieder darauf, dass bei Antonius jegliche Form von finanzieller Sanierung unmöglich von Dauer wäre, da er sich im materiellen Überfluss habe gehen lassen. Jede Form von Schuldenausgleichen oder erworbenen Reichtümern werde bei einer solchen Lebensführung ohnehin direkt wieder vernichtet:

> *incredibile ac simile portenti est, quonam modo illa tam multa quam paucis non dico mensibus, sed diebus effuderit. Maximus vini numerus fuit, permagnum optimi pondus argenti, pretiosa vestis, multa et lauta supellex et magnifica multis locis non illa quidem luxuriosi hominis, sed tamen abundantis. horum paucis diebus nihil erat.*[213]
>
> „Kaum zu glauben und beinahe wunderbar, wie er all die schönen Sachen in wenigen Monaten, ja Tagen verschleudert hat! Da fand sich eine Unmenge Wein, eine Masse feingearbeiteten Silbergeschirrs, kostbare Teppiche, viel hübscher und vielfach prächtiger Hausrat, wie man ihn bei nicht eben üppigen, aber immerhin wohlhabenden Leuten findet. Von alledem war nach wenigen Tagen nichts mehr vorhanden."

In dieser Passage spricht Cicero die drei typischen Felder der römischen Luxuskritik an, indem er neben dem Speiseluxus (*vinum*) den Wohnluxus (*argentum*) und den Kleiderluxus (*vestis*) anprangert. Er stellt dabei Antonius' maßlosen Umgang mit den vormaligen Besitztümern des Pompeius an den Pranger, dessen Haus er sich samt

---

211 Cic. Phil. 2.93: *tu autem quadringentiens sestertium, quod Idibus Martiis debuisti, quonam modo ante Kalendas Apriles debere desisti?* („Du hattest am 15. März 40 Millionen Schulden; wie kommt es, daß du schon vor dem 1. April schuldenfrei warest?") Zur unrechtmäßigen Bereicherung siehe auch Cic. Phil. 2.50: *ibi te cum et illius largitionibus et tuis rapinis explevisses, (...) advolasti egens ad tribunatum, ut in eo magistratu, si posses, viri tui similis esses.* („Als du dir dann dort durch seine Zuwendungen und deine Räubereien den Beutel gefüllt hattest [...] kamst du mit leerem Beutel zum Tribunat herbeigeflogen, um es in diesem Amte, wenn möglich, deinem „Manne" gleichzutun.").

212 Cic. Phil. 2.93: *ubi est septiens miliens quod est in tabulis quae sunt ad Opis? funestae illius quidem pecuniae, (...).* („Wo sind die 700 Millionen geblieben, die die Bücher im Opstempel ausweisen? Gewiß, Caesars unseliges Geld [...].").

213 Cic. Phil. 2.66.

Inhalt zu einem Schleuderpreis unter den Nagel gerissen hatte. Es handelte sich hier um einen Erwerb, der für sich schon eine Form der unrechtmäßigen, weil unmoralischen Bereicherung darstelle. Während der beschriebene Hausrat dem Pompeius, in dessen Besitz er sich ursprünglich befunden hatte, durchaus genügt habe (*tamen abundans*), sei Antonius im Gegensatz zu Pompeius so *luxuriosus* gewesen, dass er sämtliche beweglichen Besitztümer in kürzester Zeit aufgerieben habe. Ciceros Urteil über Antonius' *luxuria* gewinnt durch diesen Vergleich mit Pompeius an Schärfe, da sie so gewaltig sei, dass sie selbst das Vermögen des großen Pompeius in kurzer Zeit aufgebraucht habe. Cicero nimmt in seiner Luxuskritik Anstoß an Antonius' vermeintlichem Versuch, sich auf ursprünglich typischen Handlungsfeldern der Elitenbildung übermäßig zu ereifern und sich damit anzumaßen, ‚besser' als Pompeius zu sein.

So schildert Cicero, wie die Schmach des Bankrotts Antonius offenbar noch nicht einmal gekümmert habe, da sie ihn nicht – wie man es eigentlich erwartet hätte – zu einer zurückhaltenden, weniger verschwenderischen Lebensweise veranlasst habe. Ganz im Gegenteil stellt Cicero dar, dass sich Antonius nicht einmal für einen Bankrotteur angemessen verhalte. So beschreibt er z. B. in 2.44 anhand eines Vorfalls im Theater, wie dreist sich Antonius angesichts seines Bankrotts aufführe. Dort habe er nämlich im Ritterparkett Platz genommen, den ersten vierzehn Reihen, die den *equites* in der *lex Roscia* zugesichert worden waren, obwohl für Bankrotteure (*decoctores*) per Gesetz andere, gesonderte Plätze ausgewiesen seien.[214] Davon abgesehen zähle Antonius als Antonier und damit als plebejischer Aristokrat auch ohnehin nicht zu den *equites* und hätte deshalb auch nicht in den Sitzreihen Platz nehmen dürfen, die diesem Personenkreis zugewiesen waren. Die Wahl eines solchen Sitzplatzes stellt also eine Anmaßung dar, da sie Antonius' Rücksichtslosigkeit gegenüber den Privilegien des *ordo equester* dokumentiert und er damit das ‚Statussymbol' einer gesellschaftlichen Gruppe in Anspruch nimmt, das ihm selbst nicht zusteht.[215] Für Cicero wird diese Dreistigkeit des Antonius in dem Wort *audacia* fassbar, die in diesem Fall einen konkreten Gesetzesverstoß darstellt und damit über die Grenzen der Sittlichkeit hinausgreift.[216]

In den *Philippischen Reden* finden sich auch jenseits der *zweiten Rede*, die freilich nicht als repräsentativ für die Gattung Rede verstanden werden kann, wiederholte Anwendungen des Arguments der Bereicherung. So unterstellt Cicero Antonius in der *dritten Philippica* nicht nur das Verschachern bürgerlicher und anderer Privilegien

---

214 Cic. Phil. 2.44: *illud tamen audaciae tuae, quod sedisti in quattuordecim ordinibus, cum esset lege Roscia decoctoribus certus locus constitutus, quamvis quis fortunae vitio, non suo decoxisset.* („Aber daß du im Theater im Ritterparkett gesessen hast, obwohl nach der Lex Roscia für Bankrotteure ein bestimmter Platz reserviert war, selbst wenn jemand durch Ungunst der Verhältnisse, nicht durch eigene Schuld bankrottiert hatte, das geht auf Rechnung deiner eigenen Frechheit.").

215 Zur Bedeutung der Sitzplatzzuweisung im Theater als Statussymbol des *ordo equester* vgl. Walter 2001, 938.

216 Cic. Phil. 2.44 (*illud tamen audaciae tuae*).

gegen Bezahlung, sondern gibt auch anderweitig deutliche Hinweise auf den Verstoß des Konsuls gegen Verbote ausufernden Handels.[217] Das Feilbieten ‚öffentlicher Güter' bringt ihn außerdem in die Nähe königlicher Anmaßungen.[218] Dass das Handelsgut dabei in ein Hoheitsgebiet der *res publica* eingreift – nämlich die Bewilligung von Bürgerrechten –, verstößt ähnlich wie Pisos Ausverkauf der Provinzen gegen die Interessen der *res publica* und berührt damit den in Ciceros Augen sakrosankten Bereich des Gemeinwesens. In den Räumlichkeiten einer Spinnstube nämlich – eigentlich einem Ort der (weiblichen) Tugend – sei nicht nur Gold gewogen und Geld gezählt, sondern gar das Imperium des Römischen Volkes feilgeboten worden (*totum imperium populi Romani nundinabantur*).[219] Denselben Vorwurf erhebt Cicero in der *fünften Philippica* gegen Antonius, nämlich dass in Antonius' Haus heimlich der Ausverkauf des ganzen Staates betrieben werde (*totius rei publicae nundinae*).[220] Doch damit nicht genug: Die schändliche Versteigerung von römischen Provinzen und ganzen Königreichen sei, wie bereits ausgeführt, noch dazu von Antonius' Frau betrieben worden (*mulier faciebat*).[221] Zum unangemessenen Umgang mit Eigentum der *res publica* kommt also noch hinzu, dass Antonius diese Geschäfte der Obhut einer Frau überlassen und somit die Verantwortung und Lenkung der Angelegenheiten der Republik aus der eigenen Hand gegeben habe.

5.2.2 Finanzielle Verfehlungen von Provinzstatthaltern in den Briefen

Der Umgang mit Gütern und finanziellen Mitteln wird auch in den Briefen zur Schädigung der *fama* anderer genutzt. Im ersten Brief an Atticus des sechsten Buches wird Appius, Clodius' Bruder, aufgrund schlechten Haushaltens und Ausbeutens der Provinz Kilikien angegangen.[222] Direkt nach den Vorwürfen hinsichtlich des unangemessenen Umgangs mit finanziellen Mitteln werden die Verbrechen von Appius'

---

217 Cic. Phil. 3.10: *quam hic immunitatem, quam civitatem, quod praemium non vel singulis hominibus vel civitatibus vel universis provinciis vendidit? (...) at vero huius domi inter quasilla pendebatur aurum, numerabatur pecunia; una in domo omnes quorum intereat, totum imperium populi Romani nundinabantur.* („Jede Immunität, jedes Bürgerrecht, jede Belohnung hat er an Einzelpersonen oder Gemeinden und ganzen Provinzen verschachert! ([...] in Antonius' Haus wurde in der Spinnstube Gold gewogen und Geld gezählt; in diesem einen Hause konnte jeder, der Lust hatte, das ganze Imperium des Römischen Volkes einhandeln!"). Zum Verbot für Senatoren, (Schiffs-)Handel zu betreiben, vgl. beispielsweise Baltrusch 1989, 30–40 (*lex Claudia de nave senatorum*) sowie Plaut. Merc. 73–78; Cic. Verr. 2.5.45; Liv. 21.63.2.

218 Vgl. Manuwald 2007b, 356.

219 Cic. Phil. 3.10.

220 Cic. Phil. 5.11: *calebant in interiore aedium parte totius rei publicae nundinae;* („In einem Geheimkabinett seines Hauses blühte der Ausverkauf des ganzen Staates").

221 Cic. Phil. 5.11: *mulier sibi felicior quam viris auctionem provinciarum regnorumque faciebat;* („eine Frau, die sich selbst mehr Glück brachte als ihren Männern, vollzog die Versteigerung von Provinzen und Königreichen").

222 Cic. Att. 6.1.2.

Anhängern aufgezählt, die sich diese in Kilikien hätten zu Schulden kommen lassen.[223] Cicero resümiert über Appius' Statthalterschaft, dass die Provinz in dieser Zeit durch hohe Aufwendungen und Geldopfer regelrecht erschöpft (*exhaustam provinciam*) worden sei.[224] Die Ausbeutung der Provinz wird sogar noch bildlicher dargestellt, wenn Cicero die Übergabe einer Provinz von einem Statthalter an den nächsten mit der Übergabe eines Patienten von einem Arzt an den nächsten vergleicht.[225] Cicero weitet diesen Vergleich noch aus, indem er Appius im Umgang mit der Provinz mit einem Arzt vergleicht, der an seinen Patienten (der für die Provinz steht) Blutegel anlegt. Appius habe, so Cicero, die Provinz also regelrecht ‚zur Ader gelassen', ihr alles Mögliche entzogen und sie ihm dann halb als Leiche übergeben.[226] Die Diffamierung von Appius' Ruf als Statthalter von Kilikien entwickelt sich noch facettenreicher, indem er ihm seinen eigenen guten Ruf als Statthalter dieser Provinz gegenüberstellt. Es ist davon auszugehen, dass die negative Darstellung Appius' in diesem Fall maßgeblich als Kontrastvorlage für seine eigenen Erfolge in der Provinzverwaltung dient. Zwar beteuert Cicero, er habe sich bemüht, nur in einem solchen Rahmen zu agieren, der dem Appius keine Kränkung entstehen lasse (*nihil enim a me fit cum ulla illius contumelia*), dennoch nimmt sich die Gegenüberstellung recht harsch aus.[227] Denn unter seinem eigenen Regime sei „auch nicht ein Pfennig gefordert worden", weder für ‚private' noch für ‚öffentliche Zwecke'.[228] So wird die Ausbeutung der Provinz durch Appius und seine Leute zur Negativfolie für Ciceros vorbildliches Verhalten, da diese ihre *avaritia* an der Provinz gestillt hätten, wie ein Blutegel sich am Blut seines Wirtes ernährt.

Solche positiven Darstellungen des eigenen Umgangs mit finanziellen Mitteln (der Provinzen) lassen sich in den Briefen vielfach finden. So berichtet Cicero in einem früheren Brief, dass er sich in der Provinz so verhalte, „daß auch nicht ein Heller für

---

223 Cic. Att. 6.1.2 (*quid dicam de illius praefectis, comitibus, legatis? etiam de rapinis, de libidinibus, de contumeliis?*).

224 Cic. Att. 6.1.2: *(...) quam illo imperante exhaustam esse sumptibus et iacturis provinciam, (...).* („[...] unter seiner Statthalterschaft ist die Provinz durch Aufwendungen und Geldopfer erschöpft worden, [...].").

225 Cic. Att. 6.1.2: *ut si medicus, cum aegrotus alii medico traditus sit, irasci velit ei medico qui sibi successerit si quae ipse in curando constituerit, immutet ille, sic Appius (...) προσαυατρεφομένην eam a me non libenter videt, sed modo suscenset, modo gratias agit.* („Wie wenn ein Kranker in die Hände eines anderen Arztes übergeht und der frühere seinem Nachfolger wohl zürnt, wenn er seine während der Behandlung getroffenen Anordnungen umstößt, so sieht es auch Appius nicht gern, [...] sondern zürnt mir halb, halb dankt er mir.").

226 Cic. Att. 6.1.2: *(...) cum ἐξ ἀφαιρέσεως provinciam curarit, sanguinem miserit, quicquid potuit detraxerit, mihi tradiderit enectam (...).* („[...] wo er ihr Blutegel angelegt, zur Ader gelassen, alles mögliche entzogen und sie mir halb als Leiche übergeben hat, [...].").

227 Cic. Att. 6.1.2: „[...] treffe ich doch alle meine Maßnahmen so, daß sie für ihn nichts ränkendes mit sich bringen."

228 Cic. Att. 6.1.2: *(...) nobis eam obtinentibus nummum nullum esse erogatum nec privatim nec publice.* („[...] während unter meinem Regime, sei es für private oder für öffentliche Zwecke, auch nicht ein Pfennig gefordert worden ist.").

jemanden aufgewendet wird; auch die Legaten, Tribunen und Präfekten sehen sorgfältig darauf".[229] Ein weiteres Mal bekundet Cicero im Dezember 51 seine hehren Absichten, dass sein gesamtes Amtsjahr die Provinz nicht einen Heller kosten werde.[230] Interessant ist dabei freilich nicht nur, wie sehr Cicero darauf bedacht ist, die Provinz in finanziellen Belangen zu schützen, sondern auch der Hinweis, dass seine eigenen Leute sich in dieser Hinsicht ebenfalls nichts zu Schulden kommen ließen. Die Präfekten, das Gefolge und die Legaten des Appius hingegen ergingen sich, wie gezeigt, vielfach in Straftaten.[231] Ciceros Leute hingegen gäben sich sogar redlichste Mühe, es ihm an ‚rühmlichem Verhalten' (*gloria*) gleichzutun.[232] So steht Cicero auch im Hinblick auf seine Anhängerschaft in Opposition zu den Personen, die er anhand ihrer unangemessen agierenden Anhängerschaft diffamiert. Seine eigenen Leute seien seinem eigenen Ruhm, seiner guten *fama*, durch ihr angemessenes Verhalten sogar zuträglich. In derartigen Gegenüberstellungen zeigt sich, wie auch die Diffamierung über Dritte ein Pendant des Eigenlobs aufweisen kann, nämlich im Preis der eigenen Anhänger, der direkt positiv auf die eigene Person zurückwirkt. Wie schwer Ciceros Eigenstilisierung zum guten Statthalter gewogen haben mag, wird besonders augenfällig, wenn man den weiteren Kontext seiner Tätigkeiten berücksichtig. Zu denken ist da an seinen Anforderungskatalog an einen guten Statthalter, den wir besonders im *Brief an seinen Bruder Quintus* fassen können,[233] oder freilich an seine Rede *Für Flaccus*, in der er diesen im Prozess wegen Erpressung verteidigt.[234] Und freilich deutet dies an, wovor sich Cicero selbst schützen muss, nämlich einem Prozess *de repetundis* gegen seine eigene Person nach seiner Statthalterschaft.

Sämtliche der angeführten Beispiele für den Aspekt des finanziellen Verhaltens aus den *Briefen an Atticus* datieren in die Zeit der Statthalterschaft Ciceros und nehmen auf diese Bezug. Damit markiert die Verwendung des Arguments hier eine Besonderheit für das Vorkommen in den Briefen. Während in den Reden das Argument des unangemessenen Umgangs mit finanziellen Mitteln auch jenseits der Provinzverwaltung verwendet wird und sich z. B. auf allgemein verschwenderisches Verhalten oder Handelsgeschäfte von Senatoren erstreckt, beschränkt es sich in den Briefen auf die Provinzen.

Gegenüber den Beschimpfungen der Anhängerschaft der angegriffenen Personen zeichnet Cicero ein überaus positives Bild seiner eigenen Leute. Auch dies trifft be-

---

229 Cic. Att. 5.17.2: *sic in provincia nos gerimus, quod ad abstinentiam attinet, ut nullus terruncius insumatur in quemquam.* („ich führe mich in den Provinzen so auf, daß auch nicht ein Heller für jemanden aufgewendet wird; auch die Legaten, Tribunen und Präfekten sehen sorgfältig darauf.").

230 Cic. Att. 5.20.6: *atque etiam spero toto anno imperii nostri terruncium sumptus in provincia nullum fore.* („Im Übrigen hoffe ich, daß mein ganzes Amtsjahr die Provinz nicht einen Heller kosten wird").

231 Cic. Att. 6.1.2.

232 Cic. Att. 5.17.2: *(...) nam omnes mirifice συμφιλοδοξοῦσιν gloriae meae.* („Sie alle geben sich die redlichste Mühe, es mir an rühmlichem Verhalten gleichzutun.").

233 Cic. ad Q. fr. 1.1, siehe auch unten.

234 Cic. Flacc.

sonders auf die Zeit seiner Statthalterschaft zu, wodurch er sich auch im Hinblick auf die ‚Beherrschung' seines Umfeldes von Appius abgrenzt. So berichtet Cicero Atticus, dass er seine Leute so anweise, dass seine Ideale – die *modestia* und *abstinentia* – in keiner Weise Schaden nähmen.[235] Kurz darauf stellt Cicero fest, dass all seine Leute von der Überzeugung durchdrungen seien, seinem guten Ruf dienen zu müssen.[236] Ähnlich äußert er sich schließlich, wenn er voller Erleichterung berichtet, dass er sich – *mehercule* – über keinen seiner Leute zu beklagen habe.[237] Dass dieses Lob nicht nur seinen Anhängern gilt, sondern auch ihm selbst, macht Cicero deutlich, indem er nochmals darauf hinweist, dass seine Leute nun einmal die Möglichkeit gehabt hätten, sich an dem guten Vorbild zu orientieren, das er selbst abgegeben habe. Zudem wüssten sie, dass sie seinem guten Rufe Rechnung zu tragen hätten.[238]

In den *Briefen an seinen Bruder Quintus* zeigt sich jedoch, dass auch Cicero mit unrechtmäßiger Bereicherung und allgemein mit unangemessenem Betragen in den Provinzen in Verbindung gebracht wird, da dies durch seinen Bruder, der sich als Statthalter offensichtlich ‚ganz unmöglich aufführe', auch an ihn heranreiche.[239] Cicero versucht in seinen Briefen an Quintus, diese missliche Lage abzuwenden, indem er seinem Bruder vermittelt, wie er sich zu Marcus' und Quintus' eigenen Gunsten als Statthalter zu verhalten habe.[240] Interessant ist Ciceros Misere aber besonders deshalb, weil sie zeigt, dass hinter seinen Vorwürfen gegen Appius' Statthalterschaft unausgesprochen eine Diffamierung von *dessen* Bruder Clodius steht.

Der Argumententyp des unangemessenen Umgangs mit Gütern und finanziellen Mitteln setzt, wie gesehen, an der Verschwendungssucht der politischen Gegner an. Dieses Laster kann durch Glücksspiel, unkontrollierte Ausgaben oder sonstigen übermäßigen Konsum zur Verschuldung oder gar zum Bankrott führen. Die Diffamierungen kritisieren den Speise-, Wohn- und Kleiderluxus oder die allgemeine Vergnügungssucht der politischen Gegner. Darstellungen des ostentativen Konsums, die als besonders harsche Diffamierungen wahrgenommen werden können, beschuldigen

---

235 Cic. Att. 5.9.1: *(...) praecipio meis, facio denique, ut summa modestia et summa abstinentia munus hoc extraordinarium traducamus.* („[...] weise meine Leute an und bringe es schließlich wohl dahin, daß ich meine außergewöhnliche Aufgabe in höchster Anspruchslosigkeit und Uneigennützigkeit durchführe").

236 Cic. Att. 5.10.2: *persuasum est omnibus meis serviendum esse famae meae. belle adhuc.* („Alle meine Leute sind von der Überzeugung durchdrungen, meinem guten Ruf dienen zu müssen, und bisher ist es ja ganz gut gegangen.").

237 Cic. Att. 5.11.5: *nos adhuc iter per Graeciam summa cum admiratione fecimus, nec mehercule habeo, quod adhuc quem accusem meorum.* („Meine bisherige Reise auf griechischem Boden hat höchste Bewunderung erregt, und bisher habe ich mich, Gott sein Dank, über keinen meiner Leute zu beklagen.").

238 Cic. Att. 5.11.5: *videntur mihi nosse nostram causam et condicionem profectionis suae; plane serviunt existimationi meae.* („Offenbar kennen sie meinen Standpunkt und wissen, wie sie sich auf der Reise zu verhalten haben; in jeder Weise tragen sie meinem Rufe Rechnung.").

239 Beispielsweise in Cic. ad Q. fr. 1.1.6; 1.1.16; 1.1.32.

240 Cic. ad Q. fr. 1.12.8 f.; 1.12.13.

die Gegner, sich einer *libido* hingegeben zu haben, die ursächlich für die *privata luxuria* sei. Die Diffamierung anhand der *privata luxuria* ist so zunächst einmal eine sittliche Kritik. Sie wird aber auch gesellschaftspolitisch und ggf. rechtlich relevant, denn die Verschuldung, die sie mit sich bringt, resultiert in Abhängigkeitsverhältnissen gegenüber Gläubigern, was wiederum die ideale Reziprozität im Netzwerk der *amicitiae* in eine Schieflage geraten lässt. Durch die implizite Zuschreibung eines drohenden schuldnerischen Abhängigkeitsverhältnisses haftet dem Diffamierten auf pekuniärem Gebiet das Stigma der Fremdbestimmtheit an.

Neben den ‚privaten' Verfehlungen als Senatsaristokrat werden im Dienste der Diffamierungen auch Aspekte ‚öffentlicher' Verfehlungen als Magistrat genutzt. So werden den Gegnern bestimmte Gesetzesverstöße vorgeworfen, die rechtliche Konsequenzen nach sich ziehen müssten: Finanzielles Fehlverhalten wie die Ausplünderung oder gar der ‚Ausverkauf' von römischen Provinzen müsste nach der Amtsniederlegung in Repetundenprozessen verhandelt und bestraft werden. Es wurde gezeigt, dass die Diffamierungen sowohl im ‚privaten' Bereich des Senatsaristokraten z.B. in der *domus* als auch im ‚öffentlichen' Bereich des Magistraten in seiner Amtsausübung eine mangelnde Maßhaltung des Gegners kritisieren, denn er missachtet die Tugenden der *modestia*, *moderatio* und *frugalitas*. Dies kann schwerwiegende gesellschaftspolitische oder (straf)rechtliche Konsequenzen nach sich ziehen. Schon die inhaltliche Stereotypie der Vorwürfe zeigt, dass es sich bei sämtlichen Kritikpunkten um Verhaltensweisen der Aristokratie handelt, die in der späten Republik verbreitet waren. Cicero muss daher zu schillernden Illustrationen (Bankrotteure im Ritterparket des Theaters) oder geistreichen Vergleichen (Blutegel) greifen, um herauszustellen, dass es sich bei den Vergehen seiner Gegner nicht um die übliche, sondern eine besonders schwerwiegende Form der Verfehlung handelt (z.B. auch *inaudita luxuries*). Ein weiteres Mittel der Plausibilisierung ist die Repetition der Vorwürfe teils durch unterschiedliche Illustrationen, teils durch stichwortartige Anspielungen auf die angeblich zugrunde liegenden charakterlichen Makel (*libido*, *avaritia*, etc.).

Denn sowohl die Verschuldung – als Folge von *luxuria* und *libido* – als auch die unrechtmäßige Bereicherung – als Folge der *avaritia* – sollen in Ciceros Diffamierungen einen Statusverlust und eine Infamie seiner Gegner belegen.

Im Folgenden sollen die beiden Argumententypen ‚*vinulentia* und Fehlverhalten beim *convivium*' sowie ‚Devianz hinsichtlich Kleidung und Erscheinungsbild' näher betrachtet werden. Im Kern setzen auch diese Kritikpunkte an der mangelnden Mäßigung bzw. Zurückhaltung der Gegner in unterschiedlichen Lebensbereichen an. Diese Typen stellen jedoch das Verhalten eines Senatsaristokraten in einem jeweils klar definierten gesellschaftlichen ‚Raum' dar: einerseits das Verhalten im Kontext des Gastmahls und andererseits das Verhalten während des Auftretens vor einem (aristokratischen) Publikum. Daher werden sie im Folgenden als eigenständige Argumente der Diffamierung betrachtet.

5.3 *vinulentia* und Fehlverhalten beim *convivium*

Als typische diffamierende Argumente in Ciceros Repertoire haben sich in besonderem Maße die *vinulentia* (Trunksucht/Völlerei)[241] und das Fehlverhalten beim Gastmahl (*convivium*) erwiesen. Da diese beiden Vorwürfe der Sache nach eine große Nähe aufweisen, da sie nämlich beide a) den Konsum von Nahrungsmitteln betreffen und auch b) zeitlich und räumlich zusammenfallen können, liegt es nahe, sie als einheitlichen Argumententypus zu betrachten. Gleichwohl weisen sie unterschiedliche Nuancen der Diffamierung auf: Während die *vinulentia* nicht nur, aber überwiegend in Zusammenhang mit dem Gastmahl Erwähnung findet, weist das Gastmahl einen Anwendungsbereich auf, der nicht zwingend in Zusammenhang mit *vinulentia* steht. Aus diesem Grund bietet es sich an, zunächst die *vinulentia* und im Anschluss daran das Fehlverhalten beim *convivium* eingehend zu betrachten.

In vielerlei Hinsicht illustrieren die Argumente *vinulentia* und Fehlverhalten beim Gastmahl den Vorwurf *luxuria* und/oder *libido*. Erkennbar wird der Zusammenhang nicht zuletzt an der großen Zahl von Gesetzen zur Aufwandsbeschränkung, die schon seit dem zweiten vorchristlichen Jahrhundert das Gastmahl betrafen. So wurde nicht nur die Anzahl der Gäste gesetzlich geregelt (*lex Orchia*, 182 v. Chr.), sondern z. B. auch die genaue Höhe erlaubter Ausgaben für Gastmähler (*lex Licinia*, vor 103 v. Chr.) oder die Anzahl und Auswahl importierter Speisen und Getränke (*lex Fannia*, ersetzt 161 v. Chr. die *lex Orchia*, *lex Aemilia*, 78 v. Chr.).[242] Solche Gesetze zur Einschränkung von Ausgaben zielen vor allem auf die Eindämmung von Vermögensverschwendung, was zur Wahrung der Gleichheit der Standesgenossen beitragen soll.[243] Die Konsumkritik, die Ciceros Diffamierungen aufgrund von Verfehlungen beim Gastmahl oder anhand des *vinulentia*-Vorwurfes zugrunde liegt, ist somit dem traditionellen Bestreben der Senatsaristokratie zuzuschreiben, convivialen Luxus einzudämmen. Dieses Bestreben wird auch von Cicero persönlich geteilt. Es entspringt möglicherweise einem Wunsch nach Nivellierung der Unterschiede in derjenigen Statusgruppe, welcher der *homo novus* Cicero als erster seiner Familie angehörte und in der er seinen eigenen Standort unentwegt zu finden und zu verteidigen suchte.

Denn da der Einfluss eines Aristokraten von der Anzahl der Gefolgsleute abhing, die er an sich zu binden vermochte, kann der Luxuskonsum, der ebensolche Bindungen herstellen und erhalten konnte, als direktes Abbild des politischen Einflusses verstanden werden.[244] So spielt das Gastmahl, in dessen Kontext man Luxus de-

---

241 Da beide Begriffe starke moderne Konnotationen aufweisen (‚Trunksucht' könnte als Alkoholismus falsch verstanden werden, ‚Völlerei' ist als sechste der sieben Todsünden stark christlich konnotiert), soll im Folgenden von *vinulentia* gesprochen werden.

242 Siehe dazu Berry 1989, 605 f.

243 Vgl. Baltrusch 1989, 102.

244 Vgl. Wagner-Hasel 2002, 338. Durch Gastmähler machte man, so Wagner-Hasel, im kleinen Kreis der Freunde von sich reden. Für den Status beim gemeinsamen Speisen vgl. Stein-Hölkeskamp 2010, 101 ff.

monstrierte und vor allem zur Erzeugung von Verbindlichkeiten andere an diesem Luxus teilhaben lassen konnte, für derartige Bindungen eine außerordentlich große Rolle.[245] Gerade vor diesem Hintergrund ist es kaum verwunderlich, dass auch Diffamierungen der Anhängerschaft, die Cicero allenthalben in seinen Reden platziert, häufig in den Kontext des Gastmahls gerückt werden. Denn das schnöde Werben um diese Anhängerschaft beim gemeinsamen Zechen, beim Vergnügen mit Lustmädchen während des Mahls oder in anderen Situationen bietet sich geradezu an, um die politische Macht und den politischen Einfluss eines Aristokraten zu verleumden.

Der Argumententypus Verfehlungen beim Gastmahl und *vinulentia* gehört somit auch zu den Vorwürfen übermäßigen, ostentativen Luxuskonsums. Anders als die oben genannten Vorwürfe, die im Wesentlichen auf die finanziellen Mittel abzielen, rührt dieser Argumententypus stärker die soziale Stellung der diffamierten Person im Klientelwesen der römischen Gesellschaft an, die sich wesentlich beim institutionalisierten allabendlichen Gastmahl konstituieren konnte. Durch Erzählungen über das (vermeintliche) Verhalten beim Gastmahl konnte der Ruf einer Person, wie zu sehen sein wird, nachhaltig im Negativen wie im Positiven beeinflusst werden.

5.3.1 Übermäßiger Genuss und deviantes Vergnügen in den Reden

Zunächst sei das Augenmerk auf den Argumententypus *vinulentia* gerichtet. In dessen Zentrum steht allgemein gesprochen der Vorwurf des unangemessenen Konsums von Wein. Illustriert wird dieser Typus durch Darstellungen der Teilnahme an Zechgelagen sowie des Umgangs mit Trinkgenossen. Die Vorwürfe betreffen Zeit und Dauer des Weinkonsums sowie dessen Folgen und degoutanten Begleiterscheinungen. Ebenso wird das Trinken in der Kneipe und im Verborgenen kritisiert.

In den *Reden gegen Catilina* erscheint der Vorwurf der *vinulentia* beispielsweise in direkter Verbindung mit dem Vorwurf des Fehlverhaltens beim *convivium*. Die prominenteste Passage, die Catilina durch eine illustrative Schilderung der *vinulentia* bezichtigt, liegt in der *zweiten Catilinarischen Rede* vor:

> *quodsi in vino et alea comissationes solum et scorta quaererent, essent illi quidem desperandi, sed tamen essent ferendi; hoc vero quis ferre possit, inertes homines fortissimis viris insidiari, stultissimos prudentissimis, ebriosos sobriis, dormientis vigilantibus? qui mihi accubantes in conviviis conplexi mulieres inpudicas vino languidi, conferti cibo, sertis redimiti, unguentis obliti, debilitati stupris eructant sermonibus suis caedem bonorum atque urbis incendia.*[246]

245 So beispielsweise Plut. Caes. 29. Vgl. dazu auch Wagner-Hasel (2002, 338), die auf Jehnes (1995b, 73 Anm. 121) Erkenntnis verweist, dass Plutarch in dieser Szene die Verhältnisse bei Gesetzesanträgen und Wahlen vermische. Baltrusch (1989, 101) weist darauf hin, dass Gesetze beispielsweise zur Einschränkung der Gastmahlteilnehmer oder zur Regelung der politischen Nutzbarkeit von Gastmählern dienten.

246 Cic. Catil. 2.10.

„Wenn sie nun bloß nach Wein- und Spielgelagen und Dirnen verlangten, müßte man zwar an ihnen verzweifeln, aber sie doch ertragen; wer aber könnte dulden, daß untätige Menschen den tapfersten Männern, die Dümmsten den Klügsten, Betrunkene den Nüchternen, Schlafende den Wachenden nachstellen, die bei Gastmählern herumliegend, in den Umarmungen schamloser Weiber, von Wein schläfrig, vollgestopft mit Speisen, mit Kränzen umwunden, von Salben triefend und durch Unzucht geschwächt, rülpsend von der Ermordung der Guten und der Einäscherung der Stadt reden?"

Die Passage beinhaltet gleich mehrere Einzelaspekte, die den Vorwurf *vinulentia* berühren. So bringt Cicero den übermäßigen Weinkonsum in Zusammenhang mit dem Würfelspiel (*vino et alea comissationes*). Interessant ist an dieser Kombination, dass beide Aspekte dem Akteur eine gewisse Eigenverantwortlichkeit aus der Hand nehmen und ihn mit einer Unkontrollierbarkeit der eigenen Zukunft konfrontieren. Entfernt erinnert dieser Aspekt an den Vorwurf der Fremdbestimmtheit, der beispielsweise durch die passive Rolle in einem sexuellen Verhältnis ausgedrückt wird,[247] weil der Akteur auch im Rausch und beim Glücksspiel einer potentiellen Fremdbestimmtheit ausgeliefert wird. Ein solcher Kontrollverlust kann sowohl durch übermäßigen Weingenuss ausgelöst werden als auch durch das (Glücks-)Spiel, das dem Glück das eigene Schicksal anvertraut.

Die *comissatio* ist im Lateinischen das Trinkgelage, dessen griechisches Äquivalent das *symposion* darstellt und das zeitlich eigentlich an das römische *convivium* anschließt, das gemeinsame Speisen ohne übermäßigen Weinkonsum.[248] Es ist jedoch davon auszugehen, dass die *comissatio* im Rom der späten Republik in der Regel das Mahl mit eingeschlossen hat und so eine trinkfreudige Abwandlung des althergebrachten *convivium* bildete. Die Orientierung hin zum weinseligen Vergnügen stellt in Ciceros Wertekanon, in dem er das gemeinsame Speisen hochhält, das von gebildeten Gesprächen begleitet werden sollte, einen Niedergang der Speisegewohnheiten nach griechischem Vorbild dar.[249] Während in Rom auch Aristokratenfrauen am *convivium* teilnahmen, waren sie von der *comissatio* ursprünglich ausgeschlossen, sodass die Catilinarier für ihre *comissatio* auf Prostituierte (*scorta*) zurückgreifen mussten. Deren Anwesenheit war, ähnlich wie die von Hetären beim *symposion*, bei der *comissatio* üblich. Sie trägt in Ciceros Diffamierung aber wesentlich zur Stigmatisierung dieser Art des Gastmahls bei, da Cicero ja nur das *convivium*, das sich durch die Teilnahme von Senatorenfrauen und eben nicht von Prostituierten auszeichnet, als normkonform akzeptiert.

Diese Aspekte der Diffamierung der Catilinarier, dass sie sich bei *comissationes* vergnügen und zu diesem Zweck mit Dirnen umgeben, wird von Cicero zu einem geringeren Übel erklärt (*sed tamen essent ferendi*) im Vergleich zu der weitaus schlim-

247 Siehe dazu Kapitel 5.1.

248 Vgl. Mau 1900, 610. Die *comissatio* schließt dabei die Vergnügungen, die Cicero zur Diffamierung im Kontext des römischen *convivium* nutzt – wie Tanz, Musik, Glücksspiel, Dirnen etc. – mit ein. Weitgehend undifferenziert bleibt Gutsfeld 1997, 93.

249 Siehe dazu Cic. Fam. 9.26.3; Cic. off. 1.134 f. und Kapitel 5.3.3.

meren Schande, die von den Catilinariern noch zu erwarten sei. Denn in einer anschließenden Aufzählung wird das Argument *vinulentia* für eine Gegenüberstellung von Gut und Böse bemüht: *ebriosos sobrii*, den betrunkenen Catilinariern, die hier das Böse repräsentieren, werden die Nüchternen gegenübergestellt, die für das Gute stehen. Die Betrunkenen – *ebriosi* – sind der *ebriositas*, dem ‚gewohnheitsmäßigen Trinken' anheimgefallen, die im Lateinischen vom zeitweisen Betrunkensein, der *ebrietas*, unterschieden wird.[250] Was nun folgt, ist ein Feuerwerk der Liederlichkeit: Der Wein habe seine Wirkung entfaltet und die Catilinarier träge werden lassen (*vino languidi*). In diesem Zustand könnten sie freilich dem Ideal des *negotium*, der magistratischen Geschäftigkeit, nicht mehr gerecht werden. Cicero steigert das Argument so weit, dass er die Catilinarier schließlich rülpsend darstellt (*eructant*). Diese Darstellung bringt eine besonders drastische Abwertung des ohnehin lasterhaften überhöhten Weinkonsums zum Ausdruck.[251] Zum Abschluss der Passage wird schließlich das Ziel der gesamten Argumentation ausgesprochen: Diese Menschen würden den Guten (*caedem bonorum*) und der Stadt (*urbis incendia*) großen Schaden zufügen. So stellt Cicero zwischen zwei Momenten einen Zusammenhang her: a) zwischen der angeblichen charakterlichen Verkommenheit Catilinas und seiner Anhänger, die er durch deren Hang zum Trinkgelage und ihren dauerhaft betrunkenen Zustand zu beweisen versucht, und b) der Catilinarischen Verschwörung.

Die *vinulentia* steht dabei stellvertretend für die unkontrollierte *libido* der *ebriosi*, die sie dazu veranlasst, sich dem maßlosen Weinkonsum hinzugeben. Der übermäßig zur Schau gestellte Konsum, der sich auf Luxusgüter bezieht (Kapitel 5.2), geht mit den negativen Konsequenzen einer Verschuldung und somit der Abhängigkeit von anderen Aristokraten einher. Dagegen schlagen sich die negativen Konsequenzen des übermäßigen Konsums von Wein in Trägheit und Untätigkeit (vergleichbar mit *inertia*) nieder, die in Opposition zu den Tugenden *industria* und dem idealen Ausüben des *negotium* stehen. Ein Senator, der dem Laster der *vinulentia* anheimfällt, dient der *res publica* nicht, wie er es in Ciceros Idealvorstellung sollte, und begeht damit den größten Frevel, nämlich de facto zum Schaden der *res publica* beizutragen. Mit der modernen Verbindung von Alkoholismus mit Krankheitskonzepten, die zu Zeiten der Aufklärung entwickelt wurden,[252] hat der antike Vorwurf der *vinulentia* nichts gemein: In Ciceros Diffamierungen stellt *vinulentia* vielmehr eine vermeintliche Charakterschwäche dar.

Die negativen Auswirkungen, die ein übermäßiger Weinkonsum auf die Befähigung zu irgendeiner Tätigkeit mit sich bringt, nutzt Cicero auch gegen Clodius als diffamierendes Argument. In seiner *Rede für Milo* urteilt Cicero über Clodius' „Unfähigkeit" (*inscitia*), die von seinem (übermäßigen) Ess- und Trinkverhalten herrühre: „Man denke ferner an die Unfähigkeit des von Speise und Trank beschwerten, vor

250 Vgl. SCHULZE 2001, 793.

251 Dieser Vorwurf wird besonders anschaulich auch Antonius und Piso gemacht, siehe dazu Cic. Phil. 2.63 sowie Cic. Pis. 13.

252 Vgl. FEUERLEIN 2008, 16 f.

Mattigkeit gähnenden Anführers [...].“[253] Die Schwächung Clodius’ durch das Essen und Trinken steht im Zentrum dieses Vorwurfs und impliziert abermals eine Form der Untätigkeit. Cicero zielt hier auf den übermäßigen kulinarischen Konsum und dessen Auswirkungen ab, nämlich die geminderte Einsatzfähigkeit als Anführer (*dux*).[254]

Es ist auffällig, dass für Clodius das *vinulentia*-Argument nur sehr peripher angewandt wird. Abgesehen von dem angedeuteten übermäßigen Konsum und dessen Auswirkungen, die zudem noch verhältnismäßig zurückhaltend geschildert werden, wird kein *vinulentia*-Argument angewandt. Trotz dieser Sparsamkeit ist diese einmalige Nennung dennoch und gerade bedeutungsvoll, da sie die Praxis verdeutlicht, auch bei geringer Anwendbarkeit das Argument zumindest zur Sprache zu bringen. Für die Rezeptionsgewohnheiten der römischen Aristokratie ist davon auszugehen, dass bereits die Erwähnung eines Stichwortes und ein geringfügiger Hinweis auf einen Argumententypus eine ganze Narration in den Köpfen der Zuhörer evoziert haben kann. Denn gängige Diffamierungsargumente sind derart allgegenwärtig zum Einsatz gekommen, dass individuelle Ausführungen einer unangemessenen Handlungsweise oder eines Fehlverhaltens nach Gusto eingesetzt werden konnten oder eben nicht. Wirkungsvoll scheinen sowohl Argumenten-Marker als auch ausführlichere Narrationen gewesen zu sein.

Auch gegen L. Piso wird von Cicero der Vorwurf des unangemessenen Weinkonsums erhoben. In einer recht ausführlich erzählenden Passage der Rede *In Pisonem* berichtet Cicero über seine unangenehme Begegnung mit dem Politiker:

> *(...) cum ad te quinta fere hora cum C. Pisone venissem, nescio quo e gurgustio te prodire involuto capite soleatum, et, cum isto ore foetido taeterrimam nobis popinam inhalasses, excusatione te uti valetudinis, quod diceres vinulentis te quibusdam medicaminibus solere curari? (...) paulisper stetimus in illo ganearum tuarum nidore atque fumo; unde tu nos cum improbissime respondendo, tum turpissime ructando eiecisti.*[255]

> „[...] als ich mich gemeinsam mit C. Piso gegen die fünfte Stunde bei dir [*sc.* L. Piso] einfand, da kamst du aus irgendeiner Kneipe, mit einem Schal um den Kopf und in Sandalen, und nachdem du uns aus deinem übelriechenden Mund die abscheulichste Wirtshausfahne ins Gesicht geblasen hattest, entschuldigtest du dich mit Unpäßlichkeit, wobei du sagtest, du behandeltest dich gern mit einer Medizin, die Wein enthalte? [...] und [wir] standen noch eine Weile in dem Dunst

253 Cic. Mil. 56: *adde inscitiam pransi, poti, oscitantis ducis.*

254 Zu dem Vorwurf, die Aufgaben des Magistraten nicht pflichtgemäß auszuführen, siehe außerdem Cic. Mil. 24: *P. Clodius cum statuisset omni scelere in praetura vexare rem publicam.* („P. Clodius hatte sich vorgenommen, als Prätor durch Missetaten jeder Art übel in unserem Staate zu hausen.“). An dieser Stelle wird der Vorwurf nicht, wie häufig in anderen Anklagereden geschehen, mit der *vinulentia* verbunden; vgl. dazu beispielsweise für Marcus Antonius, gegen den diese Verbindung am deutlichsten gezogen wird, Cic. Phil. 2.63; 2.58; 3.20; aber auch Cic. Pis. 22.

255 Cic. Pis. 13. Cicero führt diese Erzählung als Argument an, das beweisen soll, dass Pisos verkommenes Inneres nicht seinem scheinbar tugendhaften Äußeren (vgl. dazu Cic. Sest. 19) entspricht: Cic. Pis. 12: *(...) qui istius insignem nequitiam frontis involutam integumentis nondum cernat*; („[...] vielleicht will manch einer immer nicht wahrhaben, welches Ausmaß von Niedertracht sich hinter seiner undurchdringlichen Miene verbirgt.“).

und Gestank deiner Stammlokale; dann hast du uns mit deinen unverschämten Antworten und erst recht mit deinem widerwärtigen Rülpsen vertrieben."

Als außerordentlich degoutant (*turpis*) bezeichnet Cicero am Ende dieser Passage das Rülpsen Pisos (*ructando*), das Cicero und seinen Begleiter C. Piso schließlich dazu bewogen habe, von ihrem Plan abzusehen, sich länger bei L. Piso aufzuhalten. Cicero schildert hier Pisos *vinulentia*, die ihn in einen so unangemessenen Zustand versetze, dass er nicht mehr besuchsfähig sei. In dieser Ausarbeitung des *vinulentia*-Arguments lassen sich einige Aspekte finden, die insbesondere auch gegen Marcus Antonius angewandt werden, weshalb eine kurze Gegenüberstellung lohnt: Zunächst einmal sei der Zeitpunkt, zu dem Piso Wein getrunken habe, unpassend. Denn Cicero und C. Piso treffen schon in der fünften Stunde – also noch vormittags – auf ihn. Marcus Antonius treffe man, so Cicero an anderer Stelle, übrigens bereits ab der dritten Stunde betrunken an.[256] Des Weiteren habe Piso, als er aus der Kneipe kam, versucht, unerkannt zu bleiben.[257] Dieselbe Intention schreibt Cicero auch Antonius zu, der ebenfalls heimlich in der Kneipe zeche.[258] Die Erzählung Ciceros geht im Falle Pisos in eine vielfarbige Präzision über („aus deinem übelriechenden Mund die abscheulichste Wirtshausfahne"; „in dem Dunst und Gestank deiner Stammlokale"; widerwärtiges Rülpsen"). Ebenso geschieht dies auch für Antonius („Ekelhaft anzusehen, ja, auch nur davon zu hören"; „mit weinduftenden Essensbrocken bekleckert").[259] Einen Unterschied in den Schilderungen der anstößigen *vinulentia*-Zwischenfälle des Piso und des Antonius bildet die Einstellung der Übeltäter gegenüber ihrem Frevel. Für Piso stellt Cicero fest, dass dieser eine Lüge vorbringe, um seine Situation zu erklären

---

256 Cic. Phil. 2.104: *ab hora tertia bibebatur, ludebatur, vomebatur,* („Vom frühen Vormittag an wurde gesoffen, gespielt, gekotzt.").

257 Wie stereotyp in späterer Zeit der Vorwurf der ‚Kneipe' zur Brandmarkung von Verfehlungen und Lasterhaftigkeit genutzt wird, zeigt eine Passage von Fronto (Ad Ver. Imp. Epist. 2.1.19), in der er aufzählt, durch welche griechisch-hellenistischen Einflüsse das Heer korrumpiert wurde: *Exercitus tibi traditus erat luxuria et lascivia et otio diutino corruptus. Milites Antiochiae adsidue plaudere histrionibus consueti, saepius in nemore vicinae ganeae quam sub signis habiti.* („Das dir anvertraute Heer war durch Genusssucht, Ausschweifungen und tägliches *otium* verdorben. Die Soldaten in Antiochia haben es sich zur Gewohnheit gemacht, beständig Schauspielern Beifall zu spenden, und öfter kann man sie im Haine einer benachbarten Kneipe denn bei ihren Feldzeichen finden.").

258 Cic. Phil. 2.77: *cum hora diei decima fere ad Saxa rubra venisset, delituit in quadam cauponula atque ibi se occultans perpotavit ad vesperam.* („Etwa um die zehnte Stunde kam er bei Saxa Rubra an; da verschwand er in einer kleinen Kneipe und zechte dort heimlich bis zum Abend durch"). Ein weiteres Beispiel für den Vorwurf, dass Piso seinen Ausschweifungen im Verborgenen nachgeht, ist im Codex Causanus II überliefert, siehe Cic. Pis. frag. 18: *video tenebris occultantem libidines suas.* („ich sehe [...], daß er im Finstern heimlich seinen Ausschweifungen frönt.").

259 Cic. Pis. 13: *isto ore foetido taeterrimam popinam; in illo ganearum tuarum nidore atque fumo; turpissime ructando*; Cic. Phil. 2.63: *non modo visu foedam, sed etiam auditu; vomens frustis esculentis vinum redolentibus inplevit.*

(*improbissime respondendo*; *vinulentis te quibusdam medicaminibus solere curari*),[260] was impliziert, dass dieser sein Fehlverhalten auch als solches begreife. Bei Antonius schweigt sich Cicero über jegliche Art von Schuldbewusstsein aus. So ähneln sich Antonius' und Pisos Diffamierungen aufgrund der *vinulentia* zwar, werden aber durch Pisos Entschuldigung (*excusatio*) und seinen Rechtfertigungsversuch (*valetudo, medicaminibus curari*) unterschieden, wenn nicht gar eingeschränkt. Das Argument scheint gegen Piso nicht in gleichem Umfang platzierbar gewesen zu sein wie später gegen Marcus Antonius. Interessant ist freilich, dass es hier wie dort in einer sehr ähnlichen drastischen und anschaulichen Weise vorgebracht wird. Die Einschränkung im Falle Pisos muss den unterschiedlichen Rahmenbedingungen der Redesituation geschuldet gewesen sein. Diese Situation war bestimmt von der politischen Rede vor dem Senat im Gegensatz zu einer fingierten Rede, der *zweiten Philippica*. Diese wurde nicht gehalten und vermutlich in schriftlicher Form für ein weniger breites Publikum veröffentlicht.

In einem ähnlichen Duktus präsentiert sich auch die Diffamierung, der zufolge man den Konsul Piso aus einer finsteren Kneipe ziehen müsse, um ihn überhaupt in die Lage zu versetzen, sein Amt zu versehen (*tu ex tenebricosa popina consul extractus*).[261] Ebenso fragt Cicero in Paragraph 22 der *Rede gegen Piso:* „Wer hat dich damals nüchtern angetroffen, wer hat dich tun gesehen, was eines freien Mannes würdig wäre, wer ist dir überhaupt in der Öffentlichkeit begegnet?"[262] Wie schon für Clodius und später für Antonius unterstreicht Cicero auch für Piso die Auswirkung, die dessen *vinulentia* auf sein politisches Leben hat.[263] Piso wurde nämlich überhaupt nicht mehr in der ‚Öffentlichkeit' angetroffen (*quis denique in publico vidit?*), da er sich lieber seinen Vergnügungen[264] widmete: den Festschmäusen (*epulas*), den zügellosen Zechgelagen im Kreise seiner schmutzigen Kumpane (*cum tuis sordidissimis gregibus intemperantissimas perpotationes*), den Gastmählern, die an die der Lapithen erinnern, die von wilden Zentauren geradezu überfallen werden (*Lapitharum aut*

---

260 Cic. Pis. 13: „unverschämten Antworten; du behandeltest dich gern mit einer Medizin, die Wein enthalte".

261 Cic. Pis. 18: *tu ex tenebricosa popina consul extractus cum illa saltatrice tonsa senatum populi Romani occasum atque interitum rei publicae lugere vetuisti.* („du, der aus einer finsteren Kneipe hervorgezogene Konsul, hast gemeinsam mit der herausgeputzten Tänzerin [sc. Gabinius] dem Senat des römischen Volkes verboten, den Zusammenbruch und Untergang des Staates zu betrauern."). Im selben Atemzug diffamiert Cicero hier Gabinius als Tänzerin, eine Effeminierung, die auf Piso zurückwirkt.

262 Cic. Pis. 22: *quis te illis diebus sobrium, quis agentem aliquid quod esset libero dignum, quis denique in publico vidit?*

263 Siehe Cic. Mil. 56; Cic. Phil. 2.63, 77; so auch für Catilina auf dem Umweg über seine Anhänger: Cic. Catil. 2.10.

264 Weitere Anmerkungen zu Pisos Gelagen, Ausschweifungen und Zügellosigkeit finden sich in Cic. Pis. 70: *(...) ut omnis libidines, omnia stupra, omnia cenarum conviviorumque genera, adulteria denique eius delicatissimis versibus expresserit,* („[...], daß man dort alle Ausschweifungen und Zügellosigkeiten dieses Burschen, alle Arten von Gelagen und Schmausereien, ja auch seine ehebrecherischen Beziehungen in überaus schlüpfrigen Versen dargestellt findet.").

Centaurorum convivium) und schließlich in Trunkenheit und Tumult endeten.[265] Der Vergleich mit den Lapithen und Zentauren rückt die Gastmahl-Praxis, derer Piso hier von Cicero überführt werden soll, in einen unzivilisierten Raum. Nicht nur der übermäßige Weinkonsum an sich ist somit anstößig und eines Römers nicht würdig, sondern auch der gesamte Ablauf und Rahmen des Gastmahls wird als unrömisch disqualifiziert. Gleichwohl kommt dem Vorwurf der *vinulentia* in dieser Passage eine herausragende Bedeutung zu, da sie gewissermaßen den Endpunkt darstellt, in welchem das deviante Gastmahl final kulminiert. Auch im Hinblick auf die menschlichen Teilnehmer am Gastmahl beschreibt Cicero Pisos ausufernde Zechgelage als abstoßend, wenn er vom Gestank und Schmutz der griechischen Freunde berichtet (*in suorum Graecorum foetore et caeno*) und fragt, ob Piso beim *convivium* wohl mehr getrunken, erbrochen oder verschüttet habe (*utrum iste plus biberit an vomuerit an effuderit*).[266] Die ins Degoutante gesteigerte Drastik dieser Darstellung erinnert wiederum vehement an die Auswirkungen von Catilinas und Antonius' Trinkgewohnheiten.[267] Der Vorwurf des übermäßigen Essens und Trinkens wird auch in der Rede *De provinciis consularibus* mit dem Einfluss der Griechen verbunden, die seinerzeit für Pisos Bildung gesorgt hätten. Mit diesen Griechen prasse Piso nämlich inzwischen ganz offen (*iam in exostra helluatur*), während er dies früher noch im Verborgenen getan habe (*antea post siparium solebat*), womit zugleich eine Anspielung auf Pisos Epikureismus verbunden ist.[268] Piso habe Epikurs Lehre nämlich, so Cicero, missverstanden als Erlaubnis für Völlerei und Zechgelage.[269] Die Gegenüberstellung des früheren Zechens im Verborgenen mit dem jetzigen in aller ‚Öffentlichkeit' wird hier zum Sinnbild für den charakterlichen Verfall des Zechers. Während das Zechen im Verborgenen freilich für sich bereits als Variante des Argumententyps *vinulentia* ge-

---

265 Cic. Pis. 22. Auch hinter dem Vergleich von Pisos Gastmahl mit dem von ‚Lapithen und Zentauren' verbirgt sich der Vorwurf, dass sich Piso nicht in einem zivilisierten gesellschaftlichen Rahmen bewege.

266 Cic. Pis. 22: *quid ego illorum dierum epulas, quid laetitiam et gratulationem tuam, quid cum tuis sordidissimis gregibus intemperantissimas perpotationes praedicem? (...) hic autem non tam concinnus helluo nec tam musicus iacebat in suorum Graecorum foetore et caeno; quod quidem istius in illis rei publicae luctibus quasi aliquod Lapitharum aut Centaurorum convivium ferebatur; in quo nemo potest dicere utrum iste plus biberit an vomuerit an effuderit.* („Was soll ich jetzt von den Festschmäusen reden, die damals stattgefunden haben, von deiner Freude und Ausgelassenheit, von den zügellosen Zechgelagen im Kreise deiner schmutzigen Kumpane? [...] da streckte sich Piso, ein minder feiner Prasser und nicht so zu Musik aufgelegt, im Weindunst seiner griechischen Freunde. Das nahm sich in jenen Tagen der Staatstrauer wie ein Bankett der Lapithen und Zentauren aus, und niemand vermag zu sagen, ob der Gastgeber dabei mehr getrunken oder erbrochen oder verschüttet hat."). Die griechischen Freunde markieren zudem den Vorwurf des unangemessenen gesellschaftlichen Umgangs und rücken diesen zugleich in die Nähe des Vorwurfs einer gräzisierten Lebensweise.

267 Siehe dazu Cic. Catil. 2.10 sowie u. a. Cic. Phil. 2.6; 2.104.

268 Cic. prov. 14: *et a suis Graecis, subtilius eruditus, quibuscum iam in exostra helluatur, antea post siparium solebat.* („und seine geschätzten Griechen gaben ihm die feinere Bildung mit – jetzt praßt er mit ihnen schon auf offener Bühne, bisher tat er's hinter den Kulissen."); vgl. Griffin 2001, 96.

269 Zu Ciceros Instrumentalisierung von Pisos Epikurismus vgl. Griffin 2001, 95.

wertet werden kann, wird das Argument noch gesteigert, indem die Verfehlung nun für alle sichtbar begangen werde. Die Assoziation mit den Griechen als Zechkumpanen versieht das Argument in dieser Ausgestaltung noch mit dem Geruch des Fremden. Des Weiteren klingen in den griechischen Trinkgenossen die griechischen Trinkgewohnheiten beim *symposion* mit, die Cicero gegenüber den römischen Gewohnheiten als inferior beurteilt.[270] Die griechischen Freunde Pisos diffamiert Cicero außerdem, indem er sie mit Pisos *voluptas* (*tui voluptarii Graeci*), darüber hinaus auch mit Kneipen (*praesepibus*), mit Schande durch sexuelle Devianz (*stupris*) und besonders mit Wein (*vino*) assoziiert.[271]

Am ausführlichsten sowie auch am vehementesten kommt der Argumententypus *vinulentia* in den *Philippischen Reden* gegen Marcus Antonius zum Einsatz. Dabei bietet sich freilich wieder die *zweite Philippische Rede* als Anschauungsgegenstand an, um zu beobachten, in welche Extreme das Argument gesteigert werden kann, wenn es nicht in mündlicher Rede ausgesprochen wird. Es gilt aber auch für den Vorwurf *vinulentia*, dass er nicht ausschließlich in der *zweiten Philippica* auftritt, sondern auch in den übrigen *Philippicae* greifbar ist. Zunächst ist nun aber die extreme Ausgestaltung des Arguments in der *zweiten Rede* Gegenstand der Betrachtung. Denn hier spricht Cicero den Vorwurf der *vinulentia* explizit aus: *(...) quid furiosam vinulentiam tuam proferam?*[272] Cicero verstärkt das *vinulentia*-Argument hier, indem er es durch die Verbindung mit *furiosus* zur *furiosa vinulentia* werden lässt. Während *furor*, wie gesehen, ebenfalls ein gängiger Vorwurf der direkten charakterlichen Diffamierung ist,[273] dient *furiosus* hier zur Steigerung der auf die Charakterqualitäten abzielenden *vinulentia*. So belegt der Vorwurf *vinulentia* geradezu eine außergewöhnliche Wesensveränderung im Zustand des Rausches, da sie ihn regelrecht in Raserei zu versetzen vermag. Des Weiteren verweist Cicero bereits in Paragraph 6 der *zweiten Philippica* auf Antonius' Hang zum Wein (*vino confectus*), der ihn dazu veranlasse,

---

270 Siehe dazu auch Ciceros sprachliche Gegenüberstellung des griechischen gemeinsamen Trinkens (*συμπόσιον*) mit dem römischen gemeinsamen Leben (*convivium*) in Cic. Fam. 9.26.3.

271 Cic. Pis. 42: *atque hoc quidem etiam isti tui dicunt voluptarii Graeci: quos utinam ita audires ut erant audiendi; numquam te in tot flagitia ingurgitasses. verum audis in praesepibus, audis in stupris, audis in cibo et vino.* („Und das sagen sogar deine Griechen, die Verehrer deiner Lust – wenn du doch so auf sie hörtest, wie sie es verdienen! Du hättest dich niemals in einen solchen Abgrund von Lastern gestürzt. Doch du hörst sie nur in den Kneipen, hörst sie nur bei der Unzucht, hörst sie nur über Speisen und Wein!"). Der Vorwurf der *voluptas* kommt zudem in Cic. Sest. 23 als verwerfliches, vermeintliches Selbstbekenntnis zum Tragen: *(...) nihil esse praestabilius otiosa vita, plena et conferta voluptatibus;* („[...] daß nichts schöner sei als ein müßiges, bis an den Rand mit Vergnügungen angefülltes Leben.").

272 Cic. Phil. 2.101: „Unnötig [...] von deiner wahnsinnigen Trunksucht zu reden[...]." Dass Antonius' Trunksucht seine Pläne, eine Kolonie in Capua zu gründen, lächerlich werden lässt, wird auch durch Ciceros Vorhaltung unterstrichen, Antonius habe geplant, dort Schauspieler und Schauspielerinnen anzusiedeln (*Mimos dico et mimas, patres conscripti, in agro Campano conlocatos*). Siehe dazu auch HALL 2002, 289.

273 Siehe dazu Kapitel 4.1; für Antonius jenseits der *vinulentia* siehe Cic. Phil. 2.1.

Unflätigkeiten zu begehen.[274] Zu den nicht weiter ausgeführten lasterhaften Verfehlungen (*impuritates*) werde Antonius durch seinen Weinkonsum erst hingerissen. Somit liege zwar im Wein der Grund für Antonius' konkretes Verhalten, jedoch wird seine vermeintliche charakterliche Disposition, die ihn erst zum Weinkonsum veranlasse, als eigentliche Ursache allen Übels dargestellt. Cicero unterstellt Antonius hier gewissermaßen, dass *vino confectus* ein Normalzustand gewesen sei, der ihn zu frevelhaftem Verhalten verleitet habe.[275] Antonius wird aber nicht nur der übermäßige Konsum von Wein vorgeworfen, sondern besonders die Dauerhaftigkeit dieses Verhaltens (*cotidie*).

Ein später in der *zweiten Philippica* platzierter Vorwurf weist dieselbe Stoßrichtung auf, ist aber um einen Aspekt erweitert. Nun wird Antonius nicht nur angekreidet, er sei täglich betrunken gewesen, sondern es spielt auch die Tageszeit eine Rolle. Antonius habe nämlich, so Cicero, bereits ab der dritten Stunde (*ab hora tertia*) getrunken, also etwa ab neun Uhr morgens.[276] Ebenso ab der dritten Stunde habe er sich des Weiteren übergeben müssen, womit die augenscheinlichen Auswirkungen des (verfrühten) Weinkonsums sogleich nach außen hin feststellbar werden.[277] So gestaltet sich in den Diffamierungen nur ein Umstand schwerwiegender als das heimliche Zechen, nämlich das ‚öffentliche' Zechen bzw. die Zurschaustellung der *vinulentia*. Eine weitere Spielart dieses Aspekts der Tageszeit ist sodann der Vorwurf, rund um die Uhr gezecht zu haben (*quam multos dies perbacchatus*).[278] Bezüglich

---

274 Cic. Phil. 2.6: *(...) cum omnis impuritates inpudica in domo cotidie susciperes vino lustrisque confectus* („[...] wo du alltäglich in deinem verrufenen Haus betrunken und verhurt lauter Unflätigkeit begehst."). Siehe auch 2.67. Für den Umgang eines breiten Feldes der Forschung mit dem Vorwurf der Trunksucht vgl. beispielsweise Hall 2002: 288, der den *topos* als Stilelement erkennt („*comic caricature*"), jedoch nicht konsequent von der Person und charakterlichen Dispositionen des Antonius trennt.

275 In Cic. Phil. 2.68 stellt er in diesem Sinne fest: *quamvis sis, ut es, vinulentus et furens, (...).* („Magst du auch sein, wie du nun mal bist, trunksüchtig und rasend [...].") (Übers. A.T.).

276 Zu den Zeitangaben vgl. Sontheimer 1932, 2021 f.: *mane* dauert bis zur Vollendung der dritten Stunde, ca. acht oder neun Uhr morgens.

277 Cic. Phil. 2.104: *ab hora tertia bibebatur, ludebatur, vomebatur.* („Vom frühen Vormittag an wurde gesoffen, gespielt, gekotzt.").

278 Cic. Phil. 2.104: *at quam multos dies in ea villa turpissime es perbacchatus.* („Wie viele Tage hast du in seinem Hause aufs schändlichste durchgezecht"). Cicero spielt hier auf Pompeius' Haus an, das Antonius ersteigert hatte, vgl. dazu u. a. Cic. Phil. 2.66; 2.105. An dieser Stelle führt Cicero die Verbindung Antonius' zu einem bacchischen Kontext ein. Fuhrer (2011, 376 mit Verweis auf Kienast 1969, 440–442) weist zu Recht darauf hin, dass Antonius als Bacchus mit einem Kult in Verbindung tritt, der in Rom „seit dem Bacchanalien-Skandal mit der Vorstellung der Störung der moralischen und politischen Ordnung verbunden wurde" und so für Ciceros Diffamierungen selbstredend an besonderem Wert gewinnt. Es handelt sich dabei um ein Motiv, das sich später im ideologischen Kampf zwischen Octavian und Marcus Antonius noch verstärken wird. Während Marcus Antonius sich als Dionysos geriert, distanziert sich Octavian als Apollon weit von jeglichen mit Ausschweifung assoziierbaren Kontexten und nutzt ebenfalls die *vinulentia* zu Antonius' Diffamierung. Wie unterschiedlich konnotier- und enkodierbar Dionysos in der römischen (Religions-)Politik trotz allem geblieben ist, zeigt

seiner *vinulentia* wird Antonius außerdem Spott zuteil, wenn Cicero ihn ironisch verteidigt, dass es einem solchen Mann schon einmal passieren könne, dass er sich vergaloppiere, denn von einem niemals nüchternen Mann könne man eben keine Klugheit erwarten (*nec [...] numquam sobrio postulanda prudentia*).[279] Niemals nüchtern zu sein, beschert dem Angeklagten selbstverständlich einen dauerhaften Vorwurf der Unzurechenbarkeit und macht Antonius gewissermaßen pauschal *imprudens*.

Eine Reihe weiterer und scheinbar beiläufiger Aussagen zielt ebenfalls in Richtung von Antonius' *vinulentia*, wie die Aufforderung, den Rausch auszuschlafen und auszudünsten,[280] oder die vermeintliche Anerkennung von Antonius' Trainingsleistung, die allerdings in Wahrheit dazu diene, nüchtern zu werden.[281] Eine weitere Form eines verkleideten Vorwurfs der *vinulentia* ist sodann die Resignation hinsichtlich der konkreten Auswirkungen des übermäßigen Weinkonsums. So lässt sich Cicero scheinbar zu einer Beschwichtigung hinreißen, wenn er dazu auffordert, Antonius doch gewähren zu lassen, wenn er nur nicht so ausfällig werde wie in der Porticus Minucia, d. h. wenn er sich nur nicht wieder übergebe. Dann nämlich werde das Zechen für jedermann augenscheinlich, was offenbar in einem noch schlechteren Ansehen steht als das Laster als solches.[282] Auf diese Weise lässt Cicero immer wieder scheinbar nebenher Bemerkungen fallen, die daran erinnern, wie lasterhaft Antonius doch sei, was seine *vinulentia* und das pausenlose Zechen belegen.

Die Raffgier, die Cicero Antonius vorwirft, steigert er durch die Verbindung mit dessen Vorliebe für Wein bis zur Lächerlichkeit. Denn Gold und Silber zusammengerafft zu haben, scheine Antonius nicht einmal so wichtig gewesen zu sein wie das Zusammenraffen und Anhäufen von Wein.[283] Wein wiege dem Antonius, so impliziert Cicero, mindestens so schwer wie (anderen Menschen) Gold und Silber. Auch hinterlasse Antonius' Anwesenheit in jedem Raum, sogar und besonders schändlich in Pompeius' ehemaligem Hause, eine Spur der weinbedingten Verwüstung. So schimpft Cicero über Antonius' Betragen in Pompeius' ehemaligem Haus, dass überall die

---

Fuhrer (2011, 381–389) in der Rehabilitierung des Gottes nach der Auseinandersetzung zwischen Marcus Antonius und Octavian.

279 Cic. Phil. 2.81: *esto, hoc imperite; nec enim est ab homine numquam sobrio postulanda prudentia.* („Nun gut, da hat er sich vergaloppiert, und von einem niemals nüchternen Manne kann man ja auch keine Klugheit erwarten.").

280 Cic. Phil. 2.30: *edormi crapulam, inquam, et exhala* („Verschlaf deinen Rausch und dünste aus!"). Weiter führt Cicero diesen Vorwurf in Cic. Phil. 2.31 aus: *attende enim paulisper cogitationemque sobrii hominis punctum temporis suscipe.* („Nimm dich doch einmal ein Weilchen zusammen und denke einen Augenblick wie ein vernünftiger Mensch nach!"). Die Verwendung von *sobrius* weist hier auch in die Richtung, dass sich Antonius einmal nüchtern zusammennehmen solle.

281 Cic. Phil. 2.42: *quamquam tu quidem, ut tui familiarissimi dictitant, vini exhalandi, non ingenii acuendi causa declamas.* („Wie deine dicksten Freunde versichern, tust du das allerdings nicht, um deinen Geist zu trainieren, sondern um nüchtern zu werden.").

282 Cic. Phil. 2.84: *Quidlibet, modo ne nauseet, faciat, quod in porticu Minucia fecit.* („Nun, laßt ihn, wenn er nur nicht kotzt, wie in der Porticus Minucia.").

283 Cic. Phil. 2.62: *in urbe auri, argenti maximeque vini foeda direptio.* („[...] hier in Rom ekelhaftes Zusammenraffen von Gold und Silber, vor allem aber von Wein.").

Schreie von Betrunkenen zu hören gewesen seien (*omnia vocibus ebriorum*). Zudem habe der Wein den Boden überschwemmt und sei an den Wänden heruntergeflossen .[284] Durch ein solches von übermäßigem Weinkonsum verursachtes unangemessenes Verhalten werde Antonius auch der besonderen Ehre nicht gerecht, Herr desjenigen Hauses genannt zu werden, das ehemals dem ehrenwerten Pompeius gehört habe: Cicero nennt Antonius vielmehr einen Mieter (*inquilino – non enim domino*).[285] Antonius habe nicht nur durch den Kauf von Pompeius' Haus Schändlichkeit bewiesen, sondern diese durch sein unangemessenes Betragen in den ‚heiligen Hallen' noch verstärkt. Cicero nutzt dieses zweifache Argument noch ein weiteres Mal beinahe wiederholend, wenn er Antonius vorwirft, ganze Weinlager aus Pompeius' Haus an unwürdiges Gesindel verschwendet zu haben. Des Weiteren sei das Haus von Betrunkenen überfüllt gewesen und es sei nicht nur den ganzen Tag, sondern auch im ganzen Hause gezecht worden.[286] Auf diese Weise hebt Cicero seine Kritik an Antonius' frevelhaftem Hauskauf durch die Verbindung mit dem *vinulentia*-Argument auf eine neue Ebene. Plötzlich ist nicht mehr der Hauskauf als solcher zentraler Gegenstand des Vorwurfs, sondern stattdessen das schändliche Betragen innerhalb dieses Hauses. Die *vinulentia*, die an sich in keinerlei Zusammenhang mit dem Hauskauf steht, wird auf diese Weise zum Anlass tatsächlicher Schande. Diese überträgt sich wiederum durch die räumliche Verortung in eben diesem Haus auf den Hauskauf als solchen.

Zum Zwecke der direkten politischen Diskreditierung assoziiert Cicero dieses Laster dann auch explizit mit Antonius' Unzulänglichkeit in der Ausübung eines politischen Amtes:

> *tu istis faucibus, istis lateribus, ista gladiatoria totius corporis firmitate tantum vini in Hippiae nuptiis exhauseras, ut tibi necesse esset in populi Romani conspectu vomere postridie. o rem non modo visu foedam, sed etiam auditu! si inter cenam in ipsis tuis immanibus illis poculis hoc tibi accidisset, quis non turpe duceret? in coetu vero populi Romani negotium publicum gerens, magister*

---

284 Cic. Phil. 2.105: *at vero te inquilino (non enim domino) personabant omnia vocibus ebriorum, natabant pavimenta vino, madebant parietes (...).* („Als du als Mietsmann drin saßest – beileibe nicht als Herr! –, hallte alles von den Schreien Betrunkener, schwamm der Estrich von Wein, trieften die Wände [...]."). Antonius verwandle Pompeius' Haus außerdem in ein Bordell, was dem Argument der Verfehlung im Bereich der Sexualität beigeordnet werden kann, vgl. Fredrick 2002, 253.

285 Interessant an dieser Formulierung ist, dass Cicero bei Sallust von Catilina, als dieser gerade seine eigene noble familiäre Abkunft herauskehrt, äußerst herablassend als *inquilinus civis* verspottet wird, siehe Sall. Catil. 31.

286 Cic. Phil. 2.67: *apothecae totae nequissimis hominibus condonabantur; (...) domus erat (...) plena ebriorum; totos dies potabatur, atque id locis pluribus.* („Ganze Weinlager wurden an nichtsnutziges Gesindel verschenkt [...]. Das Haus wimmelte von [...] Betrunkenen; ganze Tage wurde gezecht, und das an mehreren Stellen."). Siehe dazu auch Cic. Phil. 2.69: *huius in sedibus pro cubiculis stabula, pro conclavibus popinae sunt.* („Jetzt sind in seinem [*sc.* Pompeius'] Heim die Schlafgemächer zu Gasthofzimmern und die Speiseräume zu Kneipen geworden.").

equitum, cui ructare turpe esset, is vomens frustis esculentis vinum redolentibus gremium suum et totum tribunal inplevit![287]

„Mit deinem Riesenschlund, diesem Leibesumfang, deinem gladiatorischen Körperbau hattest du bei Hippias' Hochzeit so viel Wein in dich hineingesoffen, daß du am anderen Morgen vor den Augen des Römischen Volkes kotzen mußtest! Ekelhaft anzusehen, ja, auch nur davon zu hören! Schlimm genug, wenn dir das während des Essens bei deiner maßlosen Sauferei passiert wäre! Aber nein, vor versammeltem Volke, bei der Erledigung von Staatsgeschäften, als Magister equitum, für den schon ein Rülpser anstößig ist, hat er seinen Schoß und das ganze Tribunal mit weinduftenden Essensbrocken bekleckert."

Die Szene entbehrt nicht einer gewissen Komik, womit sie sich als besonderes Charakteristikum der *zweiten Philippica* ausweist.[288] Denn wie besprochen, ist es weitgehend Konsens, dass die *zweite Philippische Rede* nicht gehalten, sondern ausschließlich als eine Art Pamphlet verfasst wurde.[289] Der Unterhaltungszweck eines solchen Genres ist nicht zu unterschätzen und wird besonders anschaulich in dieser Passage bedient.[290]

Durch *tantum vini* wird die Darstellung früh auf das zentrale Argument der Passage gelenkt: die unausgesprochen bleibende *vinulentia*. Durch *vomere* und spätestens durch *rem foedam auditu* wird die Situation auf zwei Ebenen in den Bereich jenseits des *decus* gerückt. Einerseits sollen die dargestellten Ereignisse unangemessen erscheinen, andererseits erfolgt aber auch die Darstellung der Ereignisse nicht nur in einer distanzierten Umschreibung, sondern wird selbst degoutant. Durch *vomens frustis esculentis vinum redolentibus* erhält die Darstellung vollends eine bildliche Gestalt. Der abschließende Höhepunkt der Darstellung macht jeden Zweifel obsolet, ob es sich um einen Vorwurf der *vinulentia* handelt, da zum Ende hin nochmals das wesentliche Stichwort *vinum* fällt. Damit schreibt Cicero das unglaubliche Ausmaß von Antonius' Verfehlungen in die Erinnerung der Nachwelt ein, auch wenn die Absicht womöglich eher ein schon beinahe komisch anmutender Klang der Darstellung gewesen sein mag. Zu Antonius' Nachteil scheinen solche Darstellungen Ciceros das Andenken an Antonius nachhaltig (womöglich auch über die Intention des Autors hinaus) geprägt zu haben.[291]

Diese Passage zu den allgemein erkennbaren Folgen von Antonius' Weinkonsum auf die Ausübung seiner magistratischen Aufgaben ist eine der schillerndsten, bild-

---

287 Cic. Phil. 2.63 (Übers. mod. A.T.).

288 Zur Komik in Reden und im Besonderen in der der *zweiten Philippischen Rede* vgl. Corbeill 1996 und Hall 2002, in der Rede *Pro Caelio* siehe Geffcken 1973 sowie Leigh 2004.

289 Für die Debatte um die *zweite Philippische Rede* siehe beispielsweise Cerutti 1994, *passim*; Gotter 1996, 17; Sussman 1998, 123; Hall 2002, 275.

290 Vgl. dazu Koster 1980, 18 mit weiterem Verweis auf Demosth. or. 18.3 (Anm. 66): „Ausdrücklich nennt er [*sc.* Cicero] als Ziel dem Hörer gegenüber die *voluptas* und *delectatio*."

291 Man denke beispielsweise nur an die einzige ‚bekannte' Schrift des Antonius, in der er spöttisch auf die ihm offensichtlich unentwegt unterstellte *ebrietas* Bezug nimmt: *de ebrietate sua*; vgl. Huzar 1982, 639–657.

lichsten und offensten Höhepunkte der Diffamierung in der *zweiten Philippica*.[292] Eine Steigerung gegenüber den bereits angeführten Passagen zur *vinulentia* wird hier durch ihre Transferierung auf die ‚politische Bühne' vollzogen. Diese geschieht durch die Benennung konkreter Auswirkungen auf die Ausübung politischer Tätigkeit (*negotium publicum*; *magister equitum*), nämlich die Lokalisierung der Folgeerscheinungen des übermäßigen Weinkonsums in *conspectu populi Romani*. Somit tritt zutage, was in Rom im Sinne Ciceros als höchste Schande empfunden werden muss: die Präsentation einer vermeintlichen Charakterschwäche, eines Lasters in der ‚Öffentlichkeit', einem Raum also, in welchem sich ein Senatsaristokrat als Magistrat zu präsentieren hatte. Dies bedeutete, sich jederzeit als politisch leistungsfähig zu erweisen.[293]

Ebenfalls allgemein erkennbare Auswirkungen auf Antonius' Aufgaben als Magistrat zeigt eine weitere kurze Passage der *zweiten Philippischen Rede*, die wiederum Bezug nimmt auf den Zeitpunkt des Zechens. Denn Cicero wirft Antonius vor, etwa um die zehnte Stunde (*hora diei decima*), also am frühen Nachmittag, als Ziel einer Reise nicht etwa seine *domus* oder die seines Gastgebers aufgesucht zu haben, sondern vielmehr eine Kneipe, um dort heimlich bis zum Abend durchzuzechen (*se occultans perpotavit ad vesperam*).[294] Antonius erfülle, so wirft ihm Cicero hier vor, bei seiner Ankunft nicht die an ihn qua Amt gestellten Erwartungen. Anstatt etwa einem Gastfreund durch einen Besuch die Ehre zu erweisen oder selbst Besucher zu empfangen, wählt er als Aufenthaltsort eine Kneipe. Die Formulierung *quadam cauponula* macht dabei deutlich, für wie verachtenswert diese Wahl gehalten wird.[295] Der zweite Vorwurf geht freilich auf das Konto derjenigen Beschäftigung, für die ein solches Etablissement prädestiniert ist, nämlich das ‚Durchzechen' (*perpotavit*): Antonius gebe sich also seiner *vinulentia* hin. Auch an dieser Stelle fehlt nicht die Konnotation, die auf die unverschämte Dauerhaftigkeit einer solchen Betätigung im Falle Antonius' hinweist: Er zeche bis zum Abend, also nicht nur zur Unzeit (nämlich ab dem frühen Nachmittag), sondern auch sehr lange. Und schließlich wird die Unverfrorenheit durch die Verborgenheit gekrönt, denn er ziehe sich *occultans* zum Zechen in die Kneipe zurück. Der zentrale Stein des Anstoßes liegt bei diesen Diffamierungen in der *inertia* des politischen Gegners, die durch dessen Genusssucht befördert werde: Nicht nur, dass Antonius sich einem an sich schon lasterhaften, übermäßigen Weinkonsum hingebe, sondern er ergehe sich in derartigen Vergnügungen zu solchen Tageszeiten, zu denen ein römischer Senator eigentlich magistratischen Aufgaben nachzukommen hätte.

---

292 Zu diesen am deutlichsten herausstechenden Passagen können aus den *Philippischen Reden* 2.63 (*vinulentia*) und 2.44 (Fremdbestimmtheit) gezählt werden.

293 Vgl. Blanshard 2010, 80.

294 Cic. Phil. 2.77: *cum hora diei decima fere ad Saxa rubra venisset, delituit in quadam cauponula atque ibi se occultans perpotavit ad vesperam.* („Etwa um die zehnte Stunde kam er bei Saxa Rubra an; da verschwand er in einer kleinen Kneipe und zechte dort heimlich bis zum Abend durch.").

295 Die Betonung liegt hier auf *quadam*, also irgendeiner Kneipe, was einen despektierlichen Unterton hat.

Auch über die *zweite Rede* hinaus findet sich in den *Philippischen Reden* der Vorwurf der *vinulentia*. Das breite, in der *zweiten Rede* aufgespannte Spektrum wird in den anderen Reden zwar nicht erweitert, aber die dort bereits verwandten Vorwürfe werden wiederholt aufgegriffen und somit aus der Gattung des Pamphlets in die Rede überführt. So heißt es z. B. in der *dritten Philippischen Rede*, Antonius sei, selbst wenn ihm das Wasser bis zum Halse stehe, niemals nüchtern (Cic. Phil. 3.12: *numquam ne in metu quidem sobrio*). Unter den Augen des Römischen Volkes halte er zudem betrunken eine Rede (3.12: *populo Romano inspectante, [...] ebrius est contionatus*), sei ohnehin ständig betrunken (5.24: *semper ebrium*) und lasse sich von seinen Lastern – besonders der *vinulentia* – hinreißen (6.4: *semper eo tractus est, quo libido rapuit, quo levitas, quo furor, quo vinulentia*).[296] Auch einen weiteren Fall mangelhafter (bzw. gänzlich versäumter) Ausübung der magistratischen Geschäfte erklärt Cicero mit Antonius' *vinulentia*. Denn Antonius habe auch einen wichtigen Termin aufgrund seiner kulinarischen Vergnügungen (*vino atque epulis*) und Saufereien (*popinae*) verpasst und diesen auf einen Ersatztermin verschieben müssen.[297] Neben diesen direkten Anschuldigungen wird Antonius zudem auf indirekte Weise mit *vinulentia* in Verbindung gebracht, auch wenn in diesen Situationen nicht sein eigener Weinkonsum im Mittelpunkt steht.[298] So beschimpft Cicero z. B. Antonius' Bruder Lucius als ‚Trunkenbold'. Ausgerechnet in der *vinulentia* versuche Lucius seinem Bruder Antonius nachzueifern. Dabei beweise auch Lucius kein Gespür für das richtige Maß, denn er lasse ganze Weinkeller auslaufen.[299] An anderer Stelle nennt Cicero Lucius einen *gurges* und *vurago*.[300] Diese und andere Passagen haben in der Forschungsliteratur zu

---

296 Auch an dieser Stelle wird der Vorwurf *vinulentia* zusammen mit *furor* angeführt, siehe auch Cic. Phil. 2.101.

297 Cic. Phil. 3.20: *vino atque epulis retentus, si illae epulae potius quam popinae nominandae sunt, diem edicti obire neglexit, in ante diem quartum Kalendas Decembres distulit.* („Vor lauter Zechgelagen und Gastereien – wenn man das noch als Gelage bezeichnen kann und nicht vielmehr von Saufereien reden müßte – hat er den Termin seiner Verfügung verpaßt und die Sitzung auf den 28. November verschoben.") Ähnlich auch in Cic. Phil. 2.30, als Cicero auf Antonius' ständige mentale Abwesenheit abzielt: *an faces admovendae sunt, quae [te] excitent tantae causae indormientem?* („Oder müssen wir mit einer Lampe kommen, um dich zu wecken, weil du sonst diese entscheidende Frage verschläfst?").

298 Auch an dieser Stelle werden Vorwürfe gegen Antonius's Bruder vorgetragen, die gegen Antonius selbst nicht ebenso leicht zu platzieren gewesen wären, vgl. Manuwald 2007b, 436.

299 Cic. Phil. 3.31: *(...) L. fratrem expectat, quo neminem reperire potest sui similiorem. (...) fundit apothecas, (...) epulantur milites; ipse autem se, ut fratrem imitetur, obruit vino.* („[...] auf seinen Bruder Lucius, sein vollkommenes Ebenbild. [...] Läßt Weinkeller auslaufen [...]; seine Soldaten prassen; er selbst, um es seinem Bruder gleichzutun, ersäuft sich in Wein."). Vgl. dazu auch Evans 2008, 69, der jedoch davon ausgeht, dass das *vinulentia*-Argument nur auf Antonius und die Antonier anwendbar gewesen sei. Wie gezeigt wurde, kommt dieses Argument in der notwendigen Modifizierung aber auch für Catilina, Clodius und Piso zum Einsatz.

300 Cic. Phil. 11.10. In der plausiblen Übersetzung nach Kasten ein „Saufaus" und „Vielfraß".

der Beobachtung geführt, dass die *vinulentia* möglicherweise als eine Art Familienlaster verstanden wurde.[301]

Neben den konkreten Ausgestaltungsweisen des Argumententypus *vinulentia* ist insbesondere die Nachwirkung der ciceronischen Vorwürfe interessant. Denn sowohl in der Antike als auch in den Jahrhunderten danach haben diese Vorwürfe besonders für Marcus Antonius maßgeblich zur Zuschreibung vermeintlicher Charakterqualitäten geführt, nämlich der untrennbar mit Antonius verbundenen Disposition zum übermäßigen Weinkonsum. Besonders eindrücklich ist in der direkten Nachfolge der ciceronischen Diffamierungen die Fortführung des *vinulentia*-Arguments in der ‚Propagandaschlacht' Octavians zu erkennen. Diese gab Antonius offenbar den Anstoß für eine Reaktion auf die systematische Diffamierung anhand dieses Arguments in seiner Verteidigungsschrift *de sua ebrietate*. Leider ist diese Schrift nicht erhalten. Äußerst interessant wäre es natürlich, zu erfahren, wie Antonius schließlich auf diesen allmählich überhandnehmenden Argumententypus der Diffamierung reagiert haben mag.

Nun ist diese Art der Diffamierung freilich nicht nur den Gegnern Ciceros zuteil geworden, sondern beispielsweise auch dem jüngeren Cato.[302] Der wesentliche Unterschied zwischen Ciceros Gegnern und anderen Diffamierungsopfern liegt in der sehr unterschiedlichen Nachhaltigkeit dieser Vorwürfe.[303] Antonius wird bis in heutige Zeit eine Affinität zum Wein beschieden,[304] denn – so die zu kurz greifende Argumentation – irgendeine besondere Neigung müsse er ja gehabt haben, wenn Cicero diese Argumente so trefflich und wirkungsvoll habe platzieren können. Hinweise auf Catos *vinulentia* sind heute dagegen schwerlich zu finden. Der jüngere Cato wird in der Forschungstradition schlicht und ergreifend nicht in Verbindung mit einem übermäßigen Weinkonsum gebracht, obwohl dieser Konsum in der Antike als diffamierendes Argument gegen ihn genutzt wurde.[305] Dasselbe gilt für den jüngeren Cicero. In der Forschungsliteratur wird diese Diskrepanz zwischen der vehementen Rezeption des *vinulentia*-Vorwurfs für die eine Person und seine weitgehende Vernachlässigung

---

301 Vgl. EVANS 2008, 69; EVANS verweist zur Untermauerung dieser These auf weitere Pauschalisierungen, welche die gesamte Familie der Antonier betreffen, wie in Phil. 14.9: *libido flagitiosa, qua Antoniorum oblita est vita.* („[...] schändliche Willkür, womit das ganze Leben der Antonier besudelt ist.") und sogar auf weiter entfernte Ahnen zurückzuführen sei, siehe dazu Plut. C. Gracch. 14.5–15.1 für M. Fulvius Flaccus. Das Schicksal, derselben Laster wie Antonius beschuldigt zu werden, erleiden über den Bruder hinaus auch Antonius' übrige Anhänger. In 3.35 beschimpft Cicero Antonius' Freunde z. B. pauschal als *ebrii*, in 5.15 bezeichnet er die ganze Gruppe um Antonius als *comissationis Antonianae chorum*. Somit stellt der Vorwurf *vinulentia* nicht nur einen Aspekt des Arguments des unangemessenen Weinkonsums dar, sondern auch ein Argument der Diffamierung über Dritte, welche in Kapitel 6 ausführlich besprochen wird.

302 Vgl. EVANS 2008, 71.

303 So werden Antonius' Neigung zum übermäßigen Weinkonsum und dessen negative Folgen z. B. von Plutarch in Ant. 9.3f. rezipiert.

304 Anschaulich noch bei RAWSON 1975, 260; HUZAR 1978, 24; CHAMOUX 1989, 118; 137.

305 Vgl. EVANS 2008, 70 f.

für eine andere Person wenn überhaupt nur peripher erwähnt.[306] Geht es im Kontext einer Diskussion über die Person des Antonius um dessen *vinulentia*, kommen solche Parallelstellen nur selten zur Sprache. Auch über die späte Republik hinaus scheint es möglich gewesen zu sein, Hinweise auf *vinulentia* nicht in Konkurrenz mit positiven Beurteilungen von Personen zu sehen, auch hinsichtlich ihrer vermeintlichen Charakterqualitäten. Verwiesen sei hierfür nur auf Trajan, der trotz seiner *vinulentia* und Päderastie als *optimus princeps* beurteilt werden konnte.[307]

Aufgrund der Analyse der ciceronischen Argumentplatzierungen und durch deren Vergleich mit anderen Fällen derselben Vorwurfsanwendung sind als ausschlaggebende Parameter insbesondere die politischen Rahmenbedingungen hervorzuheben. Denn Antonius wird insbesondere als zentraler Akteur des letzten Bürgerkriegs der Republik in den Hasstiraden Ciceros und Octavians mit dem *vinulentia*-Argument diffamiert. Dabei ist die *vinulentia* hinsichtlich ihrer Bedeutungszuschreibung in etwa gleichzusetzen mit dem Vorwurf, von Aristokratinnen oder gar Schauspielerinnen fremdbestimmt worden zu sein.[308] Gänzlich ohne erkennbare Herleitung wird Letzteres in der Forschung schnell als topisches Argument vom Tisch gewischt, während der *vinulentia* ein höheres Maß an Realitätsnähe beigemessen wird. De facto sind aber diese beiden Argumente – ebenso wie alle übrigen – als Argumente der Diffamierung in Verbindung mit Marcus Antonius gebracht worden. Lediglich in Ermangelung alternativer Zentralvorwürfe wie etwa einer Verschwörung oder eines Bandenkrieges ist das *vinulentia*-Argument zu derjenigen übermäßigen Bedeutung gelangt, die retrospektiv allenthalben zu beobachten und mitunter fehlinterpretiert worden ist.

Als zweites Argument gilt es nun, das Fehlverhalten beim *convivium* (kurz: *convivium*-Argument) zu berücksichtigen. Dazu zählen Aspekte wie der übermäßige Genuss von Speisen sowie Vorwürfe hinsichtlich der Dauer und der Folgen des *convivium*. Des Weiteren zählen aber auch der Vorwurf der unangemessenen Unterhaltung, des Musizierens und Tanzens sowie unmöglicher Gäste zu den verschiedenen Aspekten des *convivium*-Arguments.

Für die Aspekte, die zur Diffamierung politischer Gegner deren lasterhaftes Unterhaltungsprogramm während der Gastmähler illustrieren, sind besonders Ciceros eigene Gegenentwürfe zu berücksichtigen, die er selbst in unterschiedlichen Textgattungen präsentiert (z. B. in philosophischen Schriften oder Briefen). In Ciceros Idealentwurf eines Gastmahls solle nämlich die Unterhaltung ausschließlich aus angeregten Gesprächen bestehen.[309] In *de officiis* äußert Cicero im Jahre 44 v. Chr. schließlich eine konkrete Vorstellung zur Beschaffenheit und Gestaltung der Gespräche beim *convivium*. Diese sollten nämlich sanft (*lenis*), anmutig und keinesfalls rechthaberisch sein. Zudem sollten sie entweder die *res publica* oder Angelegenheiten

306 So auch bei Evans 2008, 71.

307 Vgl. Evans 2008, 71 mit Verweis auf Cass. Dio 68.7.4.

308 Cicero nutzt für dieses Argument noch Fulvia (und Cytheris), Octavian füllt dasselbe Argument später mit Kleopatra.

309 Siehe dazu beispielsweise Stein-Hölkeskamp 2010, 220 f.

der *domus* zum Inhalt haben.[310] In besonders deutlicher Abgrenzung von den lasterhaften Vergnügungen, die Cicero seinen Gegnern vorwirft, lässt er Cato den Älteren in *de senectute* zu diesem Thema Stellung nehmen. Die Äußerung datiert ebenfalls auf das Jahr 44 v. Chr., stammt also aus einer Zeit, als die Argumente zur Diffamierung von Catilina oder Gabinius schon lange platziert worden waren: „Denn die Freude an den Gastmählern selbst bestand für mich weniger in körperlichem Vergnügen als vielmehr im Zusammensein mit meinen Freunden und den dabei geführten Gesprächen."[311] In solchen Skizzen der angemessenen Unterhaltung beim Gastmahl ist unschwer zu erkennen, dass Vergnügungen, wie sie in den Reden geschildert werden (u. a. *voluptates abdominis*; *deliciarum causa loris in convivio caedi iubere; nudus saltare*),[312] hier keinen Platz haben.

In derselben Schrift stellt Cicero ein weiteres Ideal des tugendhaften Verhaltens beim Gastmahl vor, das er ebenfalls Cato dem Älteren in den Mund legt. So lässt er diesen konstatieren: „Ich speiste also gewöhnlich mit diesen Tischgenossen im ganzen mäßig".[313] Cato wird hier als Idealverkörperung der *maiores* gefeiert, die Cicero zu historischen Stiftern und dauerhaften Garanten kollektiver Tugenden stilisiert.[314] Die an dieser Stelle am Nahrungskonsum ablesbare römische Tugend der Maßhaltung, *modestia*, durchzieht die Schrift *Cato maior de senectute* wie ein roter Faden. Cicero kehrt diese Tugend in seinen Diffamierungen um, indem er das Verhalten seiner Gegner beim Gastmahl in scharfem Kontrast zu einer solchen idealen *modestia* zeichnet.

Bei Catilina ist insbesondere die unangemessene Unterhaltung während des Gastmahls ein Hauptaspekt des Vorwurfs, der das Fehlverhalten beim *convivium* thematisiert. In diesem Fall geschieht dies maßgeblich als Vorwurf gegen die Anhängerschaft. Die Anhänger betätigten sich zur Unterhaltung beim Gastmahl nämlich als Tänzer und Sänger. In einer Passage der *zweiten Catilinarischen Rede* sind es die Jünglinge in Catilinas Anhängerschaft, die sich auf das Tanzen und Singen verstehen (*saltare et cantare didicerunt*).[315] Der Vorwurf wird zunächst ohne konkreten Bezug

---

310 Cic. off. 1.134 f.: *sit ergo hic sermo (...) lenis minimeque pertinax, insit in eo lepos. (...) habentur autem plerumque sermones aut de domesticis negotiis aut de re publica (...).* („Es sei also das Gespräch [...] sanft und auf keinen Fall rechthaberisch, in ihm soll Anmut sein. [...] Geführt aber werden die Gespräche meist über häusliche Geschäfte oder über das Gemeinwesen [...]".).

311 Cic. Cato 13.45: *neque enim ipsorum conviviorum delectationem voluptatibus corporis magis quam coetu amicorum et sermonibus metiebar.*

312 Cic. Pis. 66 („Freuden des Bauches); Cic. Phil. 13.26 („zum Spaß beim Zechgelage von Staatssklaven auspeitschen ließ"); Cic. Pis. 22 („Nackttänze aufführte").

313 Cic. Cato 13.45: *epulabar igitur cum sodalibus omnino modice (...).*

314 Hölkeskamp 1995, 45: „Damit werden die *maiores* automatisch zu den historischen Stiftern und dauerhaften Garanten des allgemeinen Grundkonsenses mitsamt der darin beschlossenen kollektiven Tugenden [...]." Zu den *exempla* in Ciceros Werk vgl. Oppermann 2000; Blösel 2000; Robb 2010.

315 Cic. Catil. 2.23: *in his gregibus omnes aleatores, omnes adulteri, omnes inpuri inpudicique versantur. hi pueri tam lepidi ac delicati non solum amare et amari neque saltare et cantare, sed etiam sicas vibrare et spargere venena didicerunt.* („In dieser Rotte trifft man alle Glücksspieler, alle Ehebrecher, alle

zum Gastmahl platziert, impliziert aber das unangemessene Unterhaltungsprogramm während des *convivium*, dessen ideale Unterhaltung eigentlich durch eine angemessene Konversation bestritten werden sollte.[316] Erweitert wird derselbe Aspekt durch die Feststellung Ciceros, dass nunmehr alle Catilinarier gelernt hätten, bei Gastmählern nackt zu tanzen (*nudi saltare*).[317] Die Verbindung zwischen dem (nackten) Tanzen und dem Gastmahl ist spätestens mit dieser Platzierung des Arguments explizit hergestellt. Im Hintergrund der Kritik am Nackttanzen zur Unterhaltung beim Gastmahl steht wie auch beim übermäßigen Weinkonsum die Vorbildrolle des griechischen Kulturraums und des *symposion* im Besonderen.[318] Ähnlich wie die in Griechenland typischerweise nackt praktizierten Leibesübungen, die von den Römern als fremdländisch verurteilt wurden,[319] zählte das Nackttanzen in Rom zu einem eher griechischen Gebaren, das nicht den *mores maiorum* entsprach.[320] Wer die Catilinarier im Nackttanzen unterrichtet hat, wird an dieser Stelle nicht explizit ausgesprochen. Auf wen aber sämtliche Vorwürfe und Anschuldigungen letztlich abzielen, steht außer Frage: Catilina selbst. Denn was die Catilinarier vor allem verbindet, ist ihre Nähe zu Catilina, sodass auch deren antrainiertes Fehlverhalten beim Gastmahl, das Nacktanzen, von Catilina ausgehen muss.

Cicero fügt in diese Aneinanderreihung von Diffamierungen Catilinas und der Catilinarier schließlich auch den charakterlichen Makel *inertia* ein, der ihnen allen gemein gewesen sei. Denn alle Tätigkeit und Wachsamkeit (*industria vitae et vigilandi labor*) im Leben der Catilinarier tue sich, so Cicero, bei Gastmählern kund.[321] Die

---

Unreinen und Schamlosen. Diese zierlichen und feinen Knaben verstehen es, nicht nur zu lieben und sich lieben zu lassen, zu tanzen und zu singen, sondern auch Dolche zu schwingen und mit Gift umzugehen.“).

316 Zur angemessenen Unterhaltung beim *convivium* siehe Cic. off. 1.134 f.: *sit ergo hic sermo (...) lenis minimeque pertinax, insit in eo lepos. (...) habentur autem plerumque sermones aut de domesticis negotiis aut de re publica (...).* („Es sei also das Gespräch [...] sanft und auf keinen Fall rechthaberisch, in ihm soll Anmut sein. [...] Geführt aber werden die Gespräche meist über häusliche Geschäfte oder über das Gemeinwesen [...].“). Siehe unten.

317 Cic. Catil. 2.23: *(...) quod nudi in conviviis saltare didicerunt.* („[...] weil sie gelernt haben, bei Gastmählern nackt zu tanzen.“). Für den Vorwurf der Nacktheit vgl. auch Starbatty 2010, 182–187, die die Nackheit als einen *topos* der Physiognomie behandelt. Siehe dazu des Weiteren Kapitel 5.4.

318 Vgl. Mau 1900, 617, der sich bezüglich des griechischen Ursprungs des Nackttanzens bei der *comissatio* im Wesentlichen jedoch nur auf die in pompeianischen Wandgemälden abgebildeten nackten Mädchen bezieht.

319 Vgl. Fortuin 1996, 45 f. mit Verweis auf Tac. ann. 14.20.4 (*degeneretque studiis externis iuventus, gymnasia (...) exercendo:* „und die römische Jugend verkomme durch fremdländische Neigungen, indem sie in Gymnasien griechische Leibesübungen trainiere [...].“). Für die Nacktheit der griechischen Athleten bei Agonen vgl. Pfister 1935, 1545.

320 Für das schwierige Verhältnis der Römer zur Nacktheit vgl. Scholz 2011, 79 mit Verweis auf Hallett 2005, siehe auch unten, S. 244 Anm. 453.

321 Cic. Catil. 2.22: *(...) quorum omnis industria vitae et vigilandi labor in antelucanis cenis expromitur.* („[...] die ganze Tätigkeit und Wachsamkeit ihres Lebens tut sich bei Gastmählern kund, die bis zum Morgen dauern.“).

Catilinarier verschwenden also ihr Leben mit unangemessenen Betätigungen wie Vergnügungen beim Gastmahl. Verstärkt wird dieser Vorwurf durch die bereits bekannte Erweiterung, auch auf die lange Dauer der Verfehlungen im Reich der Genusses einzugehen. In diesem Fall sind das die Gastmähler, denn diese würden regelmäßig bis zum Morgen fortgeführt (*in antelucanis cenis*).

Weitere Erläuterungen zu den Verfehlungen der Catilinarier im convivialen Kontext zielen auf die unangemessene Gesellschaft während des Speisens ab. So heißt es, dass sie beim Gastmahl (*accubantes in conviviis*) schamlose Weiber (*mulieres inpudicas*) in ihren Armen hielten.[322] In diesem Aspekt klingt insbesondere der Vorwurf eines deplatzierten sexuellen Verhaltens während des Gastmahls an, zumal in Rom auch die Ehefrauen an solchen Gastmählern teilnehmen, wodurch dieser Raum nicht gerade für den Umgang mit Prostituierten prädestiniert ist. In diesem Punkt steht das römische *convivium* erneut in starkem Kontrast zum griechischen *symposion*, an dem Ehefrauen – freie, athenische Bürgerinnen – nicht teilgenommen haben, das jedoch einen genuinen Interaktionsraum für Fremde oder Sklavinnen (die nicht ohne weiteres pauschal als Hetären bezeichnet werden können) geboten hat.[323] Während sich Catilina und seine Anhänger bei der oben erwähnten *comissatio* mit Dirnen (*scorta*) abgaben, wird ihnen nun vorgeworfen, *mulieres inpudicas* zum *convivium* eingeladen zu haben, und zwar in einen Raum, der den Senatorenfrauen vorbehalten sein sollte. So liegt die Verfehlung in diesem Fall nicht darin, anstelle eines *convivium* eine *comissatio* veranstaltet zu haben, sondern in einer tatsächlichen Beschädigung des Raumes und der Institution *convivium*.[324]

Einen weiteren Aspekt der auf das Gastmahl bezogenen Vorwürfe Ciceros stellen die Auswirkungen der unangemessenen Gesellschaft während des *convivium* dar. So seien die Catilinarier nämlich später als Folge ihrer frevelhaften Vergnügungen beim Gastmahl durch Unzucht geschwächt gewesen (*debilitati stupris*). Abschließend fügt Cicero an die Aufzählung der diffamierenden Aspekte aus diesem Bereich noch den Effekt an, den das übermäßige Speisen beim Gastmahl auf die Catilinarier ausgeübt habe: Diese seien danach nämlich nicht nur durch Unzucht geschwächt, sondern

---

322 Cic. Catil. 2.10: *qui mihi accubantes in conviviis conplexi mulieres inpudicas vino languidi, conferti cibo, sertis redimiti, unguentis obliti, debilitati stupris eructant sermonibus suis caedem bonorum atque urbis incendia.* („[...] die bei Gastmählern herumliegend, in den Umarmungen schamloser Weiber, von Wein schläfrig, vollgestopft mit Speisen, mit Kränzen umwunden, von Salben triefend und durch Unzucht geschwächt, rülpsend von der Ermordung der Guten und der Einäscherung der Stadt reden?"). Die Erwähnung der Kränze, von denen die Catilinarier umwunden seien, sowie der Salben, von denen sie triefen, sind im Übrigen Argumente des unangemessenen, unrömischen Erscheinungsbildes und werden in Kapitel 5.4 analysiert. Für die Gesellschaft von scorta beim Gastmahl siehe auch Cic. Catil. 2.10.

323 vgl. Hartmann 2002a, 135–183. Für die Teilnahme von Frauen beim römischen Gastmahl mit Bezug auf Cic. Catil. 2.10 vgl. Roller 2006, 103 ff.

324 Dass sich die Grenzen zwischen der Teilnahme von Aristokratinnen beim *convivium* und Prostituierten bei der *comissation* in der späten Republik de facto bereits verwischt hatten, deutet nicht zuletzt Ciceros Begegnung mit Cytheris bei einem Gastmahl an, siehe dazu Cic. Fam. 9.22.2.

auch „vollgestopft von Speisen“ (*conferti cibo*).[325] Die gezielte Erwähnung des übermäßigen Weinkonsums sowie der ungehemmten Völlerei und Unzucht mit ‚schamlosen Weibern‘ markiert wiederum die mangelnde Maß- und Zurückhaltung der Catilinarier in kulinarischer wie sexueller Hinsicht im institutionellen Raum *convivium*.

Ebenso auf die Anhängerschaft und auf Catilina selbst bezieht sich Ciceros Frage, welcher Schlemmer (*quis ganeo*) sich nicht mit Catilina abgegeben habe.[326] Jede Person, die sich im übermäßigen Essen ergehe, habe sich an Catilina gewandt. Der Fokus liegt dabei nicht nur auf dem Fehler der „Schlemmer“, sich an Catilina gewandt zu haben, sondern richtet sich freilich an Catilina selbst. Denn dieser habe „Schlemmer“ geradezu angezogen und sich bevorzugt mit diesen umgeben.

Für Clodius beschränken sich Vorwürfe dieses Argumententypus, wie gesehen, auf Aspekte der *vinulentia* und des übermäßigen Speisens beim *convivium*, die oben bereits behandelt wurden.[327]

Im Falle von Gabinius bezieht sich der Aspekt des Fehlverhaltens beim Gastmahl ebenfalls auf seine abendlichen Gäste bzw. auf seine Anhänger. Hier ist es jedoch nicht das Fehlverhalten der Gäste, das Gabinius in den Augen von Cicero desavouiert, sondern es ist deren fremde Herkunft, auf die seine Diffamierung zielt.[328] Auf Gabinius' Speisesofas drängten sich nämlich, so Cicero, fünf Griechen oder mehr.[329] Es sei aber noch nicht genug, dass Gabinius sich beim Gastmahl mit Griechen umgebe, sondern er befolge darüber hinaus nicht einmal die gängigen Regeln der Platzverteilung beim *convivium*. Denn bei Gabinius' Gastmahl müsste ein Sofa von zu vielen Personen geteilt werden. Cicero fügt hier außerdem noch einen Seitenhieb im Hinblick auf die Dauer des *convivium* an, der bereits hinsichtlich der Catilinarier beobachtet wurde. Denn erst wenn Gabinius den Hahnenschrei höre, lasse er die Tafel abräumen, sein *convivium* dauere also bis zum nächsten Morgen.[330]

Über Gabinius Art, ein Gastmahl zu veranstalten, schimpft Cicero außerdem, weil aus seinem Haus Gesang und Zimbelspiel erklängen (*cantu et cymbalis personarent*). Beides stellt in Rom und insbesondere in dem von Cicero propagierten Wertekanon eine unangemessene Unterhaltung während des *convivium* dar, soll diese doch

---

325 Cic. Catil. 2.10.

326 Cic. Catil. 2.7: *quis ganeo (...) qui se cum Catilina non familiarissime vixisse fateatur?* („Welcher Schlemmer [...] würde nicht gestehen, mit Catilina vertrautesten Umgang gepflegt zu haben?“) (Übers. mod. A.T.).

327 Für einen Anklang von unangemessener Unterhaltung (beim *convivium*) siehe Kapitel 6.1.

328 Die fremde Herkunft wird von Invektivenforschern in der Regel als eigenständiger *topos* verstanden; vgl. Koster 1980. Wenn dieser auf die Gäste angewandt wird, ist dies freilich ein Argument der Diffamierung über Dritte.

329 Cic. Pis. 67: *Graeci stipati quini in lectis, saepe plures;* („Auf seinen Speisesofas drängen sich jeweils fünf Griechen, oft noch mehr“). Anmaßend ist er noch dazu, denn er selbst liegt, während die anderen sich drängen, alleine auf einem Sofa: *ipse solus.*

330 Cic. Pis. 67: *ubi galli cantum audivit, avum suum revixisse putat; mensam tolli iubet.* („Wenn er den Hahnenschrei hört, dann glaubt er, sein Großvater sei wieder lebendig geworden; er läßt die Tafel abräumen.“).

idealerweise ausschließlich aus angeregten Gesprächen bestehen.[331] Übertroffen wird diese Liederlichkeit nur noch durch Gabinius selbst, der vor seinen Gästen beim Gastmahl Nackttänze aufführe (*nudus in convivio saltaret*), ein Aspekt, der bereits aus dem Diffamierungsrepertoire der *Catilinarischen Reden* bekannt ist.[332] Gabinius wird von Cicero des Weiteren als Säufer (*gurges*) und Schlemmer (*helluo*) beschimpft, der es noch dazu unterlasse, für Ehre (*gloria*) und Lob (*laus*) zu leben, wie es einem Römer anstehe; vielmehr lebe er für den Bauch (*natus abdomini suo*).[333] Das Leben für den Genuss schlägt sich in den Diffamierungen gegen Gabinius nicht nur im übermäßigen Weinkonsum, sondern auch im Schlemmen beim Gastmahl nieder und bringt das *vinulentia*- und das *convivium*-Argument somit in direkten Zusammenhang: In beiden Ausgestaltungsweisen steht der übermäßige Konsum während dieser wichtigen gesellschaftlichen Institution des gemeinsamen Speisens im Mittelpunkt der Diffamierung.

Auch Piso lebe, so Cicero, nur für die Freuden des Bauches (*abdominis voluptates*)[334] und nehme am *convivium publicum* lediglich zu dem Zweck teil, dem eigenen Vergnügen zu frönen.[335] Beide Konsuln des Jahres 56 v.Chr., Gabinius und Piso, werden in der *Rede für Sestius* wegen ihres convivialen Verhaltens angegriffen, wenn Cicero die dramatische Schilderung, wie nach seiner Flucht aus Rom mit seinem Eigentum umgegangen worden sei, mit den Worten abschließt: *consules epulabantur.*[336] Die Unverhältnismäßigkeit der persönlichen Katastrophe, die Cicero in dieser Situation widerfährt, sowie das Verhalten der Konsuln, die von den Vorgängen scheinbar unberührt ihre kulinarischen Gelüste stillen, karikiert das Verantwortungsbewusstsein und die Amtsführung der obersten Magistrate. Cicero wirft auf diese Weise sowohl Piso als auch Gabinius vor, sich im Rahmen des Gastmahls unangemessen verhalten zu haben.

---

331 Zur angemessenen Unterhaltung beim *convivium* zählt Cicero geeignete Gespräche sowie mäßigen Konsum, siehe dazu Cic. off. 1.134 f. sowie Cic. Cato 13.45; vgl. z. B. Stein-Hölkeskamp 2010, 220 f. sowie Kapitel 5.3.3.

332 Cic. Pis. 22: *cum conlegae tui domus cantu et cymbalis personaret, cumque ipse nudus in convivio saltaret (...).* („Während das Haus deines Kollegen von Gesang und Zymbelspiel ertönte, während dieser selbst vor seinen Gästen Nackttänze aufführte [...].").

333 Cic. Pis. 41: *nam ille gurges atque helluo natus abdomini suo non laudi et gloriae,(...).* („Denn dieser Schlemmer und Prasser, der für den Bauch lebte, nicht für Ehre und Ruhm, [...].").

334 Cic. Pis. 66: *solet enim in disputationibus suis oculorum et aurium delectationi abdominis voluptates anteferre.* („Denn auch in seinen theoretischen Erörterungen pflegt er die Freuden des Bauches den Genüssen der Augen und Ohren vorzuziehen.").

335 Cic. Pis. 65: *convivium publicum non dignitatis causa inibit, (...) sed plane animi sui causa;* („An dem allgemeinen Festmahl wird er teilnehmen – nicht um der Ehre willen [...], sondern einfach, um dem Vergnügen zu frönen").

336 Cic. Sest. 54: *bona diripiebantur eaque ad consules deferebantur, domus ardebat in Palatio: consules epulabantur.* („man plünderte meine Habe und brachte sie den Konsuln; das Haus auf dem Palatin brannte; die Konsuln tafelten."). Zu der Demolierung der Häuser Ciceros vgl. Nippel 1988, 116 mit Angaben zu den einschlägigen Erwähnungen in Cic. dom. 62; 100; Cic. Pis. 26; Cic. p. red. in sen. 18; Vell. 2.14.3.

Eine explizite Verbindung zwischen den Vorwürfen *luxuria* und *vinulentia* bzw. dem Fehlverhalten beim *convivium* findet sich in Ciceros ironischem Lob, dass Pisos Haushalt wenig kostspielig sei. Sogleich benennt er die einzige große Ausnahme: Piso besitze nämlich doch etwas Kostspieliges, und das seien seine Ausschweifungen (*libidines sumptuosum*).[337] Obwohl Piso auf *exquisita* verzichte und Cicero seinen Gegner dafür vermeintlich lobt (*laudabo*), diffamiert er ihn aufs Schärfste. Denn ausgerechnet in seinen Ausschweifungen (*libidines*) sei Piso nämlich auf das ‚Exquisite' fixiert. Auf das Gastmahl wird schließlich durch Nennung von Tafelluxus Bezug genommen. So führt Cicero weiter aus, dass Piso zwar kein wertvolles Geschirr (*toreuma nullum*) besitze, dafür aber riesige Trinkbecher (*maximi calices*).[338] Diese übergroßen Trinkgefäße wiederum stehen sinnbildlich für einen übermäßigen Weinkonsum, sind ein bekannter *topos* des griechischen Kulturraums und rücken den Vorwurf deutlich in den Kontext der *vinulentia*. Dies gilt umso mehr, wenn man bedenkt, dass der eigentliche Inhalt des griechischen *symposion* das Trinken ist, wohingegen das gemeinsame Leben von Cicero zum zentralen Inhalt des römischen *convivium* erklärt wird.[339]

Auch in den Diffamierungen von Marcus Antonius bildet die deplatzierte Unterhaltung beim Gastmahl einen zentralen Aspekt. So zielt eine herausragende Passage der *dreizehnten Philippischen Rede* auf eine sonderbare Form der Unterhaltung während antonianischer *convivia*, die Cicero als anrüchig disqualifiziert. Der Fall betrifft L. Varius Cotyla,[340] den Antonius zum Spaß (*deliciarum causa*) beim Gastmahl von Staatssklaven habe auspeitschen lassen.[341] Mehrfache Widersprüche prägen diese von Cicero geschilderte Episode. Denn allein schon die Handlung und der situative Rahmen, dass nämlich Varius Cotyla von Staatssklaven bei einem *convivium* ausgepeitscht worden sei, gehen nicht sinnvoll zusammen. Die *servi publici* hätten ihrer ‚staatstragenden' Aufgabe zu einem angemessenen Zeitpunkt nachkommen müssen. Das

---

337 Cic. Pis. 67: *nihil apud hunc lautum, nihil elegans, nihil exquisitum – laudabo inimicum – quin ne magno opere quidem quicquam praeter libidines sumptuosum.* („Doch bei ihm: nichts, was Vornehmheit, was Geschmack, was Kennerschaft verriete, ja ich muß meinen Feind loben: er besitzt nichts Kostspieliges – abgesehen von seinen Ausschweifungen."). Für Ciceros Anspielung auf Pisos Epikureismus, die den gebildeten Adressaten der Rede nicht entgangen sein wird, vgl. Griffin 2001, 96.

338 Cic. Pis. 67: *toreuma nullum, maximi calices, et ei, ne contemnere suos videatur, Placentini;* („Kein Tafelgeschirr von Wert, doch riesige Becher, und zwar – man soll nicht meinen, daß er seine Landsleute verachte – aus Placentia;"). Dies ist als ein weiterer Seitenhieb in Richtung einer gräzisierten Lebensweise zu verstehen. Die griechische Herkunft der Becher (zu *kylix* vgl. Nachod 1931, 520–522 [in der Unterschrift „Naschod"]) verleiht diesem Vorwurf noch eine verschwenderische Färbung des exotischen Luxus.

339 Siehe dazu Cic. Cato 13.45 sowie Kapitel 5.3.2.

340 Lucius Varius Cotyla war vermutlich 43 v. Chr. Gesandter des Antonius in Rom und dessen Legat in der Gallia Transalpina, nachdem er die Aedilität bekleidet hatte, vgl. Bartels 2002, 1127 sowie Gundel 1955, 386 f.

341 Cic. Phil. 13.26: *(...) Cotyla Varius, quem Antonius deliciarum causa loris in convivio caedi iubebat a servis publicis, (...).* ([...] Cotyla Varius, den Antonius zum Spaß beim Zechgelage von Staatssklaven auspeitschen ließ [...]).

convivium bietet für diese Tätigkeit gewiss keinen angemessenen Rahmen. Als wäre nun diese Verbindung der *servi publici* mit dem *convivium* noch nicht genug, versieht Cicero die Passage noch mit dem Zusatz *deliciarum causa*. Dass dieser Vorfall von Antonius zum Spaß angeordnet werde, unterstreicht die Vermessenheit des Diffamierten. In diesem Beispiel, in dem das *convivium* nicht den Mittelpunkt des eigentlichen Vorwurfs darstellt, erfolgt die Verortung einer unerhörten Handlung in einen convivialen Kontext, was Antonius einer außergewöhnlichen Verwerflichkeit überführen soll. Schon Gundel geht in seinem Eintrag in der „Realencyclopädie der classischen Altertumswissenschaft" davon aus, dass die Überzeichnung dieser irritierenden Passage wohl der Feindschaft Ciceros gegenüber Antonius entsprungen sein muss.[342] Jedenfalls scheint Varius Cotyla (auch nach dieser Episode noch) ein treuer Gefolgsmann des Antonius gewesen zu sein, der seinen Beinamen Cotyla – als Abwandlung vom Trinkgefäß Kotyle[343] – vermutlich eben diesen Zechgelagen in Antonius' Umfeld zu verdanken hat, die Cicero in den Diffamierungen ausmalt. Es ist allerdings nicht mehr zu klären, ob dieser Namenszusatz zeitgenössisch genutzt wurde oder nur Ciceros Diffamierungen entspringt.

Ebenfalls in die Richtung einer unangemessenen Unterhaltung beim Gastmahl deutet die Benennung von Antonius' Anhängern als Tänzer (*saltatores*) und Zitherspieler (*citharistas*).[344] Diese habe Antonius in die dritte Richterdekurie eingereiht, sich *in publico* mit ihnen gezeigt und sie obendrein in politische Geschäfte involviert. Wie zeitlich früher verortete Diffamierungen – besonders gegen Gabinius – zeigen, bilden die Vorwürfe des Musizierens und Tanzens bzw. der Musiker- und Tänzerfreunde einen zentralen Aspekt des Vorwurfs von Fehlverhalten beim *convivium*, da es eher der Unterhaltung beim *symposion* entspricht als den Gesprächen, die während des römischen *convivium* idealiter geführt werden sollten.[345] Und schließlich enthält auch die bereits im Zusammenhang der *vinulentia* angeführte Passage, in der Antonius wegen seiner Zechgelage und Gastmähler ein Amtsgeschäft verpasst, den Vorwurf des übermäßigen Speisens (*epulis retentus*).[346] So wird der Zusammenhang

342 So Gundel 1955, 386.

343 Vgl. Leonard 1922, 1542–1546.

344 Cic. Phil. 5.15: *saltatores, citharistas, totum denique comissationis Antonianae chorum in tertiam decuriam iudicum scitote esse coniectum.* („Tänzer, Musikanten, überhaupt die ganze Bande seiner Saufkumpane hat Antonius in die dritte Richterkurie eingereiht."); vgl. Manuwald 2007b, 608: „dancing and playing the cithara were occupations not highly regarded in Roman society" mit Belegstellen.

345 Siehe beispielsweise Cic. Pis. 22 sowie Cic. Catil. 2.23.

346 Cic. Phil. 3.20: *vino atque epulis retentus, si illae epulae potius quam popinae nominandae sunt, diem edicti obire neglexit, in ante diem quartum Kalendas Decembres distulit.* („Vor lauter Zechgelagen und Gastereien – wenn man das noch als Gelage bezeichnen kann und nicht vielmehr von Saufereien reden müßte – hat er den Termin seiner Verfügung verpaßt und die Sitzung auf den 28. November verschoben."). Ähnlich ist auch die Passage zu bewerten, die Antonius' vorwirft, anstelle sinnvoller Amtsgeschäfte in seinen Lustgärten ein Geburtstagsdiner gegeben zu haben, wie in Cic. Phil. 2.15: *hodie*

zwischen den Vorwürfen von Fehlverhalten beim Gastmahl und der defizitären Ausübung magistratischer Ämter konkret hergestellt. Zwar steht im Zentrum dieses Vorwurfs gewiss die *vinulentia* (*si illae epulae potius quam popinae nominandae sunt*),[347] aber nichtsdestotrotz ist auch der Vorwurf, bei *epulae*, den aufwendigen Festmahlen, über Gebühr verweilt zu haben, bereits ein diffamierender Aspekt dieses Argumententypus.

5.3.2 Genuss und Verhalten beim Gastmahl in den Briefen

Das Gastmahl stellt eines der Argumente dar, die in den *Briefen an Atticus* sowohl als Vehikel des Eigenlobs als auch der Beschimpfung bzw. Diffamierung anderer beobachtet werden können. Zunächst sei der Blick auf eine paradigmatische Passage des Eigenlobs in den *Atticus-Briefen* gerichtet. Cicero postuliert hier, wie ihn jede Art von Zerstreuung und Vergnügung – auch kulinarischer Natur – kalt lasse.

> *ego hic pascor bibliotheca Fausti. fortasse tu putabas his rebus Puteolanis et Lucrinensibus. ne ista quidem desunt. sed mehercule ut a ceteris oblectationibus deseror et voluptatum propter rem publicam, sic litteris sustentor (...).*[348]
>
> „Ich weide mich hier an Faustus' Bücherschätzen. Du dachtest wahrscheinlich: an den bekannten Delikatessen von Puteoli und aus dem Lucrinersee. Auch daran fehlt's nicht. Aber wahrhaftig, wie alle sonstigen Zerstreuungen mich kalt lassen, alle Vergnügungen mich anekeln angesichts der politischen Lage, so halte ich mich an die Wissenschaften [...]."

Indem Cicero seinem Briefpartner eine Erwartungshaltung – *fortasse tu putabas* – unterstellt, die er sogleich widerlegen kann, gelingt es ihm, sich nicht nur selbst zu loben, sondern dieses Lob auch als besonders beachtenswert erscheinen zu lassen, da es eben nicht zu erwarten gewesen sei. Atticus hätte, so Cicero, erwarten können, dass er sich an den kulinarischen Köstlichkeiten der Region erfreue (*his rebus Puteolanis et Lucrinensibus*). Offensichtlich haben die kulinarischen Vergnügungen in den Augen der Römer einen typischen Vorzug der Region dargestellt. Die an der eigenen Person gepriesene Zurückhaltung wirkt vor diesem Hintergrund allgemeiner römischer Einschätzung und Praxis umso lobenwerter.[349] Denn freilich fehle es auch Cicero nicht an diesen Köstlichkeiten (*ne ista quidem desunt*), aber er bringe ihnen schlicht kein Interesse entgegen (*deseror*) und stelle noch dazu eine Ausnahme dar: So große Zurückhaltung wie er selbst scheine kaum jemand geübt zu haben. Diese *modestia* in

---

non descendit Antonius. cur? dat nataliciam in hortis. („‚Antonius erscheint heute nicht auf dem Forum.' Warum nicht? ‚Er gibt in seinen Lustgärten ein Geburtstagsdiner.'").

347 Cic. Phil. 3.20: „[...] wenn man das noch als Gelage bezeichnen kann und nicht vielmehr von Saufereien [*popinae*] reden müßte".

348 Cic. Att. 4.11.1.

349 Vgl. STEIN-HÖLKESKAMP 2001, 364.

kulinarischen Belangen versäumt Cicero auch nicht mit seiner Sorge um die *res publica* zu verknüpfen (*propter rem publicam [...] sustentor*).[350] Er selbst enthalte sich nicht nur der Köstlichkeiten, an denen sich ein Römer üblicherweise laben würde, sondern er praktiziere diesen Verzicht noch dazu aufgrund seiner Aufopferungsbereitschaft für die Republik. Cicero stellt sich damit in eine derart enge Verbindung mit der *res publica*, dass ihm deren Missstand geradezu den Appetit verderbe.

Diese vermeintliche Charakterqualität, die Cicero an sich selbst lobt und die dem Wohle der Republik diene, stellt eine genaue Umkehrung der vielfach beobachteten Argumente der Diffamierung dar, welche die politischen Gegner charakterlich desavouieren, um auf Grundlage dieser vermeintlichen Charakterschwäche zu belegen, dass diese der Republik schaden.

Freilich nutzt Cicero das Verhalten anderer beim Gastmahl in den *Atticus-Briefen* zur Diffamierung. Im Kontext eines Spottes über die Zuteilung von Gesandtschaften verkürzt er den Aspekt der mangelnden Mäßigung beim abendlichen Speisen zum Schimpfwort, wenn er Vatinius als ‚Fresssack' bezeichnet, für den scheinbar zu Unrecht eine ‚fette Gesandtschaft' reserviert worden wäre: *illa opima ad exigendas pecunias Druso, ut opinor, Pisaurensi, an epuloni Vatinio reservatur (...).*[351] Im Gegensatz zu „unserem Publius", dem „recht schmählich mitgespielt" werde, da man ihn „mit dem mageren Posten eines Briefträgers abspeist", werde dem Drusus oder dem Vatinius die Ehre der finanziell ertragreicheren Gesandtschaft zuteil.[352] Cicero macht sein Urteil über diese Zuteilung durch abschätzige Bemerkungen deutlich, mit denen er sowohl Drusus als auch Vatinius bedenkt. Besonders in Vatinius' Fall ist interessant, dass es bereits zu genügen scheint, ihn einen *epulo* zu nennen, um ihn als einer solchen Gesandtschaft unwürdig zu brandmarken. *Epulo* wird hier als beleidigendes Schimpfwort auf derselben Ebene wie die Beschimpfung, ein Pisaurer zu sein, verwendet.[353] Die beiden Schimpfwörter unterscheiden sich dabei deutlich in ihrer semantischen Nähe zum Kontext. Während es dem Pisaurer als einem geldgierigen und sittenlosen Menschen offenbar unmittelbar einleuchtet, sich um eine finanziell ertragreiche Gesandtschaft zu bemühen, da ihn die Geldgier (*avaritia*) dazu verleitet, ist das Interesse eines „Fresssacks" an einer finanziell ertragreichen Gesandtschaft nur mittelbar. Die Unmäßigkeit beim Essen und überhaupt die Reduzierung der Person auf ein übermäßiges Essverhalten deuten eine andere Dimension der Diskreditierung an. Es wäre möglich, dass der Vorwurf des unangemessenen Verhaltens beim Gastmahl schwerer wiegt als die bloße Geldgier. Indem für Vatinius die Bemerkung *epulo* der

---

350 Die Gefährdung der Republik nutzt Cicero in diesem Brief als Stilmittel, um seine eigene *modestia* zu preisen.

351 Cic. Att. 2.7.3: „Die fette, wo es sich darum handelt, Geld einzutreiben, wird ja wohl für Drusus, den Pisaurer, oder Vatinius, den Freßsack, reserviert [...]".

352 Mit der *opima legatio* ist wohl die ins reiche Alexandria gemeint.

353 Für Pisaurer ist hier noch immer Drumanns (1844, 183) Deutung aus dem 19. Jh. zweckdienlich, der zufolge ein Pisaurer ein „geldgieriger und sittenloser Mensch" sei.

naheliegenden Diskreditierung dient, wird dem übermäßigen Konsum beim Gastmahl hier eine größere Bedeutung beigemessen.

Eine andere Erwähnung Ciceros bringt Hirtius auf despektierliche Weise in Zusammenhang mit Gastmählern. Im April 46 berichtet Cicero Atticus von den Spielen in Praeneste.[354] Hirtius „und die ganze Bande" (*ibi Hirtius et isti omnes*) seien dabei gewesen, so Cicero. Er nennt diese Gruppe despektierlich „komische Leute" (*o miros homines*). Obwohl die Situation nicht weiter ausgeführt wird, fügt Cicero ihr noch einen Ausruf hinzu: *quae cenae, quae deliciae!* („Was für Gastereien, was für Lustbarkeiten!"). In dieser kurzen Passage bringt Cicero nichts als Geringschätzung für die Lustbarkeiten und Gastmähler auf, denen Hirtius beigewohnt habe, zumal eigentlich eine politische Entscheidung zu treffen gewesen sei (*res interea fortasse transacta est*). Auf der einen Seite verspottet Cicero Hirtius damit allein schon wegen der Teilnahme an üppigen Gastmählern und Lustbarkeiten. Doch damit nicht genug: Denn während Hirtius seine Zeit mit kulinarischen Vergnügungen verbracht habe, wäre eigentlich die Lösung politischer Belange von größerer Dringlichkeit gewesen. Auf der anderen Seite wird Hirtius auch hinsichtlich seines gesellschaftlichen Umgangs diskreditiert, wenn Cicero abschätzig von dessen ‚Bande' (*isti omnes*) und komischen Leuten (*miri homines*) spricht. So treten zum Argument der Teilnahme an ausschweifenden Gastmählern der Vorwurf der Vernachlässigung des politischen Geschäfts und das Argument eines schlechten gesellschaftlichen Umgangs.

Ebenso wie in den Reden ist auch in diesem kurzen Einblick in die Verwendung diffamierender Argumente in den Briefen zu erkennen, dass häufig verschiedene Argumente in Kombination zum Einsatz kommen. In dieser Hinsicht unterscheiden sich die ausführlicheren Diffamierungen in den Reden kaum von den verkürzten Diffamierungen in den Briefen, was im Übrigen, wie ansatzweise schon zu sehen war und noch näher gezeigt wird, nicht nur für das *convivium*-Argument und einen schlechten gesellschaftlichen Umgang zutrifft, sondern auch auf andere Argumententypen.

Neben der Diffamierung anhand des Fehlverhaltens beim Gastmahl tritt in den Briefen auch das Argument *vinulentia* in Erscheinung. In den März 43 datiert ein Brief Ciceros an Cornificius, seinen Kollegen im Augurat,[355] in dem Marcus Antonius durch scheinbar periphere Erwähnungen mittels des Arguments *vinulentia* diffamiert wird:

> *sic sum in Antonium invectus, ut ille non ferret omnemque suum vinulentum furorem in me unum effunderet meque tum elicere vellet ad caedis causam, tum temptaret insidiis; quem ego ructantem et nauseantem conieci in Caesaris Octaviani plagas;*[356]

> „Da bin ich auf Antonius losgefahren, daß er nicht mehr ein noch aus wußte und seine ganze trunkene Wut einzig über mich ausschüttete. Bald wollte er mich aus der Reserve herauslocken,

354 Cic. Att. 12.2.2 (*ludi interea Praeneste*).
355 Der Adressat des Briefes ist Quintus Cornificius, Redner, Attizist und Neoteriker, vgl. Kugelmeier 1997, 199.
356 Cic. Fam. 12.24.4.

um einen Anlaß zum Morde zu haben, bald suchte er mir eine Falle zu stellen. Aber ich habe den rülpsenden, kotzenden Kerl in Caesar Octavians Fangnetze getrieben."

Die Stelle nimmt Bezug auf die *erste Philippische Rede*, die Cicero am 2. September im Senat gehalten hatte. Auffallend ist hier, dass der Vorwurf der *vinulentia* in Verbindung mit dem *furor* namentlich ausgesprochen wird (*vinulentum furorem*). In der Redenanalyse wurde der Vorwurf, in dem Cicero die *vinulentia* explizit ausspricht, bereits in direktem Zusammenhang mit *furor* beobachtet,[357] dort allerdings in umgekehrter Zusammenstellung: Anstatt vom *vinulentus furor* wie im Cornificius-Brief war dort von einer *furiosa vinulentia* die Rede.[358] Nichtsdestotrotz wird der Vorwurf, der im Spätjahr 44 v. Chr. im Rahmen der *zweiten Philippischen Rede* angewandt wurde, nun im Frühjahr 43 v. Chr. in einem Brief erneut genutzt. Die Zusammenstellung der Vorwürfe *vinulentus* und *furor* ergibt eine besonders schwere Form der Geisteskrankheit,[359] die eigentlich unter eine Vormundschaft, die *cura furiosi*, gestellt werden müsste, da sie von einer Neigung zum übermäßigen Weinkonsum verstärkt wird. Antonius' *vinulentia* wird damit als so folgenschwer dargestellt, dass sie ihn in einen regelrecht krankhaften Geisteszustand versetze und gänzlich unzurechnungsfähig werden lasse. Über Antonius das Gerücht zu verbreiten, dass sein Hang zum Wein ihn habe geisteskrank werden lassen, könnte für Cicero insofern nützlich sein, da einem Geisteskranken das Antreten eines Erbes verboten war.[360] Dass es Cicero in den Jahren 44 und 43 v. Chr. ein Dorn im Auge war, dass Antonius informell das ‚Erbe Caesars' angetreten hatte – besonders in Bezug auf die Plünderung von dessen Staatsschätzen im Opstempel[361] – ist oben bereits diskutiert worden. Nachhaltiger Erfolg war diesem Nebenarm von Ciceros Hetzkampagne – anders als dem Vorwurf der Fremdbestimmtheit durch Frauen oder der *vinulentia* – allerdings nicht beschieden.

Darüber hinaus bietet die Passage noch eine zweite Reminiszenz an die diffamierenden Redepassagen gegen Antonius: Cicero stellt Antonius in diesem Brief als aufstoßend (*ructans*) und sich übergebend (*nauseans*) dar. In der *zweiten Philippischen Rede* hatte Cicero Antonius bereits als *magister equitum* beschimpft, der, obwohl für einen Magistraten dieser Stellung schon ein Rülpsen anstößig sei (*magister equitum, cui ructare turpe esset*), vor versammeltem Publikum Speisebröckchen über seinen Schoß verteilt habe (*is vomens frustis esculentis vinum redolentibus gremium suum et totum tribunal inplevit!*).[362] Die Darstellung des Antonius als aufstoßend und sich übergebend bedient eben diese Diktion und lehnt sich an das diffamierende Argument

---

357 Siehe dazu auch Cic. Phil. 2.68.

358 Cic. Phil. 2.101.

359 Zum *furor*, der schon nach dem Zwölftafelgesetz unter eine Vormundschaft (*cura furiosi*) zu stellen ist, vgl. Waser 1910, 380 f.

360 Vgl. Leonhard 1910, 380.

361 Siehe dazu Cic. Phil. 2.93 sowie Kapitel 5.2.1.

362 Cic. Phil. 2.63.

der Rede an. So entfaltet das bereits in der Rede gegen Antonius platzierte Argument nun auch auf dem Weg der brieflichen Kommunikation seine Wirkung.

Diese Passage, in der Antonius *vinulentia* vorgeworfen wird, stellt einen Höhepunkt der illustrativen charakterlichen Diffamierungen in den *Briefen an die Freunde* dar. Die Thematik des Verhaltens beim Gastmahl ist in dieser Briefsammlung damit aber noch lange nicht erschöpft. Im nächsten Schritt ist daher zu betrachten, wie Cicero sich selbst in der Diskussion um das Gastmahl und konkret um das Verhalten während des Banketts positioniert.

5.3.3 Ciceros Einstellung zum Gastmahl: Positionierungswechsel in den Briefen

Dass sich Cicero in Briefen an Paetus,[363] die in der Ausgabe von Kasten im zweiten Teil des neunten Buches der *Familiares* zusammengestellt sind, ausführlich über sein eigenes Verhalten und seine eigene Einstellung zum Gastmahl äußert, belegt zunächst einmal eine gewisse Aktualität der Thematik. In der althistorischen Forschungslandschaft haben diese Äußerungen Ciceros zu unterschiedlichen Überlegungen angeregt. Diesen scheint allerdings lediglich die Tatsache gemein zu sein, dass die Deutung dieser Passagen besonders im Kontext der theoretischen Schriften Ciceros über das richtige Verhalten beim Gastmahl sowie im Kontext der Diffamierungen anhand von Verfehlungen beim Gastmahl nicht unmittelbar einleuchtet.[364] In fünf Briefen diskutiert Cicero seine eigene Einstellung zum *convivium*, in einem weiteren Brief beschäftigt er sich mit Paetus' Verhalten im Hinblick auf die Ausrichtung solcher Tischgesellschaften.

Im frühesten dieser fünf Briefe scherzt Cicero über sein Lehrer-Schüler-Verhältnis zu Hirtius und Dolabella. Denn diese seien zwar seine Schüler im Deklamieren (*Hirtium ego et Dolabellam dicendi discipulos habeo*), im Gegenzug würden sie ihn aber lehren, zu dinieren (*coenandi magistros*).[365] Obwohl Cicero hier in der für ihn gewohnten Rolle des Redelehrers verbleibt, geht er dennoch – auf anderem Gebiet – selbst in die Lehre, und zwar auf dem Gebiet des Speisens. Während er im Hinblick auf seine Redefähigkeiten ausgelernt zu haben scheint und sein Wissen weitergeben kann, postuliert er für das gemeinsame Speisen ein Defizit, das er durch die Lehren

363 L. Papirius Paetus ist nur aus den zwölf Briefen Ciceros bekannt, politisch scheint er sich nicht betätigt und als reicher Epikureer in Neapel gelebt zu haben, vgl. Demmel 1962; Fündling 2000, 293.

364 Für eine Diskussion von Ciceros möglicherweise divergierenden Standpunkten zum Gastmahl vgl. besonders Stein-Hölkeskamp 2001 und 2010. Eine davon abweichende Deutung nimmt beispielsweise Meister *voraussichtlich 2018* vor.

365 Cic. Fam. 9.16.7: *Hirtium ego et Dolabellam dicendi discipulos habeo, coenandi magistros; puto enim te audisse, si forte ad vos omnia perferuntur, illos apud me declamitare, me apud illos cenitare.* („Hirtius und Dolabella sind meine Schüler in der Rhetorik, meine Lehrer im Essen! Wahrscheinlich hast du ja schon davon gehört – wenn anders man Euch alles wissen läßt –, daß jene bei mir deklamieren, ich bei ihnen diniere.").

von Hirtius und Dolabella auszugleichen sucht. Cicero spricht des Weiteren von seiner neuen Aufwendigkeit im Dinieren (*de mea nova lautitia*),[366] die das genaue Gegenteil zu Idealen wie *continentia*, Zurück- und Maßhaltung darstellt. Er warnt seinen Briefpartner Paetus sogar, dass er sich vor dieser geradezu werde fürchten müssen (*eam extimesces*). Dennoch macht er deutlich, dass er von Überfluss noch immer nichts halte (*nec tamen eas coenas quaero, ut magnae reliquiae fiant*) und erwehrt sich so eines potentiell denkbaren Vorwurfs der *luxuria*, den das zuvor geäußerte Bekenntnis nahelegt. Noch im selben Brief schränkt Cicero seine neue Einstellung weiter ein, indem er schnell versichert, dass beim gemeinsamen Speisen mit ihm doch eigentlich alles wie bisher bleiben könne, denn was er zuvor über seine Vorlieben beim Gastmahl geschrieben habe, sei doch nur ein Scherz gewesen (*lusimus*).[367] Direkt im nächsten überlieferten Brief wird aber wiederum eine kurze Bemerkung zur neuen Aufwendigkeit eingefügt. Nun schildert Cicero, dass er schon mehr Pfauen verdrückt habe als Paetus junge Tauben (*plures iam pavones confeci, quam tu pullos columbinos*).[368]

Schon im vorangegangenen Brief hatte Cicero zwar bekundet, gegenüber den kulinarischen Vorzügen des Gastmahls eine neue Haltung eingenommen zu haben. Nun betont er aber außerdem, dass seine neue Einstellung ungeahnte Ausmaße annehme. Denn jetzt sei er, so schreibt er an Paetus, nicht einmal mehr ein umgänglicher Gast, wie er es früher einmal gewesen sei.[369] Unter die – seinen Überzeugungen als skeptischer Eklektiker im Grunde nicht nahestehenden – Epikureer sei er gar gegangen (*in Epicuri nos adversarii nostri castra coniecimus*).[370] Wie zuvor seine neue Aufwendigkeit schränkt er auch diese Andeutung einer Entwicklung hin zum Epikurismus sogleich wieder ein, indem er nachschiebt, dass er diesen Weg „freilich

---

366 Cic. Fam. 9.16.8: *nec tamen eas coenas quaero, ut magnae reliquiae fiant; quod erit, magnificum sit et lautum. ante meum adventum fama ad te de mea nova lautitia veniet; eam extimesces. (...) neque est, quod in promulside spei ponas aliquid, quam totam sustuli;* („Doch frage ich nicht nach solchen Mahlzeiten, bei denen viel übrig bleibt; was es gibt, muß fein und appetitlich sein. [...] Bevor ich eintreffe, kommt die Kunde von meiner neuen Vornehmheit zu Dir; vor der wirst Du es mit der Angst kriegen! Auf das Vorgericht brauchst Du Deine Hoffnung nicht setzen; das habe ich mir ganz abgewöhnt"). Die Übersetzung von *lautitia* als ‚Vornehmheit' spiegelt anschaulich den Konflikt des Übersetzers mit der Person Ciceros und seinen Eigenstilisierungen auf der einen Seite und der hier nun eingeführten *lautitia* auf der anderen Seite wider, die, um dem Cicerobild gerecht zu werden, abgeschwächt als ‚Vornehmheit' anstelle von ‚Luxus' oder ‚Aufwand' übersetzt wird.

367 Cic. Fam. 9.16.9: *cetera more nostro: superiora illa lusimus.* („Alles andre wie gewöhnlich; was ich da geschrieben habe, ist nur Scherz."). Die einzigen Kosten, die entstünden, würden verursacht durch das Bad, das Cicero von Paetus erbittet: *ego tibi unum sumptum afferam. quod balneum calfacias oportebit.* („Nur in einem Punkte werde ich Dir Kosten verursachen: Das Bad wirst Du schon anheizen müssen!").

368 Cic. Fam. 9.17.3: „[...] ich habe schon mehr Pfauen verdrückt als Du junge Tauben".

369 Cic. Fam. 9.18.1: *illa mea, quae solebas antea laudare, „o hominem facilem! o hospitem non gravem!" abierunt.* („Jene Eigenschaft, die Du sonst an mir zu rühmen pflegtest – „Welch ein umgänglicher Mann!", „Welch ein unbeschwerter Gast!" – damit ist es aus").

370 Cic. Fam. 9.18.1: „[...] ich habe mich in das Lager meines Gegners Epikur gestürzt."

nicht bis zu der jetzt herrschenden Verschwendung" gehe.[371] Eine Beschreibung dessen, wie er sich inzwischen aber nicht mehr nur mit der Vorspeise abgebe, sondern sich regelrecht auf das Hauptgericht stürze,[372] bereitet den Höhepunkt seiner neuen convivialen Einstellung vor:

> *proinde te para: cum homine et edaci tibi res est et qui iam aliquid intelligat – ὀψιμαθεῖς autem homines scis quam insolentes sint –; dediscendae tibi sunt sportellae et artolagyni tui. nos iam ex arte ista tantum habemus, ut Verrium tuum et Camillum – qua munditia homines, qua elegantia! – vocare saepius audeamus.*[373]
>
> „Also mach' Dich auf etwas gefaßt! Du hast es mit einem Vielfraß zu tun, der sich nachgerade auskennt – Du weißt doch, wie schamlos die Spätlerner sind! –; Körbchen und Döschen mußt Du Dir abgewöhnen! Ich habe von dieser Kunst schon so viel weg, daß ich es wagen kann, Deinen Verrius und Camillus – wählerische, verwöhnte Leute! – ab und zu zu Tisch zu bitten."

In nach wie vor leicht komischem Ton treibt Cicero seine ‚neue Aufwendigkeit' hier auf die Spitze. Er nennt sich selbst einen *edacus* (Vielfraß) und witzelt über seine späte Orientierung in diese Richtung (ὀψιμαθεῖς), was ihn sogar zu einem besonders schamlosen (*insolens*) Vielfraß mache, denn die Spätlerner würden ja dazu neigen, mit ihrem Wissen und Können anzugeben. Cicero feiert sich als so bewanderten Feinschmecker und besonderen Kenner jener Tischkunst (*ista arte*), dass er selbst nicht mehr davor zurückschrecke, wählerische und verwöhnte Leute (die über *munditia* und *elegantia* verfügen) zu bewirten.

Schließlich beinhaltet ein weiterer Brief an Paetus eine Stellungnahme Ciceros, die ihn als Connaisseur darstellt. Diese Passage findet sich in einem Brief aus dem Herbst des Jahres 46 und damit später als die zuvor angeführten, die alle in den Sommer 46 v.Chr. datieren. Hier beschreibt er sein Zusammentreffen mit Balbus, einem Vertrauten Caesars, der von Paetus' Gastmahl schwärme.[374] Zum Auftakt hatte Cicero gerade noch Beschwerde darüber geführt, dass Paetus „das Frotzeln nicht lassen" könne und behaupte, „Balbus sei mit ganz ärmlicher Bewirtung zufrieden gewesen."[375] So ganz glauben kann Cicero dies nicht. So bekundet er dann auch seine Erwartung, ebenso verköstigt zu werden wie Balbus, falls dieser nicht durch die Unterhaltung (*verbis*) derart ins Schwärmen über Paetus' Gastmähler versetzt worden sei, sondern durch die Speisen. Cicero ermahnt Paetus, dieser solle nicht glauben, „be-

---

371 Cic. Fam. 9.18.1 (*nec tamen ad hanc insolentiam*).

372 Cic. Fam. 9.18.1: *habuisses enim non hospitem, sed contubernalem. at quem virum! non eum, quem tu es solitus promulside conficere: integram famem ad ovum affero, itaque usque ad assum vitulinum opera perducitur.* („Du hättest an mir nämlich nicht einen Gast, sondern einen Hausgenossen gehabt. Und was für einen Mann! Nicht den, den du gewöhnlich schon mit dem Vorgericht fertigmachtest; ich falle mit einem wahren Heißhunger über die Eier her, und so geht es weiter bis zum Kalbsbraten.").

373 Cic. Fam. 9.18.2.

374 Cic. Fam. 9.20.1: *at ille adiurans nusquam se umquam libentius.* („Und er: ‚Verdammt, ich habe mich nirgends je so wohl gefühlt!'").

375 Cic. Fam. 9.20.1: *tamen a malitia non discedis; tenuiculo apparatu significas Balbum fuisse contentum.*

redte Männer seien weniger wert als Stammler."[376] In diesem Brief positioniert sich Cicero sehr bewusst als auf beiden Gebieten bewandert, sowohl dem der anspruchsvollen Unterhaltung als auch dem des anspruchsvollen Speisens.[377] Diese Äußerungen Ciceros lassen auf seinen Wunsch schließen, ebenso verköstigt zu werden wie Balbus, auch wenn er das eigentlich angemessene Verhalten beim Gastmahl, nämlich die Konversation, besser beherrsche als dieser. Diese Stelle zeigt, dass sich Cicero darum bemüht, nicht minder reichlich bewirtet zu werden als andere, die über die gute Bewirtung beim Gastmahl gegenüber Dritten berichten, während er selbst ja stets zur Zurückhaltung beim Speisen mahnt und die gute Konversation preist. Die Bitte, ebenso exquisit behandelt zu werden wie Balbus, ist wohl auch dadurch motiviert, dass Ciceros Prestige und guter Ruf womöglich Schaden genommen hätte, wenn bekannt geworden wäre, dass er als Gast mit geringem Aufwand abgespeist werden könne. Der Aufwand, den ein Gastgeber für die jeweils eingeladene Person treibt, repräsentiert also seine Wertschätzung gegenüber diesem Gast. Cicero versucht hier, der Blamage entgegenzuwirken, als Mann bekannt zu werden, dem nur eine geringe Wertschätzung – ausgedrückt in einfacher Bewirtung – entgegengebracht wird.

Diese Passage gibt also darüber Auskunft, dass Cicero es sich nicht entgehen lassen will, dieselbe Wertschätzung zu erfahren wie ein Balbus, auch wenn dies bedeutet, dass er üppig und exquisit zu speisen hat. In dieser Passage liefert Cicero die eigentliche Motivation für seine Äußerungen über sein neues anspruchsvolles Verhalten beim Gastmahl, die in keiner Weise zu seinen Idealen zu passen scheinen. Cicero fürchtet nämlich offenbar, durch sein stets als ideal gepredigtes Verhalten beim Gastmahl übervorteilt zu werden. Dabei läuft er Gefahr, sich ein Feld der gesellschaftlichen Distinktion und Aufwertung entgehen zu lassen. Deutlich wird dies in seiner Befürchtung, einem Balbus könne ein größerer Aufwand zugesprochen werden als ihm selbst. Um dieser Geringschätzung zu entgehen, insistiert er auf seiner ‚neuen Aufwendigkeit'. In diesem Sinne sind auch alle weiteren, oben angeführten Äußerungen aus dem Sommer 46 zu verstehen, in denen sich Cicero als ungeahnt genusssüchtiger Vielfraß stilisiert. Warum er dies ausgerechnet an Paetus adressiert, ist kaum zu beantworten, da wir den Adressaten ausschließlich aus dieser Korrespondenz mit Cicero kennen. Aufschluss über ein verändertes Verhalten beim Gastmahl geben diese Passagen zunächst einmal nicht. Sie dokumentieren lediglich, wie Cicero versucht, sich ein Feld der gesellschaftlichen Distinktion zu erhalten, aus dem er sich

---

376 Cic. Fam. 9.20.2: *hoc si verbis assecutus es, aures ad te afferam non minus elegantes; sin autem opsonio, peto a te, ne pluris esse balbos quam disertos putes.* („Wenn Du das mit Deiner Unterhaltung fertiggekriegt hast, werde ich nicht weniger feine Ohren mitbringen; falls aber durch die Beköstigung, dann glaub' gefälligst nicht, beredte Männer seien weniger wert als Stammler!").

377 Für die anspruchsvolle Unterhaltung siehe besonders Ciceros Aussage, ebenso ‚anspruchsvolle Ohren' mitzubringen: *aures ad te afferam non minus elegantes* (Cic. Fam. 9.20.2) und ein beredter Mann zu sein: *disertos* (Cic. Fam. 9.20.2). Nicht zufällig ergibt sich aus diesem Hinweis auf den beredten Mann (*disertus*) und den Namen Balbus – *balbus* eigentlich: stammelnd – ein belustigendes Wortspiel.

offenbar zunehmend ausgeschlossen fühlt. Dabei ist er sich durchaus des Spagats bewusst, den er zwischen seinen frugalen Idealen und der Partizipation am Diskurs um Genuss und Luxus beim *convivium* vollführen muss. Denn ebendieses Bewusstsein veranlasst ihn, beinahe jede neu anmutende Äußerung sofort mit ausgleichenden oder gar aufhebenden Nachsätzen abzuschwächen. Aufschlussreich für die Deutung der Gastmahl-Episoden in den Briefen an Paetus sind schließlich auch die späteren Briefe, die in die Jahre 44 und 43 v.Chr. datieren und im Folgenden besprochen werden.

In Brief 22 bezieht sich Cicero wieder auf seinen altbekannten, das geistreiche Gespräch und die *continentia* im Essen preisenden Standpunkt. Den Ausgangspunkt der Darstellung liefert ein Zusammentreffen mit Cytheris, der aus Antonius' Umfeld bekannten Schauspielerin, während des *convivium.*[378] Cicero entrüstet sich sogleich über die Teilnahme an einem gemeinsamen Gastmahl, indem er Paetus eine Vorhaltung in den Mund legt. So erwartet er von Paetus zu hören: „Also bei solch einem Gelage findet man den berühmten Cicero!"[379] Cicero rechtfertigt sich geschwind, indem er beteuert, nicht gewusst zu haben, dass auch Cytheris anwesend sein würde (*non mercule suspicatus sum illam adfore!*).[380] Cicero war nämlich bei einem *convivium* geladen und nicht etwa bei einer *comissatio*, in deren ohnehin lasterhaftem Kontext mit der Anwesenheit einer Freigelassenen oder Prostituierten hätte gerechnet werden können. Die Passage macht deutlich, dass dies zwar Ciceros Idealvorstellung entspricht; aber dass die Lebensrealität andere Züge angenommen hat, zeigt seine ‚unglückliche' Lage.[381] Denn Cicero ist entsetzt darüber, dass die Freigelassene nun im Raum des *convivium* erscheint, der eigentlich römischen Aristokratenfrauen vorbehalten war. Das Zusammentreffen und Ciceros Entrüstung darüber evoziert noch im gleichen Brief eine Positionierung Ciceros zugunsten der ‚alten' Werte. Denn ein Gastmahl, an dem auch die Freigelassene und Schauspielerin Cytheris teilnimmt, würde Cicero selbst, hätte ein anderer daran teilgenommen, zu heftigen Beschimpfungen anregen.[382] Ein Gastmahl zu besuchen, an dem auch Cytheris teilnimmt,[383]

---

378 Cic. Fam. 9.22.2: *Audi reliqua: infra Eutrapelum Cytheris accubuit.* („Höre weiter! Links von Eutrapelus sitzt Cytheris."). Volumnius Eutrapelus hat Cytheris freigelassen, sodass sie offiziell Volumnia hieß, vgl. Blume 1999, 1023.

379 Cic. Fam. 9.22.2: *‚in eo igitur,' inquis, ‚convivio Cicero ille, (...).*

380 Cic. Fam. 9.22.2: „Ich ahnte weiß Gott nicht, daß sie dabei sein würde."

381 Eine andere Sequenz, in der Cytheris in den Raum und die Rolle freigeborener Aristokratinnen eindringt wie hier beim *convivium*, stellt Ciceros Diffamierung von Marcus Antonius dar, der sich von Cytheris während eines Zuges als Amtsträger in einer Sänfte begleiten lässt. Die Rolle, die sich Cytheris hier anmaßt, wird durch die Zuschreibung an Antonius' Mutter deutlich, denn diese müsse sich mit Cytheris abgeben, als wäre sie ihre Schwiegertochter (*tamquam nurum*), Cic. Phil. 2.58.

382 Für den Vorwurf der unangemessenen Gesellschaft beim Gastmahl siehe beispielsweise Cic. Catil. 2.10; Cic. Pis. 22.

383 Gerade Cytheris dient ihm in den *Philippischen Reden* mehrfach als Anhaltspunkt harscher Kritik an sexuellen Verfehlungen des Antonius, siehe dazu Cic. Phil. 2.77; 2.58. Auch die unangemessene Gesellschaft beim Gastmahl ist ein gängiger diffamierender Vorwurf in den Reden Ciceros. Man denke

versetzt Cicero in eine nach seinen eigenen Maßstäben kritisierbare Situation. Die Stelle belegt, wie schnell eine solche Situation eintreten konnte und welche allgemeine Wichtigkeit dem Umgang mit Personen wie Cytheris beigemessen wurde, da Cicero nach eigener Aussage im Vorfeld des Gastmahls keine Kunde über eine außergewöhnliche Gesellschaft erhalten hatte. Offenbar hat Cicero das Gastmahl aber auch nicht früher verlassen, denn dies wäre freilich die beste Rechtfertigungsgrundlage für sein Verhalten gewesen und gewiss nicht unerwähnt geblieben.

Da Cicero in diesem Brief eine Rechtfertigung anstrebt und sich auf seine ‚alten Werte' besinnt, widerspricht er freilich seinen Bekundungen der ‚neuen Aufwendigkeit' aus dem Jahre 46 v. Chr. Nach dem Schreckensszenario, mit Cytheris an einem Tisch gesessen zu haben, entwirft er in demselben Brief einen Appell an das rechte Verhalten beim Gastmahl.

> *me vero nihil istorum ne iuvenem quidem movit umquam, ne nunc senem: convivio delector; ibi loquor, quod in solum, ut dicitur, et gemitum in risus maximos transfero.*[384]
>
> „Nun, mich haben nicht einmal in jüngeren Jahren diese Dinge berührt, geschweige denn jetzt im Alter. Am Gelage an sich habe ich Freude; da rede ich, wie man so sagt, was einem gerade vor die Füße kommt, und lasse meine Seufzer in lautes Gelächter ausklingen."

Hinter ‚diesen Dingen' (*istorum*) verbirgt sich jener Komplex an potentiellen Vorwürfen, die Cicero in den Reden vielfach anwendet. Dabei spricht er die Befürchtung aus, dass er nun durch das Zusammentreffen mit Cytheris einen Anlass geschaffen habe, gerade diese potentiellen Vorwürfe gegen ihn anzuwenden. Nicht einmal in jüngeren Jahren – einem Lebensalter, das Cicero hier wohl implizit als ‚wilder' konnotiert – hätten ihn diese Dinge interessiert. Nun, im Alter (*nunc senem*), berühren sie ihn, so Ciceros Beteuerung, noch weniger. Man kann wohl kaum davon sprechen, dass sich Cicero zu jenem Zeitpunkt, als er in den Briefen an Paetus mit seiner ‚neuen Aufwendigkeit' prahlte, ernsthaft als ‚jünger' (*iuvenem*) bezeichnet hätte, da ‚diese Zeiten' doch erst zwei Jahre zurückliegen. Davon abgesehen postuliert Cicero ja nun, dass ihn conviviale Vergnügungen auch damals nicht interessiert hätten. Inzwischen interessiert er sich also nicht mehr für kulinarische Genüsse (*magnificum et lautum*;[385] *pavones*;[386] *famem ad ovum*;[387] *Epicuri castra*[388]), sondern erquickt sich ausschließlich an angenehmen Gesprächen während des *convivium*. So schließt Cicero dann auch mit der Aussicht, dass mit ihm nicht ein Gast zu empfangen wäre, der viel esse, sondern

---

nur an die Vorwürfe, sich mit Zechkumpanen zu umgeben, siehe dazu Cic. Phil. 2.42 (*compotores*); 3.35 (*ebrii*); Cic. Pis. 22 (*sordidissimis gregibus intemperantissimas perpotationes*); Cic. prov. 14 (*suis Graecis [...] quibuscum iam in exostra helluatur*); Cic. Catil. 2.10 (*ebriosi*).

384 Cic. Fam. 9.22.2.

385 Cic. Fam. 9.16.8 („fein und appetitlich").

386 Cic. Fam. 9.17.3 („Pfauen").

387 Cic. Fam. 9.18.1 („mit Heißhunger über die Eier").

388 Cic. Fam. 9.18.1 („in das Lager Epikurs").

einer, der zu scherzen wisse.[389] Hierin bekundet sich der schiere Gegensatz zu Ciceros Äußerungen aus dem Jahre 46 v. Chr. Denn zu diesem früheren Zeitpunkt hatte er ja an Paetus geschrieben, dass ihm seine neue Aufwendigkeit geradezu Angst einjagen werde[390] und sich Paetus angesichts seines neuen Essverhaltens auf etwas gefasst machen solle.[391]

Zuletzt schließt an die Cytheris-Episode ein Brief an, in dem Cicero Paetus davor warnt, zu verlernen, kleine Diners (*cenula*) zu geben.[392] In diesem Brief postuliert Cicero nun sein Ideal des römischen Gastmahls in Abgrenzung zum griechischen. Der wesentliche Zweck des Gastmahls solle nämlich die Gemeinsamkeit des Lebens, die Gleichgestimmtheit und die Entspannung sein, wie sie sich besonders beim Gespräch im Freundeskreis einstelle.[393] Dabei unterscheidet er scharf zwischen den griechischen und den römischen Speisegewohnheiten und leitet deren Unterschiede etymologisch her:

> *[sermone familiari], qui est in conviviis dulcissimus, ut sapientius nostri quam Graeci: illi συμπόσια aut σύνδειπνα, id est compotationes aut concenationes, nos ‚convivia', quod tum maxime simul vivitur. vides, ut te philosophando revocare coner ad cenas.*[394]

> „[beim Gespräch im Freundeskreis], das gerade beim Convivum so lieblich dahinplätschert, wie wir, weiser als die Griechen, die Sache nennen; sie sagen *συμπόσιον* oder *σύνδειπνον*, das heißt, „gemeinsam Trinken" oder „gemeinsam Essen", wir „convivium" (gemeinsam Leben), weil man dabei vor allem gemeinsam lebt. Du siehst, wie ich Dich durch Philosophieren wieder für Diners zu interessieren suche."

Cicero postuliert in dieser Briefpassage ein Verständnis vom idealen römischen Gastmahl nach der Prämisse *nomen est* – oder *sit* – *omen*. Auch in dieser Passage zeigt Cicero wieder den in seinen Augen virulenten Unterschied zwischen griechischen und römischen Gastmahl-Gewohnheiten auf: Im Gegensatz zu den Römern, die zum Gastmahl zusammenkommen, um gemeinsam zu ‚leben', also *convivere* beim *convivium*, frönen die Griechen schon dem Namen nach gemeinsamem Trinken (συμπίνειν). Dadurch steht das kulinarische Wohl im griechischen Verständnis im Mittelpunkt, während Cicero das Zusammensein und besonders das angenehme Ge-

---

389 Cic. Fam. 9.22.3: *non multi cibi hospitem accipies, multi ioci.* („Du empfängst einen Gast, der nicht viel ißt, aber munter zu scherzen weiß.").

390 Cic. Fam. 9.16.8: *eam [*sc. *mea nova lautitia] extimesces.* („davor [*sc.* vor der neuen Vornehmheit] wirst du es mit der Angst zu tun kriegen.").

391 Cic. Fam. 9.18.2: *proinde te para.* („[a]lso mach dich auf etwas gefaßt!").

392 Cic. Fam. 9.26.2: *deinde etiam vereor – licet enim verum dicere –, ne nescio quid illud, quod solebas, dediscas et obliviscare, cenulas facere.* („Überdies befürchte ich – ich darf ja offen reden –, Du könntest Deine alte Gewohnheit verlernen und vergessen, kleinere Diners zu geben.").

393 Cic. Fam. 9.26.3: *nec id ad voluptatem refero, sed ad communitatem vitae atque victus emissionemque animorum, quae maxime sermone efficitur familiari (...).* („Und damit meine ich nicht das Vergnügen, sondern die Gemeinsamkeit des Lebens, die Gleichgestimmtheit, die Entspannung, wie sie sich besonders beim Gespräch im Freundeskreis einstellt [...].").

394 Cic. Fam. 9.26.3.

spräch als Mittelpunkt des römischen Gastmahls verstanden wissen möchte. Der Brief wird in den Januar und Februar des Jahres 43 v. Chr. datiert und fällt so zeitlich mit Ciceros Agitation gegen Marcus Antonius zusammen. Besonders vor diesem politischen Hintergrund ist die Rückbesinnung Ciceros auf die alten Verhaltensnormen beim Gastmahl zu verstehen und zu deuten.

So lassen sich aus den dargestellten Briefpassagen zum Gastmahl einige Erkenntnisse über Ciceros Positionierungen in der Gesellschaft bzw. seine Reaktionen auf politische Situationen gewinnen. Denn sein Umgang mit dem Verhalten beim abendlichen Essen ist maßgeblich dadurch bestimmt, dass er den Aspekt ‚Fehlverhalten beim Gastmahl' virtuos zu einem wirkmächtigen Argument der Diffamierung entwickelt hat.[395] Spott anhand des richtigen oder falschen Konsums ist gewiss nicht neu. Ciceros Ausgestaltung des Arguments weist aber durchaus Weiterentwicklungen der bereits bekannten Konsumkritik auf. Es ist zu beobachten, wie Cicero in den Briefen an Paetus versucht, sich in die Diskussion um die Kennerschaft in Sachen Gastmahl einzuschreiben. Dieser Versuch Ciceros belegt die hohe soziale und integrative Bedeutung des *convivium*, und zwar in ebenjener Form, die Cicero zu Diffamierungen nutzt und die dem ciceronischen Ideal widerspricht. Obwohl Cicero das Gastmahl schon in den Reden gegen Verres (also bereits im Jahre 70 v. Chr.) zur Diffamierung nutzt,[396] sieht er sich erst in der ersten Hälfte der 40er-Jahre v. Chr. veranlasst, darüber zu sprechen, wie gut er sich selbst mit dem Genuss beim Gastmahl auskennt, und damit seine Exklusivität und Kennerschaft unter Beweis zu stellen. Doch sobald die politische Lage kippt und Cicero dazu zurückkehren muss, in seinen Reden die Kritik am Fehlverhalten beim Gastmahl zu invektivischen Zwecken zu nutzen, beeilt er sich – gegenüber demselben Adressaten – sich klar zugunsten des idealen, enthaltsamen und von Gesprächen geprägten Zusammenkommens zu positionieren. Eine Gleichzeitigkeit von Diffamierungen anhand des Gastmahls auf der einen Seite und der Eigenstilisierung zum Connaisseur auf der anderen Seite verbietet sich offensichtlich von selbst. Die politischen Ereignisse scheinen es notwendig gemacht zu haben, alle Register der Diffamierung gegen Antonius zu ziehen. Die eigene Einschreibung in einen dekadenten *convivium*-Diskurs der letzten Jahre kommt da wenig gelegen. So revidiert Cicero jene ‚neue Aufwendigkeit' und klärt die Fronten zwischen seiner eigenen idealen Lebensweise in Bezug auf das Gastmahl und der Lebensweise jener, die er diffamierend verurteilt.

Wie häufig in der spätrepublikanischen Zeit Verhaltensweisen aufgetreten sind, die nach Ciceros Maßstäben für ein ideales *convivium* und eine moderate Einstellung zu Speise- und Weingenuss als deviant gelten können, zeigen die Diffamierungen anhand dieser Argumente. Wie bereits gezeigt hat Cicero zeitweise versucht, selbst am Geltungskonsum um das Gastmahl teilzunehmen, obwohl es seinen eigenen Zeug-

---

395 Für das invektivische Argument des ‚Verhaltens beim Gastmahl' in Ciceros Reden siehe Kapitel 5.3.1.

396 Siehe Cic. Verr. 2.1.66; 2.3.23; 2.3.63; 2.3.158; 2.3.160; 2.5.26; 2.5.86; 2.5.94.

nissen über die Tugendhaftigkeit im Sinne des *mos maiorum* widersprach. Dies ist ein Anschauungsbeispiel für die hohe Bedeutung der Partizipation am gesellschaftlichen Distinktionsmechanismus ‚richtige Teilhabe am Gastmahl'. Ciceros Briefpassage zu seiner eigenen neuen Aufwendigkeit im gemeinsamen Essen legt nahe, dass das ‚Dabeisein' alleine möglicherweise nicht ausgereicht hat, um Zugang zum *inner circle* der Statusgruppe zu erlangen. Vielmehr bildete das uneingeschränkte ‚Mitmachen' den Gradmesser für die Reputation in dieser gesellschaftlichen Institution. Cicero hatte stets seinen Freund Atticus um Informationen aus den allabendlichen Runden gebeten, an denen dieser offenbar mit großem Erfolg – soviel wir wissen eher epikureischen Idealen folgend – teilgenommen hat. Dies spricht ebenfalls für die Vermutung, dass Ciceros üblicherweise gepredigte Zurückhaltung und althergebrachte Strenge und Mäßigung beim Gastmahl nicht zum guten Ton gehört haben.

Nichtsdestotrotz wird Cicero nicht müde, Argumente des Fehlverhaltens beim *convivium* und des übermäßigen Speise- und Weinkonsums gegen seine Gegner ins Feld zu führen. Am Ablauf des *convivium* kritisiert er übermäßigen Konsum von Speisen und Wein. Des Weiteren beanstandet er unangemessene Vergnügungen während des Gastmahls wie die Darbietungen von (Nackt-)Tänzern und Musikanten sowie die Anwesenheit von Prostituierten. Er kritisiert im Rahmen des Gastmahls und auch jenseits davon den übermäßigen Konsum von Wein, insbesondere in Kneipen, im Verborgenen und zur falschen Tageszeit (beispielsweise morgens). Ebenso prangert er die Missachtung senatorischer Obliegenheiten an, wenn Besuche abgestattet oder empfangen werden, um miteinander Wein zu trinken. Sowohl für das Gastmahl als auch für den Weinkonsum kritisiert Cicero eine übermäßig lange Dauer sowie auch deren Folgen (Ermattung, Erbrechen am darauffolgenden Tag in der ‚Öffentlichkeit').

Die Vorwürfe aus diesem Kontext sollen den Diffamierten als unzulänglichen Magistraten brüskieren, der aufgrund seiner Vergnügungssucht, etwa durch maßlosen Weingenuss und ausschweifende Gastmähler, oder durch deren Folgen nicht mehr in der Lage ist, seinen Pflichten, seinem *negotium*, nachzukommen und sein Amt angemessen auszuführen. Die Folgen des Weinkonsums gehen teilweise so weit, dass sie den Gegner unzivilisiert erscheinen lassen.

In den Briefen werden dieselben Narrative zur Diffamierung genutzt, wobei auffällt, dass sie häufig durch Nennung von Stichwörtern evoziert werden und Cicero auf die in den Reden übliche bunte Ausführlichkeit der Darstellungen verzichtet. Auch am Beispiel dieses Argumententypus ist zu erkennen, dass Cicero auf die aus den Reden bekannten einschlägigen Darstellungen zur Devianz beim Gastmahl oder hinsichtlich des Weinkonsums zurückgreift. Er setzt diese also als bekannt voraus, um durch kurze Anspielungen in den Briefen diesen Diffamierungen aus den Reden Nachhaltigkeit zu verschaffen.

5.4 Devianz hinsichtlich Kleidung und Erscheinungsbild

Ein weiterer Argumententypus, der zur charakterlichen Diffamierung der Gegner dient, bezieht sich auf die körperliche Erscheinung und auf unangemessene Kleidung.[397] Beide Aspekte wurden schon von Süß in seiner Katalogisierung von invektivischen *topoi* angeführt. Zuletzt wurden sie von Starbatty unter dem Stichwort „Physiognomiktopos" zusammengefasst.[398] Nicht nur der Körper selbst, sondern auch die Kleidung dient als Spiegel für Tugenden und gesellschaftliche Zugehörigkeiten.[399] Eine Diffamierung, die an Körper oder Kleidung – also am Erscheinungsbild – ansetzt, hat den Zweck, dem Gegner diejenigen Charakterqualitäten zu- bzw. abzusprechen, die traditionell mit bestimmten körperlichen Eigenschaften oder Kleidungsstücken verbunden werden. Zu solchen diffamierenden Argumenten gehören für Senatsaristokraten das Verwenden von Schönheitsprodukten (Parfüm, Öle), das Tragen von Kränzen oder Bärten bzw. das aufwendige Frisieren der Haare oder das Schminken des Gesichts. Darüber hinaus zählen unbekleidetes Auftreten und eine unziemliche Körpergestalt zu diesem Kreis von Vorwürfen.

Auch der Vorwurf, unangemessene Kleidung getragen zu haben, betrifft das Erscheinungsbild. Dabei wird Kritik an einer grundsätzlich unrömischen Kleidungswahl geäußert. So wird z. B. moniert, ein unangebrachtes Gewand, Sandalen oder Frauenkleidung getragen zu haben.[400] Da Diffamierungen anhand des Erscheinungsbildes

---

397 Für die herausragende Bedeutung, die der Kleidung (79–82) und dem Körper (73–78) in Rom im Allgemeinen beigemessen wurde, vgl. SCHOLZ 2011. KOLB (1977, 244) spricht von einer Verwertung „nichtstandesgemäßer Kleidung" für die „öffentliche Diskriminierung" der Gegner von Politikern. In seinem Lexikoneintrag zum Stichwort *effeminatus* zählt HERTERS (1959, 620–650) insbesondere Kriterien wie Kleidung, Haar- oder Körperpflege als Indizien auf.

398 Vgl. dazu SÜSS 1975, 253. Siehe des Weiteren NISBET 1961, 194 („Physical appearance was another stand-by"), mit Verweis auf Cic. de orat. 2.266: *Valde autem ridentur etiam imagines, quae fere in deformitatem aut in aliquod vitium corporis ducuntur cum similitudine turpioris.* („Sehr lacht man auch über bildhafte Vergleiche, die man gewöhnlich für eine Missgestalt oder irgendein körperliches Gebrechen hernimmt, indem man die Hässlichkeit mit einem noch etwas Hässlicheren herausstellt."). In der Regel wird jedoch ein sehr weites Verständnis davon zur Kategorisierung des entsprechenden *topos* genutzt; so auch durch STARBATTY 2010, 49 ff., die vier *topoi* erkennt: die Barbarentopik, die *effeminatio*, die Nacktheit und die Verkleidung (ebd., 17 sowie 148–213); siehe auch 56: „Das Aussehen zum Thema zu machen, war ein wirkungsvolles Instrument im Zusammenhang mit der Lenkung beziehungsweise Kontrolle des Publikums." Zur antiken Physiognomik zwischen Handbuchwissen und Anwendung siehe auch MEISTER 2009, 73 ff. mit Verweis auf die Einstellung der römischen Autoren wie Cicero und Plinius dem Älteren gegenüber den griechischen Physiognomikern, von denen sie „nicht viel hielten" (MEISTER 2009, 74).

399 Vgl. WYKE 1994, 135; zur Körpergeschichte in der Antike, die hier hinter dem Aspekt der Kleidung und dem Benutzen von Pflegeprodukten zurücktritt, vgl. THOMMEN 2007, 91–106. Zur Beurteilung anhand der körperlichen Erscheinung vgl. BARTON 2002, 216–235, insbesondere 220 f., im Hinblick auf Bewegungen vgl. CORBEILL 2002b, 182–215; CORBEILL 2004, 111 ff.; 117 ff.; BERRY 1989, 609; für die späte Republik und frühe Kaiserzeit vgl. MEISTER 2009.

400 Zu dem topischen Vorwurf der zu langen Gewänder, der auch gegen Cicero vorgebracht wird, vgl. NISBET 1961, 194 mit Verweis auf Cass. Dio 46.18.2. Für die Invektive gegen Cicero vgl. SEEL 1961.

häufig in Kombination mit Diffamierungen aufgrund unangemessener Kleidung auftreten, werden sie im Folgenden nebeneinander Berücksichtigung finden.

Da das Argument in den Briefen keinen nennenswerten Niederschlag gefunden hat,[401] wird im Folgenden eine ausschließliche Betrachtung der Reden vorgenommen. Es ist dabei anzunehmen, dass das Medium Brief für die Verbreitung rufschädigender Narrative weniger zur Belustigung beitragen sollte als die Reden. Da die Diffamierung anhand devianter Äußerlichkeit besonders komische Züge trägt, wird es wohl in den Briefen nicht als zentrales Mittel der Rufschädigung genutzt worden sein.

In Bezug auf die Catilinarier thematisiert der zentrale Vorwurf dieser Kategorie, der in der *zweiten Catilinarischen Rede* platziert ist, eine für römische Männer unangemessene Haarmode sowie weibliche Kleidung:

> *quos pexo capillo nitidos aut inberbis aut bene barbatos videtis, manicatis et talaribus tunicis velis amictos, non togis;*[402]
>
> „Ihr seht sie mit glänzendem Haar, schmucke Burschen, teils bartlos, teils mit stattlichem Barte; ihre Tunica hat Ärmel und reicht bis an die Knöchel hinab; sie drapierten sich mit Stoff statt eine Toga zu tragen;"

An der Kleiderwahl der Catilinarier wird ausgesetzt, dass sie entgegen gängiger Praxis eine für Frauen übliche Form der *tunicae* tragen.[403] Die Männertunica reichte bis zum Knie und war ärmellos. Die hier beschriebene Frauentunica, die bis zum Boden reicht und über lange Ärmel verfügt, ist somit nicht die angemessene Kleidung für Männer in Catilinas Umfeld.[404] Auch dass sie keine Toga (*non togis*) tragen, wie es für römische Senatoren angemessen wäre, wird explizit hinzugefügt.[405] Die Toga ist jedoch als Sinnbild für den Willen zu verstehen, sich für die Belange des römischen Volkes

---

401 Für eine Form der Diffamierung anhand des Erscheinungsbildes in den Briefen ist das Epitheton βοῶπις zu nennen, das Cicero in den *Atticus-Briefen* regelmäßig Clodia zuschreibt. Siehe für diese Bezeichnung Kapitel 5.1.2.

402 Cic. Catil. 2.22f. Derselbe Vorwurf wird auch Verres zuteil: Cic. Verr. 5.86.

403 Vgl. Hurschmann 2002, 920: Die Männertunica war in der späten Republik ärmellos und knielang, die Frauentunica war bodenlang und hatte lange Ärmel. Der Spott über effeminierte Kleidung hat eine lange römische Tradition, die bereits bei Plautus (Men. 513–515) zu fassen ist, vgl. Corbeill 1997, 118.

404 Für die unziemliche Form der in diesem Vorwurf angesprochenen Tuniken (bodenlang und langärmlig) vgl. erneut Hurschmann 2002, 920, der als zweite Belegstelle neben dieser *zweiten Catilinarischen Rede* Gell. 6.12 nennt. Vgl. dazu auch Fuhrmann 1993, 719.

405 Für die Bedeutungsschwere, die dem Tragen der Toga beigemessen wird, vgl. auch das etwas spätere, berühmte Dictum Vergils (Aen. 1.282), der das römische Volk als *gens togata* bezeichnet und diese Bezeichnung zugleich mit der Herrschaft Roms über die Welt verbindet (*Romanos, rerum dominos gentemque togatam*). Vgl. auch Merrill 1975, 85. Für die Bedeutung von Kleidung als Ausdrucksform römischer Ideale seit dem 1. Jh. v.Chr., insbesondere auch der Toga, vgl. von Rummel 2007, 83–86; ferner Bonfante Warren 1973, 586f. Siehe für die Toga auch Gell. 6.12: *Viri autem Romani primo quidem sine tunicis toga sola amicti fuerunt.*

einzusetzen.[406] Die Entscheidung, sich nicht mit ihr zu kleiden, gibt – so der Tenor der Diffamierung – Anlass, die Einsatzbereitschaft für die *res publica* in Zweifel zu ziehen. Zur charakterlichen Diffamierung dienen derartige Argumente vor dem Hintergrund einer antiken „Kleid-Charakter-Relation".[407] Wie bereits bei Aristoteles die Auffassung vertreten wird, dass Seele und Körper miteinander in Verbindung stehen,[408] werden auch in der römischen Antike Merkmale der Kleidung mit Charakterzügen in Beziehung gesetzt.[409] Kleidung, die traditionell von Frauen getragen wird, soll in den Diffamierungen zeigen, dass sich die beschuldigten Senatsaristokraten in eine Rolle begeben, die ihrem sozialen Status nicht entspricht und sie damit in einen anderen sozialen Status versetzt: hier den einer Frau. Da sie durch diese Kleiderwahl zugleich das Zeichen des Senatorenstandes verleugnen, zielt die Diffamierung darauf ab, die sich daraus ergebende Konsequenz nahezulegen, nämlich dass solche Aristokraten auch die Privilegien und Ansprüche des Senatorenstandes verlieren sollten.

Das glänzende Haar, das den Catilinariern in dieser Sequenz beschieden wird, verweist auf ihre unrömische Art sich kosmetisch zu pflegen.[410] Wie beliebt dieser Aspekt der Diffamierung war, zeigt die Tatsache, dass in ähnlicher Weise Gabinius vorgeworfen wird, sein Haar geölt getragen zu haben.[411] Derartige Vorwürfe weisen in Richtung einer gräzisierten Lebensweise, auf die Cicero mit unterschiedlichen Argumenten abzielt.[412] Eine ähnliche Tendenz weist auch das Tragen von Bärten auf. Dieses stelle eine unrömische Mode dar und lasse den Vorwurf einer – wenn auch anderen Form der – ‚Gräzisierung' oder, allgemeiner gefasst, einer ‚Barbarisierung' erkennen.[413]

Im Fall von Clodius sind die Vorwürfe dieses Argumententyps etwas anders gelagert. Auf ihn scheinen Aspekte des unangemessenen, unrömischen Erscheinungsbildes oder der unangemessenen Kleidung in den hier im Zentrum stehenden Reden weniger anwendbar gewesen zu sein. Gleichwohl wird ihm der Vorwurf gemacht, im Rahmen des Bona-Dea-Skandals Frauenkleidung getragen zu haben. Anders als bei

---

406 So bei Starbatty 2010, 155.

407 Starbatty 2010, 47.

408 Vgl. Starbatty 2010, 47 mit Verweis auf Gleason 1995, 29 ff. sowie Evans 1935, 47–51.

409 Vgl. Starbatty 2010, 48 mit Verweis auf Quint. inst. 11.3.149.

410 Vorwürfe der unrömischen Kosmetik und Körperpflege beziehen sich einerseits auf die Herkunft der Produkte, die dazu genutzt werden, andererseits spiegeln sie auch die ambivalente Haltung der Römer gegenüber dem Verhalten an sich wider, vgl. Edwards 1993, 68 f.; für das Erscheinungsbildes der *effeminati* siehe des Weiteren Corbeill 1996, 163–167.

411 Siehe hierzu Cic. p. red. in sen. 13; Cic. Pis. 25. Gabinius wird des Weiteren wegen seiner weiblichen Gangart kritisiert, vgl. Corbeill 2002b, 192.

412 Vgl. Edwards 1993, 95: „For that reason ‚Greece' posed a threat to the stability of Roman elite society. Gendering Greek culture as ‚feminine' and philhellens as ‚effeminate' can be seen both in general terms as a strategy to defuse the threat to Rome's cultural identity and, in terms of conflicts between individuals, as a strategy to limit the value of Greek sophistication [...]".

413 Für die Besprechung einer neuen, politisch gewaltbereiten ‚Jugendbewegung' in der späten römischen Republik, die mit Ciceros Äußerungen über das Barttragen assoziiert werden kann, vgl. Timmer 2005, 197–219.

den Catilinariern wird hier nicht die alltägliche Kleidung angeprangert, die für einen Römer unangemessen gewesen sei. Vielmehr wird die Verkleidung, die dem Clodius in den *religio*-Erzählungen den Zugang zum Bona-Dea-Fest ermöglicht haben soll, zum Gegenstand des Vorwurfs. Im Corpus der primär untersuchten Reden ist die einzige Anmerkung zu dieser Verkleidung Clodius' in einer Sequenz in *Pro Sestio* zu finden, in der Cicero lediglich darauf verweist, dass Clodius sich als Zitherspielerin (*pro psaltria*) Zugang verschafft habe.[414] Wesentlich ausführlicher und im Sinne dieses Argumententyps einschlägiger gestaltet sich die Darstellung in der Rede *Über die Gutachten der Haruspices* vom Mai 56 v. Chr., also gut sechs Jahre nach dem Zwischenfall:

> *P. Clodius a crocota, a mitra, a muliebribus soleis purpureisque fasceolis, a strophio, a psalterio, a flagitio, a stupro est factus repente popularis.*[415]
>
> „P. Clodius kam von safrangelben Roben, Kopftüchern, Stöckelschuhen, purpurnen Busentüchern, Mieder und Saitenspiel, von Schandtat und Ehebruch her, als er unversehens zum Volksmann wurde."

Cicero beschreibt weibliche Kleidungsstücke und eine typische Farbgebung derselben in einer Ausführlichkeit, wie sie in den übrigen Reden weder für Clodius noch für einen anderen der untersuchten politischen Gegner anzutreffen ist. Clodius wird durch die Aufzählung all der weiblichen Aspekte, die seine Kleidung aufgewiesen habe, in die soziale Rolle einer Frau versetzt, um deutlich zu machen, dass dieser Senator seinen Anspruch verwirkt habe, sich politisch zu betätigen. Zugleich wird sein Übertritt zur Plebs mittels Adoption durch eine plebeische Familie als unrechtmäßig gebrandmarkt.[416] Gerade für Clodius und den Bona-Dea-Vorfall ist davon auszugehen, dass die Episode kaum überdauert haben dürfte, hätte sich Cicero ihrer nicht so explizit angenommen und sie zu einem schon in der Antike vielzitierten politischen Vehikel stilisiert.[417] Insgesamt ist der Einschätzung Leachs zu folgen, dass diese

---

414 Cic. Sest. 116: *ipse ille maxime ludius, non solum spectator sed actor et acroama, qui omnia sororis embolia novit, qui in coetum mulierum pro psaltria adducitur, nec tuos ludos aspexit in illo ardenti tribunatu suo nec ullos alios nisi eos a quibus vix vivus effugit.* („Selbst unser ganz großer Spieler, der nicht nur Zuschauer, sondern auch Komödiant und Possenreißer ist, der alle Spielchen seiner Schwester kennt und sich als Zitherspielerin in eine Versammlung von Frauen einschleicht – selbst er hat sich während seines feurigen Tribunats keinerlei Spiele angesehen, auch die deinen nicht – nur die, denen er mit Mühe lebend entronnen ist.").

415 Cic. har. resp. 44. Weiter liest sich die ironische Sequenz wie folgt: *Nisi eum mulieres exornatum ita deprendissent, nisi ex eo loco quo eum adire fas non fuerat ancillarum beneficio emissus esset, populari homine populus Romanus, res publica cive tali careret.* („Hätten nicht die Frauen ihn in diesem Aufputz ertappt, hätten nicht freundwillige Mägde ihn aus der Örtlichkeit, die er nie hätte betreten dürfen, herausgelassen, das Römische Volk wäre um einen Volksmann, der Staat um diesen famosen Bürger ärmer.").

416 Zur Kritik an der Annahme, dass die Adoption durch eine plebejische Familie und der Namenswechsel von Claudius in Clodius zur Beförderung der politischen Karriere durchgeführt worden sei, vgl. RIGGSBY 2002, 123.

417 Vgl. diese Annahme auch bei LEACH 2001, 340.

ausführliche Darstellung der Verkleidung für das Bona-Dea-Fest in den überlieferten Reden den Höhepunkt der ciceronischen Effeminierungsvorwürfe gegen Clodius markiert.[418] Mögen Rachsucht nach der Rückkehr aus dem Exil oder die aktuellen Ereignisse bei der Behinderung der Wiederaufbauarbeiten an Ciceros Haus durch Clodius' Truppen ein Katalysator gewesen sein,[419] in jedem Fall stellt dieses neuerliche Wiederauflebenlassen des Bona-Dea-Skandals eine drastische Steigerung gegenüber den Diffamierungen während der nunmehr Jahre zurückliegenden Verhandlung dar.[420]

Auch für Piso ist das Argument unangemessener Kleidung zu beobachten. So wirft Cicero ihm in der Rede *In Pisonem* vor, sich mit für Römer unüblichem Schuhwerk (*crepidatus*) bekleidet und sich noch dazu in ein für Sklaven übliches Gewand (*veste servili*) gehüllt zu haben.[421] Die Passage schildert, wie Piso in dieser Verkleidung nachts und zunächst unerkannt ein Boot bestiegen und sich heimlich davongemacht habe. Aufgeflogen sei die Verkleidung nur, weil verängstigte Anwohner ihn beobachtet und dann verraten hätten. Die Darstellung, wie die Identität Pisos bekannt geworden sei (*crepidatum imperatorem indicaverunt*), übermittelt ein zweites Mal die Bemerkung, dass Piso Sandalen getragen habe. Er wird als ‚sandalenbeschuhter Imperator' bezeichnet – die Sandalen werden hier also geradezu zum Epitheton Pisos. Diese wiederholte Benennung des Schuhwerks ist an sich überflüssig und macht deutlich, wie Cicero das Argument *crepidatus* zwar vordergründig als sekundäre Information transportiert, de facto aber gerade über diese Beschreibung der unange-

---

418 Vgl. Leach 2001, 343.

419 Siehe Cic. Att. 4.3.2.

420 Lediglich in Fragment 21 der Rede *In Clodium et Curionem* ist ein erneuter Bezug auf Clodius' Verkleidung in ebenso drastischer Ausführung überliefert: *Nam rusticos ei nos videri minus est mirandum, qui manicatam tunicam et mitram et purpureas fascias habere non possumus. Tu vero festivus, tu elegans, tu solus urbanus, quem decet mulieris ornatus, quem incessus psaltriae, qui effeminare vultum, attenuare vocem, levare corpus potes. O singulare prodigium! O monstrum! Nonne te huius templi, non urbis, non vitae, non lucis pudet?* („Denn es ist nicht verwunderlich, wenn wir auf dich bäuerlich wirken, da wir keine Tunica mit langen Ärmeln, kein Kopftuch und keine purpurne Beinbinde haben. Du bist wahrhaftig festlich und hast Geschmack, du alleine bist großstädtisch, denn für dich schickt es sich, dich wie eine Frau zu schmücken, du hast als Zitherspielerin Zugang erlangt, du kannst deine Mimik verweiblichen, deine Stimme ausdünnen und deinen Körper weichmachen. O du Ungeheuer ohnegleichen, o du Scheusal! Schämst du dich nicht dieses Tempels, dieser Stadt, dieses Lebens, dieses Lichts?"); lateinisch zitiert nach Leach 2001, 347; vgl. dazu auch Starbatty 2010, 56. Siehe des Weiteren Fragment 23, aufgeführt ebenfalls bei Leach 2001, 348.

421 Cic. Pis. 93: *inde nocte intempesta crepidatus veste servili navem conscendit Brundisiumque vitavit et ultimas Hadriani maris oras petivit, cum interim Dyrrachii milites domum in qua istum esse arbitrabantur obsidere coeperunt et, cum latere hominem putarent, ignis circumdederunt. Quo metu commoti Dyrrachini profugisse noctu crepidatum imperatorem indicaverunt.* („Dann aber, in tiefster Nacht, besiegt er in Sandalen und Sklavenkleidern sein Schiff und strebte, indem er Brundisium mied, den fernsten Küsten des adriatischen Meeres zu. Unterdessen begannen in Dyrrhachium die Soldaten das Haus, in dem sie ihn vermuteten, zu umstellen, und da sie glaubten, er halte sich darin verborgen, legten sie ringsum Feuer an. Da erschraken die Einwohner, und sie verrieten, daß sich der Imperator bei Nacht in Sandalen davongemacht habe.").

messenen Kleidung eine charakterliche Diffamierung vollzieht. Erstens kleidet sich Piso mit unrömischem, weil griechischem Schuhwerk. Das Adjektiv *crepidatus* ist in Rom mit der *crepidata fabula* verbunden, der griechisch-römischen Tragödie, die sich von der *fabula praetexta* unterscheidet, dem genuin römischen Bühnenstück, in dem die Schauspieler als Feldherren und Staatsmänner mit der Prätexta bekleidet auftraten. Die Krepis (κρηπίς) war ursprünglich als Bestandteil griechischer Kleidungskonventionen gemeinsam mit Pallium und Chlamys nach Rom gekommen.[422] Als Bühnengewand diffamiert diese Kleidungszuschreibung Piso nicht nur aufgrund des griechischen Kulturraumes, dem es entstammt, sondern auch durch die feste Verbindung mit dem Schauspiel als einem Betätigungsfeld, das für die Senatsaristokratie unangemessen ist. Interessant ist außerdem, dass der Vorwurf der gräzisierten Schuhwahl hier ebenso wie in den *Philippischen Reden* in Verbindung mit der unangemessenen Reisezeit, nämlich der Nacht, steht.[423] Dass sich Piso zweitens im Gewand von Sklaven verkleidet habe, assoziiert ihn zudem mit sklavischer Unfreiheit. Diese Szene, in der Piso diffamiert wird, muss jeden Rezipienten an ein Bühnenstück erinnert haben. Das Reisen bei Dunkelheit steht hier außerdem für Verfehlungen, die Piso sich als Statthalter habe zuschulden kommen lassen, denn ehrenhafte Magistrate reisten bei Tag und ließen sich ehrenvoll empfangen.

Aufschlussreich ist für den Argumententypus eines unangemessenen äußeren Erscheinungsbildes insbesondere die Gegenüberstellung von Gabinius und Piso in der *Rede für Sestius*. Besonders in dieser Rede wird deutlich, in welch direkte Verbindung das äußere Auftreten mit charakterlichen Dispositionen gebracht wird. Gabinius und Piso werden hier zunächst auf sehr unterschiedliche Weise karikiert.[424] Ein breites Spektrum diffamierender Argumente wird dabei zunächst Gabinius zugeschrieben:

> *alter unguentis adfluens, calamistrata coma, despiciens conscios stuprorum ac veteres vexatores aetatulae suae, puteali et faeneratorum gregibus inflatus, a quibus compulsus olim, ne in Scyllaeo illo aeris alieni tamquam [in] fretu ad columnam adhaeresceret, (...).*[425]
>
> „Der eine [*sc.* Gabinius], in Parfümwolken gehüllt und mit künstlich gekräuseltem Haar, blickte von oben auf die Mitwisser seiner Ausschweifungen und die einstigen Verführer seines zarten Alters herab und rümpfte die Nase vor dem Puteal und den Scharen der Geldverleiher, die ihn ehedem, als er, sozusagen in der Skylla-Meerenge seiner Schulden, an der Säule zu stranden drohte […].“

Gabinius' äußeres Erscheinungsbild wird als in Parfümwolken gehüllt (*unguentis adfluens*) und mit künstlich gekräuseltem Haar dargestellt (*calamistrata coma*), bevor ihm Ausschweifungen zur Last gelegt werden (*conscios stuprorum*). Zudem unterstellt ihm Cicero, er habe bereits in jungen Jahren sexuelle Verfehlungen begangen (*veteres*

---

422 Vgl. Bieber 1922b, 1718.

423 Siehe dazu Cic. Phil. 2.76 (Marcus Antonius: *tenebris*).

424 Vgl. dazu Kloft 2003, 49 f. und in Bezugnahme darauf Starbatty 2010, 52.

425 Cic. Sest. 18.

vexatores aetatulae suae) und schließlich hohe Schulden angehäuft (*aes alienum*).[426] In dieser Aneinanderreihung stereotyper Vorwürfe bildet das unangemessene äußere Erscheinungsbild gewissermaßen die Einleitung, um daran die Argumente sexueller Verfehlungen und des unangemessenen Umgangs mit finanziellen Mitteln anzuschließen. Gabinius tauche des Weiteren aus finsteren Bordellen und der Unzucht auf. Zudem habe er seinen Ruf durch Wein und Schlemmerei sowie durch Prostitution und ehebrecherischen Beischlaf (*lenociniis adulteriisque*) gänzlich ruiniert.[427] Dagegen wird von Piso ein gegenteiliges Erscheinungsbild gezeichnet, da er als garstig, grimmig, bärtig und grauenvoll anzuschauen beschrieben wird, als ein Muster der Strenge, als Abbild vergangener Zeiten und Stützpfeiler der Staatsordnung.[428] Auch in Kleidung und Haarpracht wird Piso als grob und struppig dargestellt.[429] Was diese Äußerlichkeiten über den Charakter der Personen aussagen, treffe, so Cicero, für Gabinius unumwunden zu. Im Falle Pisos hingegen, und hierin liegt nun Ciceros rhetorischer Schachzug, spiegele das äußere Erscheinungsbild gerade nicht die inneren Werte wider, sondern verkehre sie gar ins Gegenteil: Piso nämlich täusche durch sein Auftreten alle hinsichtlich seiner Wesensart (*alter multos plane in omnis partis fefellit*).[430] Implizit wird deutlich, welche charakterlichen Dispositionen man Piso nach Ciceros Auffassung nun zuschreiben müsse, wenn diese entgegen der Konvention nicht am äußeren Erscheinungsbild abzulesen seien. Die Passage wurde mitunter als Beweis dafür interpretiert, dass Cicero einen Bruch zwischen äußerem Erschei-

---

426 Siehe dazu auch Cic. Pis. 25: *erant illi compti capilli et madentes cincinnorum fimbriae et fluentes purpurissataeque buccae (...).* („[...] er [*sc.* Gabinius] hatte ja gepflegte Haare und von Pomade feuchte Lockenröllchen und schlaff herabhängende, rotgeschminkte Wangen.“).

427 Cic. Sest. 20: *subito ex diuturnis tenebris lustrorum ac stuprorum, vino, ganeis, lenociniis adulteriisque confectum?* („[...] der plötzlich aus der langjährigen Finsternis der Bordelle und der Unzucht zum Vorschein gekommen war und sich durch Wein und Schlemmerei, durch Prostitution und ehebrecherischen Beischlaf ruiniert hatte?“).

428 Cic. Sest. 19: *alter, o di boni, quam taeter incedebat, quam truculentus, quam terribilis aspectu! unum aliquem te ex barbatis illis, exemplum imperi veteris, imaginem antiquitatis, columen rei publicae diceres intueri.* („Der andere – ihr guten Götter! Wie garstig, wie grimmig, wie grauenvoll anzuschauen lief er umher! Man hätte gemeint, einen von den bärtigen Männern der Vorzeit, ein Muster alter Strenge, ein Bild von ehedem, einen Stützpfeiler der Staatsordnung zu erblicken.“). Für die Einordung der Darstellung Pisos in dieser Passage als Repräsentation einer „traditional figure of authority“ vgl. Griffin 2001, 98 mit Verweis auf Hughes 1992b, 234–236.

429 Cic. Sest. 19: *vestitus aspere nostra hac purpura plebeia ac paene fusca, capillo ita horrido (...).* („Er trug grobe Kleidung in unserem plebejischen, fast braunen Rot und hatte so struppiges Haar [...]“). Die hier thematisierte plebejische Farbe der Kleidung wird an anderer Stelle mit einer Hautfarbe zusammengebracht, die an eine sklavische Herkunft erinnere (in Cic. Pis. 1 auch als *color servilis* bezeichnet). Dies wurde als Instrument der Selbstinszenierung verstanden, so von MacDowell 1964, 10 und Meister 2009, 75, der sich auf ersten bezieht.

430 Cic. Sest. 21: „In dem anderen [Piso] haben sich ziemlich viele getäuscht, und zwar in jeder Hinsicht.“ Über Gabinius sagt Cicero hingegen (Cic. Sest. 20): *atque eorum alter [Gabinius] fefellit neminem.* („Und in dem einen von ihnen [Gabinius] täuschte sich niemand.“). Wie sehr das Erscheinungsbild Pisos – i.e. seine Augenbrauen – als epikureische Versinnbildlichung von Autorität zu verstehen war, zeigt Zanker 1995, 118–121.

nungsbild und inneren Qualitäten konstruiere, um mithilfe fehlender äußerer Kennzeichen ebenfalls fehlende Qualitäten der Persönlichkeit nachzuweisen.[431] Cicero selbst jedoch liefert die Antwort in den für Gabinius ausgeführten Charakterisierungen, nämlich dass innerhalb dieser Gegenüberstellung, die eigentlich zwei gleichermaßen verdorbene Konsuln abbilde, der eine alle täusche (*multos fefellit*), während der andere ein offenes Buch sei (*fefellit neminem*), an dem leicht abgelesen werden könne, was auf beide gleichermaßen zutreffe.[432] So werden implizit eben auch Piso genau diejenigen Frevel zur Last gelegt, die Cicero ausführlich für Gabinius darlegt. Eine derartige Gleichsetzung erfolgt in den Reden *In Pisonem* und *Pro Sestio* im Übrigen noch viele weitere Male.[433] Pisos ‚wahrer Charakter' (der nun nicht dem ersten Eindruck des Äußeren entspreche) sei ebenso geprägt von einem griechisch und feminin anmutenden Kosmetikgebrauch (für Gabinius präsentiert in *unguentis adfluens, calamistrata coma*) sowie von Ausschweifungen in sexueller wie in convivialer Hinsicht (sowohl in *lustrorum ac stuprorum, vino, ganeis lenociniis adulteriisque*). So insinuiert Cicero unter großem Aufwand Vorwürfe gegen Piso, ohne sie explizit auszusprechen. Für Gabinius hingegen scheint in Ciceros Augen aussprechbar gewesen zu sein, was er für Piso in expliziter Form nicht zu benennen wagt. Es stellt sich die Frage, warum Cicero über Piso manche Dinge lieber nicht aussprechen will – obwohl er sich vehement bemüht, ihn ebenfalls zu diskreditieren. Die Ursache hierfür ist in seiner eigenen Verwandtschaft mit den Pisonen zu vermuten. Cicero weist in der Rede *Post reditum in senatu* stolz darauf hin, dass er selbst mit den Pisonen verschwägert sei,[434] wodurch er sich eventuell genötigt sieht, derartige Diffamierungen nicht zu nahe an sich selbst heranzurücken.[435] Auffällig sind in diesem Sinne auch die Diffamierungen der Herkunft Pisos, die ausschließlich mütterlicherseits platziert werden.[436] Um Piso trotz seiner väterlichen Herkunft eine Vielzahl klassischer Vorwürfe der Diffamierung angedeihen zu lassen, wählt er Gabinius gewissermaßen als Mittelsmann für das breite Spektrum der Vorwürfe, das er so gegen Piso richten kann. Die Strategie ist dieselbe, die auch bei der Diffamierung der Anhängerschaft genutzt wird.

---

431 So geschehen bei Starbatty 2010, 60; Meister (2009, 75) bezeichnet diese Darstellung als die eines ‚lügenden' Körpers. Griffin (2001, 98) erkennt im Angriff auf Pisos stattliches, äußeres Erscheinungsbild eine Kritik am Auftreten der Epikureer im Allgemeinen.

432 Ähnlich auch Meister 2009, 81.

433 Siehe beispielsweise Cic. Pis. 18, in dem Gabinius als Pisos ‚zweites Ich' beschrieben wird: *Edicere est ausus cum illo suo pari, quem tamen omnibus vitiis superare cupiebat, ut senatus contra quam ipse censuisset ad vestitum rediret.* („Er war also dreist genug, gemeinsam mit seinem zweiten Ich (das er indes in allen Lastern zu überbieten suchte) anzuordnen, der Senat solle entgegen seinem eigenen Beschluß wieder die gewöhnliche Kleidung tragen.").

434 Cic. p. red. in sen. 15.

435 In dieser Weise wendet er nämlich zahlreiche Argumente an, zu deren Platzierung ihm gelegentlich die Verortung in der dritten vorangegangenen Generation der Ehegattin genügt (so für Fulvias Ahnen Tuditanus in Cic. Phil. 3.16).

436 Zur Diskreditierung der Herkunft mütterlicherseits siehe Cic. Pis. 1; Cic. Pis. frag. 8; frag. 11; frag. 14.

In diesem Fall wird aus den zwei Kollegen im Konsulat, wenn nötig, eine *persona*, deren Diffamierung aber beiden Konsuln zugleich gilt.[437]

Über Gabinius lässt sich Cicero in dieser Weise noch ein weiteres Mal aus. In der Rede *Post reditum in senatu* wird dieser hinsichtlich seines lasterhaften Auftretens als Magistrat von Cicero angegangen. Zunächst wird Gabinius hier als betrunken (*vini plenus*) und verschlafen (*somni plenus*) dargestellt und es wird ihm *stuprum* vorgeworfen. Darauf folgt der Argumententypus des Erscheinungsbildes in seiner ganzen Vielfalt, denn Gabinius trage sein Haar von Pomade triefend in einer wohlgeordneten Frisur, sein Blick sei trüb, seine Wangen hingen von Parfüm triefend herab, seine Stimme klinge gepresst und lallend.[438] Das wohlfrisierte, von Pomade nass schimmernde Haar kennen wir bereits von den Catilinariern (*pexo capillo nitidos*).[439] Die von Parfüm triefenden Wangen stehen hier sinnbildlich für Gabinius' Gräzisierung und Verweichlichung, die durch die Nutzung von Schönheitsprodukten konkret fassbar wird.[440] Sowohl die hängenden Augenlider als auch die gedämpfte und berauschte Stimme sollen als Folgen eines liederlichen Lebenswandels und übermäßigen Weinkonsums verstanden werden. Zudem sollen sie von Mattigkeit und somit von der Unfähigkeit zur Ausübung magistratischer Aufgaben zeugen.

Schließlich führt Cicero auch zur Diffamierung von Antonius unterschiedliche Aspekte unangemessener Kleidung sowie eines unangemessenen Erscheinungsbildes an.[441] Während Antonius im Kontext der Liaison mit Curio vorgeworfen wird, weibliche Kleidung der Toga vorgezogen zu haben (*sumpsisti virilem, quam statim muliebrem togam reddidisti; tamquam stolam dedisset*),[442] ist es jenseits dieses Zusammenhangs ein unrömischer, barbarischer Kleidungsstil, den Cicero Antonius zum Vorwurf

---

437 Zum Begriff *persona* im antiken (republikanischen) Verständnis als ‚Funktion' oder ‚Rolle' im Gegensatz zu ‚Person' siehe FUHRMANN 1996, 83 ff. Besonders auf die Gerichtssprache konnte der Begriff aus dem Theater fließend übertragen werden, vgl. FUHRMANN 1996, 88 ff. Siehe insbesondere auch den Hinweis auf Ciceros Verwendung des Begriffs im Sinne von „Charaktertypen" (FUHRMANN 1996, 100).

438 Cic. p. red. in sen. 13: *vini, somni, stupri plenus, madenti coma, composito capillo, gravibus oculis, fluentibus buccis, pressa voce et temulenta, quod in civis indemnatos esset animadversum, id sibi dixit gravis auctor vehementissime displicere.* („[...] vom Wein berauscht, schlaftrunken und erschöpft vor lauter Unzucht, mit von Öl triefendem, aufwendig frisiertem Haar, mit dumpfen Augen und schlaffen Wangen, mit gepresster und angetrunkener Stimme sprach er nachdrücklich aus, dass es ihm sehr missfalle, dass Bürger ohne Urteil bestraft worden seien.") (Übers. A.T.). Siehe für diese Stelle auch KOSTER 1980, 121.

439 Cic. Catil. 2.22: „mit gestriegeltem, glänzendem Haar". Für Gabinius selbst siehe auch Cic. Sest. 18: „mit künstlich gekräuseltem Haar". Cic. Pis. 25: *erant illi compti capilli et madentes cincinnorum fimbriae et fluentes purpurissataeque buccae (...).* („er hatte ja gepflegte Haare und von Pomade feuchte Lockenröllchen und schlaff herabhängende, rotgeschminkte Wangen.").

440 Vgl. dazu NISBET 1961, 194; KOSTER 1980, 120.

441 STARBATTY (2010, 167) nennt Antonius das beste Beispiel für „einen einflussreichen Politiker, gegen den die Barbarentopik als propagandistisches Mittel effektvoll eingesetzt wurde."

442 Cic. Phil. 2.44. Zur Stilisierung der Liaison zwischen Curio und Marcus Antonius siehe auch Kapitel 5.1.1.

macht. Abermals stellt Cicero diesen Aspekt in einen direkten Zusammenhang mit Antonius' Versagen im politischen Auftreten, wenn er ihm vorwirft, dass er als *magister equitum* in den Städten und Kolonien Galliens in Pantoffeln und Pelerine aufgetreten sei und bettelnd um das Konsulat des nächsten Jahres geworben habe.[443] *Gallica* und die *lacerna* werden von Cicero als Schuhe und Kleidungsstück dargestellt, die zu tragen einem römischen Magistraten nicht ziemt.[444] Denn dieser habe natürlich auch außerhalb von Rom in seinem Auftreten seiner Position als römischer Senator gerecht zu werden und dies durch eine standesgemäße Kleidung auch optisch umzusetzen. Antonius aber habe ‚gallische Schuhe' (*Gallica*) und einen mantelartigen Überwurf (*lacerna*) getragen, während und obwohl er römischer *magister equitum* war.[445] Cicero rühmt sich dagegen selbst dafür, sich angemessen und römisch gekleidet zu haben und liefert damit eine positive Kontrastvorlage zu Antonius' Diffamierung. Er selbst habe im Gegensatz zu Antonius römische Schuhe und Toga getragen (*cum calceis et toga*).[446] Am Rande ist außerdem erwähnenswert, wie Cicero in ähnlicher Weise auch den *topos* des heimlichen Agierens bei Nacht aufgreift, den er zur Diffamierung von Antonius wie auch schon von Piso nutzt: Antonius sei nämlich bei Dunkelheit aus Narbo zurückgekehrt (*tenebris*). Für sich selbst betont Cicero hingegen, dass er bei Tageslicht zurückgekehrt sei (*primum luce, non tenebris*). Da die Rückkehr des Magistrats, wie gesagt, ein wichtiges Ritual darstellt, versinnbildlicht sie – für jedermann sichtbar – seine Ehrenhaftigkeit. Daraus erkläre sich, dass ein integrer Magistrat bei Tag zurückkehre, während ein solcher, der sich etwas habe zuschulden kommen lassen und daher die Rückkehr nach Rom fürchten müsse, die Dunkelheit vorziehe. Ob ein Magistrat bei Tag oder Nacht zurückkehrt, wirft somit ein Schlaglicht auf eine tadellose oder eine anrüchige Provinzführung.

---

443 Cic. Phil. 2.76 f.: *qui magister equitum fuisse tibi viderere, (...) per municipia coloniasque Galliae, (...) cum Gallicis et lacerna cucurristi.* („Obwohl du Magister equitum gewesen zu sein glaubtest, [...] bist du in den Munizipien und Kolonien von Gallien [...] in Pantoffeln und Pelerine herumgelaufen!"). Weiter schimpft Cicero: *(...) in proximum annum consulatum peteres vel potius rogares (...), e qua nos tum, cum consulatus petebatur, non rogabatur, petere consulatum solebamus (...).* („[...] und du dich um das Konsulat für das folgende Jahr bewarbst oder vielmehr betteltest, [...] mit dessen Unterstützung [Gallia] wir uns seinerzeit zu bewerben pflegten, wenn wir uns um das Konsulat bewarben, nicht bettelten [...]."); vgl. dazu Starbatty 2010, 57.

444 Für römisches Schuhwerk allgemein vgl. die Abhandlung von Goldman 1994, 101–129; für die *gallica* siehe ebd., 109.

445 Vgl. Kolb 1973, 127; für die *lacerna* allgemein siehe 116–135, für ihre Beurteilung insbesondere 125: „Die *lacerna* hat niemals die Anerkennung als vollwertiges Gewand des römischen Bürgers erlangt, konnte nie – wie die *paenula* – an die Stelle der Toga treten; sie gehörte nicht zum *Romanus habitus.*"

446 Cic. Phil. 2.76: *nam quod quaerebas, quo modo redissem: primum luce, non tenebris, deinde cum calceis et toga, nullis nec Gallicis nec lacerna.* („Denn wenn du fragtest, wie ich zurückgekehrt sei: erstens bei hellichtem Tage und nicht bei Nacht, zweitens in Schuhen und Toga und nicht in Pantoffeln und Pelerine!"). Vgl. dazu Merrill 1975, 83–85; Sussman 1998, 120; Dyck 2001, 123 f.; Kolb 1973, 127 weist darauf hin, dass der Kleidungsvergleich zwischen Antonius und Cicero hinke, da Antonius sich in dieser Situation in der Provinz aufgehalten habe, Cicero hingegen seine Kleidung in Rom beschreibe. Die *lacerna* als Überwurf senatorischer Feldherren sei durchaus nicht unüblich gewesen.

Indirekt richtet Cicero auch in der *dritten Philippischen Rede* den Vorwurf des unangemessenen Schuhwerks an Antonius, und zwar über Sempronius Tuditanus. Cicero wirft diesem vor, in Palla und Kothurn zum römischen Volk gesprochen zu haben.[447] Der Vorwurf gelangt freilich nur mittelbar bis zu Antonius, da es sich bei besagtem Sempronius um einen Vorfahren Fulvias mütterlicherseits handelte. Nichtsdestotrotz transportiert die Unterstellung, Sempronius habe als Redner den Kothurn getragen, eine ergiebige Bandbreite von Assoziationen, die Antonius' gräzisierte und unrömische Natur unterstreichen. So ist der Kothurn freilich in seiner bekanntesten Bedeutung der Schuh des Theaters – sollte also im senatorischen Leben gewiss nicht als Fußbekleidung dienen.[448] Darüber hinaus ist er genuin griechisch und ursprünglich gar als Frauenschuh verstanden worden.[449] Sämtliche dieser Deutungsvarianten passen in das von Cicero entworfene Antoniusbild und machen unmittelbar verständlich, warum dieser weit entfernte Verwandte ebenfalls zur Diffamierung herhalten muss. Zugleich dient die Passage Cicero auch zum Spott über Antonius' noble Familie und diffamiert in diesem Sinne zugleich auch Fulvia, seine Gattin.[450]

Ebenfalls ein unangemessenes Erscheinungsbild kennzeichnet in Ciceros Anschuldigungen, wie bereits gesehen, das Salben, Parfümieren und Einölen des Körpers. Auch diese Aspekte nutzt Cicero zu Antonius' Diffamierung und versucht damit dessen gräzisierte Lebensweise sichtbar zu machen. Der berühmte Lupercalien-Vorfall vom vierzehnten Februar 44 v. Chr., als Antonius Caesar das Königsdiadem anbot, wird von Cicero in der *dritten Philippischen Rede* mit solchen Aspekten angereichert.[451] Wie bereits gesehen soll Antonius während dieses Festes betrunken gewesen sein. Zudem sei Antonius nackt (*nudus*) und geölt (*unctus*) aufgetreten.[452] Sich nackt und geölt während dieses Festes dem römischen Volk zu präsentieren, wird von Cicero als un-

---

447 Cic. Phil. 3.16: *Tuditanus nempe ille, qui cum palla et cothurnis nummos populo de rostris spargere solebat.* („Natürlich, der berühmte Tuditanus, der in Palla und Kothurn von der Rednertribüne aus Geldstücke unter das Volk zu streuen pflegte."). Verbunden ist der Vorwurf hier mit dem Argument des unangemessenen Umgangs mit Finanzen, siehe dazu Kapitel 5.2.

448 Vgl. Bieber 1922a, 1523–1526.

449 Vgl. Hurschmann 1999, 781 f.

450 Cic. Phil. 3.16: *habetis nobilitatem generis gloriosam.* („Da habt ihr den vornehmen Adel seiner Sippschaft.")

451 Cic. Phil. 3.12: *quo enim ille die, populo Romano inspectante, nudus, unctus, ebrius est contionatus et id egit, ut collegae diadema imponeret, eo die se non modo consulatu, sed etiam libertate abdicavit.* („Denn an dem Tage, an dem er unter den Augen des Römischen Volkes nackt, geschminkt und betrunken eine Rede gehalten und es darauf angelegt hat, seinem Amtskollegen das Diadem aufzusetzen, an diesem Tage hat er sich nicht nur vom Konsulat, sondern auch von der Freiheit losgesagt."). Der Vorwurf wird hier in Verbindung mit dem des unangemessenen Erscheinungsbildes und der *vinulentia* genutzt. Für die Datierung des Vorfalls vgl. Jehne 1987, 223. Siehe für die Darstellung bei Cicero auch Ott 2013, 416–511.

452 Caesar hingegen sei mit einer Purpurtoga, dem Gewand des Triumphators, gekleidet gewesen, vgl. Scholz 2011, 79 Anm. 120.

römisch disqualifiziert.[453] Dabei lässt er im Dienste seiner Diffamierung außer Acht, dass Antonius zum Anlass des Lupercalien-Festes vermutlich als *Lupercus* aufgetreten ist und sich in dieser Rolle – nicht etwa als römischer Senator – nackt präsentiert hat.[454] Das unbekleidete Auftreten wird hier als Kennzeichen der Absicht vorgeführt, der *res publica* (in Form der Königswürde) Schaden zufügen zu wollen. Das Einölen transportiert nebenbei die Assoziation gräzisierender Schönheitspflege.[455] Cicero konstruiert einen Zusammenhang zwischen Antonius' unrömischem Auftreten und der skandalösen Handlung, indem nur ein unrömischer, gräzisierter Mann einem Römer ein Diadem und damit die Königswürde antragen könne.[456] In ähnlicher Weise wirft Cicero Antonius vor, dass er sich erdreistet habe, mit entblößtem Oberkörper eine Rede zu halten.[457] Dies ist ein Frevel, zu dem der aufgrund seiner Rednerfähigkeiten vielgelobte Großvater des Antonius sich niemals hätte hinreißen lassen, wie Cicero betont.[458]

Schließlich nutzt Cicero auch Antonius' Körpergestalt als Anhaltspunkt für seine Diffamierung, von der er als *ista gladiatoria totius corporis firmitate* spricht.[459] Der Vorwurf stellt somit sowohl einen Aspekt des unangemessenen Erscheinungsbildes

---

453 Für das schwierige Verhältnis der Römer zur Nacktheit vgl. Scholz 2011, 79 mit Verweis auf Hallett 2005.

454 Für den Zusammenschluss der Luperci (*sodalitas*), der ‚älter ist als das Gesetz', siehe Cicero selbst in Cic. Cael. 26: *fera quaedam sodalitas et plane pastoricia atque agrestis germanorum Lupercorum, quorum coitio illa silvestris ante est instituta quam humanitas atque leges, (...)!* („Wahrhaftig, ein ungehobelter Verein, mit dem Benehmen von Hirten und Bauern, diese Luperci-Brüder – ihr Zusammenschluß inmitten der Wälder reicht ja auch weiter zurück als Sitte und Gesetz [...]!"). Für das Lupercalien-Fest als dem wohl ältesten Fest Roms vgl. Marbach 1927a, 1816–1830. Für eine ältere Diskussion um den Lupercalien-Vorfall, der sich auffällig nah an der von Cicero bezweckten Verbindung von Nacktheit und unangemessener Königswürde orientiert (Antonius habe als Anführer der Luperci Caesar das Königsdiadem als vermeintliches Abzeichen ihres Kultstifters – in Fehldeutung eines Blätterkranzes – übergeben), vgl. Marbach 1927b, 1839.

455 Vgl. Starbatty 2010, 189.

456 Cicero verurteilt den Vorfall aufs Schärfste (Cic. Phil. 2.86): *quid hoc turpius, quid foedius, quid suppliciis omnibus dignius?* („Gibt es etwas Schändlicheres, Ekelhafteres, aller Höllenstrafen Würdigeres?"). Siehe dazu auch 2.85; 2.87: *at etiam adscribi iussit in fastis ad Lupercalia C. Caesari dictatori perpetuo M. Antonium consulem populi iussu regnum detulisse; Caesarem uti noluisse.* („Ja, er ließ sogar in den Fasten unter ‚Lupercalia' dazusetzen, der Konsul M. Antonius habe C. Caesar, Diktator auf Lebenszeit, auf Befehl des Volkes die Königskrone angetragen, aber Caesar habe sie abgelehnt."). Zum Lupercalienfest am 15. Februar des Jahres 44 v.Chr. und dem Skandal um das Königsdiadem siehe beispielsweise Meier 2004, 565.

457 Starbatty (2010, 189) verweist für die Beurteilung der Nacktheit in Rom auf Wallace-Hadrill (2008, 54f.), der herausstellt, dass Moralvorstellungen so oder so ausgelegt und bedient werden konnten und dass die Nacktheit sowohl zur Verurteilung als auch zum Lob Anlass bieten konnte. Wertvorstellungen wurden in Rom stets zum eigenen Vorteil instrumentalisiert. Für Beispiele einer positiven Auslegung der Nacktheit siehe Starbatty 2010, 190f.

458 Cic. Phil. 2.111: *ille [avus tuus] numquam nudus est contionatus, tuum hominis simplicis pectus vidimus.* („er [dein Großvater] hat niemals unzulänglich bekleidet gesprochen, dich haben wir in deiner Einfalt mit offener Brust reden sehen.").

459 Cic. Phil. 2.63.

als auch der Assoziation mit physischer Gewalt dar, die häufig in der Beschimpfung als *gladiator* Gestalt annimmt.[460] Es wird angedeutet, dass die negativen Charakterqualitäten, die für Ciceros politische Gegner vielfach mit den Vorwürfen, ein *gladiator* oder ein Messerstecher zu sein, ausgedrückt werden. In Antonius' Falle seien sie sogar an seinem Körperbau abzulesen, der wiederum im Sinne eines Physiognomiktopos als Spiegel der charakterlichen Qualitäten instrumentalisiert wird.[461]

Hinsichtlich des Arguments der unpassenden Kleidung und des unangemessenen Erscheinungsbildes hat sich gezeigt, dass die Gegner mithilfe der Kritik von Äußerlichkeiten als fremdländisch, unzivilisiert und feminin, als Komödienschauspieler sowie als erotisch deviant und daher lasterhaft dargestellt werden, um ihnen einen reputativen Statusverlust zuzufügen.

Sowohl der Argumententypus der *vinulentia* und des unangemessenen Verhaltens beim Gastmahl als auch des devianten Erscheinungsbildes hat Anklänge an den Vorwurf des übermäßigen und zur Schau gestellten Konsums aufgewiesen. Hierzu zählten z. B. die oben thematisierten Verhaltensweisen: Genuss exklusiver Speisen, übermäßiger Wein- und Speisekonsum, Zurschaustellung von vergnüglichen Unterhaltungsprogrammen beim Gastmahl, Kleiderluxus, Verwendung von Ölen oder aufwendiges Frisieren der Haare bzw. des Bartes usw. Der folgende Argumententyp behandelt nun einen Bereich der Diffamierung, der nicht mehr mit Konsum in Zusammenhang zu bringen ist. Stattdessen wird nach den behandelten großen Themenbereichen ‚Sexualität' (Kapitel 5.1) und dem ‚Konsum' bzw. der ‚statuskonstituierenden Zurschaustellung' (Kapitel 5.2; 5.3; 5.4) im Folgenden ein weiteres breites Diskursfeld der spätrepublikanischen Gesellschaft betrachtet, nämlich die Gewalt.

5.5 Assoziationen mit physischer oder (staats)rechtlicher Gewalt

In den Reden Ciceros sind verschiedene Argumente zu beobachten, die unter einem weit gefassten Begriff von ‚Gewalt' subsumiert werden können. Dabei soll Gewalt als Anwendung von physischem oder psychischem Zwang gegenüber Personen oder Personengruppen verstanden werden – in der Regel mit dem Ziel, diesen Schaden zuzufügen, sie dem eigenen Willen oder ‚der eigenen (Vor-)Herrschaft zu unterwerfen'.[462] Für den Umgang der römischen Gesellschaft mit Gewalt hat Lintott beobachtet, dass Gewaltanwendung nur dann als verwerflich beurteilt wird, wenn sie durch *libido*

460 Siehe dazu auch Kapitel 5.5.

461 Siehe dazu erneut Starbatty 2010, insbesondere 49–53.

462 Eine derartige Definition wird beispielsweise in Holtmanns Politik-Lexikon vorgenommen, vgl. Pehle 2000, 223. Seit einiger Zeit stellt das Thema Gewalt einen Gegenstand mehrerer althistorischer Untersuchungen dar, wie in den letzten Jahren z. B. Zimmermanns (2009) Überblick über *Extreme Formen von Gewalt in Bild und Text des Altertums* und (2013) *Gewalt. Die dunkle Seite der Antike*. Dabei stehen im Wesentlichen Darstellungen von Gewaltdiskursen im Mittelpunkt, die zeigen, wie Gesellschaften ihre Vorstellungen vom Umgang mit Gewalt normiert haben.

dem Zweck der Gefühlsbefriedigung („satisfy emotion“) dient. Ein solcher Zusammenhang mit dem Unvermögen, einer *libido* zu widerstehen, kann, wie gezeigt werden soll, insbesondere für die Darstellung von Gewalt als Argument der Diffamierung herausgestellt werden.[463] In der spätrepublikanischen Gesellschaft kann eine ‚Störanfälligkeit‘ für illegale ‚öffentliche‘ Gewaltanwendungen ausgemacht werden. Dabei ist darauf zu achten, dass diese ‚Anfälligkeit‘ keinesfalls eine Art gesamtheitliche ‚Disposition‘ der spätrepublikanischen Aristokratie darstellt, sondern vielmehr mit bestimmten politischen Überspannungseffekten erklärt werden kann. Diese kulminierten in der Konkurrenz einzelner Potentaten um die Macht und wurden besonders aufgrund der hohen Dichte von politischen Diffamierungen überliefert.[464]

Zum Argumententypus ‚Gewalt‘ werden erstens Vorwürfe und Schimpfwörter gezählt, die mit Gewaltverbrechen oder allgemeiner der Ausübung nicht-militärischer physischer Gewalt verbunden sind, wie Räuber (*latro*),[465] *gladiator* und weitere Vorwürfe, die den verbrecherischen Umgang mit Waffen thematisieren.[466] Seit MacMullen wird *latro* zudem in einem ordnungspolitischen Sinn verstanden, der in der Terminologie der vorliegenden Untersuchung in den Rahmen von ‚(staats)rechtlicher Gewalt‘ eingeordnet wird und den *latro*-Vorwurf nahe an den des *tyrannus* heranrückt.[467] Auch wenn der Begriff ‚Staat‘ stark modern geprägt ist und sich für den Gebrauch in der römischen Geschichte nicht uneingeschränkt eignet, soll im Folgenden von staatsrechtlicher Gewalt gesprochen werden, um die jeweilige Rechtslage und die

---

463 Lintott 1992, 9.

464 Für eine solche „Störanfälligkeit“ vgl. Nippel (1988, 54), der sie nicht mit einer „Disposition zur Gewaltanwendung im römischen ‚Volkscharakter‘“ erklärt wissen möchte.

465 Bedeutsam ist die Entwicklung des *latro*-Begriffes von der (griechischen) Bedeutung Söldner (λάτρις) bis hin zur „Bezeichnung für jedwede Art von illegalen Gewalthabern“, Grünewald 1999, 8 mit Verweis auf Shaw (1984, 28), der eine interessante Unterscheidung vornimmt: „Thus there are two ends of the spectrum that apply to the problem of banditry: state men of violence and private men of violence.“ Dass Räuberbanden einem Gemeinwesen glichen, ermöglichte es, so Shaw (2001, 762), Begriffe wie Räuber, Piraten und Banditen als politische Schlagworte gegen „illegale (oder als illegal betrachtete) Machthaber“ zu richten. Für die Geschichte der Räuber in Rom vgl. auch Riess’ (2001) Untersuchung *Apuleius und die Räuber*.

466 Gladiatoren nehmen in der römischen Gesellschaft eine besondere Stellung ein, da sie zum einen stigmatisiert und als Sklaven keine Mitglieder der Gesellschaft sind (Barton 1993, 11: „sadism, brutality and callousness“. Siehe zudem 12: „The gladiator: crude, loathsome, doomed, lost [*importunus, obscaenus, damnatus, perditus*] was, throughout the Roman tradition, a man utterly debased by fortune, a slave, a man altogether without worth and dignity [*dignitas*], almost without humanity.“). Zum anderen werden sie aber auch verehrt und bewundert. Sie konnten sogar eine Form der *gloria* (für ihren Herren) erlangen (Barton 1993, 21; 31–36); für die Beurteilung von Gladiatoren in den antiken Quellen der späten Republik und frühen Kaiserzeit vgl. Barton 1993, 11–46. Werden Mitglieder der römischen Senatsaristokratie wie in den vorgestellten Diffamierungen als *gladiatores* beschimpft, dann verschiebt sich die Konnotation des Begriffs wesentlich in Richtung des Stigmas (vgl. Barton 1993, 13: „Cicero, in his speech [...] remarks on the lack of sympathy that the Romans showed the timid suppliant [...].“).

467 Vgl. MacMullen 1966. Auch Grünewald 1999 verweist auf MacMullens (1963, 221–225) Studie über die Deutung des *latro*-Begriffes als Usurpator und bekräftigt die diesen Einsichten zugrunde liegende ordnungspolitische Dimension.

Gesetze, welche die Diffamierungen ansprechen, in einen verfassungsrechtlichen Kontext zu stellen. In das Bedeutungsfeld physischer Gewalt fällt des Weiteren die Beschimpfung als Messerstecher (*sicarius*). Ebenfalls unter diese Gruppe subsumiert werden Vorwürfe, die entweder auf ein konkretes verbrecherisches Handeln hinweisen. Hierzu gehört etwa, ein Verbrechen aus dem Hinterhalt (*insidia*) zu thematisieren oder jemanden allgemein als Verbrecher (*sceleratus*) zu bezeichnen. Zudem werden Tempelschändungen und das Tragen von Waffen in Rom (innerhalb des *pomerium*) in diesem Argumententypus Berücksichtigung finden.

Zweitens sind Vorwürfe gegen die Person der Gegner zu beobachten, welche die Beschuldigten in einem mit Gewalt assoziierten Kontext als ihrer Natur nach unrömisch oder gar unmenschlich disqualifizieren. Dies gilt insbesondere für die Beschimpfung als Tier oder Ungeheuer, da den angegangenen Gegnern auf diese Weise gewissermaßen das Römersein abgesprochen wird, ja sogar das Menschsein.[468] Zudem wird den Gegnern bei Vorwürfen dieser Art ein Mangel an Affektkontrolle, gewissermaßen eine animalische Unbeherrschtheit zur Last gelegt. Dies erklärt sie der römischen Nobilität für unwürdig und spricht ihnen implizit eine Affinität zu überhöhter physischer Gewaltbereitschaft zu.

Darüber hinaus werden drittens Vorwürfe geäußert, denen zufolge die beschuldigten Personen der Aufrechterhaltung der idealen *res publica* entgegenwirken würden. Diese Variante des Argumententyps weist also über die sich zunächst einmal psychisch äußernde Gewalt hinaus eine ‚staatsrechtliche' Dimension auf.[469] In diese Kategorie fallen besonders der Vorwurf der Tyrannei bzw. der Despotie, der Vorwurf des Strebens nach der Königswürde (*rex*) sowie der bereits erwähnte ordnungspolitische Gebrauch von *latro*.[470] Letztlich ist die Beurteilung des zu beschuldigenden Gegners als barbarisch ein zu jeder Zeit gebräuchliches Mittel, um sie als der römischen Elite unwürdig zu erweisen.

5.5.1 Verbrecher, Gladiatoren und Ungeheuer in den Reden

Für Catilina ist festzustellen, dass der Vorwurf des Verbrechens sowohl über seine Anhänger auf ihn übertragen als auch ihm selbst zugeschrieben wird. Unter *latrones* sind zunächst einmal diejenigen zu verstehen, die Waffen führen, auf Raub aus sind

---

468 Vgl. dazu NISBET 1960, 196: „Animal names were a favourite form of invective [...]", mit Verweis auf den Vorwurf *belula* gegen Piso in Cic. Pis. 1; 8. Siehe des Weiteren MAY (1988, 149), der das Degradieren zum Untier und Monster als Sinnbild für das Ziel der Diffamierungen versteht, nämlich dem Angegriffenen seine *romanitas* abzuerkennen und ihn zum unrömischen *hostis* zu erklären.

469 Während die Titulierung als ‚staatsrechtlich' allzu modern anmutet, soll darunter nicht mehr als die „Konkretion von Macht und Herrschaft" (PEHLE 2000, 224) verstanden werden, die sich im Negativen in der römischen Republik freilich in Bestrebungen der Alleinherrschaft niederschlägt.

470 Vgl. dazu auch TURNER/K. O. CHONG-GOSSARD/VERVAET 2010.

und die römischen Landstraßen unsicher gemacht haben.[471] Das *latrocinium* wurde seit Sulla vermutlich nach der *lex Cornelia de sicariis* (81 v. Chr.)[472] wie das *homicidium* (Totschlag) bestraft und wurde in republikanischer Zeit vor den *quaestores* und den *tresviri capitales* verhandelt.[473] In Anwendung des *latro*-Vorwurfs auf Catilina und seine Anhänger, so Grünewald, habe Cicero das ursprüngliche Bild des politischen Gegners auf Leben und Tod mit den Zügen eines persönlichen Intimfeindes verbunden.[474] Dieser beschimpft die Gefolgsleute Catilinas bei verschiedenen Gelegenheiten als Räuber und Verbrecher. Dabei sucht er stets nachzuweisen, dass ihnen ein Prozess nach der *lex Cornelia de sicariis* zu machen sei: So nennt er Catilinas Anhänger eine schamlose Verbrecherrotte (*inportuna sceleratorum manus*), wobei *scelus* als Gewaltverbrechen zu verstehen sei,[475] spricht von ihnen als einer Räuberbande (*tantum latrocinium*)[476] und als Straßenräuber Italiens (*latrones Italiae*),[477] nennt sie Plünderer (*praedatores*)[478] oder Messerstecher (*sicarii*).[479] Auch Catilina selbst wird mehrfach als *latro* und *sicarius* beschimpft.[480] Besonders deutlich wird Cicero in der *zweiten Cati-*

---

471 Vgl. PFAFF 1924, 978. Eine böse Absicht wird den *latrones* als Voraussetzung für den Tatbestand des *latrocinium* unterstellt, was wiederum eine besonders schwere Form der *rapina* (Raub) darstellt.

472 Die *lex Cornelia de sicariis et veneficis* bestraft in erster Linie das Bewaffnetsein in verbrecherischer Absicht, was für den *latro*- oder *sicarius*-Vorwurf in den Diffamierungen von primärer Bedeutung ist. An zweiter Stelle bestraft sie die vorsätzliche vollendete Tötung, so SIMON 1998, 700.

473 Vgl. PFAFF 1924, 979. Die *tresviri capitales* waren seit 289 v. Chr. eingesetzt u. a. zur Aufsicht über die Staatsgefängnisse oder zur Überwachung der Vollstreckung der Todesstrafe, vgl. DE LIBERO 2002, 785.

474 Vgl. GRÜNEWALD 1999, 105.

475 Cic. Catil. 1.23: *sin autem servire meae laudi et gloriae mavis, egredere cum inportuna sceleratorum manu,* („Willst du aber lieber meinem Ruhm und meiner Ehre dienen, so entweiche zugleich mit deiner schamlosen Verbrecherrotte [...]"). Siehe auch Cic. Catil. 1.25: *(...) inproborum manum (...).* („[...] Verbrecherbande [...].").

476 Cic. Catil. 1.31: *hic si ex tanto latrocinio iste unus tolletur, (...).* („Wenn nun aus dieser furchtbaren Räuberbande nur dieser eine beseitigt wird, [...]"); siehe auch Cic. Catil. 2.1.

477 Cic. Catil. 1.33: *(...) hostis patriae, latrones Italiae scelerum foedere inter se ac nefaria societate coniunctos (...).* („[...] die Feinde des Vaterlandes, die Räuber Italiens, die sich durch das Band des Verbrechens und frevelhafte Gemeinschaft verbunden haben [...]").

478 Cic. Catil. 2.20: *(...) in eodem genere praedatorum direptorumque (...).* („[...] zu derselben Klasse der Räuber und Beraubten.").

479 Cic. Catil. 2.22: *quintum genus est parricidarum, sicariorum, denique omnium facinerosorum.* („Die fünfte Gruppe sind Mörder und Banditen, mit einem Wort alle Verbrecher."). STEENBLOCK (2013, 69 Anm. 284) nennt den *sicarius* einen „unehrenhaften Meuchelmörder". Dass der Vorwurf *latro* häufig auf die Anhänger angewandt wird, hat OPELT (1965, 132f.) festgestellt, die explizit auf die besondere Implikation des *latro*-Vorwurfs hinweist, dass der so bezeichnete Politiker eine Bande um sich schare.

480 Cic. Catil. 2.7: *quis tota Italia veneficus, quis gladiator, quis latro, quis sicarius, quis parricida, (...) quis perditus inveniri potest, qui se cum Catilina non familiarissime vixisse fateatur?* („Welcher Giftmischer läßt sich in ganz Italien ausfindig machen, der nicht zugäbe, daß er mit Catilina auf vertrautestem Fuße stand? Und welcher Bandit, welcher Räuber, welcher Halsabschneider, welcher Meuchelmörder, [...] welcher verdorbene, welcher verworfene Mensch?"). Wenn auch all die hier angeführten Vorwürfe gegen Catilinas Anhängerschaft gerichtet sind, gelten sie doch bereits für Catilina selbst. Denn durch die beschriebene Situation, dass Catilina all dieses ‚Gesindel' gleichsam

linarischen Rede, wenn er Catilina bezichtigt, lieber als Straßenräuber (*latrocinantem*) enden zu wollen als im Exil.[481] Denn dies mutet nach Ciceros Dafürhalten für einen Senatsaristokraten, der doch den Ausschluss aus dem Senat und den räumlichen Ausschluss aus Rom (*exul*) am meisten fürchten müsste, ungeheuerlich an. Ähnlich hält er ihm neben seinen Anhängern auch persönlich in der *ersten Rede* vor, ein Meister seines gottlosen Räuberhandwerks (*impium latrocinium*) zu sein.[482] Das Motiv ciceronischer Beschimpfungen dieser Art liegt in der Absicht begründet, ein *bellum iustum* (gegen einen Staatsfeind) zu legitimieren. Cicero versucht diese Legitimierung zu erreichen, indem er nachweist, dass Catilina und seine Anhänger durch ihr *apertum latrocinium* – das für jedermann sichtbare Verbrechertum – den rechtfertigenden Anlass dazu geben.[483] So hätte Cicero die notwendige Grundlage dafür geschaffen, die Catilinarier verfolgen und ihrer Strafe zuführen zu können. Dass diese Bestrebungen nur von kurzzeitigem Erfolg waren, zeigt der Ausgang der Catilinarischen Verschwörung. Zwar verloren zahlreiche Catilinarier und auch Catilina in der Folgezeit ihr Leben und Cicero erfuhr – besonders durch sein Selbstlob – Ruhm für die Zerschlagung einer solchen Verschwörung als Konsul. Aber dennoch trieben die sich aus der Verfolgung der Catilinarier ergebenden Konsequenzen – maßgeblich durch die Gesetzesinitiative des Clodius, die *lex de capite civis Romani*[484] – Cicero ins (selbstgewählte) Exil.

Sowohl in direkter als auch in indirekter Weise wird Catilina außerdem der Vorwurf *gladiator* zuteil, womit Cicero ihn zur *persona turpis* erklärt.[485] So nennt Cicero

---

anziehe, übertragen sich sämtliche Vorwürfe auch auf ihn. GRÜNEWALD (1999, 106) weist darauf hin, dass Sallust den *latro*-Vorwurf kein einziges Mal gegen Catilina selbst ausspreche, was er keineswegs als günstigeres Gesamturteil des Sallust deutet, sondern als schriftstellerische Individualität.

481 Cic. Catil. 2.16: *ille autem, si mehercule hoc, quod agit, numquam antea cogitasset, tamen latrocinantem se interfici mallet quam exulem vivere.* („Hätte aber Catilina wahrhaftig an das, was er jetzt treibt, nie vorher gedacht, würde er doch lieber als Straßenräuber fallen als in der Verbannung leben wollen.").

482 Cic. Catil. 1.23: *(...) exsulta impio latrocinio, ut a me non eiectus ad alienos, sed invitatus ad tuos isse videaris.* („[...] frohlocke über dein gottloses Räuberhandwerk, so daß es scheint, als seist du von mir nicht zu Fremden hinausgejagt, sondern zu den Deinen eingeladen worden!"). Siehe dazu auch Cic. Catil. 1.27: *(...) latrocinium potius quam bellum nominaretur.* („[...] und daß dein frevelhaftes Unternehmen mehr ein Raub- als ein Feldzug genannt wird."). Für den *latro*-Vorwurf siehe des Weiteren Cic. Catil. 2.24 sowie 3.17.

483 Cic. Catil. 2.1: *Palam iam cum hoste nullo inpediente bellum iustum geremus. Sine dubio perdidimus hominem magnificeque vicimus, cum illum ex occultis insidiis in apertum latrocinium coniecimus.* („Offen werden wir nunmehr mit einem Feind, ohne daß uns jemand hindert, einen gerechten Krieg führen. Ohne Zweifel haben wir diesen Menschen glorreich besiegt und vernichtet, als wir ihn aus seinem Versteck und Hinterhalt ins offene Räuberlager trieben."). Siehe dazu GRÜNEWALD 1999, 105. Für das Konzept des *bellum iustum* bei Cicero vgl. die ethisch-staatsrechtliche Untersuchung von KELLER 2012.

484 Eine Strafandrohung der *relegatio* im Falle der Tötung eines römischen Bürgers ohne rechtmäßiges Urteil, das bei der Ermordung der Catilinarier nicht vorgelegen hatte.

485 Berufsgruppen wie den Preis- und Wettkämpfern ist das Stigma der *turpitudo* inhärent, vgl. SACHERS 1948, 1435.

ihn in der *zweiten Rede* einen entkräfteten und verwundeten Fechter (*confectus et saucius gladiator*),[486] bei anderen Gelegenheiten rückt er ihn wenigstens in die Nähe des *gladiator*-Vorwurfs, indem er seine Anhänger als *gladiatores* beschimpft.[487] Da die Gladiatoren Roms meist Sklaven waren, versetzt Cicero Catilina und seine Anhänger durch die *gladiator*-Vorwürfe außerdem in ein sklavisches Milieu, dem, wie gesehen, ein Stigma der Fremdbestimmtheit anhaftet.[488] Abschließend ist zu den Vorwürfen gegen Catilinas eigene Person die Beschimpfung als *monstrum* anzuführen. Denn Cicero verstärkt das Eigenlob, Rom von der Gefährdung durch Catilina befreit zu haben, indem er diesen als Scheusal und Ungeheuer (*monstrum atque prodigium*) bezeichnet.[489] So versinnbildlicht er die von einem solchen ‚Unmenschen' ausgehende Gefahr durch einen ins Übernatürliche gesteigerten Tiervergleich (*prodigium*) und rückt Catilina damit in die Nähe absoluter Zivilisationsfeindlichkeit.

Auch gegen Clodius in der *Rede für Milo* bildet eines der meistgenutzten diffamierenden Argumente der Vorwurf des Verbrechens, des Räuber-Charakters und einer ebenso verbrecherischen Anhängerschaft.[490] Gleich zu Beginn der *Rede für Milo* führt Cicero Clodius und seine Anhänger in diesem Sinne ein, indem er sie als Leute beschreibt, die von Clodius' Raserei zu Raubzügen, Feuersbrünsten und gemeingefährlichen Verbrechen jeder Art herangezogen worden seien.[491] Die Anhängerschaft wird so als eine Gruppe von Clodius' ‚Geschöpfen' zusammengefasst, womit er zugleich selbst disqualifiziert wird, da er sich seine verbrecherischen Anhänger schließlich eigens herangezogen habe (*pavit*). Nicht zufällig entstammt das hier gebrauchte Verb *pascere* dem Kontext der Viehaufzucht und verleiht Clodius' Anhängern einen Anschein blinder, animalischer Gefolgschaft und ebenso animalischer Unbeherrschtheit und Wut: Alles in allem bezichtigt Cicero sie fehlender Zivilisation. Um

---

486 Cic. Catil. 2.24: *et primum gladiatori illi confecto et saucio (...).* („Stellt zunächst jenem entkräfteten und verwundeten Fechter [...]."). Evans (2008, 74) hat darüber hinaus darauf hingewiesen, dass Catilina auch in den *Philippischen Reden* (Cic. Phil. 14.14) wieder als *gladiator* bezeichnet wird.

487 Cic. Catil. 2.9: *nemo est in ludo gladiatorio paulo ad facinus audacior qui se non intimum Catilinae esse fateatur; (...).* („Es gibt im Gladiatorenmetier keinen irgendwie zum Verbrechen bereiten Draufgänger, der sich nicht als intimen Freund Catilinas bekennt [...]"); Cic. Catil. 2.19: *non vident id se cupere, quod si adepti sint, fugitivo alicui aut gladiatori concedi sit necesse?* („Sehen sie nicht, daß sie etwas wünschen, was sie, sobald sie es erlangt haben, irgendeinem entlaufenen Sklaven oder Gladiator abtreten müssen?").

488 Siehe dazu auch den gegen Antonius platzierten, diffamierenden Aspekt *essedum* in Kapitel 5.1.1.

489 Cic. Catil. 2.1: *nulla iam pernicies a monstro illo atque prodigio meonibus ipsis intra moenia comparabitur.* („Kein Unheil mehr wird von diesem Ungeheuer und Scheusal gegen die Stadt selbst innerhalb ihrer Mauern gestiftet werden.").

490 Für Clodius im Kontext von *Gewalt und Ritual in der späten römischen Republik* und dessen Umgang mit ‚verbrecherischen' Banden vgl. Nippel 1981, 9–13 sowie grundlegend Nippel 1988, 108–128, ferner Nippel 2000, 279–291.

491 Cic. Mil. 3: *unum genus est adversum infestumque nobis, eorum quos P. Clodi furor rapinis et incendiis et omnibus exitiis publicis pavit.* („Eine Gruppe steht uns allerdings feindselig und unversöhnlich gegenüber: die Leute, die P. Clodius in seiner Raserei durch Raubzüge, Feuersbrünste und gemeingefährliche Verbrechen jeder Art großgezogen hat.").

dieses Moment noch zu verstärken, weist Cicero darauf hin, dass Clodius seine Anhänger gewissermaßen zu der ihm eigenen Raserei (*furor*) – Geisteskrankheit[492] – erzogen und zu diesem Zweck all diejenigen Verbrechen nutzbar gemacht habe, die für ihn selbst charakteristisch seien (*rapinis et incendiis et omnibus exitiis publicis*). Cicero beschimpft Clodius' Anhänger des Weiteren als Straßenräuber (*latrones*) oder Messerstecher (*sicarii*) und führt aus, dass sie zu jeder Zeit und an jedem Ort Waffen getragen hätten, womit sie freilich gegen geltendes römisches Recht verstoßen hätten und einer Verfolgung nach der *lex Cornelia de sicariis* zu überantworten seien.[493] Seit 78 bzw. 63 v. Chr. war das Anheuern von Banden für Angriffe auf Senat oder Magistrate, zur Besetzung öffentlicher Plätze mit Bewaffneten oder zur Beschädigung öffentlicher Gebäude durch die *lex Lutatia* und vermutlich eine *lex Plautia de vi* vor einem Geschworenengericht (*quaestio*) verfolgbar.[494]

Doch nicht nur gegen seine Anhänger, sondern auch gegen Clodius selbst wird von Cicero der *latro*-Vorwurf bemüht.[495] De facto stellt dieser Vorwurf im Mordprozess gegen Milo das zentrale Argument der ciceronischen Verteidigungsstrategie dar,[496] in dem Cicero Milo in der Anklage wegen Mordes an Clodius – erfolglos – verteidigt.[497] Ciceros stetig wiederkehrende Frage lautet, wie es als Verbrechen gelten könne, in Clodius einen Mann aus dem Weg geräumt zu haben, der Rom und seine Bürger als Wegelagerer und Räuber (*latro*) derart tyrannisiert habe.[498] Ebenso wie für die gesamte Anhängerschaft wird dieser Vorwurf auch für Clodius selbst mit dem Konzept des Hinterhalts verknüpft. Cicero stellt Clodius nicht nur als Straßenräuber dar, sondern

---

492 Siehe dazu Kapitel 4.

493 Siehe Cic. Sest. 95: *qui stipatus semper sicariis, saeptus armatis, munitus indicibus fuit, quorum hodie copia redundat*, („er war stets von Messerstechern begleitet, von Bewaffneten umgeben und von jenen Aufpassern umringt, an denen heutzutage Überfluß herrscht"). Dieser Vorwurf wird insbesondere auch gegen Marcus Antonius genutzt, siehe dazu Cic. Phil. 2.6, 112; 3.9; 5.18. Auch Clodius selbst wird als Messerstecher beschimpft: Cic. Sest. 39 (*cum sicario*). Für den *latro*-Vorwurf siehe Cic. Mil. 10: *(...) si vita nostra in aliquas insidias, si in vim et in tela aut latronum aut inimicorum incidisset, (...)*. („[...] wenn unser Leben durch einen tückischen Anschlag, durch die bewaffnete Gewalt von Räubern oder Feinden bedroht ist, [...]."). Vgl. auch Timmer 2005, 205.

494 Siehe Nippel 2003, 251.

495 Für eine Diskussion zu Clodius' Beschimpfung als *latro* siehe auch Grünewalds (1999, 106) Hinweis auf Milan 1979/1980, 185–188.

496 Für eine anschauliche Darstellung des vermeintlichen Tathergangs vgl. Schuller 1997, 115 f.

497 Wobei daran zu erinnern ist, dass die uns vorliegende Rede eine überarbeitete und erweiterte Fassung der tatsächlich gehaltenen Rede darstellt, die Milo, als sie ihm in der Verbannung vorgelegt wird, selbst gelobt haben soll, wenn er scherzt, dass diese Version womöglich zu seinem Freispruch geführt hätte, siehe Cass. Dio 40.54.3.

498 Cic. Mil. 10: *insidiatori vero et latroni quae potest inferri iniusta nex? (...) si vita nostra in aliquas insidias, si in vim et in tela aut latronum aut inimicorum incidisset,(...)*. („Wie kann es vollends unrecht sein, einen Wegelagerer und Räuber zu töten? [...] wenn unser Leben durch einen tückischen Anschlag, durch die bewaffnete Gewalt von Räubern oder Feinden bedroht ist, [...]."). Siehe auch Cic. Sest. 81: *fuistisne aliquando rem publicam a funesto latrone repetituri?* („Hattet ihr diesem verruchten Banditen endlich die Staatsgewalt entrissen?"); ferner Cic. Sest. 39.

betont insbesondere, dass er aus dem Hinterhalt agiert habe (*insidiator*). Cicero versucht mit dieser Ausgestaltung des Arguments das ungeheuerliche Ausmaß der Verkommenheit von Clodius' Charakter zu belegen. Denn es sei davon auszugehen – so die Argumentationsstrategie – dass eine Person außergewöhnlich verbrecherisch, räuberhaft und eben hinterhältig gewesen sein müsse, wenn es – worauf Cicero aus ist – nicht als Unrecht verstanden werde, diesen zu töten.

In einer anderen herausragenden Passage der Diffamierung als *latro* spielt Cicero mit der Erwartungshaltung der Leserschaft der überarbeiteten Fassung der ursprünglich – erfolglos – gehaltenen Rede. Auch Cicero scheint es vor eine gewisse Herausforderung gestellt zu haben, den Mord an einer Person, die den Ruf eines Räuberbandenhauptmannes genoss, durch eine Person, die in demselben Ruf stand, als eindeutig rechtmäßig erscheinen zu lassen. Zu Gunsten seiner Argumentation muss er Milo zum unbescholtenen Reisenden stilisieren und Clodius in die Rolle des Wegelagerers versetzen. Es stellt sich nun aber das Problem der Wahrscheinlichkeit: Warum sollte der Reisende den Wegelagerer überwältigen und nicht, wie anzunehmen wäre, der Wegelagerer den Reisenden bezwingen – genießt dieser doch den Vorteil der Überraschung, eben des Hinterhalts? Cicero löst dieses Dilemma, indem er das Unwahrscheinliche schlichtweg zum Wahrscheinlichen erklärt, da nur die höhere Wahrscheinlichkeit den Ausgang einer Auseinandersetzung nicht entscheiden müsse: *quia non semper viator a latrone, non numquam etiam latro a viatore occiditur* („weil nicht immer nur der Reisende dem Räuber, sondern manchmal auch der Räuber dem Reisenden unterliegt").[499] In der Verkehrung der Wahrscheinlichkeit liegt freilich das geeignetste Mittel, der Erwartungshaltung des potentiellen Zuhörers entgegenzuwirken, die nach der größten Plausibilität sucht. Cicero setzt darauf, dass eben auch das Unerwartete eintreten kann. So verkehrt Cicero die ihm ungünstig gewogene Erwartungshaltung des (lesenden) Publikums in ein scheinbares Argument. Dieselbe Intention verbirgt sich hinter der Strategie, den Ort des Verbrechens nachhaltig mit dem ‚Räubertum' in Verbindung zu bringen, um so zu erklären, warum der Mord an Clodius keine planvolle Tat Milos gewesen sein kann, da ein solcher Ort ein Verbrechen zu offensichtlich hätte werden lassen.[500]

Ein weiteres Mal muss Cicero versuchen, die Erwartungshaltung der Zuhörer ins Gegenteil zu verkehren, wenn es darum geht, dass Clodius ausgerechnet auf der Via Appia getötet worden ist, jener Straße also, die nach ihrem Bauherrn, einem glorreichen Ahnen des Clodius benannt ist. Cicero nimmt zu diesem Zweck freimütig eine Behauptung vorweg, die von den Anklägern Milos immer wieder geäußert werde,

---

499 Cic. Mil. 55: *cur igitur victus est? quia non semper viator a latrone, non numquam etiam latro a viatore occiditur;* („Warum zog er denn den Kürzeren? Weil nicht immer nur der Reisende dem Räuber, sondern manchmal auch der Räuber dem Reisenden unterliegt").

500 So in Cic. Mil. 50: *insidioso et pleno latronum in loco occidisset. (...) Sustinuisset hoc crimen primum ipse ille latronum occultator et receptor locus;* („[...] er hätte ihn in einer unsicheren, von Räubern heimgesuchten Gegend getötet. [...] Die Schuld an dem Verbrechen wäre dem Tatort, einem Schlupfwinkel von Räubern zugeschrieben worden").

indem er erklärt, dass Clodius' Tod eben nicht als noch schrecklicher zu bewerten sei, nur weil er an einem Ort herbeigeführt wurde, der das Gedächtnis der Vorfahren bewahre.[501] Zur Entwertung dieses Arguments muss Cicero Clodius des Nimbus berauben, der jedem Mitglied seiner Familie durch die Leistung der Vorfahren eigen ist. Er versucht zu diesem Zweck, Clodius' charakterliche Verkommenheit zur Grundlage dafür zu erklären, dass Clodius ganz individuell den Glanz der Vorfahren nicht verdiene. So erklärt er Clodius für den Erinnerungsort der Claudii als unwürdig. Sein Argument für diese Strategie lautet, dass Clodius ein Räuber gewesen sei. So spottet er über den unwürdigen Erben: „[...] als hätte der große Appius Caecus die Straße nicht zum Nutzen des Volkes, sondern für straflose Raubzüge seiner Nachkommen erbaut!" (*latrocinari*)[502] Cicero versucht in diesem Argument, Clodius aus der Omnipräsenz und nahezu unüberbrückbaren Wirkmacht der Familie der Claudii herauszulösen und ihm den Anschein zu geben, weniger ein Claudius zu sein, als er in den Augen der Senatsaristokratie offensichtlich gewesen sein muss. Er argumentiert, dass Clodius den Anspruch verloren habe, den Schutz und die *per se* gewährte Integrität seiner Familie zu genießen, da er ein Räuber sei. Clodius' Ahnherr und Erbauer der Via Appia hätte es, so Cicero, niemals gutheißen können, dass Verbrechen auf seinen Straßen begangen würden, auch wenn jener künftige Verbrecher seiner eigenen angesehen Familie entstamme. Die Straße solle, so Ciceros Argumentation, eher als ein Erinnerungsort für eine uneigennützige Leistung zugunsten des *populus* verstanden werden (*qua populus uteretur*) denn als familienbezogener Ort der Erinnerung für jeden noch so verdorbenen Abkömmling. Die Quintessenz der Argumentation lautet somit: Der Mord an einem Appius Claudius auf der Via Appia dürfe Milo nicht als besondere Pietätlosigkeit ausgelegt werden, nur weil der Tötungsort des einen Appius der *gens* der Claudii als Erinnerungsort zu Ruhm und Ehre gereiche. Als *latro* habe Clodius diesen Familienbonus verspielt. Vielmehr sei er, so will es diese Argumentation nebenher nahelegen, pietätlos und dann im Übrigen auch seiner Familie unwürdig.

Cicero versetzt Clodius ferner in einen animalischen Kontext, indem er ihn als skrupelloses und abscheuliches Ungeheuer (*belua*) beschimpft und wiederholt als *pestis*, *monstrum* und *prodigium* bezeichnet.[503] Wie schon für Catilina und Clodius'

---

501 Cic. Mil. 17: *Nisi forte (...) eo mors atrocior erit P. Clodi, quod is in monumentis maiorum suorum sit interfectus – hoc enim ab istis saepe dicitur.* („[...] noch ist der Tod des P. Clodius deshalb schrecklicher, weil er sich an einem Ort, der das Gedächtnis der Vorfahren bewahrt, ereignet hat. Das wird ja von den Anklägern immer wieder behauptet.").

502 Cic. Mil. 17: *proinde quasi Appius ille Caecus viam muniverit, non qua populus uteretur, sed ubi impune sui posteri latrocinarentur!*

503 Für den Vorwurf *belua* siehe Cic. Mil. 32: *satis est in illa quidem tam audaci, tam nefaria belua, docere magnam ei causam, magnam spem in Milonis morte propositam, magnas utilitates fuisse.* („Es genügt bei einem so skrupellosen, so abscheulichen Ungeheuer darzutun, daß ihm ein großes Ziel und große Aussichten für den Fall von Milos Tod vor Augen standen."); Cic. Sest. 16: *hanc taetram immanemque beluam, (...).* („Dieses ekelhafte und abscheuliche Untier, [...]."); sowie Cic. har. resp. 5. Für den Vorwurf *pestis* siehe Cic. Mil. 40: *cum se ille fugiens in scalarum tenebris abdidisset, magnum Miloni fuit conficere illam pestem nulla sua invidia, M. vero Antoni maxima gloria?* („Als er sich auf der

Anhänger gesehen, wird auch Clodius selbst durch diese Beschimpfungen einer Zivilisationslosigkeit beschuldigt, die ihn als ein der Senatsaristokratie unwürdiges Mitglied desavouiert.

Mithilfe von Aspekten dieses Argumententyps werden auch Piso und seine Anhänger vielfach angegriffen. Ein markanter Vorwurf gegen Piso betrifft seine unkontrollierte physische Gewalt, weshalb er als Tier oder Monster beschimpft wird. So fragt Cicero gleich im ersten überlieferten Satz, sozusagen zum Auftakt der uns erhaltenen Rede, ob das Ungeheuer (*belua*) Piso nun erkenne, was die Leute gegen seine finstere Miene hätten.[504] Wenig später wird Piso als Personifizierung des *furor* als *furia* beschimpft.[505] Neben diesen Verunglimpfungen als Ungeheuer, die auf Gewalt oder Raserei abzielen, versetzen ihn noch andere Beschimpfungen in einen animalischen Kontext. So wird er beispielsweise als Esel (*asinus*)[506] oder als schmutziges Vieh (*impurissimae pecudis*) bezeichnet.[507] Beide Vorwürfe stellen Aspekte dar, die ihm wichtige Parameter römischer Zivilisation wie Bildung und Hygiene absprechen. In dieser Reihe ist des Weiteren Pisos Assoziation mit dem ‚Schwein' Epikurs zu erwähnen, denn in der *Rede gegen Piso* nennt er ihn einen römischen Epikur und beschimpft ihn dementsprechend als ein Erzeugnis des Stalles, aber nicht der Schule.[508] Diese Passage verbindet das animalische Milieu mit dem Vorwurf einer von Cicero als lasterhaft empfundenen philosophischen Richtung. Wenn auch die Assoziation eines (Schweine-)Stalls mit dem Epikureismus andere Hintergründe aufweist und nicht mit physischer Gewalt in Verbindung zu bringen ist – vielmehr mit Assoziationen des dumpfen Genusslebens –, bleibt dennoch erwähnenswert, dass Cicero es nicht ver-

Flucht im Dunkel einer Treppe verbarg, wie leicht hätte Milo den Unhold erledigen können, ohne sich selbst verhaßt zu machen und zum größten Ruhme des M. Antonius!"); Cic. Mil. 68: *cum illa ipsa taeterrima peste se saepissime pro tua gloria contendisse;* („daß er [*sc.* Milo] sich gerade mit diesem abscheulichen Ungeheuer [*sc.* Clodius] sehr oft zu deinem Ruhme herumgeschlagen [...] hat,"); sowie Cic. har. resp. 4; 50; Cic. in Clod. et Cur. frag. 21; siehe auch Corbeill 2008, 240–254.

504 Cic. Pis. 1: *iamne vides, belua, iamne sentis quae sit hominum querela frontis tuae?* („[...] siehst du jetzt, du Ungeheuer, merkst du jetzt, was die Leute gegen deine finstere Miene haben?"). Zur Miene Pisos vgl. die körpergeschichtlich ausgerichtete Untersuchung Meisters 2009, der Ciceros Körperbeschreibungen auf diskursive Muster zurückführt, die Aufschluss geben über „widersprüchliche Formen körperbetonter aristokratischer Selbststilisierung.", Meister 2009, 72.

505 Cic. Pis. 8: *aude nunc, o furia, de tuo dicere!* („Unterstehe dich jetzt, du Ungeheuer [*o furia*], von dem deinigen zu reden!").

506 Cic. Pis. 73: *quid nunc te, asine, litteras doceam? non opus est verbis sed fustibus.* („Was soll's, du Esel, daß ich dir jetzt Sprachunterricht erteile? Du brauchst keine Worte, sondern den Knüppel.").

507 Cic. Pis. 72: *(...) istius impurissimae atque intemperantissimae pecudis caeno et sordibus inquinavit.* („in den Schmutz und Kot des unsaubersten und hemmungslosesten Stückes Vieh gezogen [...].").

508 Cic. Pis. 37: *confer nunc, Epicure noster ex hara producte non ex schola, confer, si audes, absentiam tuam cum mea.* („Vergleiche jetzt, du römischer Epikur, Erzeugnis des Stalles, nicht der Schule, vergleiche, wenn du den Mut hast, deine Abwesenheit mit meiner!"). Der Vorwurf des Epikureismus findet sich darüber hinaus mehrfach in der *Pisoniana*, siehe dazu u.a. 69 und 92; vgl. dazu auch Griffin 2001, 95–97.

säumt, auch diesen Vorwurf animalischer Art im Sinne seiner Diffamierung nutzbar zu machen.[509]

Auf Piso wird zudem ein Aspekt aus dem Bereich der physischen Gewalt angewandt, indem er als *gladiator* bezeichnet wird. So beschimpft ihn Cicero in einem Atemzug als *gladiator* und *sceleratus*, also als waffentragenden Sklaven und Gewaltverbrecher.[510] Piso wird dabei jedoch nicht nur selbst diffamierend angegangen, sondern zugleich auch sein gesellschaftlicher Umgang. So schlage sich Piso mit seinesgleichen herum, nämlich mit Verbrechern (*latrocinium*), Gesindel, Sklaven und *gladiatores*.[511] Piso wird von Cicero außerdem vielfach als Plünderer (*praedo*, *furax*), Peiniger (*vexator*), Messerstecher (*sicarius*) und Räuber (*latro*, *fur*) beschimpft.[512]

---

509 Vgl. dazu Nisbet 1961, 195.

510 Cic. Pis. 28: *erat ipse sceleratus, erat gladiator, cum scelerato tamen et cum pari gladiatore pugnabat.* („Er war selbst ein Verbrecher, ein Bandit – doch er schlug sich mit einem Verbrecher und Banditen seinesgleichen herum.").

511 Siehe dazu Cic. Pis. 9: *sed (...) quaedam nova ex omni faece urbis ac servitio (...).* („[...] sondern auch mit Hilfe von hauptstädtischem Gesindel jeder Art und von Sklaven [...]."); 30: *(...) inusta per servos, incisa per vim, imposita per latrocinium, (...).* („eingebracht durch Sklaven, eingeführt durch Zwang, eingeschmuggelt durch Raubgesindel [...]"); 64: *plebs Romana perditum cupit, in cuius tu infamiam ea quae per latrones et per servos de me egeras contulisti;* („das Volk von Rom wünscht dich zum Henker, weil du es durch deine Beschlüsse gegen mich, das Werk von Räubern und von Sklaven, in Verruf gebracht hast;"); 84: *Ita perpetuos defensores Macedoniae vexatores ac praedatores effecisti;* („So hast du die unermüdlichen Bewacher Makedoniens in Räuber und Plünderer verwandelt."). Der Vorwurf des *gladiator* stellt im Übrigen einen weiteren Aspekt der Diffamierung dar, der später sowohl gegen Marcus Antonius als auch gegen Personen aus seinem Umfeld angewandt wird, siehe dazu beispielsweise Cic. Phil. 2.7; 2.63; 2.74; 2.97; für Antonius' Bruder siehe Cic. Phil. 7.17.

512 Cic. Pis. 96: *(...) te unum suum sociorumque depeculatorem, vexatorem, praedonem, hostem venisse senserunt.* („[...] sie alle haben einzig und allein dich als ihren Plünderer, Peiniger, Räuber und Feind zu spüren bekommen."). Für Pisos ‚Räuberhaftigkeit' siehe beispielsweise auch Cic. Pis. 74: *(...) tuis ipse furacissimis manibus (...).* („[...] mit deinen eigenen räuberischen Händen [...]"); Cic. Pis. 24: *qui latrones igitur, si quidem vos consules, (...) nominabuntur?* („Wer kann denn noch als Räuber gelten, wenn man euch Konsuln nennt [...]?"); Cic. Pis. 38: *mox, si videbitur, ut cum fure, ut cum sacrilego, ut cum sicario disputabo;* („sogleich – wenn es recht ist – will ich wie mit einem Dieb, einem Tempelschänder, einem Messerstecher mit ihm verhandeln;"); ebenfalls in 38: *qui ut venit, statim – nondum commemoro rapinas, non exactas pecunias, non captas, non imperatas, non neces sociorum, non caedis hospitum (...).* („Unmittelbar nach seiner Ankunft – doch ich bin noch nicht bei seinen Raubzügen, bei den von ihm eingetriebenen, weggenommenen, erpreßten Geldern, bei der Tötung von Bundesgenossen, beim Mord an Gastfreunden; [...]"); sowie Cic. Pis. 57: *provincia tibi ista manupretium fuerit eversae per te et perditae civitatis, cumque omnium tuorum scelerum haec pactio exstiterit ut, si tu totam rem publicam nefariis latronibus tradidisses, Macedonia tibi ob eam rem quibus tu velles finibus traderetur: cum exhauriebas aerarium,* („[...] du erhieltest deine Provinz als Preis für dein Werk, den Zusammenbruch und Untergang des Staates, und alle deine Missetaten beruhten auf der Abmachung, daß man dir, wenn du den verruchten Banditen das gesamte Staatswesen ausliefertest, zum Lohn dafür Makedonien in der von dir gewünschten Ausdehnung überantworten würde. Als du nun die Staatskasse ausplündertest [...]"). Auch durch knappste Schimpfwörter wird Piso bisweilen in einen verbrecherischen Kontext gestellt, wie in Cic. Pis. 74 mit *scelerate* („du Schuft"). Siehe dazu auch Cic. prov. 9: *igitur in Syria imperatore illo nihil aliud umquam actum est nisi pastiones pecuniarum cum tyrannis, decisiones, direptiones, latrocinia, caedes, (...).* („So gab es in Syrien unter seinem Kommando nichts als Geldge-

Auch aus dem Bereich der staatsrechtlichen Gewalt bedient sich Cicero, um Piso zu diffamieren, wenn er z. B. den Vorwurf der Tyrannei erhebt.[513] Denn Piso sei, so Cicero, zu Handlungsweisen fähig gewesen, die nicht einmal in irgendeinem Barbarenland von einem Tyrannen begangen worden seien.[514] Gemeint ist hier, dass Piso dem Senat gegenüber angeordnet habe, die auf dessen eigenen Beschluss zu Ehren Ciceros angelegte Trauerkleidung abzulegen.[515] Diese Anordnung lasse Pisos tyrannische Natur erkennen, was Cicero auch an späterer Stelle nicht müde wird zu wiederholen.[516] Das Argument kommt schließlich nicht nur in der *Rede gegen Piso*, sondern auch in der *Rede für Sestius* zum Tragen: Abermals wird Piso als Tyrann diskreditiert, weil er es verboten habe, zu trauern. Cicero fragt hier vorwurfsvoll, welcher Tyrann je so grausam gewesen sei, das Trauern zu verbieten (*quis tyrannus miseros lugere vetuit?*).[517] Der Vorwurf, sich wie ein Tyrann aufzuführen, lässt monarchische Herrschaftsformen anklingen, die in Rom seit der Vertreibung des letzten Etruskerkönigs (dem der sprechende Name *Superbus*, der Überhebliche, gegeben worden war) vehement abgelehnt und als Gefahr für die ‚Staatsform' der *res publica*

---

schäfte mit Potentaten, Schiebungen, Plündern, Raub und Mord [...]."); Cic. p. red. in sen. 10: *qui me duo sceleratissimi post hominum memoriam non consules, sed latrones non modo deseruerunt in causa praesertim publica et consulari, sed prodiderunt, oppugnarunt, omni auxilio non solum suo, sed etiam vestro ceterorumque ordinum spoliatum esse voluerunt.* („Diese beiden seit Menschengedenken verruchtesten Konsuln – nein, Wegelagerer haben mich in einer Sache, die vorzüglich den Staat und die Konsuln anging, nicht nur im Stich gelassen, sondern verraten, bekämpft und mir nicht nur ihre, sondern auch eure und aller übrigen Stände Hilfe versagen wollen.").

513 Für die staatsrechtlichen Implikationen des Tyrannis-Begriffs in der griechischen Literatur vgl. Lenschau 1948, 1839–1842.

514 Cic. Pis. 17: *quod nulla in barbaria quisquam tyrannus* („Was in keinem Barbarenlande kein Despot je getan hat.").

515 Cic. Pis. 18: *edicere est ausus cum illo suo pari, quem tamen omnibus vitiis superare cupiebat, ut senatus contra quam ipse censuisset ad vestitum rediret.* („Er war also dreist genug, gemeinsam mit seinem zweiten Ich (das er indes in allen Lastern zu überbieten suchte) anzuordnen, der Senat solle entgegen seinem eigenen Beschluß wieder die gewöhnliche Kleidung tragen."). Mit *illo suo pari* ist Gabinius gemeint, jener Kollege im Konsulat, der in einem früheren Teil der Rede als unübertrefflich lasterhaft eingeführt wird.

516 Cic. Pis. 18: *quis hoc fecit ulla in Scythia tyrannus ut eos quos luctu adficeret lugere non sineret?* („Welcher Despot irgendwo in Skythien ist je so weit gegangen, daß er denen das Trauern verbot, denen er Grund zum Trauern gegeben hatte?"). Der *tyrannus*-Vorwurf wird außerdem in Cic. Pis. 24 genutzt: *qui latrones igitur, si quidem vos consules, qui praedones, qui hostes, qui proditores, qui tyranni nominabuntur?* („Wer kann denn noch als Räuber gelten, wenn man euch Konsuln nennt, wer als Pirat, als Feind, als Verräter, als Tyrann?").

517 Die ganze Passage Cic. Sest. 32 lautet wie folgt: *cum subito edicunt duo consules ut ad suum vestitum senatores redirent. quis umquam consul senatum ipsius decretis parere prohibuit? quis tyrannus miseros lugere vetuit? (...) quis umquam tam crudelis fuit qui prohiberet quemquam aut sibi maerere aut ceteris supplicare?* („Da fordern plötzlich die beiden Konsuln die Senatoren in einem Erlaß auf, sie sollten wieder ihre gewöhnlichen Kleider tragen. Welcher Konsul hat je den Senat gehindert, seine eigenen Beschlüsse zu befolgen? Welcher Tyrann hat Unglücklichen zu trauern verboten? [...] wer war je so grausam, daß er jemanden gehindert hätte, das eigene Unglück zu beklagen oder für andere um Gnade zu flehen?").

verstanden wurden. Für die Gründungsgeschichte wurde in Rom gar eine Verbindung zwischen Tyrannis und Königtum hergestellt, indem man einen Synchronismus konstruierte zwischen der Vertreibung des letzten etruskischen Königs, Tarquinius Superbus, und der Verbannung des letzten athenischen Tyrannen Hippias, des älteren Sohnes des Peisistratos.[518] So begegnen die Vorwürfe *rex* und *tyrannus* in den Diffamierungen mit ähnlicher Bedeutung, nämlich als schlechte Herrschaft, die ein Einzelner despotisch ausübt und die es zu beenden bzw. zu vermeiden gilt. Ein sich monarchisch verhaltender Senatsaristokrat bräche – so der Vorwurf – mit den Grundpfeilern der Nobilität und der Republik. Er verginge sich so an den Idealen, denen er als Magistrat verpflichtet sei. Die Deutung, den Sturz des letzten Königs mit dem Sturz des letzten Tyrannen zu synchronisieren, entstammt freilich einer Zeit, in der sich die Machtbestrebungen einzelner Potentaten abzuzeichnen begannen. Daher sind die Diffamierungen getragen von demselben Impetus wie die Legende um die Gleichzeitigkeit des letzten römischen Königs und des letzten athenischen Tyrannen: der Warnung und Sorge vor der zu großen Machtkumulation eines Einzelnen.

In Pisos Umfeld wird auch Gabinius in die Nähe staatsrechtlicher Gewalt gerückt, nämlich monarchischer Herrschaftsformen. Gabinius wird von Cicero vorgeworfen, dem ägyptischen König Ptolemaios XII. Geleit gegeben zu haben (*comitem regi Alexandrino*). Cicero fragt rhetorisch, ob es überhaupt etwas Schändlicheres geben könnte, als sich zur Begleitung eines Königs herzugeben.[519] Auch die Bezeichnung als ‚Mietling' des Königs (*mercennarium regi*) unterstreicht die Schärfe des Vorwurfs, da somit explizit auch die frevelhafte Annahme des Geldes angesprochen wird, das Gabinius für seine Begleitung erhalten habe. Freilich ist allein schon die Bezahlung eines Senators unangemessen. In Gabinius' Fall ist diese Bezahlung aber zusätzlich noch mit dem Geschmack der Bestechung behaftet. Hier wird eindeutig ein Argument staatsrechtlicher Gewalt mit einem Aspekt der unrechtmäßigen Bereicherung verknüpft.

Für Antonius sind die beiden wirkungsmächtigsten Beispiele dieses Argumententyps die Vorwürfe eines *latro* und *gladiator*.[520] Eine Erweiterung dieses Arguments

518 Also 509 oder 508 v.Chr. Datiert wird die Königsvertreibung dabei anhand einer als Gründungsurkunde fehlgedeuteten Tempelinschrift auf dem Kapitol, siehe dazu Cic. rep. 1.63; leg. 3.9–10; Sen. epist. 108.31. Weitere Angaben bei FLACH 2004, 7 Anm. 1.

519 Cic. Pis. 49: *praebuit se mercennarium comitem regi Alexandrino. quid hoc turpius?* („Er gab sich zum Mietling und Begleiter des Königs von Alexandrien her: was ist schimpflicher als dies?").

520 Antonius selbst wird in Cic. Phil. 2.5; 2.6; 2.9; 2.62; 3.29; 4.5; 4.15; 5.30; 6.4; 6.12; 12.12; 12.15 als *latro* bezeichnet, in Cic. Phil. 2.7; 2.63; 2.74; 2.97 als *gladiator*. In den übrigen Reden tritt der *gladiator*-Vorwurf noch mehrfach auf: Cic. Phil. 5.32 (*sceleratus gladiator*); 6.3: *quae vobis potest cum hoc gladiatore condicionis, aequitatis, legationis esse communitas?* („Mit diesem Messerhelden kann es für euch keine gemeinsame Rechtsgrundlage, keine gemeinsame Verhandlungsbasis geben!"); 7.17: *Gracchorum potentiam maiorem fuisse arbitramini, quam huius gladiatoris futura sit? quem gladiatorem non ita appellavi, ut interdum etiam M. Antonius gladiator appellari solet, sed ut appellant ii, qui plane et Latine loquuntur. Myrmillo in Asia depugnavit!* („Meint ihr, die Machtstellung der Gracchen sei stärker gewesen als in Zukunft die dieses Gladiators? Wobei ich ihn nicht in dem Sinne als Gladiator bezeichne, wie man

der Diffamierung stellt wiederum die Übertragung der Vorwürfe auf die Anhängerschaft dar bzw. umgekehrt die vordergründige Diffamierung der Anhängerschaft, die zugleich impliziert, dass diese Vorwürfe auch auf Antonius selbst zu übertragen seien. Für die Aspekte *latro* und *gladiator* lassen sich im Falle des Antonius zahlreiche Beispiele finden. Auch für diesen Argumententypus nimmt es nicht wunder, dass eine erkennbare Häufung in der *zweiten Philippischen Rede* festzustellen ist. Hier rühmt Cicero Antonius' Freunde ironisch dafür, dass diese wegen ihres Ehrgeizes, sich für Antonius einzusetzen, bereits *de vi* verurteilt worden seien.[521] Diese Passage macht früh in der *zweiten Philippica* deutlich, wie Cicero Antonius' Anhänger aufgrund ihres Auftretens charakterisiert bzw. woran man in Ciceros Diktion Antonius' Anhänger erkennen könne: nämlich an ihrem gewaltaffinen Auftreten. Weil sie sich mit diesem Verhalten für Antonius einsetzen, wird der Vorwurf der Gewaltaffinität direkt auf ihn bezogen. Noch im selben Absatz bezeichnet Cicero die Anhängerschaft von Antonius als Räuberbande (*latrones*)[522] und spottet an späterer Stelle, dass Antonius zusammen mit dieser Bande die Tage trinkend verbringe (*perditissimis latronibus non solum de die, sed etiam in diem bibere*).[523] Damit werden Argumente der *vinulentia* und der Gewaltanwendung miteinander verbunden. Durch wiederholte Anmerkungen, dass

---

auch seinen Bruder bisweilen einen Gladiator nennt, sondern wie die es meinen, die unmißverständlich Latein reden. Als Fechter hat er in Asien auf Leben und Tod gekämpft."). Des Weiteren 13.16; 13.20; in 13.22 bezeichnet Cicero Antonius gar als Spartacus und verknüpft diesen Höhepunkt des *gladiator*-Vorwurfes auch zugleich mit einem Vergleich mit Catilina: *o Spartace! quem enim te potius appellem, cuius propter nefanda scelera tolerabilis videtur fuisse Catilina?* („Spartacus! Das ist die einzige treffende Bezeichnung für dich, gegen dessen ruchlose Verbrechen Catilina ein Waisenknabe ist!"), 13.25. Zum *latro*-Vorwurf gegen Marcus Antonius vgl. Grünewald 1999, 108.

521 Cic. Phil. 2.4: *cuius etiam familiares de vi condemnati sunt, quod tui nimis studiosi fuissent.* („Seine Freunde wurden ja sogar wegen Gewalttaten verurteilt, weil sie sich allzu eifrig für dich eingesetzt hatten!"). Für die strafrechtliche Verfolgung von Gewaltanwendung (wegen Angriffen auf Senat und Magistrate, Besetzung öffentlicher Plätze mit Bewaffneten, Beschädigung oder Inbrandsetzung öffentlicher Gebäude) nach der *lex Lutatia* oder *lex Plautia* war seit dem 1. Jh. v.Chr. vermutlich ein ständiges Geschworenengericht zuständig, vgl. Nippel 2003, 251.

522 Cic. Phil. 2.4: *(...) qui tibi, ut tute gloriari solebas, detulerat ex latronibus suis principatum.* („[...] der dir, wie du dich zu rühmen pflegst, aus seiner Räuberbande [*latronibus*] die Führung übertragen hatte [...]"). In dieser Passage erbt Antonius gewissermaßen seine ‚Räuberbande', indem er zu deren Anführer gemacht wird. Cicero führt die Gewaltbereitschaft von Antonius' Räubern an dieser Stelle noch weiter aus: *quod est aliud, patres conscripti, beneficium latronum, nisi ut commemorare possint iis se dedisse vitam, quibus non ademerint?* („Worin anders besteht bei den Räubern eine Wohltat, Patres Conscripti, als darin, daß sie erklären können, sie hätten denen das Leben gelassen, denen sie es nicht genommen hätten?").

523 Cic. Phil. 2.87: *iam iam minime miror te (...) cum perditissimis latronibus non solum de die, sed etiam in diem bibere.* („Nachgerade wundere ich mich gar nicht, [...] daß du zusammen mit dem übelsten Gesindel [*latronibus*] von der Hand in den Mund in den Tag hinein lebst."). Wie so häufig sind auch in diesem Fall zwei Argumente verbunden: die Räuberbande als Anhängerschaft und der dauerhafte Weinkonsum. Zur Bezeichnung der Anhänger Antonius' als *latrones* siehe auch Cic. Phil. 4.9: *quis illum igitur consulem nisi latrones putant?* („Nur Straßenräuber also betrachten ihn als Konsul."); 4.15; 5.6; 5.18; 5.23; 6.3; 8.9; 11.4; 11.10; 11.36; 12.17; 12.20; 12.26 f.; 13.10; 13.16; 13.19 f.; 14.8; 14.10; 14.21; 14.27; 14.31.

Antonius sich stets von Bewaffneten begleiten lasse, unterstreicht Cicero die unrömische Lebensweise, die Antonius an den Tag lege, da das Waffentragen in Rom freilich gegen die Rechtslage verstoße.[524] Der Vorwurf gegen Antonius' Anhängerschaft, sich ungebührend zu bewaffnen und gewaltbereit zu zeigen, wird schließlich um den Aspekt erweitert, dass Antonius Umgang mit einem Gladiator pflege, was ihn wegen Beziehungen zu Sklaven, also Unfreien, diffamiert.[525] Interessant ist des Weiteren Ciceros Vorwurf gegen Antonius, er habe Dolabella, seinen Amtskollegen im Konsulat, in der ihm eigenen Grausamkeit (*crudelitas*) unterrichtet.[526] Das Ergebnis dieses Lehrverhältnisses sei es freilich, dass sich Personen im Umfeld von Antonius seines schlechten Einflusses einfach nicht erwehren könnten. So sei auch Dolabella als grausamer Verbrecher geendet, ebenso wie Antonius selbst.

Jenseits der Assoziation mit den Bereichen des Verbrechens und der Gewalt ist für Antonius des Weiteren die verächtliche Beschimpfung als Tier und Monster zu beobachten. Besonders deutlich wird diese bereits bekannte Beschimpfung in der *sechsten Philippischen Rede*, wenn Cicero konstatiert, man dürfe Antonius nicht als Menschen sehen (*nec* [...] *de illo sicut de homine aliquo*), sondern nur als brutales Untier (*inportunissima belua*).[527] Da in dieser Passage die Gegenüberstellung von Mensch (*homo*) und Tier (*belua*) direkt vollzogen wird, kann sehr deutlich erkannt werden, wie Cicero seinen politischen Gegnern mithilfe des Tier-Vorwurfs die Qualität abspricht, ein Mensch – also zivilisiert – zu sein. Dass ein Tier kein ordentliches Mitglied der Gesellschaft sein kann, versteht sich von selbst, sodass (auch) dieses Argument darauf abzielt, Ciceros Gegner als unwürdige Mitglieder der Senatsaristokratie zu brandmarken – wie z. B. auch diejenigen Aspekte, welche auf die (anhand sexueller Verfehlungen illustrierte) Fremdbestimmtheit der Gegner zielen. Die Be-

524 So in Cic. Phil. 2.6: *cum esse foedissime stipatus armatis.* („[...] wo du dich nicht entblödest, dich von Bewaffneten begleiten zu lassen [...].“). Zum *pomerium* als Grenze des Waffentragens, des „bürgerlichen und des kriegerischen Regiments“ vgl. Blumenthal 1952, 1871. Siehe dazu auch Cic. Phil. 2.112: *cur armatorum corona senatus saeptus est, cur me tui satellites cum gladiis audiunt?* („Warum ist der Senat von einem Kranz von Bewaffneten eingehegt, warum hören mir deine Trabanten mit dem Schwert in der Hand zu?“) und Cic. Phil. 3.9: *nec tamen, ut Antonio senatum habente in consilio regis versabantur barbari armati.* („[...] aber bewaffnete Barbarenhorden, wie üblich, wenn Antonius Senatssitzung abhält, gehörten nicht in den Rat des Königs.“); Cic. Phil. 5.18: *at hanc pestem agmen armatorum sequebatur;* („Aber dieser Unhold ließ sich von einem ganzen Schwarm von Bewaffneten begleiten;“), für weitere Erläuterungen zu den *barbari armati* vgl. Manuwald 2007b, 354; 616.

525 Cic. Phil. 2.106: *praesertim cum duos secum Anagninos haberet, (...) quorum alter gladiorum est princeps, alter poculorum.* („zumal er zwei Anagniner bei sich hatte [...], der eine ein Becherheld, der andere ein Messerheld.“) Dies steht in Verbindung mit dem Argument des Zechkumpanen, vgl. dazu Kapitel 5.3.

526 Cic. Phil. 11.6: *Imaginem M. Antoni crudelitatis in Dolabella cernitis; ex hoc illa efficta est, ab hoc Dolabellae scelerum praecepta sunt tradita.* („In Dolabella habt ihr das Spiegelbild der Grausamkeit Marc Antons vor euch; sie hat er sich zum Vorbild genommen, bei ihm ist Dolabella in die Verbrecherlehre gegangen.“).

527 Cic. Phil. 6.7: *nec vero de illo sicut de homine aliquo debemus, sed ut de inportunissima belua cogitare.* („In ihm dürfen wir nicht einen Menschen sehen, sondern nur ein rücksichtsloses Untier!“).

schimpfung als *belua* wird in den *Philippischen Reden* mehrfach wiederholt.[528] Als erwähnenswert bleibt zu diesem Aspekt der Diffamierung festzuhalten, dass das Stichwort *belua* in der *zweiten Philippischen Rede* auffälligerweise nicht benutzt wird. Diese Auffälligkeit lässt darauf schließen, dass der Vorwurf *belua* in gehaltenen Reden gängig und verhältnismäßig problemlos anwendbar war. Im Sonderfall der *zweiten Philippischen Rede* konnte offenbar im Überfluss an Argumenten und Aspekten auf diesen verhältnismäßig wenig aufregenden Aspekt verzichtet werden.

Schließlich ist auch der Vorwurf, sich als König (*rex*) geriert zu haben, im Kontext der römischen Republik ein gewichtiges Argument der Diffamierung, das für Antonius nutzbar gemacht wird. In der *elften Philippischen Rede* beschimpft Cicero ihn als *rex*, der die Provinz Asia unsicher mache.[529] In 13.18 bezeichnet er ihn als Tyrannen und bringt ihn in Zusammenhang mit dem Barbaren-*topos*,[530] der in römischer wie in griechischer Zeit die eigene kulturelle Überlegenheit ausdrückt und die anderen – Barbaren – als unmenschlich, roh und grausam stigmatisiert.[531] Dies sind gewiss Vorwürfe, die auch nach Ciceros Tod besonders stark gegen Marcus Antonius eingesetzt worden sind und die dessen Charakterbild in der antiken Rezeption stark beeinflusst haben. Es ist bemerkenswert, dass Cicero diese Vorwürfe (*rex*, *tyrannus*) gegen Antonius im Vergleich zu den hier genannten anderen Vorwürfen eher selten formuliert.

528 Cic. Phil. 4.12: *non est vobis res, Quirites, cum scelerato homine ac nefario, sed cum immani taetraque belua, quae quoniam in foveam incidit, obruatur.* („Ihr habt es nicht mit einem ruchlosen Verbrecher zu tun, sondern mit einem scheußlichen Ungeheuer, das in die Grube gefallen ist und vergraben werden muss."); 7.27: *taetram et pestiferam beluam ne inclusam et constrictam dimittatis, cavete!* („Das abscheuliche, unheilvolle Untier sitzt jetzt in der Falle; hütet euch, es entkommen zu lassen!"). In 10.22 wird dasselbe Argument auf eine indirekte Ebene verschoben: *quid illa taetrius belua, quid immanius? qui ob eam causam natus videtur, ne omnium mortalium turpissimus esset M. Antonius.* („Gibt es etwas Scheußlicheres, etwas Ekelhafteres als dieses Untier, das wahrscheinlich nur deshalb auf der Welt ist, damit M. Antonius nicht als die schändlichste aller Kreaturen erscheint?"). Auch dieser Vorwurf wird auf die Anhängerschaft übertragen, wie beispielsweise in Cic. Phil. 13.49: *monstra quaedam ista et portenta sunt prodigia rei publicae.* („Mißgeburten und Ungeheuer sind es, Unholde für den Staat.").

529 Cic. Phil. 11.6: *et nunc tota Asia vagatur, volitat ut rex, nos alio bello distineri putat.* („Und jetzt treibt er sich in ganz Asien herum, stürmt daher wie ein orientalischer Despot, meint, uns seien durch einen andern Krieg die Hände gebunden.").

530 Cic. Phil. 13.18: *qua enim <in> barbaria quisquam tam taeter, tam crudelis tyrannus quam in hac urbe armis barbarorum stipatus Antonius?* („Wo gibt es draußen im Barbarenlande einen so abscheulichen, so grausamen Tyrannen wie hier in unserer Stadt den Antonius mit seinem Gefolge von Barbaren?").

531 Vgl. Ruge 1896, 2858.

5.5.2 Beschimpfungen als Räuber und Gladiatoren in den Briefen

Die Diffamierung anhand von Vorwürfen, ein Verbrecher oder Räuber zu sein, findet in den Briefen an Atticus keinen breiten Niederschlag. Dennoch wird sie angewandt und markiert für den Adressaten der Beschimpfung eine Besonderheit. Zunächst sei auf die vor dem Hintergrund der Diffamierungen in den Reden weniger überraschende Textpassage eingegangen, in der Clodius verschiedener Verbrechen bezichtigt wird. Im Anschluss an eine Darstellung der Verbrechen, die Clodius' Anhängerschaft auf dessen Befehl ausgeführt hätte,[532] wird auch er selbst in direkten Zusammenhang mit „diesen Demolierungen, Brandstiftungen und Räubereien" (*has ruinas, incendia, rapinas*) gebracht.[533]

Im Februar 49 v.Chr. beschimpft Cicero Caesar als verfluchten Räuber (*perditum latronem*).[534] Gerade im Hinblick auf das überlieferte Bild der verschiedenen spätrepublikanischen Persönlichkeiten kann besonders in Caesars Beschimpfung als *latro* der Beweis dafür gesehen werden, dass Beschimpfungen Ciceros erstens nicht auf diejenigen Personen beschränkt waren, die in der Antike und bis heute in der Erinnerung mit den entsprechenden Makeln behaftet erscheinen. Für den *latro*-Vorwurf ist dabei besonders an Clodius und Marcus Antonius zu denken. Zweitens zeigt sich an dieser kurzen Passage noch ein weiteres Charakteristikum der ciceronischen Diffamierung. Denn diese hat nur dann nachhaltig und konkurrenzlos Wirkung gezeigt, weil keine andere – möglicherweise positivere – Tradition erhalten geblieben ist bzw. Cicero die zeitgenössische Diskussion über die moralische Beurteilung der entsprechenden Person angeführt und nachhaltig geprägt hat. Hinsichtlich der angeführten Briefpassage gilt dies nicht nur für die Beschimpfung als *latro*, sondern auch für das Urteil über Caesar, den Cicero als Schande (*turpitudinem*) für das Vaterland bezeichnet, und zwar als eine so große, dass diese kaum je mehr ausgeglichen werden könne (*vix ullo compensam*).[535] Es ist festzuhalten, dass der Vorwurf des Verbrechens in den Briefen an Atticus wesentlich häufiger in Bezug auf die Anhängerschaft geäußert wird als in Form einer unmittelbaren Beschuldigung gegen eine bestimmte Person.

---

532 Cic. Att. 4.3.2: *Armatis hominibus ante diem tertium Nonas Novembris expulsi sunt fabri de area nostra, disturbata porticus Catuli quae ex senatus consulto consulum locatione reficiebatur et ad tectum paene pervenerat, Quinti fratris domus primo fracta coniectu lapidum ex area nostra, deinde inflammata iussu Clodi (...)*. („Am 3. November haben bewaffnete Banden die Handwerker von meinem Grundstück vertrieben und die Catulus-Halle, die, auf Senatsbeschluß von den Konsuln verdungen, wieder aufgebaut wurde und beinahe schon unter Dach war, zerstört; meines Bruders Haus wurde zunächst mit Steinwürfen von meinem Grundstück aus demoliert, dann auf Clodius' Befehl angezündet, [...].").

533 Cic. Att. 4.3.2. Nach diesen Verbrechen sei Clodius nämlich von seinen Anhängern verlassen worden (*desertus*). Er bleibt in der Darstellung dann gewissermaßen alleine als Schuldiger zurück.

534 Cic. Att. 7.19.2.

535 Cic. Att. 7.19.2: *turpis: o vix ullo otio compensam clam hanc rei p. turpitudinem!* („Welch eine Schmach für das Vaterland, kaum wettzumachen durch irgendeinen Friedenszustand!").

Auch die in den Reden zu beobachtenden Vorwürfe des ‚*gladiator*' und des ‚Räubertums' werden in den *Briefen an die Freunde* platziert.[536] Cicero nutzt diese in den Jahren 44 und 43 v.Chr. mehrfach gegen Antonius. So beschimpft er ihn in einem Brief an Cassius aus dem September 44 v.Chr. als *gladiator*,[537] in einem ähnlich datierbaren Brief an Cornificius gar als *gladiator omnium nequissimus*.[538] Wie in den Reden werden Antonius' Anhänger auch in den Briefen als Räuber diffamiert.[539] So spottet Cicero in einem Brief an Plancus vom Januar 43 v.Chr., dass dieser wohl gar nicht glauben würde, wie verhasst Antonius doch bei allen Menschen sei – ausschließlich unter den Banditen sei er nicht verhasst.[540] Später in diesem Jahr, im Mai 43 v.Chr., schimpft Cicero in einem Brief an Cornificius pauschal über Antonius' Raubgesindel (*latrocinium*).[541]

Dass der Vorwurf der räuberischen Anhängerschaft bzw. selber ein Räuber zu sein nicht nur gegen Antonius und auch nicht nur von Cicero selbst genutzt wird, zeigt ein Brief des Lentulus an das Volk aus dem Mai 43 v.Chr.[542] Hier zieht Lentulus mithilfe dieses Vorwurfs gleich mehrfach über Dolabella her. So verleiht Lentulus der Befürchtung Ausdruck, dass Dolabella mitsamt seiner Räuberbande (*cum omnibus suis latronibus*) nach Italien kommen und dort eine konkrete Gefahr darstellen könne.[543] Dieselbe Befürchtung wird wenig später wiederholt, wobei nun Dolabella selbst als

---

536 Zum *gladiator*-Vorwurf in den Reden siehe Cic. Phil. 2.7; 2.63; 2.74; 2.97; 6.3; 13.16; 13.20; 13.22; 13.25.

537 Cic. Fam. 12.2.1: *caedem enim gladiator quaerit eiusque initium a. d. XIII Kal. Oct. a me se facturum putavit.* („Denn dieser Messerheld sinnt auf Mord und gedachte am 19. September mit mir den Anfang zu machen.").

538 Cic. Fam. 12.20.1: *nos hic cum homine gladiatore omnium nequissimo, collega nostro, Antonio, bellum gerimus, sed non pari condicione, contra arma verbis.* („Ich liege hier mit dem nichtswürdigen Fechter, mit unserm Kollegen Antonius im Kampfe; aber die Bedingungen sind nicht gleich: Worte gegen Waffen.").

539 Für die Diffamierung anhand der räuberischen Anhängerschaft in den Reden siehe Cic. Phil. 2.4; 2.87; 4.9; 4.15; 5.6; 5.18; 5.23; 6.3; 8.9; 11.10; 11.4; 11.36; 12.17; 12.20; 12.26 f.; 13.10; 13.16; 13.19 f.; 14.8; 14.10; 14.21; 14.27; 14.31.

540 Cic. Fam. 10.4.3: *incredibilest omnium civium latronibus exceptis odium in Antonium (...).* („Du glaubst ja gar nicht, wie verhasst Antonius bei allen Bürgern mit Ausnahme der Banditen ist [...]"). Ähnlich vgl. beispielsweise Cic. Phil. 4.9.

541 Cic. Fam. 12.29.1: *Hirtium quidem et Pansam, collegas nostros, homines in consulatu rei publicae salutares, alieno sane tempore amisimus, re publica Antoniano quidem latrocinio liberata, sed nondum omnino explicata.* („Meine Kollegen Hirtius und Pansa, die Retter des Staates während ihres Konsulats, haben wir ganz zur Unzeit verloren, da der Staat zwar von dem Raubgesindel des Antonius befreit, aber noch nicht gänzlich aus allen Schwierigkeiten heraus ist.").

542 Der Brief ist adressiert an „Konsuln, Prätoren, Volkstribunen, Senat, Gesamtvolk und Plebs von Rom", siehe Cic. Fam. 12.15.

543 Cic. Fam. 12.15.2: *quam indignitatem (...) idcirco tulimus, quod interceptis litteris cognoramus Dolabellam, (...) in naves cum omnibus suis latronibus atque omni pecunia conscendere esse paratum Italiamque petere;* („Diese Niedertracht [...] nahm ich deswegen hin, weil ich aus einem abgefangenen Schreiben erfahren hatte, daß Dolabella [...] entschlossen sei, mitsamt seiner ganzen Räuberbande und allem Gelde auf die Schiffe zu gehen und nach Italien zu fahren.").

Räuberhauptmann (*latro cum suis*) beschimpft wird.[544] Zu guter Letzt wiederholt Lentulus ein weiteres Mal die Gefahr und betont erneut: *Dolabella cum suis latronibus*.[545]

In den *Briefen an die Freunde* richtet Cicero diese Vorwürfe gegen Antonius, was in den Reden gegen Catilina, Clodius, Piso und Antonius beobachtet werden kann. Zeitlich sind diese Vorwürfe gegen Antonius in den Briefen ähnlich zu verorten wie auch in den Reden. Interessant ist der Parallelbeleg des ebenfalls in den *Briefen an die Freunde* überlieferten ‚öffentlichen' Briefes des Lentulus, da derselbe Vorwurf hier gegen eine weitere Person, nämlich gegen Dolabella, genutzt wird. Nun zählt Dolabella zu diesem späten Zeitpunkt ohne Zweifel ebenfalls zu den erklärten Gegnern Ciceros. Dieser Umstand mag den Herausgeber der Briefsammlung dazu bewogen haben, eine derartige Verleumdung eines Cicero-Gegners in die ciceronische Briefsammlung aufzunehmen. Es wird durch die einen wie die anderen Angriffe deutlich, dass Vorwürfe dieser Art dazu dienen, die angesprochenen Gegner zu diffamieren. Im Falle Ciceros erreicht diese Diffamierung gegen Antonius drei namentlich adressierte Personen, nämlich Cassius, Cornificius und Plancus. Gegenüber diesen drei Politikern ist somit die Kommunikation einer Diffamierung Antonius' brieflich belegbar. Wen sie darüber hinaus erreicht haben mag, lässt sich nicht mehr klären. Für die Diffamierung Dolabellas mittels dieser Vorwürfe geht das erreichte oder zumindest das intendierte Publikum deutlich über eine solche Adressatenzahl hinaus, auch wenn sich über die Frage, wie weite Kreise ein ‚öffentlicher' Brief dieser Art gezogen haben mag, heute nur Vermutungen anstellen lassen. Es ist mit Sicherheit anzunehmen, dass eine solche Form des Briefes mehr als einen Adressaten erreicht haben wird. In jedem Fall scheint sich auch die Gattung Brief als Medium der Diffamierung, Verleumdung und Meinungsmache angeboten zu haben.

Es hat sich gezeigt, dass Gewalt als Argument der Diffamierung auf zweierlei Devianz abzielt: auf physische, aber auch auf ‚staatsrechtliche'. Beide Dimensionen dieses Argumententyps kommen sowohl in den Reden als auch in den Briefen zum Tragen.

Gewalt, die durch *libido* entsteht, wird in den Diffamierungen als besonders verwerflich dargestellt, sodass der charakterliche Makel der *libido* den Vorwurf der Gewaltanwendung de facto verstärkt. Die Vorwürfe *latro* und *latrocinium* werden von Cicero, wann immer er kann, als Straftatbestand angebracht, der zur Verurteilung nach demselben Gesetz wie Totschlag führen müsse. Wie auch bei anderen Diffamierungen, die den Gegner einer Straftat bezichtigen, zielt der Vorwurf darauf ab, diesen als Verbrecher und damit als unwürdiges Mitglied der Senatsaristokratie zu brandmarken, auch wenn es nicht zu einer Verhandlung kommt. Mit demselben Ziel schwingt auch in der Beschimpfung als Gladiator die Absicht mit, den Gegner in ein

544 Cic. Fam. 12.15.3: *(...) periculumque omne, quod instaret, si ille latro cum suis omnibus naves conscendisset.* („[...] die ganze Gefahr dargelegt, die drohe, wenn der Räuberhauptmann mit all seinen Leuten die Schiffe besteige.").

545 Cic. Fam. 12.15.5: „Dolabella könnte mit seiner Räuberbande nach Italien gelangen."

sklavisches Milieu zu versetzen, wodurch er abermals aus der Statusgruppe der Senatsaristokratie ausgeschlossen werden soll. Auch Tiervergleiche (*belua*, *monstrum*, *prodigium*, *asinus*) sowie Vorwürfe der *crudelitas* zielen mit diesem Impetus auf die Bezichtigung der Unzivilisiertheit der Gegner ab.

Ciceros Gegner werden, wie gesehen, außerdem despotischer und monarchischer Bestrebungen und Assoziationen bezichtigt. Vorwürfen wie *rex* und *tyrannus* liegt dabei die Bezichtigung zugrunde, sich aus den gesellschaftlichen Konventionen der *res publica* herauszulösen und als einzelner Potentat übermäßige Macht ausüben zu wollen.

Im Hinblick auf die flexible Anwendbarkeit von Argumenten der Diffamierung, die im gesamten Kapitel 5 untersucht wurden, hat sich gezeigt, dass so gut wie alle inhaltlichen Argumententypen (1–5) gegen sämtliche Gegner angewandt werden. Worin sie sich unterscheiden, sind die jeweiligen konkreten (illustrativen) Ausgestaltungsweisen sowie zum Teil die Auswahl an Aspekten. Die einzige deutlich wahrnehmbare Ausnahme bildete der Vorwurf des unangemessenen Umgangs mit Gütern und finanziellen Mitteln, der gegen Clodius nicht angewandt wird. In den Briefen konnte jedoch ein Zusammenhang zwischen ihm und seinem Bruder hergestellt werden, der sich in der Provinz unrechtmäßig bereichert habe. Nach der Untersuchung der beiden Diffamierungsstrategien, die anhand von expliziter Aussprache charakterlicher Unzulänglichkeiten oder anhand von illustrierenden Handlungsweisen und Verhaltensmustern diffamieren, kann im Folgenden die oben bereits mehrfach angeklungene dritte Strategie, das Diffamieren durch Vorwürfe gegen die Anhängerschaft, eigenständig betrachtet werden.

6 Ciceros Diffamierungen anhand des gesellschaftlichen Umgangs

Vielfach war in der vorangegangenen Untersuchung der Diffamierungen anhand von Handlungsweisen und Verhaltensmustern zu beobachten, dass Argumente auch auf die Anhängerschaft angewandt werden und über diese zur Diffamierung der im Zentrum der Angriffe stehenden Gegner beitragen (Catilina, Clodius, Piso, Marcus Antonius). Dabei konnte herausgestellt werden, dass solche Diffamierungen über Dritte gleichermaßen zur Herabsetzung der zentralen Person dienen wie Vorwürfe, die direkt an diese gerichtet werden. Es hatte sich daher als opportun erwiesen, auch herabsetzende Äußerungen über die Anhänger im Hinblick auf die inhaltlichen Ausgestaltungsweisen der direkten Diffamierungen zu berücksichtigen. Auch diese Form von Diffamierung bezieht sich auf bestimmte Handlungsweisen und Verhaltensmuster. Die Herabsetzung aufgrund des gesellschaftlichen Umgangs bildet aber zugleich eine der drei eigenständigen Diffamierungsstrategien neben Diffamierungen anhand des expliziten Vorwurfs charakterlicher Unzulänglichkeit (Kapitel 4) und Diffamierungen anhand von Handlungsweisen und Verhaltensmustern (Kapitel 5). Daher lohnt im Folgenden ein Überblick über die Argumente, die für diese Strategie nutzbar gemacht werden.

Es ist zu beobachten, dass die Diffamierung über Dritte unterschiedliche Effekte zu erzeugen scheint. Dies ist zum einen die Verstärkung des direkten Vorwurfs. Zum anderen bietet diese Art der Herabsetzung aber auch eine Möglichkeit, Vorwürfe zu platzieren, die gegen das Individuum eventuell nicht anführbar und nur über Anhänger, Familienangehörige oder Amtskollegen an die Gegner herantragbar waren. Im Folgenden wird beleuchtet, welche Formen der über Dritte erfolgenden Diffamierung der einzelnen untersuchten Gegner Ciceros beobachtet werden können. Trotz der somit partiell auftretenden Dopplungen ist die Diffamierung über die Anhängerschaft als eigene Spielart ciceronischer Diffamierungsstrategien zu verstehen und ihnen gebührt als solche eine eigenständige Betrachtung.

Wie gesagt werden mitunter ‚Anhänger' pauschal mit denselben Vorwürfen bedacht wie die Gegner selbst. Zugleich werden auch ganze Gruppen gesellschaftlich verachteter Milieus thematisiert, sodass der mit ihnen in Verbindung gebrachte Gegner aufgrund seines unangemessenen Umgangs mit Personen solcher verachteter Milieus diffamiert wird. Alternativ werden auch einzelne Personen im Umfeld der Individuen herabgesetzt und über diese eine Verbindung zu dem Gegner hergestellt, der dadurch wiederum selbst diffamiert wird.

Bei diesen Diffamierungen werden in der Regel die ‚Banden' der angegriffenen Personen eines Fehlverhaltens beschuldigt. Dies geschieht z.B. bei Räuber- oder Verbrecherbanden. Zu dieser Art des Vorwurfs ist außerdem die Anklage einer gesellschaftlich unziemlichen Anhängerschaft zu zählen, wie Prostituierte und Zuhälter oder Schauspieler. Ein weiteres soziales Feld, aus dem dieser Vorwurf gespeist wird, ist die Sklaverei, darüber hinaus auch Personen griechischer Herkunft. Und schließ-

https://doi.org/10.1515/9783110599886-008

lich zählt auch der Umgang mit bestimmten Einzelpersonen zu dieser Art der Diffamierung.

6.1 Lasterhafte Anhänger in den Reden

Im Vorwurf der direkten charakterlichen Diffamierungen anhand der *nequitia* wurde die Diffamierung der Anhängerschaft Catilinas bereits angesprochen.[1] Das Argument des unangemessenen gesellschaftlichen Umgangs erschöpft sich aber bei weitem nicht im Aspekt der Nichtsnutzigkeit, sondern umfasst das gesamte Spektrum der Vorwürfe, die Cicero auch in späteren Reden nutzt.

Das wohl nachhaltigste Argument, das Cicero gegen die Anhängerschaft Catilinas vorbringt, ist im Bereich der gräzisierten Lebensweise und Umgangsformen zu verorten. Cicero macht deutlich, dass die Catilinarier besonders in ihrer Lebensweise zu ihrem Anführer passten (*genere ipso atque vita, quod proprium Catilinae*).[2] Die Gruppe der Anhänger, die Catilina am meisten gleichen, nennt Cicero despektierlich ‚das Letzte' (*postremum genus*) und äußert sich daher auch verächtlich über deren Lebensweise (*vita*). In seiner Aufzählung von schändlichen Gruppierungen, aus denen Catilina seine ‚Truppen' (*copiae*) ausgehoben habe, stellt er diese Gruppe (*genus*) ans Ende und somit an die Spitze der Verwerflichkeit.[3] Cicero stilisiert die Gruppe gar zu derjenigen, die Catilina am nächsten stehe (*proprium*), indem er die Verbindung zwischen ihnen und ihrem Anführer mit Bekundungen von Nähe versieht, die nur anderen ehrenhaften Aristokraten zustehen (*eius dilectu* und *de complexus eius ac sinu*). Was in diesen Formulierungen zum Ausdruck kommt, sind Bekundungen von *amicitia*-Verhältnissen, die ein Senatsaristokrat nicht zu Verbrechern unterhalten darf. Indem Catilina aber laut Cicero in einem solch engen Verhältnis zu Verbrechern und Gesindel steht, verstößt er gegen die Konventionen der Senatsaristokratie.

Die präzisierende Beschreibung der Gruppe bedient sich sodann bestimmter Argumente eines unangemessenen Erscheinungsbildes (*pexo capillo nitidos*) und der für römische Männer unstatthaften Kleidung (*manicatis et talaribus tunicis*).[4] Im Aspekt

1 Einen einführenden Überblick über die vermeintliche Affinität der Jugend zur catilinarischen Sache schildert Odahl 2010, 46 f. Zur Jugend in der späten römischen Republik siehe insbesondere Timmer 2005, 197–219.

2 Cic. Catil. 2.22: *postremum autem genus est non solum numero verum etiam genere ipso atque vita, quod proprium Catilinae est, de eius dilectu, immo vero de complexu eius ac sinu.* („Die letzte Gruppe aber, nicht nur der Reihenfolge, sondern auch eben der Art und Lebensweise nach, gehörte dem Catilina ganz. Das ist seine Elite, sie umarmt und liebt er."). In der Aufzählung Ciceros (in Cic. Catil. 2.18–23) kommt diese Gruppe an sechster und letzter Stelle.

3 Siehe Cic. Catil. 2.17: *exponam enim vobis, Quirites, ex quibus generibus hominum istae copiae comparentur;* („Ich will euch nämlich erklären, Quiriten, aus welchen Gruppen von Menschen diese Truppen angeworben wurden.").

4 Cic. Catil. 2.22: *quos pexo capillo nitidos aut inberbis aut bene barbatos videtis, manicatis et talaribus tunicis velis amictos, non togis.* („Sie seht ihr mit gestriegeltem, glänzendem Haar, entweder ohne Bart

des von Pomade glänzenden Haares wird dabei wiederum Bezug genommen auf ein gräzisiertes Verhaltensmuster, nämlich den Gebrauch von Ölen und Kosmetik durch Senatoren für einen Auftritt in der Öffentlichkeit.[5] Ein weiteres Argument, das in den Diffamierungen der Catilinarischen Anhängerschaft zur Anwendung kommt, verbirgt sich in den wohlgepflegten Bärten der Männer; eine durchaus unübliche Sitte, die als potentieller Hinweis auf das Barttragen griechischer Philosophen ebenfalls einen Vorwurf der Gräzisierung erkennen lässt. Die Catilinarier werden also zunächst mithilfe von Argumenten der Sexualität und eines unangemessenen äußerlichen Erscheinungsbildes diffamiert.

Welchem gesellschaftlich verachtungswürdigen Milieu die Anhänger Catilinas entstammen, führt Cicero ebenfalls aus: Es handle sich dabei z. B. um Glücksspieler (*aleatores*) und um Ehebrecher (*adulteri*). Die Anhänger werden allesamt als unrein (*inpuri*) und schamlos (*inpudici*) beschimpft.[6] Auch Tänzer (*saltare*), Sänger (*cantare*), Messerstecher (*sicas vibrare*) und Giftmischer (*spargere venena*) befänden sich darunter. Diese Nennungen zeigen einerseits deutlich, wie verschiedene Aspekte des unangemessenen gesellschaftlichen Umgangs miteinander kombiniert werden. Andererseits geben sie Aufschluss darüber, welche unterschiedlichen Bereiche als unangemessen beurteilt werden. Zunächst war die Beschäftigung mit Glücksspiel in Rom verrufen, stets mit dem Vorwurf der finanziellen Zerrüttung behaftet und lag, wie gesehen, dem klassischen Argument eines unangemessenen Umgangs mit Gütern und finanziellen Mitteln zugrunde. Dagegen sollten verschiedene Gesetzgebungen der dem Glücksspiel inhärenten Gefahr der Vermögensverschwendung Einhalt gebieten.[7] Nach den Diffamierungen geben Glücksspieler die Kontrolle über den Ausgang ihres Glücks bzw. ihres Spiels aus der Hand und fallen somit einem als unrömisch bewerteten Kontrollverlust anheim. Durch das Glücksspiel entstehende Schulden versetzen den Schuldner außerdem in ein Abhängigkeitsverhältnis von seinen Gläubigern, was ihn als fremdbestimmt stigmatisiert. In diesem Sinne ist ein Spieler gesellschaftlich ebenso verachtet wie ein Lügner oder Dieb, denn alle schaden der Stabilität der römischen Gesellschaft.[8] Schließlich stellt das Glücksspiel einen Gesetzesbruch dar.

---

oder mit gepflegten Bärten, in langärmeligen und bodenlangen Tuniken, im Umhänge gehüllt, nicht in die Toga“.). Siehe dazu Kapitel 4.1.

5 Vgl. Edwards 1993, 68 f.

6 Cic. Catil. 2.23: *in his gregibus omnes aleatores, omnes adulteri, omnes inpuri inpudicique versantur. hi pueri tam lepidi ac delicati non solum amare et amari neque saltare et cantare, sed etiam sicas vibrare et spargere venena didicerunt.* („In dieser Rotte trifft man die Glücksspieler, alle Ehebrecher, alle Unreinen und Schamlosen. Diese zierlichen und feinen Knaben verstehen es, nicht nur zu lieben und sich lieben zu lassen, zu tanzen und zu singen, sondern auch Dolche zu schwingen und mit Gift umzugehen.“).

7 Vgl. Baltrusch 1989, 104. In Plaut. Mil. 164 f. wird von einer *lex alearia* gesprochen, die vor 204 v. Chr. erlassen worden sein muss. Gesetze zur Einschränkung des Glücksspiels liegen außerdem in der *lex Cornelia*, der *lex Publicia* und der *lex Titia* vor, vgl. Botsford 1968, 337; vgl. außerdem Balsdon 1969, 154–159; Edwards 1993, 176–195; Purcell 1995, 1–37.

8 Cic. off. 3.91; siehe dazu Baltrusch 1989, 104.

Ehebrecher werden als Personen verstanden, die potentiell die Nachkommenschaft der Senatsaristokratie sowie die Ehebündnisse von *gentes* stören können und in den Bereich des unangemessenen sexuellen Verhaltens fallen. Durch den Ehebruch gefährden sie den Fortbestand und die durch Eheschließungen besiegelten Beziehungen der *gens* und schaden so letztlich der *res publica*. Dass der *adulter* auch vor der augusteischen Gesetzgebung – etwa durch ein anderen Personen aufgezwungenes *lenocinium* – nahe an Gesetzesbrüche heranrückt, hat das Kapitel 4 gezeigt.

Diese beiden Personengruppen werden von Cicero verbunden durch die Beurteilung ihrer Lasterhaftigkeit. Nach seiner Darstellung sind sie gleichermaßen *inpuri* und *impudici*. Damit ist die Darstellung aber noch nicht am Ende, sondern erklärt im Weiteren, wie ein Zusammenhang zwischen diesen lasterhaften Anhängern und dem Verbrechen hergestellt werden müsse. Denn die Jünglinge unter ihnen, in deren Benennung freilich wieder der Aspekt des abweichenden sexuellen Verhaltens (*non solum amare et amari*) sowie unangemessener Formen der Unterhaltung z. B. beim *convivium* mitschwingt (*saltare et cantare*), verstünden sich auf den Umgang mit Dolchen und mit Gift (*sicas vibrare et spargere venena*).[9] Damit bedient die Darstellung Ciceros auch Aspekte des Argumententyps der physischen Gewalt, denn mittels der Gewalteinwirkung durch Waffen wie Gift und Dolche wird nun endlich eine Verbindung zum Ziel aller Anschuldigungen hergestellt, nämlich der potentiellen Befähigung zu einer Verschwörung und somit der konkreten Gefährdung der *res publica*. In demselben Aspekt schwingt aber auch ein unangemessenes Sexualverhalten mit, denn die Jünglinge werden nicht von ungefähr als *pueri lepidi ac delicati* bezeichnet und somit explizit zu Lustknaben erklärt, wodurch der Vorwurf des *stuprum* an Catilina herantragen werden kann.[10] Auch in diesem Vorwurf ist auf sprachlicher Ebene eine Veränderung von römischen Werturteilen zu erkennen,[11] da z. B. Ausdrücke wie das hier verwandte *lepidus* erst durch Einflüsse aus dem hellenistischen Raum nach und nach mit obszönen Konnotationen belegt werden.[12]

Ähnlich bezeichnet Cicero Catilinas Anhänger allgemein als Räuber und Verbrecher, wenn er beispielsweise von einer ganz schamlosen Verbrecherrotte (*inportuna sceleratorum manus*)[13] und von innerhalb dieser Anhängerschaft ablaufenden Räubereien (*tantum latrocinium*) spricht.[14] Später beschimpft er sie als Räuber ganz Ita-

---

9 Vgl. auch Steenblocks (2013, 69 Anm. 284) Hinweis, nach dem der Umgang mit Gift von sozial niedrig stehenden Individuen ausgeführt würde wie „Fremden, Frauen oder Straffälligen".

10 Cic. Catil. 2.23.

11 Vgl. dazu Krostenko 2001, 156–176.

12 Vgl. dazu Steenblock 2013, 69 mit Verweis auf Krostenko 2001.

13 Cic. Catil. 1.23: *sin autem servire meae laudi et gloriae mavis, egredere cum inportuna sceleratorum manu (...).* („Willst du aber lieber meinem Ruhm und meiner Ehre dienen, so entweiche zugleich mit deiner schamlosen Verbrecherrotte [...]."); siehe auch Cic. Catil. 1.25: *(...) inproborum manum (...).* („[...] Verbrecherbande [...].").

14 Cic. Catil. 1.31: *hic si ex tanto latrocinio iste unus tolletur,(...).* („Wenn nun aus dieser furchtbaren Räuberbande nur diese eine beseitigt wird, [...]."); siehe auch Cic. Catil. 2.1.

liens (*latrones Italiae*),[15] als Plünderer (*praedatores*)[16] oder als Messerstecher (*sicarii*), bezichtigt sie also Straftaten, die nach der *lex Cornelia de sicariis* bestraft werden müssten.[17] Auch auf dem Umweg über seine Anhängerschaft wird Catilina der Vorwurf *gladiator* zuteil, da Cicero diese wiederholt als ebensolchen beschimpft.[18] Gerade diese Assoziation mit Gladiatoren, die freilich nicht nur in Bezug auf Catilina zu beobachten ist, veranlasst Steenblock zu der Überlegung, dass die in den *Reden gegen Catilina* noch einigermaßen frische Erinnerung an den Aufstand des Spartacus dazu beitragen sollte, die Angst der Senatoren vor Aufständen der unteren Schichten zu schüren.[19] Unabhängig von der Erinnerung an derartige Ereignisse dient die Verbindung mit kampfbereiten Gruppen in jedem Fall der Zurschaustellung einer potentiellen Gefahr, die von diesen ausgehe. Nicht zuletzt werden sie, wie gesehen, durch den *gladiator*-Vorwurf in ein sklavisches Milieu versetzt, sodass Catilinas politische Gefolgsleute, so der Vorwurf, nur noch aus Sklaven bestünden.

Weitere Bezeichnungen für Anhänger, die zwar zur Diskreditierung Catilinas beitragen, sie aber nicht als Verbrecher beschimpfen, lauten z. B. ‚hoffnungslose Greise' (*senes desperati*) oder ‚heruntergekommene Gutsherren' (*rustici decoctores*). Zudem werden sie mit ländlicher Verschwendungssucht (*agrestis luxuria*)[20] assoziiert oder als Schlemmer und Verschwender beschimpft.[21] Sämtliche dieser Anschuldigungen berühren den Vorwurf der Verschwendung oder deren Ergebnis: Zum einen haben die hoffnungslosen Alten ihr Leben durchgebracht, ohne es sinnvoll – zum Wohle der *res publica* – genutzt zu haben. Zum anderen haben ehemalige Gutsherren

---

15 Cic. Catil. 1.33: *(...) hostis patriae, latrones Italiae scelerum foedere inter se ac nefaria societate coniunctos aeternis suppliciis (...).* „[...] die Feinde des Vaterlandes, die Räuber Italiens, die sich durch das Band des Verbrechens und frevelhafte Gemeinschaft verbunden haben [...].").

16 Cic. Catil. 2.20: *(...) in eodem genere praedatorum direptorumque (...).* („[...] zu derselben Klasse der Räuber und Beraubten.").

17 Cic. Catil. 2.22: *quintum genus est parricidarum, sicariorum, denique omnium facinerosorum.* („Die fünfte Gruppe sind Mörder und Banditen, mit einem Wort alle Verbrecher.").

18 Cic. Catil. 2.9: *nemo est in ludo gladiatorio paulo ad facinus audacior qui se non intimum Catilinae esse fateatur,(...).* („es gibt im Gladiatorenmetier keinen irgendwie zum Verbrechen bereiten Draufgänger, der sich nicht als intimen Freund Catilinas bekennt; [...]."); Cic. Catil. 2.19: *non vident id se cupere, quod si adepti sint, fugitivo alicui aut gladiatori concedi sit necesse?* („Sehen sie nicht, daß sie etwas wüschen, was sie, sobald sie es erlangt haben, irgendeinem entlaufenen Sklaven oder Gladiator abtreten müssen?"); Cic. Catil. 2.7.

19 Vgl. Steenblock 2013, 67 Anm. 281. Derselbe Vorwurf wird später auch Antonius zuteil: Cic. Phil. 13.22, hier auch mit Hinweis auf Catilina.

20 Cic. Catil. 2.5: *(...) et his copiis, quae a nobis cotidie comparantur, magno opere contemno collectum ex senibus desperatis, ex agresti luxuria, ex rusticis decoctoribus,(...).* („[...] auf jenes Heer, das sich zusammensetzt aus hoffnungslosen Greisen, ländlicher Verschwendungssucht, heruntergekommenen Gutsherren [...]".).

21 Cic Catil. 2.7: *quis tota Italia (...) quis ganeo, quis nepos, quis adulter, quae mulier infamis, quis corruptor iuventutis, quis corruptus, quis perditus inveniri potest, qui se cum Catilina non familiarissime vixisse fateatur?* („Wo läßt sich in ganz Italien [...] finden, [...] wo ein Schlemmer, wo ein Verschwender, wo ein Ehebrecher, wo ein berüchtigtes Weib, wo ein Verführer der Jugend, wo ein Verführter, wo ein Verkommener, der nicht gesteht, mit Catilina vertrautesten Umgang gepflegt zu haben?").

ihr Vermögen durch Verschwendungen aller Art verloren, sind nun Schuldner und finanziell fremdbestimmt. Es wird ein Verhalten beanstandet, das sich hinsichtlich kulinarischer Genüsse verschwenderisch ausnimmt, ein anderes hinsichtlich des Vermögens. Die *luxuria* stellt hier den verbindenden Rahmen von Argumenten des unangemessenen Umgangs mit finanziellen Mitteln sowie den Argumenten *vinulentia* und Fehlverhalten beim *convivium* dar. Darüber hinaus werden zu dieser Gruppe Ehebrecher (*adulter*), Frauen mit schlechtem Ruf (*mulier infamis*), die ihre *infamia* auf Catilina und seine Leute zu übertragen drohen, Verführer der Jugend (*corruptor iuventutis*), Verführte (*corruptus*) und Verkommene (*perditus*) gezählt.[22] Des Weiteren gehören die bereits erwähnten leichtfertigen und liederlichen Schauspieler,[23] Leute, die bei Gastmählern nackt tanzen würden[24] sowie eine Leibgarde von Dirnen zur Anhängerschaft Catilinas.[25] Der Umgang mit Schauspielern soll zeigen, dass er eine Neigung zu Betätigungsfeldern hat, die für einen Senatsaristokraten nicht angemessen sind. Zudem dokumentiert er einen Hang zu ursprünglich griechischen Vergnügungen: Unterhaltung durch Nackttanzen entspricht eher einem vergnüglichen *symposion* als einem römischen *convivium*, das von Cicero als ideal gepriesen wird. Da an der Ehre und gesellschaftlichen Stellung – d. h. der *fama* – der Garde eines Feldherren auch dessen die Ehre abzulesen war, sorgt die Darstellung Ciceros, Catilina sei von einer Leibgarde aus Dirnen umgeben worden, für eine Diffamierung oberster Güte. *Scorta* können nicht als *cohors praetoria* dienen, da diese aus standesgemäßen *amici* und Soldaten bestehen muss.[26] Überhaupt ist die Gesellschaft von Kupplern und Prostituierten in der Öffentlichkeit für einen Senatsaristokraten an sich unangebracht.

Den Anhängern Catilinas werden somit Argumente des unangemessenen Erscheinungsbildes und der unrömischen Kleiderwahl, Argumente des unangemessenen sexuellen Verhaltens, Argumente physischer Gewalt sowie Argumente des Fehlverhaltens beim *convivium* vorgeworfen.

Interessant ist eine Stellungnahme Ciceros zu Catilina in der wesentlich später geschriebenen *Rede Pro Caelio*. Während Catilina in späterer Zeit üblicherweise als Paradebeispiel größter Liederlichkeit vorgeführt wird und immer wieder dazu dient, spätere Gegner durch einen Vergleich mit ihm noch schlechter dastehen zu lassen, wird hier hinsichtlich seiner Laster auch ein vermeintliches Lob platziert. Cicero war in der Verteidigung Caelios schlichtweg dazu gezwungen, Catilinas immerzu negative

22 Cic Catil. 2.7.

23 Cic. Catil. 2.9: *(...) nemo in scaena levior et nequior qui se non eiusdem prope sodalem fuisse commemoret.* („[...] es gibt auf der Bühne keinen einigermaßen leichtfertigen und liederlichen Schauspieler, der sich nicht rühmt, fast ein Kamerad ebendieses Menschen gewesen zu sein.").

24 Cic. Catil. 2.24: *(...) quod nudi in conviviis saltare didicerunt.* („[...] weil sie gelernt haben, bei Gastmählern nackt zu tanzen.").

25 Cic. Catil. 2.24: *o bellum magno opere pertimescendum, cum hanc sit habiturus Catilina scortorum cohortem praetoriam!* („O wie sehr ist dieser Krieg zu fürchten, da Catilina diese Leibgarde von Dirnen um sich haben wird!"). In diesem Vorwurf liegt freilich eine extreme Form der weiblichen Fremdbestimmung vor.

26 Siehe Kapitel 5.1.1.

Darstellung zumindest partiell zu durchbrechen, um Caelio, dem eine Teilhabe an der Catilinarischen Verschwörung vorgeworfen worden war, in ein besseres Licht zu rücken.[27] Einen zentralen Vorwurf, um dessen Schwächung Cicero zu diesem Zweck bemüht ist, stellt wie gesehen Catilinas Anhängerschaft dar: Obwohl er mit einer großen Menge übelster Menschen Umgang gepflegt habe, konnte er, so Ciceros Einschränkung, dennoch vortäuschen, den Besten zugetan gewesen zu sein.[28] Während der *libido* in dieser Passage tatsächlich Ansätze lobenswerter Charakterqualitäten gegenübergestellt werden wie *industria*, *labor* oder *studia militaris*,[29] bleibt der Vorwurf des unangemessenen gesellschaftlichen Umgangs jedoch unbestritten. Denn was als Positivierung angeführt wird, ist nur die Aufrechterhaltung eines Anscheins von gesellschaftlich akzeptablem Umgang (*simulabat*).

Der zentrale Vorwurf gegen Clodius' Anhängerschaft ist in dem Argumententyp der physischen Gewalt zu finden. So werden Clodius' Anhänger mit Raubzügen, Feuersbrünsten und weiteren Formen des Verbrechens assoziiert.[30] Der Pauschalitätsanspruch, der diffamierenden Vorwürfen eigen ist und der die angegriffene Person möglichst allumfassend schuldfähig erscheinen lassen soll, tritt besonders in dem Hinweis auf Clodius' Anhänger zutage, gemeingefährliche Verbrecher jeder Art zu sein

27 Vgl. Humpert 2001, 52. Cicero benennt diese Strategie ebenfalls in Cic. Cael. 12: *At studuit Catilinae, cum iam aliquot annos esset in foro, Caelius. Et multi hoc idem ex omni ordine atque ex omni aetate fecerunt.* („Er schloß sich Catilina erst an, als er schon jahrelang das Forum besuchte – viele Leute jeden Standes und Alters taten dasselbe.").

28 Cic. Cael. 12: *Habuit enim ille, sicuti meminisse vos arbitror, permulta maximarum non expressa signa, sed adumbrata virtutum. Utebatur hominibus improbis multis; et quidem optimis se viris deditum esse simulabat.* („Denn dieser Mann besaß ja, wie ihr euch erinnern werdet, vielerlei Anzeichen (nicht stark ausgeprägt, aber immerhin angedeutet) von vorzüglichen Eigenschaften. Er hatte Umgang mit zahlreichen üblen Burschen, doch er tat so, als ob er den besten Männern ergeben wäre.").

29 Cic. Cael. 12: *Erant apud illum illecebrae libidinum multae; erant etiam industriae quidam stimuli ac laboris. Flagrabant vitia libidinis apud illum; vigebant etiam studia rei militaris.* („Er verspürte auch den Drang, tätig zu sein und sich anzustrengen. Er verzehrte sich in schlimmen Leidenschaften; er fühlte sich zugleich stark vom soldatischen Leben angezogen."). Ciceros Resümee zur partiellen Rehabilitierung Catilinas nimmt sich sodann wie folgt aus: *Neque ego umquam fuisse tale monstrum in terris ullum puto, tam ex contrarus diversisque et inter se pugnantibus naturae studiis cupiditatibusque conflatum.* („Nie hat es, glaube ich, auf Erden ein so sonderbares Wesen gegeben, eine derartige Mischung von verschiedenen, auseinanderstrebenden, einander widersprechenden Bedürfnissen und Leidenschaften.").

30 Cic. Mil. 3: *unum genus est adversum infestumque nobis, eorum quos P. Clodi furor rapinis et incendiis et omnibus exitiis publicis pavit.* („Eine Gruppe steht uns allerdings feindselig und unversöhnlich gegenüber: die Leute, die P. Clodius in seiner Raserei durch Raubzüge, Feuersbrünste und gemeingefährliche Verbrechen jeder Art großgezogen hat."). In einem Kontext des Verbrechens verortet Cicero die Anhänger Clodius' auch wegen ihres stetigen Waffentragens (Cic. Sest. 95): *qui stipatus semper sicariis, saeptus armatis, munitus indicibus fuit, quorum hodie copia redundat,* („er war stets von Messerstechern begleitet, von Bewaffneten umgeben und von jenen Aufpassen umringt, an denen heutzutage Überfluß herrscht,"). Dieser Vorwurf wird insbesondere auch gegen Marcus Antonius genutzt, siehe dazu Cic. Phil. 2.6; 2.112; 3.9; 5.18. Auch Clodius selbst wird als Messerstecher beschimpft: Cic. Sest. 39 (*cum sicario*).

(*omnes exitii publici*). Cicero beschimpft Clodius' Anhänger auch explizit als Räuber (*latrones*) und Feinde (*inimici*).[31] Darüber hinaus verstärkt er das Argument der verbrecherischen Anhängerschaft für Clodius, indem er es in Verbindung mit Gewaltanwendungen aus dem Hinterhalt bringt (*aliqua insidia*).

Die Anhängerschaft wird für Clodius auch ausführlich für ein Argument instrumentalisiert, um Milos ungleich ungünstigere Ausgangssituation zum Zeitpunkt des schicksalhaften Zusammentreffens von Clodius' und Milos Banden zu beweisen. Cicero fordert zu diesem Zweck dazu auf, den scheinbar unbeschwerten Tross um Clodius mit der schweren Last zu vergleichen, die Milo zu diesem Zeitpunkt mit sich geführt habe. Der Tross Milos, der als *impedimentum* – was auch Hindernis heißt –, bezeichnet wird, ist dabei gleichzusetzen mit der großen Verantwortung, die Milo in diesem Moment aufgebürdet gewesen sei.[32] Cicero zielt hier darauf ab, den Eindruck zu erwecken, als sei Clodius auf das Zusammentreffen vorbereitet gewesen, da er sich der Begleitung seiner Frau, die ihn sonst überallhin begleitet habe, entledigt hätte (*semper ille antea cum uxore*). Selbst in dieser verzwickten Verkehrung von Argumenten der Diffamierung versäumt es Cicero nicht, Clodius gleich zwei Möglichkeiten der Verunglimpfung angedeihen zu lassen: Auf der einen Seite verspottet er ihn, weil Clodius sich für gewöhnlich stets von seiner Frau habe begleiten lassen, was einen Aspekt der sexuellen Verfehlungen darstellt und eine Fremdbestimmtheit andeuten soll. An eben diesem Tage des tragischen Vorfalls aber habe sich Clodius der Begleitung seiner Frau entledigt. Doch auch dies vermag ihm erneut nicht zur Ehre zu gereichen – was durchaus vorstellbar gewesen wäre, hätte man es Clodius als Befreiung aus den ‚Fängen' seiner Frau ausgelegt. Ganz im Gegenteil aber fällt Ciceros Argumentation auch nicht zuungunsten von Clodius aus, da ihm das Zurücklassen seiner Frau von Cicero als Vorbereitung auf einen Überfall auf Milo ausgelegt wird. Milo sei im Gegensatz zu Clodius nicht vorbereitet gewesen und könne das Aufeinandertreffen nicht erwartetet haben, da er – wiederum anders als sonst – in Begleitung von Musiksklaven seiner Frau und Dienerinnen gereist sei.[33] Für gewöhnlich würde sich Milo, so Ciceros Duktus, aber freilich nicht mit einer derart lasterhaft anmutenden Begleitung auf Reisen begeben. Die Musiksklaven und Dienerinnen

---

31 Cic. Mil. 10: *(...) si vita nostra in aliquas insidias, si in vim et in tela aut latronum aut inimicorum incidisset, (...).* („[...] wenn unser Leben durch einen tückischen Anschlag, durch die bewaffnete Gewalt von Räubern oder Feinden bedroht ist, [...].").

32 Cic. Mil. 55: *iter expediti latronis cum Milonis impedimentis comparate. semper ille antea cum uxore, tum sine ea.* („Vergleicht jetzt den unbehinderten Zug des Banditen mit der schweren Bürde Milos. Er [Clodius] reiste sonst stets mit seiner Frau, damals ohne sie)". Siehe auch Cic. Mil. 28.

33 Die Beschreibung der Gefolgschaft am Abend des Aufeinandertreffens wird weitergeführt, indem Cicero betont, dass ausgerechnet Milo, der sonst stets ohne seine Frau reiste, heute Frau, Musiksklaven und Dienerinnen bei sich hatte, Cic. Mil. 55: *Milo, qui numquam, tum casu pueros symphoniacos uxoris ducebat et ancillarum greges.* Um im Falle von Milos Begleitung die größtmögliche Schadensbegrenzung zu betreiben, macht Cicero hier deutlich klar, dass die Musiksklaven zu seiner Frau gehörten (*pueros symphoniacos uxoris*). Für Clodius kann er so auch den Vorwurf der unangemessenen, aus Sklaven bestehenden Anhängerschaft anführen, ohne Milo dadurch ebenfalls zu diskreditieren.

würden im Übrigen auch an diesem Abend, so versichert Cicero, zur Gefolgschaft seiner Frau gehören.

Cicero verbindet hier die Beschimpfung des Clodius als Verbrecher mit dem Vorwurf einer unangemessenen Anhängerschaft, die zugleich auf dessen Gräzisierung abzielt. So stellt er die jeweilige Gefolgschaft der beiden Kontrahenten auch in der weiteren Ausführung als vertauscht dar:

> *comites Graeculi quocumque ibat, etiam cum in castra Etrusca properabat, tum nugarum in comitatu nihil. Milo qui numquam, tum casu pueros symphoniacos uxoris ducebat et ancillarum greges; ille, qui semper secum scorta, semper exoletos, semper lupas duceret, tum neminem, nisi ut virum a viro lectum esse diceres.*[34]
>
> „Griechlein begleiteten ihn [Clodius], wohin er ging, auch wenn er sein Feldlager in Etrurien aufsuchte, damals jedoch befand sich kein einziger Luftikus in seinem Gefolge. Milo hingegen war an jenem Tag – anders als sonst – zufällig mit Musiksklaven seiner Frau und mit Scharen von Dienerinnen unterwegs. Clodius, der sich sonst stets mit Dirnen, mit Buhlknaben, mit Freudenmädchen umgab, hatte damals nur Männer bei sich, die den Eindruck machten, als seien sie einer vom anderen ausgewählt."

Während Clodius sich stets mit Griechen zu umgeben pflege, was dadurch versinnbildlicht wird, dass er sich von ihnen sogar ins Feldlager begleiten lasse, befinde sich eben zu diesem Zeitpunkt überhaupt keine Person, die Cicero als *nuga* bezeichnen würde, in dessen Gefolge.[35] Cicero stellt damit außer Frage, was er von der sonst üblichen Gefolgschaft und somit auch von Clodius hält: Der nicht zufällig platzierte Barbarentopos macht deutlich, wie unangemessen Clodius' üblicher gesellschaftlicher Umgang sei. Zu dieser sonst üblichen Anhängerschaft zählen aber nicht nur Griechen, sondern auch Dirnen (*scorta*), Buhlknaben (*exoleti*) und Freudenmädchen (*lupae*); ein breites Spektrum an Personen also, das dem Metier der Prostitution zuzurechnen ist und keine angemessene (politische) Begleitung eines römischen Senators abgibt. Cicero schildert dieses ‚Gesindel', das Clodius üblicherweise umgebe, um die Begleitung Milos an diesem Abend in ein besseres Licht zu rücken.[36] Da die Begleitung eigentlich für Clodius spricht, versucht Cicero dessen sonst übliche Gefolgschaft als dermaßen verkommen zu beurteilen, dass selbst die Dienerinnen und

---

34 Cic. Mil. 55.

35 Cicero betont den Umstand, dass sich Clodius stets von Griechen begleiten ließ – und im Übrigen auch von seiner Frau – auch schon an einer früheren Stelle der Rede, Cic. Mil. 28: *ob viam fit ei Clodius, (...) nullis Graecis comitibus, ut solebat; sine uxore, quod numquam fere.* („So zieht ihm Clodius entgegen: [...] ohne die Griechen, seine üblichen Begleiter, und ohne seine Frau, was eine große Ausnahme war."). Diese Passage dient der Vorbereitung auf Ciceros Argumentationsstrategie, dass sich die Gefolgschaft von Clodius und Milo am Abend des Zusammentreffens im Gegensatz zum üblichen Auftreten exakt verkehrt habe. Dass er diese Argumentation so langwierig vorbereitet, macht deutlich, wie gewagt ihm selbst diese Argumentation erschienen sein muss.

36 Wie gesagt sei Milo nur zufällig mit Dienerinnen seiner Frau und Musiksklaven umgeben gewesen, während die übliche Begleitung des Clodius durch seine Frau ihn sonst verweichlicht erscheinen lasse: Cic. Mil. 55: *tum neminem, nisi ut virum a viro lectum esse diceres.*

Musiksklaven in Milos Umfeld noch harmlos erscheinen müssen und obendrein noch nicht einmal sein direktes Umfeld bilden, sondern das seiner Frau (*symphoniacos uxoris*). Musiksklaven, die den Eindruck leichter Unterhaltung nahelegen, und weibliche Sklaven, die er in Milos Fall natürlich nicht als Dirnen oder Freudenmädchen beschimpft, werden so nur unmittelbar Milo zugerechnet. In dieser kunstvollen Verkehrung einer üblichen und einer unüblichen Anhängerschaft werden somit sowohl das Metier der Prostitution als auch die Fremdbestimmtheit durch (s)eine Frau sowie ein Barbarentopos auf Clodius projiziert.

Die Diffamierung der Anhängerschaft nimmt in den Anschuldigungen gegen Clodius insgesamt in drei Formen Gestalt an.[37] Das sind zum einen die bereits vorgestellten Verbrecher und Räuber in Clodius' Umfeld, die Argumente der physischen Gewalt stützen, und zum anderen die Personen aus gesellschaftlich diskreditierten Gewerben bzw. einem unangemessenen Milieu, mit denen Argumente sexueller Verfehlungen und Begehrlichkeiten begründet werden können. Drittens gehören Sklaven zu diesem Personenkreis. So verbindet Cicero den Vorwurf, Clodius habe ihn aus der Stadt vertrieben, mit einem Angriff gegen dessen Anhängerschaft, der darauf abzielt, dass sich diese aus bewaffneten Sklavenbanden speise (*servorum armis*).[38] Freilich ist auch das Waffentragen in der Stadt, das Cicero hier den Sklaven an Clodius' Seite unterstellt, ein Verbrechen und kann so als Argument sowohl der physischen Gewalt als auch der staatsrechtlichen verstanden werden, bedrohen die Banden durch ihre Waffen doch den friedlichen Fortbestand der *res publica*. Ähnlich wirft Cicero Clodius an anderer Stelle vor, dass dieser für seine Verbrechen ein ganzes Heer von Sklaven ausgehoben habe.[39] Für Clodius Anhängerschaft bemüht Cicero somit den Argumententypus des sexuellen Fehlverhaltens, der physischen und staatsrechtlichen Gewalt. In der Unterstellung, dass Milo an diesem Tag von Personen begleitet worden sei, die sonst eher Clodius zuzurechnen wären, wird implizit auch ein Argument der

---

37 Sämtliche Dimensionen von Vorwürfen, die sich auf eine unangemessene Anhängerschaft beziehen, werden von Cicero zusammengefasst in *manus ille Clodiana*; in Cic. Sest. 79 überwiegt der Aspekt des Verbrecherischen: *cum subito manus illa Clodiana, in caede civium saepe iam victrix, exclamat, incitatur, invadit;* („Da beginnt plötzlich die Clodius-Bande, schon allzu oft siegreich im Bürgermord, zu schreien;").

38 Cic. Mil. 72: *eum qui civem quem senatus, quem populus Romanus, quem omnes gentes urbis ac vitae civium conservatorem iudicarant, servorum armis exterminavit;* („jemanden, der einen vom Senat, vom römischen Volk, von aller Welt zum Retter Roms und des Lebens seiner Mitbürger erklärten Bürger mit bewaffneten Sklavenbanden aus der Stadt vertrieb;"). Die in dieser Passage enthaltene Eigenstilisierung zum Retter der Republik verstärkt freilich noch den Vorwurf gegen Clodius, dass er eine solche Person vertrieben habe. Andersherum ist diesem Vorwurf, da er von dem Retter der Republik selbst ausgesprochen wird, ein höherer Stellenwert beizumessen als bei der Erwähnung der ‚Sklavenbanden' in einem anderen Kontext. Siehe dazu auch Cic. Sest. 53.

39 Cic. Mil. 76: *fingi haec putatis, quae patent, quae nota sunt omnibus, quae tenentur? servorum exercitus illum in urbe conscripturum fuisse, per quos totam rem publicam resque privatas omnium possideret?* („Haltet ihr denn für erfunden, was am Tage liegt, was jedermann weiß, was erwiesen ist: daß er hier in der Stadt ein Heer von Sklaven ausgehoben hätte, um sich durch sie die Gewalt über den ganzen Staat und über sämtliche Privatvermögen zu verschaffen?").

unangemessenen Unterhaltung beim *convivium* (Musiksklaven) in Clodius' Umfeld platziert.

Auch die Anhängerschaft Pisos wird vor allem in ein Umfeld von Gewaltbereitschaft und Rechtsbruch gestellt. So diffamiert Cicero Pisos Anhänger, indem er sie als hauptstädtisches Gesindel (*faex urbis*) und jede Art von Sklaven bezeichnet.[40] Die Beschimpfung der Anhänger als Sklavenbanden wird noch übertroffen durch den Vorwurf, die Hintermänner, die seine politischen Bestrebungen unterstützen und vorantreiben, seien allesamt Räuber (*latrones*) und Sklaven (*servi*) gewesen.[41] Der Vorwurf geht für Piso aber noch über den bloßen Umgang mit Räuberbanden hinaus, indem explizit ausgesprochen wird, dass er ursprünglich rechtschaffene Bürger erst zu solchen gemacht habe (*vexatores ac praedatores effecisti*).[42] Des Weiteren umgebe sich Piso mit Personen, die einem unangemessenen gesellschaftlichen Umfeld entstammten oder sich in entsprechenden Metiers betätigten. Ein Beispiel hierfür ist Ciceros Äußerung über Zechgenossen, mit denen sich Piso abgebe und die Cicero als schmutzige Saufkumpane diffamiert.[43] So bezichtigt er zum einen Piso, zum anderen dessen Freunde der *vinulentia*. Es werden also primär Argumente der physischen und staatsrechtlichen Gewalt, aber auch Argumente wie *vinulentia* bzw. Fehlverhalten beim *convivium* auf Anhänger Pisos angewandt.

Zudem ist es besonders auffällig, dass sich Cicero, wie gesehen, eines Kunstgriffes bedient, um einige Argumente des sexuellen Fehlverhaltens und des unangemessenen Erscheinungsbildes an Piso heranzutragen: Er äußert seine Diffamierungen gegen Gabinius, Pisos Amtskollegen im Konsulat, und projiziert diese erst über einen Umweg auf Piso selbst: Alles, was für Gabinius augenscheinlich sei, gelte in Wahrheit auch für

---

40 Cic. Pis. 9: *(...) sed innumerabilia quaedam nova ex omni faece urbis ac servitio concitata.* („[...] sondern auch mit Hilfe von hauptstädtischem Gesindel jeder Art und von Sklaven unzählige neue gegründet."). Ähnlich auch in Cic. Pis. 30: *(...) inusta per servos, incisa per vim, imposita per latrocinium, (...).* („[...] eingebracht durch Sklaven, eingeführt durch Zwang, eingeschmuggelt durch Raubgesindel [...].").

41 Cic. Pis. 64: *plebs Romana perditum cupit, in cuius tu infamiam ea quae per latrones et per servos de me egeras contulisti.* („Das Volk von Rom wünscht dich zum Henker, weil du es durch deine Beschlüsse gegen mich, das Werk von Räubern und von Sklaven, in Verruf gebracht hast;"). Im Kontext eines Sakrilegs bezeichnet Cicero Pisos Hintermann als *latro*, Cic. Pis. 11: *vidente te constituebantur ab eo latrone cui templum illud fuit te consule arx civium perditorum, receptaculum veterum Catilinae militum, castellum forensis latrocini, bustum legum omnium ac religionum.* („Ein Waffenlager wurde im Kastortempel, wobei du zusahst, du Verräter der Tempel, eingerichtet – von dem Banditen, der den genannten Tempel während deines Konsulats zur Schutzburg verworfener Bürger, zur Zuflucht der alten Kämpfer Catilinas, zum Stützpunkt von Gewalttaten auf dem Forum, zur Grabstätte jeglicher gesetzlicher und kultischer Ordnung gemacht hat.").

42 Cic. Pis. 84: *ita perpetuos defensores Macedoniae vexatores ac praedatores effecisti.* („So hast du die unermüdlichen Bewacher Makedoniens in Räuber und Plünderer verwandelt.").

43 Cic. Pis. 22: *cum tuis sordidissimis gregibus intemperantissimas perpotationes praedicem?* („[...] von den zügellosen Zechgelagen im Kreise deiner schmutzigen Kumpane?").

Piso.[44] Durch die Zuschreibung von Diffamierungen über Gabinius werden an Piso Argumente sexueller Verfehlungen und eines unangemessenen Erscheinungsbildes herangetragen.

Schließlich wird auch Marcus Antonius durch den Vorwurf eines devianten gesellschaftlichen Umgangs diffamiert. Durch die Gesellschaft von Personen, die mit frevelhaftem Verhalten oder einer verwerflichen gesellschaftlichen Stellung assoziiert werden, wird auch in Antonius' Fall sogleich der Gegner selbst diskreditiert, der sich mit solchen Personen umgebe. In den Kategorien *latro* und *gladiator*, die bereits als Argumente der direkten illustrativen Diffamierung vorgestellt wurden, treten gegen Antonius wiederholt Beispiele für die Diffamierung mittels der Anhängerschaft auf. Zu diesen Argumenten zählt der pauschale Vorwurf der Gewaltbereitschaft, die dazu führe, dass Antonius' Anhänger nicht selten wegen Gewalttaten (*de vi*) verurteilt würden.[45] Wie bereits gesehen werden die Anhänger beschuldigt, regelrechte Räuberbanden (*latrones*) gebildet zu haben, als deren Anführer Antonius auftrete.[46] Selbst in seinem Amt als Konsul werde er nur von Straßenräubern für voll genommen.[47] Auch das ebenfalls bereits bekannte Waffentragen in Rom, dessen seine Anhänger bezichtigt werden, wird zur Diffamierung des Anführers und Auftraggebers Antonius (*stipatus armatis*) genutzt. Mitunter wird die Anschuldigung mit dem Barbarentopos verbunden (*barbari armati*).[48] Abgeschlossen wird der Vorwurf des unangemessenen gesellschaftlichen Umgangs aus dem Bereich der Gewalt durch die Darstellung, dass sich Antonius mit Gladiatoren um- und abgegeben habe, womit auch er in ein skla-

44 Siehe dazu in Kapitel 5.1.1, die Beispiele zur Diffamierung anhand sexueller Verfehlungen sowie in Kapitel 5.4 die Beispiele zur Diffamierung anhand eines unangemessenen Erscheinungsbildes.

45 Cic. Phil. 2.4: *cuius etiam familiares de vi condemnati sunt, quod tui nimis studiosi fuissent.* („Seine Freunde wurden ja sogar wegen Gewalttaten verurteilt, weil sie sich allzu eifrig für dich eingesetzt hatten!").

46 Cic. Phil. 2.4; 2.87; 4.15; 5.6; 5.18; 5.23; 6.3; 8.9; 11.10; 11.4; 11.36; 12.17; 12.20; 12.26 f.; 13.10; 13.16; 13.19 f.; 14.8; 14.10; 14.21; 14.27; 14.31.

47 Cic. Phil. 4.9: *quis illum igitur consulem nisi latrones putant?* („Nur Straßenräuber also betrachten ihn als Konsul.").

48 Cic. Phil. 2.6: *cum esse foedissime stipatus armatis.* („[...] wo du dich nicht entblödest, dich von Bewaffneten begleiten zu lassen [...]."). Antonius führe damit, so der Vorwurf, einen imperatorischen Befehl aus, was innerhalb des *pomerium* freilich nicht erlaubt war, vgl. BLUMENTHAL 1952, 1871. Siehe dazu auch Cic. Phil. 2.112: *cur armatorum corona senatus saeptus est, cur me tui satellites cum gladiis audiunt?* („Warum ist der Senat von einem Kranz von Bewaffneten eingehegt, warum hören mir deine Trabanten mit dem Schwert in der Hand zu?"); Cic. Phil. 5.18: *at hanc pestem agmen armatorum sequebatur;* („Aber dieser Unhold ließ sich von einem ganzen Schwarm von Bewaffneten begleiten;"). Mit dem Barbarentopos geht der Vorwurf in Cic. Phil. 3.9 einher: *(...) nec tamen, ut Antonio senatum habente in consilio regis versabantur barbari armati.* („[...] aber bewaffnete Barbarenhorden, wie üblich, wenn Antonius Senatssitzung abhält, gehörten nicht in den Rat des Königs.").

visches Milieu versetzt wird, was andeutet, dass er standesgemäßen *amicitia*-Verhältnissen entbehre.[49]

Einen anderen Weg, Marcus Antonius' Anhänger als der römischen tugendhaften Elite nicht zugehörig zu identifizieren, wählt Cicero, indem er sie in eher verachteten Metiers wie der Schauspielerei oder Prostitution verortet.[50] Dazu zählen sowohl Komödianten (*mimi*), Spielkumpane (*aleatores*), Kuppler (*lenones*)[51] als auch Tänzer (*saltatores*) und Musikanten (*citharistas*).[52] Auch den Vorwurf der *vinulentia* überträgt Cicero auf Antonius' Anhänger, wenn er diese als Bande von Saufkumpanen (*totum denique comisationis Antonianae chorum*) bezeichnet.[53] Den Anhängern, die einem despektierlichen Metier entstammen, ist auch Cytheris zuzurechnen, jene *mima*, zu deren Liebhaber sowohl Antonius als auch Cornelius Gallus – von ihm als Lycoris bezeichnet – gezählt werden.[54] Und schließlich lässt sich dieses Argument in einer inhaltlichen Aufladung mit allen weiteren Aspekten anwenden, die Cicero gegen Antonius selbst vorbringt und das Argumentenspektrum somit komplettiert. Danach neigten auch Antonius' Anhänger dem übermäßigen Weinkonsum zu[55] oder seien Spieler.[56]

Für Antonius' Anhänger werden auf diese Weise Argumente der physischen Gewalt, sexueller Verfehlungen, der *vinulentia* und des Fehlverhaltens beim *convivium*

49 Cic. Phil. 2.106: *praesertim cum duos secum Anagninos haberet, (...) quorum alter gladiorum est princeps, alter poculorum*; („zumal er zwei Anagniner bei sich hatte [...], der eine ein Becherheld, der andere ein Messerheld."); hier in Verbindung mit einem Aspekt des *vinulentia*-Arguments.

50 So gelten Schauspieler qua Berufsgruppe als *personae turpes*, vgl. Sachers 1948, 1435.

51 Cic. Phil. 2.58: *sequebatur raeda cum lenonibus, comites nequissimi* („Dann kam ein Riesenwagen mit Kupplern, sein nichtsnutziges Gefolge"); 8.26: *cavet mimis, aleatoribus, lenonibus (...) quos (...) inter mimorum et mimarum greges conlocavit* („Er sorgt für seine Komödianten, Spielkumpane und Zuhälter. („[...] die er in seine Truppe von Schauspielern und Schauspielerinnen aufgenommen hat"); 10.22: *cum videant se mimos et mimas habere vicinos* („wo sie sich doch in der Nachbarschaft von Komödianten und Komödiantinnen sehen"); 2.101: *mimos dico et mimas, patres conscripti, in agro Campano collocatos.* („Schmierenschauspieler und -schauspielerinnen, Patres Conscripti, sind auf dem Ager Campanus angesiedelt worden.").

52 Cic. Phil. 5.15: *saltatores, citharistas, totum denique comissationis Antonianae chroum.* („Tänzer, Musikanten, überhaupt die ganze Bande seiner Saufkumpane hat Antonius in die dritte Richterkurie eingereiht.")

53 Cic. Phil. 5.15: *(...) totum denique comissationis Antonianae chroum (...).* („[...] überhaupt die ganze Bande seiner Saufkumpane [...].").

54 Die Identifizierung von Antonius' Cytheris mit Gallus' Lycoris ist dem antiken Vergilkommentator Servius zu verdanken, der den Zusammenhang in seinem Kommentar zu Vergils zehnter Ekloge herstellt: *(...) amorum suorum de Cytheride [=Lycoride] scripsit libros quattuor.* („[...] über seine Liebe zu Cytheris (= Lycoris) hat er vier Bücher geschrieben.") (Übers. A.T.). Zitiert nach Stroh 1971, 209.

55 Cic. Phil. 2.42: *compotorum tuorum*; Cic. Phil. 2.106: *praesertim cum duos secum Anagninos haberet, (...) quorum alter gladiorum est princeps, alter poculorum.*(„zumal er zwei Anagniner bei sich hatte [...], der eine ein Becherheld, der andere ein Messerheld.") in Verbindung mit dem Argument des gewaltbereiten Begleiters. Siehe dazu auch Cic. Phil. 5.22.

56 Cic. Phil. 2.101: *compransoribus tuis et conlusoribus*; 13.3: *addite Antoni conlusores et sodales (...).* („nehmt Antonius' Spielkameraden und Spießgesellen hinzu [...]").

sowie auch unangemessener Umgang mit finanziellen Mitteln – und damit das gesamte Spektrum an Diffamierungen – ins Feld geführt.

6.2 Anfechtbare Anhängerschaften in den Briefen

Das Argument des inadäquaten gesellschaftlichen Umgangs bzw. unangemessener sozialer Milieus der Gegner stellt in den *Briefen an Atticus* das häufigste Argument der Diffamierung dar. Dieses Argument nimmt wie in den Reden auch in den Briefen in unterschiedlichen Aspekten Gestalt an. In der deutlichen Mehrzahl der Fälle wird eine Gruppe von Anhängern attackiert, die *en gros* mittels unterschiedlicher Argumente diffamiert werden: erstens durch Waffentragen oder Verbrechen (das Argument physischer Gewalt), zweitens durch Anzeichen eines unangemessenen Erscheinungsbildes, drittens durch ihren gesellschaftlichen Status und viertens durch ihre direkt benannte charakterliche Unzulänglichkeit. Sämtliche dieser Diffamierungsstrategien sind freilich aus den Reden bereits bekannt.[57] Konkrete Übereinstimmungen sollen im Folgenden herausgestellt werden.

Zunächst wird das Augenmerk auf den Aspekt der Assoziation mit Gewalt gerichtet, der die Anhängerschaft durch den Vorwurf von Verbrechen und Waffentragen in den Briefen diffamiert. So schildert Cicero beispielsweise, wie ein Verbrechen auf Befehl von Clodius verübt worden sei, einer Person also, die auch in Ciceros Reden häufig mit dem Aspekt physischer Gewalt in Verbindung gebracht wird. Cicero berichtet im Atticus-Brief 4.3, dass das Anwesen, welches ihm und seinem Bruder gehörte, Ziel eines Gewaltverbrechens geworden sei. Clodius wird nur ein einziges Mal erwähnt, um herauszustellen, dass er den Befehl gegeben habe, das Haus von Ciceros Bruder in Flammen zu setzen.[58] Im Kontext dieses Befehls berichtet Cicero, dass bewaffnete Banden (*armatis hominibus*) die Handwerker von seinem Grundstück vertrieben hätten, um dann die Catulus-Halle zu zerstören.[59] Da nun Clodius in Ciceros Schilderung als Drahtzieher des Verbrechens benannt wird, werden die bewaffneten Banden in einen direkten Zusammenhang mit Clodius als Auftraggeber gestellt. Wie unrechtmäßig Clodius dadurch gehandelt habe, verdeutlicht Cicero auf zweifache Weise. Erstens führt er an, dass der Wiederaufbau seiner Catulus-Halle rechtmäßig

57 Siehe dazu Kapitel 4 und 5.

58 Cic. Att. 4.3.2: *Quinti fratris domus primo fracta coniectu lapidum ex area nostra, deinde inflammata iussu Clodi*, („meines Bruders Quintus Haus wurde zunächst mit Steinwürfen von meinem Grundstück aus demoliert, dann auf Clodius' Befehl angezündet.").

59 Cic. Att. 4.3.2.: *armatis hominibus ante diem tertium Nonas Novembris expulsi sunt fabri de area nostra, disturbata porticus Catuli (...)*. („Am 3. November haben bewaffnete Banden die Handwerker von meinem Grundstück vertrieben und die Catulus-Halle [...] zerstört").

sei, da er auf Beschluss des Senats erfolge.[60] Zweitens nimmt er in seiner Schilderung das Mitgefühl der ganzen Stadt in Anspruch, die „unter Jammern und Klagen" Zeuge gewesen sei, „wie die Feuerbrände geschleudert wurden".[61] Dass Clodius durch seine verbrecherische Aktion eine Verfehlung begeht, wird also unmissverständlich herausgestellt. Zudem gereicht es ihm noch über sein eigenes Verbrechen hinaus zur Schande, dass bewaffnete Banden seinen vermeintlichen Befehl ausgeführt hatten. Das Anheuern bewaffneter Banden war per Gesetz verboten, sodass Clodius auch für dieses Vergehen ein Gesetzesbruch angelastet wird. Wenig später beschimpft Cicero die Anhängerschaft in demselben Brief als Clodius' Räuberbande (*homines ex omni latrocinio Clodiano*).[62]

Von einem ähnlichen Tenor der Gewaltbereitschaft ist auch die Schilderung eines Überfalls von Clodius auf Cicero getragen. Cicero schreibt dem Ereignis ein konkretes Datum zu und verortet es auf der Via Sacra. Dort habe ihn Clodius mit seinen Anhängern (*cum suis*) am 11. November (*tertium Id. Nov.*) überfallen.[63] Schilderungen von Gewaltakten und Waffen bleiben nicht aus. So bringt Cicero die Anhänger von Clodius mit Steinwürfen, Knüppeln und Dolchen in Zusammenhang.[64] Diese Gewalttaten von Clodius' Anhängern werden durch einen Vergleich mit Catilina noch überboten. So leitet Cicero eine Litanei von weiteren Verbrechen damit ein, dass Clodius „fortan durch sein Verhalten jeden Catilina zum Acidinus" gemacht habe.[65] Clodius übertreffe also gar Catilina, wenn es um Verbrechen gehe. Vor dem Hintergrund, dass Catilinas Verschwörung zu diesem Zeitpunkt – im November 57 – bereits durch Ciceros Agitation zerschlagen war und dieser aufgrund seiner Verbannung Rachegedanken gegen Clodius hegte, dient dieser Catilina-Vergleich der Ambition Ciceros, Clodius genauso zum ‚Staatsfeind' zu erklären wie zuvor eben Catilina. Es folgt sodann eine Aufzäh-

---

60 Cic. Att. 4.3.2: *porticus Catuli quae ex senatus consulto consulum locatione reficiebatur et ad tectum paene pervenerat, (...).* („die Catulus-Halle, die, auf Senatsbeschluß von den Konsuln verdungen, wieder aufgebaut wurde und beinahe schon unter Dach war, [...].").

61 Cic. Att. 4.3.2: *inspectante urbe coniectis ignibus, magna querela et gemitu non dicam bonorum, qui nescio an nulli sint, sed plane hominum omnium.* („und die ganze Stadt war Zeuge, wie die Feuerbrände geschleudert wurden, unter lautem Jammern und Klagen nicht etwa nur der Guten – gibt es die überhaupt noch? – sondern geradezu aller Leute.").

62 Cic. Att. 4.3.3: *(...) occidit homines ex omni latrocinio Clodiano notissimos (...).* („[...] tötete die Hauptrrädelsführer aus Clodius' Räuberbande [...]").

63 Cic. Att. 4.3.3: *itaque ante diem tertium Id. Nov., cum Sacra via descenderem, insecutus est me cum suis.* („So überfiel er mich am 11. November mit seinen Banden, als ich die Heilige Straße hinunterging.").

64 Cic. Att. 4.3.3: *clamor, lapides, fustes, gladii, et haec improvisa omnia.* („Ehe wir uns versahen, erhob sich Geschrei, Steinwürfe hagelten, Knüppel sausten, Dolche blitzten.").

65 Cic. Att. 4.3.3: *ille omnium vocibus cum se non ad iudicium sed ad supplicium praesens trudi videret, omnis Catilinas Acidinos postea reddidit.* („Als er sah, daß die Volksstimme ihn nicht erst vors Tribunal, sondern geradewegs zum Richtplatz drängte, machte er fortan durch sein Verhalten jeden Catilina zu einem Acidinus.").

lung der Waffengewalt, über die Clodius befehle: Er lasse „schildbewehrte Männer mit gezücktem Schwert, andere mit brennenden Fackeln anrücken“.[66]

Eine ganz andere Situation stellt die Beschimpfung der Anhänger von Appius Claudius dar. Ihnen widmet sich Cicero im Kontext eines Berichts über seine Statthalterschaft in Kilikien.[67] Der Brief ist auffällig lang und stellt ähnlich wie der erste Brief *ad Quintum fratrem* eher einen Traktat über das richtige und falsche Verhalten als Statthalter dar. Darin unterscheidet er sich von der Mehrheit der Briefe an Atticus, die wesentlich stärker auf Alltagssituationen eingehen. Cicero zieht über Claudius' Präfekten, sein Gefolge und seine Legaten her, indem er rhetorisch fragt, was er über all diese Dinge und Personen noch sagen solle (*quid dicam*), es sei ja eigentlich schon alles klar. Er zählt sodann die Amtsträger und Claudius auf, die er mit Raubzügen (*rapinis*), Willkürakten (*libidinibus*) und Misshandlungen (*contumeliis*) assoziiert.[68] Das Stigma des Verbrechens, das die Vergehen mit sich bringen, überträgt sich in diesem Vorwurf auch auf den Statthalter selbst. Hier wird deutlich erkennbar, dass die Gewaltaffinität in Zusammenhang gebracht wird mit einer ‚Gefühlsbefriedigung‘ (*libidines*) und im Hinblick auf die vermeintliche Charakterschwäche mit unbeherrschter Impulsivität.[69] In dieser Passage steht die Diffamierung von Appius' Männern und damit auch von Appius selbst dem Eigenlob Ciceros gegenüber, der Appius als Statthalter nachfolgt und seine eigene Amtsführung preist. Freilich ist in derartigen Briefpassagen grundsätzlich schwer zu klären, ob in den Gegenüberstellungen eher das Eigenlob der Diffamierung des anderen dient oder ob die Herabsetzung eines anderen die eigene Leistung aufwerten soll. So ist z. B. in Gerichtsreden das Verhältnis im Falle einer Anklage deutlich leichter zu klären. Der Opposition von Cicero und Appius ist jedoch durchaus eine gewisse Tendenz inhärent, die eine Diffamierung zugunsten des Eigenlobs begünstigt – eine Tendenz, die dem Verhältnis zwischen Eigenstilisierung und Fremddiffamierung in den meisten Briefen attestiert werden kann.

Ebenfalls vor dem Hintergrund einer Diffamierung der Anhängerschaft kann Ciceros Anmerkung aus dem fünfzehnten Brief des zehnten Buches gedeutet werden. Hier beschwichtigt er Atticus, dass dieser keine Angst vor den Löwen des Antonius zu haben brauche.[70] Im Hinblick auf die Frage nach der Herkunft und Bedeutung der ‚Löwen‘ kann verwiesen werden auf Parallelstellen bei Plinius dem Älteren (Antonius

---

66 Cic. Att. 4.3.3: *nam Milonis domum, eam, quae est in Cermalo, pr. Id. Nov. expugnare et incendere ita conatus est, ut palam hora quinta cum scutis homines eductis gladiis, alios cum accensis facibus adduxerit.* („So versuchte er am 12. November Milos Haus, das am Cermalus, zu stürmen und in Brand zu stecken, indem er am hellen Mittag schildbewehrte Männer mit gezücktem Schwert, andere mit brennenden Fackeln anrücken ließ.“).

67 Cic. Att. 6.1.

68 Cic. Att. 6.1.2: *quid dicam de illius praefectis, comitibus, legatis? etiam de rapinis, de libidinibus, de contumeliis?* („Was soll ich noch sagen über seine Präfekten, sein Gefolge, seine Legaten? Oder über die Raubzüge, Willkürakte, Mißhandlungen?“) (Übers. A.T.).

69 Vgl. Lintott 1992, 9; siehe auch Kapitel 5.5.

70 Cic. Att. 10.15.1: *tu Antoni leones pertimescas cave.*

habe als erster Römer Löwen vor einen Streitwagen gespannt)[71] und bei Plutarch (Antonius habe durch das Fahren in einem von Löwen gezogenen Streitwagen Aufsehen bei den Leuten erregt).[72] Diesen Stellen kann man entnehmen, dass Antonius nach der Schlacht bei Pharsalos in einem Löwengespann gefahren sein soll, was als Sinnbild der von Antonius in Anspruch genommenen Abstammung von Herkules (über dessen Sohn Anton) verstanden wird. Es liegt nahe, dass sich Cicero auf dieses Löwengespann bezieht. Diese Referenz gibt der Passage aber noch keine Bedeutung. Es ist daher von einem Wortspiel auszugehen, hinter dem sich eine komische Diffamierung der Anhänger verbirgt. So ist anzunehmen, dass Cicero hier davor warnt, sich vor den Anhängern Antonius' einschüchtern zu lassen. Cicero verspottet Antonius' Auftritt mit einem Löwengespann, dem ebenso wenig Bedeutung beizumessen sei wie den vermeintlich ähnlich aggressiv auftretenden menschlichen Anhängern. Die Herabsetzung anhand von Tierassoziationen, die den diffamierten Gegner als unzivilisiert und unmenschlich brandmarken, wurde bereits in den Reden als üblicher Aspekt der Diffamierung herausgestellt und wird hier über die Anhänger an Antonius herangetragen.

Als zweiter Aspekt der Diffamierung aufgrund der Anhängerschaft ist nun auf den Vorwurf eines bestimmten Erscheinungsbildes einzugehen, nämlich der Beschreibung von (jungen) Römern als Barttragende. Der Aspekt betrifft die Anhängerschaft Catilinas und tritt in zwei Briefen auf. Beide Briefe datieren in das Jahr 61 v. Chr., also später als die Catilinarische Verschwörung und Ciceros vier *Reden gegen Catilina*. Die erste Erwähnung steht darüber hinaus in Verbindung mit einer Diffamierung des Antonius, die an dessen Machtverlust und Fremdbestimmtheit ansetzt.[73]

In der ersten Briefpassage beschwert sich Cicero über eine Bande junger Leute, die sich versammelt hätten, um einen Senatsbeschluss durch einen Antrag aus der

---

71 Plin. nat. 8.55: *iugo subdidit eos primusque Romae ad currum iunxit M. Antonius, et quidem civili bello, cum dimicatum esset in Pharsalis campis, non sine ostento quodam temporum, generosos spiritus iugum subire illo prodigio significante.* („Unter das Joch gebeugt und vor den Wagen gespannt wurden sie zuerst in Rom von M. Antonius, und zwar während des Bürgerkrieges nach der Schlacht auf den Pharsalischen Feldern, nicht ohne eine gewisse Vorbedeutung für die Zeit, da dieses Vorzeichen besagte, edle Geister würden unter das Joch gezwungen.").

72 Plut. Ant. 9.5: ἐλύπουν δὲ καὶ χρυσῶν ἐκπωμάτων ὥσπερ ἐν πομπαῖς ταῖς ἀποδημίαις διαφερομένων ὄψεις, καὶ στάσεις ἐνόδιοι σκηνῶν, καὶ πρὸς ἄλσεσι καὶ ποταμοῖς ἀρίστων πολυτελῶν διαθέσεις, καὶ λέοντες ἅρμασιν ὑπεζευγμένοι, καὶ σωφρόνων ἀνδρῶν καὶ γυναικῶν οἰκίαι χαμαιτύπαις καὶ σαμβυκιστρίαις ἐπισταθμευόμεναι. („Ebensolche Mißstimmung erregte der Anblick des goldenen Geschirrs, das auf seinen Reisen wie bei Prozessionen mit einhergetragen wurde, das Aufschlagen von Zelten unterwegs an Hainen und Flüssen und das Aufragen üppiger Speisen, mit Löwen bespannte Wagen und die Einquartierung von Huren und Musikantinnen in den Häusern anständiger Bürger und Bürgerinnen.").

73 Cic. Att. 1.14.5: *nam, cum dies venisset rogationi ex senatus consulto ferendae, concursabant barbatuli iuvenes, totus ille grex Catilinae, duce filiola Curionis et populum, ut antiquaret, rogabant.* („Als der Termin herankam, an dem der durch Senatsbeschluß vorgesehene Antrag eingebracht werden sollte, strömten all die milchbärtigen Jungen, die ganze Catilinarierbande, ‚Curios Töchterchen' an der Spitze, zusammen und beantragten in der Volksversammlung, den Antrag abzulehnen.").

Volksversammlung heraus zu verhindern. Die Gruppe der jungen Leute wird dabei zweimal diffamiert: zunächst als *barbatuli iuvenes*, als milchbärtige Jungen, und direkt danach als *ille grex Catilinae*, Catilinarierbande.[74] Der Hinweis auf die Bartmode einer bestimmten Anhängerschaft ist auch aus der *zweiten Rede gegen Catilina* bekannt. Hier weist die Passage, welche die Catilinarier mithilfe von Aspekten des Gastmahls, der despektierlichen Gesellschaft sowie einer unangemessenen Kleiderwahl diffamiert, auch Einblicke in die Bartmode der Anhänger Catilinas auf (*bene barbatos*).[75] Zu der in *barbatuli iuvenes* und *grex Catilinae* doppelt vollzogenen Assoziation mit Catilina tritt außerdem noch eine Assoziation jener Bande (*grex*) mit Antonius, da diese von Curios Töchterchen (*filiola Curionis*) angeführt werde.[76] Cicero stellt Antonius durch diese Formulierung als fremdbestimmt dar, wenn er ihn einerseits als Tochter und nicht als Sohn bezeichnet. Andererseits stellt er ein deutliches Machtverhältnis zwischen Curio und Antonius heraus, da Curio als Vater gegenüber Antonius über eine *familias potestas* verfügen würde. Diese Form der Diffamierung nutzt Cicero später wie gesehen in der *zweiten Philippischen Rede* zur Dokumentation von Antonius' Fremdbestimmtheit, die er anhand von sexuellem Fehlverhalten illustriert, das schon in früher Jugend begonnen habe.[77] Das diffamierende Argument des Machtverlustes verstärkt de facto die Beschimpfung der angesprochenen *grex* in dieser Briefpassage, da diese von einer Person angeführt werde, die ihre eigene Macht und Selbstbestimmtheit eingebüßt habe.

Die zweite Passage findet sich wenig später in einem Brief vom Juli des Jahres 61 v. Chr. Cicero spottet hier über die Trinkfreunde der Verschwörung (*comissatores coniurationis*) und erneut über die milchbärtigen Jungen (*barbatuli iuvenes*).[78] Die Beschimpfung als *comissatores* erinnert an die aus den Reden bekannten *comissationes*, die dem griechischen *symposion* ähneln und von Cicero zur Diffamierung aufgrund des Verhaltens beim Gastmahl und der *vinulentia* genutzt werden. Die Bezeichnung als bärtige Jugend fokussiert wie bereits in der ersten Erwähnung aus dem Februar 61 v. Chr. auf einen Bruch mit den Erscheinungskonventionen von Se-

---

74 Für eine Diskussion der Rolle der Jugend in der späten Republik vgl. Timmer 2005, 197–219.

75 Cic. Catil. 2.22: *quos pexo capillo nitidos aut inberbis aut bene barbatos videtis, manicatis et talaribus tunicis velis amictos, non togis.* („Sie seht ihr mit gestriegeltem, glänzendem Haar, entweder ohne Bart oder mit gepflegten Bärten, in langärmeligen und bodenlangen Tuniken, in Umhänge gehüllt, nicht in die Toga.").

76 Steenblock (2013, 78 Anm. 313) erkennt in *filiola Curionis* hingegen den jüngeren Curio.

77 Siehe dazu Cic. Phil. 2.3; 2.44 sowie Kapitel 4.2.2.

78 Cic. Att. 1.16.11: *accedit illud, quod illa contionalis hirudo aerarii, misera ac ieiuna plebecula, me ab hoc Magno unice diligi putat, et hercule multa et iucunda conduetudine coniuncti inter nos sumus usque eo, ut nostri isti comissatores coniurationis, barbatuli iuvenes, illum in sermonibus Cn. Ciceronem appellent.* („Dazu kommt, daß diese Blutsauger am Staatssäckel, die sich in den Volksversammlungen herumdrücken, dies hungrige Lumpenpack, glauben, Magnus schätze mich wie keinen zweiten. Und in der Tat, lebhafter, angenehmer Verkehr verbindet uns, in solchem Maße, daß unsere lieben Bierbankverschwörer, diese milchbärtigen Jungen, ihn in ihren Gesprächen schon Gnaeus Cicero nennen.").

natsaristokraten,[79] die sich als junge Leute optisch – und politisch – von den Standesgenossen absetzen sollen. Doch damit nicht genug: Cicero bläht den diffamierenden Kontext noch weiter auf, indem er die Bande als Blutegel beschimpft, die sich an den staatlichen Finanzen festgebissen hätten (*illa contionalis hirudo aerarii*).[80] Es schwingt somit deutlich ein Vorwurf der unrechtmäßigen Bereicherung mit. In eben diese Richtung geht auch der Nachsatz, der sie als elendes und (geld-)hungriges Gesindel beschimpft.[81]

Cicero schöpft in dieser herabsetzenden Passage also aus dem Vollen: Zunächst bemüht er den Vorwurf des verbrecherischen Charakters durch die Assoziation mit der Catilinarischen Verschwörung. Außerdem arbeitet er mit der Verortung in einer unklar definierten gesellschaftlichen Stellung sowie mit sexuellen Verfehlungen. Mitunter diffamiert er die Anhänger auch als unrömisch. Darüber hinaus werden unangemessene Bereicherung, übermäßiger Weinkonsum und unpassende Vergnügungen beim Gastmahl als Argumente bemüht.

Der dritte zu betrachtende Aspekt der Diffamierung der Anhängerschaft in den Briefen ist der gesellschaftliche Status des kritisierten Personenkreises. Bei den diffamierten Anhängern handelt es sich häufig um Sklaven, Freigelassene oder Menschen, die mit Prostitution in Verbindung gebracht werden. Aufgrund des Vorwurfs einer Anhängerschaft, die aus Sklaven besteht, wird besonders Clodius diffamiert. Dieser habe nämlich um die Gunst von Sklaven gebuhlt und sie mit der ‚Hoffnung auf Freiheit' (*spem libertatis*) bestochen.[82] Noch schwerer, als sich mit Sklaven zu umgeben, wiegt jedoch der Umstand, dass sich Clodius gar von ihnen beraten lasse (*servorum consiliis utitur*),[83] nachdem er von allen seinen ehemaligen Komplizen verlassen worden sei.[84] In demselben Brief stellt Cicero wenig später ironisch fest, dass Clodius über eine erlesene Truppe entlaufener Sklaven verfügt habe (*Clodius cum haberet fugitivorum delectas copias*).[85] Der Mangel an einem Netzwerk aus *amici*, das für einen römischen Senatsaristokraten üblich ist und bei ihm erwartet werden kann, ist der zentrale Angriffspunkt von Vorwürfen, die den Gegnern anlasten, anstelle von Standesgenossen mit Sklaven umzugehen. Der Vorwurf, kaum gleichrangige Gefolgsleute zu haben, passt hervorragend in das in den Reden vielfach bemühte Argumentenspektrum der Diffamierung über Dritte. Dass Clodius nämlich nichts anderes mehr übrigbleibe, als Sklaven in seinem Gefolge um sich zu scharen, stellt ihn in ein schlechtes Licht und verortet seine eigene Person – soweit das für einen Claudier eben möglich ist – in einem Sklavenmilieu.

---

79 Cic. Att. 1.14.5.

80 Cic. Att. 1.16.11, von Kasten übersetzt als „diese Blutsauger am Staatssäckel".

81 Cic. Att. 1.16.11: *misera ac ieiuna plebecula,* („dies hungrige Lumpensack").

82 Cic. Att. 4.3.2: *(...) servis aperte spem libertatis ostendere.* („[...] zeigt den Sklaven ganz offen das Lockbild der Freiheit.").

83 Cic. Att. 4.3.2: *servorum consiliis utitur* („Sklaven sind seine Berater").

84 Cic. Att. 4.3.2: *desertus a suis* („verlassen von seinen Komplizen").

85 Cic. Att. 4.3.4.

Antonius wird wie in den Reden auch in den *Atticus-Briefen* aufgrund der Gesellschaft leichter Mädchen bzw. anhand des Umgangs mit Cytheris diffamiert.[86] Cicero entwirft im Jahre 49 v. Chr. eine Szene, die er später (im Jahre 44 v. Chr.) in der *zweiten Philippischen Rede* wiederverwendet.[87]

> *hic tamen Cytherida secum lectica aperta portat alteram uxorem; septem praeterea coniunctae lecticae amicarum [eae sunt amicorum].*
>
> „Unser Freund indessen flaniert hier in offener Sänfte mit seiner Kebse Cytheris herum; dahinter ein Gefolge von sieben Sänften mit leichten Mädchen [dem Anhang seiner Freunde]."

Der bereits bekannte Vorwurf, der Antonius in dieser Darstellung zum Nachteil gereicht, dass er sich nämlich mit Cytheris in der Öffentlichkeit zeige und sich darüber hinaus noch in einer Sänfte (*lectica*) herumtragen lässt, wird ebenfalls den Anhängern vorgehalten (*eae sunt amicorum*). Denn auch diese führten Mädchen mit sich (*amicarum*), ebenfalls in Sänften (*lecticae*). Diese frühere Darstellung unterscheidet sich in einigen Aspekten von der Beschreibung, die Cicero für die *Philippische Rede* wählt. Während Antonius selbst in der *Philippischen Rede* in einem Streitwagen präsentiert wird (*ehebatur in essedo tribunus pl.*),[88] zeigt die Darstellung im *Brief an Atticus* nicht, wie Antonius sich selbst in dieser Situation verhalten hat. Der Hinweis auf die Sänfte bezieht sich im Brief auf Cytheris. Es steht dem Übersetzer freilich offen, davon auszugehen, dass auch Antonius in dieser Sänfte transportiert worden sei, wie Kasten dies unternimmt. Jedenfalls ist in dieser Briefdarstellung keine Rede von einem Streitwagen. Sehr ähnlich gestaltet sich dafür die Darstellung zu Cytheris. Ebenso wie im Brief wird diese auch in der Rede in einer Sänfte getragen: *aperta lectica mima portabatur.*[89] Einen Unterschied weist dagegen die Darstellung der weiteren Begleitung auf. Während im Brief an Atticus die leichten Mädchen in den Fokus gerückt werden, die als Freundinnen von Antonius' Freunden in sieben weiteren Sänften transportiert würden (*septem praeterea coniunctae lecticae amicarum [eae sunt*

86 Cic. Att. 10.11.5.

87 Für die Parallelstelle in den *Philippischen Reden* siehe Cic. Phil. 2.58: *ehebatur in essedo tribunus pl.; lictores laureati antecedebant, inter quos aperta lectica mima portabatur, quam ex oppidis municipales homines honesti ob viam necessario prodeuntes non noto illo et mimico nomine, sed Volumniam consalutabant. sequebatur raeda cum lenonibus, comites nequissimi; reiecta mater amicam impuri filii tamquam nurum sequebatur. o miserae mulieris fecunditatem calamitosam! horum flagitiorum iste vestigiis omnia municipia, praefecturas, colonias, totam denique Italiam inpressit.* („Im Streitwagen kam er dahergefahren, er, der Volkstribun! Lorbeerbekränzte Liktoren schritten voran, zwischen ihnen in offener Sänfte die Schmierendiva. Wohl oder übel stellten sich die ehrsamen Bürger aus den Landstädten an die Straße und begrüßten sie – nicht mit ihrem bekannten Bühnennamen, sondern als Volumnia! Dann kam ein Riesenwagen mit Kupplern, sein nichtsnutziges Gefolge; ganz hinten schließlich folgte die Mutter der Freundin ihres unsauberen Sohnes, als wäre es ihre Schwiegertochter. Armes Weib mit deiner unseligen Leibesfrucht! Alle Munizipien, Präfekturen, Kolonien, kurz, ganz Italien beglückte er mit den Spuren dieser schändlichen Prozession!").

88 Cic. Phil. 2.58.

89 Cic. Phil. 2.58 („in offener Sänfte die Schmierendiva").

amicorum]), verweist die Darstellung in der Rede lediglich auf einen Reisewagen, in dem Zuhälter fahren würden (*sequebatur raeda cum lenonibus*). In beiden Fällen jedoch erfolgt auch aufgrund der Anhängerschaft, die mit dem Metier der Prostitution in Verbindung gebracht werden kann (*amicae amicorum*, *lenones*) bzw. auf einen unangemessenen sexuellen Umgang hinweist, eine Diffamierung von Antonius. Identisch ist freilich die Diffamierung aufgrund der Begleitung durch Cytheris, die als Freigelassene einen unangemessenen gesellschaftlichen Status aufweist.[90] Dass Antonius selbst in der Briefstelle nicht weiter beschimpft wird als über seine Anhängerschaft, markiert doch einen deutlichen Unterschied zur Wiederholung der Diffamierung in der *zweiten Philippischen Rede*. Fünf Jahre später gerät diese Sequenz zur weitaus drastischeren Diffamierung Antonius' in Form des ‚philippischen Pamphlets'. Die in der Briefstelle zugrunde gelegte Tendenz der Diffamierung anhand von Argumenten des Fehlverhaltens im Bereich der Sexualität und der Diffamierung über Dritte bleibt jedoch erhalten.

Zuletzt wird nun die Diffamierung anhand der Anhängerschaft in den *Atticus-Briefen* im Hinblick auf charakterliche Unzulänglichkeiten betrachtet. Diese Art der Herabsetzung findet sich in einem frühen *Brief an Atticus* und stellt eher ein peripher genutztes Mittel der Schmähung dar. Cicero reüssiert hier triumphierend, wie sehr er sich auf Piso, Curio und die ganze Bande (*totam illam manum*) gestürzt habe, wie er sich doch über die Charakterlosigkeit der Alten sowie die Haltlosigkeit der Jungen hergemacht habe.[91] Piso und Curio werden hier zusammen mit Vorwürfen der *levitas* und *libido* in einem Satz genannt. Beide dieser Vorwürfe sind aus den Reden als direkte diffamierende Argumente der charakterlichen Unzulänglichkeit bestens bekannt.[92] Darüber hinaus wird die Gesamtheit der zu diffamierenden Gruppe despektierlich unter dem Begriff *manus* zusammengefasst.

Die Betrachtung der Diffamierungen über Dritte hat gezeigt, dass auf dem Umweg über den gesellschaftlichen Umgang dieselben Argumententypen und Argumente zur Schädigung des Rufes der Gegner genutzt werden wie auch für die Diffamierung der Gegner selbst. Diese Form der Diffamierung weist jedoch die interessante Möglichkeit auf, Argumente an Gegner heranzutragen, die nicht direkt ausgesprochen werden sollen oder können, sei es im Allgemeinen oder in einer bestimmten Situation oder Rede. Als besonders eindrückliches Anschauungsbeispiel hat sich für diese Diffamierungsstrategie Piso erwiesen, an den bestimmte Argumente der Diffamierung

---

90 Darüber hinaus schwingt in diesem Vorwurf mit, dass Antonius sich überhaupt von einer Frau begleiten lässt, die überdies nicht einmal seine Ehefrau ist.

91 Cic. Att. 1.16.1: *quos impetus in Pisonem, in Curionem, in totam illam manum feci! quo modo sum insectatus levitatem senum, libidinem iuventutis!* („Wie habe ich mich auf Piso, Curio und die ganze Bande gestürzt! Wie habe ich mich über die Charakterlosigkeit der Alten, die Haltlosigkeit der Jungen hergemacht!"). Für die Beobachtung rhetorischer Ausschmückungen des Briefes 1.16. siehe auch Leach 2001, 349 f. mit Verweis auf Hutchinson 1998.

92 Zu dem auf Piso bezogenen Vorwurf der *levitas* in den Reden siehe Cic. Sest. 36; 38; für den Vorwurf der *libido* siehe Cic. prov. 6; 8; 16; Cic. Sest. 22; 93; Cic. Pis. 48; 66 f.; 70; 86.

hauptsächlich – teilweise sogar nur – über seinen Amtskollegen Gabinius herangetragen werden.

Insgesamt werden Argumente der homoerotischen Devianz zwischen Senatsaristokraten und strafrechtlich relevanter, sexueller Vergehen bemüht, des Weiteren Vorwürfe eines unangemessenen – weil femininen oder fremdländischen – äußeren Erscheinungsbildes. Die Anhänger werden mit finanzieller Verschwendung und natürlich mit Verbrechertum in Zusammenhang gebracht. Auch das Argument der unangemessenen Unterhaltung beim Gastmahl wird gegen die Anhänger der Gegner ins Feld geführt. Des Weiteren werden sie als Sklaven entlarvt, um so den Gegnern zu unterstellen, dass diese auf Sklaven zurückgreifen mussten, da sie innerhalb der eigenen Statusgruppe über keine *amici* mehr verfügten.

So ist deutlich geworden, dass der gesellschaftliche Umgang der Gegner mithilfe von Argumenten aus allen drei großen Diskursfeldern – der Sexualität, dem Konsum, der Bereicherung, der übermäßigen statuskonstituierenden Zurschaustellung sowie der Gewalt – diffamiert wird. Somit bildet diese Diffamierungsstrategie gewissermaßen einen Querschnitt durch das breite Spektrum von Ciceros charakterbezogenen Argumenten der Diffamierung.

Nach den Analysekapiteln zu den Inhalten und Zuschreibungsvarianten der Diffamierungen (4–6) werden im Folgenden die Anwendungsabhängigkeiten der diffamierenden Argumente herausgestellt, die beobachtet werden konnten, um daran anschließend nach dem Fortleben und der Rezeption der von Cicero virtuos entwickelten Charakterbilder in der Antike zu fragen.

7 Anwendungsabhängigkeiten von Diffamierungsargumenten

Die Analyse der Reden und Briefe hat gezeigt, dass zwar in der Regel dieselben Typen von Argumenten zur Diffamierung verschiedener Personen Anwendung finden. Diese Argumententypen werden aber durchaus unterschiedlich ausgestaltet und vereinzelt auch für bestimmte Personen ganz ausgespart. Es stellt sich daher die Frage, welche Parameter die Auswahl bestimmter Argumente, Aspekte und Ausgestaltungen beeinflusst haben mögen. Mit Sicherheit folgen die Platzierungen und Ausgestaltungen der Argumente keiner einheitlichen, gar gattungsübergreifenden ‚Systematik'. Dennoch haben sich drei zentrale einflussnehmende Parameter gezeigt. Erstens geben die Art der ‚Rede' (Gerichts-, Volks-, Senatsrede oder ‚Pamphlet') und somit das implizierte Publikum,[1] zweitens die politische Situation (magistratische Ambition, politische Wirren der *res publica*), in der die Rede gehalten wird, und drittens die diffamierte Person selbst, dabei unter anderem die *gens* oder *auctoritas* derselben,[2] den ausschlaggebenden Rahmen vor. Es ist jedoch festzustellen, dass in manchen Fällen die politische Situation die durch Redetypen vorgegebenen Grenzen aufweicht oder umgekehrt.

Die Art der Rede beeinflusst dabei am stärksten die Vehemenz, mit der die Argumententypen vorgebracht werden. Mit wenigen Ausnahmen geraten die Diffamierungen in den Gerichtsreden am schärfsten. Dafür wird gegenüber dem Volk breiter ausgeführt, was innerhalb der Senatsaristokratie möglicherweise als bekannt vorausgesetzt und mit kürzeren Darstellungen als Gesamtnarrativ abgerufen werden kann.[3] In der Invektive gegen Cicero wird das Volk als käuflich beschimpft und so als Adressat dieser Äußerung für unwürdig befunden.[4] Aus diesem Urteil lässt sich ablesen, dass es möglich war, das Volk zu bestechen, vermutlich nicht nur mit Geld, sondern auch mit Worten. Dies dürfte zumindest einfacher gewesen sein als bei den

1 Wie gezeigt werden konnte, werden Senatoren anders angesprochen als das Volk oder Senatoren in ihrer Funktion als Richter. Vgl. Braun 2003.

2 Vgl. etwa Braun 2003, 80.

3 Ähnliches beobachtet Braun (2003, 86) in Ciceros eigenen Abhandlungen zu den Redetypen: So solle die Senatsrede sachlich gehalten sein, in der Volksrede aber sollten „alle Register der Beredsamkeit gezogen werden", mit Verweis auf Cic. de orat. 2.333 f.: *Atque haec in senatu minore apparatu agenda sunt; sapiens enim est consilium multisque aliis dicendi relinquendus locus, vitanda etiam ingeni ostentationis suspicio: contio capit omnem vim orationis et gravitatem varietatemque desiderat.* („Dieses Ziel sollte man im Senat mit kleinerem Aufwand verfolgen; man findet in ihm ja eine verständige Versammlung und muß noch vielen anderen Gelegenheiten zum Reden geben. Vermeiden sollte man auch den Verdacht, man stelle sein Talent zur Schau. Die Volksversammlung gibt Gelegenheit, alle Register zu der Beredsamkeit zu ziehen, und fordert allen Nachdruck und jegliche Abwechslung."). So ähnlich auch bei Hölkeskamp (1995, 26 ff.), der die Rede vor dem Volk als den wichtigsten Redetyp und den *populus Romanus* als den wichtigsten Adressaten benennt.

4 Ps.-Sall. in Tull. 1, vgl. Oertel 1951, 47.

https://doi.org/10.1515/9783110599886-009

Senatoren. Insofern lohnen sich freilich breite diffamierende Ausführungen, wenn sie so beim Volk Gehör finden können. Die üblicherweise als einschlägige Invektiven bezeichneten Reden *In Pisonem* und *In Vatinium* werden freilich vor dem Senat gehalten und verfolgen dort ein Ziel, auf dessen Erreichen das Publikum – die Senatoren – tatsächlich Einfluss nehmen kann.[5] Während vor dem Volk eher breitenwirksam Stimmung gemacht wird, kann vor den Senatoren kunstvoll, geistreich und durch manche Verkürzungen verschärft argumentiert werden.

Im Vergleich der Reden vor Gericht und deliberativen Reden vor dem Senat oder der Volksversammlung wurde unterschieden zwischen der Notwendigkeit einen höheren Wahrheitsgehalt in Gerichtsreden zu gewährleisten, während der Anspruch an die Wahrheit in den deliberativen Reden von sekundärer Bedeutung, höchstens eventuell einflussreicher im Hinblick auf die Zuhörerschaft, war.[6] Für die vorliegende Untersuchung und ihre Einsicht in die besondere Schärfe der betrachteten Diffamierungsstrategien in den Gerichtsreden spielt aber der Anspruch an den Wahrheitsgehalt eines Vorwurfes nicht die entscheidende Rolle, weder für die Auswahl des Arguments, noch für die beobachtbare Wirkmächtigkeit. Dagegen ist es hier die als Vorstellbarkeit verstandene ‚Plausibilität' eines Vorwurfes, die mit dem Wahrheitsgehalt – im Sinne von ‚so hat es sich zugetragen' – nicht korrelieren musste.[7] Vorstellbar war ein Vorwurf als narratives Motiv dann, wenn er häufig wiederholt wurde oder sich passend in das – häufig von Cicero maßgeblich forcierte – Gerede über eine Person einbetten ließ.

Die diffamierte Person selbst sowie die politische Lage nehmen wohl am ehesten Einfluss auf die Auswahl und Zusammenstellung der verschiedenen Aspekte und Argumententypen. Es ist anzunehmen, dass das Nutzbarmachen von bereits existierendem Gerede stets von Vorteil gewesen sein dürfte. Für uns ist retrospektiv – mangels geeigneter Vergleichsmöglichkeiten – nur noch schwer zu unterscheiden, in welchen Fällen Cicero einen bestehenden Diskurs aufnimmt und wann er selbst die eine oder andere Stoßrichtung forciert.[8] Es ist jedenfalls davon auszugehen und

5 Corbeill 2002a, 210: „The most damning invective in the Ciceronian corpus, such as that against Piso and Vatinius, occurs not in speeches held before the people but in those intended to be delivered before a group of senatorial peers."

6 Siehe dazu die sehr anschauliche Besprechung von Syme 1971, Nisbet 1961, Corbeill 1996 und Riggsby 1997, bei Craig 2004, 194–197. Für den Einfluss des Wahrheitsgehalts siehe Craig 2004, 196.

7 Craig (2004, 196) misst der Wahrheit – stärker in den deliberativen Reden als in denen vor Gericht – eine „secondary importance" bei. Im Vergleich zu diesem Verständnis von Wahrheit und Plausibilität wird hier ein anderer Maßstab angelegt, nämlich die Vorstellung, dass der Abgleich der rhetorisch komponierten Vorwürfe mit dem Erfahrungshorizont, der erfahrenen Wirklichkeit der Zuhörer oder Leser für die Wirkung des Arguments oder Vorwurfes nicht entscheidend ist.

8 Für Ciceros Äußerungen über ‚Gerede' in den Briefen und der Aufmerksamkeit, die er diesem entgegenbringt, vgl. beispielsweise Cic. Att. 9.3.3; 13.31.4; Cic. ad Q. fr. 1.2.2 f. Dabei ist besonders innerhalb der *Atticus-Briefe* eine Entwicklung von Ciceros Einstellung gegenüber Gerede festzustellen. Während er sich nämlich in früheren Briefen weitestgehend ignorant gegenüber dem Gerede anderer zeigt (wie vermeintlich auch in Cic. Att. 13.46), beginnt er plötzlich Missfallen daran zu finden (Cic. Att. 9.3.3): *nec*

manchmal anhand von Antworten auf Ciceros Reden oder Briefe zu fassen, dass beide Wege beschritten worden sind. Ein Postulat, nach dem Cicero strikt und ausschließlich nutzbar machen konnte, was deckungsgleich mit dem Gerede in der *urbs* gewesen ist, greift gewiss zu kurz. So wird z. B. für die Affäre zwischen Caelius und Clodia in *Pro Caelio* diskutiert, ob diese dem römischen Volk bekannt gewesen sei,[9] ob das Wissen darüber de facto von Ciceros Rede herrühre[10] oder ob manche darüber Bescheid gewusst haben müssen, andere aber nicht und Cicero nun bemüht ist, beide Kenntnisstände anzusprechen.[11]

Ein Vergleich der Reden und Briefe vermag außerdem ein Ergebnis zutage zu fördern, das womöglich nicht erstaunt, sich aber dennoch explizit herauszustellen lohnt. So weisen die beiden Gattungen eine unterschiedliche Gewichtung im Verhältnis der Diffamierung anderer Personen und des Lobes der eigenen Person auf. Während die Reden besonders vehement die Diffamierung des Gegners forcieren, hinter der das Eigenlob des Redners häufig zurücktritt oder im Vergleich dazu gar verblasst, steht in den Briefen das Eigenlob stärker im Vordergrund und geraten die Diffamierungen bisweilen zu verkürzten Seitenhieben. Mitunter wirkt dieser Eindruck einer Hierarchisierung zwischen Lob und Diffamierung in den unterschiedlichen Gattungen so stark, dass sich der Verdacht aufdrängt, das Eigenlob könnte in den Reden ein Vehikel zur deutlicheren Diffamierung anderer darstellen, während umgekehrt die Diffamierung in den Briefen als Vehikel zur Verdeutlichung des Eigenlobs zu dienen scheint. Letztlich spiegeln derartige Feststellungen die Theorie der Rhetorikhandbücher bzw. die antike Brieftheorie wider, nach der das Verunglimpfen des Gegners einen wichtigen Schachzug der Gerichtsrede bildet und der Brief ein Spiegel der eigenen Seele sein soll.[12] Wie deutlich diese theoretischen Vorstellungen aber in der Praxis umgesetzt werden, haben die vorgenommenen Stichproben im Dienste von Diffamierungen in beiden Gattungen gezeigt.

Zuletzt muss als Anwendungsbedingung die unleidige Frage nach dem tatsächlichen Charakter der historischen Personen betrachtet werden. Denn mit Blick auf moderne Rezeptionen ist es doch beinahe unmöglich, einen direkten Zusammenhang zwischen historischer Realität und rhetorischer bzw. literarischer Instrumentalisierung abzuwenden, gerade wenn es um vermeintliche Charakterqualitäten geht. Was

---

enim potero sermones istorum (...). („Denn das Gerede der Leute ertrage ich nicht mehr, [...].“). Regelrecht betroffen zeigt sich Cicero in einem anderen Brief (Cic. Att. 11.9.2) über üble Nachrede, die er durch seinen eigenen Bruder erfährt: *neque vero desistit, ubicumque est, omnia in me maledicta conferre. nihil mihi umquam tam incredibile accidit, nihil in his malis tam acerbum.* („Trotzdem, überall, wo er sich sehen läßt, überhäuft er mich mit lauter Schmähungen. Das ist das Unglaublichste, was mir je passiert ist, das Bitterste in all diesem Elend.“) Siehe zu dieser Episode des Weiteren Cic. Att. 11.12.2. Für den Stellenwert von Gerede in Rom siehe auch Blanshard 2010, 79 ff., der u. a. auf Vergil (Aen. 4.173–188) verweist: Für Vergil ist Gerede eine fixe Konstante der römischen Gesellschaft.

9 Vgl. Heinze 1925, 228 und 245–248.

10 Vgl. Stroh 1975, 269–273.

11 Vgl. Craig 1993, 108–113.

12 Vgl. Malherbe 1988, 12 mit Verweis auf Cic. Fam. 16.16.2 und Sen. epist. 40.1.

hier als Charakter bezeichnet wird und im modernen Verständnis auch mitunter als Charaktereigenschaft einzuordnen wäre, sind in der Antike *animus* oder *persona* oder in Bezug auf den Redner selbst *ethos*. Es ist dabei für uns nicht entscheidend, welche Diffamierungen im antiken Verständnis den *animus* adressieren und welche die *persona*, zumal beide nicht leicht voneinander zu trennen sind. Wichtig ist, dass in der antiken Gesellschaft Argumente *a persona* vor Gericht genutzt werden, um den Leumund des Angeklagten zu diffamieren. Im antiken Verständnis ist das Bewegen (*movere*) der Richterschaft durch irgendeine *ratio* oder *suspicio* – was im *rhetorischen* Sinne plausibel ist – erstes Ziel von Anklagen.[13] Dahinter tritt deutlich der eigentliche Sachverhalt an sich zurück. Zunächst ist aus moderner Perspektive das Diskutieren darüber, ob der Angeklagte ein guter oder schlechter Mensch ist, nicht urteilsentscheidend. Vielmehr geht es um die Feststellung der Schuld. Zudem scheint es unvorstellbar, vor Gericht über mögliche gute oder schlechte Eigenschaften des Angeklagten zu sprechen, wenn diese nicht möglichst durch ein unabhängiges psychologisches Gutachten ‚wissenschaftlich' und somit vermeintlich wahrhaftig belegbar sind. In der Antike wurde kein psychologisches Gutachten nutzbar gemacht, sondern in modernen Worten ausgedrückt am ehesten der Leumund einer Person, der durch Hasstiraden, Spott und Verunglimpfung konstituiert wird. Das, was vor Gericht gegen den Angeklagten nutzbar gemacht wird, lässt sich mit dem Ausdruck Rufmord bezeichnen. Am ehesten in Korrelation mit einer ‚Realität' steht dabei möglicherweise der Versuch, die Argumente am Ruf von Personen oder dem Gerede über sie auszurichten. Betrachtet man aber nun wieder aus moderner Perspektive – also für die einzige Zeit, für die wir es beurteilen können –, wie der Ruf von Personen ausgebildet und vor allem auch geschädigt werden kann, wird deutlich, wie vorsichtig vom Ruf einer Person auf deren Charakter zu schließen ist. Dies gilt insbesondere dann, wenn diese z. B. eine Person ‚öffentlichen Interesses' ist. Ein Ruf kann in der Regenbogenpresse heute gut und morgen schlecht sein, ohne dass die Person oder ihr Charakter sich verändert hätte.

Was wir aus den Diffamierungen über einen Charakter lernen können, sind die moralischen Beurteilungen dessen, was jeweils als gute und als schlechte Qualität herausgestellt wurde. Des Weiteren sind in Diffamierungen auch erzieherische Zwecke zu erkennen.[14] Denn wenn eine Person anhand von Charakterqualitäten vor Gericht oder auch anderswo diffamiert wird, soll anderen bewusst werden, wie negativ sich diese Qualitäten auf das politische Fortkommen auswirken können, und sie von ähnlichem Verhalten bewahren.[15] Eine Korrelation zwischen diffamierten Charakterqualitäten und historischen Personen ist dabei natürlich nicht herstellbar.

---

13 Siehe dazu auch die nach-ciceronischen Stellen bei Quint. inst. 7.2.27 und 5.10.64.

14 Vgl. Corbeill 2002a, 204; Corbeill 2004, 211–215.

15 Siehe dazu Schulz 2007 mit dem Hinweis auf Ciceros Brief an Brutus, in dem er erläutert, dass die *Philippischen Reden* andere von schlechtem Verhalten, das dem Vaterland schade, abbringen sollen, Cic. ad Brut. 1.15.10: *dixi igitur sententias in Antonium, dixi in Lepidum severas neque tam ulciscendi*

In den Diffamierungen war außerdem zu beobachten, dass die *gentes* oder Ahnherren von Gegnern wiederholt zur Sprache kommen. Aus der Briefkorrespondenz Ciceros mit Metellus kennen wir die Vorgabe, dass sich die Ausgestaltung von Diffamierungen an der *dignitas familiae* zu orientieren hätte.[16] Ruft man sich zudem die zuvor vorgestellte Warnung des *Auctor ad Herennium* vor Augen,[17] dass der Redner beim Ersinnen von ‚Diffamierungen' die *auctoritas* des Gegners berücksichtigen müsse, ergibt sich aus den Diffamierungen womöglich ein Gradmesser für die von Cicero wahrgenommene *auctoritas* der Gegner.

Sämtliche Familien der Gegner zählen zur römischen Nobilität. Catilina entstammt einer der ältesten patrizischen Familien, der einst berühmten *gens Sergia*, die ihren großen Einfluss seit längerer Zeit eingebüßt hatte. Clodius entstammt der auch in spätrepublikanischer Zeit noch vielgelobten und meritenreichen, ebenfalls alt-patrizischen *gens Claudia*. Zu Piso, welcher der plebeischen *gens Calpurnia* entstammt, unterhält Cicero selbst entfernte familiäre Verbindungen. Des Weiteren ist Piso über seine Tochter mit der patrizischen *gens Iulia* verbunden, die durch Caesar einen übermächtigen Vertreter unter den Zeitgenossen aufzuweisen hat. Antonius entstammt schließlich der plebeischen *gens Antonia*.

Versuchte man nun, die *dignitas* dieser vier *gentes* aus Ciceros Perspektive grob zu bemessen, ergäbe sich für das späte erste Jh. v. Chr. wohl eine aufsteigende Reihenfolge, die zunächst mit Antonius (geringster *dignitas*) begänne. Alsdann setzte sie sich über den Ruhm vergangener Tage der *gens Sergia* und somit über Catilina und Piso fort und reichte – wegen seiner eigenen entfernten verwandtschaftlichen Verbindung zu Cicero sowie seiner sehr engen Verbindung zu Caesar – bis hin zu Clodius. Diese Reihenfolge entspricht nun in etwa auch der Vehemenz und Anwendungsbreite der Diffamierungen Ciceros, unter denen die gegen Catilina und Antonius insgesamt am schärfsten, die gegen Clodius und insbesondere gegen Piso (direkt) dagegen am schwächsten zu bewerten sind. D. h. dass die Vehemenz der Argumente umgekehrt proportional zur Größe der *dignitas* der *gentes* stünde.

Für die *auctoritas* der Senatoren ergäbe sich daraus folgendes Bild: Eine eher schwache *auctoritas* müsste Catilina zugeschrieben werden, denn dieser wird, obwohl er einer alten patrizischen Familie angehörte, scharf angegriffen. Dabei ist es möglicherweise auf seine *gens* zurückzuführen, dass viele Argumente über seine Anhängerschaft und nicht direkt an ihn herangetragen werden.

Clodius und Piso scheinen über eine höhere *auctoritas* verfügt zu haben, da Cicero teilweise Argumente ausspart (wie gegen Clodius) oder sich große rhetorische Mühe geben muss, um Argumente über Amtskollegen an sie heranzutragen (wie gegen Piso). Da aber beide einer sehr angesehenen *gens* entstammen bzw. mit einer solchen verbunden sind und über verwandtschaftliche Beziehungen zu Cicero verfügen, ist kaum

---

causa quam ut et in praesenti sceleratos civis timore ab impugnanda patria deterrerem et in posterum documentum statuerem ne quis talem amentiam vellet imitari.

16 Cic. Fam. 5.1.1, siehe Kapitel 3.4, S. 88 Anm. 82.

17 Rhet. Her. 1.16, siehe Kapitel 3.2, S. 79 Anm. 52.

zu entscheiden, ob die *autoritas* der Senatoren oder die *dignitas* der *gentes* den wesentlichen Ausschlag für die Bemessung der Diffamierungen gegeben hat.

Am Ende dieser Reihe steht jedenfalls Marcus Antonius. Dieser wird zwar in der *zweiten Philippischen Rede* unter allen Gegnern am stärksten diffamiert. Diese *zweite Rede* wurde aber nie gehalten und ist somit nicht unter denselben Vorzeichen zu beurteilen wie Reden, die Cicero vorgetragen hat. Sieht man von der *zweiten Philippica* ab, ergibt sich aus den anderen Reden eine mit Piso oder Clodius in etwa vergleichbare Vehemenz und Anwendungsbreite diffamierender Argumente. Wenn man sodann berücksichtigt, dass Antonius keiner sehr berühmten oder einflussreichen *gens* entstammt, ergibt sich daraus wohl die größte *auctoritas* unter Ciceros Gegnern.

8 Kontinuität und Weiterentwicklung ciceronischer *personae* in der Antike

Unter den von Cicero gezeichneten Charakterbildern ist das Antoniusbild von besonderer Prominenz, da es bereits in der Antike eine ausgesprochen intensive Rezeption erfahren und sich bis heute verankert hat.[1] Um paradigmatisch den Spielarten der Rezeption ciceronischer Diffamierungen nachzugehen, werden in diesem Ausblick einige Niederschläge des Antoniusbildes in der Literatur des Principats betrachtet.

Velleius Paterculus spricht den Antonius-Darstellungen Ciceros eine für alle Zeit vernichtende Wirkung zu, wenn er konstatiert: *Haec sunt tempora, quibus M. Tullius continuis actionibus aeternas Antonii memoriae inussit notas.*[2] Tatsächlich beginnt sich dieses von Cicero forcierte Bild bereits im ideologischen Kampf zwischen Octavian und Marcus Antonius zu festigen,[3] da Octavian die Vorlagen Ciceros weiterführt und ergänzt. Octavian behält dabei die zentralen Argumente Ciceros bei und erweitert ihre Ausgestaltung um aktuelle Dimensionen, wie z. B. Antonius' Verhältnis zu Kleopatra[4] und dessen Auftreten im Orient.[5] Nach der Seeschlacht bei Actium ist es wie immer der Sieger, der Geschichte schreibt:[6] Augustus kontrolliert, nicht zuletzt, um seiner Eigenstilisierung Willen,[7] in welcher Gestalt Antonius erinnert wird. Obwohl er davon absieht, die Erinnerung an Antonius nach dessen Tod im Stile der 50er und 40er Jahre v. Chr. auszulöschen,[8] trägt die augusteische Literatur das Kolorit der ideologischen

---

1 Vgl. Charlesworth 1933, 177; Scott 1933; Pina Polo 2010a, 87–90; so auch bei Meister 2014, 6.

2 Vell. 2.64.3.

3 Vgl. Russel 1998, 121 Anm. 2: „The propaganda war began almost immediately after Caesar's murder in 44 B.C.E."

4 Vgl. Wallmann 1989, 334: „Oktavians Agitation beschäftigt sich fast ausschließlich und in immer neuen Variationen mit Antonius und seinem Verhältnis zu Kleopatra."

5 Diese Erweiterung an diffamierenden Argumenten nach ciceronischem Muster verschmilzt in der Retrospektive mit den ciceronischen Argumenten zu einem einheitlich erscheinenden negativen Antoniusbild. Dieses findet sich in der Forschungsliteratur besonders anschaulich etwa bei Gardthausen 1891 oder Bengtson 1977. Zur Fokussierung der Propaganda Octavians auf Antonius' Auftreten im Orient vgl. Russel 1998, 134. Wie leicht sich Antonius' hellenistische Selbstinszensierung (als Dionysos) durch Octavian im Dienste der Gegnerschaft umdeuten ließ, zeigt Fuhrer 2011 (376–381) anhand von aussagekräftigen Auszügen aus Plutarch, Cassius Dio und Sokrates von Rhodos.

6 Vgl. Russel 1998, 121: „Augustan propaganda had shaped the discourse concerning Antony and Actium to the point [...]." Matijević 2006b, 373: „Der letztendliche Sieg Oktavians und dessen Unterdrückung jeder kritischen Ansicht bzw. Schilderung der Triumviratszeit hat ebenfalls dazu geführt, dass Antonius in den Quellen nicht nur politisch, sondern auch menschlich sehr schlecht ‚abgeschnitten' hat."; vgl. ferner Charlesworth 1933, 172.

7 Octavian ist, so Flower (2006, 116) bestrebt, die Erinnerung an die Vergangenheit weniger strafend zu formen als nach den Entwicklungen der letzten Dekaden zu erwarten gewesen wäre: „He preferred to appropriate and to reshape the past and its image slowly and in more ‚constructive' ways."

8 Flower (2006, 119) erklärt Octavians Einschränkung der Sanktionen gegen Antonius' Erinnerung in Rom erstens als bewusste Rückkehr zu milderen Sanktionen der mittleren Republik, als Skandale innerhalb der Familie gehalten wurden, zweitens als eine Ablehnung der mit Marius und Sulla üblich

https://doi.org/10.1515/9783110599886-010

Auseinandersetzung der 40er und 30er Jahre v. Chr.[9] Schließlich sind es die späteren kaiserzeitlichen Autoren wie Plutarch, Appian oder Cassius Dio, die das ciceronische Antoniusbild rezipieren und somit jenen Zirkelschluss ermöglichen, mit dessen Hilfe auch in der Forschung die ciceronische Auffassung von Antonius zum historischen Antoniusbild geraten konnte.

Im ideologischen Kampf Octavians findet sich besonders anschaulich der ciceronische Vorwurf der Fremdbestimmtheit durch eine Frau wieder. So zielt Octavian in der Art und Weise, wie er Kleopatra in seinen ideologischen Kampf einbezieht, auf Antonius' Fremdbestimmtheit und damit den Verlust der sozialen Rolle eines römischen Mannes. Wallmann resümiert über diese Stilisierung in ciceronischer Manier, dass Antonius in der Propaganda Octavians als Mensch geschildert werde, „der einen natürlichen Drang besitzt, sich dem Willen einer Frau zu unterwerfen".[10] Dasselbe Argument der Diffamierung sieht Russell in Octavians Strategie, Kleopatra und nicht Antonius den Krieg zu erklären, den er als Versuch deutet, Antonius als fremdbestimmtes Werkzeug einer ausländischen Königin erscheinen zu lassen.[11] Des Weiteren nutzt Octavian das von Cicero virtuos ausgestaltete Argument der *vinulentia*,[12] namentlich in Angriffen auf dessen Identifikation mit dem Gott des Weines Dionysos – einer Gottheit, die in Rom ohnehin auf einiges Konfliktpotential gestoßen ist.[13] Letztlich steht am Ende der Diffamierungen Ciceros und auch der Propaganda Octavians der Nachweis, dass sich Antonius aufgrund seines verkommenen Charakters als eines Römers und erst recht als eines römischen Magistraten unwürdig erweise.[14]

Einer intentionalen Lenkung der Erinnerung an den Triumvirn durch den Principat ist freilich geschuldet, dass so gut wie keine alternativen zeitgenössischen Quellen neben Cicero auf uns gekommen sind. Die wenigen dem Antonius eventuell positiver gewogenen Quellen, wie z. B. Asinius Pollio, sind nicht überliefert.[15]

---

gewordenen harschen Sanktionen gegen besiegte Gegner sowie drittens als Diktat der öffentlichen Wahrnehmung Octavias als Antonius' rechtmäßige Ehefrau und damit als Symbol römischer Familienwerte. Zu den zuletzt üblich gewordenen Sanktionen vgl. Flower 2006, 116 f.

9 Vgl. Wallmann 1989, 249: „[...] alle relevanten historiographischen Quellen sind in ihrem Antoniusbild wesentlich von der Propaganda Oktavians geprägt worden."

10 Wallmann 1989, 334. Auch Wallmann stützt sich auf die Verwendung des Begriffs der ‚Propaganda' für die Agitation Octavians gegen Antonius. Zur Begriffsbestimmung vgl. Wallmann 1989, 17.

11 Russel 1998, 125: „to depict his brother-in-law as the emasculated tool of a foreign queen".

12 So auch Scott 1933, 137: „Cicero had already placed Antony before the Roman public in that light, and Antony's identification with the god of wine gave Octavian a chance to follow up the old attacks of Cicero." Siehe außerdem Fuhrer 2011, 380.

13 Hierzu sei besonders auf das Bacchanaliendekret aus dem Jahre 186 v. Chr. verwiesen, das ebenfalls in einen recht frühen Kontext der Akkulturationsdebatte zu verorten ist, vgl. Frateantonio 1997, 389 f. Die Überlieferung des Bacchanaliendekrets geht vornehmlich auf Livius (Liv. 39) zurück.

14 Eine Beweisführung der Propaganda Octavians gegen Antonius unternimmt bereits Scott 1933 134 ff.; ferner Wallmann 1989, 336.

15 Zur anzunehmenden Benutzung der Historien des Asinius Pollio zur Gestaltung der positiven Charakterzüge des Antonius durch Plutarch vgl. Wallmann 1989, 24; Ramsey 2003, 13: „Since Pollio was a partisan of Antony, we may detect the probable influence of his account in instance where

Schließlich ist es die im Sinne des augusteischen Principats entstandene Literatur, in der die negativen Antoniusbilder Ciceros und Octavians manifest werden. So weist beispielsweise das augusteische Epos Vergils im vierten Buch deutliche Spuren der Antonius-Diffamierung durch Cicero und Octavian auf. Hier tritt nämlich Aeneas, trojanischer Gründungsvater Roms, in eben dem Moment, als er kurzzeitig sein ‚Sendungsbewusstsein' vergisst, gleichsam in Antonius' Gestalt auf. Über die Tatsache hinaus, dass Aeneas ausgerechnet aus Liebe zu einer ausländischen Königin – zu Dido – temporär vom rechten, tugendhaften Pfad abkommt,[16] wird auch Aeneas von Vergil mit stereotypen, die Fremdbestimmtheit eines Mannes ausdrückenden Attributen versehen:

> *Atque illi stellatus iaspide fulva / ensis erat Tyrioque ardebat murice laena / demissa ex umeris, dives quae munera Dido / fecerat, et tenui telas discreverat auro.*[17]
>
> „Der [*sc. Aeneas*] trug ein Schwert, von gelblichem Jaspis blitzend bestirnt, es glühte von tyrischem Purpur der Mantel, der von der Schulter ihm hing, dies Prachtstück hatte die reiche Dido gemacht, mit Goldfäden fein durchwirkt das Gewebe."

Aeneas tritt hier geschmückt mit orientalischem Luxus und gekleidet in für einen Römer unangemessener Kleidung auf. Aufgrund der Liebe zu Dido, einer luxusorientierten Lebensweise sowie äußerlicher und innerlicher Verweichlichung findet hier, in Gestalt des auf Irrwegen befindlichen Aeneas, das stereotype ciceronische Feindbild Eingang in das augusteische Gründungsepos.[18] In Aeneas' Beziehung zu Dido wird die Bezugnahme auf Antonius und seine Liaison mit Kleopatra besonders deutlich. Auch in der ebenfalls durch augustusnahe Dichterkreise[19] begünstigten Literatur findet sich das nunmehr altbekannte Antoniusklischee. Sowohl Properz als auch Horaz vermeiden es sorgsam, Antonius beim Namen zu nennen.[20] Horaz bezeichnet Antonius lediglich als ‚den Römer', der auf Geheiß einer Frau Waffen trage.[21] Auch aus dieser Passage spricht deutlich das ciceronische Motiv der Fremdbestimmtheit durch eine Frau, der Inversion der Geschlechterrolle.

In der späteren Kaiserzeit erfährt das ciceronische Antoniusbild seine unmittelbarste Rezeption in den Schriften Plutarchs, Cassius Dios und Appians, die im Rah-

---

Appian or Plutarch presents Antony in a favourable light in contrast with to anti-Antonian bias of Cicero."

16 Freilich wird im zeitgenössischen Verständnis auch die karthagische Königin Dido mit der ägyptischen Königin Kleopatra gleichgesetzt.

17 Verg. Aen. 4.261–264.

18 Russell (1998, 131) erkennt folgende augusteische Propaganda in der Didopassage der *Aeneis:* „The propaganda is clear: Aeneas left the oriental splendor of Carthage and sacrificed his love for Dido so that Rome might live, while Antony let Roman interests suffer as he cavorted with Cleopatra in the fleshpots of Alexandria." Auch hier steht das unrömische Antoniusbild im Vordergrund.

19 Zum Kreis des Maecenas zählen neben Vergil auch Properz und Horaz. Vgl. Schmidt 1999, 634f.

20 Prop. 3.11.39–46.

21 Hor. epod. 9.11–14.

men ihrer Werke ein Charakterbild des Antonius zeichnen, welches zu großen Teilen dem durch Cicero gezeichneten nachempfunden ist.[22] So vermerkt Ramsey etwas polemisch, dass das Einzige, was Cassius Dio dem Bericht Ciceros hinzuzufügen hatte, nichts anderes als seine Phantasie gewesen sein könne.[23] Nach Wallmann muss Plutarch neben der direkten Rezeption des ciceronischen Antoniusbildes auch „unter dem Eindruck der augusteischen Propaganda entstandenes Antonius-feindliches Quellenmaterial" genutzt haben.[24] Dieses Material war offenbar indirekt durch die auf Cicero rekurrierende Propaganda beeinflusst und ging schließlich wieder auf das ciceronische Antoniusbild selbst zurück.[25]

Das in Plutarchs Doppelbiographien neben Demetrius gezeichnete Charakterbild des Antonius kann paradigmatisch für den Eingang des ciceronischen Antoniusbildes in die Literatur der Kaiserzeit berücksichtigt werden, da es Zeugnis über die starke Einflussnahme der *zweiten Philippischen Rede* ablegt.[26] So weiß Plutarch von Antonius' Abhängigkeit von Kleopatra zu berichten, dass Kleopatra Antonius schwermütig und weibisch gemacht habe (ἐξέτηξαν καὶ ἀπεθήλυναν).[27] Indem er des Weiteren Kleopatra als eine Königin bezeichnet, die einen Führer führen und einen Befehlshaber befehligen wolle, zeichnet er indirekt Antonius als einen von Kleopatra geführten und befehligten, demnach fremdbestimmten Mann (ἀλλ' ἄρχοντος ἄρξειν καὶ στρατηγοῦντος στρατηγεῖν βουλόμενον).[28] Die Inversion des Rollenbildes erreicht wohl ihren Höhepunkt, indem Plutarch beschreibt, wie unterwürfig und bereit, einer Frau zu gehorchen, Antonius in die Beziehung mit Kleopatra gestolpert sei (πάνυ χειροήθη καὶ πεπαιδαγωγημένον ἀπ' ἀρχῆς ἀκροᾶσθαι γυναικῶν παραλαβοῦσαν αὐτόν).[29]

Die unmittelbare Rezeption des ciceronischen Antoniusbildes durch Octavian, die wiederum auf das Antoniusbild Ciceros rekurrierende augusteische Propaganda sowie die durch Cicero und die augusteische Propaganda zu großen Teilen geprägte kaiserzeitliche Historiographie und Biographie tragen nachhaltig zum Überdauern des

---

22 Vgl. hierzu die einen guten Überblick bietende Untersuchung zur Quellenlage über Marcus Antonius: Ramsey 1994; Ramsey 2003; vgl. auch Halfmann 2011, 10. Antike Rezeptionen von Ciceros Diffamierungen anhand unangemessener Kleidung, die Aufschluss über die charakterliche Devianz gebe, liegen z. B. bei Cassius Dio (Cass. Dio 48.24.1; 50.5.2 f.) und Plutarch (Plut. Ant. 3; 5 f; 54.3) vor, vgl. dazu Starbatty 2010, 164 f. mit weiteren Quellenstellen.

23 Ramsey 1994, 132 Anm. 8: „Dio has nothing to add except his imagination."

24 Wallmann 1989, 24.

25 Vgl. Wallmann 1989, 24.

26 Vgl. Ramsey 2003, 13, der sich in seiner Ansicht Pelling anschließt. Vgl. Pelling (2002, 81), der von einer direkten Benutzung der *zweiten Philippischen Rede* ausgeht. Ramsey (2003, 139 geht gar so weit, anzunehmen, dass Plutarch „little more than an elaboration of material found in C[icero]" darstellt.

27 Plut. Ant. 53.11.

28 Plut. Ant. 10.5: „[...] sondern einen führenden Mann führen und einen General kommandieren wollte."

29 Plut. Ant. 10.6: „[...] der schon völlig gezähmt und von Anfang an dazu erzogen war, Frauen zu gehorchen."

negativen Antoniusbildes bis in die moderne Forschung bei.[30] Im Rahmen der vorliegenden Arbeit seien die Betrachtungen zur Bedeutung des früh in die Wege geleiteten Überdauerns dieses Bildes mit diesem knapp gehaltenen Ausblick auf die unmittelbare Verankerung des ciceronischen Antoniusbildes vorerst abgeschlossen.

30 Vgl. auch Will 1996, 813: „Die Geschichte des Antonius wurde von einer offiziösen Historiographie nach den Sprachregelungen des Siegers geschrieben." sowie Halfmann 2011, 10.

Schlussbetrachtung

Die vorliegende Untersuchung hat gezeigt, dass zur Rekonstruktion von vermeintlich negativen Charakterqualitäten politischer Gegner Ciceros aus dessen Reden und Briefen – in Ermangelung anderer Informationen – de facto ‚charakterbezogene' Diffamierungsstrategien herangezogen werden müssen. Denn zum Rufmord an Mitgliedern der Senatsaristokratie, also zur Schädigung ihrer *fama*, nutzt Cicero zahlreiche diffamierende Argumente, die in der vorliegenden Untersuchung retrospektiv nach inhaltlichen Kriterien in drei klassifizierbare Diffamierungsstrategien unterschieden werden konnten: zum einen die direkte und explizite Nennung von charakterlicher Devianz, zum zweiten die Diffamierung auf der Basis von Handlungsweisen oder Verhaltensmustern, die den Rückschluss auf eine charakterliche Devianz suggerieren, und zum dritten die Diffamierung von Anhängern, die einerseits auf die deviante Natur ihres Anführers schließen lassen, weil sich dieser mit seinesgleichen umgebe, oder die andererseits demonstrieren, wie sie durch ihre eigene Verkommenheit den Charakter des Anführers verderben.

Auch wenn Cicero nach antikem Handbuchwissen seine Argumente nicht nach derartigen Kategorien ausgewählt und arrangiert hat, konnte eine solche Einteilung aus gegenwärtiger Forschungsperspektive zur Vergegenwärtigung antiker Diffamierungspraxis dienen.

Die Betrachtung unterschiedlicher Personen, die in Ciceros Reden diffamiert werden, hat gezeigt, dass nach inhaltlichen Kriterien – also gewissermaßen den diffamierenden Funktionselementen – zahlreiche Argumente in stereotyper Weise auf verschiedene Personen angewandt werden. Diese Inhalte und Motive orientieren sich dabei nicht an den individuellen, persönlichen Umständen der Gegner, sondern an den kulturellen und sozialen Brennpunkten der spätrepublikanischen Gesellschaft. Wie gezeigt werden konnte, nimmt lediglich die Ausgestaltungsweise der Argumente Bezug auf äußere, situative Bedingungen (Anwendungsabhängigkeiten) wie z. B. das derzeitige Amt oder die *gens* des Gegners, die Redegattung oder den Briefadressaten.

Dass die Gefahr, die von Diffamierungen und von Rufmord ausging, schon früh in den antiken Gesellschaften erkannt wurde, hat u. a. die achte Tafel des Zwölftafelgesetzes gezeigt, in der festgelegt wurde, dass Rufschädigung einen Straftatbestand darstellen konnte, der gar mit einer Kapitalstrafe zu belegen war. Unterschiedliche Gattungen zeugen in der Folgezeit dennoch von einer lebendigen Tradition des Spotts, der Verleumdung und der Diffamierung – kurz der Rufschädigung – , auf die Cicero zur Ausgestaltung seiner Argumente zurückgreifen konnte. In den Gerichtsreden, in den Reden vor dem Senat und vor dem Volk, aber auch in seinen Briefen konnte beobachtet werden, wie Cicero langjährige oder nur für kurze Zeit agierende politische Gegner mit facettenreichen Diffamierungen belegt. Es werden dabei also nicht nur in den Gerichtsreden zahlreiche Vorwürfe geäußert, die den Beschuldigten Straftaten vorhalten und sie damit einem gerichtlichen Verfahren anempfehlen. Dass es im direkten Nachgang solcher Beschuldigungen nicht zu belegten Verfahren über die in

https://doi.org/10.1515/9783110599886-011

den Diffamierungen zugespitzten Vorwürfen kommt, zeugt nicht etwa von einer Wirkungslosigkeit dieser Diffamierungen. Vielmehr dienen die zahlreichen, mitunter in regelrechten Aufzählungen aneinandergereihten Anschuldigungen der nachhaltigen und möglichst breit angelegten Schädigung des Leumunds des jeweiligen politischen Gegners.

Diffamierung und Rufmord beziehen sich auf ein Spektrum, das nahezu alle zentralen Bereiche des sozialen und gesellschaftlichen Lebens umfasst: Sexualität und Rollenbilder, Konsum und Bereicherung, Gewaltanwendung usw. Innerhalb dieses Spektrums versuchte Cicero, sein konkretes politisches Ziel anzugehen, wie z. B. die Beseitigung des Konkurrenten Catilina, die politische Neutralisierung von Gegnern wie Clodius oder Piso, die Cicero in der Vergangenheit Schaden zugefügt hatten, oder die Abwehr der Personifizierung konträrer Politikverständnisse wie Marcus Antonius. Die Rufmordkampagnen für Catilina und Marcus Antonius waren langfristig gesehen durchaus erfolgreich: Catilina fand zeitnah den Tod, Marcus Antonius unterlag Jahre nach Ciceros Tod in einem Kampf, der zu großen Teilen mithilfe von auf Ciceros Argumenten basierenden ‚Propagandaschlachten' geführt und teilweise entschieden wurde. Dagegen erfuhren Clodius und Piso stärker im reputativen Nachleben als in der politischen Wirklichkeit der ausgehenden Republik nachhaltigen Schaden.

Als direkte charakterliche Diffamierung haben sich in Kapitel 4 im Wesentlichen die Vorwürfe *audacia*,[1] *nequitia*,[2] *stultitia*,[3] *amentia*[4] und *furor*,[5] *libido*[6], *voluptas*[7] und

1 Cic. Catil. 1.1; 2.1; 2.28; 3.22 (Catilinarier); 3.27; Cic. Pis. 39; 46; 66; Sest. 36; 22; Cic. prov. 8; Cic. Mil. 43; Cic. Phil. 2.1; 2.19; 6.2; 8.21. Wirszubiski (1961) zeichnet in seiner Untersuchung zur politischen Phraseologie die Gegenüberstellung von *audaces* gegenüber den *boni* nach. Er weist darauf hin, dass der Vorwurf hauptsächlich von Seiten der Optimaten gegen die Popularen genutzt werde und trägt des Weiteren der Rezeption dieser Begriffsbenutzung in der Kaiserzeit Rechnung. Die hier untersuchte Reihe von Catilina, Clodius, Piso, Gabinius und Marcus Antonius ergänzt Wirszubiski (1961, 21) um Saturninus, Autronius, Vatinius und Caesar. Für die hier nicht untersuchten Diffamierungen des Verres misst Steenblock dem *audacia*-Vorwurf keine derart zentrale Rolle bei. Der wesentliche Vorwurf gegen Verres läge vielmehr in der *avaritia*, vgl. Steenblock 2013, 56 ff.

2 Besonders vehement wird sie gegen Antonius und Piso genutzt. Für Antonius siehe Cic. Phil. 2.7; 2.15; 2.61; 2.63; 2.67; 2.70; 2.76 f.; für Piso siehe Cic. Pis. 40; Cic. prov. 12; Cic. Sest. 22. Auch auf Catilina wird der Vorwurf projiziert, allerdings meist auf dem Umweg über seine Anhänger, siehe Cic. Catil. 2.9; 2.11.

3 Besonders anschaulich in Cic. Phil. 2.8; 2.19; 2.29; 2.80; Cic. Catil. 2.10; unausgesprochen in Cic. Phil. 2.8; 2.20.

4 Die wirkmächtigsten Beispiele liegen in Cic. Phil. 2.9; 2.42; 11.6 und Cic. Mil. 12; 85; Cic. Sest. 17 vor.

5 Antonius: Cic. Phil. 2.1; 6.4; in Verbindung mit anderen Vorwürfen: Cic. Phil. 2.101 (*furiosam vinulentiam*); 2.68 (*vinulentus et furens*). Piso: Cic. Pis. 8 (*o furia*); 46 (*mentem furorem*); 50. Clodius: Cic. Phil. 2.1; Cic. Mil. 3; 27; 77 f.; 88; Cic. Sest. 15 (*furibundi*). Catilina: Cic. Catil. 1.1; 1.2; 1.22; 2.1.

6 Dieser Vorwurf ist so allgegenwärtig, dass kaum besondere Stellen hervorgehoben werden können, gerade auch weil die *libido* in vielen Diffamierungen als Makel hinter der konkreten Verfehlung fungiert, sodass sie häufig gemeint ist, aber nicht ausgesprochen wird. Einige Beispiele für die ausgesprochene *libido* werden lediglich stellvertretend angeführt: Cic. Catil. 2.11; Cic. Phil. 2.45; 8.16; 11.9;

cupiditas[8], *avaritia*[9] sowie *crudelitas*[10] herausgestellt. Gerne werden Vorwürfe von Cicero kombiniert, so z. B. *audacia* und *furor.*[11] Diese Liste der direkten charakterlichen Vorwürfe stellt im Grunde einen Lasterkatalog der ciceronischen Diffamierungen dar, zu deren Nachweis die illustrativen Diffamierungen dienen. Über alle diese Laster und Makel ist, wie zu sehen war, die *turpitudo*[12] zu stellen. Nach antiker *vituperatio*-Theorie sollten die politischen Gegner durch sämtliche Formen und Ausgestaltungsweisen der Diffamierung hindurch letztlich der *turpitudo* überführt werden. In früher republikanischer Zeit war die *turpitudo* strafrechtlich relevant und konnte zu empfindlichen Einschränkungen der Bürgerrechte führen.[13] In der späten Republik schwingen noch deutliche Reminiszenzen an diese Bedeutung und Folgen der *turpitudo* in manchen Anschuldigungen mit. Die wichtigere Geltung kommt ihr aber als Sinnbild für Infamie zu.

Wie in Kapitel 5 zu sehen war, sind in Ciceros Diffamierungen inhaltliche Schwerpunkte hinsichtlich der illustrativen Diffamierungen zu erkennen, für die es sich angeboten hat, nach inhaltlichen Kategorien gesonderte Untersuchungen durchzuführen. Die Analyse hat gezeigt, dass alle illustrativen Argumente im Kontext der spätrepublikanischen Gesellschaft in drei großen ‚Diskursfeldern' anzusiedeln sind. Zum einen ist dem Bereich der Sexualität, insbesondere der Zuschreibung von bestimmten Sexualverhaltungen zu geschlechtsspezifischen Rollenbildern, eine Vielzahl von Aspekten zuzuordnen.

Zum anderen betreffen unterschiedliche Aspekte die mangelnde Maßhaltung im Umgang mit Gütern unterschiedlicher Art und finanziellen Mitteln. Im weitesten Sinne sind derartige Diffamierungen in eine Diskussion um übermäßigen Konsum und eine für den Konsum notwendige Raffsucht einzuordnen. Eine Argumentengruppe, die diesem Diskursfeld angehört, ist die Verschwendung von und Bereicherung an finanziellen Mitteln und Luxusgütern. Des Weiteren behandeln Vorwürfe der *vinulentia* und des Fehlverhaltens beim *convivium* teilweise ebenfalls Aspekte, die mit Luxuskonsum in Zusammenhang zu bringen sind (wie Tafel- oder Speiseluxus). Gerade zum

---

14.9; Cic. Pis. 48; 66 f.; 70; 86; Cic. Pis. frag. 18; Cic. Sest. 16 f.; 22; 93; Cic. Mil. 76; Cic. har. resp. 42; Cic. prov. 6; 8; Cic. Att. 1.16.1; 6.1.2; Cic. Cael. 12.

7 Für die *voluptas* als Vorwurf z. B. gegen Piso siehe Cic. Pis. 42; Sest. 23, gegen Catilina siehe Cic. Catil. 1.25.

8 Für die *cupiditas* siehe im Falle Pisos Cic. Pis. 37, prov. 5 (für Gabinius siehe außerdem Cic. Sest. 93); für den Vorwurf der *cupiditas* gegen Catilina siehe Cic. Catil. 1.25.

9 Siehe dazu verschiedene illustrative Belegstellen wie Cic. Catil. 2.8; Cic. Sest. 93; Cic. Att. 12.2.2; Cic. Phil. 2.62 und das gesamte Kapitel 5.2.2.

10 Antonius: Cic. Phil. 11.9; 12.12. Piso: Cic. Pis. 85; Cic. Sest. 22; 32.

11 Cic. Phil. 2.1; Cic. Catil. 2.1 (*furentem audacia*). Cic. Catil. 1.1.

12 Explizit ausgesprochen beispielsweise in Cic. Catil. 1.13; 1.22; 2.25; Cic. Pis. 63; 65; 86; Cic. Phil. 2.57; 11.9; Ps.-Sall. in. Tull. 5; Cic. prov. 6; 24; Cic. Att. 7.19.2; Cic. Font. 37.

13 Vgl. SACHERS 1948, 1432–1439: *turpitudo* und Infamie als Einbuße der „Bürgerehre", die stets an gesetzlich geregelte Tatbestände anknüpft (1432). Zu den Einschränkungen siehe SACHERS 1948, 1437–1439.

Fehlverhalten beim *convivium* gehören aber auch Verhaltensmuster und Handlungsweisen beim Gastmahl, die nicht in direktem Zusammenhang mit Verschwendung auftreten. Aus diesem Grund hat sich die gesonderte Untersuchung der Argumente *vinulentia* und des Fehlverhaltens beim *convivium* als eines eigenständigen Typus angeboten. Der letzte Argumententypus, der aus den Diffamierungen herausgearbeitet werden konnte und mit Konsum in Zusammenhang steht, ist die Devianz hinsichtlich der Kleidung und des Erscheinungsbildes. Da diese beiden Bereiche in einem sehr engen Zusammenhang stehen und sich von finanziellen Mitteln sowie von der *vinulentia* und dem Verhalten beim Gastmahl deutlich unterscheiden, wurden auch sie separat untersucht.

Von den beiden vorangegangenen Diskursfeldern unterscheidet sich wesentlich der dritte Argumententypus, der allgemein gesprochen Gewalt thematisiert. Aus der Retrospektive erscheint die späte römische Republik gerade aufgrund der breiten Quellenlage zu gewaltassoziierten Themen als ‚störungsanfällig'. Gerade Clodius ist für vermeintliche Gewaltexzesse bekannt, aber auch Milo – den Cicero verteidigt – und alle anderen politischen Gegner werden von Cicero wiederholt aufgrund auffälliger Gewaltbereitschaft sowohl im physischen als auch im staatsrechtlichen Sinne diffamiert.

Da die vorangegangenen Teiluntersuchungen stets mit einem Resümee endeten, wird im Folgenden keine repetitive Zusammenfassung der einzelnen Ergebnisse vorgenommen. Vielmehr sollen die ‚diskursiven Felder' herausgestellt werden, in denen Cicero seine Argumente platziert, um – jenseits der in der Arbeit widerlegten Zuschreibbarkeit von Diffamierungen zu individuellen Handlungsweisen oder Verhaltensmustern – beim Publikum Anklang zu finden.

Den Auftakt der Analysen haben nun Vergehen sexueller Natur geboten. Diese Diffamierungen setzen sich aus Vorwürfen zusammen, die den Gegner häufig einer Fremdbestimmtheit[14] bezichtigen und damit einen Ehrverlust, ein *flagitium* darstellen.[15] Ebenfalls einen Ehrverlust erleiden die Gegner Ciceros durch den Vorwurf, in der ‚Öffentlichkeit' in Begleitung von Personen aufgetreten zu sein, die dem Bereich der Prostitution zugeschrieben werden können.[16] Während diese Form der Diffamierung an den sittlichen Werten und Normen der Gesellschaft ansetzt, beschuldigen andere sexuelle Diffamierungen die Gegner konkreter gesetzesrelevanter Straftaten. Zu diesen Vorwürfen zählen, wie zu sehen war, insbesondere *adulterium*[17], *lenocinium*[18]

14 So besonders in Cic. Phil. 2.3; 2.45; 2.58; 2.69; 2.77.

15 Häufig unausgesprochen wie in Cic. prov. 5; Cic. Sest. 20; 39; Cic. Phil. 13.24. Ausgesprochen wird der Vorwurf sehr prominent in Cic. Catil. 2.8; Cic. Sest. 16 f.; Cic. Phil. 2.44.

16 Siehe dazu besonders Cic. Catil. 2.10; 2.24; Cic. Mil. 55; Sest. 20; Cic. Phil. 2.58; 8.26.

17 Siehe dazu u.a. Cic. Catil. 2.23; Mil. 72; 85; 39; Cic. Sest. 20; Cic. Pis. 42; 70; Cic. Sest. 18; 20; Cic. p. red. in sen. 13; Cic. Phil. 6.4.

18 Siehe dazu beispielsweise Cic. Phil. 8.26; Cic. Mil. 50; 72; Cic. Sest. 20; Cic. Phil. 2.58; 6.4; 8.26.

sowie *stuprum*[19]. Teilweise werden diese Vorwürfe explizit gegen die Gegner ausgesprochen, häufiger noch werden sie durch bestimmte Handlungsweisen illustriert und mitunter werden sie auch durch die Anhängerschaft an die Gegner herangetragen.

Die *libido*[20] dient des Weiteren als expliziter Vorwurf der (sexuell konnotierten) Lasterhaftigkeit, liegt aber auch beinahe allen anderen Anschuldigungen erotischer/sexueller Devianz zugrunde, da sie gewissermaßen als Katalysator für Vergehen dieser Art angesehen wird.

Es ist davon auszugehen, dass die politische Diffamierung anhand derartiger Vorwürfe mindestens seit dem zweiten vorchristlichen Jahrhundert nutzbar gemacht worden ist, da sich Cicero selbst wiederholt auf Anekdoten über ältere Redner beruft, in denen diese Annahme nahegelegt wird.[21]

Der Argumententyp der finanziellen Verfehlungen kritisiert ebenfalls teilweise sittliche Devianz, teilweise aber auch Rechtsvergehen. Verschiedene Vorwürfe zielen darauf ab, den Gegner einer *privata luxuria*, also einer übermäßigen Zurschaustellung von Luxusgütern zu bezichtigen,[22] die das Gleichgewicht innerhalb der Statusgruppe gefährdet. Dazu zählen Aspekte des Speise-, Wohn- und Kleiderluxus sowie des Vergnügungsluxus der Gegner wie z. B. das Glücksspiel.[23] Aus der Zurschaustellung von Luxusgütern bzw. deren Konsum ergibt sich freilich ein Bedürfnis nach Anhäufung von Gütern und Finanzen. Auch dieses wird den Gegnern überwiegend illustrativ,[24] seltener unter dem expliziten Stichwort *avaritia* zum Vorwurf gemacht.[25] Den Gegnern werden sodann die Folgen derartiger Verhaltensweisen vorgeworfen, nämlich sich durch Verschwendungen aller Art verschuldet zu haben bzw. in den Bankrott geraten zu sein.[26] Diese Form der Diffamierung geht über eine rein sittliche Kritik hinaus, da sie die Notwendigkeit von Schuldgeschäften andeutet, durch welche die Schuldner in

---

19 Für *stuprum* siehe Cic. Catil. 1.26; 2.4; 2.7; Cic. Mil. 72; 73; 87; Cic. Sest. 16 f.; 18; 20; 39; Cic. Pis. 95; Cic. Phil. 6.4; Cic. Phil. 2.3; 2.45; 2.58; 2.69.

20 So in Cic. Phil. 2.45; 2.71; 6.4; 11.9; Cic. prov. 6; 8; 16; Cic. Sest. 22; Cic. Mil. 7; Cic. Catil. 2.8. Interessant ist im Hinblick auf die Verhandelbarkeit von Lastern wie der *libido*, dass sie gegebenenfalls auch positiviert werden kann, wie für Caelius geschehen. Hier spricht Cicero davon, dass derartige Laster in der Jugend durchaus verzeihlich seien, vgl. Braun 2003, 76 mit Verweis auf Cic. Cael. 43.

21 Siehe Cic. de orat. 2.256; 2.266; 2.277. Vgl. dazu Corbeill 1996, 165–173 sowie Leach 2001, 339. In der Forschung wird diese Art der Diffamierung häufig als Effeminierung bezeichnet, vgl. Edwards (1993, 64 ff.), die von „effeminacy" spricht. *Effeminatio* bedeutet zugleich Schwäche, vgl. Starbatty 2010, 172.

22 So beispielsweise Cic. Phil. 2.66; Cic. Pis. 66; 67.

23 Siehe u. a. Cic. Catil. 2.10; 2.23; Cic. Phil. 8.26. Im Übrigen stellt dieser auch einen gegen Verres genutzten Vorwurf dar, siehe Cic. Verr. 2.1.12; 2.1.33.

24 Dieser Vorwurf wird besonders prominent übrigens auch dem hier nicht untersuchten Verres gemacht. Vgl. Wagner-Hasel 2002, 342 ff. Paradigmatisch ist aus den Untersuchungen zu nennen: Cic. Catil. 2.8; 2.18; 2.4; 2.8; 2.19. Cic. Phil. 2.93; 3.10; 5.11; Cic. Sest. 94.

25 Siehe beispielsweise Cic. Pis. 86; Cic. Phil. 2.97; 2.113 und 6.4 (über die Gattin); 2.115.

26 Siehe beispielsweise Cic. Catil. 1.14; 2.4; 2.8; 2.18 f.; 2.20 f.; Cic. Sest. 18; 38; Cic. Phil. 2.4; 2.44; 2.50; 2.62; 2.78; 2.93; 3.16.

ein Abhängigkeitsverhältnis von ihren Gläubigern geraten und so einem Stigma der pekuniären Fremdbestimmtheit anheimfallen.

Neben die sittliche Kritik tritt in den Diffamierungen innerhalb der Reden und besonders auch in den Briefen die rechtliche Kritik an der Raffsucht der Gegner. So beschuldigt Cicero diese, sich an Provinzen unrechtmäßig bereichert zu haben, was einen Repetundenprozess[27] nach sich ziehen müsste. Auch das Glücksspiel[28] ist in Rom gesetzlich verboten und der Tafelluxus[29] wird immer wieder per Gesetz eingeschränkt. Verstoßen die Gegner laut den Diffamierungen gegen diese Regelungen, werden sie für gesetzesbrüchig erklärt und damit konkreter Verbrechen bezichtigt.

Wie gezeigt wurde, setzt ebenfalls einer der Aspekte der Diffamierung aufgrund des Verhaltens beim *convivium* an einem devianten Konsumverhalten an. In diesem Kontext bezieht sich der Konsum auf übermäßigen Wein-[30] und Speisekonsum[31], der in den Diffamierungen an bestimmten Handlungsweisen sowie auch an deren Folgen abzulesen ist. Da frühe Luxusbeschränkungen auch den Aufwand und die Auswahl für Speisen und Wein beim *convivium* regeln, werden die Gegner anhand derartiger Argumente erneut konkreter Gesetzesverstöße bezichtigt.[32]

Jenseits dieser dezidierten Konsumkritik werden andere Aspekte, die das Verhalten beim *convivium* thematisieren, im weiteren Sinne unter das Stigma gräzisierter Lebensweise[33] gestellt. Dazu gehören sämtliche Formen der Vergnügung wie Tanz, Musizieren, Umgang mit Prostituierten etc.[34], die Cicero nicht müde wird mit dem griechischen *symposion* zu vergleichen. Des Weiteren wirft Cicero seinen Gegnern vor, unangemessene Gäste zum *convivium* geladen zu haben. Dieses Argument läuft freilich der Funktion des Gastmahls als Statuskonstitution der Senatsaristokratie zuwider, da Gäste wie Griechen oder Prostituierte dazu nicht betragen konnten oder dieser Funktion gar abträglich waren.[35]

So wurde gezeigt, dass der Vorwurf des unangemessenen Verhaltens beim Gastmahl wie auch die anderen Argumente zur Schädigung der *fama* der Gegner im

---

27 So zum Beispiel die *lex Calpurnia de repetundis* (149 v.Chr.) oder die *lex Iulia de repetundis* (59 v.Chr.). Für die Diffamierungen siehe beispielsweise Cic. Sest. 93f.; Cic. Phil. 5.11; Cic. Pis. 84; 96; Cic. prov. 9; Cic. Att. 6.1.2. Zu den Diffamierungen: Cic. Phil. 3.10; Cic. Pis. 48; Cic. Sest. 94; Cic. prov. 5; 7; 9.

28 Vgl. BOTSFORD 1968, 337; PURCELL 1995, 1–37; BALTRUSCH 1989, 103–104; siehe auch Kapitel 5.2.1.

29 Vgl. KOLB 1977, 239f.; BALTRUSCH 1989, 102.

30 Siehe hierzu besonders Cic. Catil. 2.10; Cic. Pis. 13; 18; 22; 67; Cic. Mil. 56; Cic. prov. 14; Cic. Phil. 2.30f.; 2.42; 2.63; 2.77; 2.101; 2.104f.; 3.35; 6.4; siehe auch Cic. fin. 2.23.

31 Cic. Catil. 2.10; 2.20; Cic. Pis. 13; 22; 65; Cic. Mil. 56; Cic. Phil. 2.63.

32 Vgl. WAGNER-HASEL 2002, 325f. mit Verweis auf die *leges cibariae*, zusammengestellt von BALTRUSCH 1989, 77–103. Für weitere Literatur vgl. WAGNER-HASEL 2002, 327 Anm. 15 und 16.

33 Zur Stigmatisierung des griechischen Einflusses siehe STEIN-HÖLKESKAMP (2001, 365), die zu den Begriffen *symposion* und *syndeipnon* in Cic. Cato 13.45 vermerkt, dass sich in der Tatsache, „daß sie durch diese Termini die unwichtigen Dinge, nämlich das Essen und Trinken, allzu sehr in den Vordergrund rückten", die „moralische Unterlegenheit" der Griechen, „ihr Mangel an *sapientia*", zeige.

34 Cic. Catil. 2.10; 2.24; Cic. Pis. 22; 70; Cic. Phil. 5.15; 13.26.

35 Cic. Catil. 2.10; Cic. Pis. 67.

Stadtgespräch Roms dient. Zwar beobachtet Schnurbusch in einer Untersuchung zum *Convivium. Form und Bedeutung aristokratischer Geselligkeit in der römischen Antike* die Gelegenheit, beim Gastmahl „einzelne Aristokraten gezielt zu diffamieren". Zudem spricht er von „regelrechten Rufmordkampagnen", die durch die Verbreitung von Gerüchten bei Gastmählern betrieben würden.[36] Dabei steht aber die politische Meinungsbildung *beim* Gastmahl im Fokus der Betrachtung. Wie gezeigt wurde, dienen beim Gastmahl jedoch auch und besonders Gerüchte *über* Aristokraten der politischen Meinungsbildung. In diesem Sinne sind die Kategorien *vinulentia* und Fehlverhalten beim *convivium* eben auch als *Inhalte* von Diffamierungen zu bewerten.

Ebenfalls im Diskursfeld um übermäßigen oder moralisch devianten Konsum ist die Argumentengruppe des unangemessenen Erscheinungsbildes zu verorten. Dazu gehört zum einen die Anwendung als unrömisch oder feminin stigmatisierter Kosmetikprodukte[37] (Parfüm, Öle etc.) durch Senatsaristokraten. Auch die Bekränzung und das Barttragen werden den Gegnern als unrömische Bräuche zum Vorwurf gemacht.[38]

Abgesehen vom Konsum von Schönheitsprodukten, von einem Kopfschmuck oder einer Bartmode, die unangemessen sind, kann das Erscheinungsbild ebenfalls desavouiert werden, indem z. B. das unbekleidete Auftreten in der ‚Öffentlichkeit' zum Gegenstand von Vorwürfen gemacht wird.[39] Das ‚öffentliche' Entblößen wird dabei als griechische Manier diskreditiert. Ähnlich auf den Körper bezogen ist die Assoziation des senatorischen Auftretens mit dem von Sklaven.[40] Ein breites Feld der Diffamierung anhand eines devianten Erscheinungsbildes stellen für die Gegner Ciceros wie gesehen außerdem feminine, fremdländische oder allgemein un-senatorische Kleidungsstücke – besonders auch während der Ausübung eines Amtes – dar.[41]

Das dritte Diskursfeld betrifft nun unterschiedliche Formen der Gewaltanwendung, und zwar eine physische – zumeist in Form von Waffentragen oder -gewalt – sowie eine (staats)rechtliche.

Als Formen staatsrechtlicher Gewalt wurden in den Diffamierungen Vorwürfe als *rex*[42] und *tyrannus*[43], aber auch als *latro*[44] erkannt.[45] Der Begriff *latro* ist zum Zwecke

---

36 SCHNURBUSCH 2011, 246. Hier heißt es weiter: „Diffamierende Äußerungen fanden – waren sie einmal in einer Tischgemeinschaft geäußert – schnell ihren Weg in die städtische Öffentlichkeit." SCHNURBUSCH führt beispielhaft die Verleumdung Ciceros durch Hirtius (246 f.) an.

37 Cic. Catil. 2.10; 2.22; Cic. Sest. 18; Cic. Pis. 25; Cic. p. red. in sen. 13; Cic. Pis. 25; 35; Cic. Phil. 3.12.

38 Cic. Catil. 2.10; 2.22.

39 Cic. Phil. 2.111; 3.12.

40 Cic. Phil. 2.63.

41 Cic. Catil. 2.22; Cic. Sest. 116; Cic. Pis. 13; 93; Cic. Phil. 2.44; 2.76 f.; 3.16 (für den Ahnherr Fulvias).

42 Cic. Pis. 49; Cic. Phil. 2.85 ff.; 3.12.

43 Cic. Pis. 14; 17 f.; 24; Cic. Sest. 32; Cic. prov. 9; Cic. Phil. 13.18. Der Tyrannenvorwurf wurde im Übrigen auch gegen Cicero selbst bemüht: Ps.-Sall. in Tull. 3. Siehe dazu NIPPEL 1988, 115 ff. sowie 117: Der Tyrannis-Vorwurf gegen Cicero sei bereits seit dem Jahre 61 als gängiges Motiv der Angriffe gegen Cicero zu beobachten, zu dieser Zeit im Kontext mit Vorwürfen gegen Ciceros Hausbau auf dem Palatin. Vgl. des Weiteren ZIMMERMANN 2013, 301 zur „Tyrannentopik", ferner ZIMMERMANN 2009, 157 ff. zum

der Diffamierung von Cicero selbst zum politischen Schimpfwort im Sinne einer ordnungspolitischen Gefährdung erweitert worden.[46] Eine solche Bedeutungserweiterung ist wie gesehen auch auf die diffamierenden Begriffe *sicarius*[47], *sceleratus*[48] und *gladiator*[49] zu übertragen. Diese Begriffe erklären die Gegner allerdings nicht tatsächlich zu Messerstechern, Verbrechern oder Sklaven. Dies kann verglichen werden mit dem *monstrum*-Vorwurf[50], der nicht darüber hinwegtäuschen konnte, dass Ciceros Gegner selbstverständlich keine Tiere waren. Diese wurden vielmehr eines tierischen und damit unzivilisierten Verhaltens bezichtigt, um sie zu unwürdigen Senatsaristokraten zu erklären.[51] Letztlich ist auch der Barbarentopos[52] unter dieser Form der Diffamierung zu subsumieren.

Dass in den Diffamierungen Ciceros häufig Aspekte der Gewaltanwendung herangezogen werden, lässt möglicherweise eine Aussage über eine vehementer als zuvor geführte Diskussion über (politische) Gewalt in der Stadt zu. Diese mag wiederum von Erlebnissen angeheizt worden sein, die mit Gewalt in Zusammenhang standen.[53] Des

---

Aspekt der Anwendung physischer Gewalt durch tyrannische Herrscher in der griechischen Antike mit Verweis auf die richtungsweisende Untersuchung von Berve 1967 zur Topik tyrannischer Gewalt.

44 Cic. Catil. 1.23; 1.27; 1.33; 2.7; 2.16; 2.24; 3.17; Cic. Sest. 39; Cic. Mil. 10; Cic. Pis. 96; 24; 38, Cic. Phil. 2.4 ff.; 2.9; 2.62; 3.29; 4.5; 4.15; 5.30; 6.4; 6.12; 12.12; 12.15.

45 Der Tyrannentopos wiegt nicht zuletzt deshalb besonders schwer, da für die *res publica* jede Form der Alleinherrschaft so unvorstellbar war, dass Augustus kurz nach Ciceros Diffamierungen größte Anstrengungen unternehmen musste, um den Principat mithilfe von politischen Fiktionen durchsetzen zu können, vgl. Zimmermann 2009, 178.

46 Vgl. Grünewald 1999, 8; 106; siehe dazu ferner MacMullen 1966; Habinek 1998, 69–87. Grünewald (1999, 12) legt seiner Untersuchung die These zugrunde, dass „Geschichtsschreiber den historischen Räuber der Romanfigur angenähert haben und nicht umgekehrt die Romanciers den fiktiven Räuber dem historischen. Beide, Romanfigur und historischer Räuber, sind Projektionen zeitgenössischer Vorstellungen." Für die Anwendung des *latro*-Vorwurfs durch Cicero ist eine ebensolche Annäherung des Reden- und Briefbegriffes an die bekannte Romanfigur zu beobachten, die freilich sämtliche negativen Konnotationen des Romanbegriffes auf den angegriffenen Gegner projizieren soll, auch wenn Cicero freilich kein Geschichtsschreiber ist.

47 Für bewaffnetes Auftreten allgemein: Cic. Catil. 2.7; 2.22; Cic. Mil. 72; Cic. Sest. 95; Cic. Phil. 2.6; 2.112; 3.9; 5.18; 2.4.

48 Cic. Pis. 74; Cic. Phil. 2.85.

49 Cic. Catil. 2.7; 2.9; 2.19; 2.24; Cic. Pis. 28; Cic. Phil. 2.7; 2.63; 2.74; 2.97; 5.32; 6.3; 7.17; 13.16; 13.20; 13.22; 13.25.

50 So beispielsweise *monstrum:* Cic. Catil. 2.1; Cic. Phil. 13.4; *prodigium:* Cic. Catil. 2.1; *belua:* Cic. Sest. 16; Cic. Mil. 32; Cic. Pis. 1; Cic. Phil. 4.12; 6.7; 7.27; 10.22; *furia:* Cic. Pis. 8; *pestis:* Cic. Mil. 40; 68; Cic. Phil. 5.18; für andere Tier-Vergleiche siehe Cic. Pis. 19 (*pecus*); 32 (*canis*); 37 (*ex hara producte*); 38 (*vulturius*); 59 (*asinus*); 72 (*caenum*).

51 Die Gegner werden durch diese Vorwürfe in Opposition zur *urbanitas* gestellt; so ähnlich vorgeschlagen, aber nicht ausgeführt von Barton 1993, 114–116 mit Verweisen auf Ramage 1973; zur *urbanitas* bei Cicero besonders Meister *voraussichtlich 2018*.

52 Cic. Pis. 17; Cic. Phil. 2.112; 13.18. Dazu ist auch der Vorwurf einer fremden Herkunft zu zählen, siehe Cic. Pis. 1; Cic. Pis. frag. 8; frag. 11; frag. 14 (Piso mütterlicherseits).

53 So verweist Zimmermann 2009, 160 Anm. 26 auf Baecker 1996, der für die Kommunikation über Gewalt betont, dass diese nicht von gewalttätigem Handeln loszulösen sei. Für Ciceros Diskussionen

Weiteren ist zu bedenken, dass Narrative der Gewalt auch abschreckende Handlungsmuster darstellen können und als solche aufzeigen, wie man sich nicht zu verhalten habe.[54] Für Berichte über eindeutig überzeichnete Formen der Gewaltanwendung der Kaiserzeit wurde festgestellt, dass sie als Grundlage für Urteile über historische Personen herangezogen werden, obwohl sie leicht als überzogen verstanden werden könnten.[55] In Bezug auf Ciceros Darstellung wurde gezeigt, dass sie ebenfalls für Informationen über historische Personen herangezogen werden, obwohl sie auch den Verdacht nahelegen, stilisiert zu sein. Zwar werden darin keine unvorstellbaren Gewaltexzesse dargestellt, aber sie deuten durch Wiederholungen ihre Stereotypie an.

In Kapitel 6 wurde schließlich gezeigt, dass aus sämtlichen Diskursfeldern und Argumententypen Aspekte genutzt werden, um sie entweder der Anhängerschaft der Gegner vorzuwerfen oder um sie über die Anhängerschaft, einen Amtskollegen oder ein Familienmitglied an einen Gegner heranzutragen. In der Untersuchung der Diffamierungen der Anhängerschaft konnte gezeigt werden, dass diese Argumente ebenfalls im Wesentlichen der Rufschädigung des im Mittelpunkt der Gruppierungen stehenden Gegners dienen. Daher sind die einzelnen inhaltlichen Aspektvarianten bereits durch die vorangegangene Darstellung abgedeckt. Es bleibt an dieser Stelle lediglich darauf hinzuweisen, dass für die Erfassung des gesamten Spektrums von Diffamierungen einzelner historischer Personen unbedingt auch die Diffamierungen des Umfeldes als Analysekriterium zu berücksichtigen sind, da das Herantragen von Argumenten auf diesem ‚Umweg' einen äquivalenten Stellenwert zu den direkten Vorwürfen einnimmt.

Wirft man einen abschließenden Blick auf alle drei hier behandelten Diskursfelder, dann lässt sich Folgendes festhalten: Diskussionen um römische Rollenbilder und Sexualität präsentieren sich in der Republik als Reaktion auf Kontakte zum griechischen Kulturraum. Sie mögen evoziert worden sein von luxuriösem Lebenswandel und gesteigertem Konsumverhalten.[56] Beides wird mitunter ebenfalls als griechisch beeinflusst verstanden. Mit griechischen Einflüssen geht in Rom eine Veränderung von Rollenvorstellungen einher, die in Griechenland durchaus anders gelagert sind, wie am Beispiel aus Platons Symposion aufgezeigt wurde. Als Reaktion auf derartige Veränderungen kann heute die Entwicklung eines neuen ciceronischen *virtus*-Begriffes verstanden werden.[57] Vorwürfe, die auf die Instabilität der Rollenbilder und des richtigen sexuellen Verhaltens abzielen, werden unter Cicero parallel zur neuen *virtus*-

über Gewalt in den theoretischen Schriften und insbesondere in der Auseinandersetzung zwischen Clodius und Milo vgl. Lintott 1968, 52–66.

54 Vgl. Zimmermann 2009a, 160.

55 Zimmermann 2009a, 156 mit Verweis auf Diskussionen eben dieser Problematik für die Kaiserzeit bei Winterling 2003, 175–180 oder Witschel 2006, 108–122.

56 Vgl. Steenblock 2013, 15 f., die unter anderem Sparsamkeit (*parsimonia*) als römische Tugend beziffert, die von griechisch-östlichem Gedankengut zersetzt werde.

57 Vgl. Steenblock 2013, 8–17.

Aufladung zu den zentralen Argumenten des Diffamierens und bleiben auch in Zukunft dauerhaft *en vogue*. Dass griechischer Einfluss allgemein als Ursache von Verweichlichung – auch des Militärs – verstanden wird, ist auch bei Sallust zu fassen.[58]

Konsum als Repräsentations- und Distinktionsvehikel bildete in Rom zur Zeit Ciceros schon seit langem ein wesentliches Thema der gesellschaftlichen Diskussion. Bereits in der Zeit vor Cicero wurden Fragen des Konsums wiederholt durch Gesetze reguliert. Durch die censorische Rüge erfuhr die Einschränkung von Luxus gar eine Art Institutionalisierung.[59] In der späten Republik werden Fragen des Konsums und insbesondere die Befähigung zu übermäßigem Konsum dann immer stärker mit ungleichmäßigem Machtgewinn verbunden.[60]

Eine omnipräsente Gewalt erscheint bei Cicero als Ventil spätrepublikanischer Spannungsverhältnisse, die durch die Kumulation von Macht (wie die Bindung der Soldaten an ihre Feldherren) in Person der großen (Militär-)Potentaten ausgelöst werden, die den Senat überflügeln und oligarchische Machtkonstellationen erwirken. Eine überhöhte Gewaltbereitschaft als Diffamierungsargument gerät zur Reaktion auf als neu und verschärft empfundene Unruhen und dient mit Sicherheit zu großen Teilen der Abschreckung und politischen Erziehung.[61]

Vor dem Hintergrund der ciceronischen Konstruktion von moralisch richtigem und verwerflichem Verhalten in der Anwendung von Argumenten zur Stilisierung der eigenen Person und Diffamierung anderer Personen kann an verschiedenen Stellen nachvollzogen werden,[62] wie Cicero den römischen *mos maiorum*-Diskurs forciert, um politische Ziele zu verfolgen. Denn die in der späten römischen Republik fassbaren Vorstellungen vom *mos maiorum* sind hauptsächlich durch Cicero greifbar und in ihrer

---

58 Sall. Catil. 11.5: *huc adcedebat, quod L. Sulla exercitum, quem in Asia ductaverat, quo sibi fidum faceret, contra morem maiorum luxuriose nimisque liberaliter habuerat. loca amoena, voluptaria facile in otio ferocis militum animos molliverant: ibi primum insuevit exercitus populi Romani amare, potare, signa tabulas pictas vasa caelata mirari, ea privatim et publice rapere, delubra spoliare, sacra profanaque omnia polluere.* („Dazu kam, dass Lucius Sulla sein Heer, das er in Kleinasien geführt hatte, um es sich ergeben zu machen, gegen den Brauch der Vorfahren üppig und allzu großzügig gehalten hatte. Die Reize und Verlockungen dieser Gegenden hatten dann während der Friedensruhe die wilden Krieger rasch verweichlicht. Dort gewöhnte sich das Heer des römischen Volkes erstmals daran, zu lieben und zu saufen, Bildwerke, Gemälde und geputzte Gefäße zu bewundern, sie aus privatem und öffentlichem Besitz zu rauben, Tempel auszuplündern, alles zu schänden, mochte es Göttern oder Menschen gehören."). Siehe dazu auch Edwards 1993, 92; Williams 2010, 136.

59 Zur censorischen *infamia* vgl. Greenidge 1894, 41–112 (Nachdruck 1977).

60 Vgl. wie bereits oben besprochen Wagner-Hasel 2002.

61 Vgl. Corbeill 2002a, 204 („function to limit improper behavior").

62 In Bezug auf die Diffamierung späterer Kaiser mit dem Prädikat des Caesarenwahnsinns weist Winterling (2003, 175) darauf hin, dass moralische Kategorien zur Erklärung dessen, was geschah, ungeeignet seien. Ein ebensolches Verdikt ist freilich auch für die moralisch wertenden Diffamierungen von Charakterqualitäten auszusprechen.

spätrepublikanischen Ausformung in wesentlichem Maße von ihm beeinflusst.[63] Die Synthese aus den mit der Perspektive auf die Charakterdarstellungen untersuchten ciceronischen Quellengattungen macht außerdem deutlich, welche Rolle Cicero im kommunikativen Raum seiner Zeit gespielt hat bzw. welche Wechselwirkungen zwischen verschiedenen Ebenen der Kommunikation von Cicero ausgenutzt wurden. Dazu gehören als wichtigste Parameter die Neubewertung der Briefe Ciceros sowie ihre Interpretation. Dadurch wird ein Einblick in Ciceros Intention ermöglicht, breite senatorische Diskurse nach bestimmten Vorstellungen zu Idealen, Tugenden und Lebensweisen zu beeinflussen. Diese Forcierung senatorischer Diskurse ermöglicht Cicero die Einschreibung diffamierter Charakterbilder in das kollektive Gedächtnis seiner Zeit, obwohl es sich bei diesen Darstellungen im Wesentlichen um erneute Verwendungen und Abwandlungen von Stereotypen der antiken Rhetorik handelt, die freilich nicht nur Cicero bekannt sind bzw. von ihm genutzt werden.[64]

Interessant ist für diesen Befund freilich auch, dass Diffamierung im Falle anderer historischer Personen nicht nachhaltig deren Charakterbild in der Erinnerung der Antike geprägt hat. Zu denken ist hier beispielsweise an Cicero selbst, der in seinem Werk die eigene *persona* so (positiv) konstruiert, wie sie auf uns gekommen ist. Ebenso kann an Octavian gedacht werden, der durch die Steuerung der augusteischen Literatur und freilich durch die *res gestae* erfolgreich der nachhaltigen Überlieferung der – zahlreichen – Diffamierungen seiner Person entgegenwirken konnte. Für die spätrepublikanische Zeit gilt, dass auffällig konsequent diejenigen Personen in diffamierter Gestalt memoriert werden, deren Charakterbilder auf Ciceros Diffamierungen zurückgehen und nicht unmittelbar danach rehabilitiert wurden. Dieser Sachverhalt vermag eindrucksvoll die Nachhaltigkeit von Ciceros Meinungsführerschaft zu belegen.

Im Hinblick auf den dauerhaften historischen Einfluss, den sie ausgeübt haben, seien Ciceros Diffamierungen abschließend noch einmal eigens gewürdigt.

In den Diffamierungen konnte beobachtet werden, dass Cicero die Begriffe *stuprum*, *adulterium* und *lenocinium* bereits zu einer Qualität (weiter)entwickelt, die – freilich nach seinem Tod – als Grundlage für die augusteische Gesetzgebung dienen sollte. Bis zu einem gewissen Grad bildet Cicero in seinen Diffamierungen dabei lediglich ab, was in der Gesellschaft zum Ende der Republik diskutiert wurde bzw. was möglicherweise im Wandel befindlich und daher diskutabel war. Dass die augusteische Gesetzgebung nicht aus heiterem Himmel heraus entstanden ist, sondern sich von zeitgenössisch gegebenen Zuständen ableitet, steht außer Frage. Gleichwohl ist der Einfluss Ciceros nicht zu unterschätzen, zumal er zum Zeitpunkt der Gesetzeserlasse nur wenige Jahrzehnte zuvor in seinen Schriften bestimmte Handlungsweisen virtuos beschrieben und in harscher Weise an den Pranger gestellt hatte.

---

63 Vgl. dazu auch die Anmerkung Blösels (2004, 27), dass Ciceros Erneuerung des Begriffs einen tiefen Einschnitt in der Begriffsgeschichte bedeute. Für die Flexibilität des Konzept des *mos maiorum* vgl. auch Braun 2003, 71–91.

64 Für eine Diskussion der Invektive gegen Cicero vgl. Seel 1961.

Wie Grünewald und andere bereits erkannt haben und wie die hier vorgelegte Analyse der Diffamierungen bestätigen konnte, hat das Schimpfwort *latro* durch Cicero eine neue ordnungspolitische (oder oben häufig staatsrechtlich genannte) Bedeutung erlangt. Dasselbe trifft auf Begriffe wie *sicarius*, *sceleratur* und *gladiator* zu.

Schon lange vor Ciceros Schaffenszeit hatte sich eine ausgeprägte Luxuskritik insbesondere in der griechischen Literatur entwickelt, und zwar sowohl für den griechischen als auch für den römischen Kulturraum. Cicero forciert nun unterschiedlichste Bereiche gesellschaftlicher Institutionen zu einer Projektionsfläche für die *luxuria*, die als außerordentlicher Kampfbegriff fungiert. Wie wenig wirkmächtig der alleinige Vorwurf der *luxuria* und wie allgegenwärtig derartige Diskussionen und Diffamierungen daher gewesen sein müssen, zeigen die zahlreichen Illustrationen, die Cicero zu ausgewachsenen Argumenten der Diffamierung entwickelt, um die *fama* seiner Gegner zu beschädigen. Dies unternimmt er, obwohl die *luxuria* allgegenwärtig war und darüber hinaus einen wichtigen Faktor bildete, um gesellschaftlich dazuzugehören und sich zu profilieren. Dass Cicero sich damit auf einem schmalen Grad zwischen einer drohenden gesellschaftlichen Isolation und einer mitunter wirkungsvollen Diffamierung (man denke nur an Antonius' *de ebrietate sua*) bewegt haben muss, zeigen seine Versuche, sich in den Distinktionsmechanismus des aufwendigen Speisens einzuschreiben. Cicero entwickelt eines der Argumente der *luxuria* sogar so weit, dass es mit Fug und Recht als eigenständiger politischer Kampfbegriff bezeichnet werden muss, nämlich die *vinulentia*.

Während sich Octavian/Augustus, wie gezeigt, bequem Ciceros Vorarbeiten zur Ausgestaltung seiner Ehegesetze bedienen konnte, erwies ihm Cicero aber in einem anderen Diskursfeld einen regelrechten Bärendienst. Mit äußerster Vehemenz legte Cicero diffamierende Schilderungen anhand von Argumenten vor, in denen auf beeindruckende Weise die Bedrohung durch einzelne Potentaten, die sich eine monarchische Machtkumulation anmaßten oder sich in den Dunstkreis monarchischer Macht begaben, vor Augen geführt wurde. In diesem Sinne sind auch die Kommentation und Agitation Ciceros nach der Ermordung Caesars zu verstehen. Dadurch wurde das Schreckgespenst des Alleinherrschers noch Jahre nach dem Attentat derart prominent im Gespräch der Öffentlichkeit gehalten, dass sich Augustus einige Mühe geben musste, um seine ‚Verfassungsänderungen' nach republikanischem Gusto zu chiffrieren.

Die Diffamierungen Ciceros haben also auch jenseits der konkreten Erfolgsquote im Hinblick auf das (politische) Fortkommen seiner Gegner insbesondere auf dem Gebiet der Forcierung von Diskursen, die sich letztlich sogar auf verfassungs- und sittenrechtlicher Ebene niederschlugen, eine nachhaltige Wirkung entfaltet. Die zweite wesentliche Wirkung von Ciceros Diffamierungen, die den Anlass für die vorliegende Untersuchung bildete, bestand in der Beschädigung der *fama* und besonders des Nachruhms seiner politischen Gegner.

Quellenverzeichnis

Appianus: *Roman History*, griech./engl., hrsg. und übers. v. Horace White, London 1972.
Appianus: *Römische Geschichte*, 2. Die Bürgerkriege, dt., übers. v. Otto Veh, Stuttgart 1989.
Aristophanes: *Die Wolken*, dt., hrsg. und übers. v. Niklas Holzberg, Stuttgart 2014.
Aristophanes: *The Clouds*, griech., with introd. and notes by William W. Merry, Oxford 1955.
Aristoteles: *Anaximenis Ars rhetorica, quae vulgo fertur Aristotelis ad Alexandrum*, griech./lat., hrsg. v. Manfred Fuhrmann, Lipsiae 1966.
Aristoteles: *Ars Rhetorica*, griech., hrsg. v. William D. Ross, Oxford 1959.
Aristoteles: *Rhetorica ad Alexandrum*. In: Aristotle, Band 16, griech./engl., hrsg. und übers. v. Walter S. Hett, Cambridge 2007 (Nachdruck von 1957).
Aristoteles: *Rhetorik*, dt., übers. und hrsg. v. Gernot Krapinger, Stuttgart 2010.
A. Augustinus: *De Civitate Dei*, Band 1–6, lat./engl., hrsg. und übers. v. Patrick G. Walsh, Oxford 2005–2014.
Cassius Dio: *Römische Geschichte*, Band 1–5, lat./dt., übers. v. Otto Veh, Darmstadt 2007.
Corpus iuris civilis, Band 1–5, lat./dt., hrsg. v. Okko Behrends, Heidelberg 1990–2012.
M. Tullius Cicero: *Achte Philippische Rede gegen M. Antonius*. In: M. Tullius Cicero. Staatsreden (3), lat./dt., hrsg. und übers. v. Helmut Kasten, Berlin 1988.
M. Tullius Cicero: *An seine Freunde*, lat./dt., hrsg. und übers. v. Helmut Kasten, Düsseldorf [4]2006.
M. Tullius Cicero: *Atticus-Briefe*, lat./dt., hrsg. und übers. v. Helmut Kasten, Düsseldorf [5]1998.
M. Tullius Cicero: *Brutus*, lat./dt., hrsg. und übers. v. Bernhard Kytzler, Düsseldorf 2000.
M. Tullius Cicero: *Cato der Ältere*. Über das Alter, lat./dt., hrsg. u. übers. v. Max Faltner, Darmstadt 1988.
M. Tullius Cicero: *Danksagung an den Senat* (*Post reditum in senatu*). In: Die politischen Reden (2), lat./dt., hrsg. und übers. v. Manfred Fuhrmann, Darmstadt 1993.
M. Tullius Cicero: *De domo sua ad pontifices oratio*. In: Die Prozessreden (2), lat./dt., hrsg. und übers., erl. v. Manfred Fuhrmann, Darmstadt 1997.
M. Tullius Cicero: *De inventione*, lat./dt., hrsg. und übers. v. Theodor Süßlein, Darmstadt 1998.
M. Tullius Cicero: *De oratore*, lat./dt., hrsg. und übers. v. Theodor Nüßlein, Düsseldorf 2007.
M. Tullius Cicero: *Der Staat*, lat./dt., hrsg. und übers. v. Rainer Nickel, Mannheim 2010.
M. Tullius Cicero: *Dreizehnte Philippische Rede gegen M. Antonius*. In: M. Tullius Cicero. Staatsreden (3), lat./dt., hrsg. und übers. v. Helmut Kasten, Berlin 1988.
M. Tullius Cicero: *Dritte Philippische Rede gegen M. Antonius*. In: M. Tullius Cicero. Staatsreden (3), lat./dt., hrsg. und übers. v. Helmut Kasten, Berlin 1988.
M. Tullius Cicero: *Elfte Philippische Rede gegen M. Antonius*. In: M. Tullius Cicero. Staatsreden (3), lat./dt., hrsg. und übers. v. Helmut Kasten, Berlin 1988.
M. Tullius Cicero: *Epistulae ad Brutum*. In: Epistulae ad Quintum Fratrem, lat./dt., hrsg. und übers. v. Helmut Kasten, Darmstadt 1965.
M. Tullius Cicero: *Epistulae ad Quintum fratrem*, lat./dt., hrsg. und übers. v. Ursula Blank-Sangmeister, Stuttgart 1993.
M. Tullius Cicero: *Erste Philippische Rede gegen M. Antonius*. In: M. Tullius Cicero. Staatsreden (3), lat./dt., hrsg. und übers. v. Helmut Kasten, Berlin 1988.
M. Tullius Cicero: *Fragmentary Speeches*, ed. with comm. by Jane W. Crawford, Atlanta 1994.
M. Tullius Cicero: *Fünfte Philippische Rede gegen M. Antonius*. In: M. Tullius Cicero. Staatsreden (3), lat./dt., hrsg. und übers. v. Helmut Kasten, Berlin 1988.
M. Tullius Cicero: *Gespräche in Tusculum*, lat./dt., mit ausführl. Anmerkungen neu hrsg. v. Olof Gigon (Tusculum), Darmstadt [3]1976.
M. Tullius Cicero: *In C. Verrem* (1), lat./dt., hrsg., übers. und erl. v. Manfred Fuhrmann, Darmstadt 1995

https://doi.org/10.1515/9783110599886-012

M. Tullius Cicero: *In C. Verrem* (2), lat./dt., hrsg., übers. und erl. v. Manfred Fuhrmann, Darmstadt 1995.

M. Tullius Cicero: *In L. Calpurnium Pisonem oratio.* In: Die Prozessreden (2), lat./dt., hrsg., übers. und erl. v. Manfred Fuhrmann, Darmstadt 1997.

M. Tullius Cicero: *Partitiones oratoriae*, lat./dt., hrsg., übers. und erl. v. Karl und Gertrud Bayer, Darmstadt 1994.

M. Tullius Cicero: *Pro L. Murena oratio.* In: Die politischen Reden (1), lat./dt., hrsg., übers. und erl. v. Manfred Fuhrmann, Darmstadt 1997.

M. Tullius Cicero: *Pro M. Fonteio oratio.* In: Die Prozessreden (1), lat./dt., hrsg., übers. und erl. v. Manfred Fuhrmann, Darmstadt 1997.

M. Tullius Cicero: *Pro Sex. Roscio Amerino oratio.* In: Die politischen Reden (1), lat./dt., hrsg., übers. und erl. v. Manfred Fuhrmann, Darmstadt 1997.

M. Tullius Cicero: *Rede für M. Caelius.* In: Die politischen Reden (2), lat./dt., hrsg. und übers. v. Manfred Fuhrmann, Darmstadt 1993.

M. Tullius Cicero: *Rede für P. Sestius.* In: Die politischen Reden (2), lat./dt., hrsg. und übers. v. Manfred Fuhrmann, Darmstadt 1993.

M. Tullius Cicero: *Rede für T. Annius Milo.* In: Die politischen Reden (2), lat./dt., hrsg. und übers. v. Manfred Fuhrmann, Darmstadt 1993.

M. Tullius Cicero: *Rede über das Gutachten der Opferschauer.* In: Die politischen Reden (2), lat./dt., hrsg. und übers. v. Manfred Fuhrmann, Darmstadt 1993.

M. Tullius Cicero: *Rede über die konularischen Provinzen.* In: Die politischen Reden (2), lat./dt., hrsg. und übers. v. Manfred Fuhrmann, Darmstadt 1993.

M. Tullius Cicero: *Sechste Philippische Rede gegen M. Antonius.* In: M. Tullius Cicero. Staatsreden (3), lat./dt., hrsg. und übers. v. Helmut Kasten, Berlin 1988.

M. Tullius Cicero: *Vier Reden gegen Catilina*, lat./dt., hrsg. und übers. v. Dietrich Klose, Stuttgart 2011.

M. Tullius Cicero: *Vierte Philippische Rede gegen M. Antonius.* In: M. Tullius Cicero. Staatsreden (3), lat./dt., hrsg. und übers. v. Helmut Kasten, Berlin 1988.

M. Tullius Cicero: *Vierzehnte Philippische Rede gegen M. Antonius.* In: M. Tullius Cicero. Staatsreden (3), lat./dt., hrsg. und übers. v. Helmut Kasten, Berlin 1988.

M. Tullius Cicero: *Vom rechten Handeln*, lat./dt., hrsg. und über. v. Karl Büchner, München ^{3}1987.

M. Tullius Cicero: *Zweite Philippische Rede gegen M. Antonius.* In: M. Tullius Cicero. Staatsreden (3), lat./dt., hrsg. und übers. v. Helmut Kasten, Berlin 1988.

A. Cornelius Nepos: *Attische Staatsmänner aus römischer Sicht*, lat./dt., hrsg. und übers. v. Joachim Klowski, Bamberg 2006.

Demosthenes: *Orationes*, Band 1–4, griech./engl., hrsg. und übers. v. Mervin R. Dilts, Oxford 2002–2009.

Demosthenes: *Politische Reden*, griech./dt., hrsg. und übers. v. Wolfhart Unte, Stuttgart 1985.

A. Gellius: *Die attischen Nächte*, 2 Bände, dt., hrsg. und übers. v. Fritz Weiß, Darmstadt 1992 (Nachdruck von 1875/1876).

A. Gellius: *Noctes Atticae*, 2 Bände, lat., hrsg. v. Peter K. Marshall, Oxford 2004/2005.

Q. Horatius Flaccus: *Oden und Epoden*, lat./dt., übertragen und hrsg. v. Bernhard Kytzler, Stuttgart ^{5}1990.

Q. Horatius Flaccus: *Sermones.* Satiren, lat./dt., übertragen und hrsg. v. Karl Büchner, Stuttgart 1986.

T. Livius Patavinus: *Römische Geschichte*, Band 1–11, lat./dt., hrsg. und übers. v. Hans Jürgen Hillen, München 2014.

C. Lucilius: *Satiren*, lat./dt., übers. und erl. v. Johannes Christes, Darmstadt 2015.

T. Lucretius Carus: *Von der Natur*, lat./dt., hrsg. und übers. Hermann Diels, Berlin 2013.

M. Valerius Martialis: *Epigramme*, lat./dt., hrsg. und übers. v. Paul Barié und Winfried Schindler, Düsseldorf ^{2}2002.

Nikolaos von Damaskus: Leben des Kaisers Augusts, grich./dt., hrsg., übers. und komm. v. Jürgen Malitz, Darmstadt 2003.

P. Ovidius Naso: *Tristia*. In: Briefe aus der Verbannung, übertr. v. Wilhelm Willige, eingel. und erl. v. Niklas Holzberg (Tusculum), München/Zürich 1990.

Platon: *Apologie des Sokrates*, lat./dt., hrsg. und übers. v. Manfred Fuhrmann, Stuttgart 2004.

Platon: *Symposion*, griech./dt., übers. v. Rudolf Rufener, mit Einf., Erl. und Lit. v. Thomas A. Szlezák, Düsseldorf 2002.

Platon: *Werke. Nomoi. Tomoi 7–12*, griech./dt., bearb. v. Klaus Schöpsau, übers. v. Klaus Schöpsau und Hieronymus Müller, Darmstadt ^{4}2005.

T. Maccius Plautus: Komödien, Band 1–6, lat./dt., hrsg., übers. und komm. v. Peter Rau, Darsmtadt 2007–2009.

C. Plinius Secundus: *Naturkunde*, Band 1–35, lat./dt., hrsg. und übers. v. Roderich König, Düsseldorf 1973–1997.

Plutarchus: *Fünf Doppelbiographien*, Band 2, griech./dt., hrsg. und übers. v. Manfred Fuhrmann, mit einer Einf. und Erl. v. Konrat Ziegler, Zürich 1994.

Plutarchus: *Große Griechen und Römer* (5), dt., eingel. u. über. von Konrat Ziegler, Zürich ^{2}1980.

Plutarchus: *Große Griechen und Römer* (5), griech./dt., eingel. und über. v. Konrat Ziegler, Zürich ^{2}1980.

Plutarchus: *Life of Antony*, griech./engl., hrsg. und übers. v. Christopher B. R. Pelling, Cambridge 1988.

Polybios: *Geschichte*, dt., eing. und übertr. v. Hans Drexler, Zürich ^{2}1979.

Polybios: *The Histories*, Band 1–6, griech./engl., hrsg. und übers. v. William R. Paton, Cambridge 2010–2012 (Nachdruck von 1954).

P. Porphyrio: *Comentarii in Q. Horatium Flaccum*, lat., hrsg. Wilhelm Meyer, Lipsiae 1874.

S. Aurelius Propertius: *Liebeselegien*. In: Properz und Tibull. Liebeselegien, neu hrsg. und über. v. Georg Luck, Zürich/Stuttgart 1964.

Pseudo-Sallustius: *Invectiva in M. Tullium Ciceronem*, lat./ital., hrsg. und übers. v. Elio Pasoli und Paolo Soverini, Bologna 1989.

M. Fabius Quintilianus: *Ausbildung des Redners*, zwölf Bücher, lat./dt., hrsg. und übers. v. Helmut Rahn, Darmstadt 1972.

Rhetor ad Herennium: *Rhetorica ad Herennium*, lat./dt., hrsg. und übers. v. Theodor Nüßlein, München ^{2}1998.

C. Sallustius Crispus: *Catilinae coniuratio*. In: Sallust. Werke, lat./dt., hrsg. und über. v. Werner Eisenhut, Zürich ^{2}1994.

L. Annaeus Seneca: *Ad Lucium epistulae morales I–LXIX*. In: Philosophische Schriften (3), lat./dt., übers., eingel. und mit Anm. vers. v. Manfred Rosenbach, Darmstadt ^{4}1995.

Strabo: *Geographika*, Band 1–10, griech./dt., übers., komm. und hrsg. v. Stefan Radt, Göttingen 2002–2011.

P. Cornelius Tacitus: *Annalen*, lat./dt., hrsg. und übers. v. Erich Heller, Einf. v. Manfred Fuhrmann, Mannheim 2010.

P. Terentius Afer: *Komödien*, lat./dt., übers. und komm. v. Peter Rau, Darmstadt 2012.

C. Velleius Paterculus: *Historia Romana*, lat./dt., hrsg. und übers. Marion Giebel, Stuttgart 1989.

P. Vergilius Maro: *Aeneis*. 3. und 4. Buch, lat./dt., hrsg. und übers. v. Edith und Bernhard Binder, Stuttgart 2002.

Literaturverzeichnis

Adamietz 1960	Adamietz, Joachim: Ciceros de inventione und die Rhetorik ad Herennium, Marburg 1960.
Alexander 1990	Alexander, Michael Ch.: Trials in the late Roman republic, 149 BC to 50 BC. Toronto 1990.
Alföldi 1985	Alföldi, Andreas: Studien zur Monarchie und ihren Wurzeln. Caesar in 44 v. Chr. Band 1. Aus dem Nachlass hrsg. v. H. Wolff, E. Alföldi-Rosenbaum, G. Stumpf. Bonn 1985.
Andreau 1999	Andreau, Jean: Banking and business in the Roman world. Cambridge 1999.
Andreau 2000	Andreau, Jean: s.v. negotium. In: *DNP* (8) 2000, S. 785–786.
Apathy 1996	Apathy, Peter: s.v. amentia. In: *DNP* (1) 1996, S. 588.
Archer/Fischler/Wyke 1994	Archer, Léonie J.; Fischler, Susan; Wyke, Maria (Hg.): Women in Ancient Societies. An Illusion of the Night. London 1994.
Baecker 1996	Baecker, Dirk: Gewalt im System. In: *Soziale Welt* (47) 1996, S. 87–130.
Baier 2005	Baier, Thomas: Autobiographie in der späten römischen Republik. In: Michael Reichel (Hg.): Antike Autobiographien. Werke – Epochen – Gattungen. Köln 2005, S. 123–142.
Balsdon 1966	Balsdon, John P. V. D.: Fabula Clodiana. In: *Historia* (15.1) 1996, S. 65–73.
Balsdon 1969	Balsdon, John P. V. D: Life and leisure in ancient Rome. New York/NY 1969.
Baltrusch 1989	Baltrusch, Ernst: Regimen morum. Die Reglementierung des Privatlebens der Senatoren und Ritter in der römischen Republik und frühen Kaiserzeit (Vestigia, 41). München 1989.
Bartels 2002	Bartels, Jens: s.v. Varius (I 1). In: *DNP* (12.1) 2002, S. 1127.
Barton 1993	Barton, Carlin: The Sorrows of the Ancient Romans. The Gladiator and the Monster. Princeton/NJ 1993.
Barton 2002	Barton, Carlin: Being in the Eyes. Shame and Sight in Ancient Rome. In: David Fredrick (Hg.): The Roman Gaze. Vision, Power, and the Body. Baltimore/MD 2002, S. 216–235.
Baumann 1996	Baumann, Richard A.: Crime and punishment in ancient Rome. London 1996.
Bengtson 1977	Bengtson, Hermann: Marcus Antonius. Triumvir und Herrscher des Orients. München 1977.
Berry 1989	Berry, Christopher J.: Luxury and the Politics of Need and Desire: The Roman Case. In: *History of Political Thought* (10.4) 1989, S. 597–613.
Berve 1967	Berve, Helmut: Die Tyrannis bei den Griechen. Band 1 und 2. München 1967.
Bieber 1922a	Bieber, Margarete: s.v. Kothurn. In: *RE* (XI 2) 1922, S. 1520–1526.
Bieber 1922b	Bieber, Margarete: s.v. Krepis. In: *RE* (XI 2) 1922, S. 1710–1714.
Blanshard 2010	Blanshard, Alastair: Sex. Vice and love from antiquity to modernity. Chichester 2010.
Bleicken 1995	Bleicken, Jochen: Verfassungs- und Sozialgeschichte des römischen Kaiserreichs. Band 1. 4. Aufl. Paderborn 1995.
Blösel 2000	Blösel, Wolfgang: Die Geschichte des Begriffs *mos maiorum*. Von den Anfängen bis zu Cicero. In: Bernhard Linke und Michael Stemmler (Hg.): Mos Maiorum. Untersuchungen zu den Formen der Identitätsstiftung und

https://doi.org/10.1515/9783110599886-013

Stabilisierung in der Römischen Republik (Historia Einzelschriften, 141). Stuttgart 2000, S. 25–97.

BLÖSEL 2011 Blösel, Wolfgang: Die Demilitarisierung der römischen Nobilität von Sulla bis Caesar. In: Blösel, Wolfgang und Hölkeskamp, Karl-Joachim (Hg.): Von der *militia equestris* zur *militia urbana:* Prominenzrollen und Karrierefelder im antiken Rom. Beiträge einer internationalen Tagung vom 16. bis 18. Mai 2008 an der Universität zu Köln. Stuttgart 2011, S. 55–81.

BLÖSEL/HÖLKESKAMP 2011 Blösel, Wolfgang; Hölkeskamp, Karl-Joachim (Hg.): Von der *militia equestris* zur *militia urbana:* Prominenzrollen und Karrierefelder im antiken Rom; Beiträge einer internationalen Tagung vom 16. bis 18. Mai 2008 an der Universität zu Köln. Stuttgart 2011.

BLUME 1999 Blume, Horst-Dieter: s.v. Kytheris. In: *DNP* (6) 1999, S. 1023.

BLUME 2004 Blume, Perter: Fiktion und Weltwissen. Der Beitrag nichtfiktionaler Konzepte zur Sinnkonstitution fiktionaler Erzählliteratur. Berlin 2004.

BLUMENTHAL 1952 Blumenthal, Albrecht von: s.v. Pomerium. In: *RE* (XXI 2) 1952, S. 1867–1876.

BONFANTE WARREN 1973 Bonafante Warren, Larissa: Roman Costumes. A Glossary and Some Etruscan Derivations. In: *ANRW* (1.4) 1973, S. 584–614.

BOOTH 2007 Booth, Joan (Hg.): Cicero on the attack. Invective and subversion in the orations and beyond. Swansea 2007.

BOTSFORD 1968 Botsford, George Willis: The Roman Assemblies. From their Origin to the End of the Repbulic. New York/NY 1969 (Erstauflage New York/NY 1909).

BOURDIEU 1987 Bourdieu, Pierre: Die feinen Unterschiede. Kritik der gesellschaftlichen Urteilskraft. Frankfurt am Main 1987.

BOURDIEU 1995 Bourdieu, Pierre: Sozialer Raum und ‚Klassen'. Leçon sur la leçon. Zwei Vorlesungen. 3. Aufl. Frankfurt am Main 1995.

BRAUN 2003 Braun, Maximilian: Stabilisierung und Destabilisierung sozialer Werte in Ciceros Reden. In: Andreas Haltenhoff und Andreas Heil (Hg.): O tempora, o mores! Römische Werte und römische Literatur in den letzten Jahrzehnten der Republik (Beiträge zur Altertumskunde, 171). München 2003, S. 71–91.

BRINGMANN 1977 Bringmann, Klaus: Weltherrschaft und innere Krise Roms im Spiegel der Geschichtsschreibung des zweiten und ersten Jahrhuderts v. Chr. In: *Antike und Abendland* (23) 1977, S. 28–49.

BRINGMANN 2010 Bringmann, Klaus: Cicero (Gestalten der Antike). Darmstadt 2010.

BRUNT 1988 Brunt, Peter A.: The Fall of the Roman Republic. And related Essays. Oxford 1988.

BÜCHER 1903 Bücher, Karl: Die Großstädte in Gegenwart und Vergangenheit. In: *Jahrbuch der Gehe-Stiftung zu Dresden* (Band 9: Die Großstadt. Vorträge und Aufsätze zur Städteausstellung) 1903, S. 1–31.

BÜCHER 2006 Bücher, Frank: Verargumentierte Geschichte. Exempla Romana im politischen Diskurs der späten römischen Republik. Stuttgart 2006.

BURCK 1966 Burck, Erich: Vom Menschenbild in der römischen Literatur. Heidelberg 1966.

BURCKHARDT 1990 Burckhardt, Leonhard: The Political Elite of the Roman Republic. Comments on Recent Discussion of the Concepts „Nobilitas and Homo Novus". In: *Historia* (39.1) 1990, S. 77–99.

CALBOLI MONTEFUSCO 2002 Calboli Montefusco, Lucia: s.v. Topik. In: *DNP* (12.1) 2002, S. 691–693.

CANTARELLA 1992 Cantarella, Eva (Hg.): Bisexuality in the Ancient World. New Haven/CT 1992.

CERUTTI 1994 Cerutti, Steven: Further Discussions on the Delivery and Publication of Cicero's Second Philippic. In: *Classical Bulletin* (70) 1994, S. 23–28.

CHARLESWORTH 1933 Charlesworth, Martin P.: Some Fragments of the Propaganda of Mark Antony. In: *Classical Quarterly* (27) 1933, S. 172–177.

CLARK/RUEBEL 1985 Clark, Mark Edward / Ruebel, James S.: Philosophy and Rhetoric in Cicero's Pro Milone. In: *Rheinisches Museum für Philologie* (128) 1985, S. 57–72.

CLASSEN 1988 Classen, Carl Joachim: Virtutes Romanorum. Römische Tradition und griechischer Einfluß. In: *Gymnasium* (95) 1988, S. 289–302.

CLASSEN 2000 Classen, Carl Joachim: Römische Wertbegriffe im Alltag der Römer. In: *Acta Antiqua Adacemiae Sc. Hungaricae* (40) 2000, S. 73–86.

COHN 1999 Cohn, Dorrit: The Distinction of Fiction. Baltimore/MD 1999.

CORBEILL 1996 Corbeill, Anthony: Controlling laughter. Political humor in the late Roman Republic. Princeton/NJ 1996.

CORBEILL 1997 Corbeill, Anthony: Dining Deviants in Roman Political Invective. In: Judith P. Hallett und Marilyn B. Skinner (Hg.): Roman sexualities. Princeton/NJ 1997, S. 99–128.

CORBEILL 2002a Corbeill, Anthony: Ciceronian Invective. In: James M. May (Hg.): Brill's companion to Cicero. Oratory and rhetoric. Leiden 2002, S. 197–217.

CORBEILL 2002b Corbeill, Anthony: Political Movement. Walking and Ideology in Republican Rome. In: David Fredrick (Hg.): The Roman Gaze. Vision, Power, and the Body. Baltimore/MD 2002, S. 182–215.

CORBEILL 2004 Corbeill, Anthony: Nature Embodied. Gesture in Ancient Rome. Princeton/NJ 2004.

CORBEILL 2008 Corbeill, Anthony: O singulare prodigium! Ciceronian Invective as Religious Expiation. In: Tom Stevenson und Marcus Wilson (Hg.): Cicero's Philippics. History, rhetoric, ideology (Prudentia, 37/38). Auckland 2008, S. 240–254.

CORBIER 1999 Corbier, Mireille: s.v. Luxus. In: *DNP* (7) 1999 , 534–536.

COZZOLI 1980 Cozzoli, U: La τρυφή nella interpretazione delle crisi politiche. In: Massimiliano Pavan und Umberto Cozzoli (Hg.): Tra Grecia e Roma. Temi antichi e metodologie moderne (Biblioteca internazionale di cultura, 3). Rom 1980, S. 133–146.

CRAIG 1993 Craig, Christopher P.: Form as Argument in Cicero's Speeces. A Study of Dilemma. Atlanta/GA 1993.

CRAIG 2004 Craig, Christopher P.: Audience Expectations, Invective, and Proof. In: Jonathan G. F. Powell und Jeremy Paterson (Hg.): Cicero the Advocate. Oxford 2004, S. 187–213.

CRAIG 2007 Craig, Christopher P.: Self-restraint, invective, and credibility in Cicero's first Catilinarian oration, *AJPh* (128.3) 2007, S. 335–339.

CRAWFORD 1984 Crawford, Jane W.: M. Tullius Cicero. The lost and unpublished orations (Hypomnemeta, 80). Göttingen 1984.

CRAWFORD 1994 Crawford, Jane W.: M. Tullius Cicero. The Fragmentary Speeches. An Edition with Commentary (American Classical Studies, 37). 2. Aufl. Atlanta/GA 1994.

CROWTHER 1983 Crowther, Nigel B.: C. Cornelius Gallus. His Importance in the Development of the Roman Poetry. In: *ANRW* (30.3) 1983, S. 1622–1648.

Cugusi 1983 — Cugusi, Paolo: Evoluzione e Forme dell'Epistolografia latina. Nella tarda Republica e nei primi due secoli dell'imperio. Con cenni sull'epistolografia preciceroniana. Rom 1983.

Dalfen 2000 — Dalfen, Joachim: Ciceros „cum dignitate otium". Einiges zur (nicht unproblematischen) Freizeitkultur grosser Römer. In: Ernst Sigot (Hg.): Otium – Negotium. Beiträge des Interdisziplinären Symposions der Sodalitas zum Thema Zeit, Carnuntum, 28.–30. 8. 1998. Wien 2000, S. 169–187.

David 1992 — David, Jean-Michel: Le patronat judiciaire au dernier siècle de la république romaine. Rom 1992.

David 1997 — David, Jean-Michel: Die Rolle des Verteidigers in Justiz, Gesellschaft und Politik. Der Gerichtspatronat in der späten römischen Republik. In: Manthe, Ulrich und Ungern-Sternberg, Jürgen von (Hg.): Große Prozesse der römischen Antike. München 1997.

de Jong 2004 — Jong, Irene J. F. de: Introduction. Narratological theory on narrators, narratees, and narratives. In: Irene J.F de Jong, René Nünlist und Angus Bowie (Hg.): Narrators, Narratees, and Narratives in ancient Greek Literature. Studies in ancient Greek Narrative, Volume one (Mnemosyne, 275). Leiden 2004, S. 1–10.

de Libero 2002 — de Libero, Loretana: s.v. Tresviri (1). In: *DNP* (12.1) 2002, S. 785.

Dee 1994 — Dee, James H.: The epithetic phrases for the Homeric gods. A repertory of the descriptive expressions for the divinities of the Iliad and the Odyssey. New York/NY 1994.

Deissmann 1923 — Deissmann, Adolf: Licht vom Osten. Das Neue Testament und die neuentdeckten Texte der hellenistisch-römischen Welt. 4. völlig neubearb. Aufl. Tübingen 1923.

Deissmann 1989 — Deißmann, Marie-Luise: Aufgaben, Rollen und Räume von Mann und Frau im antiken Rom. In: Jochen Martin und Renate Zoepffle (Hg.): Aufgaben, Rollen und Räume von Frauen und Männern. Teilband 2 (Veröffentlichungen des Instituts für historische Anthropologie e.V., 5.2). Freiburg 1989, S. 501–564.

Demmel 1962 — Demmel, Meinolf: Cicero und Paetus ad fam. IX 15–26. Photostelle der Universität zu Köln 1962.

Deroux 1973 — Deroux, Carl: L'identité de Lesbie. In: *ANRW* (1.3) 1973, S. 390–416.

Deutsches Archäologisches Institut 1990 — Deutsches Archäologisches Institut (Hg.): Akten des XIII. Internationalen Kongresses für Klassische Archäologie. Mainz 1990.

Dondin-Payre 1981 — Dondin-Payre, Monique: „Homo novus". Un slogan de Caton à César? In: *Historia* (30.1) 1981, S. 22–81.

Dugan 2005 — Dugan, John: Making a new man. Ciceronian self-fashioning in the rhetorical works. Oxford 2005.

Durry 1954 — Durry, Marcel: s.v. praetoriae cohortes. In: *RE* (XXII 44) 1954, S. 1607–1634.

Dyck 2001 — Dyck, Andrew R.: Dressing to kill. Attire as a Proof and Means of Characterisation in Cicero's Speeches. In: *Arethusa* (34.1) 2001, S. 119–130.

Dyck 2003 — Dyck, Andrew R.: Evidence and Rhetoric in Cicero's „Pro Roscio Amerino". The Case against Sex. Roscius. In: *The Classical Quarterly* (53.1) 2003, S. 235–246.

Earl 1967 — Earl, Donald C.: The Moral and Political Tradition of Rome. London 1967.

Ebner 1999 — Ebner, Constanze: s.v. lenocinium. In: *DNP* (7) 1999, S. 45–46.

Eck 2005 Eck, Werner: Auf der Suche nach Personen und Persönlichkeiten. Cursus honorum und Biographie. In: Konrad Vössing (Hg.): Biographie und Prosopographie. Internationales Kolloquium zum 65. Geburtstag von Anthony R. Birley. 28. September 2002, Schloß Mickeln, Düsseldorf. Unter Mitarbeit von Anthony Birley. Stuttgart 2005, S. 53–72.

Edwards 1993 Edwards, Catharine: The politics of immorality in ancient Rome. Cambridge 1993.

Eich 2000 Eich, Armin: Politische Literatur in der römischen Gesellschaft. Studien zum Verhältnis von politischer und literarischer Öffentlichkeit in der späten Republik und frühen Kaiserzeit. Köln 2000.

Eisenhut 1973 Eisenhut, Werner: Virtus Romana. Ihre Stellung im römischen Wertesystem (Studia et testimonia antiqua, 13). München 1973.

Elvers 1997 Elvers, Karl-Ludwig: s.v. Calpurnius Piso Caesonius, L. (1.19). In: *DNP* (2) 1997, S. 944.

Elvers 1998 Elvers, Karl-Ludwig: s.v. Antonius Gabinius (1.2). In: *DNP* (4) 1998, S. 727–728.

Epstein 1986 Epstein, David F.: Cicero's Testimony at the Bona dea Trial. In: *Classical Philology* (81.3) 1986, S. 229–235.

Epstein 1987 Epstein, David F.: Personal Enmity in Roman Politics 218–43 BC. London 1987.

Erdkamp 2001 Erdkamp, Paul P. M.: Beyond the Limits of the ‚Consumer City'. A model of the Urban and Rural Economy in the Roman World. In: *Historia* (50.3) 2001, S. 332–356.

Ermann 2000 Ermann, Joachim: Strafprozess, öffentliches Interesse und private Strafverfolgung: Untersuchungen zum Strafrecht der römischen Republik. Köln 2000.

Evans 1935 Evans, Elizabeth C.: Roman Descriptions of Personal Appearance in History and Biography. In: *HSPH* (46) 1935, S. 43–84.

Evans 2008 Evans, Richard: Phantoms in the Philippics. Catiline, Clodius and Antonian parallels. In: Tom Stevenson und Marcus Wilson (Hg.): Cicero's Philippics. History, rhetoric, ideology (Prudentia, 37/38). Auckland 2008, S. 62–81.

Fehrle 1983 Fehrle, Rudolf: Cato Uticensis (Impulse der Forschung, 43). Darmstadt 1983.

Feuerlein 2008 Feuerlein, Wilhelm: Alkoholismus. Warnsignale – Vorbeugung – Therapie (Beck'sche Reihe, 2033). 6. aktual. Aufl. München 2008.

Finley 1985 Finley, Moses I.: The Ancient economy. 2. Aufl. London 1985.

Fischer 1983 Fischer, Siegfried: *avaritia*, *luxuria* und *ambitio* in der Satire II 3 des Horaz. In: *Philologus* (127.1) 1983, S. 72–79.

Fischer 1999 Fischer, Robert Alexander: Fulvia und Octavia. Die beiden Ehefrauen des Marcus Antonius in den politischen Kämpfen der Umbruchszeit zwischen Republik und Principat. Berlin 1999.

Flach 2004 Flach, Dieter: Das Zwölftafelgesetz. Leges XII tabularum (Texte zur Forschung, 83). Darmstadt 2004.

Flaig 1999 Flaig, Egon: Über die Grenzen der Akkulturation. Wider die Verdinglichung des Kulturbegriffs. In: Gregor Vogt-Spira (Hg.): Rezeption und Identität. Die kulturelle Auseinandersetzung Roms mit Griechenland als europäisches Paradigma. Stuttgart 1999, S. 81–112.

Flower 2006 Flower, Harriet I.: The art of forgetting. Disgrace and oblivion in Roman political culture. Chapel Hill 2006.

FLUDERNIK 2004 — Fludernik, Monika: Letters and Chronicles. How Narrative Are They? In: Göran Rossholm (Hg.): Essays on fiction and perspective. Bern 2004, S. 129–153.

FLUDERNIK 2007 — Fludernik, Monika: Letters as narrative. Narrative patterns and episode structure in early letters, 1400 to 1650. In: Susan Fitzmaurice und Irma Taavitsaeinen (Hg.): Methods in Historical Pragmatics (Topics in English Linguistics, 52). Berlin 2007, S. 241–266.

FLUDERNIK 2010a — Fludernik, Monika: Erzähltheorie. Eine Einführung. 3. Aufl. Darmstadt 2010.

FLUDERNIK 2010b — Fludernik, Monika: Experience, Experientiality, and Historical Narrative. A View from Narratology. In: Thiemo Breyer und Daniel Creutz (Hg.): Erfahrung und Geschichte. Historische Sinnbildung im Pränarrativen (Narratologia, 23). Berlin 2010, S. 40–72.

FORTENBAUGH 2006 — Fortenbaugh, William W.: Aristotle on Persuasion through Character. In: William W. Fortenbaugh: Aristotle's Practical Side. On his Psychology, Ethics, Politics and Rhetoric. Leiden 2006, S. 281–316.

FORTUIN 1996 — Fortuin, Rigobert W.: Der Sport im augusteischen Rom: philologische und sporthistorische Untersuchungen (Palingenesia, 57). Stuttgart 1996.

FOUCAULT 1985 — Foucault, Michel: The Use of Pleasure (The History of Sexuality, 2). New York/NY 1985.

FOUCAULT 1986 — Foucault, Michel: Die Sorge um sich (Sexualität und Wahrheit, 3). Frankfurt am Main 1986.

FOUCAULT 1986 — Foucault, Michel: The Care of the Self (The History of Sexuality, 3). New York/NY 1986.

FOUCAULT 1997 — Foucault, Michel: Archäologie des Wissens. 8. Aufl. Frankfurt am Main 1997.

FOUCAULT 2001 — Foucault, Michel: Schriften in vier Bänden. Dits et écrits. Bd. I.: 1954–1969. hrsg. v. Defert, Daniel/Ewald, François. Frankfurt am Main 2001.

FRATEANTONIO 1997 — Frateantonio, Christa: s.v. Bacchanal(ia). In: *DNP* (2) 1997, S. 389–390.

FRAZEL 2009 — Frazel, Thomas D.: The rhetoric of Ciceros „In Verrem" (Hypomnemata, 179). Göttingen 2009.

FREDRICK 2002 — Fredrick, David: Mapping Penetrability in Late Republican and Early Imperial Rome. In: David Fredrick (Hg.): The Roman Gaze. Vision, Power, and the Body. Baltimore/MD 2002, S. 236–264.

FRIEDLÄNDER 1910 — Friedländer, Paul: s.v. Ganymedes (1). In: *RE* (VII 1) 1910, S. 737–749.

FRIEDLÄNDER SG I[10] — Friedländer, Ludwig: Darstellungen aus der Sittengeschichte Roms. Band 1. 10. Aufl. Neudr. d. Ausg. von 1922. Aalen 1964.

FRISCH 1946 — Firsch, Hartvig: Cicero's Fight for the Republic. The historical Background of Cicero's Philippics (Humanitas, 1). Copenhagen 1964.

FRITZ 1969 — Fritz, Kurt v.: Tacitus, Agricola, Domitian und das Problem der Prinzipate. In: Klein, Richard (Hg.): Prinzipat und Freiheit (Wege der Forschung, 135). Darmstadt 1969 (ursprünglich 1957), S. 421–463.

FRÖHLICH 1900 — Fröhlich, Franz: s.v. P. Clodius Pulcher (48). In: *RE* (IV 1) 1900, S. 82–88.

FUHRER 2007 — Fuhrer, Therese: Rollenerwartung und Rollenkonflikt in Catulls erotischer Dichtung. In: Elke Hartmann, Udo Hartmann und Katrin Pietzner (Hg.): Geschlechterdefinitionen und Geschlechtergrenzen in der Antike. Stuttgart 2007, S. 55–64.

FUHRER 2011 — Fuhrer, Therese: Inszenierung von Göttlichkeit. Dionysos/Bacchus in der römischen Literatur. In: Renate Schlesier (Hg.): A different God? Dionysos and Ancient Polytheism. Berlin 2011, S. 373–389.

FUHRMANN 1960 Fuhrmann, Manfred: Cum dignitate otium. Politisches Programm und Staatstheorie bei Cicero. In: *Gymnasium* (67) 1960, S. 481–500.

FUHRMANN 1973 Fuhrmann, Manfred: Das Exemplum in der antiken Rhetorik. In: Reinhart Koselleck und Wolf-Dieter Stempel (Hg.): Geschichte. Ereignis und Erzählung. München 1973, S. 449–452.

FUHRMANN 1996 Fuhrmann, Manfred: Persona. Ein römischer Rollenbegriff. In: Odo Marquard und Karlheinz Stierle (Hg.): Identität. 2. Aufl. München 1996, S. 83–106.

FUHRMANN 1999 Fuhrmann, Manfred: Zur Prozeßtaktik Ciceros. Die Mordanklagen gegen Sextus Roscius von Ameria und Cluentius Habitus. In: Urich Manthe und Jürgen von Ungern-Sternberg (Hg.): Große Prozesse der römischen Antike. München 1997, S. 48–61.

FÜNDLING 2000 Fündling, Jörg: s.v. Papirius (I 22). In: *DNP* (9) 2000, S. 293–294.

GALINSKY 2012 Galinsky, Karl: Augustus. Introduction to the life of an emperor. Cambridge 2012.

GAMAUF 2002 Gamauf, Richard: s.v. Turpitudo. In: *DNP* (12.1) 2002, S. 927–928.

GARDTHAUSEN 1891 Gardthausen, Victor: Augustus und seine Zeit. 1.1. Leipzig 1891.

GÄRTNER 2000 Gärtner, Hans Armin: s.v. Paraklausithyron. In: *DNP* (9) 2000, S. 317–318.

GEFFCKEN 1973 Geffcken, Katherine A.: Comedy in the Pro Caelio. With an appendix on the In Clodium et Curionem. Leiden 1973.

GELZER 1969 Gelzer, Matthias: Cicero. Ein biographischer Versuch. Wiesbaden 1969.

GENETTE 1992 Genette, Gérard: Fiktion und Diktion. München 1992.

GEORGES 1913/1918 Georges, Karl Ernst: Ausführliches lateinisch-deutsches Wörterbuch. Unveränderter Nachdruck der achten verbesserten und vermehrten Auflage, von Heinrich Georges. 1. Band A–H, 2. Band I–Z. Hannover 1913/1918 (Nachdruck Darmstadt 1998).

GILDENHARD 2011 Gildenhard, Ingo: Creative eloquence. The construction of reality in Cicero's speeches. Oxford 2011.

GILMORE 1990 Gilmore, David: Manhood in the making. Cultural concepts of masuclinity. New Haven/CT 1990.

GLEASON 1995 Gleason, Maud: Making Men. Sophists and Self-Presentation in Ancient Rome. Princeton/NJ 1995.

GNAUK 1936 Gnauk, Rudolf: Die Bedeutung des Marius und Cato maior für Cicero. Berlin 1936.

GOLDMAN 1994 Goldman, Norma: Roman Footwear. In: Judith L. Sebesta und Larissa Bonfante (Hg.): The world of Roman costume. Madison/WI 1994, S. 101–129.

GÖRGEMANNS 1997a Görgemanns, Herwig: s.v. Biographie. In: *DNP* (2) 1997, S. 682–687.

GÖRGEMANNS 1997b Görgemanns, Herwig: s.v. Epistel. In: *DNP* (3) 1997, S. 1161–1164.

GÖRGEMANNS 1997c Görgemanns, Herwig: s.v. Epistolographie. In: *DNP* (3) 1997, S. 1166–1169.

GOTTER 1996 Gotter, Ulrich: Der Diktator ist tot! Politik in Rom zwischen den Iden des März und der Begründung des Zweiten Triumvirats (Historia Einzelschriften, 110). Stuttgart 1996.

GOTTER 2000 Gotter, Ulrich: „Akkulturation" als Methodenproblem der historischen Wissenschaften. In: Wolfgang Essbach (Hg.): Wir – Ihr – Sie. Identität und Alterität in Theorie und Methode (Identitäten und Alteritäten, 2). Würzburg 2000, S. 374–406.

GREENIDGE 1894 Greenidge, Abel H. J.: Infamia. Its Place in Roman Public and Private Law. Oxford 1894 (Nachdruck Aalen 1977).

GREENIDGE 1901 Greenidge, Abel H. J.: The legal procedure of Cicero's time. Oxford 1901 (Nachdruck New York/NY 1971).

GRIFFIN 1976 Griffin, Jasper: Augustan Poetry and the Life of Luxury. In: *The Journal of Roman Studies* (66) 1976, S. 87–105.

GRIFFIN 2001 Griffin, Miriam: Piso, Cicero and their audiences. In: Clara Auvray-Assayas und Daniel Delattre (Hg.): Cicéron et Philodème. La polémique en philosophie (Études de littérature ancienne, 12). Paris 2001, S. 85–99.

GROEBE 1894 Groebe, Paul: s.v. Marcus Antonius (30). In: *RE* (I 2) 1894, S. 2595–2614.

GRUEN 1974 Gruen, Erich: The Last Generation of the Roman Republic. Berkeley 1974.

GRÜNEWALD 1999 Grünewald, Thomas: Räuber, Rebellen, Rivalen, Rächer. Studien zu Latrones im Römischen Reich (Forschungen zur antiken Sklaverei, 31). Stuttgart 1999.

GUNDEL 1955 Gundel, Hans G.: s.v. L. Varius Cotyla (6). In: *RE* (VIII A 1) 1955, S. 386–387.

GUTSFELD 1997 Gutsfeld, Andreas: s.v. Comissatio. In: *DNP* (3) 1997, S. 93.

HABICHT 1990 Habicht, Christian: Cicero der Politker. München 1990.

HABINEK 1998 Habinek, Thomas N.: The politics of Latin Literature. Writing, identity, and empire in ancient Rome. Princeton/NJ 1998.

HALFMANN 2011 Halfmann, Helmut: Marcus Antonius (Gestlten der Antike). Darmstadt 2011.

HALL 2002 Hall, Jon: The Philippics. In: James M. May (Hg.): Brill's companion to Cicero. Oratory and rhetoric. Leiden 2002, S. 273–304.

HALL 2009 Hall, Jon: Politeness and politics in Cicero's letters. Oxford 2009.

HALLETT 2005 Hallett, Christopher H.: The Roman nude. Heroic portrait statuary 200 BC – AD 300. Oxford 2005.

HALLETT/SKINNER 1997 Hallett, Judith P.; Skinner, Marilyn B. (Hg.): Roman sexualities. Princeton/NJ 1997.

HAMMAR 2013 Hammar, Isak: Making enemies. The Logic of Immorality in Ciceronian Oratory. Lund University 2013.

HARDERS 2008 Harders, Ann-Cathrin: Suavissima Soror. Untersuchungen zu den Bruder-Schwester-Beziehungen in der römischen Republik (Vestigia, 60). München 2008.

HARTMANN 1894 Hartmann, Ludo Moritz. s.v. Adulterium. In: *RE* (I 2) 1894, S. 432–435.

HARTMANN 1998 Hartmann, Elke: s.v. Homosexualität. In: *DNP* (5) 1998, S. 703–707.

HARTMANN 2000 Hartmann, Elke: s.v. Päderastie. In: *DNP* (9) 2000, S. 139–141.

HARTMANN 2001a Hartmann, Elke: s.v. Prostitution. In: *DNP* (10) 2001, S. 452–454.

HARTMANN 2001b Hartmann, Elke: s.v. Sexualität. In: *DNP* (11) 2001, S. 495–498.

HARTMANN 2002a Hartmann, Elke: Heirat, Hetärentum und Konkubinat im klassischen Athen. Frankfurt am Main 2002.

HARTMANN 2002b Hartmann, Elke: s.v. Vergewaltigung. In: *DNP* (12.2) 2002, S. 39–41.

HARTMANN 2007 Hartmann, Elke: Frauen in der Antike (Beck'sche Reiche, 1735). München 2007.

HARTMANN 2015 Hartmann, Elke: Zur Semantik des Seitensprungs. Ehebruch als politische Waffe in der späten römischen Republik. In: *Historische Anthropologie* (23.2) 2015, S. 229–252.

HASS 2007 Haß, Karin: Lucilius und der Beginn der Persönlichkeitsdichtung in Rom (Hermes Einzelschriften, 99). Stuttgart 2007.

HEINZE 1925 Heinze, Richard: Ciceros Rede Pro Caelio. In: *Hermes* (60) 1925, S. 193–258.

HERTER 1959 Herter, Hans: s.v. effeminatus. In: *RAC* (4) 1959, S. 620–650.

HILTBRUNNER 1987 Hiltbrunner, Otto: Graeco-latinischer Spott. Cicero über den Konsul L. Africanus. In: Arnold Arens (Hg.): Text-Etymologie. Untersuchungen zu Textkörper und Textinhalt. Festschrift für Heinirch Lausberg zum 75. Geburtstag. Stuttgart 1987, S. 244–247.

HODGSON 2017 Hodgson, Louise: Res Publica and the Roman Republic: ‚without body or form'. Oxford 2017.

HOFFER 2003 Hoffer, Stanley E.: Cicero's ‚Friendly Disagreement' with Metellus Celer (*Fam.* 5.1–2). In: *Scripta Classica Israelica* (22) 2003, S. 93–101.

HÖLKESKAMP 1995 Hölkeskamp, Karl-Joachim: Oratoris maxima scaena. Reden vor dem Volk in der politischen Kultur der Republik. In: Martin Jehne (Hg.): Demokratie in Rom. Die Rolle des Volkes in der Politik der römischen Republik (Historia Einzelschriften, 96). Stuttgart 1995, S. 11–49.

HÖLKESKAMP 2004 Hölkeskamp, Karl-Joachim: Rekonstruktionen einer Republik. Die politische Kultur des antiken Rom und die Forschung der letzten Jahrzehnte. München 2004.

HÖLSCHER 1990 Hölscher, Tonio: Römische Nobiles und hellenistische Herrscher. In: Deutsches Archäologisches Institut (Hg.): Akten des XIII. Internationalen Kongresses für Klassische Archäologie. Mainz 1990, S. 73–84.

HOLZBERG 2006 Holzberg, Niklas: Die römische Liebeselegie. Eine Einführung. 3. Aufl. Darmstadt 2006.

HUGHES 1992a Hughes, Joseph J.: A ‚Paraklausithyron' in Cicero's Second Philippic. In: Carl Deroux (Hg.): Studies in Latin literature and Roman history 6 (Collection Latomus, 217). Brüssel 1992, S. 215–227.

HUGHES 1992b Hughes, Joseph J.: Pisos's Eyebrows. In: Mnemosyne (45) 1992, S. 234–237.

HUMPERT 2001 Humpert, Claudia: Wege zur Männlichkeit im Rom der Späten Republik. Cicero und die „adulescentia" seiner Zeit. Halle 2001.

HURSCHMANN 1999 Hurschmann, Rolf: s.v. Kothurn. In: *DNP* (6) 1999, S. 781–782.

HURSCHMANN 2002 Hurschmann, Rolf: s.v. Tunica. In: *DNP* (12.1) 2002, S. 920–921.

HUTCHINSON 1998 Hutchinson, Gregory O.: Cicero's Correspondence. A Literary Study. Oxford 1998.

HUZAR 1978 Huzar, Eleanor G.: Mark Antony. A biography. Minneapolis/MN 1978.

HUZAR 1982 Huzar, Eleanor G.: The Literary Efforts of Mark Antony. In: *ANRW* (2.30.1) 1982, S. 639–657.

ICKS/SHIRAEV 2014 Icks, Martijn/Eric Shiraev: Introduction. In: Martijn Icks und Eric Shiraev (Hg.): Character Assassination throughout the Ages. Basingstoke 2014, S. 1–14.

JÄGER 1986 Jäger, Wolfgang: Briefanalysen. Zum Zusammenhang von Realitätserfahrung und Sprache in Briefen Ciceros. Frankfurt am Main 1986.

JEHNE 1987 Jehne, Martin: Der Staat des Dictators Caesar (Passauer historische Forschungen, 3.3). Köln 1987.

JEHNE 1995 Jehne, Martin: Die Beeinflussung von Entscheidungen durch „Bestechung". Zur Funktion des *ambitus* in der römischen Republik. In: Martin Jehne (Hg.): Demokratie in Rom. Die Rolle des Volkes in der Politik der römischen Republik (Historia Einzelschriften, 96). Stuttgart 1995, S. 51–76.

JEHNE 2000 Jehne, Martin: Rednertätigkeit und Statusdissonanz in der späten römischen Republik. In: Christoph Neumeister und Wulf Raeck (Hg.): Rede und Redner. Bewertung und Darstellung in den antiken Kulturen. Kolloquium Frankfurt am Main, 14.–16. Oktober 1998 (Frankfurter Archäologische Schriften, 1). Möhnesee 2000, S. 167–189.

JONES 1972 Jones, Arnold H. M.: The criminal courts of the Roman republic and principate. Oxford 1972.

KELLER 2012 Keller, Andrea: Cicero und der gerechte Krieg. Eine ethisch-staatsphilosophische Untersuchung (Theologie und Frieden, 43). Stuttgart 2012.

KENNEDY 1968 Kennedy, George Alexander: The Rhetoric of Advocacy in Greece and Rome. In: *American Journal of Philology* (89) 1968, S. 419–436.

KENNEDY 1972 Kennedy, George Alexander: The Art of Rhetoric in the Roman World. 300 BC – AD 300. Princeton/NJ 1972.

KENNEDY 1993 Kennedy, Duncan F.: The arts of love. Five studies in the discourse of Roman love elegy. Cambridge 1993.

KIENAST 1969 Kienast, Dietmar: Augustus und Alexander. In: *Gymnasium* (76) 1969, S. 430–456.

KIERDORF 2000 Kierdorf, Wilhelm: s.v. mos maiorum. In: *DNP* (8) 2000, S. 402–404.

KLEBS 1894a Klebs, Ernst Elimar: s.v. Antonius (19). In: *RE* (I 2) 1894, S. 2577–2582.

KLEBS 1894b Klebs, Ernst Elimar: s.v. Antonius (28). In: *RE* (I 2) 1894, S. 2590–2594.

KLEIN/MARTÍNEZ 2009 Klein, Christian; Martínez, Matías: Wirklichkeitserzählungen. Felder, Formen und Funktionen nicht-literarischen Erzählens. In: Christian Klein und Matías Martínez (Hg.): Wirklichkeitserzählungen. Felder, Formen und Funktionen nicht-literarischen Erzählens. Stuttgart 2009, S. 1–13.

KLEINFELLER 1925 Kleinfeller, Georg: s.v. lenocinium. In: *RE* (XII 2) 1925, S. 1942–1943.

KLODT 2003 Klodt, Claudia: Prozessstrategien und politische Gegner als dramatis personae. Charakterstilisierungen in Ciceros Reden. In: Bianca-Jeanette Schröder und Jens-Peter Schröder (Hg.): Studium declamatorium. Untersuchungen zu Schulübungen und Prunkreden von der Antike bis zur Neuzeit. Joachim Dingel zum 65. Geburtstag. München 2003, S. 35–106.

KNOCHE 1982 Knoche, Ulrich: Die römische Satire (Studienhefte zur Altertumswissenschaft, 5). 4. Aufl. Göttingen 1982.

KOLB 1973 Kolb, Frank: Römische Mäntel. paenula, lacerna, mandýe. In: *MDAI* (80) 1973, S. 69–167.

KOLB 1977 Kolb, Frank: Zur Statussymbolik im antiken Rom. In: *Chiron* (7) 1977, S. 239–259.

KORZENIEWSKI 1970 Korzeniewski, Dietmar: Die römische Satire (Wege der Forschung 238). Darmstadt 1970.

KOSTER 1980 Koster, Severin: Die Invektive in der griechischen und römischen Literatur. Meisenheim am Glan 1980.

KROSTENKO 2001 Krostenko, Brian A.: Cicero, Catullus, and the language of social performance. Chicago/IL 2001.

KUGELMEIER 1997 Kugelmeier, Christoph: s.v. Cornificius (3). In: *DNP* (3) 1997, S. 199.

KUNST 2010 Kunst, Christiane: Kulturelle Identität in Rom. In: Ursula Gärtner (Hg.): Brandenburger Antike-Denkwerk. Kulturelle Identität – Alltagsleben. Prägung kultureller Identität (Potsdamer Lateintage, 3). Potsdam 2010, S. 19–33.

KURCZYK 2006 Kurczyk, Stephanie: Cicero und die Inszenierung der eigenen Vergangenheit. Autobiographisches Schreiben in der späten Römischen Republik. Köln 2006.

KYTZLER 1965 Kytzler, Bernhard: s.v. Brief. In: *LAW* (1) 1965, S. 496–501.

LACEY 1986 Lacey, Walter K. (Hg.): Cicero. Second Philippic Oration. Warminster 1986.

LAMMERT 1931 Lammert, Friedrich: s.v. stuprum. In: *RE* (IV A 7) 1931, S. 423–424.

Landwehr 2009	Landwehr, Achim: Historische Diskursanalyse. 2. Aufl. Frankfurt am Main 2009.
Langlands 2006	Langlands, Rebecca: Sexual morality in ancient Rome. Cambridge 2006.
Le Bohec 2001	Le Bohec, Yann: s.v. Streitwagen. In: *DNP* (11) 2001, S. 1050–1052.
Leach 2001	Leach, Eleanor W.: Gendering Clodius. In: *The Classical World* (94.4) 2001, S. 335–359.
Leigh 2004	Leigh, Matthew: The Pro Caelio and comedy. In: *Classical Philology* (99.4) 2004, S. 300–335.
Lenschau 1948	Lenschau, Thomas: s.v. Tyrannis. In: *RE* (VII A 2) 1948, S. 1821–1842.
Leonard 1922	Leonard, Friedrich: s.v. Kotyle (1). In: *RE* (XI 2) 1922, S. 1532–1546.
Leonhard 1894	Leonhard, Rudolf: s.v. Amentia. In: *RE* (I) 1894, S. 1825–1826.
Leonhard 1910	Leonhard, Rudolf: s.v. Furor (1). In: *RE* (VII 1) 1910, S. 380–382.
Liebermann 1998	Liebermann, Wolf-Lüder: s.v. Invektive. In: *DNP* (5), S. 1049–1051.
Lintott 1968	Lintott, Andrew: Violence in Republican Rome. Oxford 1968.
Lintott 1992	Lintott, Andrew: Cruelty in the Political Life of the Ancient World. In: Toivo Vijamaa, Asko Timonen und Christian Krötzl (Hg.): Crudelitas. The Politics of Cruelty in the Ancient and Medieval World. Proceeding of the International Conference Turku, May 1991. Krems 1992, S. 9–27.
Losemann 1997	Losemann, Volker: s.v. Barbaren. In: *DNP* (2) 1997, S. 439–443.
Ludolph 1997	Ludolph, Matthias: Epistolographie und Selbstdarstellung. Untersuchungen zu den „Paradebriefen“ Plinius des Jüngeren. Tübingen 1997.
Lupi 2018	Lupi, Elisabetta: *I pericoli dell'eudaimonia. L'immagine di Sibari nella tradizione letteraria. Voraussichtlich 2018.*
Lyne 1979	Lyne, Richard Oliver Allen Marcus: Servitium Amoris. In: *The Classical Quarterly* (29.1) 1979, S. 117–130.
MacDowell 1964	MacDowell, Douglas M.: Piso's Face. In: *The Classical Review* (14.1) 1964, S. 9–10.
MacMullen 1963	MacMullen, Ramsay: The Roman Concept Robber – Pretender. In: *Revue internationale des droits de l'antiquité* (10) 1963, S. 221–225.
MacMullen 1966	MacMullen, Ramsay: Enemies of the Roman order. Treason, unrest, and alienation in the Empire. Cambridge/MA 1966.
Malherbe 1988	Malherbe, Abraham J.: Ancient epistolary theorists (Sources for biblical study, 19). Atlanta/GA 1988.
Manthe/Ungern-Sternberg 1997	Manthe, Ulrich; Ungern-Sternberg, Jürgen von (Hg.): Große Prozesse der römischen Antike. München 1997.
Manuwald 2007a	Manuwald, Gesine (Hg.): Cicero, Philippics 3–9. Edited with introduction, translation and commentary. Vol. 1: Introduction, text and translation, references and indexes (Texte und Kommentare, 30.1). Berlin 2007.
Manuwald 2007b	Manuwald, Gesine (Hg.): Cicero, Philippics 3–9. Edited with introduction, translation and commentary. Vol. 2: Commentary (Texte und Kommentare, 30.2). Berlin 2007.
Marbach 1927a	Marbach, Ernst: s.v. Lupercalia. In: *RE* (XIII 2) 1927, S. 1816–1830.
Marbach 1927b	Marbach, Ernst: s.v. Lupercus (1). In: *RE* (XIII 2) 1927, S. 1834–1839.
Martínez 2011	Martínez, Matías: A. Theorie der erzählenden Literatur. In: Matías Martínez (Hg.): Handbuch Erzählliteratur. Theorie, Analyse, Geschichte. Stuttgart, S. 1–12.
Matijević 2006a	Matijević, Krešimir: Cicero, Antonius und die Acta Caesaris. In: *Historia* (55) 2006, S. 426–450.

MATIJEVIĆ 2006b Matijević, Krešimir: Marcus Antonius. Consul, Proconsul, Staatsfeind. Die Politik der Jahre 44 und 43 v. Chr. (Osnabrücker Forschungen zu Altertum und Antike-Rezeption, 11). Rahden 2006.

MAU 1900 Mau, August: s.v. Comissatio. In: *RE* (IV 1) 1900, S. 610–619.

MAUCH 1986 Mauch, Helmut: O laborum dulce lenimen. Funktionsgeschichtliche Untersuchungen zur römischen Dichtung zwischen Republik und Prinzipat am Beispiel der ersten Odensammlung des Horaz. Frankfurt am Main 1986.

MAY 1988 May, James M.: Trials of Character. London 1988.

MAY 2002 May, James M. (Hg.): Brill's companion to Cicero. Oratory and rhetoric. Leiden 2002.

MAY 2002 May, James M.: Ciceronian Oratory in Context. In: James M. May (Hg.): Brill's companion to Cicero. Oratory and rhetoric. Leiden 2002, S. 49–70.

MEIER 1980 Meier, Christian: Die Ohnmacht des allmächtigen Diktators Cäsar. Drei biographische Skizzen. Frankfurt am Main 1980.

MEIER 1997 Meier, Christian: Res publica amissa. Eine Studie zu Verfassung und Geschichte der späten römischen Republik. 3. Aufl. Frankfurt am Main 1997.

MEIER 2004 Meier, Christian: Caesar. Darmstadt 2004.

MEISTER 2009 Meister, Jan B.: Pisos Augenbrauen. Zur Lesbarkeit aristokratischer Körper in der späten römischen Republik. In: *Historia* (58.1) 2009, S. 71–95.

MEISTER 2014 Meister, Jan B.: Reports about the „Sexual Life" of Early Roman Emperors. An Example of Character Assassination? In: Martijn Icks und Eric Shiraev (Hg.): Character Assassination throughout the Ages. Basingstoke 2014, S. 59–81.

MEISTER 2018 Meister, Jan B.: *Aristokratischer Habitus als Modus der Differenzierung? Der homo novus Cicero und die römische Aristokratie. In: Thomas Späth und Eckhard Wirbelauer (Hg.): Sozialgeschichte und histoire culturelle – Perspektiven einer neuen römischen Sozialgeschichte. Voraussichtlich Stuttgart 2018.*

MELVILLE/VON MOOS 1998 Melville, Gert; von Moos, Peter: Das Öffentliche und das Private in der Vormoderne. Köln 1998.

MERRILL 1975 Merrill, Norman Williams: Cicero and the early Roman invective. Cincinnati/OH 1975.

MEYER 2018 Meyer, Doris: *Cicero über Briefliche Kommunikation als Instument von Vergemeinschaftung. Anmerkungen aus literaturwissenschaftlicher Perspektive. In: Thomas Späth und Eckhard Wirbelauer (Hg.): Sozialgeschichte und histoire culturelle – Perspektiven einer neuen römischen Sozialgeschichte. Voraussichtlich Stuttgart 2018.*

MEYER-ZWIFFELHOFER 1995 Meyer-Zwiffelhofer, Eckhard: Im Zeichen des Phallus. Die Ordnung des Geschlechtslebens im antiken Rom. Frankfurt am Main 1995.

MILAN 1979/1980 Milan, Alessandro: Ricerche sul latrocinium in Livio. latro nelle fonti preaugustee. In: *Atti dell'Istituto Veneto di Scienze, Lettere ed Arti, Classe di Scienze morali e Lettere. Venezia* (138) 1979/1980, S. 171–197.

MINICONI 1959 Miniconi, Pierre-Jean: Les termes d'injure dans le théâtre comique. In: *Revue des études latines* (36) 1959, S. 159–175.

MOMMSEN 1899 Mommsen, Theodor: Römisches Strafrecht. Leipzig 1899 (Nachdruck Graz 1955).

MOREAU 1982 Moreau, Philippe: Clodiana religio. Un procès politique en 61 av. J.-C. Paris 1982.

MÜLLER 1913	Müller, Albert: Die Schimpfwörter in der römischen Komödie. In: *Philologus* (72) 1913, S. 492–502.
MÜLLER-FUNK 2010	Müller-Funk, Wolfgang: Kulturtheorie. Einführung in Schlüsseltexte der Kulturwissenschaften. 2. Aufl. Tübingen 2010.
MÜNZER 1897a	Münzer, Friedrich: s.v. A. Caecina (7). In: *RE* (III 1) 1897, S. 1237–1238.
MÜNZER 1897b	Münzer, Friedrich: s.v. C. Calpurnius Piso Frugi (93). In: *RE* (III 1) 1897, S. 1391.
MÜNZER 1897c	Münzer, Friedrich: s.v. L. Calpurnius Piso Caesonius (90). In: *RE* (III 1) 1897, S. 1387–1390.
MÜNZER 1897d	Münzer, Friedrich: s.v. Q. Caecilius Metellus Celer (86). In: *RE* (III 1) 1897, S. 1208–1210.
MÜNZER 1900	Münzer, Friedrich: s.v. Clodia (67). In: *RE* (IV 1) 1900, S. 107.
MÜNZER 1920	Münzer, Friedrich: Römische Adelsparteien und Adelsfamilien. 2. Aufl. Stuttgart 1920 (Nachdruck Darmstadt 1963).
MÜNZER 1921	Münzer, Friedrich: s.v. G. Scribonius Curio (11). In: *RE* (II A 1) 1921, S. 867–876.
MÜNZER 1923	Münzer, Friedrich: s.v. L. Sergius Catilina (23). In: *RE* (II A 2) 1923, S. 1693–1711.
MÜNZER 1937	Münzer, Friedrich: s.v. Tongilius. In: *RE* (VI A 2) 1937, S. 1710.
MYERS 1996	Myers, K. Sara: The Poet and the Procuress. The Lena in Latin Love Elegy. In: *JRS* (86) 1996, S. 1–21.
NACHOD 1931	Nachod, Hans: s.v. Kylix. In: *RE* (S V) 1931, S. 520–522.
NEUHAUSEN 1958	Neuhausen, Walter: Patronus und orator. Eine Geschichte der Begriffe von ihren Anfängen bis in die augusteische Zeit. Innsbruck 1958.
NEUMEISTER 1964	Neumeister, Christoph: Grundsätze der forensischen Rhetorik gezeigt an Gerichtsreden Ciceros. München 1964.
NIPPEL 1981	Nippel, Wilfried: Die Banden des Clodius. Gewalt und Ritual in der späten römischen Republik. In: *Journal für Geschichte* (5) 1981, S. 9–13.
NIPPEL 1988	Nippel, Wilfried: Aufruhr und „Polizei“ in der römischen Republik. Stuttgart 1988.
NIPPEL 2000	Nippel, Wilfried: Publius Clodius Pulcher. Der „Achill“ der Straße. In: Karl-Joachim Hölkeskamp und Elke Stein-Hölkeskamp (Hg.): Von Romulus zu Augustus. Große Gestalten der römischen Republik. München 2000, S. 279–291.
NIPPEL 2003	Nippel, Wilfried: s.v. Vis. In: *DNP* (12.2) 2003, S. 250–252.
NISBET 1961	Nisbet, Robin G. M. (Hg.): M. Tulli Ciceronis in L. Calpurnium Pisonem oratio. Oxford 1961.
ODAHL 2010	Odahl, Charles M.: Cicero and the Catininarian Conspirancy. London 2010.
OERTEL 1951	Oertel, Friedrich: Sallusts Invektive gegen Cicero. In: *Rheinisches Museum für Philologie. Neue Folge* (94.1) 1951, S. 46–68.
OPELT 1965	Opelt, Ilona: Die lateinischen Schimpfwörter und verwandte sprachliche Erscheinungen. Eine Typologie. Heidelberg 1965.
OPELT 1969	Opelt, Ilona: Vom Spott der Römer. München 1969.
OPPERMANN 2000	Oppermann, Irene: Zur Funktion historische Beispiele in Ciceros Briefen. München 2000.
ORF	Malcovati, Henrica. (Hg.): Oratorum Romanorum fragmenta liberae rei publicae. 4. Aufl. Turin 1976–79.
ORTMANN 1988	Ortmann, Ursula: Cicero, Brutus und Octavian. Republikaner und Caesarianer. Ihr gegenseitiges Verhältnis im Krisenjahr 44/43 v. Chr. Bonn 1988.

Ortner/Whitehead 1981	Ortner, Sherry B.; Whitehead, Harriet: Introduction. Accounting for Sexual Meaning. In: Sherry B. Ortner und Harriet Whitehead (Hg.): Sexual Meanings. The Cultural Construction of Gender and Sexuality. Cambridge 1981, S. 1–27.
Ott 2013	Ott, Frank-Thomas: Die zweite Philippica als Flugschrift in der späten Republik (Beiträge zur Altertumskunde, 326). Belin 2013.
Padberg 1933	Padberg, Fritz: Cicero und Cato Censorius. Ein Beitrag zu Ciceros Bildungsgang. Bottrop 1933.
Page 2015	Page, Sven: Der ideale Aristokrat. Plinius der Jüngere und das Sozialprofil der Senatoren in der Kaiserzeit (Studien zur Alten Geschichte, 24). Heidelberg 2015.
Pasquali 2009	Pasquali, Johannes: Marcus Antonius. Todfeind Ciceros und Rivale des Octavianus. Bochum 2009.
Pausch 2004	Pausch, Dennis: Biographie und Bildungskultur. Personendarstellungen bei Plinius dem Jüngeren, Gellius und Sueton. Berlin 2004.
Pehle 2000	Pehle, Heinrich: s.v. Macht. In: Everhard Holtmann, Heinz-Ulrich Brinkmann und Heinrich Pehle (Hg.): Politik-Lexikon. 3. Aufl. München 2000, S. 223f.
Pelling 2002	Pelling, Christopher: Plutarch and History. Eighteen Studies. London 2002.
Perlwitz 1992	Perlwitz, Olaf: Titus Pomponius Atticus. Untersuchungen zur Person eines einflussreichen Ritters in der ausgehenden Römischen Republik. Stuttgart 1992.
Petersmann 1983	Petersmann, Gerhard: Cornelius Gallus und der Papyrus von Qasr Ibrim. In: *ANRW* (30.3) 1983, S. 1649–1655.
Pfaff 1924	Pfaff, Ivo: s.v. Latrocinium. In: *RE* (XII 1) 1924, S. 978–980.
Pfaff 1931	Pfaff, Ivo: s.v. Stuprum. In: *RE* (IV A 1) 1931, S. 423–424.
Pfister 1935	Pfister, Friedrich: s.v. Nacktheit. In: *RE* (XVI 2) 1935, S. 1541–1549.
Piepenbrink 2012	Piepenbrink, Karen: Vergangenheitsbezug in interkultureller Perspektive. Die Rhetorik der attischen Demokratie und der späten römischen Republik im Vergleich. In: *Klio* (94) 2012, S. 100–121.
Piepenbrink 2016	Piepenbrink, Karen: ‚Wertorientierung' als rhetorisches Argument. Die ‚Rhetorik' des Aristoteles und die soziale Praxis im Athen des 4. Jahrhunderts v. Chr. im Vergleich. In: *Rhetorica* (34) 2016, S. 121–140.
Pina Polo 2010a	Pina Polo, Francisco: Frigidus rumor. The Creation of a (Negative) Public Image in Rome. In: Andrew J. Turner, James H. Kim On Chong-Gossard und Frederik J. Vervaet (Hg.): Private and public lies. The discourse of despotism and deceit in the Graeco-Roman world. Leiden 2010, S. 75–90.
Pina Polo 2010b	Pina Polo, Francisco: Rom, das bin ich. Marcus Tullius Cicero; ein Leben. Stuttgart 2010.
Pitcher 2008	Pitcher, Roger A.: The Second Philippic as a Source for Aristocratic Values. In: Tom Stevenson und Marcus Wilson (Hg.): Cicero's Philippics. History, rhetoric, ideology (Prudentia, 37/38). Auckland 2008, S. 131–139.
Pöschl 1980	Pöschl, Viktor: Politische Wertbegriffe in Rom. In: *Antike und Abendland* (26) 1980, S. 1–17.
Powell 2007	Powell, Jonathan G.F: Invective and the orator. Ciceronian theory and practice. In: Joan Booth (Hg.): Cicero on the attack. Invective and subversion in the orations and beyond. Swansea 2007, S. 1–24.
Purcell 1995	Purcell, Nicholas: Literate Games: Roman Urban Socienty and the Game of Alea. In: *Past and Present* (147) 1995, S. 3–37.

QUINN 1974 Quinn, Kenneth: Die persönliche Dichtung der Klassik. In: Manfred Fuhrmann (Hg.): Römische Literatur (Neues Handbuch der Literaturwissenschaft, 3). Frankfurt am Main 1974, S. 209–250.

RAMAGE 1973 Ramage, Edwin S.: Urbanitas. Ancient Sophistication and Refinement. Oklahoma/OK 1973.

RAMSEY 1994 Ramsey, John T.: The Senate, Mark Antony, and Caesar's Legislative Legacy. In: *Classical Quarterly* (44) 1994, S. 130–145.

RAMSEY 2003 Ramsey, John T. (Hg.): Cicero. Philippics I–II (Cambridge Greek and Latin Classics). Ed. by John Ramsey. Cambridge 2003.

RAWSON 1975 Rawson, Elisabeth: Cicero. A portrait. London 1975.

REDFIELD/LINTON/HERSKOVITS 1936 Redfield, Robert; Linton, Ralph; Herskovits, Melville J.: Memorandum for the study of Acculturation. In: *American Anthropologist* (38) 1936, S. 149–152.

RENAUD 2002 Renaud, François: s.v. Tugend. In: *DNP* (12.1) 2002, S. 894–896.

RICHLIN 1992 Richlin, Amy: The garden of Priapus. Sexuality and aggression in Roman humor. New York/NY 1992.

RICHLIN 1993 Richlin, Amy: Not before Homosexuality. The Materiality of the Cinaedus and the Roman Law against Love between Men. In: *Journal of the Histroy of Sexuality* (3.4) 1993, S. 523–573.

RIESS 2001 Rieß, Werner: Apuleius und die Räuber. Ein Beitrag zur historischen Kriminalitätsforschung. Stuttgart 2001.

RIGGSBY 1997 Riggsby, Andrew M: Did the Romans believe in their verdicts? In: *Rhetorica* (15.3) 1997, S. 235–252.

RIGGSBY 2002 Riggsby, Andrew M.: Clodius/Claudius. In: *Historia* (51.1) 2002, S. 117–123.

RIGGSBY 2004 Riggsby, Andrew M.: The Rhetoric of Character in the Roman Courts. In: Jonathan G. F. Powell und Jeremy Paterson (Hg.): Cicero the Advocate. Oxford 2004, S. 165–186.

ROBB 2010 Robb, Margaret A.: Beyond Populares and Optimates. Political Language in the Late Republic (Historia Einzelschriften, 213). Stuttgart 2010.

ROLLER 2006 Roller, Matthew B.: Dining Posture in Ancient Rome. Bodies, Values, and Status. Princeton/NJ 2006.

ROLLINGER 2009 Rollinger, Christian: Solvendi sunt nummi. Die Schuldenkultur der Späten Römischen Republik im Spiegel der Schriften Ciceros. Berlin 2009.

ROSENMEYER 2001 Rosenmeyer, Patricia A.: Ancient Epistolary Fictions. The letter in Greek literature. Cambridge 2001.

RUGE 1896 Ruge, Walther: s.v. Barbaroi. In: *RE* (II 2) 1896, S. 2858.

RUMMEL 2007 Rummel, Philipp von: Habitus barbarus. Kleidung und Repräsentation spätantiker Eliten im 4. und 5. Jahrhundert (Reallexikon der geranischen Altertumskunde/Ergänzungsbände, 55). Berlin 2007.

RUSSEL 1998 Russel, Brigitte F.: The emasculation of Antony. The construction of gender in Plutarch's Life of Antony. In: *Helios* (25.2) 1998, S. 121–137.

RUSSELL 1990 Russell, Donald A.: Ethos in Oratory and Rhetoric. In: Christopher Pelling (Hg.): Characterization and individuality in Greek literature. Oxford 1990, S. 197–212.

SACHERS 1948 Sachers, Erich: s.v. Turpitudo. In: *RE* (VII A 14) 1948, 1432–1439.

SAMOTTA 2009 Samotta, Iris: Das Vorbild der Vergangenheit. Geschichtsbild und Reformvorschläge bei Cicero und Sallust (Historia Einzelschriften, 204). Stuttgart 2009.

SCHÄFER 2006 Schäfer, Christoph: Kleopatra (Gestalten der Antike). Darmstadt 2006.

SCHIEMANN 1998 — Schiemann, Gorrfried: s.v. furor. In: *DNP* (4) 1998, S. 720–721.

SCHMIDT 1997 — Schmidt, Peter L.: s.v. Brief. In: *DNP* (2) 1997, S. 771–775.

SCHMIDT 1999 — Schmidt, Peter L.: s.v. Maecenas (2). In: *DNP* (7) 1999, 633–635.

SCHMIDT 2001 — Schmidt, Peter L.: s.v. Rhetorica ad Herennium. In: *DNP* (10) 2001, S. 958.

SCHMITT/SCHMITZ/WINTERLING 2005 — Schmitt, Tassilo; Schmitz, Winfried; Winterling, Aloys (Hg.): Gegenwärtige Antike – antike Gegenwarten. Kolloquium zum 60. Geburtstag von Rolf Rilinger. München 2005.

SCHNEIDER 1931 — Schneider, Karl: s.v. Meretrix. In: *RE* (XV 1) 1931, S. 1018–1027.

SCHNEIDER 1998 — Schneider, Wolfgang Christian: Vom Handeln der Römer. Kommunikation und Interaktion der politischen Führungsschicht vor Ausbruch des Bürgerkriegs im Briefwechsel mit Cicero. Hildesheim 1998.

SCHOLZ 2011 — Scholz, Peter: Den Vätern folgen. Sozialisation und Erziehung der republikanischen Senatsaristokratie. Frankfurt am Main 2011.

SCHOLZ/WALTER 2013 — Scholz, Peter; Walter, Uwe: Fragmente Römischer Memoiren (Studien zur Alten Geschichte, 18). Heidelberg 2013.

SCHULLER 1997 — Schuller, Wolfgang: Der Mordprozeß gegen Titus Annius Milo im Jahre 52 v. Chr. Oder: Gewalt von oben. In: Ulrich Manthe und Jürgen von Ungern-Sternberg (Hg.): Große Prozesse der römischen Antike. München 1997, S. 115–127.

SCHULZ 2007 — Schulz, Verena: Character Arguments in the Roman Rhetorical Theory. Unveröffentlichte Master-Thesis 2007. Oxford.

SCHULZE 2001 — Schulze, Christian: s.v. Rauschmittel. In: *DNP* (10) 2001, S. 791–795.

SCHURICHT 1994 — Schuricht, Ralf: Cicero an Appius (Cic. fam. III). Umgangsformen in einer politischen Freundschaft (Stätten und Formen der Kommunikation im Altertum, 3 / Bochumer Altertumswissenschaftliches Colloquium, 17). Trier 1994.

SCOTT 1933 — Scott, Kenneth: The political propaganda of 44–30 B.C. (Memoirs of the American Academy in Rome, 11). Rom 1933.

SEAGER 1964 — Seager, Robin: The First Catilinarian Conspiracy. In: *Historia* (13) 1964, S. 338–347.

SEAGER 2007 — Seager, Robin: Ciceronian invective. Themes and variations. In: Joan Booth (Hg.): Cicero on the attack. Invective and subversion in the orations and beyond. Swansea 2007, S. 25–46.

SEBESTA/BONFANTE 1994 — Sebesta, Judith L.; Bonfante, Larissa (Hg.): The world of Roman costume. Madison/WI 1994.

SEEL 1961 — Seel, Otto: Die Invektive gegen Cicero (Klio Beihefte, 3). Aalen 1961.

SHACKLETON BAILEY 1965 — Shackleton Bailey, David R.: Letters to Atticus. Band 1. 68–59 B.C. Cambridge 1965 (Nachdruck 2007).

SHACKLETON BAILEY 1977 — Shackleton Bailey, David R.: Marcus Tullius Cicero. Epistulae ad familiares. Ed. by D. R. Shackleton Bailey (Cambridge classical texts and commentaries, 16). Cambridge 1977.

SHACKLETON BAILEY 1986 — Shackleton Bailey, David R.: Cicero. Philippics. Hrsg. u. übers. v. D. R. Shackleton Bailey. Chapel Hill/NC 1986.

SHACKLETON BAILEY 2009 — Shackleton Bailey, David R.: Cicero. Philippics 1–6. Ed. and transl. by D. R. Shackleton Bailey, revised by John T. Ramsey and Gesine Manuwald. Cambridge 2009.

SHAW 1984 — Shaw, Brent D.: Bandits in the Roman Empire. In: *Past and Present* (105) 1984, S. 3–52.

SHAW 2001 — Shaw, Brent D.: s.v. Räuberbanden. In: *DNP* (10) 2001, S. 758–763.

SIMON 1998 — Simon, Dietrich: s.v. Homocidium. In: *DNP* (5) 1998, 699–700.

SKINNER 1997 Skinner, Marilyn B.: Ego mulier. The construction of male sexuality in Catullus. In: Judith P. Hallett und Marilyn B. Skinner (Hg.): Roman sexualities. Princeton/NJ 1997, S. 129–150.

SKINNER 2005 Skinner, Marilyn B.: Sexuality in Greek and Roman culture. Oxford 2005.

SKINNER 2011 Skinner, Marilyn B.: Clodia Metelli. The tribune's sister. Oxford 2011.

SMITH/COVINO 2011 Smith, Christopher John; Covino, Ralph (Hg.): Praise and blame in Roman republican rhetoric. Swansea 2011.

SONNABEND 2002 Sonnabend, Holger: Geschichte der antiken Biographie. Von Isokrates bis zus Historia Augusta. Darmstadt 2002.

SONTHEIMER 1932 Sontheimer, Walther: s.v. Tageszeiten. In: *RE* (IV A 2) 1932, S. 2011–2023.

SPÄTH 2006 Späth, Thomas: Geschlechter – Texte – Wirklichkeiten. In: Christoph Ulf und Robert Rollinger (Hg.): Frauen und Geschlecht. Bilder – Rollen – Realitäten in den Texten antiker Autoren der römischen Kaiserzeit. Wien 2006, S. 39–76.

SPÄTH/WIRBELAUER 2018 Späth, Thomas; Wirbelauer, Eckhard (Hg.): *Sozialgeschichte und histoire culturelle – Perspektiven einer neuen römischen Sozialgeschichte. Voraussichtlich Stuttgart 2018.*

SPIELVOGEL 1997 Spielvogel, Jörg: P. Clodius Pulcher. Eine Politische Ausnahme-Erscheinung der Späten Republik? In: *Hermes* (125) 1997, S. 56–74.

SPOTH 1997 Spoth, Friedrich: s.v. Lateinische Elegie. In: *DNP* (2) 1997, S. 973–976.

STARBATTY 2010 Starbatty, Angelika: Aussehen ist Ansichtssache. Kleidung in der Kommunikation der römischen Antike. München 2010.

STEEL 2007 Steel, Catherine: Name and shame? Invective against Clodius and others in the post-exile speeches. In: Joan Booth (Hg.): Cicero on the attack. Invective and subversion in the orations and beyond. Swansea 2007, S. 105–128.

STEENBLOCK 2013 Steenblock, Maike: Sexualmoral und politische Stabilität. Zum Vorstellungszusammenhang in der römischen Literatur von Lucilius bis Ovid (Beiträge zur Altertumskunde, 304). Berlin 2013.

STEGMANN 1998 Stegmann, Helena: s.v. Fulvia. In: *DNP* (4) 1998, S. 701–702.

STEIDLE 1962 Steidle, Wolf: Das Motiv der Lebenswahl bei Tibull und Properz. In: *Wiener Studien* (75) 1962, S. 100–140.

STEIN-HÖLKESKAMP 2001 Stein-Hölkeskamp, Elke: Ciceronische Convivia. Der rastlose Republikaner und die zügellosen Zecher. In: *Hermes* (129) 2001, S. 362–376.

STEIN-HÖLKESKAMP 2010 Stein-Hölkeskamp, Elke: Das Römische Gastmahl. Eine Kulturgeschichte. 2. Aufl. München 2010.

STEVENSON/WILSON 2008 Stevenson, Tom; Wilson, Marcus (Hg.): Cicero's Philippics. History, rhetoric, ideology (Prudentia, 37/38.2008). Auckland 2008.

STINGER 1993 Stinger, Patricia: The use of historical example as a rhetorical device in Cicero's orations. Ann Arbor/MI 1993.

STIREWALT 1993 Stirewalt, M. Luther: Studies in Ancient Greek Epistolography. Atlanta/GA 1993.

STOWERS 1986 Stowers, Stanley K.: Letter writing in Greco-Roman antiquity (Library of early Christianity, 5). Philadelphia/PA. 1986.

STRASSI 2008 Strassi, Silvia: L'archivio di Claudius Tiberianus da Karanis. Berlin 2008.

STROH 1971 Stroh, Wilfried: Die römische Liebeselegie als werbende Dichtung. Amsterdam 1971.

STROH 1975 Stroh, Wilfried: Taxis und Taktik. Die advokatische Dispositionskunst in Ciceros Gerichtsreden. Stuttgart 1975.

STROTHMANN 2002 Strothmann, Meret: s.v. Tullia. In: *DNP* (12.1) 2002, S. 897–899.

SÜSS 1975	Süß, Wilhelm: Ethos. Studien zur älteren griechischen Rhetorik. Aalen 1975 (Erstausgabe Leipzig 1910).
SUSSMAN 1994	Sussman, Lewis A.: Antony as Miles Gloriosus in Cicero's Second Philippic. In: *Scholia* (3) 1994, S. 53–83.
SUSSMAN 1998	Sussman, Lewis A.: Antony the meretrix audax. Cicero's Novel Invective in Philippic 2.44–46. In: *Eranos* (96) 1998, S. 114–128.
SYME 1971	Syme, Ronald: The Roman Revolution. London 1971.
SYME 2003	Syme, Ronald: Die Römische Revolution. Machtkämpfe im antiken Rom. Neuausgabe. Stuttgart 2003.
TATUM 1990	Tatum, W. Jeffrey: Cicero and the Bona Dea Scandal. In: *Classical Philology* (85.3) 1990, S. 202–208.
TATUM 1999	Tatum, William Jeffrey: The patrician tribune Publius Clodius Pulcher. Chapel Hill/NC 1999.
TAYLOR 1997	Taylor, Rabun: Two Pathic Subcultures in Ancient Rome. In: *Journal of the History of Sexuality* (7.3) 1997, S. 319–371.
TEMPEST 2011	Tempest, Kathryn: Cicero. Politics and Persuasion in Ancient Rome. London 2011.
THIERFELDER 1965	Thierfelder, Andreas: Über den Wert der Bemerkungen zur eigenen Person in Ciceros Prozeßreden. In: *Gymnasium* (72) 1965, S. 385–414.
THOME 2001	Thome, Gabriele: Zentrale Wertvorstellungen der Römer I. Texte – Bilder – Interpretationen. Bamberg 2001.
THOMMEN 2007	Thommen, Lukas: Antike Körpergeschichte. Zürich 2007.
THRAEDE 1970	Thraede, Klaus: Grundzüge der griechisch-römischen Brieftopik (Zetemata, 48). München 1970.
TIMMER 2005	Timmer, Jan Martin: Barbatuli iuvenes. Überlegungen zur Stellung der „Jugend" in der späten römischen Republik. In: *Historische Anthropologie* (13.2) 2005, S. 197–219.
TOEWS 1987	Toews, John E.: Intellectual Hitory after the Linguistic Turn. Autonomy of Meaning and the Irreducibility of Experience. In: *American Historical Review* (92.4) 1987, S. 879–907.
TREGGIARI 1997	Treggiari, Susan: s.v. Ehe (3). In: *DNP* (3) 1997, S. 896–899.
TRITSCHLER 2006	Tritschler, Ute: Die zeitgeschichtliche Anspielung in der antiken Literaturerklärung (Leipziger Studien zur klassischen Philologie, 3). Tübingen 2006.
TRÖSTER 2008	Tröster, Manuel: Themes, Character, and Politics in *Plutarch's Life of Luxullus*. The Construction of a Roman Aristocrat. Stuttgart 2008.
TURNER /K. O. CHONG-GOSSARD/ VERVAET 2010	Turner, Andrew J.; Kim On Chong-Gossard, James H.; Vervaet, Frederik J. (Hg.): Private and public lies. The discourse of despotism and deceit in the Graeco-Roman world. Leiden 2010.
UNGERN-STERNBERG 1997	Ungern-Sternberg, Jürgen von: Das Verfahren gegen die Catilinarier. Oder: Der vermiedene Prozeß. In: Ulrich Manthe und Jürgen von Ungern-Sternberg (Hg.): Große Prozesse der römischen Antike. München 1997, S. 85–99.
UNGERN-STERNBERG 1997	Ungern-Sternberg, Jürgen von: s.v. L. Sergius Catilina. In: *DNP* (2) 1997, S. 1029–1031.
URÍA 2007	Uría, Javier: The sematics and pragmatics of Ciceronian invective. In: Joan Booth (Hg.): Cicero on the attack. Invective and subversion in the orations and beyond. Swansea 2007, S. 47–70.

van der Blom 2010 van der Blom, Henriette: Cicero's Role Models. The Political Strategy of a Newcomer. New York/NY 2010.

van der Blom 2011 van der Blom, Henriette: Historical exempla as tool of praise and blame in Ciceronian oratory. In: Christopher John Smith und Ralph Covino (Hg.): Praise and blame in Roman republican rhetoric. Swansea 2011, S. 49–67.

van der Blom 2016 van der Blom, Henriette: Oratory and political career in the late Roman Republic. Cambridge 2016.

Vasaly 1993 Vasaly, Ann: Representations. Images of the World in Ciceronian Oratory. Berkeley/CA 1993.

Veblen 1997 Veblen, Thorstein: Theorie der feinen Leute. Eine ökonomische Untersuchung der Institutionen. Übers. v. S. Heintz u. P. von Haselberg. Frankfurt am Main 1997.

Veyne 1978 Veyne, Paul: La famille et l'amour sous l'Haut-Empire romaine. In: *Annales ESC* (33) 1978, S. 35–63.

Veyne 1979 Veyne, Paul: L'hellénisation de Rome et la problématique des acculturations. In: *Diogène* (106) 1979, S. 3–29.

Veyne 1984 Veyne, Paul: Homosexualität im antiken Rom. In: Philippe Ariès, André Béjin und Michel Foucault (Hg.): Die Masken des Begehrens und die Metamorphosen der Sinnlichkeit. Zur Geschichte der Sexualität im Abendland. Frankfurt am Main 1984, S. 40–50.

Vitzthum 1966 Vitzthum, Werner: Untersuchungen zum materiellen Inhalt der lex Plautia und lex Iulia de vi. München 1966.

Völk 2001 Völk, Artur: s.v. Stuprum. In: *DNP* (11) 2001, 1060–1061.

von der Mühll 1910 von der Mühll, Friedrich: s.v. Gabinius (11). In: *RE* (VII 1) 1910, 424–430.

Vössing 2005 Vössing, Konrad (Hg.): Biographie und Prosopographie. Internationales Kolloquium zum 65. Geburtstag von Anthony R. Birley. 28. September 2002, Schloß Mickeln, Düsseldorf. Unter Mitarbeit von Anthony Birley. Stuttgart 2005.

Vössing 2005 Vössing, Konrad: Einleitung. In: Konrad Vössing (Hg.): Biographie und Prosopographie. Internationales Kolloquium zum 65. Geburtstag von Anthony R. Birley. 28. September 2002, Schloß Mickeln, Düsseldorf. Unter Mitarbeit von Anthony Birley. Stuttgart 2005, S. 7–11.

Wagner-Hasel 2002 Wagner-Hasel, Beate: Verschwendung und Politik in Rom. Überlegungen zur politischen Semantik des Lukuskonsums in der späten Republik und frühen Kaiserzeit. In: *Historische Anthropologie* (10) 2002, S. 325–353.

Wagner-Hasel 2009 Wagner-Hasel, Beate: Hundert Jahre Glehrtenstreit über den Charakter der antiken Wirtschaft. In: *Historische Anthropologie* (17) 2009, S. 178–201.

Wallace-Hadrill 2008 Wallace-Hadrill, Andrew: Rome's Cultural Revolution. Cambridge 2008.

Wallmann 1989 Wallmann, Peter: Triumviri rei publicae constituendae. Untersuchungen zur politischen Propaganda im zweiten Triumvirat (43–30 v. Chr.). Frankfurt am Main 1989.

Walter 2001 Walter, Uwe: s.v. Statussymbole. In: *DNP* (11) 2001, S. 937–939.

Walter 2004 Walter, Uwe: Memoria und res publica. Zur Geschichtskultur im republikanischen Rom. Frankfurt am Main 2004.

Wardle 2002 Wardle, David: s.v. virtus. In: *DNP* (12.2) 2002, S. 248–249.

Waser 1910 Waser, Otto: s.v. Furor. In: *RE* (VII 13) 1910, S. 380–382.

Watson 1996 Watson, Lindsay C.: s.v. invective. In: *OCS* ^{3}1996, S. 762.

Weber 1980 Weber, Max: Wirtschaft und Gesellschaft: Grundriss der verstehenden Soziologie. 5. rev. Aufl. bes. v. Johannes Winckelmann. Tübingen 1980.

WEBER 1999 Weber, Max: Wirtschaft und Gesellschaft. Die Wirtschaft und die gesellschaftlichen Ordnungen und Mächte. Nachlaß. Teilband 5: Die Stadt, hrsg. v. Wilfried Nippel. Tübingen (Max Weber. Gesamtausgabe) 1999.

WEEBER 2006 Weeber, Karl-Wilhelm: Luxus im alten Rom. Die öffentliche Pracht. Darmstadt 2006.

WEISSENBERGER 2001 Weißenberger, Michael: s.v. Rhetorica ad Alexandrum. In: *DNP* (10) 2001, S. 957–956.

WHITE 1986 White, John L.: Light from ancient letters. Philadelphia/PA 1986.

WHITE 2010 White, Peter: Cicero in Letters. Epistolary Relations of the Late Republic. Oxford 2010.

WILCOX 2012 Wilcox, Amanda: The Gift of Correspondence in Classical Rome. Friendship in Cicero's „Ad Familiares" and Seneca's „Moral Epistles". Madison/WI 2012.

WILL 1991 Will, Wolfgang: Der römische Mob. Soziale Konflikte in der späten römischen Republik. Darmstadt 1991.

WILL 1996 Will, Wolfgang: s.v. Marcus Antonius (1.9). In: *DNP* (1) 1996, S. 810–813.

WILL 1997 Will, Wolfgang: s.v. Clodius Pulcher (1.4). In: *DNP* (3) 1997, S. 37–39.

WILLIAMS 2010 Williams, Craig A.: Roman Homosexuality. 2. Aufl. Oxford 2010.

WILSON 2008 Wilson, Marcus: Your Writing of Your Life. Cicero's Philippics and Declamation. In: Tom Stevenson und Marcus Wilson (Hg.): Cicero's Philippics. History, rhetoric, ideology (Prudentia, 37/38). Auckland 2008, S. 305–334.

WINTERLING 2003 Winterling, Aloys: Caligula. Eine Biographie. München 2003.

WINTERLING 2005 Winterling, Aloys: „Öffentlich" und „privat" im kaiserzeitlichen Rom. In: Tassilo Schmitt, Winfried Schmitz und Aloys Winterling (Hg.): Gegenwärtige Antike – antike Gegenwarten. Kolloquium zum 60. Geburtstag von Rolf Rilinger. München 2005, S. 223–244.

WIRSZUBSKI 1954 Wirszubski, Chaim: Cicero's CUM dignitate otium. A Reconsideration. In: *The Journal of Roman Studies* (44) 1954, S. 1–13.

WIRSZUBSKI 1961 Wirszubski, Chaim: Avdaces. A Study in Political Phraseology. In: *JRS* (51) 1961, S. 12–22.

WISEMAN 1971 Wiseman, Timothy P.: New Men in the Roman Senate. London 1971.

WISEMAN 1985 Wiseman, Timothy P.: Catullus and His World. A Reappraisal. Cambridge 1985.

WISEMAN 1997 Wiseman, Timothy P.: s.v. Catullus. In: *DNP* (2) 1997, S. 1036–1039.

WITSCHEL 2006 Witschel, Christian: Verrückte Kaiser? Zur Selbststilisierung und Außenwahrnehmung nonkonformer Herrscherfiguren in der römischen Kaiserzeit. In: Christian Ronning (Hg.): Einblicke in die Antike. Orte – Praktiken – Strukturen. München 2006, S. 87–130.

WOOTEN 1983 Wooten, Cecil W.: Cicero's Philippics and Their Demosthenic Model. The Rhetorics of Crisis. Chapel Hill/NC 1983.

WYKE 1994 Wyke, Maria: Woman in the Mirror. The Rhetoric of Adornment in the Roman World. In: Léonie J. Archer, Susan Fischler und Maria Wyke (Hg.): Women in Ancient Societies. An Illusion of the Night. London 1994, S. 134–151.

ZANKER 1995 Zanker, Paul: The mask of Socrates. The Image of the Intellectual in Antiquity. Berkeley/CA 1995.

ZELZER 1997 Zelzer, Michaela: s.v. Epistel. In: *DNP* (3) 1997, S. 1164–1166.

ZIMMERMANN 1999 Zimmermann, Bernhard: Cicero und die Griechen. In: Gregor Vogt-Spira (Hg.): Rezeption und Identität. Die kulturelle Auseinandersetzung Roms mit Griechenland als europäisches Paradigma. Stuttgart 1999, S. 240–248.

ZIMMERMANN 2004 Zimmermann, Bernhard: Spott als Medium der Gruppenbildung und Ausgrenzung in der griechischen Komödie des 5. Jahrhunderts v. Chr. In: Monika Fludernik und Hans-Joachim Gehrke (Hg.): Normen, Ausgrenzungen, Hybridisierungen und ‚Acts of Identity' (Identitäten und Alteritäten, 18). Würzburg 2004, S. 45–57.

ZIMMERMANN 2009a Zimmermann, Martin: Extreme Formen physischer Gewalt in der antiken Überlieferung. In: Martin Zimmermann (Hg.): Extreme Formen von Gewalt in Bild und Text des Altertums. München 2009, S. 155–192.

ZIMMERMANN 2009b Zimmermann, Martin (Hg.): Extreme Formen von Gewalt in Bild und Text des Altertums. München 2009.

ZIMMERMANN 2013 Zimmermann, Martin: Gewalt. Die dunkle Seite der Antike. München 2013.

Indices

Stellenindex

https://doi.org/10.1515/9783110599886-014

Namens- und Sachindex

www.ingramcontent.com/pod-product-compliance
Ingram Content Group UK Ltd.
Pitfield, Milton Keynes, MK11 3LW, UK
UKHW051950051026
15623UKWH00005B/1036

9 783110 598483